Erich Cziesielski (Hrsg.)

Lufsky Bauwerksabdichtung

Erich Cziesielski (Hrsg.)

Lufsky Bauwerksabdichtung

Von Dipl.-Ing. Karl Lufsky †
Baumeister BDB, Berlin

5., vollständig überarbeitete und erweiterte Auflage
Mit über 100 Abbildungen

Herausgegeben von

Prof. Dr. Erich Cziesielski

Unter Mitwirkung von
Dipl.-Ing. Michael Bonk
Prof. Dr.-Ing. Heinz Klopfer
Dipl.-Ing. Gottfried C. O. Lohmeyer
Dr.-Ing. Ralf Ruhnau
Dipl.-Ing. Jürgen Schlicht
Prof. Dr.-Ing. Manfred Specht
Dipl.-Ing. Detlef Stauch

B. G. Teubner Stuttgart · Leipzig · Wiesbaden

Die Deutsche Bibliothek – CIP-Einheitsaufnahme
Ein Titeldatensatz für diese Publikation ist bei
Der Deutschen Bibliothek erhältlich.

Prof. Dr. Erich Cziesielski wurde nach einer Tätigkeit als wissenschaftlicher Mitarbeiter an der TU Berlin und einer Tätigkeit in der Bundesforschungsanstalt für Holzwirtschaft in Hamburg Geschäftsführer eines internationalen Baustoffkonzerns. Danach folgte er einem Ruf an die TU Berlin als Ordinarius auf den Lehrstuhl für Allgemeinen Ingenieurbau (Bauphysik und Ingenieurhochbau). Er ist Mitglied in Norm- und Sachverständigenausschüssen des Deutschen Instituts für Bautechnik, Beratender Ingenieur für Tragwerksplanung, Bauphysik und Fassadenkonstruktionen, Prüfingenieur für Baustatik (M+H) sowie vereidigter Sachverständiger. Als Herausgeber und Autor veröffentlichte er zahlreiche Fachbücher und Forschungsberichte.

5. Auflage Oktober 2001

Alle Rechte vorbehalten
© B. G. Teubner Stuttgart/Leipzig/Wiesbaden, 2001

Der Verlag B. G. Teubner ist ein Unternehmen der Fachverlagsgruppe Bertelsmann Springer.
www.teubner.de

Das Werk einschließlich aller seiner Teile ist urheberrechtlich geschützt. Jede Verwertung außerhalb der engen Grenzen des Urheberrechtsgesetzes ist ohne Zustimmung des Verlags unzulässig und strafbar. Das gilt insbesondere für Vervielfältigungen, Übersetzungen, Mikroverfilmungen und die Einspeicherung und Verarbeitung in elektronischen Systemen.

Die Wiedergabe von Gebrauchsnamen, Handelsnamen, Warenbezeichnungen usw. in diesem Werk berechtigt auch ohne besondere Kennzeichnung nicht zu der Annahme, dass solche Namen im Sinne der Warenzeichen- und Markenschutz-Gesetzgebung als frei zu betrachten wären und daher von jedermann benutzt werden dürften.

Umschlaggestaltung: Ulrike Weigel, www.CorporateDesignGroup.de
Druck und buchbinderische Verarbeitung: Lengericher Handelsdruckerei, Lengerich
Gedruckt auf säurefreiem und chlorfrei gebleichtem Papier.
Printed in Germany

ISBN 3-519-35226-5

Vorwort

Das Standardwerk über Bauwerksabdichtungen von Karl Lufsky, das letztmalig 1983 in der 4. Auflage erschien, bedurfte einer vollständigen Überarbeitung, um den neuesten Stand der Technik auf dem Gebiet der Abdichtung zu erfassen und um auch eine Anpassung an die technischen Regelwerke – insbesondere DIN 18195 (Fassung 08.2000) – herbeizuführen. Gegenüber der 4. Auflage wurden folgende Abschnitte vollkommen neu bearbeitet bzw. neu aufgenommen:

– Geschichtliche Entwicklung der Abdichtungstechnik
– Baustoffe (u.a. Abschnitte über bituminöse Dickbeschichtungen, wasserundurchlässiger Beton, Bentonit)
– Berechnung bituminöser Abdichtungen und Prinzipien der Abdichtung
– Dränagen
– Wärmedämmung im Erdreich
– Bauten aus wasserundurchlässigem Beton
– Abdichtungen aus Bentonit
– Abdichtung von Brückenbauwerken
– Sanierung schadhafter Abdichtungen
– Wirtschaftlichkeitsvergleich zwischen schwarzer, weißer und brauner Wanne.

Abdichtungsarbeiten beanspruchen kosten- und mengenmäßig bei der Errichtung eines Bauwerks einen so bescheidenen Teil der Gesamtkosten (ca. 1 %), dass die Herausgabe eines Fachbuches einer Begründung bedarf: Die Notwendigkeit, ein Fachbuch über Abdichtungen herauszubringen, in dem der Stand der Technik dargestellt wird, ist im Wesentlichen dadurch gegeben, dass in Schadensfällen so hohe Kosten für die Instandsetzung der Abdichtung entstehen, dass sie in gar keinem Verhältnis zu dem vergleichsweise geringen Herstellungswert einer Abdichtung stehen. Es kommt hinzu, dass insbesondere bei bituminösen Abdichtungen oder solchen mit Kunststoffbahnen die Leckagen nicht geortet werden können und damit eine Instandsetzung schwer oder kaum noch möglich ist.

Die Wirksamkeit einer Abdichtung hängt nicht allein von ihrer fachgerechten Ausführung, sondern in entscheidendem Maße auch von ihrer Planung, also der Arbeit des Entwerfenden, ab. Es werden daher in gedrängter Form, aber erschöpfend für die Bedürfnisse der Praxis, alle die Erkenntnisse und Richtlinien zusammengestellt und an Beispielen erläutert, die von dem konstruierenden und ausführenden Baufachmann anzuwenden sind, um Schäden zu verhüten.

In diesem Sinne wünschen der Verlag, der Herausgeber und die Autoren ein allzeit schadenfreies Bauen und bitten die Leser um konstruktive Kritik, damit das Buch immer dem aktuellen Stand des Wissens angepasst werden kann.

Berlin, im Oktober 2001 *Erich Cziesielski*

Inhaltsverzeichnis

1 **Aufgabe von Bauwerksabdichtungen** 1
  Prof. Dr. Erich Cziesielski

2 **Geschichtliche Entwicklung der Abdichtungstechnik** 5
  Prof. Dr. Erich Cziesielski

3 **Beanspruchung der Bauwerke durch Wasser** 13
  Prof. Dr. Erich Cziesielski
  - 3.1 Wasserkreislauf 13
  - 3.2 Grundwasser 13
    - 3.2.1 Bildung des Grundwassers 13
    - 3.2.2 Aggressives Grundwasser 15
  - 3.3 Kapillarwasser 18
  - 3.4 Stau- und Schichtenwasser 19
  - 3.5 Sickerwasser 20
  - 3.6 Abdichtung gegen Niederschläge 20
  - 3.7 Abdichtung gegen Brauchwasser in Innenräumen 23

4 **Werkstoffe zur Bauwerksabdichtung** 29
  Prof. Dr.-Ing. Heinz Klopfer
  - 4.1 Dichtigkeitsbegriff und Anforderungen an Abdichtungen 29
  - 4.2 Bitumen-Dichtungsbahnen 31
  - 4.3 Kunststoff-Dichtungsbahnen 35
  - 4.4 Kaltselbstklebebahnen (KSK) 38
  - 4.5 Bitumendickbeschichtungen (KMB) 39
  - 4.6 Dichtungsschlämmen und Reaktionsharzbeschichtungen 43
  - 4.7 Wasserundurchlässiger Beton 45
  - 4.8 Lehm- und Bentonit-Dichtungen 48
  - 4.9 Sanierputze, Sperrmörtel, starre Zementschlämmen 49
  - 4.10 Grundierungen und Haftschlämmen 51
  - 4.11 Trennlagen, Gleitschichten, Dampfbremsen 52
  - 4.12 Schutzschichten und Schutzmaßnahmen 57
  - 4.13 Einbauteile, Verstärkungen usw. 59

5 **Berechnung bituminöser Abdichtungen und Prinzipien der Abdichtung** ... 69
  Prof. Dr. Erich Cziesielski
  - 5.1 Berechnung bituminöser Abdichtungen 69
    - 5.1.1 Viskoelastisches Verhalten von Bitumen 69
    - 5.1.2 Gleitwiderstand einer Bitumenschicht 72
    - 5.1.3 Gleiten einer Auflast auf einer geneigten Abdichtung 74

	5.1.4	Verhalten einer Abdichtung über sich langsam bewegenden Fugen (Setzungsfugen)	76
	5.1.5	Verhalten einer Abdichtung über plötzlich entstehenden Rissen (insbesondere Schwindrissen)	76
	5.1.6	Druckbelastbarkeit einer Abdichtung (bei unbehindertem Abfließen des Bitumens)	76
5.2	Schutz des Bauwerks gegen Bodenfeuchtigkeit (Sickerwasser)		79
	5.2.1	Beanspruchung des Bauwerks	79
	5.2.2	Anforderungen an den Untergrund	80
	5.2.3	Horizontale Abdichtung in den Kellerwänden (Querschnittsabdichtung)	83
	5.2.4	Abdichtung der Außenwandflächen	86
	5.2.5	Horizontale Abdichtung der Kellerfußböden	92
5.3	Dränage		93
	5.3.1	Aufgabe und Wirkungsweise einer Dränanlage	93
	5.3.2	Regelausbildung von Dränagen nach DIN 4095	98
	5.3.3	Sonderausführung von Dränanlagen	109
5.4	Abdichtung gegen nichtdrückendes Wasser		110
	5.4.1	Beanspruchung der Abdichtung	110
	5.4.2	Bauliche Erfordernisse für Abdichtungen gegen nichtdrückendes Wasser	111
	5.4.3	Materialwahl	113
	5.4.4	Konstruktionsbeispiele	116
5.5	Abdichtung gegen drückendes Wasser		121
	5.5.1	Abdichtungsprinzipien	121
	5.5.2	Materialien	133
	5.5.3	Ausführung und Konstruktionsbeispiele	135

6 Ausbildung von Bauten aus wasserundurchlässigem Beton ... 149
Dipl.-Ing. Gottfried C.O. Lohmeyer

6.1	Schwinden des Betons		149
	6.1.1	Wirksame Körperdicke	149
	6.1.2	Schwindverkürzung	150
	6.1.3	Schwindarmer Beton	153
6.2	Erwärmung des erhärtenden Betons		154
	6.2.1	Zeitpunkt der maximalen Temperatur	155
	6.2.2	Zeitpunkt des Temperaturausgleichs	156
	6.2.3	Temperaturerhöhung im Bauteil	157
6.3	Schutzmaßnahmen während des Betonierens und Erhärtens		158
	6.3.1	Arten der Nachbehandlung	159
	6.3.2	Dauer der Nachbehandlung	159
6.4	Nachweis der Eigen- und Zwangsspannungen		160
	6.4.1	Eigenspannungen (innerer Zwang)	161
	6.4.2	Zwangsspannungen (äußerer Zwang)	166
6.5	Risssicherheit von wasserundurchlässigen Betonbauteilen		172
	6.5.1	Risse im Bereich der Oberfläche (Schalenrisse)	173
	6.5.2	Risse in der Biegezugzone	173
	6.5.3	Durchgehende Risse (Spaltrisse)	175

		6.5.4	Vorgänge bei der Rissbildung	178
		6.5.5	Rechnerisch zulässige Rissbreiten	180
		6.5.6	Bemessung der Bewehrung zur Beschränkung der Rissbreite	182
	6.6		Konstruktive Durchbildung von Bauteilen aus WU-Beton	188
		6.6.1	Vorbemerkung	188
		6.6.2	Allgemeine Konstruktionsgesichtspunkte	189
		6.6.3	Nachweis der Gebrauchstauglichkeit	190
		6.6.4	Zwangbeanspruchung in Sohlplatten	191
		6.6.5	Zwangbeanspruchung in Wänden	192
		6.6.6	Wahl der Konstruktionsart und Bauweise	195
		6.6.7	Bauteilabmessungen und -schwächungen	198
		6.6.8	Sonderbauweise „Dreifachwand"	204
	6.7		Fugenausbildung	204
		6.7.1	Fugenarten	204
		6.7.2	Wirkungsweise von Fugenabdichtungen	205
		6.7.3	Ungeeignete Fugenabdichtungen	209
		6.7.4	Betonierfugen	210
		6.7.5	Scheinfugen	217
		6.7.6	Bewegungsfugen	219
		6.7.7	Verbindungen von Fugenabdichtungen	224
		6.7.8	Einbau von Fugenabdichtungen	228
	6.8		Innenausbau von Kellerbauwerken	229
		6.8.1	Tiefgaragen	230
		6.8.2	Heizungs-, Lager- und Vorratskeller	231
		6.8.3	Aufenthaltsräume im Keller	231
		6.8.4	Wasserdampfdiffusion	232
		6.8.5	Tauwasserbildung	234
		6.8.6	Zusätzliche Maßnahmen	237
	6.9		Instandsetzung	239
		6.9.1	Risse im jungen, noch verformbaren Beton	239
		6.9.2	Risse im jungen, schon erhärtenden Beton	239
		6.9.3	Nicht abzudichtende, selbstheilende Risse	240
		6.9.4	Risse im erhärteten Beton	240
		6.9.5	Poröse Betonbereiche	243
		6.9.6	Fehlerhaft eingebaute Fugenbänder	245
		6.9.7	Abdichtung durch Injektionsschleier im Baugrund	245

7 Abdichtung mit Bentonit ... 251
Dr.-Ing. Ralf Ruhnau

7.1		Abdichtungseigenschaften von Bentonit	251
7.2		Funktionsweise von Bentonitschichten als Abdichtung	251
7.3		Voraussetzungen für den Einsatz von Bentonitabdichtungen	254
7.4		Ausführung von Bentonitabdichtungen	254
	7.4.1	Abdichtung mit Bentonitsuspensionen (Schleierinjektionen)	254
	7.4.2	Abdichtung mit Bentonitpanels	255
	7.4.3	Abdichtung mit Kombinationen aus Bentonitschichten und Kunststoffbahnen	257
7.5		Konstruktive Durchbildung von Bauteilen mit Bentonitabdichtungen	258

8 Wärmedämmung im Erdreich ... 263
Prof. Dr. Erich Cziesielski

- 8.1 Problemstellung ... 263
- 8.2 Baurechtliche Situation im Hinblick auf die Perimeterdämmung ... 264
- 8.3 Anforderungen an Dämmstoffe für Perimeterdämmungen ... 265
- 8.4 Eigenschaften von Dämmstoffen im Hinblick auf die Eignung als Perimeterdämmung ... 266
  - 8.4.1 Wassereindringverhalten ... 266
  - 8.4.2 Wasserdampf-Diffusionswiderstandszahl ... 266
  - 8.4.3 Druckfestigkeit ... 266
  - 8.4.4 Frost-Taubeständigkeit ... 267
  - 8.4.5 Wärmeleitfähigkeit der Perimeterdämmungen ... 268
  - 8.4.6 Beständigkeit von Dämmstoffen im Erdreich ... 268
- 8.5 Ausbildung von Fundamentplatten und Kelleraußenwänden mit Perimeterdämmung ... 269
  - 8.5.1 Randbedingungen für die konstruktive Ausbildung von Bauteilen mit einer Perimeterdämmung ... 269
  - 8.5.2 Bauteile mit einer Abdichtung entsprechend DIN 18195 und einer Perimeterdämmung ... 269
  - 8.5.3 Bauteile aus wasserundurchlässigem Beton mit einer Perimeterdämmung ... 274
- 8.6 Zusammenfassung ... 283

9 Ausführungsbeispiele mit Bitumenabdichtungen ... 285
Dipl.-Ing. Detlef Stauch

- 9.1 Anforderungen an den Untergrund ... 285
- 9.2 Verarbeitung von flüssigen Bitumenmassen ... 285
- 9.3 Klebearten ... 286
- 9.4 Allgemeine Anforderungen an Bauwerksabdichtung mit Bitumenwerkstoffen ... 292
- 9.5 Gebäude im Bereich von Erdfeuchte ... 294
- 9.6 Innenabdichtung eines Bades ... 297
- 9.7 Abdichtung eines Balkones ... 299
- 9.8 Abdichtung einer Dachterrasse ... 300
- 9.9 Abdichtungen gegen nichtdrückendes Wasser von hoch beanspruchten Flächen.. 301
- 9.10 Abdichtungen eines Gebäudes gegen Grundwasser ... 305
- 9.11 Abdichtungen gegen aufstauendes Sickerwasser ... 306

10 Ausführungsbeispiele aus WU-Beton ... 307
Dipl.-Ing. Gottfried C.O. Lohmeyer

- 10.1 Gebäude des Hochbaus im Sickerwasser- und Grundwasserbereich ... 307
  - 10.1.1 Konstruktion von Kellern aus WU-Beton ... 307
  - 10.1.2 Leistungsbeschreibung für einen Keller aus WU-Beton ... 308
- 10.2 Tunnel im Sickerwasser- und Grundwasserbereich ... 311
  - 10.2.1 Konstruktion ... 311
  - 10.2.2 Anforderungen ... 313
  - 10.2.3 Maßnahmen zur Verminderung der Rissbildung ... 314

10.3	Trogbauwerke für Verkehrswege	316
	10.3.1 Konstruktion und Bemessung	316
	10.3.2 Ausführung	316
10.4	Schwimmbecken	319
10.5	Trinkwasserbehälter	321
10.6	Klärbecken	323

11 Ausführungsbeispiele mit Bentonitabdichtungen 325
Dr.-Ing. Ralf Ruhnau

12 Abdichtung von Fahrbahnen und Gehwegen auf Brücken, Trog- und Tunnelsohlen 329
Prof. Dr.-Ing. Manfred Specht

12.1	Notwendigkeit und Beanspruchung von Brückenabdichtungen	329
12.2	Straßenbrücken	330
	12.2.1 Entwicklung der Belagsaufbauten von Betonbrücken	330
	12.2.2 Gegenwärtige Regellösungen für Abdichtungen auf Beton	335
	12.2.3 Tabellarische Zusammenfassung der drei Bauarten für Brückenbeläge auf Fahrbahntafeln aus Beton	355
	12.2.4 Gegenwärtige Regellösungen für Abdichtungen auf Stahl	359
12.3	Eisenbahnbrücken	362
12.4	Brücken für U-Bahnen in Hochlage	366
12.5	Geh- und Radwegbrücken	366
12.6	Trog- und Tunnelsohlen	367
12.7	Entwässerung der Verkehrsflächen	369

13 Sanierung von Abdichtungen 377
Dipl.-Ing. Michael Bonk

13.1	Vorbemerkungen zur Sanierung von Abdichtungen	377
13.2	Abdichtungsunabhängige Feuchtigkeitseinflüsse	379
	13.2.1 Tauwasser	379
	13.2.2 Bauwasser	380
	13.2.3 Niederschläge	381
13.3	Ortung von Leckagen	381
13.4	Diagnostik zur Ermittlung der Schadensursache	385
13.5	Sanierungsplanung	390
13.6	Sanierung bei kapillar aufsteigender Feuchtigkeit	392
	13.6.1 Maueraustauschverfahren	394
	13.6.2 Rammverfahren	394
	13.6.3 Mauersägeverfahren	395
	13.6.4 V-Schnittverfahren	398
	13.6.5 Injektionsverfahren	399
	13.6.6 Elektrophysikalische Verfahren	402
13.7	Sanierung bei hygroskopisch bedingter Feuchtigkeit	404
	13.7.1 Entsalzungsverfahren	404
	13.7.2 Sanierputze	406
13.8	Sanierung bei Undichtigkeiten	408

	13.8.1 Außenwandabdichtung	409
	13.8.2 Sohlplattenabdichtung	412
	13.8.3 Wasserdruckhaltende Innenwanne	415
	13.8.4 Flächen- und Schleierinjektionen	417
13.9	Reduzierung der Wasserbeanspruchung	419
	13.9.1 Ringdränagen	419
	13.9.2 Sickerdolen	421

14 Kostenvergleich zwischen weißer, schwarzer und brauner Wanne ... 425
Dipl.-Ing. Jürgen Schlicht

14.1	Dichtungs- und Bausysteme	425
14.2	Modell-Gebäude für den Kostenvergleich	426
14.3	Kostenermittlung für die Dichtungssysteme	426
	14.3.1 Kalkulationsgrundlagen	426
	14.3.2 Kostenrelevante Randbedingungen und Zuordnungen	426
	14.3.3 Kosten für das System „Weiße Wanne"	428
	14.3.4 Kosten für das System „Schwarze Wanne"	429
	14.3.5 Kosten für das System „Braune Wanne"	430
	14.3.6 Vergleichende Auswertung	431
14.4	Kosten von zusätzlichen Ausbau-Elementen	432
	14.4.1 Anstriche auf Sohle und Wänden	432
	14.4.2 Fliesen	432
	14.4.3 Räume mit hohen Anforderungen an geringer Raumluftfeuchtigkeit	432
14.5	Zusammenfassung	433

1 Aufgabe von Bauwerksabdichtungen

Von Prof. Dr. Erich Cziesielski

Das Abdichten von Bauwerken soll verhindern, dass Wasser – gleich welcher Art und Herkunft – einen schädigenden Einfluss auf das Bauwerk, seine Teile oder Innenräume ausübt (Bild 1.1).

Bild 1.1: Überfluteter Keller auf Grund einer unzureichenden Abdichtung

Dabei handelt es sich zunächst um Wasser, das entweder als Niederschlag die oberirdischen Teile des Bauwerks, oder nach dem Eindringen in den Baugrund als unterirdisches Wasser die erdberührten Teile des Bauwerks beansprucht (Bild 1.2).

Nur bedingt gehören jedoch Arbeiten des Dachdeckerhandwerks zum Aufgabengebiet der Bauwerksabdichtung. Dachdeckerarbeiten unterscheiden sich darin, dass alle Dachdeckungen, auch die so genannten Dachabdichtungen, weitgehend frei liegen bzw. nur mit einem Oberflächenschutz – z.B. aus Kies – versehen sind, und daher regelmäßig gewartet werden können bzw. werden müssen. Zum Gebiet der Bauwerksabdichtung hingegen gehören alle Abdichtungen, die ständig bedeckt sind; sie können daher nur schwer oder in der Regel überhaupt nicht mehr gewartet werden, noch ist es möglich, Schäden auszubessern, ohne Vorarbeiten durchzuführen, die meist umfangreicher sind als das Beheben des eigentlichen Schadens.

Die Bauwerksabdichtung hat ferner Bauwerke oder Bauteile gegen **Gebrauchswasser** zu schützen. Hierbei kann es sich um gespeichertes Wasser handeln, also um Behälterbauwerke im weitesten Sinne oder um Innenräume von Bauwerken, so genannte „Nassräume", deren Fußboden- und Wandflächen dem Gebrauchswasser ausgesetzt sind, wie Duschanlagen, Waschküchen usw.

Bild 1.2: Aufsteigende Feuchtigkeit im Mauerwerk

Die Aufgabe der Abdichtung ist es darüber hinaus, das Bauwerk auch gegen den Angriff von **Chemikalien** zu schützen, die sich unter gewöhnlichen Umständen im Erdboden befinden und mit dem unterirdischen Wasser an die Bauteile gelangen können.

Im Allgemeinen enthält das unterirdische Wasser nur geringe Beimengungen von Chemikalien, die aber unter Umständen schädigend auf Beton und Mörtel einwirken können. Gegen diese Stoffe sind Hautabdichtungen, die als äußere Schicht auf dem Bauwerk aufgebracht werden, in der Regel voll widerstandsfähig. Alle weiter gehenden Maßnahmen, z.B. der Schutz von Bauteilen gegen Abwässer chemischer Werke, der Bau von Öl- und Säurebehältern oder die Abdichtung von Deponien gehören zum Gebiet der Spezialabdichtungen und werden hier nicht behandelt.

Kennzeichnend für alle Abdichtungsarbeiten ist, dass der verhältnismäßig geringe Handelswert der Abdichtung in hohem Gegensatz zu ihrem sehr hohen Gebrauchswert steht; dessen Größe kann nur am negativen Beispiel gemessen werden, nämlich an der Höhe der im Schadensfalle entstehenden Kosten. Diese Kosten sind hoch, weil, wie schon erwähnt, die Abdichtungen kaum bzw. überhaupt nicht mehr zugänglich sind. Je nach Lage der Schadensstelle und der Art des Wasserangriffs, vor allem unterhalb der Grundwasserlinie, können allein durch das Freilegen der beschädigten oder unwirksamen Abdichtung Kosten entstehen, die ihren Handelswert um das Mehrtausendfache überschreiten. Hinzu kommt oft die Schwierigkeit – insbesondere bei Hautabdichtungen –, die genaue Lage der Schadensstelle überhaupt festzustellen. Hier sind Bauwerke aus wasserundurchlässigem Beton gegenüber den mit äußeren Hautabdichtungen versehenen Bauwerken im Vorteil, da Leckagen in der Regel leichter geortet und nachgearbeitet werden können.

Der geringfügige Kostenaufwand, den der Titel „Abdichtungsarbeiten" im Gesamtkostenanschlag beansprucht, verleitet den Bauplaner oft dazu, diese Arbeiten als nebensächlich anzusehen. Auch im Bewusstsein der Öffentlichkeit spielen sie kaum eine Rolle, denn dem Nutzer

1 Aufgabe von Bauwerksabdichtungen

eines wirksam abgedichteten Bauwerks, also dem bautechnischen Laien, ist von dem Vorhandensein der Abdichtung meist überhaupt nichts bekannt.

Die Wirksamkeit einer Abdichtung hängt nicht allein von der einwandfreien handwerklichen Ausführung der Abdichtung ab, sondern auch vom Entwurf und in ebenso hohem Maße auch von der Tragwerksplanung. Darum wenden sich die folgenden Ausführungen nicht nur an den Abdichtungsfachmann, den Spezialingenieur und den Abdichter, die ihre Arbeit kennen und für deren Güte einzustehen haben, sondern auch an den Architekten und den Ingenieur. Sie alle haben einen Einfluss darauf, ob eine Abdichtung später ihre Aufgabe erfüllt oder nicht.

Folgen von schadhaften Abdichtungen sind:
- Eindringen des Grundwasser in das Bauwerk (Bild 1.1)
- Durchfeuchtung von Umschließungsflächen und dadurch bedingte Nutzungseinschränkung der Räume (Bild 1.3)
- verringerter Wärmeschutz durchfeuchteter Bauteile
- verringerte Festigkeit mancher Baustoffe im feuchten Zustand
- bei aggressivem Grundwasser Korrosion von Baustoffen (insbesondere bei Bauten aus wasserundurchlässigem Beton).

Bild 1.3: Stalaktitenausbildung im Bereich einer undichten Rampe

Zusammenfassend wird festgestellt:

Abdichtungsmaßnahmen erfordern in Planung und Ausführung besondere Sorgfalt, da Schäden – wenn überhaupt – nur schwer zu beheben sind. Nach Fertigstellung eines Bauwerkes ist die

Abdichtung in der Regel nur unter erschwerten Bedingungen zugänglich; bei großflächigen Fundamentplatten ist die Abdichtung gar nicht mehr zugänglich.

Bauwerksabdichtungen sind dadurch gekennzeichnet, dass sie in der Regel weder gewartet noch nachgebessert werden können, so dass sie für die Lebensdauer des abzudichtenden Bauwerks funktionsfähig sein müssen.

2 Geschichtliche Entwicklung der Abdichtungstechnik

Von Prof. Dr. Erich Cziesielski

Die Abdichtungstechnik mit industriell hergestellten Abdichtungsmaterialien ist relativ jung. Gleichwohl wurden aber auch schon im Altertum Bauwerke abgedichtet bzw. aus wasserundurchlässigem Beton (opus caementitium) hergestellt, wenn es darum ging, die erforderliche Wasserdichtigkeit im Bereich von Zisternen, Wasserleitungen, öffentlichen Bädern o.ä. zu erreichen.

Folgt man der Bibel, so war das erste abzudichtende „Bauwerk" die Arche Noah. Es steht im Alten Testament geschrieben:

> *Mache dir einen Kasten von Tannenholz und mache Kammern darin
> und verpiche ihn mit Pech innen und außen.*

Die Anweisungen bezüglich des Aufbringens der Abdichtungsschicht auf den „Schwimmkörper" ist präzise und ähnelt moderner Verarbeitungstechnik, wenn man an bituminöse Dickbeschichtungen denkt. Die Angaben einer erforderlichen Mindestschichtdicke findet man in der Bibel im Gegensatz zur DIN 18195 nicht, wohl vielleicht auch deswegen nicht, weil man davon ausgehen konnte, dass der „Selbstnutzer" der Arche (Noah) schon auf Grund seines Selbsterhaltungstriebes die Abdichtung handwerklich einwandfrei – d.h. auch in ausreichender Dicke – ausführen würde. Das Ganze war erfolgreich, denn sonst würde es – nach der Bibel – heute keine Menschen und Tiere geben.

Zu klären wäre noch die Frage, woher das Pech als Abdichtungsmaterial genommen wurde. Es ist davon auszugehen, dass unter Pech ein Naturasphaltprodukt verstanden wurde, das aus Bitumen mit mehr oder weniger starken Beimengungen mineralischer Stoffe bestand. Es ist bekannt, dass z.B. im heutigen Irak Erdöl auf Grund der geologischen Formation („gespannter Erdölspiegel") bis zur Erdoberfläche gelangen konnte (Bild 2.1), wo unter dem Einwirken der Sonnenstrahlung flüchtige Bestandteile des Erdöls verdampften, so dass ein bitumenähnliches Produkt entstand; es ist auch bekannt, dass in so genannten Asphaltöfen das Erdöl thermisch behandelt wurde. Andererseits wäre es auch denkbar, dass das Pech aus Natursasphaltgesteinen gewonnen wurde.

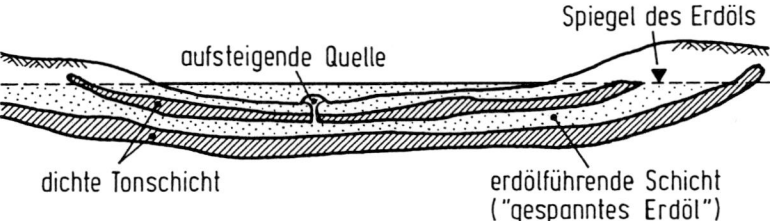

Bild 2.1: Aufsteigendes Erdöl („gespanntes Erdöl")

Eines der ältesten bekannten Bauwerke, das bituminös abgedichtet wurde, ist ein öffentliches Bad in der Stadt Mohendscho-Daro [2.1], nicht weit entfernt von der heutigen Stadt Lārkāna am Indus im heutigen Pakistan (Bild 2.2).

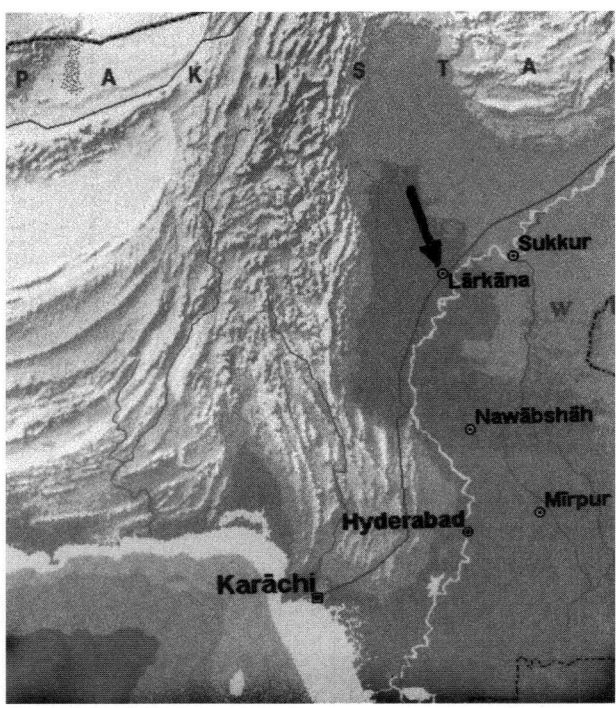

Bild 2.2: Lage von Lārkārna im heutigen Pakistan [2.5]

Mohendscho-Daro war vor ca. 4500 Jahren wohl eine der größten Städte der Welt mit ca. 40.000 Einwohnern und mit einer hoch entwickelten Wohnkultur. Die Häuser besaßen komfortable Badezimmer und Schatten spendende Innenhöfe. – In der Stadt wurde das wohl erste öffentliche Bad mit den Abmessungen von ca. 7 x 12 m vorgefunden (Bild 2.3) [2.1]. Die Wände des Bades bestanden aus zwei durch eine Fuge getrennte Mauerwerksschichten, wobei die Fuge zur Abdichtung mit Bitumen verfüllt worden war. – Aus bis heute unbekannten Gründen wurde die Stadt von ihren Einwohnern aufgegeben; nur die Ruinen zeugen noch von den städtebaulichen und bautechnischen Leistungen jener Zeit.

In der Antike wurde von den Römern eine andere Art der Abdichtung verwendet, nämlich ein wasserundurchlässiger Mörtel (opus caementitium). Mit diesem Mörtel wurden Zisternen, Wasserleitungen, Bäder und Talsperren errichtet. Der Begriff opus caementitium setzt sich aus den Worten *opus* (= Werk, Bauteil, Bauverfahren) und *caementitium* (= behauener Stein, Bruchstein, Zuschlag) zusammen; im Laufe der Zeit entwickelte sich daraus nach einem Begriffswandel unser heutiges Wort Zement.

Vitruv, der Heeresbaumeister Caesars, hat in seinen 10 Büchern über die Architektur [2.2] folgende Rezepturanweisungen für die Herstellung eines weitgehend wasserundurchlässigen Mörtels aufgeführt:

> *... Die besten Sande knirschen, wenn man sie in der Hand reibt; erdhaltiger Sand wird keine Schärfe besitzen. Eine andere Eignungsprüfung besteht darin, dass ein Sand über ein weißes Laken verstreut und dann herausgeschüttelt wird; das Laken darf*

nicht beschmutzt sein und es darf sich keine Erde darauf absetzen. Für die Herstellung eines Mörtels wird gelöschter Kalk verwendet. Bei Grobsand sind drei Teile Sand und ein Teil Kalk vorteilhaft.

Bild 2.3: Öffentliches Bad in Mohendscho-Daro [2.1] (Foto: Focus-Verlag)

Bild 2.4: Schnittfläche eines wasserundurchlässigen Betons (opus caementitium) – 1. Jahrhundert n. Chr. [2.3]

Von *Lamprecht* [2.3] sind die Eigenschaften der „Betone" untersucht worden; in Bild 2.4 ist die Schnittfläche eines Betons dargestellt; dieser Beton ist einem Wasserbecken aus dem Martinsviertel in Köln entnommen worden.

In den Bildern 2.5 und 2.6 sind die Querschnitte der römischen Wasserleitung dargestellt, die von der Eifel nach Köln führte (Bauzeit 1. und 2. Jahrhundert n.Chr.).

 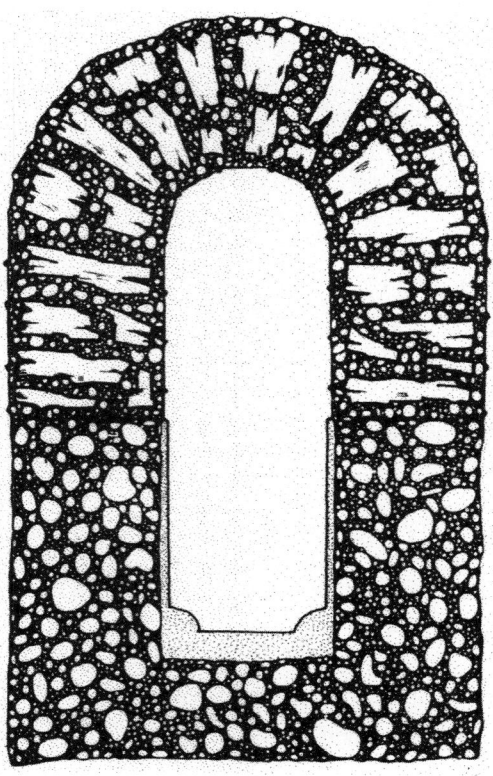

Bild 2.5: Querschnitt einer römischen Wasserleitung aus der Eifel nach Köln [2.3]

Bild 2.6: Prinzipskizze des Querschnittes einer römischen Wasserleitung. Bauzeit: 1. und 2. Jahrhundert n. Chr. [2.3]

Die Wasserleitungen wurden auf Empfehlung Vitruvs mit einem weitgehend konstanten Gefälle von 0,5 bis 1 % verlegt. Soweit die Wasserleitungen über Täler geführt werden mussten, wurden sie auf Brücken – den Aquädukten – verlegt. Eines der berühmtesten Aquädukte ist die Pont du Gard bei Nimes in Frankreich (Bild 2.7); es spannt über eine Länge von 269 m und weist eine Höhe von ca. 50 m auf. Die drei übereinander angeordneten Bögen bestehen aus mörtellos gefügten Steinquadern; die darüber angeordnete Wasserleitung besteht aus opus caementitium.

2 Geschichtliche Entwicklung der Abdichtungstechnik

Bild 2.7: Aquädukt Pont du Gard in Nimes/Frankreich [2.3]

Ein weiteres bedeutendes Bauwerk aus wasserundurchlässigem Beton (opus caementitium) stellt die Zisterne am Stadtrand von Istanbul/Türkei dar (Bild 2.8). Das oben offene Bauwerk mit 11 m hohen Mauern aus „WU-Beton" hat eine Grundfläche von 127 x 76 m und fasst etwa 100.000 m³ Wasser. Das Bauwerk wurde im 5. Jahrhundert n. Chr. errichtet. Die Aufnahme des Wasserdruckes wurde dadurch erreicht, dass die Wände bogenförmig ausgeführt wurden und sich gegenseitig abstützten.

Bild 2.8: Fildami-Zisterne in Istanbul/Türkei [2.3]

In der Antike – aber auch im Mittelalter – war die Abdichtung von Bauwerken auf besondere Bauwerke beschränkt, bei denen aus funktionalen Gründen eine Abdichtung zwingend erforderlich war. Die üblichen Gebäude wurden in der Regel nicht abgedichtet, weil eine Unterkellerung unterblieb und die Dächer meistens als Steildächer ausgeführt wurden. Eine Abdichtungstechnik (im Sinne eines Schutzes für das Bauwerk) entstand erst mit der Entwicklung geeigneter und in großer Menge zur Verfügung stehender Abdichtungsmaterialien sowie mit dem gleichzeitig einsetzenden verstärkten Bedarf nach Bauwerken, die aus funktionalen Gründen abgedichtet werden mussten (Entwicklung von Flachdächern, höhere Ausnutzung städtischer Flächen durch unterirdische Verkehrswege, Tiefgaragen, Parkhäuser u.ä.).

Zeitlicher Überblick zur Entwicklung der Abdichtungstechnik in neuerer Zeit:

1828	Entwicklung der Gasbeleuchtung. Das Leuchtgas wurde durch Verkoken von Steinkohle gewonnen; als Abfallprodukt entstand Teer. – Entwicklung von Teerdachpappen; zögernde Entwicklung, da Steildächer dominierten und Tiefgründungen selten ausgeführt wurden.
1890	Serielle Fertigung von Teerdachbahnen mit Einlagen aus Filz und anderen Geweben.
1920	Entwicklung der Auto- und Flugzeugindustrie. Zur Gewinnung von Treibstoffen wurde Erdöl destilliert, wobei Bitumen als Detillationsrückstand in großen Mengen anfiel. Das Abfallprodukt Bitumen wurde im Straßenbau und für Abdichtungszwecke verwendet.
1931	„Vorläufige Anweisung für Abdichtungen von Ingenieurbauten" (AIB). Richtlinien der ehemaligen Deutschen Reichsbahn.
1932	DIN 4031 „Wassdruckhaltende Dichtungen" für unterirdische Verkehrsbauten (U-Bahn).
1935	Entwicklung von Kunststofffolien (Oppanol, Igelit).
Nach 1945:	Entwicklung von Dichtungsbahnen mit anorganischen Trägerbahnen – insbesondere mit Glasfasern bzw. Glasgewebe –, neue Kunststoffbahnen. – Entwicklung neuer Verarbeitungstechniken wie Spritzbitumen mit Fasereinlagen, Schweißtechniken (Bild 2.9), Klebetechniken, kunststoffmodifizierte Bitumendickbeschichtungen.
1972	Ansätze zur Berechnung bituminöser Bauwerksabdichtungen durch Braun, Metelmann u.a. [2.4]. Entwicklung wasserundurchlässiger Betone, Sperrmörtel, Dichtungsschlämmen.
2000	DIN 18195 „Bauwerksabdichtung", bestehend aus 6 Teilen, die auf der 1983 erschienenen Vorgängernorm beruht.

2 Geschichtliche Entwicklung der Abdichtungstechnik

Bild 2.9:
Verarbeiten von
Schweißbahnen

Literatur

[2.1] Scarre, C.: Die siebzig Weltwunder. Die geheimnisvollsten Bauwerke der Menschheit und wie sie errichtet wurden. Verlag zweitausendeins, Frankfurt/M., 1999

[2.2] Vitruv: Zehn Bücher über Architektur. Adademie-Verlag, Berlin, 1964

[2.3] Lamprecht, H.-O.: Opus Caementitium. Beton-Verlag, Düsseldorf, 1984

[2.4] Braun, E. u.a.: Die Berechnung bituminöser Bauwerksabdichtungen. Arbeitsgemeinschaft der Bitumen-Industrie e.V., 1976

[2.5] Microsoft Encarta Weltatlas, Version 98

3 Beanspruchung der Bauwerke durch Wasser

Von Prof. Dr. Erich Cziesielski

3.1 Wasserkreislauf

In der Natur besteht ein Wasserkreislauf (Bild 3.1): Der Niederschlag beansprucht zunächst das Bauwerk in Form von Regen bzw. Schnee und fließt dann entweder auf der Erdoberfläche zum nächstgelegenen Vorfluter ab (Bach, See, Fluss o.ä.) bzw. der Niederschlag versickert im Boden. Das im Erdreich versickerte Wasser reichert das vorhandene Grundwasser an. In Abhängigkeit von der Einbindungstiefe des Bauwerks in das Erdreich wird das Bauwerk unterschiedlich durch das im Erdreich vorhandene Wasser beansprucht (vgl. Abschnitte 3.2 bis 3.5).

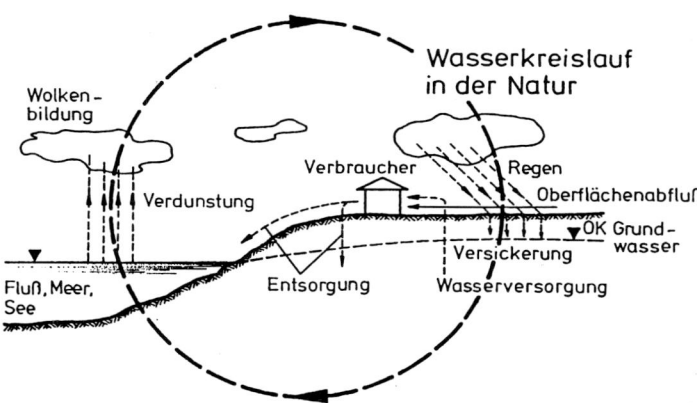

Bild 3.1: Wasserkreislauf in der Natur

Das Grundwasser steht in Verbindung mit den Vorflutern. Aus den Vorflutern verdunstet das Wasser zum Teil; es bilden sich Wolken, die unter dem Einfluss von Luftströmungen in Richtung Land getrieben werden, wo sie als Niederschlag zur Erde gelangen. Damit ist dann der Kreislauf des Wassers geschlossen.

3.2 Grundwasser

3.2.1 Bildung des Grundwassers

Als Grundwasser wird jede unterirdische Wasseransammlung auf wasserhemmenden Bodenschichten oder praktisch undurchlässigem Gestein bezeichnet, die je nach der Lage und Form dieser Schichten entweder ein stehendes Gewässer oder einen langsamfließenden Strom bildet.
Dabei hat die Oberfläche dieses Wassers, der Grundwasserspiegel, im Allgemeinen nicht die Form einer waagerechten Ebene, sondern sie ist mehr oder weniger konvex gekrümmt, da das Grundwasser niemals ganz zur Ruhe kommt, auch da nicht, wo es praktisch mit einem See, also einem stehenden Gewässer, verglichen werden kann.

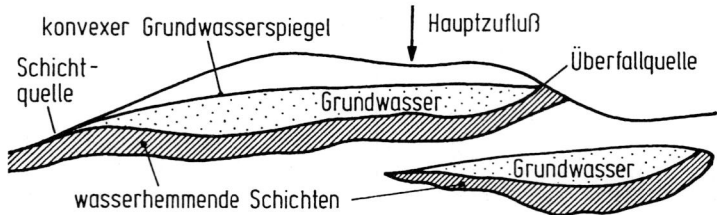

Bild 3.2: Anstauendes Grundwasser über wasserhemmende Bodenschichten

Bild 3.2 zeigt das Schema eines Grundwasserbeckens. Der höchste Punkt des Grundwasserspiegels befindet sich in der Nähe des Hauptzuflusses. An den Rändern der wasserhemmenden Gesteinsschichten ist die Bildung von Quellen erkennbar. Liegt die Austrittsstelle des Wassers tiefer als die wasserhemmende Schicht an der Hauptzuflussstelle, so spricht man von einer Schichtquelle; liegt sie höher, so handelt es sich um eine Überfallquelle. – Aufsteigende Quellen entstehen, wenn zwischen zwei undurchlässige oder wasserhemmende Schichten eingespanntes Grundwasser infolge des Durchbrechens der oberen Schicht an einer Stelle zu Tage tritt, die tiefer liegt als die Oberfläche des Grundwasserspiegels (Bild 3.3).

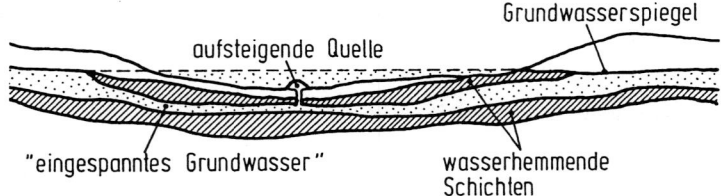

Bild 3.3: Aufsteigende Quelle aus einem gespannten Grundwasserspiegel durch eine Öffnung in der oberen wasserhemmenden Bodenschicht

Schwankungen des Grundwasserspiegels sind in erster Linie eine Folge des jahreszeitlich bedingten Wechsels der zum Grundwasserbecken zusickernden Niederschlagsmengen. Sie unterliegen, wie an der Periodizität der Ergiebigkeit von Überfallquellen beobachtet werden konnte, ebenso dem Gezeitenwechsel wie das Meereswasser.

Zusammenfassend wird festgestellt: Grundwasser ist jenes unterirdische Wasser, das die Hohlräume des Bodens zusammenhängend ausfüllt. Es unterliegt nur der Schwere. Das Grundwasser übt auf eintauchende Bauwerke einen hydrostatischen Druck aus.

Der Grundwasserspiegel in gut wasserdurchlässigen Böden (Sand, Kies) kann durch Bohrungen festgestellt werden, wobei in die Bohrung eine „Brunnenpfeife" (Wirkungsweise ähnlich der einer Teekesselpfeife) abgelassen wird; beim Ertönen des Pfeiftones wird die Länge der abgelassenen Schnur gemessen. Der festgestellte Messwert stellt die Höhe des augenblicklichen Grundwasserpegels dar. Bei wenig wasserdurchlässigen Böden (Schluff, Ton, u.ä.) muss bis zur Durchführung der Messung in der Bohrung genügend Zeit verstreichen, damit das Grundwasser in die Bohrung nachströmen kann. Da der Grundwasserspiegel erheblichen Schwankungen unterliegen kann, sollte der höchste Grundwasserspiegel, der für die Auslegung der erforderlichen Abdichtungsmaßnahme maßgebend ist, auf Grund langjähriger Beobachtungen festgelegt werden. Für die langjährigen Beobachtungen sind in weiten Teilen Deutschlands

Messstationen errichtet. Die anfallenden Messergebnisse werden von den jeweils zuständigen Wasserwirtschaftsämtern zur Verfügung gestellt.

3.2.2 Aggressives Grundwasser

Im Grundwasser können Stoffe enthalten sein, die aggressiv und korrodierend z.B. auf Bauten aus wasserundurchlässigen Beton einwirken. Soweit Bauwerke mit Außenhautabdichtungen mit Abwässer in Berührung kommen, ist deren Angriffswirkung auf die Abdichtung ebenfalls zu untersuchen. Hinweise für die Aggressivität des Grundwassers können eine dunkle Färbung, fauliger Geruch, Aufsteigen von Gasblasen (Sumpfgas, Kohlenstoffdioxid) u.ä. sein. Mit Sicherheit sind die betonangreifenden Bestandteile jedoch nur durch eine chemische Analyse (DIN 4030-2) festzustellen. In Tabelle 3.1 ist der Untersuchungsumfang für die chemische Analyse des vorhandenen Grundwassers dargestellt. Die Vorgehensweise bei der Untersuchung des Grundwassers ist in Bild 3.4 dargestellt.

Nach DIN 4030-1 und -2 (Fassung 06.1991) wird das Vorkommen betonangreifender Stoffe im Wasser wie folgt angegeben:

– Meerwasser
– Meerwasser in Mündungsbereichen und Brackwasser (stark betonangreifend)
– Gebirgs- und Quellwasser (gelegentlich kalklösende Kohlensäure und Sulfate)
– Moorwasser (kalklösende Kohlensäure, Sulfate und Huminsäuren)
– Abwasser (können anorganische aber auch organische betonangreifende Bestandteile enthalten (Analyse erforderlich)).

Tabelle 3.1: Untersuchungsumfang nach DIN 4030-2

Merkmale	Schnellverfahren nach DIN 4030 Teil 2/06.91, Abschnitt 4	Referenzverfahren nach DIN 4030 Teil 2/06.91, Abschnitt 5
Farbe	+	+
Geruch (unveränderte Probe)	+	+
Temperatur	+	+
Kaliumpermanganatverbrauch		+
Härte	+	+
Härtehydrogencarbonat	+	+
Differenz zwischen Härte und Härtehydrogencarbonat [1]		+
Chlorid (Cl^-)	+	+
Sulfid (S^{2-})		+
pH-Wert	+	+
Kalklösekapazität	+	+
Ammonium (NH_4^+)	+	+
Magnesium (Mg^{2+})	+	+
Sulfat (SO_4^{2-})	+	+

[1] Wurde in früheren Ausgaben der Norm als Nichtcarbonathärte bezeichnet

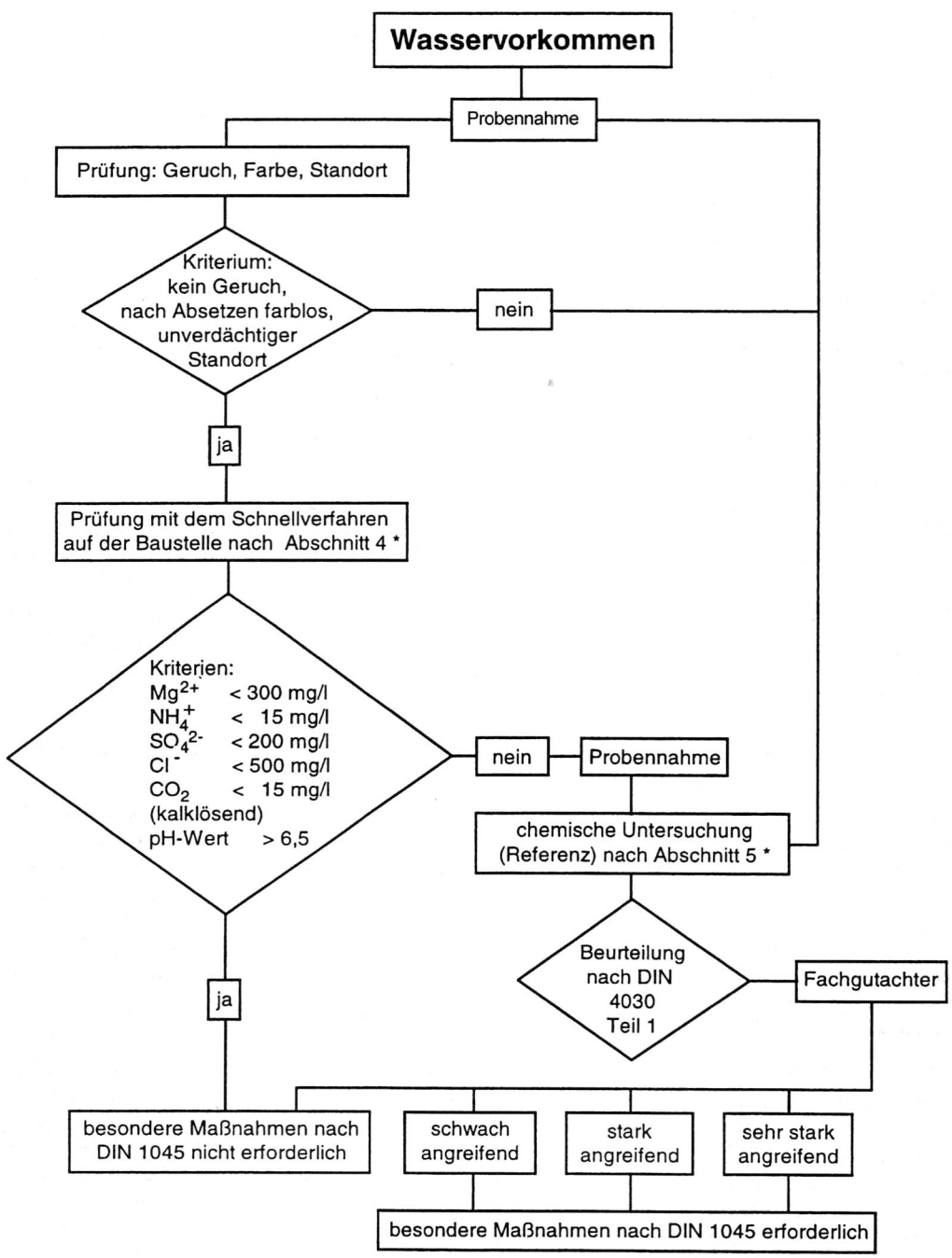

Bild 3.4: Ablauf zur Untersuchung betonangreifender Wasser nach DIN 4030
(* Untersuchungen nach DIN 4030)

3.2 Grundwasser

Der Angriffsgrad von Wasser vorwiegend natürlicher Zusammensetzung auf Beton ist entsprechend DIN 4030-2 zu bestimmen und z.B. entsprechend Tabelle 3.2 zu beurteilen. Die in Tabelle 3.2 genannten Grenzwerte gelten für stehendes und schwach fließendes Wasser, das in ausreichender Menge vorhanden ist.

Tabelle 3.2: Grenzwert zur Beurteilung des Angriffsgrades von Wasser mit vorwiegend natürlicher Zusammensetzung nach DIN 4030-2

Untersuchung	Angriffsgrad		
	schwach angreifend	stark angreifend	sehr stark angreifend
pH-Wert	6,5 bis 5,5	< 5,5 bis 4,5	< 4,5
kalklösende Kohlensäure (CO_2) mg/l (Marmorlöseversuch nach Heyer [4]	15 bis 40	> 40 bis 100	> 100
Ammonium (NH_4^+) mg/l	15 bis 30	> 30 bis 60	> 60
Magnesium (Mg^{2+}) mg/l	300 bis 1000	>1000 bis 3000	> 3000
Sulfa [1]) (SO_4^{2-}) mg/l	200 bis 600	> 600 bis 3000	> 3000

[1]) Bei Sulfatgehalten über 600 mg SO_4^{2-} je l Wasser, ausgenommen Meerwasser, ist ein Zement mit hohem Sulfatwiderstand (HS) zu verwenden (siehe DIN 1164 Teil 1/03.90, Abschnitt 4.6 und DIN 1045/07.88, Abschnitt 6.5.7.5)

Die besondere Bedeutung der Untersuchung des anstehenden Grundwassers sei an einem Schadensfall kurz erläutert:

Beim Bau eines Krankenhauses in der Nähe eines Hochmoores in Norddeutschland wurde es versäumt, das Grundwasser bezüglich seiner Aggressivität zu untersuchen. Das in das Grundwasser ragende Kellerbauwerk wurde aus wasserundurchlässigem Beton errichtet. Das anstehende Grundwasser wies einen hohen Gehalt an kalklösender Kohlensäure auf (sehr stark angreifend nach DIN 4030-1) und wies ebenfalls einen hohen Sulfatgehalt auf. Die zur Ausführung gelangte Betonrezeptur für das Kellerbauwerk mit Portlandzement trug der Aggressivität des Grundwassers nicht Rechnung.

Dem Vorschlag, eine ständige Wasserhaltung zur Abhaltung des aggressiven Grundwassers vom Bauwerk vorzunehmen, wurde seitens des Wasserwirtschaftamtes nicht zugestimmt. Dem Vorschlag, das Krankenhaus abzureißen und durch einen Neubau zu ersetzen, wurde aus Kostengründen nicht zugestimmt. Es wurde schließlich eine Sanierungsvorschlag akzeptiert, bei dem der Bauherr ein hohes Risiko einging, weil für die Art der Sanierung noch keine einschlägigen Erfahrungen vorlagen: Dem Gedanken der Sanierung lag die Überlegung zu Grunde, das auf das Bauwerk zufließende Wasser in chemischer Sicht zu neutralisieren, so dass es seine betonangreifenden Eigenschaften verliert. Aus diesem Grund wurde in Fließrichtung des Grundwassers vor dem Bauwerk ein tiefer und breiter Graben ausgehoben und mit Kalksplitt verfüllt. Beim Durchströmen des Kalksteinkoffers werden sowohl die kalklösende Kohlensäure als auch der Sulfatgehalt im Grundwasser abgebaut. Es wurde festgelegt, dass in Abständen von ca. 2 Jahren die verbleibende Wirksamkeit der Kalkschicht zu untersuchen sei und diese gegebenenfalls auszutauschen sei. Das Prinzip der Sanierung geht aus Bild 3.5 hervor.

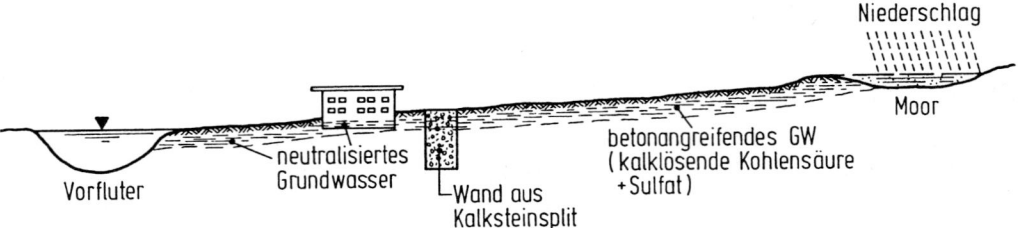

Bild 3.5: Neutralisierung eines betonangreifenden Grundwassers durch eine Wand aus Kalksplitt

3.3 Kapillarwasser

Der Teil des unterirdischen Wassers, der infolge Kapillarwirkung über den Grundwasserspiegel angehoben wird und diesen als einen Saum begleitet, wird Kapillarwasser genannt. Es wird an seiner Oberfläche von den für die Wasseroberfläche in Kapillarröhren kennzeichnenden Menisken (Oberflächen) begrenzt und steht unter Unterdruck. Die Zone des zusammenhängenden Kapillarwassers unmittelbar über dem Grundwasserspiegel bildet den „geschlossenen Kapillarsaum", die daran anschließende lufthaltige Zone zwischen den Menisken der gröbsten und feinsten Poren den „offenen Kapillarsaum" (Bild 3.6).

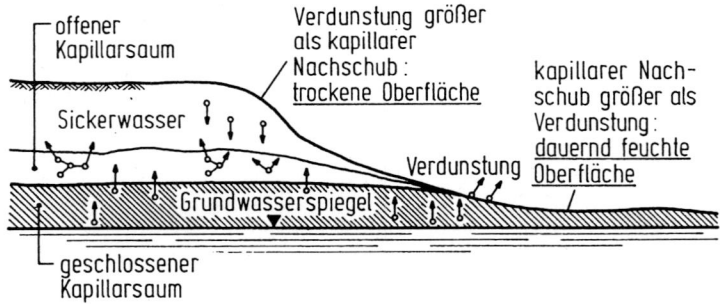

Bild 3.6: Kapillarsaum oberhalb des Grundwasserspiegels [3.3]

Der kapillare Wasseranstieg im Erdreich wird hauptsächlich von der Korngrößenzusammensetzung und von der Form und Größe der Bodenporen beeinflusst. Eine zuverlässige Berechnung der kapillaren Steighöhe ist mit Hilfe der Bodenkennwerte nicht möglich. Größenordnungsmäßig werden die Grenzen der kapillaren Steighöhe wie folgt angegeben [3.3]:

Boden	kapillare Steighöhe
nichtbindig	0,1 - 1,0 m
schwach- bis mittelbindig	bis 3 m
starkbindig	bis 10 m

3.4 Stau- und Schichtenwasser

Stauwasser

Trifft das im Erdreich versickernde Wasser (Sickerwasser) auf eine weniger wasserdurchlässige Bodenschicht, so wird es gestaut und der Porenraum in der wasserdurchlässigen Schicht füllt sich mit Wasser – dem Stauwasser (Bild 3.7). Dieses Wasser steht im zusammenhängenden Verband und übt einen hydrostatischen Druck auf Bauteile aus, die sich im Stauwasser befinden.

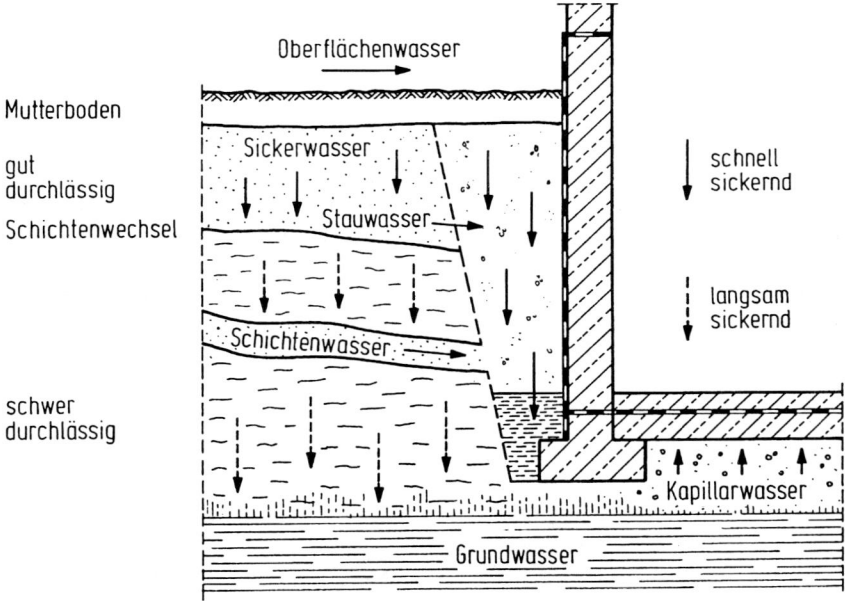

Bild 3.7: Bildung von Stau- und Schichtenwasser bei wenig bzw. schwer wasserdurchlässigen Bodenschichten

Schichtenwasser

Ist ein wenig wasserdurchlässiger Boden von gut durchlässigen Bodenschichten durchsetzt (z.B. Kiesadern im Lehmboden), so fließt das Sickerwasser vornehmlich in diesen Schichten ab (Bild 3.7). Treffen diese Schichten auf ein Bauwerk, so wird das in diesen Schichten fließende Wasser – das Schichtenwasser – angestaut und es bildet sich Stauwasser.

Das unter Druck stehende Schichten- bzw. Stauwasser beansprucht ein Bauwerk in hohem Maße; dem Auftreten von Schichtenwasser ist rechtzeitig Beachtung zu schenken. – Häufiger Schadensfall: Nach dem Ausheben der Baugrube in wenig wasserdurchlässigem Boden (z.B. Lehm) wird der Raum zwischen Bauwerk und gewachsenem, mit durchlässigem Boden bzw. mit lockerem Boden (Bauschutt, Mutterboden, Kies) verfüllt. In dem Verfüllraum stauen sich die Niederschläge, üben einen hydrostatischen Druck aus und dringen bei unzureichender Abdichtung des Gebäudes in dieses ein.

Es ist wichtig, sich darüber im Klaren zu sein, dass die Wirkungsweise des Schichten- und Stauwassers auf das Bauwerk die gleiche ist wie beim Grundwasser; ein Umstand, der oft zu wenig beachtet wird. Dies trifft besonders für den Fall zu, dass sich das Stauwasser erst durch die Herstellung des Bauwerks selbst bildet. Insbesondere übt Stauwasser ebenso wie Grundwasser einen hydrostatischen Druck aus. – In DIN 18195-6, Abschnitt 7.2.2, wird noch eine Beanspruchung durch ein *zeitweises* anstauendes Schichtenwasser formuliert, das angenommen werden darf, wenn die Gründungstiefe des Bauwerks geringer als 3 m unter Geländeoberfläche ist und wenn der anstehende Boden wenig wasserdurchlässig ist ($k < 10^{-4}$ m/s). Im Hinblick darauf, dass in der Praxis im Planungsstadium die Dauer des Anstauens zeitweise nicht erfasst werden kann, ist diese geringere Beanspruchungsart nach DIN 18195 nur mit äußerster Vorsicht – wenn überhaupt – für die Planung der Abdichtung anzuwenden.

3.5 Sickerwasser

Sickerwasser entsteht innerhalb jenes Abschnitts des Wasserkreislaufs in der Natur, währenddem Niederschläge und Schmelzwasser die Erdoberfläche berühren und in das Erdreich eindringen (Bilder 3.1 und 3.8). Das Sickerwasser füllt die Poren zwischen den einzelnen Bodenteilchen mehr oder weniger aus und sickert, der eigenen Schwere folgend, in tiefere Lagen ab. Merkmal des Sickerwassers ist seine Abwärtsbewegung innerhalb der lufthaltigen Zone des Erdreichs und weniger oder nicht die Horizontalbewegung des Wassers; eine Kapillarbewegung entgegen der Schwerkraft findet praktisch nicht statt. Wird die Abwärtsbewegung des Sickerwassers durch eine wenig wasserdurchlässige Bodenschicht aufgehalten, so kommt es zu einem Anstauen und im Allgemeinen zur Bildung eines Grundwasserbeckens bzw. zu Stauwasser. (Bild 3.8)

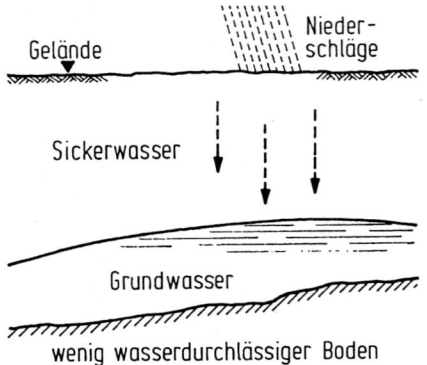

Bild 3.8:
Auftreten von Sickerwasser in gut wasserdurchlässigen Böden

3.6 Abdichtung gegen Niederschläge

Nach DIN 18195 zählen Dachabdichtungen für nichtgenutzte Dachflächen und für extensiv begrünte Dächer nicht zu den in der Abdichtungsnorm DIN 18195 geregelten Abdichtungen; sie werden in der zurzeit sich in Überarbeitung befindlichen DIN 18531 bzw. in den Flachdachrichtlinien des deutschen Dachdeckerhandwerks [3.4] geregelt. Der Grund für diese unterschiedliche Behandlung ist der, dass die in DIN 18531 geregelten Abdichtungen für Wartungs- und Reparaturmaßnahmen zugänglich sind, während erdberührte oder abgedeckte Abdichtungen kaum bzw. überhaupt nicht mehr zugänglich sind. – Ebenfalls nicht in DIN 18195 gere-

3.6 Abdichtung gegen Niederschläge

gelte und durch Niederschläge beanspruchte Abdichtungen sind die von Brücken; hierfür gelten die Vorschriften des BMVB bzw. der Deutschen Bahn AG (siehe Abschnitt 12).

Zu den nach DIN 18195 abzudichtenden Flächen gegen Niederschläge zählen:
– Intensiv begrünte Dachflächen
– Genutzte Dachflächen (Balkon- und Terrassenflächen)
– Horizontal und geneigte Flächen im Erdreich und im Freien, die – wenn überhaupt – nur einem geringen Wasserdruck von maximal 100 mm Wassersäule ausgesetzt sind (Hofkellerdecken, Parkdächer).

Die Niederschlagsintensität für die o.g. Konstruktionen wird nach DIN 1986 in der Regel zu 300 l/(s × ha) angenommen. Je nach der Fähigkeit der über der Abdichtung angeordneten Schichten Wasser zu speichern (Wasserrückhaltevermögen aber auch in Abhängigkeit von der Dachneigung), kann die Regenspende mit einem Abflussbeiwert ψ gemindert werden; z.B.:

Dächer mit $\alpha > 3°$ $\psi = 1{,}0$
Dächer mit $\alpha \leq 3°$ $\psi = 0{,}8$
Betonpflaster in Sand $\psi = 0{,}7$
Intensiv begrünte Dachflächen $\psi = 0{,}3$

Die lichten Weiten der Regenfallleitungen sind nach DIN 1986-2 in Abhängigkeit vom Dachgefälle, der Regenspende und dem Abflussbeiwert zu bemessen. Tabelle 3.3 zeigt umgerechnet die an verschiedenen Fallrohr-Nenndurchmesser anschließbaren Dachflächen für unterschiedliche maximale Regenspenden.

Tabelle 3.3: Maximal anschließbare Dachfläche in m² je Regenfallleitung nach DIN 1986-2

Max. Regenspende [l/(s × ha)]	300	400	500	300	400	500	300	400	500	300	400	500
Dachart / Nenndurchmesser der Fallrohre in mm	Dächer (> 3° Neigung) $\psi = 1{,}0$			Dächer (≤ 3° Neigung) $\psi = 0{,}8$			Betonsteinpflaster in Sand oder Schlacke verlegt $\psi = 0{,}7$			intensiv und extensiv begrünte Dächer ab 10 cm Aufbaudicke $\psi = 0{,}3$		
50	23	18	14	29	22	18	33	26	20	78	57	48
60	37	28	22	46	34	28	53	40	31	123	93	72
70	57	43	34	71	53	43	81	61	49	198	141	114
80	83	63	50	104	78	63	119	90	71	279	207	168
100	150	113	90	188	141	113	214	161	129	500	375	300
125	270	203	162	338	253	203	386	290	231	900	675	540
150	443	333	266	554	416	333	633	476	380	1476	1107	888
250	950	713	570	1188	891	713	1357	1019	814	3168	2376	1899
300	2783	2088	1670	3479	2609	2088	3976	2983	2386	9279	6957	5568

Sämtliche Dachabläufe sind durch ein Schutzgitter vor dem Eindringen von Laub, Kies o.ä. zu schützen (siehe Bilder 3.9 und 3.10).

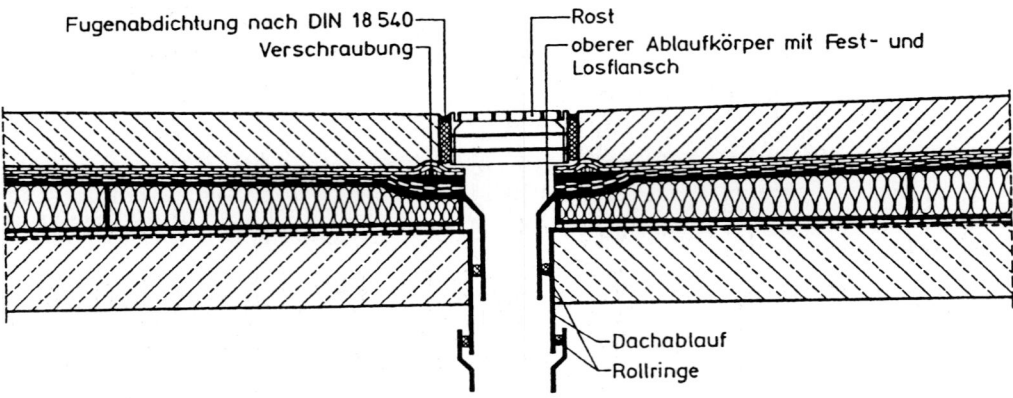

Bild 3.9a: Entwässerung eines Parkdecks

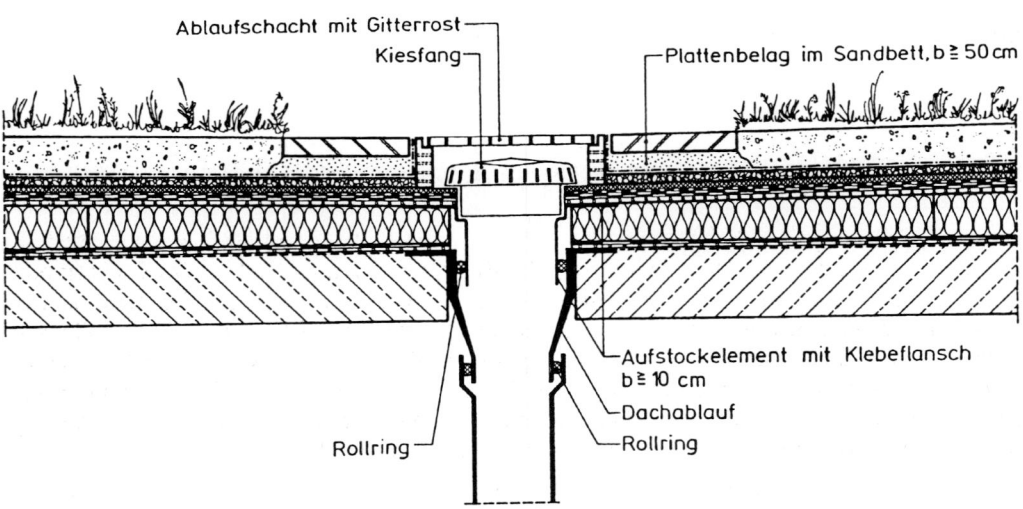

Bild 3.9b: Entwässerung eines extensiv begrünten Daches

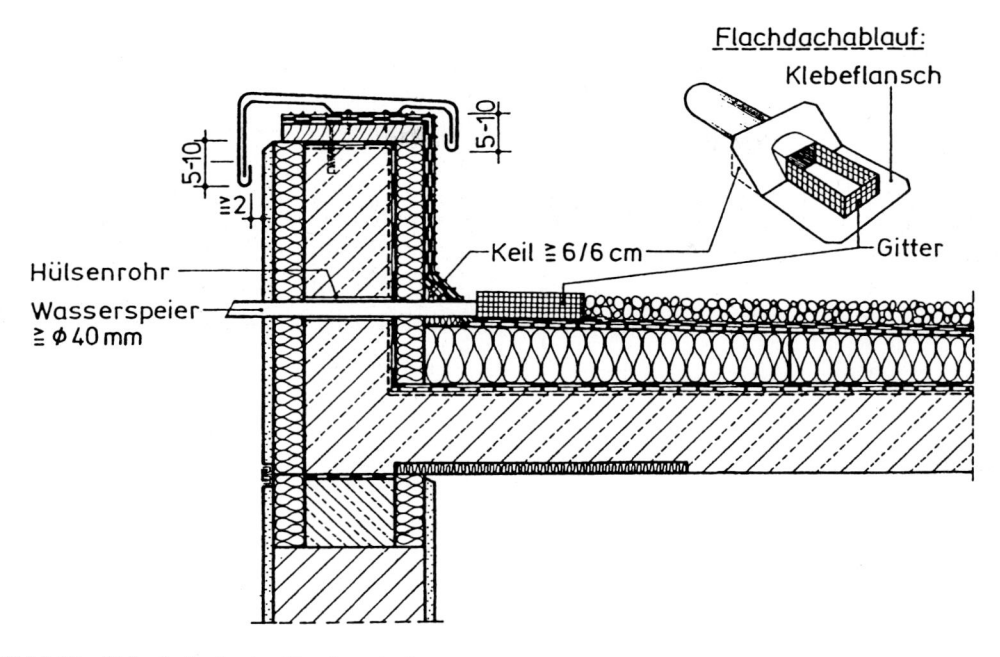

Bild 3.10: Sicherheitsüberlauf in einer Attika mit Wasserspeier

3.7 Abdichtung gegen Brauchwasser in Innenräumen

Die Beanspruchung der Abdichtung in Innenräumen wird vorwiegend durch nutzungsabhängige Faktoren wie durch die Menge und durch die Häufigkeit des anfallenden Wassers bestimmt. In Wohnungsbädern ist die Wassermenge sowohl nach Menge als auch nach die Häufigkeit als gering zu bezeichnen, während sie zum Beispiel in öffentlichen Duschräumen oder in Großküchen erheblich höher ist. Eine Quantifizierung des anfallendes Wassers kann nicht angegeben werden, da auch in Wohnungsbädern – zum Beispiel bei größeren Familien oder in Wohngemeinschaften – höhere Wassermengen anfallen können. Insbesondere Spritzwasser bei Duschen und Bädern kann zu einer erhöhten Feuchtigkeitsbeanspruchung führen.

In der Vergangenheit wurde häufig über die Notwendigkeit einer Abdichtung in Wohnungsbädern konträr diskutiert [3.5 bis 3.7]. Im Folgenden wird zum besseren Verständnis die Entwicklung der Anforderungen an Abdichtungen in Innenräumen anhand der Abdichtungsnorm DIN 18195, der Entwässerungsnorm DIN 1986 sowie der Musterbauordnung aufgezeigt [3.7]. Es wird hierbei deutlich, dass zwar im Laufe der Zeit die Vorschriften allgemeiner formuliert wurden, jedoch bei genauer Interpretation es immer noch Missverständnisse geben kann. Im Einzelnen:

Regelungen für Badabdichtungen nach den Abdichtungsnormen:

In DIN 4122 „Abdichtung von Bauwerken gegen nichtdrückendes Oberflächen- und Sickerwasser mit bituminösen Stoffen, Metallbändern und Kunststoffen", Ausgabe März 1974, wurde Folgendes ausgeführt:

> *„Abschnitt 8.1.5: In Feucht- und Nassräumen muss die Abdichtung trogartig ausgebildet werden. Sie muss im Allgemeinen an den Wänden mindestens 15 cm hoch über die Oberkante des Fußbodenbelages geführt werden. Bei Duschräumen ist es erforderlich, die Abdichtung an den Wänden mindestens 30 cm über die Duschanlage zu führen."*

Die Anforderungen waren somit im Jahre 1974 klar definiert. In der Folgenorm DIN 18195-5 „Bauwerksabdichtungen – Abdichtungen gegen nichtdrückendes Wasser", Ausgabe Februar 1984, wurden die wesentlichen Anforderungen wie folgt festgelegt:

> *„Abschnitt 6.2: Abdichtungen sind mäßig beansprucht, wenn die Verkehrslasten vorwiegend ruhend nach DIN 1055 Teil 3 sind und die Abdichtung nicht unter befahrenen Flächen liegt, die Temperaturschwankung an der Abdichtung nicht mehr als 40 K beträgt und die Wasserbeanspruchung gering und nicht ständig ist."*

> *„Abschnitt 7.1.6: Die Abdichtung von waagerechten oder schwach geneigten Flächen ist an anschließenden höher gehenden Bauteilen in der Regel 15 cm über die Oberfläche der Schutzschicht, des Belages oder der Überschüttung hochzuführen und dort zu sichern (siehe DIN 18195-9)."*

> *„Abschnitt 7.1.7: Abdichtung von Wandflächen müssen im Bereich von Wasserentnahmestellen mindestens 20 cm über die Wasserentnahmestelle hochgeführt werden."*

In DIN 18195-5 wurde der Begriff der Feucht- und Nassräume nicht mehr verwendet. Es wurde lediglich zwischen einer hohen und einer mäßigen Beanspruchung durch Brauchwasser unterschieden. Teile der Fachwelt verstanden die Herausnahme der eindeutigen Zuordnung der Feucht- bzw. Nassräume so, dass DIN 18195-5 (1984) nicht zwangsweise für Wohnungsbäder anwendbar sei. Für Wohnungsbäder ist eine geringe und nicht ständige Wasserbeanspruchung jedoch kaum zu bestreiten. Gemäß einer Auskunft des Normenausschusses DIN 18195 auf Anfrage mit Schreiben vom 05.08.1987 wurde auch bestätigt, dass die häuslichen Bäder bezüglich der Abdichtung mäßig beansprucht seien und somit die Norm DIN 18195-5 (in der Fassung von 1988) anzuwenden sei [3.5].

In der Fassung 2000 von DIN 18195 hat man die Aussage hinsichtlich der Notwendigkeit der Abdichtung gegenüber den früheren Regelungen modifiziert. Es wird zunächst ein Nassraum wie folgt definiert:

> *„Nassraum ist ein Innenraum, in dem nutzungsbedingt Wasser in solchen Mengen anfällt, dass zu seiner Ableitung eine Fußbodenentwässerung erforderlich ist."*

Befindet sich im Wohnungsbad ein Bodenablauf, so wird dieser auch als Ausguss benutzt und erzeugt damit die Beanspruchung, die dann auch eine Abdichtung nach den Vorstellungen des Normenausschusses erforderlich macht. – Nach [3.6] ist ein Badezimmer in einer Wohnung mit niveaugleicher Dusche gemäß der nach DIN 18195 vorgenommenen Definition also ein Nassraum – ein Wohnungsbadezimmer mit Duschtasse ohne getrenntem Bodeneinlauf aber nicht. – Es wird dann weiter ausgeführt, dass die unmittelbar spritzwasserbelasteten Fußboden- und Wandflächen in Nassräumen des Wohnungsbaus (also Bäder mit Bodeneinläufen) als mäßig beanspruchte Flächen gelten. Sie müssen abgedichtet werden, soweit sie nicht durch andere Maßnahmen hinreichend gegen eindringende Feuchtigkeit geschützt sind.

Nach DIN 18195-5 (Fassung 2000) brauchen Badezimmer in Wohnungen, soweit sie keinen Bodenablauf aufweisen, nicht mehr abgedichtet zu werden. Lediglich dann, wenn die Unter-

3.7 Abdichtung gegen Brauchwasser in Innenräumen

gründe feuchtigkeitsempfindlich sind (Holz, Holzwerkstoffe, Trockenbaustoffe), sind geeignete Schutzmaßnahmen zu wählen.

Unter den hochbeanspruchten Nassräumen im Sinne von DIN 18195-5 zählen durch Nutz- oder Reinigungswasser stark beanspruchte Fußboden- und Wandflächen, wie Schwimmbäder, öffentliche Duschen, gewerbliche Küchen und andere gewerbliche Nutzungen; in solchen Fällen sind nach DIN 1986 Bodeneinläufe vorzusehen.

Mit DIN 18195 (Fassung 2000) sind damit zunächst klare Regelungen hinsichtlich der Ausführung von Abdichtungen in Bädern u.ä. Räumen getroffen worden, wenn diese auch in hohem Maße diskussionsfähig sind.

Entwässerungsnorm:

In DIN 1986-1 „Entwässerungsanlagen für Gebäude und Grundstücke", Ausgabe Juni 1962 heißt es:

> „Abschnitt 4.2.2: Baderäume erhalten zweckmäßig einen Badablauf, durch den die Badewanne entleert und sogleich der Fußboden entwässert wird. Beim Einbau einer Brausewanne muss in jedem Fall ein Badablauf vorgesehen werden, der zugleich den Fußboden des Raumes entwässert. Brausewannen und Raum können auch getrennte Abläufe erhalten."

Die Anforderungen hinsichtlich der Notwendigkeit einer Badentwässerung und der somit zwangsläufig auch notwendigen Fußbodenabdichtung waren somit seinerzeit reglementiert. In der 1978 gültigen Fassung der DIN 1986 Teil 1 wurde Folgendes ausgeführt:

> „Abschnitt 6.2.3: Baderäume in Wohnungen sollen einen Badablauf erhalten, Baderäume in anderen Gebäuden (z.B. Altenheime, Hotels, Schulen) müssen einen Badablauf erhalten."

In DIN 1986-1, Ausgabe Juni 1988, wird Folgendes formuliert:

> „Abschnitt 5.2.3: Sanitärräume in Gebäuden, die ständig einem größeren Personenkreis bestimmt sind (z.B. Hotels, Schulen), müssen einen Badablauf mit Geruchsverschluss erhalten. Bäder in Wohnungen sollten einen Badablauf erhalten."

Die DIN 1986-1 (1988) ist durch eine Vornorm im Juli 1998 ergänzt/geändert worden. Hinsichtlich des Abschnittes 5.2.3 sind keine Änderungen vorgenommen worden, so dass dieser Abschnitt nach wie vor Gültigkeit besitzt. In der noch immer aktuellen Fassung der Norm wird in Bezug auf die Wohnungsbäder das Wort „sollten" verwendet, welches häufig falsch interpretiert wird. Es ist nicht so zu verstehen, dass es dem Planer freigestellt ist, ob er einen Badablauf anordnet oder nicht. In DIN 820, Teil 23 „Normungsarbeit – Gestaltung von Normen" wird das Wort „sollten" als Empfehlung/Richtlinie definiert (konjunktiv: auswählend, anratend, empfehlend).

Folgt man den Ausführungen in DIN 1986, so wird die Ausführung eines Badablaufes – auch in Wohnungsbädern – empfohlen. Die Anordnung eines Badablaufes setzt aber gleichzeitig nach DIN 18195 (2000) die Ausführung einer Abdichtung im Sinne von DIN 18195 voraus.

Bauordnung:

In der Musterbauordnung (Ausgabe 1974) heißt es in § 38 (10):

> *„Decken und Fußböden unter Räumen, die der Feuchtigkeit erheblich ausgesetzt sind, insbesondere unter Waschküchen, Aborträumen, Waschräumen ...., sind wasserundurchlässig herzustellen."*

Der Begriff „Waschraum" ist hierbei in Zusammenhang mit § 56 der Musterbauordnung zu sehen, in dem es heißt:

> *„Jede Wohnung muss einen Waschraum mit Bad oder Dusche haben, wenn eine ausreichende Wasserversorgung und Abwasserbeseitigung möglich ist."*

Mit dieser eindeutigen Interpretation des Begriffes „Waschraum" verbleibt somit festzustellen, dass die ehemals gültige Musterbauordnung eindeutige Anforderungen an Abdichtungen in Wohnungsbädern stellt. In der Musterbauordnung (Fassung 1981) und auch in dem Entwurf der Musterbauordnung (Fassung 2000) sind diese Paragraphen in der Art jedoch nicht mehr vorhanden. Zum Feuchtigkeitsschutz wird im § 16 lediglich Folgendes ausgeführt:

> *„Bauliche Anlagen müssen so beschaffen sein, dass durch Wasser, Feuchtigkeit, fäulniserregende Stoffe, durch Einflüsse der Witterung, durch pflanzliche oder tierische Schädlinge oder durch andere chemische oder physikalische Einflüsse Gefahren oder unzumutbare Belästigungen nicht entstehen."*

Zusammenfassung:

Nach DIN 1986 sollten auch im Wohnungsbau Badezimmer einen Badablauf erhalten (Empfehlung). Nach DIN 18195 (2000) ist bei Vorhandensein eines Fußbodenablaufes das Badezimmer abzudichten. – Dem steht die eindeutige Aussage ebenfalls in DIN 18195 (2000) entgegen, dass Badezimmer in Wohnungen nicht abgedichtet zu werden brauchen. – Es sei denn, die Unterkonstruktion besteht aus wasserempfindlichen Baustoffen (Holz, Holzwerkstoffen, Trockenbau).

In diesem Zusammenhang sei aber auch darauf hingewiesen, dass die Abdichtung von Bädern in Wohnungen regional unterschiedlich gehandhabt wird. In Nordrheinwestfalen beispielsweise werden kaum Abdichtungen bzw. Bodeneinläufe angeordnet, während in Berlin Bodeneinläufe eher die Regel sind. Es ist zu erwarten, dass in der Zukunft mehr und mehr im Hinblick auf die angestrebte Verbilligung des Bauens auf eine Abdichtung häuslicher Badezimmer verzichtet werden wird. Zumindest werden aber bei Vorhandensein von Bodeneinläufen (vgl. DIN 1986 in der Fassung von 1988) vereinfachte Abdichtungsverfahren verwendet werden., z.B. entsprechend den Hinweisen für die „Ausführung von Abdichtungen im Verbund mit Bekleidungen und Belägen aus Fliesen und Platten für den Innen- und Außenbereich" (Ausgabe August 2000). Es bleibt zu hoffen, dass durch die neuen Regelungen es nicht zu einer Zunahme von Bauschäden kommt (vgl. Bilder 3.11 und 3.12).

3.7 Abdichtung gegen Brauchwasser in Innenräumen

Bild 3.11: Durchfeuchtung einer 22 mm dicken Spanplatte im Badbereich, auf die als Abdichtung ein 2 mm dicker PVC-Belag oberseitig aufgebracht wurde. Die Stöße des PVC-Belages waren bereichsweise unzureichend bzw. überhaupt nicht verschweißt.

Bild 3.12: Befall eines Holzbalkens durch echten Hausschwamm im Bereich eines Bades. Die unzureichende Abdichtung bestand aus 2 Lagen PE-Folie und einem Estrich aus „WU-Beton" auf Dielung.

Literatur

[3.1] DIN 4030-1: Beurteilung betonangreifender Wässer, Böden und Gase. Grundlagen und Grenzwerte. – 06.1991

[3.2] DIN 4030-2: Beurteilung betonangreifender Wässer, Böden und Gase. – Entnahme und Analyse von Wasser- und Bodenproben. – 06.1991

[3.3] Kögler, F. und Scheidig, A: Baugrund und Bauwerk. 5. Auflage, Berlin, 1948

[3.4] Zentralverband des Deutschen Dachdeckerhandwerks: Richtlinien für die Planung und Ausführung von Dächern mit Abdichtungen. Verlag Rudolf Müller, 1991

[3.5] Klas, E.: Feuchtigkeitsschutz in Nassräumen. Fliesen und Platten, Heft 5, 1988

[3.6] Oswald, R.: Schwachstellen. db Heft 11, 1998

[3.7] Cziesielski, E. und Bonk, M.: Schäden an Abdichtungen in Innenräumen. Fraunhofer IRB Verlag, 1994

4 Werkstoffe zur Bauwerksabdichtung

Von Prof. Dr.-Ing. Heinz Klopfer

4.1 Dichtigkeitsbegriff und Anforderungen an Abdichtungen

Bezüglich der Dichtigkeit eines Werkstoffgefüges gegen Wasserdurchtritt sind drei Fälle zu unterscheiden:

a) **Absolut dicht** gegen flüssiges Wasser und diffundierende einzelne Wassermoleküle sind alle Metalle sowie die künstlichen und natürlichen Gläser. Diese Eigenschaft wird bei Stahlpanzerungen von Tunneln und Druckstollen, bei Metallfolieneinlagen in Bitumendichtungen und Dampfsperren sowie bei Schaumglas ausgenützt.

b) **Diffundierbar für einzelne Wassermoleküle,** nicht aber durchlässig für flüssiges Wasser sind organische Polymere wie Bitumen und Kunststoffe und wenige mineralische Stoffe, sofern sie quellbar sind und nur Mikroporen, aber keine Kapillarporen enthalten. Wassermoleküle können dann einzeln durch das Werkstoffgefüge diffundieren, was nur eine bescheidene Feuchtestromdichte hervorrufen kann. Dies muss zwar der Bauphysiker bei der Beurteilung eines Bauteilquerschnittes bedenken, für den Nutzer eines Bauwerkes ist die Diffusion der Wassermoleküle in der Regel jedoch ohne Belang. Unter den mineralischen Baustoffen, mit denen großflächig fugenfreie Schichten herstellbar sind, gelingt es nur bei Zementmörtel, zementgebundenem Beton sowie bei Lehm und Ton flüssigwasserdichte Gefüge zu produzieren.

c) **Durchströmbar** für flüssiges Wasser und natürlich auch durchgängig für diffundierende Wassermoleküle sind alle übrigen Baustoffgefüge, weil sie Porensysteme mit Porenweiten von mehr als 100 Nanometer enthalten, wie z.B. Ziegel, Holz, Sandsteine, Gips, Normalbeton.

Zur Bauwerksabdichtung, d.h. zur Abwehr von flüssigem Wasser, sind Schichten aus nicht durchströmbaren Werkstoffen notwendig, und diese sind nur dann tauglich, wenn sie auch folgenden **generellen Anforderungen** genügen:

- Es müssen große Flächen lückenlos undurchströmbar hergestellt werden können, z.B. durch Verschweißen von Dichtungsbahnen oder durch Beschichten.
- Risse und Pressfugen, die in allen Bauwerken zahlreich vorhanden sind, müssen dauerhaft überbrückt werden. Das erfordert ein flexibles Werkstoffverhalten. (Bewegungsfugen erfordern immer Spezialmaßnahmen, s. Abschnitt 4.13).
- Der zur Abdichtung verwendete Werkstoff muss gegen die bei Bauwerken zu erwartenden Einwirkungen chemischer, physikalischer und biologischer Art unempfindlich sein, d.h. insbesondere gegen Mikroorganismen, Dauerfeuchte, Betonalkalität, nutzungsbedingte Belastungen und rauen Baustellenbetrieb.

Nicht durchströmbare Werkstoffgefüge ergeben bereits in geringer Dicke „wasserdichte" Schichten. Die Dicke von abdichtenden Schichten wird daher in der Regel nicht von der erforderlichen Wasserdichtigkeit, sondern von der notwendigen Rissüberbrückungsfähigkeit und dem erforderlichen Perforationswiderstand bestimmt. Sowohl die Rissüberbrückung als auch die geringe Verletzlichkeit müssen bei der höchsten und der tiefsten zu erwartenden Temperatur noch gegeben sein.

Daher werden in den Stoffnormen für die Bahnen und die Beschichtungswerkstoffe meist quantitative Anforderungen hinsichtlich folgender Eigenschaften gestellt:

- Mindestdicke
- Bruchdehnung und Zugfestigkeit (bei Bahnen)
- Haftzugfestigkeit und Rissüberbrückung (bei Beschichtungen)
- Wasserundurchlässigkeit
- Kälteflexibilität
- Wärmestandfestigkeit.

Dazu kommen dann oft noch Anforderungen, welche für die jeweilige Produktklasse eine gute Qualität sicherstellen oder besondere Vorzüge kennzeichnen, z.B. spezielle chemische Belastbarkeiten.

Unter den rauen Baustellenbedingungen mit ihren vielen Unwägbarkeiten muss die Abdichtung so erstellt werden können, dass sie mit großer Sicherheit dicht ist und dicht bleibt. Daher müssen die Abdichtungsarbeiten

> verarbeitungsunempfindlich

und die Baukonstruktion abdichtungsgerecht ausgebildet sein.

Die eigentliche Dichtschicht wird praktisch immer in weitere Schichten eingebettet. Es ist von großer Bedeutung für das Verhalten der Abdichtung bei einer Leckage, ob unmittelbar vor und/oder hinter der Dichtschicht eine Querverteilung von Wasser möglich ist. Auf Tabelle 4.1 sind drei verschiedene Dichtschichten und die sie umgebenden Schichten vorgestellt. Im Beispiel A ist vor und hinter der Dichtschicht eine Querverteilung möglich, beim Beispiel B nur vor der Dichtschicht. Die Anhaftung der Dichtschicht am Untergrund und die Anhaftung der Schutzschicht an der Dichtschicht beim Beispiel C ermöglichen dem einwirkenden Wasser weder vor noch hinter der Dichtschicht eine Querverteilung. Deshalb verringern beim Beispiel C die unmittelbar angrenzenden Schichten den Wasserdurchtritt bei einer evtl. Leckage der Dichtschicht. Ein Kompromiss zwischen loser Verlegung und vollflächiger Verklebung der Dichtschicht ist die Abschottung der abgedichteten Flächen in einzelne Felder, die jeweils durch Druckmessung auf Dichtigkeit geprüft werden können.

Tabelle 4.1: Schichtenfolgen von drei Abdichtungen mit und ohne Verbund zur Schutzschicht bzw. zum Untergrund

Schichtenfolge		
A	B	C
Platten in Splitt	Perimeter-Dämmung	Fliesenbelag
Polyester-Vlies	PE-Folie	Dünnbettkleber
PVC-Dicht.-Bahn	Bit.-Dick.-Besch. (KMB)	Pol.-Zem.-Schlämme
Polyester-Vlies	Grundierung	Grundierung
Betondecke	Betonwand	Betondecke
Möglichkeit der Querverteilung von Wasser vor der Dichtschicht:		
Ja	Ja	Nein
Hinter der Dichtschicht:		
Ja	Nein	Nein

Die zur Abdichtung von Bauwerken verfügbaren Werkstoffe für die Dichtschicht und die angrenzenden Schichten unterscheiden sich in vielen Eigenschaften voneinander. Es muss das Bestreben sein, diejenige Abdichtungsart auszuwählen, welche für den betreffenden Anwendungsfall das optimale Eigenschaftsspektrum bietet. Deshalb werden im vorliegenden Buchkapitel sowohl die gebräuchlichen Dichtschichten als auch die angrenzenden, an der Abdichtfunktion mitwirkenden Materialschichten beschrieben.

4.2 Bitumen-Dichtungsbahnen

Der Werkstoff **Bitumen** fällt als Rückstand bei der Destillation ausgewählter Rohöle an und heißt dann Destillationsbitumen. Weil Bitumen aus einem Gemisch verschiedener Kohlenwasserstoffe besteht, schmilzt es nicht bei einer bestimmten Temperatur, wie z.B. Wasser bei 0° C, sondern besitzt einen Erweichungsbereich, der z.B. von −10° C bis +70° C reicht. Der Erweichungsbereich von Bitumen sollte den Temperaturbereich, in dem die Abdichtung eingesetzt wird, mit einem Sicherheitszuschlag überdecken, d.h. Bitumen soll weder fest und hart noch weich und flüssig werden. Dann ist allerdings das mechanische Verhalten von Bitumen im Temperaturbereich des Bauwesens sehr komplex, weil es im Übergangsbereich von fest zu flüssig liegt [(vgl. Abschnitt 5.1.1, S. 69 ff)].

Chemisch gesehen ist Bitumen reaktionsträge und umweltneutral, beständig gegen Wasser, Laugen, nicht oxidierende, schwache Säuren und Laugen sowie Salzlösungen. Von sog. Lösemitteln, Fetten und Ölen wird es aufgelöst oder gequollen. Bitumen ist hydrophob, nicht wasserlöslich und durch Wasser fast nicht quellbar. Als erstarrte Flüssigkeit ist Bitumen nicht durchströmbar, porenfrei und für diffundierende Wassermoleküle wenig durchlässig (Diffusionswiderstandszahl ~ 100 000). Durch Einlagerung von mineralischen Füllstoffen und Fasern sinkt der Diffusionswiderstand allerdings deutlich ab.

Das rheologische Verhalten des Bitumens kann man auf verschiedene Weise beeinflussen (Bild 4.1):

- Durch die Destillationsbedingungen kann man den Erweichungsbereich zu höheren oder niedrigeren Temperaturen hin verschieben.
- Hindurchblasen von Luft durch geschmolzenes Bitumen und Zugabe von Spezialölen führt zu sog. Oxidationsbitumen, dessen Erweichungsbereich dadurch zu höheren und niedrigeren Temperaturen hin vergrößert wird.
- Durch Zugabe von Kunststoffen erhält man polymermodifiziertes Bitumen (Kurzzeichen PYE und PYP), das einen noch größeren Erweichungsbereich hat, also schlagzäher, weniger kälteempfindlich und wärmestabiler ist.
- Durch Zugabe von Füllstoffmehl, sog. Füller, wird Bitumen standfester, d.h. es neigt weniger zum Fließen.

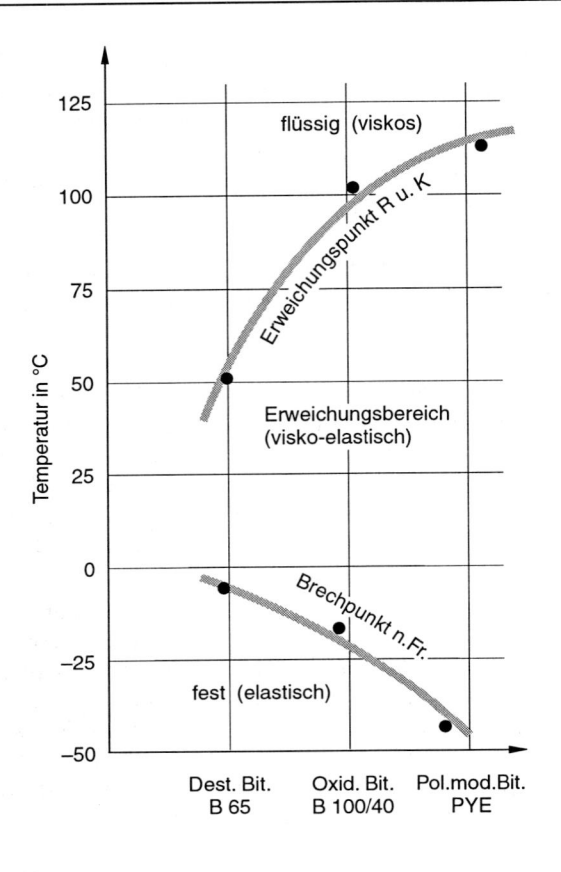

Bild 4.1:
Temperaturgrenzen des Erweichungsbereiches von Destillations-, Oxidations- und Polymermodifiziertem Bitumen (vereinfacht)

Trägerlagen in Bitumenschichten einzubetten war jedoch der entscheidende Gedanke, der zur heutigen Technologie der Bauwerksabdichtung mit Bitumenbahnen geführt hat [4.35, 4.36]. Diese Entwicklung ist, vereinfacht dargelegt, in drei Schritten erfolgt (Bild 4.2):

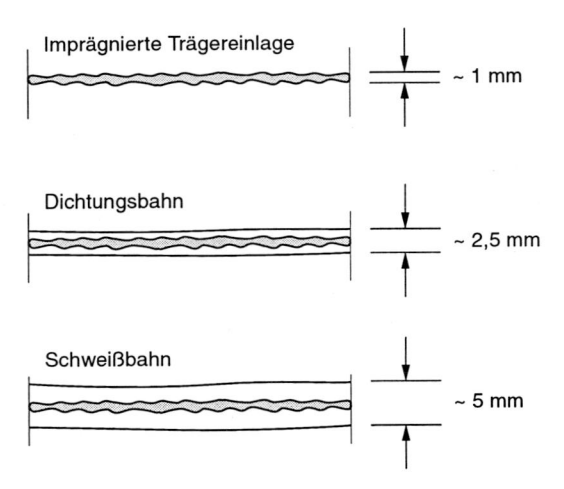

Bild 4.2:
Entwicklung der Abdichtung mit Bitumen von imprägnierten Trägerlagen über Dichtungsbahnen zu Schweißbahnen

4.2 Bitumen-Dichtungsbahnen

Zu Beginn des vorigen Jahrhunderts, als mit der Verbreitung der Automobile immer mehr Treibstoff benötigt wurde und dabei Bitumen anfiel, wurde der Teer als Abdichtungsmaterial für Bauwerke immer mehr verdrängt. Um genügend dicke Bitumenschichten standfest an geneigten und vertikalen Bauwerksoberflächen anbringen zu können und um bessere Rissüberbrückung zu ereichen, hat man mit Bitumen imprägnierte **Rohfilz- und Juteträgerschichten** auf der Baustelle in schmelzflüssiges Bitumen eingebettet. Die Zahl der Trägerlagen und damit die Dicke der Abdichtung wurde mit der Wasserbelastung gesteigert. Schwachpunkte dieser Technik waren die Anfälligkeit des Rohfilzes (Cellulose und Wolle) und der Jute gegen biologischen Angriff (Fäulnis) und der problematische Umgang auf der Baustelle mit heißflüssigem Bitumen, das von Schmelzkesseln zum Einbauort gebracht und dort oft unter ungünstigen Bedingungen aufgetragen werden musste.

In einem zweiten Schritt hat man daher einerseits andere Trägereinlagen gewählt, wie Glasgewebe und Glasvliese, welche unverrottbar sind. Andererseits hat man schon werkseitig auf die imprägnierte Trägerlage Bitumendeckschichten aufgebracht, um die Menge des zum Verkleben auf der Baustelle notwendigen Heißbitumens zu minimieren. Solche Bahnen heißen **Dichtungsbahnen**. Der Verbund zwischen Glasfasern und Bitumen bei Dauerfeuchte ist jedoch nicht besonders gut, er ist bei Polyesterfasern wesentlich besser, weshalb diese heute als oft optimales Trägermaterial gelten.

Die jüngste Entwicklung stellen die **Schweißbahnen** dar, d.h. Bitumenbahnen mit Trägereinlage und so reichlich bemessenen Bitumen-Deckschichten, dass diese das Bitumen für die Verklebung liefern können. Damit entfällt der Einsatz von Schmelzkesseln und der Transport von heißem Klebebitumen auf der Baustelle. Stattdessen wird mit offener Flamme die Oberfläche der Schweißbahn und des mit einem Bitumenvoranstrich versehenen Untergrundes oder der unteren Bahnenlage auf eine Länge von ca. 20 cm so weit verflüssigt, dass die auf einer steifen Papprolle (sog. Wickelkern) aufgewickelte Schweißbahn nun durch Abrollen und Anpressen zum Verschweißen mit der Unterlage gebracht werden kann.

Die Bezeichnung von Bitumenbahnen beinhaltet einerseits die Art der Trägereinlage und deren Flächengewicht; z.B.

    R 500 N   für Rohfilzpappe, Flächengewicht 500 g/m², nackt,
    PV 200   für Polyestervlies, Flächengewicht 200 g/m²,

ferner die Angabe, ob polymervergütetes Bitumen vorliegt, also
    PYE (PYP)   für Polymerbitumen, elastomervergütet (plastomervergütet)

und schließlich einen Hinweis auf die Bahnenart, z.B.
    S5   für eine Schweißbahn 5 mm dick
    DD   für eine Dach-Dichtungsbahn (die auch im eingeerdeten Bereich Verwendung findet).

Damit lautet die Bezeichnung für eine 5 mm dicke Schweißbahn aus polymermodifiziertem Bitumen und Polyestervlieseinlage, also für eine hochwertige Dichtungsbahn, welche heute viel verwendet wird, wie folgt:

    PYE – PV 200 – S5

In Abdichtungen aus Trägereinlagen mit Bitumenverklebung werden gelegentlich Metallbänder aus Kupfer oder Edelstahl miteingebaut, z.B. um eine Wasserdampfundurchlässigkeit oder einen Wurzelschutz zu erreichen oder an Bauwerksfugen und unter Straßenbelägen die Schichtenfolge lokal zu verstärken (s. Abschnitt 4.13).

Aus den Eigenschaften des Bitumens in Verbindung mit den Trägereinlagen folgen die sog. **Grundregeln** für die Bitumenbahnenabdichtungen:
- Alle Bahnen sind miteinander vollflächig zu verkleben. Damit werden lokale Undichtigkeiten in einzelnen Teilschichten der Dichtschicht unschädlich gemacht (Bild 4.3).
- Die Dichtschicht mit dem Untergrund verkleben (s. Tabelle 1).
- Abdichtung allseitig hohlraumfrei einbetten, um sie vor mechanischen und thermischen Belastungen zu schützen.
- Abdichtung vor planmäßiger Scherung und vor punktueller mechanischer Belastung schützen. Flächige Druckbelastung schadet nicht. Bei starker mechanischer oder thermischer Belastung entsprechend bemessene Schutzschichten einsetzen (s. Abschnitt 4.12).
- Alle Kanten und Kehlen mit mehr als 45° Richtungsänderung ausrunden mit mindestens 5 cm Radius.

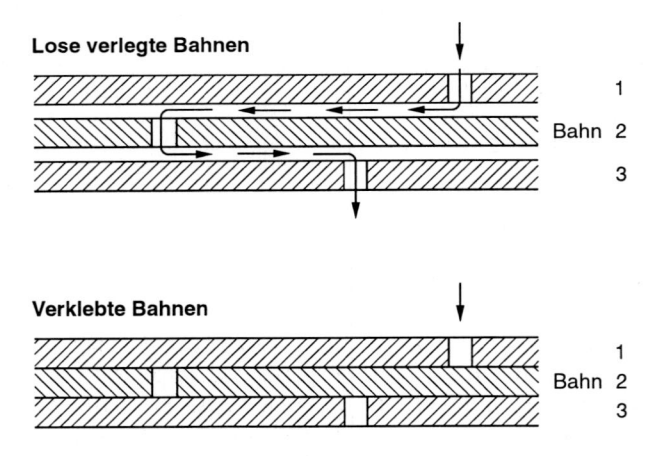

Bild 4.3: Verklebung aller Abdichtungs-Lagen miteinander isoliert Fehlstellen in einer Abdichtungslage

Die notwendigen Eigenschaften des Klebebitumens und der Bitumenbahnen sind in den Regelwerken für die Bauwerksabdichtung, DIN 18195, Teil 2 [4.10] und AIB [4.34], vorgeschrieben, in denen aber auf sog. Stoff-Normen verwiesen wird. Tabelle 4.2 enthält die Stoffnormen für Bitumendichtungsbahnen, sie ist DIN 18195, Teil 2 entnommen.

Den eingeerdeten und mit Bitumen außen abgedichteten Bereich eines Bauwerks nennt man **schwarze Wanne**.

Tabelle 4.2: Stoffnormen für Bitumendichtungsbahnen. Entnommen aus DIN 18195, Teil 2 [4.10]

Nr	1	2	
1	Bahnen	nach	
2	Nackte Bitumenbahnen R 500 N[1]	DIN 52129	[17]
3	Bitumendachbahn mit Rohfilzeinlage R 500[1]	DIN 52128	
4	Glasvlies-Bitumendachbahnen V 13[1]	DIN 52143	
5	Dichtungsbahnen Cu 0,1 D[1]	DIN 18190-4	[9]
6	Bitumen-Dachdichtungsbahnen[1]	DIN 52130	[18]
7	Bitumen-Schweißbahnen[1]	DIN 52131	[19]
8	Polymerbitumen-Dachdichtungsbahnen, Bahnentyp PYE[1]	DIN 52132	[20]
9	Polymerbitumen-Schweißbahnen, Bahnentyp PYE[1]	DIN 52133	[21]
10	Bitumen-Schweißbahnen mit 0,1 mm dicker Kupferbandeinlage[1]	nach DIN 52131, abweichend jedoch mit Kupferbandeinlage[2]	
11	Polymerbitumen-Schweißbahnen mit hochliegender Trägereinlage aus Polyestervlies	nach TL-BEL-B -Teil 1 zur ZTV-BEL-B 1[3]	[23]
12	Edelstahlkaschierte Bitumen-Schweißbahnen	nach TL-BEL-B -Teil 1 zur ZTV-BEL-B 1[3]	[23]

[1] Die Einhaltung der Produkteigenschaften ist durch eine werkseigene Produktionskontrolle nach DIN V 52144 nachzuweisen.

[2] Die Einhaltung der festgelegten Eigenschaften, die Werkstoffart und Dicke der Kupferbandeinlage und das Zug-Dehnverhalten der Bahnen sind durch eine Erstprüfung einer bauaufsichtlich anerkannten Prüfstelle nachzuweisen.

[3] Die Einhaltung der festgelegten Eigenschaften ist durch eine Erstprüfung einer bauaufsichtlich anerkannten Prüfstelle nachzuweisen.

4.3 Kunststoff-Dichtungsbahnen

„Kunststoff" bedeutet hier fadenförmige (Thermoplaste) oder weitmaschig vernetzte (Elastomere) Molekülstrukturen mit großer Molekülmasse, sog. Hochpolymere. Dichtungsbahnen dieser Werkstoffbasis sind in der Regel 1 bis 3 mm dicke, 1,0 bis 2,0 m breite Bahnen, die mit Pigmenten eingefärbt und mit Füllstoffen und Hilfsstoffen in ihren Eigenschaften optimiert sind. Manche dieser Dichtungsbahnen enthalten Trägereinlagen, manche Vlieskaschierungen, andere haben Prägungen oder Einfärbungen usw.

Viele Arten von Kunststoffdichtungsbahnen sind auf dem Markt [4.37]. In der Regel sind sie in einem breiten Spektrum chemisch recht stabil, viele können allerdings durch Lösemittel, Öle und Fette gequollen werden. Es ist auch zwischen bitumenbeständigen (B) und nicht bitumenbeständigen (NB) Bahnen zu unterscheiden, weil dadurch die Möglichkeit der Verklebung mit dem zu schützenden Untergrund oder mit Bitumenbahnen, zu der laut DIN 18195 nur Bitumenklebemasse verwendet werden darf, eröffnet oder verwehrt wird. Bitumenverträgliche Bahnen sind immer schwarz eingefärbt. Die Nahtverbindung ist in der Regel durch Verschweißen oder Vulkanisieren (bei Elastomeren) herzustellen.

Zur Prüfung der Nähte auf Dichtigkeit gibt es folgende Verfahren:
- Reißnadelprüfung
- Anblasprüfung
- optische Prüfung
- Druckluftprüfung
- Vakuumprüfung.

Tabelle 4.3 nennt die laut DIN 18195 zulässigen Fügeverfahren für Kunststoff-Dichtungsbahnen.

Tabelle 4.3: Nach DIN 18195-3 zulässige Fügeverfahren bei Polymer-Dichtungsbahnen

Verfahren	Kunststoff-Dichtungsbahnen, Werkstoff[1]				
	ECB	EVA	PIB	PVC-P	Elastomer
Quellschweißen		x	x	x	x[2]
Warmgasschweißen	x	x		x	x[2]
Heizelementschweißen	x	x		x	x[2]
Verkleben mit Heißbitumen	x		x		
[1] Kurzzeichen nach DIN 7728-1 [2] Nach Werksvorschrift					

Folgende fünf Arten von Kunststoff-Dichtungsbahnen sind in DIN 18195 zur Bauwerksabdichtung vorgesehen:

Elastomere (EPDM als wichtigster Vertreter) bestehen aus weitmaschig vernetzten Fadenmolekülen, weshalb der Werkstoff zwar weichelastisch reagiert, aber nicht durch Wärme verflüssigt werden kann, d.h. nicht schweißbar ist. Nähte müssen durch Vulkanisieren geschlossen werden. DIN 18195, Bauwerksabdichtungen, Teil 2, Stoffe, verlangt dafür eine werkseitige Beschichtung der Bahnenränder. Die Vulkanisation hat nach Werksvorschrift zu erfolgen. Die Eigenschaften der bitumenverträglichen Elastomerbahnen sind in DIN 7864, Teil 1 [4.2] genormt. Geliefert werden Elastomer-Dichtungsbahnen mit glatter oder geprägter Oberfläche und mit einseitiger Vlies-Kaschierung oder ohne (Bild 4.4).

Ethylencopolymerisat-Bitumen (ECB) ist ein mit Spezial-Bitumen weich gemachtes Polyolefin, welches naturgemäß bitumenverträglich ist. Die Anforderungen an die betreffenden Dichtungsbahnen sind in DIN 16729 [4.4] genannt. Nähte und Stöße dürfen durch Warmgas- oder Heizelement-Schweißen oder durch Verkleben mit Bitumen verbunden werden. Der Kunststoff ist relativ steif und gegen mechanische Einwirkungen recht widerstandsfähig.

Ethylen-Vinylacetat-Terpolymer (EVA) ist ein thermoplastischer, bitumenverträglicher Kunststoff. Die Anforderungen an die Dichtungsbahnen sind in DIN 18195, Teil 2, Tabelle 7 zu finden. Nähte und Stöße sind durch Quell-, Warmgas- oder Heizelement-Schweißen zu verbinden. Man könnte diesen Kunststoff als ein durch Copolymerisation elastifiziertes PVC ansehen, dessen weich machende Komponenten chemisch fest in die Kunststoffmoleküle eingebunden sind.

4.3 Kunststoff-Dichtungsbahnen

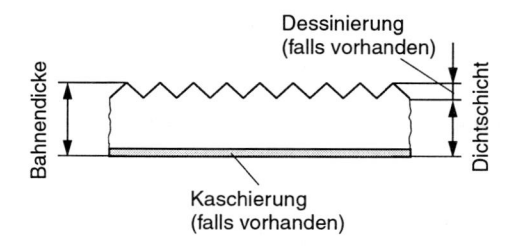

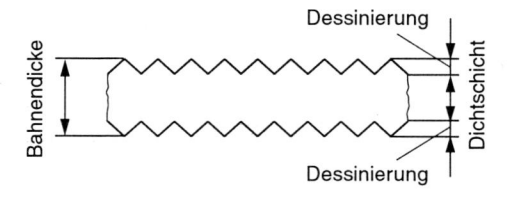

Bild 4.4: Kaschierung mit Vlies und Prägung der Oberfläche bei Elastomerbahnen zur Erleichterung der Verklebung

Polyisobutylen (PIB) ist ein besonders weicher, eher plastisch sich verhaltender Kunststoff, dessen Bahnen entweder durch Lösemittel quellverschweißt, oder mit Bitumen verklebt werden dürfen. PIB kann mit Bitumen an den Untergrund geklebt werden. Die Anforderungen an die Dichtungsbahnen sind in DIN 16935 [4.6] aufgeführt. Frischer Mörtel würde auf PIB anhaften und schädlich wirken. Daher sind gegebenenfalls Trennlagen (s. Abschnitt 4.11) einzubauen.

Reines Polyvinylchlorid (PVC) ist bei Raumtemperatur ein harter, fester Thermoplast, der erst durch reichliche Zugabe von Weichmachern die weichelastische Konsistenz erhält, die für Dichtungsbahnen notwendig ist. Man spricht dann von **PVC-weich (PVC-P)**. Bei entsprechender Wahl des Weichmachers ist PVC-P bitumenverträglich. Dennoch ist an den Nähten und Stößen nur die Verschweißung erlaubt. Die Anforderungen an bitumenverträgliche PVC-P-Dichtungs-bahnen sind in DIN 16937 [4.7] zu finden, diejenigen an nicht bitumenverträgliche in DIN 16938 [8]. Zur Unterbindung von Weichmacherwanderung können nicht bitumenverträgliche PVC-P-Bahnen mit unterseitiger Vlieskaschierung geliefert (genormt in DIN 16735 [4.5]) oder mit Trennlagen geschützt werden. Zum Quellschweißen von PVC-P eignet sich nur das Speziallösemittel Tetrahydrofuran.

Weil mehrlagige Abdichtungen aus Kunststoff-Dichtungsbahnen in DIN 18195 nicht vorgesehen sind, müssen normgerechte Abdichtungen einlagig oder in Kombination mit Bitumendichtungsbahnen ausgeführt werden. Einlagigkeit und ggf. lose Verlegung beeinträchtigen aber die Sicherheit einer Abdichtung, die Kombination mit Bitumenbahnen leuchtet aus materialkundlicher Sicht nicht recht ein. Daher ist die Anwendung von Kunststoff-Dichtungsbahnen bei der Bauwerksabdichtung für Hochbauten nicht sehr verbreitet, in anderen Bereichen jedoch (z.B. im Industriebau die einlagige Dachabdichtung sowie im Ingenieurbau die Kombination aus Bitumenbahnen und Kunststoffbahnen [4.34]) durchaus häufig. Beim Verkleben von Dichtungsbahnen (ebenso wie beim Verschweißen!) ist eine Abschrägung der Bahnenkanten vorzunehmen, um bei einlagigen Abdichtungen an den sog. T-Stößen (Bild 4.5) und bei mehrlagigen Abdichtungen an den zahlreichen Überlappungsstellen durchgängige Kanäle zu vermeiden (Bild 4.6). Lose verlegte Kunststoffdichtungsbahnen sind an stark geneigten oder senkrechten Flächen punktuell oder linear zu befestigen, z.B. an einbetonierten oder nachträglich angeschossenen Kunststoffprofilen oder an nachträglich angeschossenen, kunststoffbeschichteten Metallprofilen.

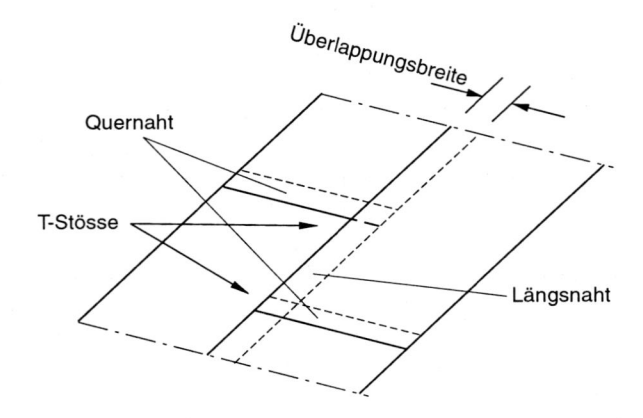

Bild 4.5: Einige Fachbegriffe der Bahnenabdichtung

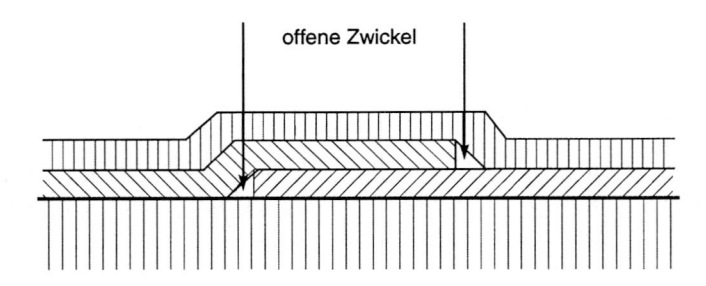

Bild 4.6: Begründung der Notwendigkeit der Abschrägung von Bahnenkanten an T-Stößen bei einlagigen Bahnen-Abdichtungen

4.4 Kaltselbstklebebahnen (KSK)

Erst seit relativ kurzer Zeit stehen zur Bauwerksabdichtung einseitig selbstklebende Dichtungsbahnen zur Verfügung, von denen in DIN 18195, Teil 2 folgende zwei Typen genormt sind:

Elastomerdichtungsbahnen mit Selbstklebeschicht

Die Anforderungen einschließlich der dazugehörigen Prüfmethoden an bitumenverträgliche Elastomerbahnen für Dach- und Bauwerksabdichtungen sind in DIN 7864, Teil 1 [4.2] niedergelegt. Für selbstklebende Elastomerbahnen zur Bauwerksabdichtung sind darüber hinaus in DIN 18195, Teil 2, Tabelle 6 zusätzliche Anforderungen genannt. Danach muss die Dichtungsbahn mindestens 1,2 mm dick sein, die Selbstklebeschicht mindestens 0,8 mm. Die Verbindung der Bahnen an den Längs- und Quernähten sowie im Anschlussbereich an andere Abdichtungen oder an Einbauteile ist durch Quell-, Warmgas- oder Heizelementschweißen vorzunehmen.

Kaltselbstklebende Bitumendichtungsbahnen

Die Anforderungen an die aus kunststoffmodifiziertem, selbstklebendem Bitumen (Dicke ≥ 1,5 mm), aufgebracht auf eine reißfeste HDPE-Trägerfolie (Dicke ≥ 0,07 mm), hergestellten Dichtungsbahnen sind in DIN 18195, Teil 2, Tabelle 10 aufgezählt.

An den Überlappungen muss der Andruck mit einem Hartgummiroller erfolgen. Die Breite der kaltselbstklebenden Bitumen-Dichtungsbahnen sollte bei senkrechten oder stark geneigten Flächen 1,10 m nicht überschreiten.

Die Anwendung von KSK soll auf weniger intensive Wassereinwirkung (Bodenfeuchtigkeit und nichtdrückendes Wasser, mäßige Beanspruchung) beschränkt werden. Ein trockener, ebener, glatter sowie an Ecken und Kanten ausgerundeter Untergrund und Schutzschichten sind erforderlich. Wasserbelastung von der Haftfläche her ist unzulässig. Der Verklebung muss nach Abziehen der Trennfolie bzw. des Trennpapiers und Andrücken der Bahn von der Mitte ausgehend blasen- und faltenfrei mit Bürste oder Lappen erfolgen, ähnlich dem Tapezieren. Danach die Bahn mit Gummiroller kräftig andrücken. An senkrechten Flächen oberen Bahnrand mit Klemmleiste fixieren, an Ecken und Kanten vor dem vollflächigen Aufbringen der KSK-Bahn die Abdichtung mit zusätzlichen Bahnenstreifen verstärken. Mit KSK-Bahnen sind auch mehrlagige Abdichtungen herstellbar, die Abschrägung der Kanten an T-Stößen ist ebenso wie bei Bitumenbahnen auszuführen. Besonders zweckmäßig sind KSK-Bahnen bei der Nachdichtung von Leckagen in Bahnenabdichtungen.

4.5 Bitumendickbeschichtungen (KMB)

Kunststoffmodifizierte Bitumendickbeschichtungen (kurz KMB genannt) sind nach langer Anwendung an eingeerdeten Wandflächen von Wohnungs- und Bürogebäuden nun in DIN 18195 [4.10] aufgenommen worden und dort für die Lastfälle

- Bodenfeuchtigkeit und nicht stauendes Sickerwasser an senkrechten Flächen
- nichtdrückendes Wasser, mäßige Belastung, auf horizontalen Flächen
- zeitweise aufstauendes Sickerwasser bei Gründungstiefen bis 3 m

zugelassen. Durch die Aufnahme der KMB in DIN 18195 gilt diese nun als eine geregelte Bauweise, so dass die Brauchbarkeitsnachweise und Übereinstimmungsnachweise entfallen. Die Materialeigenschaften und die Verarbeitung auf der Baustelle haben sich an den Vorgaben der DIN 18195 zu orientieren.

Man unterscheidet einkomponentige und zweikomponentige KMB. Die **einkomponentigen** werden verarbeitungsfertig in puddingartiger Konsistenz geliefert und brauchen vor der Verarbeitung in der Regel nicht durchgemischt zu werden. Sie bestehen aus einer Emulsion, gemischt aus einer Bitumen- und einer Kunststoffdispersion oder einer Polymerbitumen-Emulsion, welche meist leichte Füllstoffe und Fasern sowie Hilfsstoffe zur Thixotropierung, Topfkonservierung usw. enthält. Die Verfestigung des pastösen Beschichtungsstoffes zur zähelastischen und rissüberbrückenden Beschichtung ist erst nach Abgabe des in der KMB enthaltenen Wassers möglich, das teils in die Atmosphäre verdunstet und teilweise von dem saugfähigen Untergrund aufgenommen wird.

Die **zweikomponentigen** KMB enthalten in einer flüssigen Komponente die kunststoffmodifizierte Bitumenemulsion, während eine pulverförmige Komponente aus Füllstoff, Fasern und Zement besteht. Vor der Verarbeitung sind die beiden Komponenten mit einem langsam laufenden Rührwerk gründlich zu vermischen. In einer begrenzten Zeit muss die Verarbeitung erfolgen, weil beim Mischen die Reaktion des Zementes einsetzt, welche Wasser verbraucht und damit das Brechen der Emulsion einleitet. Durch den Zementanteil wird die Verfestigung beschleunigt und die mechanische Stabilität der verfestigten KMB verbessert.

Bitumendickbeschichtungen werden nur zum Schutz erdberührter Bauteile verwendet und sind ausschließlich auf der dem Wasser zugewandten Bauteiloberfläche aufzubringen.

Der **Schichtaufbau** einer KMB beginnt meist mit einer Grundierung aus Bitumenemulsion oder aus wasserverdünnter KMB. Das fördert den Haftverbund mit dem Untergrund, bremst aber die Wasserabgabe der Dichtungsschicht an den Untergrund. Die KMB-Dichtungsschicht wird dann grundsätzlich in zwei Arbeitsgängen, möglichst mit zwischengeschalteter Trocknungsphase bis zum nächsten Tag, durch Spachteln oder Spritzen aufgetragen, gefolgt von einem Glätten. Zwischen die beiden Teilschichten muss beim Lastfall „aufstauendes Sickerwasser" eine Trägerlage/Gewebe eingelegt werden. Erst nach vollständiger Verfestigung darf die Schutzschicht aufgelegt werden, welche mechanische Verletzungen verhindern muss und meist weitere Zwecke erfüllt (s. Abschnitt 4.12). Bild 4.7 zeigt eine KMB-Abdichtung im eingeerdeten Bereich. Gegen rückseitige Feuchteeinwirkung aus dem Mauerwerk am Wandfuß wird dort eine Zementschlämme vorgestrichen oder ein Zementmörtelkeil eingebaut. Eine so großzügige Ausrundung von Kehlen, Kanten usw. wie bei Dichtungsbahnen ist bei KMB, ebenso wie bei allen anderen Beschichtungen, nicht erforderlich (Bild 4.8), dafür können solche Bereiche durch z.B. Gewebestreifeneinlagen verstärkt werden (s. Abschnitt 4.13).

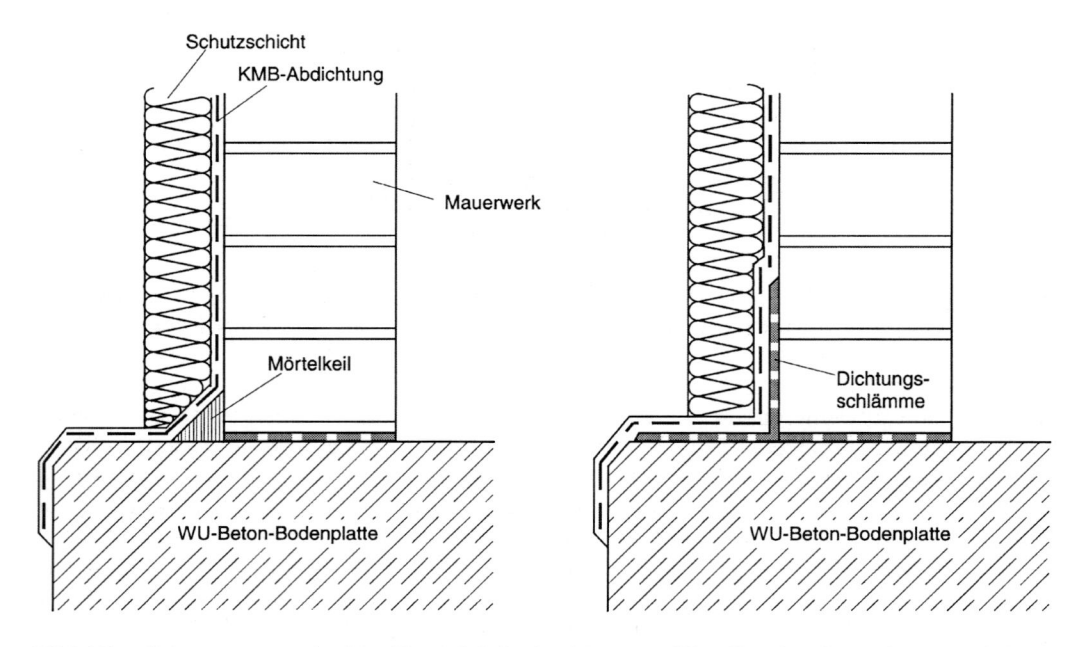

Bild 4.7: Schutz gegen rückseitige Feuchtigkeitseinwirkung am Wandfuss im eingeerdeten Bereich bei KMB-Beschichtungen

4.5 Bitumendickbeschichtungen (KMB)

bei Dichtungsbahnen

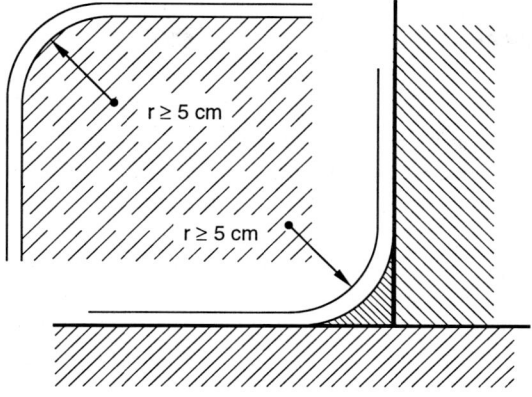

r ≥ 5 cm

r ≥ 5 cm

bei Beschichtungen

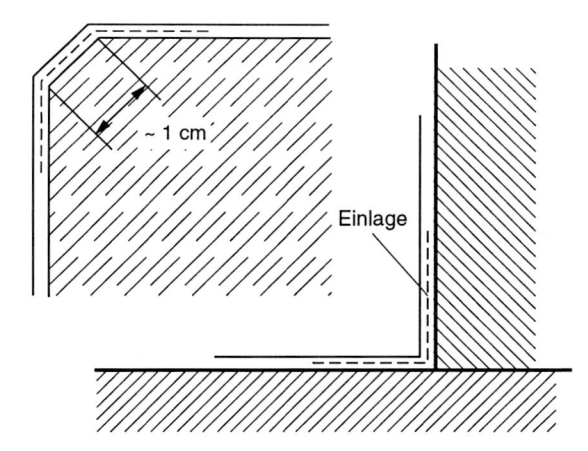

~ 1 cm

Einlage

Bild 4.8: Notwendige Maßnahmen an Kanten und Kehlen bei der Abdichtung mit Bahnen (Ausrundung) und mit Beschichtungen (Armierungsstreifen, Abfasung vorstehender Kanten)

Bei einer Beschichtung kann die erreichte Mindestschichtdicke und die vollzogene Verfestigung erst auf der Baustelle nachgewiesen werden. Der vorgeschriebene Mindestwert der Trockenschichtdicke bei KMB von 3 mm bei den Lastfällen Bodenfeuchtigkeit und nichtdrückendes Wasser und von 4 mm bei zeitweise drückendem Wasser muss durch häufige Messung der Nass-Schichtdicke beim Verarbeitungsvorgang kontrolliert werden. Das wird oft mit dem Ende des Meterstabes, aber zuverlässiger mit einem Profiltiefenmesser für Autoreifen oder einem Zahnkamm (vgl. Bild 5.20, S. 87) ausgeführt. Eine nachträgliche Dicken-Kontrolle wäre nur durch verletzende Messung der Trockenschichtdicke möglich. Bei den Lastfällen „nichtdrückendes Wasser entfällt und aufstauendes Sickerwasser" muss die Kontrolle der Dicke und der Verfestigung in einem Protokoll festgehalten werden. Nur wenn der Untergrund keine Spitzen, scharfe Kanten, eine geringe Rautiefe usw. hat und wenn ausreichend Beschichtungsstoff für die notwendige mittlere Dicke aufgetragen wird (S_{mittel} ~ 1,4 S_{min}), ist das Einhalten der geforderten Mindestschichtdicke mit vernünftigem Materialaufwand möglich. Überstehende Dichtungsbahnen zur Querschnittsabdichtung im Mauerwerk sind vor dem Beschichten oberflächenbündig an der Wand abzuschneiden. Daher sollte die zu beschichtende Oberfläche erst nach entsprechender Prüfung zum Beschichten freigegeben werden. Einspringende Kanten sollten mit einer Hohlkehlenkelle nachgezogen werden (vgl. Bild 5.24, S.89).

Die eingetretene **Verfestigung** soll gemäß DIN 18195, Teil 3 [4.10] an einer Referenzprobe, z.B. an einem Mauerstein, wie er am Objekt eingebaut wurde, mit aufgetragener KMB und gelagert „wie am Einbauort" geprüft werden. Das erscheint nicht genügend aussagefähig. Es ist sicher gut, die Verfestigung auch z.B. durch drückende und schiebende Belastung der KMB am Bauwerk mit den Fingerspitzen und notfalls durch Aufschneiden zu kontrollieren. Erst wenn die Verfestigung auch an den kritischen Stellen, wie schwach belüftete oder besonders feuchte Bereiche, wie Wandfüsse, Kehlen usw. eingetreten ist, dürfen die Schutzschichten aufgebracht werden. Es ist dabei zu beachten, dass die Verfestigung erst nach Wasserabgabe erfolgt und sowohl bei tiefen Temperaturen als auch bei hohen Luftfeuchten (bei hohen und bei tiefen Temperaturen!) recht langsam abläuft. Hohlkehlen oder Keile größeren Querschnitts an einspringenden Kanten dürfen auf keinen Fall aus KMB hergestellt werden, da die Verfestigung lange dauern würde. Maßnahmen zur Förderung der Verfestigung von KMB sind auf Tabelle 4.4 aufgeführt. Werden die Schutzschichten nicht vom Beschichter aufgebracht, ist eine Übergabe der verfestigten KMB an den Bauherrn mit Protokoll zu empfehlen.

Tabelle 4.4: Katalog von Maßnahmen zur Förderung der Verfestigung von Bitumendickbeschichtungen (KMB)

- sofern möglich, auf Grundierung verzichten
- 2-komponentige KMB wählen
- Trocknungsphase nach erster Lage einschalten
- Lange Schlußtrockenzeit einhalten
- Baugrube überdachen, evtl. belüften
- Bei Terminplanung günstige Jahreszeit anstreben
- Bei besonders ungünstigen Bedingungen bezüglich Wetter, Situation vor Ort und Terminen andere Abdichtungsart wählen

Der große **Erfolg der KMB**, welche zu der am häufigsten angewandten Abdichtungsart bei Hochbauten an Wandflächen im eingeerdeten Bereich geworden ist [4.39], beruht darauf, dass weder mit offener Flamme, noch mit großer Hitze oder mit Lösemitteln gearbeitet werden muss, dass Reinigungsarbeiten mit warmem Wasser ausgeführt werden können und dass der Beschichtungsstoff bei Transport, Lagerung, Verarbeitung und Entsorgung keine wirklichen Probleme bereitet. Außerdem sind eine komplizierte Geometrie und eine gewisse Unebenheit der zu beschichtenden Oberfläche nur von geringer Bedeutung für das ordnungsgemäße Beschichten. Zur Erhöhung der Verarbeitungsqualität werden neuerdings die ausführenden Handwerker in speziellen Lehrgängen bezüglich der Verarbeitung von KMB geschult.

4.6 Dichtungsschlämmen und Reaktionsharzbeschichtungen

Die chemische Industrie stellt unter anderem organische Polymere speziell für Beschichtungen in einer großen Vielfalt her. Diese dienen der sogenannten Bauchemie als Bindemittel für Beschichtungsstoffe, welche unter variierender Zugabe von Pigmenten, inerten und reaktiven Füllstoffen und weiteren Bestandteilen in ausgiebigen Testreihen geprüft und optimiert werden. Für die Bauwerksabdichtung stehen drei Typen von Beschichtungsstoffen auf Polymerbasis zur Verfügung:

Dispersionsbeschichtungen auf Basis wässriger Polymerdispersionen, oft Mischpolymerisatdispersionen mit extrem niedriger Glasübergangstemperatur. Sie werden kalt verarbeitet und verfestigen zu flexiblen Beschichtungen auf rein physikalischem Wege durch Wasserabgabe an die Atmosphäre und an den Untergrund. Die Beschichtung besteht aus der verfilmten Dispersion, in welche die Pigmente, Füllstoffe usw. eingebettet sind.

Dispersions-Zement-Beschichtungen, welche wie die oben genannten Dispersionsbeschichtungen als Bindemittel eine Polymer-Dispersion enthalten. Die Verfestigung der Dispersion erfolgt nicht nur durch Wasserabgabe an die Umgebung, sondern auch durch die chemische Bindung von Wasser an den erhärtenden Zement, welche daher weniger wetterabhängig abläuft. Der Zement (und meist auch weitere Füllstoffe) werden in einer sogenannten Pulverkomponente, die Polymerdispersion in einer Flüssigkomponente an den Verarbeitungsort geliefert. Bei manchen Produkten ist das Polymerbindemittel der Pulverkomponente als Dispersionspulver zugegeben, welche nur noch mit Wasser angerührt werden muss. Nach dem Vermischen beginnt die chemische Reaktion des Zementes, weshalb nur eine begrenzte Zeit für das Auftragen des Beschichtungsstoffes zur Verfügung steht. Dispersions- und Dispersions-Zement-Beschichtungen bezeichnet man auch als **flexible Dichtungsschlämmen**.

Reaktionsharzbeschichtungen entstehen durch die chemische Reaktion zweier flüssiger Bindemittelvorstufen, welche getrennt geliefert und unmittelbar vor dem Verarbeiten gemischt werden müssen. Danach entsteht ein vernetztes Polymer, dessen thermische, mechanische und chemische Beständigkeit demjenigen von flexiblen Dichtungsschlämmen in aller Regel deutlich überlegen ist. Die Pigmente, Füllstoffe und Hilfsstoffe sind in einer der beiden Komponenten enthalten oder auf beide Komponenten aufgeteilt. In aller Regel enthalten beide Komponenten weder Wasser als Dispergiermittel noch leicht flüchtige Kohlenwasserstoffe als Lösemittel, so dass die Nassschichtdicke und die Trockenschichtdicke nahezu gleich sind und die notwendige Zeit zur Verfestigung dickenunabhängig ist. Als Bindemittel werden flexibilisierte Epoxidharze, Polyurethane und ungesättigte Polyester verwendet; bei der Verarbeitung werden meist Vliese oder Gewebe eingebettet. Alle Schichten müssen absolut alkalibeständig sein. Der Versuch, die Zementalkalität durch Grundierungen oder Deckschichten von einer empfindlichen Dichtschicht abzuhalten, gelingt erfahrungsgemäß nicht. Bei Dauerfeuchte werden an die Zwischen-schichthaftung große Anforderungen gestellt, weshalb diese durch kurze Überarbeitungsintervalle oder Abstreuen der frischen Beschichtung mit Sand verbessert werden sollte.

Die bevorzugten **Anwendungsgebiete** der drei Beschichtungstypen sind folgende: Bei mäßiger Wasserbelastung und geringer thermischer- und mechanischer Belastung werden die einkomponentigen, zementfreien Dispersionsbeschichtungen bevorzugt, also z.B. bei Feuchträumen im privaten Bereich. Bei mittlerer Wasser-, Temperatur- und mechanischer Belastung, z.B. an erdberührten Wandflächen, auf Balkonbodenflächen, in Nassräumen privater Nutzung, in Schwimmbecken usw. werden meist Polymer-Zement-Beschichtungen eingesetzt. Wenn zur Wasserbelastung noch eine chemische Beanspruchung oder erhöhte Temperaturen hinzukommen, z.B. in Betrieben der chemischen und der Nahrungsmittel-Industrie, werden Reaktionsharzbeschichtungen notwendig.

Vorteilhaft sind diese drei Arten von Polymerbeschichtungen im Vergleich zur Bahnenabdichtung insbesondere dann, wenn sie nicht nur mit vollflächiger Haftung zum Untergrund aufgebracht werden, sondern auch die Schutzschicht vollflächig an der abdichtenden Polymerbeschichtung haftet und an geneigten oder senkrechten Flächen von der Beschichtung sogar getragen wird. Dadurch entsteht ein Schichtenpaket, das gegen Fehlstellen in der Abdichtung recht unempfindlich ist (s. Tabelle 4.1). Dann werden an geneigten, vertikalen und horizontalen Flächen keine Hilfskonstruktionen für das Fixieren der Schutzschicht notwendig, welche z.B. bei Bahnenabdichtungen an Wänden von Nassräumen oder auf Bodenflächen von Balkonen ohne Randaufkantung zu Mehrkosten und komplizierten Details führen würden. Die lückenlose, hohlraumfreie Verbindung von dichtender und schützender Schicht ist auch aus hygienischer Sicht vorteilhaft, z.B. bei gefliesten Flächen in Trinkwasserbehältern, Schwimmbecken, Krankenhäusern, Fleischereibetrieben usw., weil dann keine unzugänglichen Hohlräume mit Verkeimungsgefahr vorhanden sind. Man bezeichnet die im Haftverbund mit dem Untergrund und der Schutzschicht stehende, abdichtende Polymerbeschichtung als **Abdichtung im Verbund**. Für sie gibt es ein eigenes Regelwerk [4.27, 4.28, 4.29]. Bild 4.9 zeigt einen häufig gewählten Schichtaufbau einer Abdichtung im Verbund, bei welcher die Schutzschicht aus einem Fliesenbelag in einem Dünnbett-Kleber besteht. Auch Natursteinplatten und sogar großformatige Glasplatten [4.42] sind als Schutzschicht gebräuchlich.

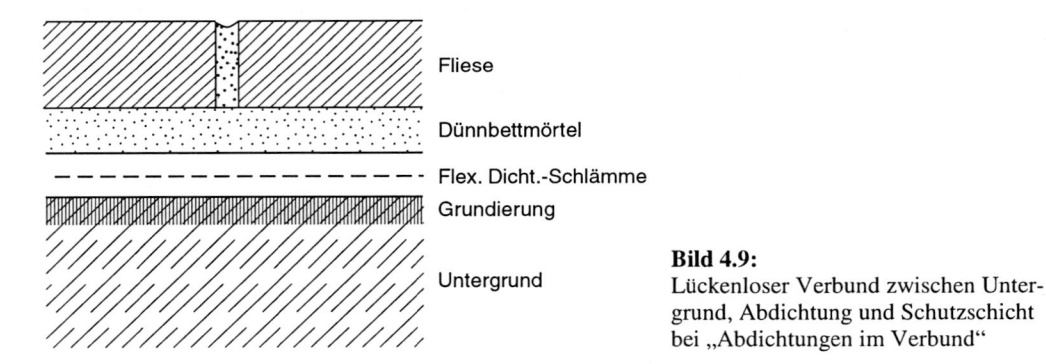

Bild 4.9:
Lückenloser Verbund zwischen Untergrund, Abdichtung und Schutzschicht bei „Abdichtungen im Verbund"

(Fliese – Dünnbettmörtel – Flex. Dicht.-Schlämme – Grundierung – Untergrund)

Dispersions-Zement-Beschichtungen werden auch zur **Querschnittsabdichtung** in Mauerwerkswänden eingesetzt, wo sie, im Gegensatz zu eingelegten Dichtungsbahnen-Streifen, den Kraftverlauf im Mauerwerk nicht unterbrechen und auch nicht als haftungslose Zwischenschicht einen potenziellen horizontalen Wasserdurchfluss begünstigen.

Als relativ junge Bauprodukte dürfen Polymer-Beschichtungen zur Abdichtung im Bauwesen nur dann eingesetzt werden, wenn eine vom Deutschen Institut für Bautechnik zugelassene Materialprüfungsanstalt die Brauchbarkeit geprüft hat (sog. **Eignungsnachweis**), und wenn der Hersteller die Übereinstimmung des gelieferten Produktes mit dem geprüften bestätigt (sog. **Übereinstimmungsnachweis**). Bei der Auftragserteilung an den Unternehmer muss eindeutig die gewünschte Art der Abdichtung angegeben werden, weil sonst aus baurechtlichen Gründen nur Abdichtungen nach DIN 18195 [4.10], bei Vereinbarung der VOB und ohne weitere Spezifizierung der Abdichtungsart nur die in DIN 18336 [4.15] genannten Abdichtungsarten (Auswahl aus DIN 18195) eingebaut werden dürfen. Die Einzelheiten, welche bei der Planung und Ausführung von Polymerbeschichtungen beachtet werden müssen, sind dem Technischen Merkblatt des betreffenden Produktes, das der Stoffhersteller mitliefert, sowie dem zuständigen Regelwerk [4.26, 4.27, 4.28, 4.29, 4.30] zu entnehmen.

4.7 Wasserundurchlässiger Beton

Die Regeln derjenigen Bauweise, bei welcher man unter Verwendung von wasserundurchlässigem Beton (WU-Beton) wasserdichte Bauwerke herstellt, sind in einem Merkblatt des Deutschen Betonvereins [4.33] niedergelegt, das den Stand der Technik wohl am besten wider gibt. Danach kommt es einerseits auf ein „dichtes" Betongefüge an; schwieriger zu erreichen ist das Minimieren der Rissbildung in der Betonkonstruktion andererseits sowie die Vermeidung sonstiger Undichtigkeiten (z.B. an Fugen, Durchdringungen) in den wasserbelasteten Bauteilen. Das erfordert besondere Leistungen der Planer, insbesondere des Ingenieurs, und des ausführenden Unternehmers (vgl. Abschnitt 6.5, S. 172 ff.). Außer der Tragfunktion hat der Ingenieur auch die abfließende Hydratationswärme und das Austrocknungsschwinden des Betons bei der Bearbeitung der Maßnahmen gegen Rissbildung zu beachten.

Als Prüfkriterium für wasserundurchlässigen Beton ist in DIN 1045 die Eindringtiefe des Wassers bei einem speziellen Versuch (s. DIN 1048, Ziffer 6.5.7.2) festgelegt. Diese wird an Probescheiben von 12 cm Dicke nach mehrtägiger einseitiger Belastung mit Wasser unter einem Druck von 50 m Wassersäule durch Spalten der Prüfkörper festgestellt. Sie darf maximal 50 mm betragen. Außerdem werden in DIN 1045 noch Vorgaben zum Wasserzementwert, zum Zementgehalt und zum Betonzuschlag gemacht. In der Praxis wird darüber hinaus mit Verflüssigern der Wasser-Zement-Wert niedrig gehalten und mit langsam erhärtendem Zement die Erwärmung des jungen Betons bei der Hydratation klein gehalten.

Die Wasserundurchlässigkeit von WU-Beton ist dadurch gekennzeichnet, dass sich im Beton-Querschnitt zwei Bereiche mit verschiedenen Feuchtetransportvorgängen ausbilden (Bild 4.10):

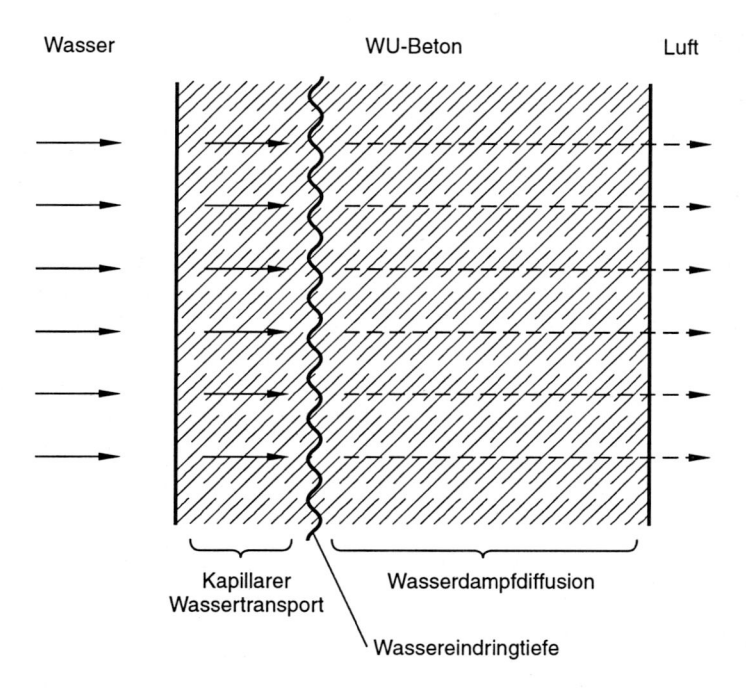

Bild 4.10: Flüssigwassertransport und Wasserdampfdiffusion im Querschnitt eines WU-Beton-Bauteils

An der wasserbenetzten Seite stellt sich eine Zone hoher Wassergehalte im Beton ein und der Flüssigwassertransport (kapillarer Wassertransport) herrscht vor. In der an die luftberührende Oberfläche angrenzenden, trocken erscheinenden Zone stellt sich ein relativ kleiner Wassergehalt ein und die Feuchte wird durch Wasserdampfdiffusion weitergeleitet [4.41]. Die Ausbildung zweier Zonen mit unterschiedlichem Wassertransportmechanismus ist damit zu erklären, dass die wenigen und kleinen Kapillaren des WU-Betons durch ihren großen Strömungswiderstand den Druck des Wassers auf kurzer Distanz abbauen, so dass anschließend nur noch Diffusion möglich ist, für welche die thermische Beweglichkeit der Wassermoleküle als Energiequelle ausreicht.

Ein eingeerdetes, von außen wasserbelastetes WU-Betonbauwerk heißt WU-Beton-Wanne oder weiße Wanne. Die Art der Wassereinwirkung im Sinne von DIN 18195, Teil 1, Tabelle 1 beeinflusst die Bauweise der weißen Wanne nur wenig.

Der Planer muss folgendes Verhalten weißer Wannen beachten:
- WU-Beton ist wasserdampfdurchlässig, der kapillare Wassertransport ist weitgehend ausgeschaltet.
- Im stationären Zustand nach Austrocknung der Baufeuchte diffundiert durch eine eingeerdete WU-Beton-Wanne ständig Wasserdampf von außen nach innen mit einer Feuchtestromdichte von ca. 0,1 bis 1,0 g/m²·d bei außen und innen unbeschichteter Betonoberfläche. Das ist für die Raumluftfeuchte normal genutzter und belüfteter Räume in aller Regel belanglos.
- Im baufeuchten Zustand hat die zum Raum hin strebende Feuchtstromdichte bei innen unbeschichteter Betonoberfläche größere Werte, ca. 1 bis 10 g/m²·d nach 1 Jahr. Sie wird aber kontinuierlich kleiner. (Dieser Feuchtestrom tritt in etwa gleicher Größe auch bei außen abgedichteten, baufeuchten Betonbauwerken auf). Er kann durch erhöhtes Lüften in der Anfangszeit abgeführt oder durch raumseitig aufzubringende Schichten reduziert werden.
- Bei einfacher Nutzung der Räume in einer weißen Wanne und bei kräftiger Durchlüftung brauchen die WU-Beton-Außenbauteile weder im baufeuchten Zustand noch danach aus feuchtetechnischen Gründen durch weitere Schichten ergänzt zu werden, z.B. in Parkhäusern oder Lagerräumen für anspruchslose Güter.
- Bei hochwertiger Nutzung, z.B. als Aufenthaltsraum oder als Lagerraum mit erforderlicher Trockenheit oder bei verlangter Sicherheit gegen Wassereinbruch, muss der WU-Betonquerschnitt durch weitere Schichten ergänzt werden. Bei deren Wahl sollte man bedenken, dass in den ersten Jahren nach der Erstellung des Bauwerks sich immer noch Risse einstellen können, die lokalisiert und nachgedichtet werden müssen. Das schränkt bei neu erstellten weißen Wannen die Auswahl an Innenbekleidungen sehr ein.
- Durch eine raumseitige Bekleidung des WU-Betons kann der zum Raum hin strebende Feuchtestrom reduziert werden. Dann gibt junger Beton seine Baufeuchte langsamer ab, d.h. die Trocknungszeit nimmt zu. Das dürfte oft von Vorteil sein (z.B. wegen Schwindverzögerung). Mit steigendem s_d-Wert (s. Abschnitt 4.11) und zunehmendem Wärmedurchlasswiderstand einer raumseitigen Bekleidung stellt sich nach deren Aufbringen auf den Beton eine höhere Betonfeuchte ein, und die Bekleidung muss feuchte- und alkalibeständiger werden, d.h. mit größerer Sorgfalt ausgewählt werden. Man kann die raumseitige Betonoberfläche aber auch mit Hinterlüftung bekleiden, sowohl an den Wänden als auch am Boden [4.44], was die Bekleidung von Feuchte und Alkalität entlastet.

4.7 Wasserundurchlässiger Beton

An weißen Wannen treten erfahrungsgemäß schon in der Bauphase nicht selten **lokale Undichtigkeiten** durch kavernöses Betongefüge, Risse, an Fugen, Durchdringungen usw. auf, die zu dieser Zeit durch Injektion oder Überkleben mit Dichtungsbahnstreifen (außenseitig) meist leicht und noch kostengünstig abzudichten sind. Aber auch in den anschließenden Jahren können noch Wassereintritte an neu entstehenden Rissen erfolgen, welche die Folge von Baugrundsetzungen sowie von Schwinden und Kriechen des Betons sein können und in der Regel durch Injektion abzustellen sind. Das sollte schon bei der Planung und der Auftragserteilung bedacht werden.

Ein **Vorschlag für die Ausbildung des Bodens und der Wand** einer neu erstellten WU-Beton-Wanne bei hochwertiger Raumnutzung wird in Bild 4.11 vorgestellt. Für die Wände wird eine reichliche Betondicke und eine möglichst bald aufzubringende, vollflächig anzuklebende Perimeterdämmung (s. Abschnitt 4.12) empfohlen. Dadurch soll das Austrocknen des Wandbetons und damit dessen Schwinden gebremst und dem Schwindverlauf der Bodenplatte angenähert werden. Bei Rissbildungen sollen der Kleber und die Dämmplatten einen Wasserdurchtritt erschweren. Raumseitig könnten die Wände mit Sanierputz [4.31] bekleidet werden. Er würde neue Risse an den WU-Betonwänden erkennen lassen und eine trockene Oberfläche gewährleisten. Unter der absolut ebenflächigen Bodenplatte sollte eine Gleitschicht (s. Abschnitt 4.11) die Widerstände gegen Verkürzung der Platte beim Abfließen der Hydratationswärme und beim Schwinden aufheben und an Rissen den Wasserdurchtritt behindern. Die Dampfbremse auf der Oberseite der Betonplatte soll den Bodenaufbau vor der Baufeuchte des WU-Betons schützen (s. Abschnitt 4.11) und das Austrocknen der Bodenplatte verzögern.

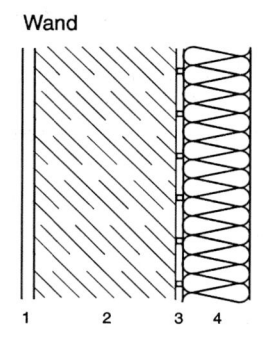

Wand	Boden
1 Sanierputz 2 cm	1 Bodenbelag
2 WU-Beton 25 cm	2 Estrich 5 cm
3 Vollflächiger Kleber	3 Trennlage
4 Perimeterdämmung 10 cm	4 Dämmschicht 10 cm
	5 Dampfbremse
	6 WU-Beton 25 cm
	7 Bitumenschweißbahn
	8 Sauberkeitsschicht 10 cm

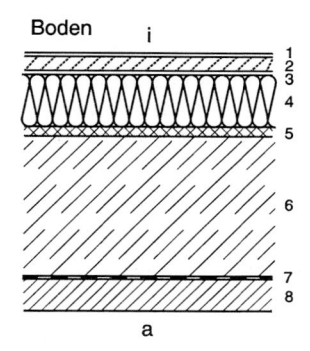

Bild 4.11: Ausbildung des Bodens und der Wände in einer WU-Beton-Wanne bei anspruchsvoller Nutzung (Vorschlag)

4.8 Lehm- und Bentonit-Dichtungen

Schon vor Jahrhunderten wurden Bauwerke im erdberührten Bereich mit **Lehm** gedichtet. Lehm ist ein bindiges, feinteilreiches Bodenmaterial, das viel Ton und Schluff enthält und damit ein nicht durchströmbares Gefüge und eine große wasseranlagerungsfähige Kornoberfläche aufweist. Deshalb ist ein starkes Quellen möglich. Derzeit werden Lehmschichten nur noch zum Dichten von Teichen, Dämmen und Deponien angewendet, wobei die Dichtschicht in der Regel vor Ort aus geeignetem Bodenmaterial durch gezielte Zugabe von z.B. Ton, Schluff, Sand und Wasser die richtige Zusammensetzung und die notwendige Homogenität erhält. Die Dicke solcher Dichtungsschichten bewegt sich im Dezimeterbereich.

Neuere Verfahren verwenden ausschließlich einen speziellen Ton, sog. **Natriumbentonit**, der besonders quellfähig ist und in den USA in natürlichen Lagerstätten vorkommt, während er z.B. in Bayern aus einem dort vorkommenden Ton durch Ionenaustausch künstlich erzeugt wird. Seine Anwendung erfolgt einerseits in flüssiger Form: Bentonit-Suspensionen werden zur Abstützung des Erdreichs beim Bau von Schlitzwänden und zur Reibungsverminderung beim Rammen von Stahlspundwänden, beim Vortrieb von Tunnelröhren sowie als wasserzurückhaltendes und die Homogenität sicherndes Mittel bei Zementinjektionen und Hohlraum-Verdämm-Mörtel im Bergbau benützt. Für die Flächenabdichtung von Wänden und Böden, z.B. bei weißen Wannen und bei begrünten Flachdächern aus Beton, werden andererseits Platten aus Wellpappe oder Matten aus Geotextilien mit eingeschlossenem trockenem Bentonitpulver oder bentonitbeschichtete PVC-Folien verwendet. Diese Matten oder Platten nehmen nach dem Einbau Wasser auf, wodurch der Bentonit quillt. Die Dicke derartiger vorkonfektionierter Dichtungs-Elemente liegt im Bereich von 2 bis 10 mm. Schließlich werden im Betonbau Fugen und Durchdringungen mit betonithaltigen Quellbändern gedichtet und Fugenspalte durch Betonittafelstreifen zusätzlich gesichert. Allein die Natriumbentonit-Abdichtung mit tafelartigen Elementen wird im Folgenden behandelt.

Wie oben erwähnt, lagert trockener Natriumbentonit begierig Wasser an und quillt dabei. Bei zunehmendem Wassergehalt verändert sich die Konsistenz von der Pulverform über den teigigen bis zum flüssigen Zustand. In der Praxis ist der sich einstellende Wassergehalt begrenzt durch das zur Verfügung stehende Volumen für die Quellung oder durch den Pressdruck, welcher die quellende Schicht belastet, z.B. als Auflast oder Erddruck. Große Wassergehalte und große Quellungen stellen sich bei kleiner Pressung ein. Dann ist der Bentonit auch relativ leicht von Wassermolekülen durchdringbar. Nimmt die Pressung der Bentonitschicht zu, sinkt der Wassergehalt, die Dicke der gequollenen Tonschicht geht zurück und die Wasserdurchlässigkeit wird kleiner. Diese Zusammenhänge wurden von *Ruhnau* [4.40] an drei Sorten von Natriumbentonit überprüft und damit Firmenangaben bestätigt.

Für die Anwendung von Natriumbentonit in Form flächiger, vorgefertigter Elemente zur Abdichtung von Bauteilen ergeben sich aus dem geschilderten Werkstoffverhalten folgende **Regeln**:

- Der vorhandene Anpressdruck (Auflast, Erddruck) bestimmt das Maß der Quellung und die Durchlässigkeit der Bentonitschicht für Wasser.
- Die Feuchtestromdichte (ohne Berücksichtigung weiterer Bauteilschichten) liegt bei 1 m Eintauchtiefe und entsprechendem Erddruck sowie bei einer Dicke der Tonschicht von 1 cm in der Größenordnung von 10 g/m²·d, ist also recht groß.
- Die Bentonitschicht ist auf der wasserbelasteten Seite einzubauen und falls notwendig gegen Austrocknung zu schützen, z.B. durch PE-Folien oder Perimeterdämmplatten, da sonst Schrumpfung und Rissbildung möglich sind.

- Die Bentonitschicht verhält sich im stark gequollenen Zustand plastisch. Dann kann sie als Gleitschicht betrachtet und benützt werden. Sie sollte nicht planmäßig auf Scherung beansprucht und nicht mit Punktlasten belastet werden.
- Die Bentonitschicht muss eingeschlossen sein, z.B. zwischen Beton und wasserdurchlässige Vliese, Gewebe, Papiere usw., damit sie nicht entweichen kann und einen Druckspannungszustand aufbaut. Dann dringt das Bentonit gegebenenfalls in verbliebene Hohlräume, Risse usw. ein und dichtet sie. Die Rissbreiten sollten nicht größer als 2 mm sein.
- Betonitschichten sind nicht durchwurzelungssicher und gegen mechanische Einwirkungen empfindlich und daher erforderlichenfalls mit entsprechenden Schutzschichten zu versehen.
- Die Quellung des im Anlieferungszustand trockenen Betonits darf nicht zu früh erfolgen, um den Quelldruck nutzen zu können. Daher sind die Bentonit-Platten oder -Matten vor dem Einbau trocken zu lagern. Die Quellung nach dem Einbau sollte durch ionenarmes Wasser herbeigeführt werden, um keinen unbeabsichtigten Ionenaustausch einzuleiten, der die Quellfähigkeit des Bentonits schädigen könnte. Daher Boden und Grundwasser untersuchen!
- An jeder Stelle der Dichtungsfläche muss eine ausreichend dicke Schicht an Bentonit vorliegen. Dazu müssen die Bauteiloberfläche und die erdseitige Schutzschicht genügend eben, glatt, frei von Graten usw. sein und eine sorgfältige Verarbeitung nach den Angaben des Stofflieferanten vorgenommen werden. Kleine Bereiche können mit vorgequollener Bentonitpaste gefüllt bzw. gespachtelt werden.

Der prinzipiell nicht zu vermeidende Wasserdurchtritt durch eine Betonitabdichtung ist, ebenso wie bei wasserundurchlässigen Betonbauwerken, bei der Konzeption des Querschnitts der zu schützenden Bauteile und bezüglich der Raumnutzung zu bedenken. Im Gegensatz zu wasserundurchlässigen Betonbauwerken sind Risse aus Zwangsbeanspruchung im Bentonit nicht zu befürchten, dafür ist er empfindlich gegen mechanische Einwirkungen, Austrocknung und Durchwurzelung. Einen mit Betonit abgedichteten, eingeerdeten Bereich von Bauwerken bezeichnet man als **braune Wanne**.

Bentonitabdichtungen stellen derzeit keine geregelte Bauweise dar, weshalb ihre Anwendung die Zustimmung des Bauherrn voraussetzt sowie eine besonders sorgfältige Planung und Ausführungskontrolle empfehlenswert erscheinen lässt.

4.9 Sanierputze, Sperrmörtel, starre Zementschlämmen

Die in der Überschrift genannten Werkstoffe sind zementgebundene, hochwertige Bauchemieprodukte, welche zwar dauerfeuchtebeständig aber auch spröde sind und daher nicht rissüberbrückend sein können. Sie dürfen folglich nicht als „Abdichtungen" bezeichnet werden, obwohl im ungerissenen Zustand ein Durchtritt von flüssigem Wasser nicht möglich ist. Die Verfestigung bewirkt der erhärtende Zement, die Abgabe des Überschusswassers ist zur Verfestigung nicht notwendig. Durch die sorgfältige Rezeptierung sind sowohl die Eigenschaften des Frischmörtels als auch des erhärteten Mörtels im Vergleich zu denjenigen klassischer Zementmörtel wesentlich verbessert [4.38]. Da diese Stoffe nur Hilfsfunktionen bei der Bauwerksabdichtung übernehmen, erscheint eine Zulassung nicht als notwendig.

Sanierputze wurden vor etwa 15 Jahren als Spezialputze nach bauphysikalischen Kriterien entwickelt und können heute als bewährte Putze für feuchte Wände, z.B. an den raumseitigen Oberflächen von WU-Beton-Wannen oder gemauerten Kellerwänden angesehen werden. Insbesondere bei Baudenkmälern, deren konstruktiver Feuchteschutz heutigen Ansprüchen oft nicht genügt, die aber mit den heutigen Ansprüchen genutzt werden sollen, haben sich Sanierputze bewährt. Sie haben ein für Zementputze großes Porenvolumen ($\geq 40\%$) und sind daher in hohem Maße wasserdampfdurchlässig ($\mu \leq 12$) und erlauben so eine wirkungsvolle Feuchteabgabe aus dem Untergrund. Das Gefüge ist hydrophob eingestellt, so dass die Putze auch auf dauerfeuchten Untergründen trocken bleiben (Bild 4.12). Der Schichtaufbau beginnt mit einer Haftbrücke, z.B. einem nicht flächendeckend aufgebrachten Zementspritzbewurf. Dann folgt die aus Werktrockenmörteln herzustellende Putzschicht, welche wenigstens 2 cm dick sein muss. Als Abschluss kann ein Anstrich aufgebracht werden, der aber ebenfalls mineralisch gebunden und besonders wasserdampfdurchlässig sein muss ($s_d \leq 0,2$ m). Alle Einzelheiten, sowohl der Putzeigenschaften als auch der Verarbeitung und des Einsatzgebietes, sollten den Vorgaben des WTA-Merkblattes „Sanierputzsysteme" [4.31] genügen, das den Stand der Technik wiedergibt.

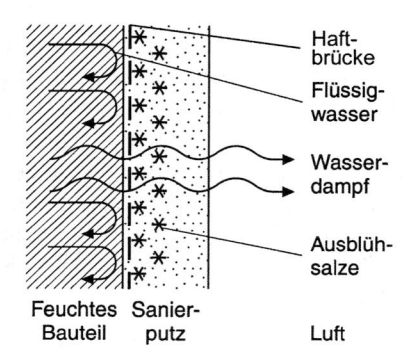

Bild 4.12: Wasserdampfdiffusion durch einen Sanierputz auf feuchtem Untergrund

Sperrmörtel dürfen ebenfalls nur aus Werktrockenmörteln der Putzmörtelgruppe PIII erstellt werden, welche durch zweckmäßigen Kornaufbau und Hilfsstoffe so formuliert sind, dass bei fachgerechter Verarbeitung ein wasserundurchlässiges Mörtelgefüge entsteht. Sie werden als Untergrund für rissüberbrückende Beschichtungen gerne benützt, weil damit die Sicherheit bei evtl. lokalen Undichtigkeiten in der Beschichtung deutlich gesteigert wird. Wand- und Bodenflächen in Nassräumen, Industriebetrieben, auf Balkonen, usw., wo auf dem Sperrmörtel Beschichtungen oder Abdichtungen im Verbund eingesetzt werden, sind das bevorzugte Anwendungsgebiete der Sperrputze und Sperrestriche.

Auch Gussasphalt und Reaktionsharzmörtel können als Sperrmörtel angesehen werden!

Starre Dichtungsschlämmen haben ähnliche Eigenschaften wie Sperrmörtel, jedoch liegt die Dicke der in flüssiger Konsistenz zu verarbeitenden Schlämmschicht nur im Millimeterbereich. Ihre bedeutendsten Anwendungen sind die Füllung kavernöser und die Egalisierung übermäßig rauer Bereiche sowie die Abdichtung nicht rissgefährdeter Flächen untergeordneter Bedeutung. So werden aus starren Dichtungsschlämmen Wandabdichtungen gegen Bodenfeuchtigkeit, Querschnittsabdichtungen in Mauerwerk, Nachbesserungen an Sichtbetonoberflächen in Wasserbehältern [4.32], gegen rückwärtige Durchfeuchtung schützende Vorbeschichtungen unter Polymerbeschichtungen oder KMB (siehe Bild 4.7) sowie gleichzeitig als Dichtung und Haftbrücke wirkende Beschichtungen unter Sockelputzen, unter Sanierputzen auf der Raumseite von erdberührten Außenwänden und unter Verbundestrichen hergestellt.

4.10 Grundierungen und Haftschlämmen

Die Aufgabe von **Grundierungen** (bei Bitumen als Voranstrich bezeichnet) und Haftschlämmen ist es, den Haftverbund zwischen einem Untergrund und der ersten Schicht der Abdichtung zu ermöglichen oder zu sichern. Sie haben ihre Aufgabe erfüllt, wenn die Haftzugfestigkeit und die Schälfestigkeit einen vorgegebenen Grenzwert erreichen oder wenn bei entsprechend starker Belastung das Versagen im Untergrund oder in der Abdichtung, nicht aber in der Haftfläche auftritt.

Im verarbeitsfertigen Zustand muss ein Grundiermittel folgende Eigenschaften haben:
>   Dünnflüssig sein
>   die Untergrundoberfläche gut benetzen
>   wenig empfindlich sein gegen feuchten Untergrund
>   tief in Poren, Kavernen, feine Risse usw. eindringen.

Die Verarbeitung soll das lückenlose Benetzen des Untergrundes fördern und das Auftragen einer genügenden Menge an Material (Größenordnung 250 g/m² bei Grundierungen, 750 g/m² bei Schlämmen) ermöglichen, was durch Streichen, Einbürsten o.ä. optimal erreicht wird. Weniger günstig ist Spritzen oder Aufrollen des Grundiermittels.

Man unterscheidet die klassische Grundierungstechnik von der Nass- in Nass-Technik. Im ersten Fall, z.B. bei Bitumenlösungen oder Bitumenemulsionen, muss die Grundierung trocknen und verfestigen, bevor weitergearbeitet wird. Im zweiten Fall wird die Folgeschicht in die nasse Grundierung gelegt, z.B. der Sperrmörtel in die Haftschlämme oder die Reaktionsharzbeschichtung in die lösemittelfreie Epoxidharzgrundierung.

Nach der Verfestigung einer klassischen Grundierung soll die grundierte Oberfläche im Vergleich zum vorher vorhanden gewesenen Zustand folgende Eigenschaften haben:
>   Oberfläche haftungsfreundlich
>   Haftzugfestigkeit genügend groß
>   Kapillares Saugen des Untergrundes reduziert und egalisiert
>   Oberfläche trocken und wasserabweisend (hydrophob).

Die Verbesserungswirkung einer Grundierung darf nicht Anlass sein, eine notwendige Untergrundvorbereitung (Sandstrahlen, Wasserstrahlen, Dampfstrahlen usw.) nachlässig durchzuführen oder gar zu unterlassen, da minderwertige Oberflächenschichten in der Regel weder durch Grundieren ausreichend verfestigt noch an tiefer liegende Schichten angebunden werden können. Die Anhaftung der abdichtenden Schicht auf dem grundierten Untergrund erreicht auch nur dann die optimale Qualität, wenn beide aufeinander abgestimmt sind. Hierzu sind die Angaben des Materialherstellers zu beachten.

Folgende Arten von Grundiermitteln sind im Bereich der Bauwerksabdichtung gebräuchlich:

Bitumenemulsionen dienen zur Haftungsverbesserung von aufzuschweißenden, bitumengebundenen Dichtungsbahnen, von Bitumendickbeschichtungen und von mit Heiß-Bitumen anzuklebenden Polymerdichtungsbahnen.

Bitumenlösungen sollten wegen ihrer Lösungsmittel nur noch in Ausnahmefällen verwendet werden, z.B. wenn feuchtkalte Außenluft-Bedingungen oder ein zu feuchter Untergrund das Trocknen einer Bitumenemulsion zu sehr verzögern würden, oder wenn Reparaturen in kurzer Zeit ausgeführt werden sollen.

In DIN 18195, Teil 2 [4.10] sind die Material-Eigenschaften, welche Bitumenemulsionen und Bitumenlösungen haben sollten, angegeben. Vor dem Aufbringen weiterer Schichten müssen die Lösemittel bzw. das Wasser entwichen sein.

Mit Wasser verdünnte KMB kann den gleichen Zweck wie eine Bitumenemulsion erfüllen. Sie wird bevorzugt dann eingesetzt, wenn anschließend KMB als Abdichtung aufgetragen werden soll und dieses Material daher auf der Baustelle vorliegt.

Polymerdispersionen werden für wässrige Dichtungsschlämmen und Mörtel als Grundiermittel eingesetzt. Die Auftragsmenge muss begrenzt bleiben und die Dauer bis zum Auftragen der Folgeschicht soll nur kurz sein, damit der Verbund zur Abdichtung optimal ist. Denn eine reichlich aufgetragene und gut durchgetrocknete Polymerdispersionsgrundierung wirkt eher als Trennschicht denn als verbunderzeugende Grundierung.

Polymerlösungen sollen wie Bitumenlösungen heute möglichst nicht mehr eingesetzt werden, weil die enthaltenen Lösemittel die Umwelt und die Verarbeiter schädigen können und Brand- sowie Explosionsgefahr mit sich bringen.

Epoxidharze (EP) in Form lösemittelfreier, zweikomponentiger Flüssigharze sind im Bauwesen als Grundierungen sehr weit verbreitet, weil sie relativ gut feuchtigkeitsverträglich, völlig alkalibeständig und von hoher Haftwirkung auf mineralischen Baustoffen sind. Im Bereich der Bauwerksabdichtung werden sie unter Reaktionsharzbeschichtungen und auf Brückenfahrbahnen unter Schweißbahnen eingesetzt [4.24], sowie unter Zementputzen oder Zementverbundestrichen bei hohen Anforderungen an den Verbund. Weil vernetzte Epoxidharze haftungsfeindlich sind, belegt man bestimmte EP-Grundierungen nass in nass mit der Folgeschicht. Wenn die Zeitplanung das nicht mit Sicherheit erlaubt, muss die EP-Grundierung unmittelbar nach dem Aufbringen mit Sand abgestreut werden.

Polymerdispersionsschlämmen werden in einer Lage dickschichtig aufgebracht, wenn sie die Funktion einer Haftbrücke zu übernehmen haben. Wegen der Abmischung des Polymerdispersions-Bindemittels mit Sand und gegebenenfalls mit Zement weisen sie schon im Nasszustand eine griffige, verbundfreundliche Oberfläche auf, die auch bei reichlicher Auftragsmenge und auch nach der Verfestigung noch diese Eigenschaft hat. Solche Haftschlämmen können gleichzeitig auch zur Egalisierung eines unebenen Untergrundes dienen, doch bedingt ihre schlämmartige Konsistenz und die dadurch bedingte Rauigkeit, dass sie nur für dickschichtige Deckschichten geeignet sind, wie Sperrputze, Sanierputze, KMB und Ähnliches. Auch bei Verbundestrichen sowie bei Mörtelauftrag im Rahmen der Betonsanierung hat sich diese Nass-in Nass-Technik mit Schlämmen als in vielerlei Hinsicht optimal erwiesen.

4.11 Trennlagen, Gleitschichten, Dampfbremsen

Trennlagen haben die Aufgabe, bei frisch aufzubringendem Mörtel oder Beton das Abwandern von Material und das Verkleben mit der Unterlage zu verhindern. So bedeckt man Erdreich oder eine kapillarbrechende Schicht mit einer Kunststofffolie, bevor man eine Bodenplatte betoniert, um das Abwandern der Feinteile des frischen Betons zu verhindern. Analoges gilt für die Estrichverlegung „auf Trennlage". Auch die Weichmacherwanderung zwischen zwei Schichten kann durch eine entsprechende Trennlage verhindert werden.

In Bild 4.13 ist eine Schichtenfolge mit einer Sollbruchfuge dargestellt, hier in Form einer speziellen Bahn, welche für das Verkleben der Abdichtung an der Wandfläche genügend Haftung bietet, später aber als Trennlage wirken muss.

4.11 Trennlagen, Gleitschichten, Dampfbremsen

DIN 18195, Teil 2 [4.10] nennt folgende Stoffe für Trennlagen:
a) Ölpapier, mindestens 50 g/m²;
b) Rohglasvliese nach DIN 52141;
c) Vliese aus Chemiefasern, mindestens 150 g/m²;
d) Polyethylen-(PE-) Folie, mindestens 0,2 mm dick;
e) Lochglasvlies-Bitumenbahn, einseitig grob besandet, mindestens 1500 g/m².

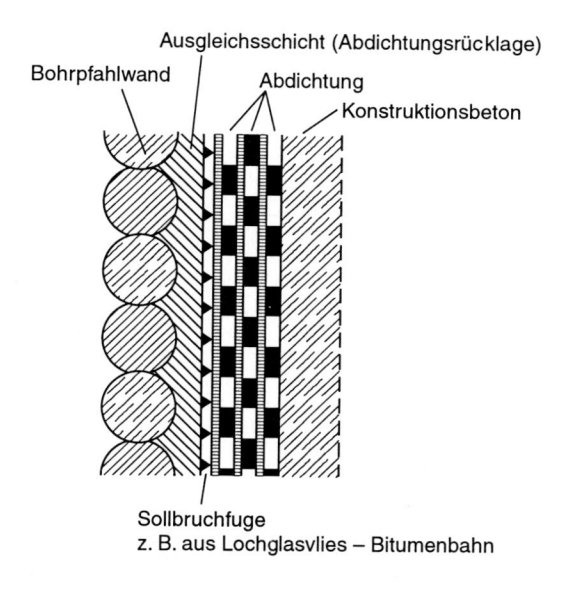

Bild 4.13: Lochglasvlies-Bitumenbahn, welche zunächst einen ausreichenden Verbund bewirken und später als Trennlage wirken muss (nach [34])

Gleitschichten sollen die Relativbewegung zwischen zwei Schichten mit möglichst geringem Widerstand ermöglichen. Man unterscheidet Reibungswiderstand und viskosen Widerstand: Zwischen zwei festen, feinrauen ebenen Materialoberflächen entsteht bei Scherbelastung ein reibender Widerstand, der mit dem Pressdruck linear anwächst und erst bei einem Grenzwert der Scherkräfte eine Relativbewegung zulässt. Zwischen Erdreich und einer Betonbodenplatte, zwischen einem Estrich auf Trennlage und einer Betondecke, zwischen einem Fahrzeugreifen und einer Fahrbahnoberfläche usw. treten bei scherender Beanspruchung solche Reibungswiderstände auf. Viskoser Widerstand wird durch hochviskose Flüssigkeitsschichten erzeugt und ist dadurch gekennzeichnet, dass der Widerstand proportional der Relativgeschwindigkeit zwischen den beiden sich verschiebenden Oberflächen der Gleitschicht ist. Lagert man z.B. eine Betonbodenplatte auf einer Sauberkeitsschicht, welche mit einer Bitumenschweißbahn abgedeckt wurde, so kann wegen des langsam ablaufenden Schwindens der Betonplatte die Schwindverkürzung sich in vollem Ausmaße entwickeln. Würde man die gleiche Betonplatte dagegen durch Bremskräfte eines Fahrzeugs nur kurz belasten, würde die darunter liegende Schweißbahn der angestrebten Relativbewegung wenig nachgeben, d.h. diese Relativbewegung praktisch verhindern.

Dünne Gleitschichten haben nur auf sehr ebenen Flächen einen kleinen Gleitwiderstand (Bild 4.14) größere Unebenheiten führen zu Verhakungen. Eine Kaschierung aus z.B. 2 mm Schaumstoff kann bei geringer Rauigkeit zur Vermeidung von Verhakungen ausreichend sein, besser sind bei den bauüblichen Maßtoleranzen relativ dicke Schichten, wie Schweißbahnen oder Bentonitschichten.

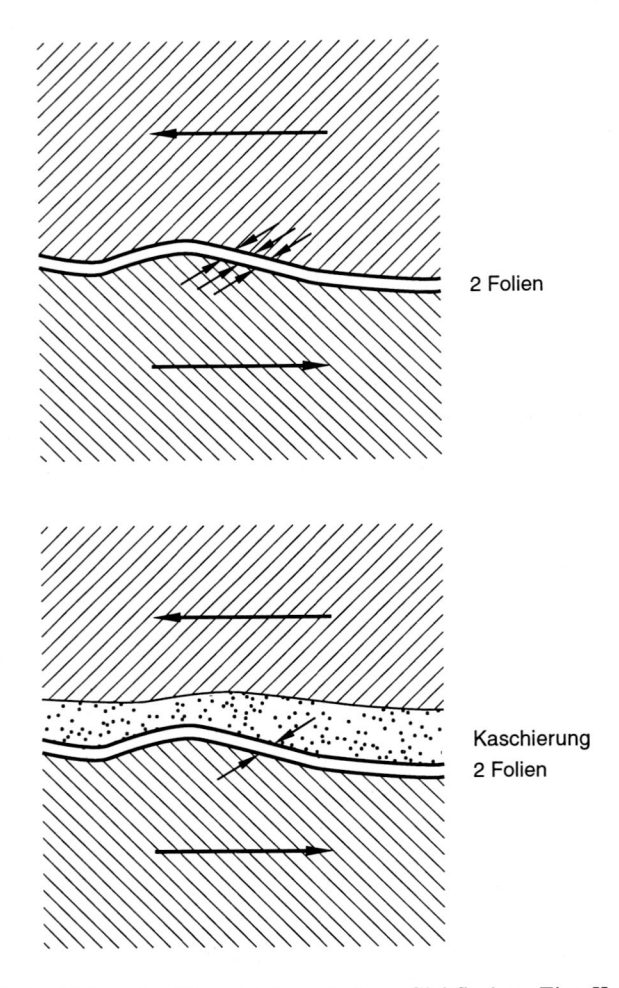

Bild 4.14: Dünne Gleitschichten benötigen glatte und ebene Gleitflächen. Eine Kaschierung vermindert das Problem

Als Gleitschichten mit Reibwiderstand dienen:
> Kunststoff-Folien, doppellagig, mit oder ohne Kaschierung und mit oder ohne Gleitmittel zwischen den Folien.

Als Gleitschichten mit viskosem Widerstand stehen zur Verfügung
> Bitumen, z.B. in Form von Schweißbahnen
> Quelltone, z.B. in Wellpappe gebunden.

4.11 Trennlagen, Gleitschichten, Dampfbremsen

Dampfbremsen haben die Aufgabe, den Feuchtestrom der Wasserdampfdiffusion zu reduzieren. Maßgebliche Kenngröße für dieses Verhalten ist der sog. s_d-Wert der Dampfbremse. Völlig wasserdampfdichte Schichten mit theoretisch unendlich großem s_d-Wert bezeichnet man als **Dampfsperren**. Bei lückenloser, fehlerfreier Dampfbremse ergibt sich der (ideale) s_d-Wert aus der Materialkenngröße Diffusionswiderstandszahl μ und der Dicke der Dampfbremse durch Multiplikation. Aus ökonomischen Gründen wählt man in der Regel Stoffe mit großer Diffusionswiderstandszahl und kleiner Dicke, z.B. eine Polyethylenfolie ($\mu = 100\,000$), mit einer Dicke von $s = 0,3$ mm, deren s_d-Wert folgende Größe aufweist:

$$s_d = \mu \times s = 100\,000 \times 0,0003 \text{ m} = 30 \text{ m}$$

Dampfbremsen brauchen nicht immer so lückenlos dicht zu sein, wie Bauwerksabdichtungen, bei denen u. U. schon eine kleine Fehlstelle einen beträchtlichen Schaden zur Folge hätte. Manchmal dürfen kleine Fehlstellen vorhanden sein und die Folienbahnen lose überlappend verlegt werden. Beides muss aber bei der Berechnung des (effektiven) s_d-Wertes aus dem idealen s_d-Wert berücksichtigt werden. Dampfbremsen benötigen Schutzschichten, bzw. sollten zwischen schützenden Baustoff-Schichten eingebaut sein.

Neue Stahlbetonplatten, die nur relativ langsam austrocknen, sollten zum Schutze eines aufzubringenden Estrichs mit Bodenbelag vor der entweichenden Baufeuchte des Betons grundsätzlich oberseitig zuerst mit einer Dampfbremse belegt werden. Nach einem Merkblatt [4.25] soll der s_d-Wert dieser Dampfbremse größer sein als der des Estrichs mit Bodenbelag, was sinnvoll erscheint (Bild 4.15). Für entsprechende Nachweise können Tabelle 4.5 Diffusionswiderstandszahlen und übliche Dicken von in der Abdichtungstechnik häufig verwendeten Stoffen entnommen werden. Zur Größenordnung der s_d-Werte ist Folgendes zu sagen:

Die s_d-Werte von Abdichtungen aus Bitumenaufstrichen mit Trägereinlagen, aus Bitumendichtungsbahnen und aus Schweißbahnen sind sehr groß (≥ 200 m). In der Regel kleiner und auch durchaus unterschiedlich groß, sind die s_d-Werte von Abdichtungen aus Kunststoff-Bahnen und Reaktionsharzbeschichtungen. Wesentlich kleiner sind die s_d-Werte von Abdichtungen aus wässrigen Beschichtungen, was beachtet werden sollte, wenn diese auch die Funktion einer Dampfbremse, z.B. auf der Oberseite einer erdberührenden Betonbodenplatte, erfüllen sollen.

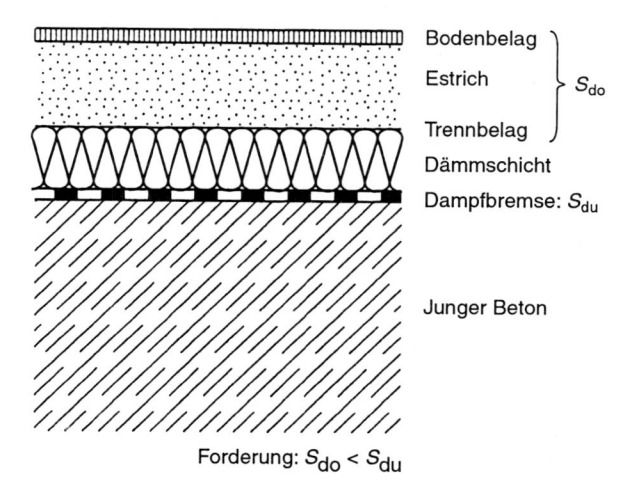

Bild 4.15: Regel des BEB für den s_d-Wert einer Abdichtung unter Estrichen mit Bodenbelag

Tabelle 4.5: Richtwerte von Diffusionswiderstandszahlen und von Dicken gebräuchlicher Werkstoffe zur Bauwerksabdichtung

Werkstoff	Diffusionswider-standszahl μ	Gebräuchliche Dicken in mm
Kunststoff-Dichtungsbahnen:		
PE-C	30.000	1,2 ... 1,5
PVC-P	20.000	1,0 ... 3,0
EPDM	60.000	1,2 ... 1,5
PIB	250.000	1,5 ... 2,0
ECB	90.000	2,0 ... 3,0
CSM	25.000	1,0 ... 2,0
Bitumen und Bitumenbahnen		
Bitumen		
ungefüllt	100.000	0,5 ... 3,0
gefüllt	50.000	1,0 ... 4,0
als Bahn	50.000	1,5 ... 5,5
Bitumenpapier	2.000	0,1
Beschichtungen		
KMB, 1-komp.	2.000	3,0 ... 4,0
KMB, 2-komp.	4.000	3,0 ... 4,0
Polymer-Zement-B.	2.000	1,5 ... 3,0
Polymer-Dispers.-B.	1.000	1,0 ... 2,0
Reaktionsharze	20.000	1,0 ... 4,0
Trennlagen, Dampfbremsen		
PVC-Folie	20.000	0,1 ... 0,4
PE-Folie	100.000	0,2 ... 0,5
Faservlies	2	0,1 ... 1,0
Zementgebundene Baustoffe		
WU-Beton B 45	100	200 ... 1 000
WU-Beton B 25	75	200 ... 1 000
Sanierputz	12	15 ... 40
Zementestrich u. - putz	25	20 ... 80
Bodenbeläge		
Fliesenbelag	300	3 ... 10
Linoleum	1.000	1 ... 3
PVC-Platten	10.000	1 ... 2
Gummibahnen	10.000	1 ... 3
Teppich	5	1 ... 8

Um Missverständnisse zu vermeiden, sei wiederholt (s. Abschnitt 4.1): s_d-Werte als Maß-Zahl für den Diffusionswiderstand einer Materialschicht sind kein Kriterium für die Wirksamkeit einer Bauwerksabdichtung als solche. Sie sind jedoch für die bauphysikalische Beurteilung der Schichtenfolge in einem Bauteilquerschnitt notwendige Kenngrößen.

4.12 Schutzschichten und Schutzmaßnahmen

Man unterscheidet **Schutzschichten** und **Schutzmaßnahmen**. Erstere sind für den Gebrauchszustand des Bauwerks bestimmt und müssen daher langfristig ihre Funktion erfüllen. Schutzmaßnahmen dienen nur dem vorübergehenden Schutz in der Bauphase. Bei der Terminplanung und durch günstige konstruktive Ausbildung des Bauwerks sollte man zu erreichen versuchen, dass nach Erstellung der Abdichtung sofort der endgültige Zustand hergestellt werden kann, d.h. Schutzmaßnahmen entfallen können.

Die primäre **Aufgabe einer Schutzschicht** ist es, die relativ empfindliche und dünne Abdichtung vor Beschädigung zu schützen, also vor Perforation, Scherbelastung und punktueller Druckbelastung. Weitere Aufgaben können der Schutz der Abdichtung vor zu starker Erwärmung, Verbesserung des Wärmeschutzes des abgedichteten Bauteils, Dränung des anfallenden Wassers und Wurzelschutz sein. Die im gegebenen Fall vorliegenden Aufgaben für die Schutzschicht können manchmal durch ein einziges Bauprodukt, oft aber nur durch eine Kombination verschiedener, nacheinander aufzubringender Schichten erfüllt werden. Schutzschichten müssen Abdichtungen vollflächig und hohlraumfrei bedecken und dürfen selbst keine Scherkräfte in die Abdichtung einleiten. Sofern erforderlich, müssen Fugen in den Schutzschichten eine Beweglichkeit derselben ermöglichen, z.B. bei Temperaturwechseln, über Bewegungs-Fugen im Bauwerk usw. (Bild 4.16). Besondere Belastungen, wie z.B. Fahrzeugverkehr oder das Eigengewicht der Schutzschicht auf geneigten Flächen, erfordern lastverteilende Schutzschichten oder Widerlager bzw. Zuganker für die Schutzschicht, um Scherkräfte und hohe lokale Pressungen von der Abdichtung fernzuhalten.

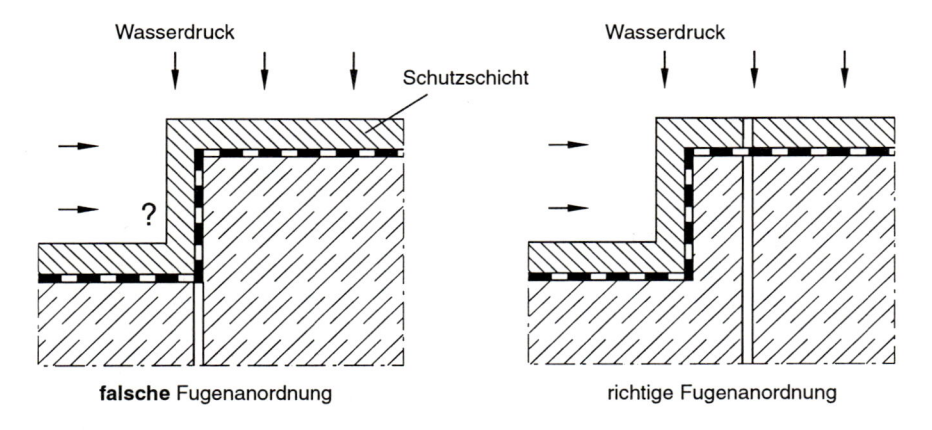

Bild 4.16: Fugen in Schutzschichten und Bewegungsfugen im Baukörper sollen an gleicher Stelle liegen und sinnvoll platziert sein (nach [4.34])

Der im Jahre 1983 erschienene Teil 10 von DIN 18195 [4.13] beschreibt die einzuhaltenden Bedingungen bei folgenden Ausführungsarten von Schutzschichten sehr treffend:

Mauerwerk	Platten aus Beton und Keramik
Beton	Gussasphalt
Mörtel (Estriche)	Bitumendichtungsbahnen.

Auf Grund der technischen Weiterentwicklung stehen heute weitere Bauprodukte für Schutzschichten und Schutzmaßnahmen zur Verfügung: An der erdberührten Oberfläche beheizter Gebäude sollten Schutzschichten aus Dämmstoffen, also Schaumstoff-Platten aus extrudiertem (XPS) oder aus expandiertem (EPS) Polystyrol oder aus Schaumglas, bevorzugt verwendet werden. Auf waagerechten Flächen werden heute oft Gummischnitzelmatten eingesetzt. Kunststoffdichtungsbahnen werden häufig mit einer oder zwei Lagen synthetischem Vlies, mind. 300 g/m², geschützt.

XPS-Schaumstoffplatten bestehen aus einem Kernbereich aus geschlossenen Zellen von etwa 0,2 bis 0,3 mm Durchmesser und etwa 1 µm dicken Wandungen und einer Plattenoberfläche aus verdichtetem Polystyrolschaum. Ein kapillarer Wassertransport ist wegen der Hydrophobie des Materials sowie wegen der Geschlossenzelligkeit des Schaumstoffs nicht möglich. Flüssiges Wasser kann daher nur durch Taubildung im Gefolge der Wasserdampfdiffusion in den Zellen abgelagert werden. XPS-Platten sind auf Grund der genannten Gegebenheiten stark durchfeuchtungshemmend und deshalb für Perimeterdämmungen bauaufsichtlich zugelassen. Sie dürfen bei ständig einwirkendem Grundwasser bis max. 3,5 m Eintauchtiefe an Wänden und unter nicht tragenden Bodenplatten eingesetzt werden. Grundsätzlich sind die XPS-Platten einlagig zu verlegen. Die Zähigkeit des Polystyrols macht die Platte begrenzt mechanisch belastbar. In drückendes Wasser eintauchende Dämmstoffplatten unterliegen Auftriebskräften, die aufgenommen werden müssen (Nachweis!).

Expandiertes Polystyrol besteht aus verschweißten Schaumstoffkügelchen aus Polystyrol. Es ist ein besonders preiswerter Wärmedämmstoff, allerdings nicht so durchfeuchtungshemmend und nicht so robust wie extrudiertes Polystyrol. Daher darf es gemäß Zulassung als Perimeterdämmung nur bei Bodenfeuchtigkeit und nichtdrückendem Wasser angewendet werden. Die Mindestrohdichte muss 30 kg/m³ betragen, das Einsatzgebiet ist auf Wände und nicht tragende Bodenplatten begrenzt, jedoch nur bis zu 3 m unter der Geländeoberfläche.

Schaumglas ist wegen der Dichtigkeit von Glas gegen flüssiges Wasser und diffundierende Wassermoleküle und der geschlossenen Zellen durchfeuchtungssicher. Außerdem ist es relativ drucksteif, zeigt dabei allerdings ein sprödes Festigkeitsverhalten. Ist beim Verfüllen der Baugrube eine Beschädigung nicht ausgeschlossen, muss eine Schutzschicht eingebaut werden. Schaumglas darf bei Bodenfeuchtigkeit, nicht drückendem Wasser und sogar bei ständig einwirkendem Druckwasser bis 12 m Eintauchtiefe verwendet werden. In Bereichen mit ständig oder lang anhaltendem Grundwasser sind die Schaumglasplatten vollflächig und vollfugig mit Bitumen zu verkleben. Im Frostgrenzbereich muss die Oberfläche von Schaumglas durch eine mind. 2 mm dicke Schicht aus Bitumenspachtelmasse geschützt werden. Gegen Ungeziefer, Nagetiere und Termiten ist Schaumglas ebenfalls beständig. Außerdem ist es unbrennbar.

Ob eine **Dränung** an einer erdberührten Bauwerksoberfläche wirksam, unnötig oder unwirksam wäre, kann anhand der in DIN 4095 [4.1] genannten Kriterien entschieden werden. Erweist sie sich als ggf. wirksam und wäre sie ökonomisch und ökologisch (Grundwasserabsenkung!) sinnvoll, so sollten Dränschichten auf der erdzugewandten Seite vor der Abdichtung eingebaut werden. Dränschichten bestehen immer aus einer grobporigen Sickerschicht, welche das Wasser abführt, und einer Filterschicht, welche die Sickerschicht vor dem Eindringen von Bodenmaterial bewahrt (s. Abschnitt 5.3, S. 93 ff.).

Sickerschichten können durch ein haufwerksporiges Materialgefüge gebildet werden, z.B. aus verklebtem Grobkorn aus Kies, Keramik oder Polystyrolschaum. Ferner sind Noppenfolien dafür gebräuchlich, welche durch Tiefziehen von Polystyrolplatten hergestellt werden, sowie Wirrgelege aus robusten Kunststoffdrähten. Als **Filterschichten** dienen vorzugsweise Vliese, seltener Gewebe aus Kunststofffasern, sog. Geotextilien.

Eine Schutzplatte mit Wärmedämm- und Drän-Funktion besteht beispielsweise aus Wärmedämmplatten mit eingefrästen Rillen in vertikaler Ausrichtung an der erdseitigen Plattenoberfläche, welche mit einem feinmaschigen Polyestervlies abgedeckt sind (Bild 4.17).

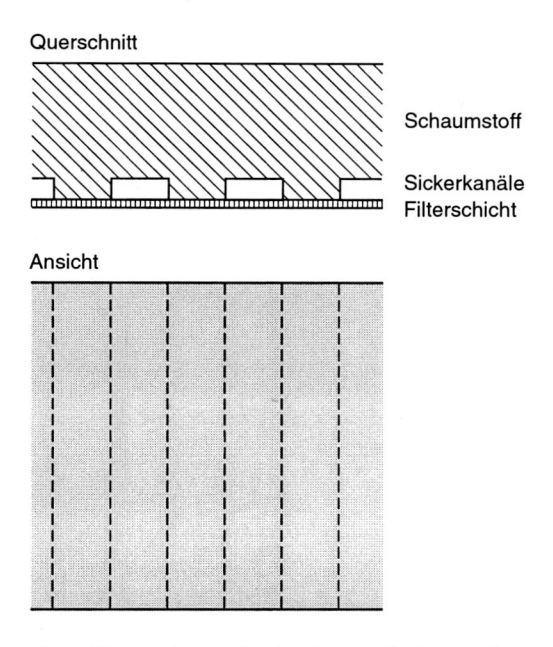

Bild 4.17: Ausgestaltung einer Dämmplatte, damit sie an Außenwänden als Wärmedämmschicht, Schutzschicht und als Dränplatte wirken kann

4.13 Einbauteile, Verstärkungen usw.

In bestimmten Bereichen muss eine Abdichtung durch Einbauteile, Verstärkungen usw. ergänzt oder ersetzt werden. Diese Bereiche werden in der Abdichtungstechnik wie folgt bezeichnet:

a) Bewegungsfugen: wo planmäßig Bewegungen stattfinden,
b) Durchdringungen: wo die Abdichtungsebene durchdrungen wird,
c) Abschlüsse: wo die Abdichtung endet,
d) Anschlüsse: wo die Abdichtung später in gleicher Art weitergeführt wird (Bild 4.18),
e) Übergänge: wo eine bestimmte Art von Abdichtung in eine andere Art übergeht (Bild 4.19),
f) lokal stärker belastete Bereiche: wo erhöhte Beanspruchungen auftreten z.B. an Kanten, Kehlen usw.

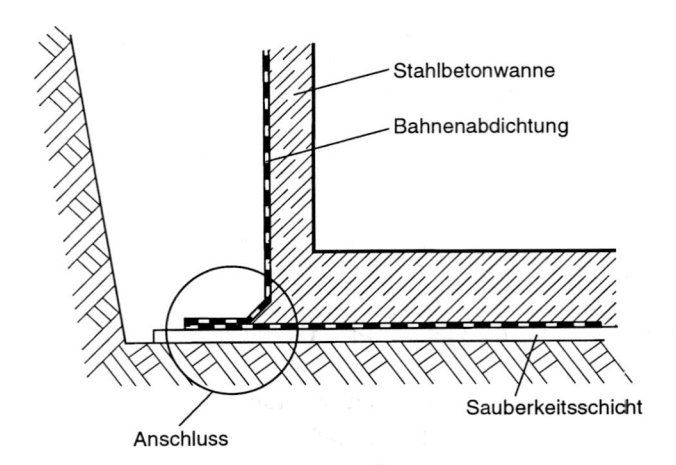

Bild 4.18: Anschluss einer Wandabdichtung an die Bodenabdichtung, sog. rückläufiger Stoß (schematisch). (Genauere Darstellung s. Bild 5.84, S. 138)

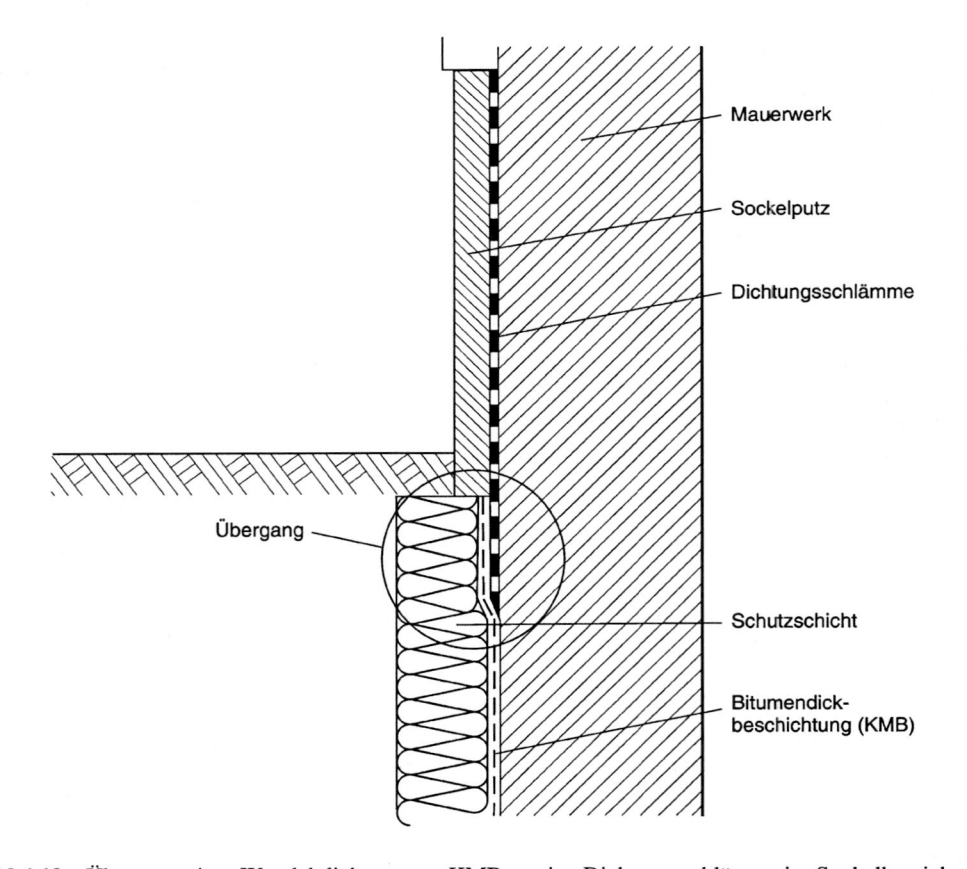

Bild 4.19: Übergang einer Wandabdichtung aus KMB an eine Dichtungsschlämme im Sockelbereich

4.13 Einbauteile, Verstärkungen usw.

Die an diesen Stellen notwendigen Maßnahmen hängen von der Art der Abdichtung sowie von der Art der Wassereinwirkung ab und müssen sorgfältig geplant und textlich sowie in Zeichnungen beschrieben werden. Oft ist die richtige Ausführung dieser Problembereiche für den Erfolg einer Abdichtung entscheidend. Die Zulieferindustrie bietet Einbauteile für viele Anwendungen und teilweise in vielen Variationen auf dem Markt an, welche die Lösung der Problembereiche in der Abdichtung bzw. der Betonwanne sehr erleichtern. In DIN 18195, Teil 8 [4.11] werden die betreffenden Maßnahmen für die dort beschriebenen Abdichtungsarten bei Bewegungsfugen, in Teil 9 [4.12] für Durchdringungen, Übergänge und Abschlüsse sehr detailliert behandelt, wie im Folgenden beispielhaft gezeigt wird:

Abdichtungen aus Bitumenbahnen an Bewegungsfugen:

An **Bewegungsfugen Typ I** (langsam ablaufende und selten wiederholte Fugenflanken-Bewegungen, d.h. Fugen im eingeerdeten Bereich) ist wie folgt zu verfahren:

Beim Lastfall Bodenfeuchtigkeit und bei Bewegungen bis 5 mm muss die Abdichtung aus einer Lage Dichtungs- oder Schweißbahn, 500 mm breit, gewebeverstärkt oder mit Metalleinlagen, bestehen.

Im Lastfall nicht drückendes Wasser ist die Dichtungsbahn über den Fugen durchzuziehen und durch mindestens zwei, wenigstens 300 mm breite Streifen zu verstärken. Diese können aus Kupferband 0,2 mm, Edelstahlband 0,05 mm, Elastomerbahn 1,0 mm, Kunststoffdichtungsbahn 1,5 mm, oder einer Bitumenbahn mit Polyestervlieseinlage 3,0 mm bestehen (Dickenangaben sind Mindestmaße). Bild 4.20 zeigt eine entsprechende Schichtenfolge ohne Grundierung und Schutzschicht.

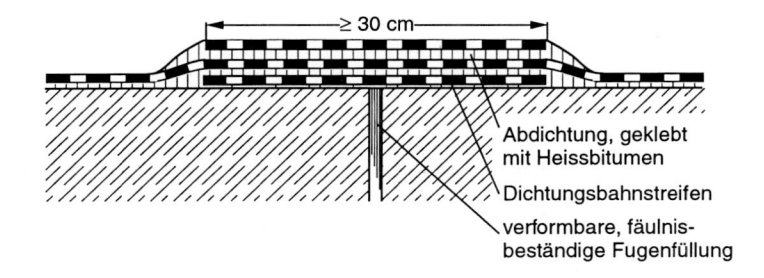

Bild 4.20: Verstärkung einer Bitumenabdichtung über einer Bewegungsfuge durch zwei Dichtungsbahnstreifen

Im Lastfall „von außen drückendes Wasser" ist die Abdichtung über den Fugen durchzuführen und durch mindestens zwei, mindestens 300 mm breite Streifen aus Kupferband 0,2 mm, Edelstahlband 0,05 mm oder Kunststoffdichtungsbahnen 1,5 mm dick zu verstärken.

Die entsprechenden Angaben für **Bewegungsfugen Typ II** (schnell ablaufende und häufig wiederholte Bewegungen, typisch für Verkehrslasten und Wettereinwirkung) und analog für **Abdichtungen aus Kunststoffdichtungsbahnen** bei Bewegungsfugen Typ I und Typ II kann man ebenfalls der DIN 18195, Teil 8 [4.11] entnehmen.

Sind die Bewegungen der Fugenflanken größer als bei Typ I und Typ II vorausgesetzt ist, nämlich mehr als 40 mm Aufweitbewegung, 30 mm Höhenversatz oder 25 mm Kombination beider Bewegungen, ist an der Bewegungsfuge grundsätzlich eine Los- und Festflanschkonstruktion einzubauen, an welcher sowohl die Flächenabdichtung als auch das Dichtungsprofil wasserdicht anschließen.

Abdichtungen aus Bitumenbahnen an Durchdringungen, Übergängen und Abschlüssen:

Im Lastfall Bodenfeuchtigkeit sind die Abdichtungsbahnen an Durchdringungen mit Klebeflansch, Anschweißflansch oder mit Manschette und Schelle anzuschließen, Abschlüsse sind durch Verwahrung der Bahnenränder in einer Nut oder durch Anordnung von Klemmschienen zu sichern.

Im Lastfall drückendes Wasser sind Durchdringungen und Übergänge bei Bahnenabdichtungen durch Los- und Festflanschkonstruktion zu sichern, während Abschlüsse durch Verwahrung der Bahnenränder in einer Nut, durch Anpressen mit einer Klemmschiene oder durch konstruktive Abdeckung zu sichern sind.

Die vielen weiteren Regelungen in DIN 18195 können hier nicht wiedergegeben werden. Im Folgenden wird stattdessen auf die heute üblichen Maßnahmen bei WU-Beton-Wannen und bei Beschichtungen mit Abdichtungsfunktion eingegangen.

Wasserundurchlässige Betonwannen (vgl. hierzu Abschnitt 6):

Bewegungsfugen werden durch einbetonierte Fugenbänder aus Thermoplasten nach DIN 18541 [16] oder aus Elastomeren nach DIN 7865 [4.3], gedichtet. Die Bemessung der Fugenbänder hat sich nach DIN 18197 [4.14] zu richten, wobei der einwirkende Wasserdruck und die zu erwartende Fugenbewegung die entscheidenden Parameter sind. Bild 4.21 zeigt die Anwendung eines mittig liegenden Dehnfugenbandes. Los- und Festflanschkonstruktionen mit Gummiprofileinlage oder Dichtstreifeneinlage werden selten angewendet. Zur Sicherung gegen Umläufigkeit an den Fugenbandmanschetten können dort zusätzlich Injektionsschläuche zur nachträglichen Injektion verlegt werden. Bewegungsfugen in einer WU-Beton-Wanne sollten jedoch möglichst vermieden werden, da sie teuer, anfällig und bei Undichtigkeit schwerer nachzudichten sind als Risse in einer bewegungsfugenfreien Konstruktion.

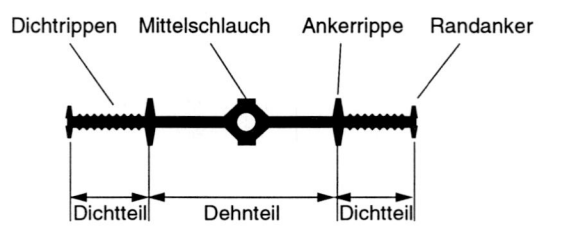

Bild 4.21: Anwendung und Bezeichnungen bei einem mittig liegenden Dehnfugenband

4.13 Einbauteile, Verstärkungen usw.

Abschlüsse	bedeutet hier das Ende von WU-Betonbauteilen und die Fortsetzung durch andere Bauteile, z.B. aus Mauerwerk oder aus Normalbeton. An diesen Stellen sind keine zusätzlichen Maßnahmen notwendig.
Anschlüsse	heißen hier Arbeitsfugen. Dort soll der Kraftverlauf nicht unterbrochen werden, weshalb die Bewehrung in der Regel durchläuft. Durch Einbetonieren von Kunststoff-Fugenbändern, Blechbändern, Injektionsschläuchen, Quellbändern oder durch Auftragen einer Haftschlämme (Nass- in Nass-Technik, s. Abschnitt 4.10) auf die zuerst betonierte Kontaktfläche ist die Sicherheit gegen Undichtigkeit zu erhöhen. Bild 4.22 zeigt einige Anwendungen der Abdichtung mit Blechstreifen bzw. Blechmanschette.
Durchdringungen	werden meist durch Einbetonieren von Flanschrohren, welche entweder das durchdringende Element selbst sind, oder in welche das durchdringende Element eingedichtet wird, hergestellt (Bild 4.22).
Übergänge	stellen kein Problem dar, weil an Betonoberflächen selbst oder an in Beton eingegossene Fest-Flansche aus Metall oder Kunststoff der Übergang zu einer anderen Abdichtungsart im Allgemeinen leicht und sicher herzustellen ist.

Kehlen, Ecken, Kanten usw. stellen bei WU-Beton insofern keine Problemzonen dar, als dieser gegen mechanische Beschädigungen unempfindlich ist.

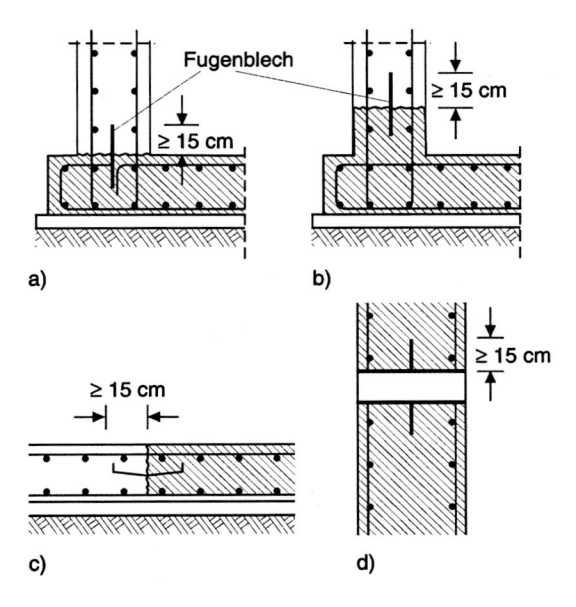

Bild 4.22: Abdichtung von Arbeitsfugen bzw. einer Durchdringung in einer WU-Beton-Wanne durch Stahlblechstreifen bzw. eine Stahlmanschette (nach [4.43])

Beschichtungen mit Abdichtungsfunktion:

Bewegungsfugen	können von Beschichtungen nicht sicher überbrückt werden. Daher sind dort Dichtungsbänder aus Synthesekautschuk einzubauen, welche Klebeflansche mit seitlich austretendem Gewebestreifen zur Verbundsicherung beim Einbetten in die Beschichtung haben. Man kann auch aus dem Beschichtungsstoff und einer Trägereinlage eine Schlaufe ausbilden. Los- und Fest-Flansch-Konstruktionen sind wegen der nicht genügend konstanten Schichtdicke und des z.B. bei KMB ausgeprägt plastischen Verhaltens der Beschichtung, welches den Anpressdruck am Flansch rasch abbauen würde, nicht zu empfehlen.
Abschlüsse	erfordern bei Beschichtungen keine besonderen Maßnahmen, da ein guter Verbund zum Untergrund ein kennzeichnendes Merkmal jeder ordnungsgemäßen Beschichtung ist.
Anschlüsse	sind durch überlappendes Beschichten ohne wirklichen Mehraufwand herzustellen. Sie sollten nicht an Kanten, Kehlen usw. liegen, sondern in einem ebenflächigen Bereich. Bitumendickbeschichtungen (KMB) sind an Anschlüssen im Überlappungsbereich jeweils auf die Dicke Null auszuspachteln.
Durchdringungen	können über an das durchdringende Element angebaute Klebeflansche oder über Rohrdurchführungen mit Klebeflanschen, in welche das durchdringende Element eingedichtet wird, angeschlossen werden. Manchmal genügt ein Beispachteln bzw. mehrfaches Beschichten des Grenzbereichs von Abdichtung und durchdringendem Element mit dem Beschichtungsstoff, vor allem, wenn die Durchdringung keine Relativbewegung zum abgedichteten Untergrund ausführen kann.
Übergänge	an andere Abdichtungen erfordern ebenfalls in aller Regel keine besonderen Maßnahmen, zumindest wenn die Beschichtung zeitlich nach der anderen Abdichtung ausgeführt wird und das Anhaften der Beschichtung vom Materialhersteller bestätigt wird.

Kehlen, Ecken, Kanten usw. brauchen bei Beschichtungen nicht so stark ausgerundet oder abgefast zu werden wie bei Bahnenabdichtungen (s. Bild 4.8). Jedoch sollte an diesen Stellen zusätzlich ein Gewebe- oder Vlies-Streifen eingelegt werden.

Literatur

[4.1] DIN 4095. Dränung zum Schutz baulicher Anlagen.
Planung, Bemessung und Ausführung. Juni 1990.

[4.2] DIN 7864-1
Elastomer-Bahnen für Abdichtungen – Anforderungen, Prüfung. April 1984.

[4.3] DIN 7865
Elastomer-Fugenbänder zur Abdichtung von Fugen in Beton,
Teil 1: Form und Maße, Teil 2: Werkstoffanforderungen und Prüfungen. Februar 1982.

[4.4] DIN 16729
Kunststoff-Dachbahnen und Kunststoff-Dichtungsbahnen aus Ethylencopolymerisat-Bitumen (ECB) – Anforderungen. September 1984.

[4.5] DIN 16735
Kunststoff-Dachbahnen aus weichmacherhaltigem Polyvinylchlorid (PVC-P) mit einer Glasvlieseinlage, nicht bitumenverträglich – Anforderungen.

[4.6] DIN 16935
Kunststoff-Dichtungsbahnen aus Polyisobutylen (PIB) – Anforderungen.

[4.7] DIN 16937
Kunststoff-Dichtungsbahnen aus weichmacherhaltigem Polyvinylchlorid (PVC-P), bitumenverträglich – Anforderungen. Dezember 1986.

[4.8] DIN 16938
Kunststoff-Dichtungsbahnen aus weichmacherhaltigem Polyvinylchlorid (PVC-P), nicht bitumenverträglich – Anforderungen.

[4.9] DIN 18190-4
Dichtungsbahnen für Bauwerksabdichtungen – Dichtungsbahnen mit Metallbandeinlage – Begriff, Bezeichnung, Anforderungen.

[4.10] DIN 18195
Bauwerksabdichtungen, Teile 1 bis 6. August 2000.

[4.11] DIN 18195
Bauwerksabdichtungen. Teil 8: Abdichtungen über Bewegungsfugen. August 1983

[4.12] DIN 18195
Bauwerksabdichtungen. Teil 9: Durchdringungen, Übergänge, Abschlüsse. Dezember 1986.

[4.13] DIN 18195
Bauwerksabdichtungen. Teil 10: Schutzschichten und Schutzmaßnahmen. August 1983.

[4.14] DIN 18197
Abdichten von Fugen im Beton mit Fugenbändern. Entwurf Juli 2000.

[4.15] DIN 18336
Abdichtungsarbeiten. Juni 1996. ATV-Norm.

[4.16] DIN 18541
Fugenbänder aus thermoplastischen Kunststoffen zur Abdichtung von Fugen in Beton. Teil 1: Begriffe, Formen, Maße. Teil 2: Anforderungen, Prüfung, Überwachung. November 1992.

[4.17] DIN 52129
Nackte Bitumenbahnen – Begriff, Bezeichnung, Anforderungen.

[4.18] DIN 52130
Bitumen-Dachdichtungsbahnen – Begriffe, Bezeichnungen, Anforderungen.

[4.19] DIN 52131
Bitumen-Schweißbahnen - Begriffe, Bezeichnungen, Anforderungen. November 1995.

[4.20] DIN 52132
Polymerbitumen-Dachdichtungsbahnen – Begriffe, Bezeichnungen, Anforderungen. Mai 1996.

[4.21] DIN 52133
Polymerbitumen-Schweißbahnen – Begriffe, Bezeichnungen, Anforderungen, November 1995

[4.22] ZTV-BEL-B
Zusätzliche Technische Vertragsbedingungen und Richtlinien für das Herstellen von Brückenbelägen auf Beton. – Teil 1: Dichtungsschicht aus einer Bitumen-Schweißbahn.
Der Bundesminister für Verkehr. Bonn.

[4.23] TL-BEL-B-Teil 1
Technische Lieferbedingungen für die Dichtungsschicht aus einer Bitumen-Schweißbahn zur Herstellung von Brückenbelägen auf Beton nach den ZTV-BEL-B Teil 1
Der Bundesminister für Verkehr. Bonn.

[4.24] TL-BEL-EP
Technische Lieferbedingungen für Reaktionsharze für Grundierungen, Versiegelungen und Kratzspachtelungen unter Asphaltbelägen auf Beton.
Der Bundesminister für Verkehr. Bonn.

[4.25] Bundesverband Estrich und Belag:
Hinweise zum Einsatz alternativer Abdichtungen unter Estrichen. Februar 1997.

[4.26] Richtlinie für die Planung und Ausführung von Abdichtungen erdberührter Bauteile mit flexiblen Dichtungsschlämmen. Januar 1999. Deutsche Bauchemie e.V., Frankfurt, und weitere.

[4.27] Hinweise für die Planung und Ausführung von Abdichtungen im Verbund mit Bekleidungen und Belägen aus Fliesen und Platten für den Innen- und Außenbereich. Mai 1997. Zentralverband des Deutschen Baugewerbes, Bonn.

[4.28] Merkblatt keramische Beläge im Schwimmbadbau.
Hinweise für die Planung und Ausführung. September 1994. Zentralverband des Deutschen Baugewerbes, Bonn.

[4.29] Merkblatt Prüfung von Abdichtungsstoffen und Abdichtungssystemen. September 1995. Zentralverband des Deutschen Baugewerbes, Bonn.

[4.30] Merkblatt Bodenbeläge aus Fliesen und Platten außerhalb von Gebäuden. Juli 1988. Zentralverband des Deutschen Baugewerbes, Bonn.

Literatur

[4.31] Sanierputzsysteme. WTA-Merkblatt 2-2-91.
Wiss.-Techn. Arbeitskreis für Bauwerkserhaltung und Denkmalpflege, Baierbrunn.

[4.32] Innenbeschichtung von Trinkwasserbehältern mit starren mineralischen Dichtungsschlämmen. Ergänzende technische Hinweise. Industrieverband Bauchemie und Holzschutzmittel e.V. Januar 1995.

[4.33] Wasserundurchlässige Baukörper aus Beton.
Juni 1996. Deutscher Betonverein Wiesbaden.

[4.34] Hinweise für die Abdichtung von Ingenierbauwerken (AIB)
Deutsche Bundesbahn, Drucksache DS 835. Januar 1997.

[4.35] abc der Bitumen-Bahnen. Technische Regeln. Industrieverband Bitumen-Dach- und Dichtungsbahnen e.V. Frankfurt 1997.

[4.36] Bitumen und seine Anwendung. Heft 56 Arbit-Schriftenreihe. Hamburg 1991.

[4.37] Werkstoffblätter Dichtungsbahnen. Zusammenfassende Übersicht über Kunststoff- und Kautschukbahnen für Bauwerksabdichtungen. Ausgabe 1997. Industrieverband Kunststoffbahnen (IVK); Geschäftsbereich Dach- und Dichtungsbahnen (DUD), Darmstadt.

[4.38] Kunststoff-Forschung Bauchemie. CHEManager Spezial 1/2000.
GIT-Verlag GmbH, Darmstadt.

[4.39] R. Pohl: So wird wirklich abgedichtet. Bautenschutz, Bausanierung, Heft 1 (1999).
Rudolf Müller Verlag, Köln.

[4.40] R. Ruhnau: Bemessungskriterien für die Anwendung von Natriumbetoniten als Bauwerksabdichtung. Dissertation Berlin 1985.

[4.41] Neue Entwicklungen in der Abdichtungstechnik. Bericht von den Aachener Bausachverständigen-Tagen 1999. Seite 90 bis 99. Bauverlag Wiesbaden und Berlin 1999.

[4.42] Spieglein, Spieglein an der Wand:
Vorteile des Beton-Glas-Verbundsystems. Umwelttechnik Mai 1997.

[4.43] Zement-Taschenbuch 2000. Verein Deutscher Zementwerke.
Düsseldorf 2000.

[4.44] E. Cziesielski, F. Vogdt: Bauwerksabdichtungen, Aus: Lehrbuch der Hochbaukonstruktionen, Teubner-Verlag, Stuttgart 1990.

5 Berechnung bituminöser Abdichtungen und Prinzipien der Abdichtung

Von Prof. Dr. Erich Cziesielski

5.1 Berechnung bituminöser Abdichtungen

5.1.1 Viskoelastisches Verhalten von Bitumen

Bitumen ist im physikalische Sinne kein fester Körper: Es schmilzt z.B. nicht, sondern es erweicht. Bitumen verhält sich wie eine unterkühlte Flüssigkeit, die allerdings nicht dem idealen Newton'schen Fließgesetz

$$\tau = \eta \cdot v/h \tag{5.1}$$

gehorcht [5.1]. In Gl. (5.1) bedeuten:

- τ Schubspannung [N/m²]
- η Viskosität [N · s/m²]
- v Gleitgeschwindigkeit [m/s]
- h Dicke der Bitumenschicht [m]

Bitumen verhält sich wie eine strukturviskose Flüssigkeit; das bedeutet u.a., dass sich erst nach relativ langen Belastungszeiten die echte (Newton'sche) Viskosität einstellt; bei kürzeren Belastungszeiten stellt sich eine scheinbare Viskosität η^* ein.

Die Berechnung von Abdichtungen hat zur Aufgabe, zu klären, welche Beanspruchungen und welche Verformungen in der bituminösen Abdichtung auftreten.

Zur rechnerischen Erfassung von bituminösen Abdichtungen ist die Kenntnis der Steifigkeiten notwendig. *Van der Poel* konnte nachweisen, dass Bitumen einen Elastizitätsmodul aufweist, der allerdings keine Konstante ist; E ist eine Funktion der Belastungszeit t, der Beanspruchungstemperatur T und des Penetrationsindex PI. Zur Kennzeichnung des Verformungsverhaltens führte *van der Poel* den Begriff der Steifigkeit S ein.

$$S \triangleq E_{bit}(t, T, PI)$$

$$S = \frac{\sigma}{\varepsilon(t, T)} \qquad \begin{array}{l}\sigma \quad \text{Spannung} \\ \varepsilon \quad \text{Dehnung}\end{array}$$

Der Zusammenhang zwischen der scheinbaren Viskosität η^* und der Steifigkeit S ist in Gl. (5.2) angegeben [5.1]:

$$\eta^* = \frac{1}{3} \cdot S \cdot t \tag{5.2}$$

Es bedeuten:

- S   Steifigkeit des Bitumens [N/m²]
- t   Belastungsdauer [s].

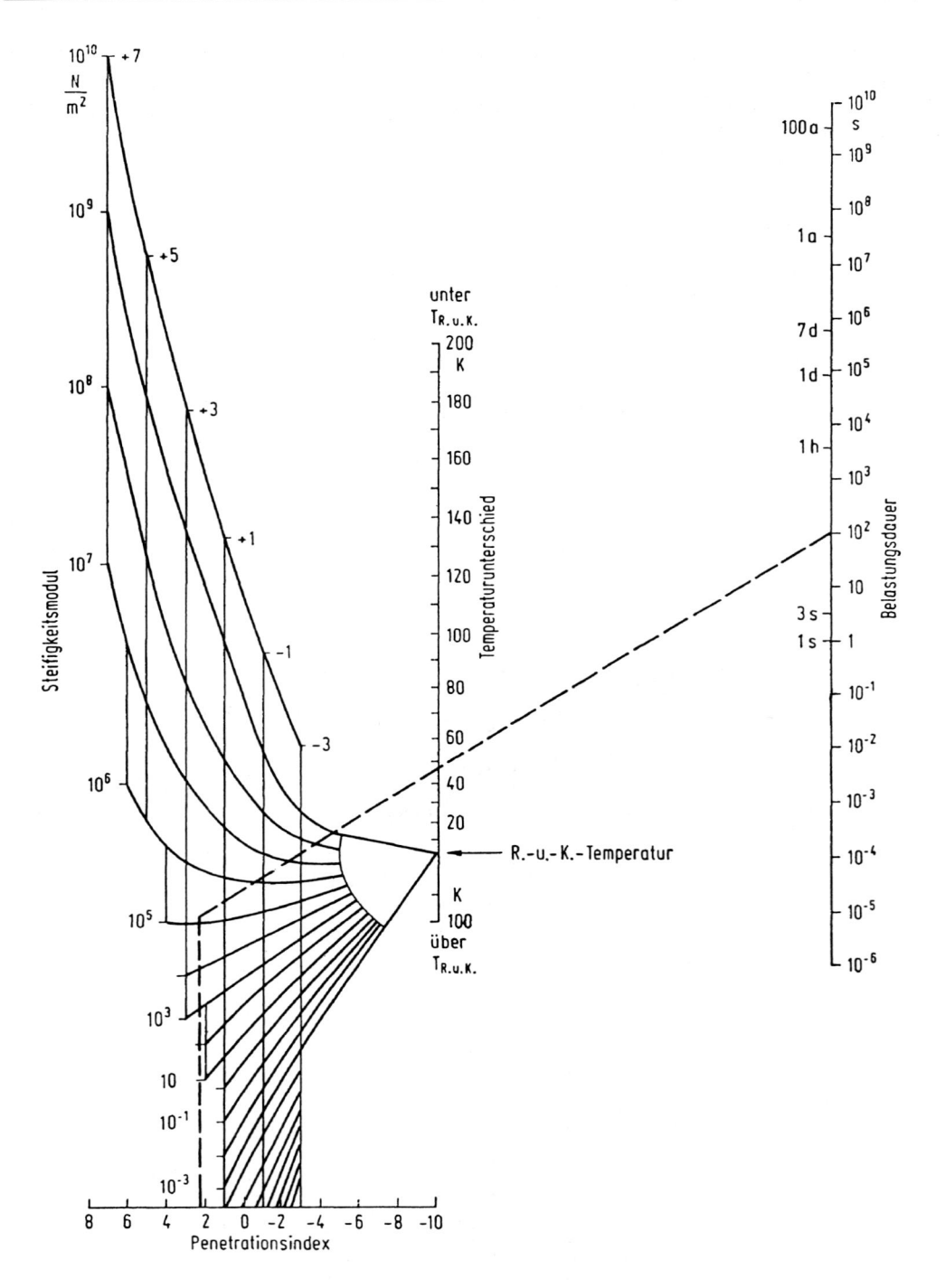

Bild 5.1: Nomogramm zur Bestimmung des Steifigkeitsmoduls S von Bitumen [5.1]

5.1 Berechnung bituminöser Abdichtungen

Die Bestimmung der Steifigkeit S unterschiedlicher Bitumensorten in Abhängigkeit von der Belastungsdauer, dem Erweichungspunkt nach RuK (siehe Abschnitt 4) sowie dem Penetrationsindex PI zeigt Bild 5.1; für PI > + 2 und langen Belastungszeiten müssen die Angaben des *van der Poelschen* Diagrammes extrapoliert werden [5.1]; es ist daher einfacher, S aus den Bildern 5.2 bis 5.4 zu entnehmen.

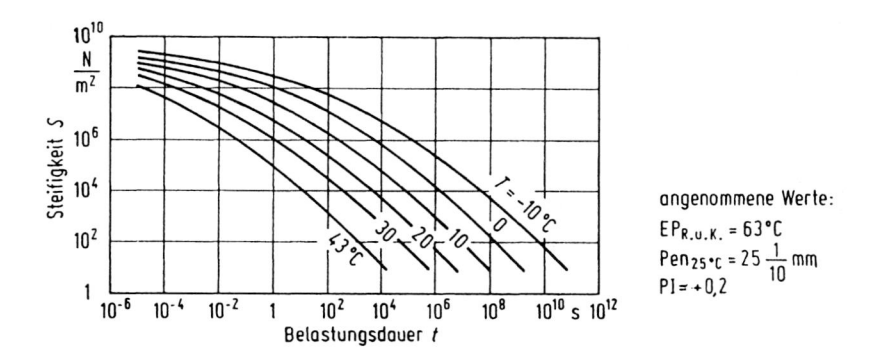

Bild 5.2: S/t-Diagramm für Bitumen B 25 [5.1]

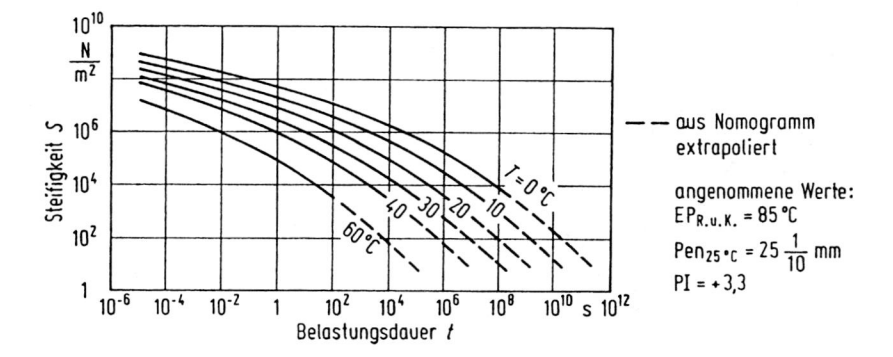

Bild 5.3: S/t-Diagramm für Bitumen 85/25 [5.1]

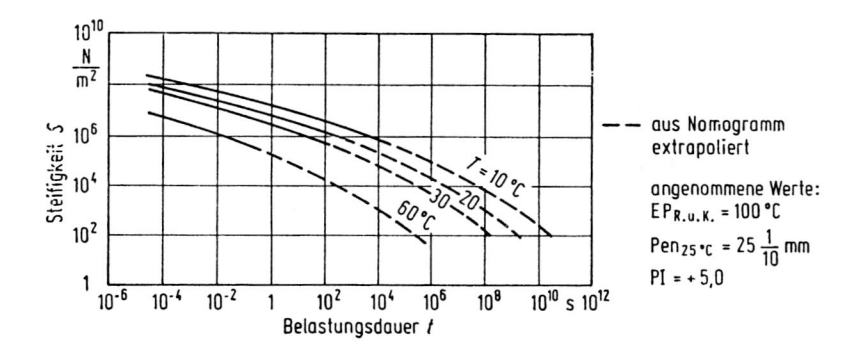

Bild 5.4: S/t-Diagramm für Bitumen 100/25 [5.1]

Das *van der Poelsche* Nomogramm bzw. die Bilder 5.2 bis 5.4 ermöglichen es, die Steifigkeit des Bitumens zu ermitteln, die den zeit- und temperaturabhängigen Elastizitätsmodulen entsprechen und damit Verformungs- und Festigkeitsberechnungen unter Zugrundelegung der Elastizitätstheorie durchzuführen.

5.1.2 Gleitwiderstand einer Bitumenschicht

Für viskose und strukturviskose Flüssigkeiten gilt:

$$\tau = \eta^* \cdot v/h \tag{5.3}$$

Es bedeuten:

η^* scheinbare Viskosität [N · s/m²]
v   Gleitgeschwindigkeit [m/s]
h   Dicke der Bitumenschicht [m].

Der Zusammenhang zwischen η^* und S ist in Gl. (5.2) angegeben.

Die Gleitgeschwindigkeit v kann näherungsweise aus dem Verschiebungsweg s und der Belastungsdauer ermittelt werden:

$$v = s/t \tag{5.4}$$

Daraus folgt für den Verschiebungsweg s unter Berücksichtigung von Gl. (5.2) und Gl. (5.3):

$$s = v \cdot t = \frac{\tau \cdot h \cdot t}{\eta^*} = \frac{3 \cdot \tau \cdot h}{S} \tag{5.5}$$

Beispiel:

Das Erdreich seitlich des in Bild 5.5 dargestellten Bauwerks wird einseitig angeschüttet. Der Verschiebungsweg s in Abhängigkeit von der Zeit, der Bitumenart der „Gleitschicht" und der Temperatur ist zu berechnen.

$$\tau = E_h/l \approx 30/10 = 3 \text{ kN/m}^2$$

Nach Gl. (5.5) gilt:

$$s = \frac{3 \cdot \tau \cdot h}{S} = \frac{9 \cdot 10^4}{S} \text{ [mm]}$$

Abdichtung
E_h = 30 kN/m
l = 10 m
h = 1 cm ≙ 10^{-2} m
T = 10°C (20°C)
B 25 (Bit 85/25)

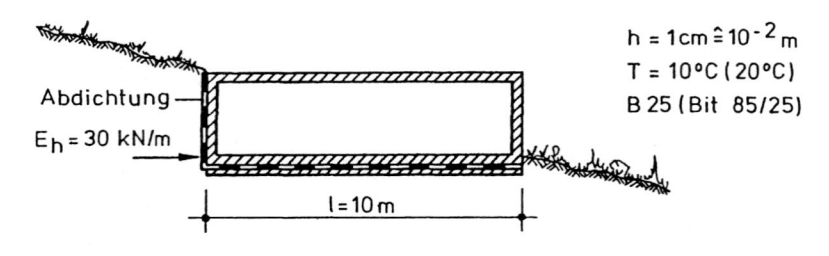

Bild 5.5: Gleitweg eines Baukörpers bei einseitiger Erdanschüttung

5.1 Berechnung bituminöser Abdichtungen

Die Ergebnisse sind für die unterschiedlichen Parameter in Tabelle 5.1 angegeben, wobei die „fehlenden" Ergebnisse für den Gleitweg s in der Tabelle anzeigen, dass ein Abgleiten stattfindet (rechn. s > 1 m). Durch den einseitig wirkenden Erddruck können beträchtliche Gleitwege entstehen, die durch folgende Maßnahmen verringert werden können:
- Bitumen mit hoher Steifezahl S
- Abdichtung mit geringer Schichtdicke h und
- insbesondere Anordnung von Widerlagern, da bituminöse Abdichtungen nicht auf Schub beansprucht werden dürfen (Bild 5.6).

Folgerung: Bituminöse Abdichtungen dürfen nicht durch langfristig wirkende Kräfte in ihrer Ebene beansprucht werden; wirksam sollen die Kräfte durch Widerlager (z.B. durch Nocken, Telleranker entsprechend Bild 5.6 o.ä.) aufgenommen werden.

Tabelle 5.1: Gleitwege des in Bild 5.5 dargestellten Bauwerkes bei einseitiger Erdanschüttung

Belastungsdauer t der einseitig wirkenden Last		Steifigkeit S [N/m^2]				Gleitweg s [mm]			
		B 25		Bit 85/25		B 25		Bit 85/25	
Tage	Sek. [s]	T = 20 °C	T = 10 °C	T = 20 °C	T = 10 °C	T = 20 °C	T = 10 °C	T = 20 °C	T = 10 °C
1/24	3600	8·10^4	1·10^6	9·10^5	7·10^6	1,1	9·10^{-2}	0,1	1,3·10^{-2}
1	8,6·10^4	1·10^3	3·10^4	1·10^5	8·10^5	90,0	3,0	0,9	1,1·10^{-1}
100	8,6·10^6	1·10^1	2·10^2	1·10^3	2·10^4	---	4,5·10^{-2}	90,0	4,5·10^0
365	3,15·10^7	2·10^0	8·10^1	2·10^3	5·10^3	---	---	---	1,8·10^{14}
3650	3,15·10^8	5·10^{-1}	2·10^0	5·10^1	8·10^2	---	---	---	1,1·10^{24}

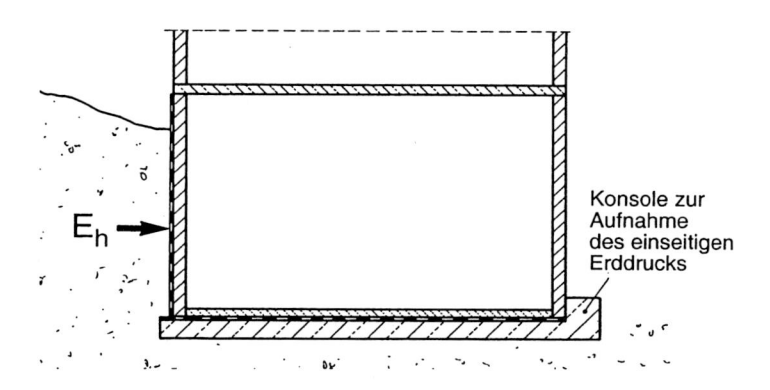

Bild 5.6: Aufnahme des einseitigen Erddruckes bei Häusern am Hang durch talseitige Widerlager

Aus dem Beispiel wird weiterhin ersichtlich, warum in DIN 18195 festgelegt ist, dass Abdichtungen nicht in ihrer Ebene (auf Schub) beansprucht werden dürfen. Dies gilt insbesondere für Häuser am Hang, die ähnlich wie in Bild 5.5 durch einseitigen Erddruck beansprucht werden und bei denen horizontale Sperrschichten gegen aufsteigende Bodenfeuchte über den Fundamenten angeordnet werden und somit als Gleitschichten wirken. Die Aufnahme des Erddruckes geschieht z.B. durch Widerlager (Bild 5.6).

5.1.3 Gleiten einer Auflast auf einer geneigten Abdichtung

Der Gleitweg s einer Auflast auf der Abdichtung unter Berücksichtigung des Eigengewichtes der Abdichtung beträgt nach [5.1]:

$$s = \frac{3 \cdot h \cdot \sin \alpha}{S} \left(K_{Aufl} + 0,5 \, K_{bit} \right) \tag{5.6}$$

Es bedeuten:
- s Gleitweg der betrachteten Bitumenschicht [m]
- h Dicke der betrachteten Bitumenschicht [m]; bei mehrlagigen Abdichtungen: res s = Σ s bilden.
- α Neigung der Abdichtung
- K_{Aufl} auf der Abdichtung ruhende Auflast [N/m²]
- K_{Bit} Eigengewicht der Abdichtung [N/m²]

Beispiel: Es ist die Gefahr des Abgleitens einer senkrechten Wandabdichtung (Bild 5.7) zu untersuchen, die 6 Wochen zeitweise besonnt wird [5.1].

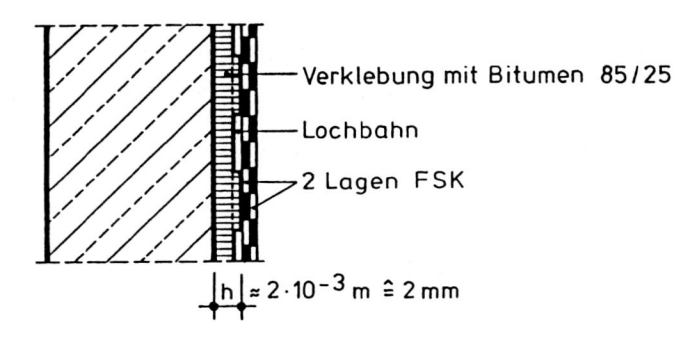

Bild 5.7: Beispiel für die Berechnung des Gleitweges (Abrutschen) einer Wandabdichtung unter dem Einwirken der Sonneneinstrahlung

Annahmen:
- a) Aufbau der Abdichtung:
  Lochbahn, darauf 2 Lagen Bitumenbahnen je 5 mm dick
- b) Verklebung mit Bitumen 85/25
- c) Wirksame Dicke der Klebepunkte zwischen Wand und Lochbahn h = 2 mm

5.1 Berechnung bituminöser Abdichtungen

d) Gewicht der Abdichtung G ≈ 180 N/m²; K_{Bit} wird vernachlässigt.

e) Klebefläche
Je m² etwa 144 Löcher mit einer kreisförmigen Klebefläche von ca. 3,5 cm Durchmesser
$$A = 144 \cdot \pi \cdot (0{,}035/2)^2 = 1{,}385 \cdot 10^{-1} \text{ m}^2$$

f) Temperaturannahmen und Belastungszeiten:
Belastungszeit: 42 Tage

täglich 5 Stunden mit 35 °C; $t_{35} = 42 \cdot 5 \cdot 3600 = 7{,}6 \cdot 10^5$ s

täglich 19 Stunden mit 15 °C; $t_{15} = 42 \cdot 19 \cdot 3600 = 2{,}88 \cdot 10^6$ s

g) Bitumensteifigkeit (vgl. Bild 5.3):
$$S_{35°} \approx 8 \cdot 10^2 \text{ N/m}^2$$
$$S_{15°} \approx 2 \cdot 10^4 \text{ N/m}^2$$

h) Rechengang (vgl. Gl. (5.6) mit α = 90°):
$$K_{Aufl} = G/A = 180/(1{,}385 \cdot 10^{-1}) = 1{,}3 \cdot 10^3 \text{ N}/\text{m}^2$$
$$s = s_{35} + s_{15} = K_{Aufl} \cdot 3 \cdot h \cdot \left(\frac{1}{S_{35}} + \frac{1}{S_{15}} \right) = 10^{-2} \text{m} \mathrel{\widehat{=}} 10 \text{ mm}$$

Bei Verwendung von Bitumen 100/25 verringert sich die Gleitung:

$$s = 1{,}3 \cdot 10^3 \cdot 3 \cdot 2 \cdot 10^3 \left(\frac{1}{10^4} + \frac{1}{10^5} \right) = 8{,}6 \cdot 10^4 \text{m} \mathrel{\widehat{=}} 0{,}9 \text{ mm}$$

Hieraus folgt, dass man im ersten Fall entweder zusätzliche mechanische Befestigungsmittel vorsehen müsste oder die Zeit, während der die Abdichtung frei hängt, verkürzen müsste. Eine weitere Möglichkeit zur Reduzierung des Gleitweges bestünde in einer Verringerung der Temperatur auf der Abdichtung (Verschattung). – In Bild 5.8 ist ein Schadensfall beim Bau einer U-Bahn dargestellt: Die Bitumenabdichtung geriet ins Gleiten.

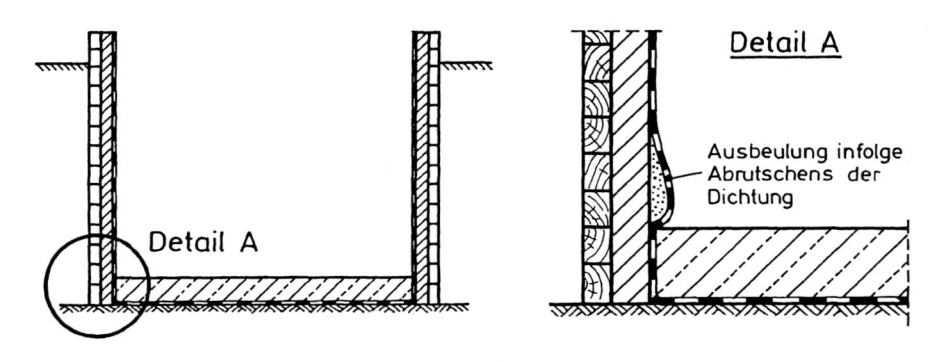

Bild 5.8: Schadensfall U-Bahnabdichtung; Ausbeulen infolge Abrutschens der Abdichtung

5.1.4 Verhalten einer Abdichtung über sich langsam bewegenden Fugen (Setzungsfugen)

Die Rissfreiheit einer bituminösen Abdichtung über einer sich langsam bewegenden Fuge wird nach [5.1] erhalten bleiben, wenn die der Fuge nächstliegende Abdichtungsbahn die auftretende Zugkraft Z aufnehmen kann:

$$Z_{5cm} = \frac{1}{6} \frac{S \cdot \Delta l^2}{h \cdot \varepsilon_{Bruch}} \cdot 5 \cdot 10^{-2} \ [N] \leq Z_{5cm,Br} \tag{5.7}$$

oder

$$Z_{5cm} = \frac{1}{6} \frac{S \cdot t \cdot v \cdot \Delta l}{h \cdot \varepsilon_{Bruch}} \cdot 5 \cdot 10^{-2} \ [N] \leq Z_{5cm,Br} \tag{5.8}$$

Es bedeuten:

$Z_{5\,cm}$ Auftretende Zugkraft in der Trägerlage auf 5 cm Streifenbreite bei Beanspruchungsgeschwindigkeit v [N]
ε_{Bruch} Bruchdehnung der Trägerlage bei Beanspruchungsgeschwindigkeit [m/m]
Δl Änderung der Fugenbreite [m]
v Bewegungsgeschwindigkeit der Fugenränder [m/s]
$Z_{5\,cm,\,Br}$ Aufnehmbare Zugkraft der Abdichtungsbahn (s. Tabelle 5.2)

5.1.5 Verhalten einer Abdichtung über plötzlich entstehenden Rissen (insbesondere Schwindrissen)

Die Beanspruchung der Trägerbahn durch Rissbildung im Beton beträgt nach [5.1]

$$Z_{5cm} = \frac{1}{6} \frac{S \cdot \Delta l^2}{h \cdot \varepsilon_{Bruch}} \cdot 10^{-2} \ [N] \leq Z_{5cm,Br} \tag{5.9}$$

Die Bedeutung der Bezeichnungen entsprechen Abschnitt 5.1.4. Eine in [5.1] durchgeführte Berechnung zeigt in guter Übereinstimmung mit der Praxis, dass bituminöse Abdichtungen durch Schwind- bzw. Temperaturrisse im Beton keine Schäden erleiden.

5.1.6 Druckbelastbarkeit einer Abdichtung (bei unbehindertem Abfließen des Bitumens)

Die zulässige Druckbeanspruchung von bituminösen Abdichtungsbahnen ist in DIN 18195-6, Abschnitt 8, angegeben (0,6 ≤ zu l σ ≤ 1,5 MN/m²). Wird die dort angegebene zulässige Pressung überschritten – z.B. unter Stützen – so besteht die Möglichkeit, durch eine örtliche Verstärkung der Abdichtungsbahnen die zulässige Beanspruchung zu erhöhen.

Bei einer örtlichen Druckbeanspruchung wird Bitumen zu den nicht – oder weniger – beanspruchten Stellen abfließen, d.h., die Dicke der Bitumenschicht verringert sich um $\Delta h = h_0 - h$ (Bild 5.9). – Beim Abfließen des Bitumens übt dieses auf Grund der entstehenden Schubspannungen Zugspannungen auf die in der Bitumenschicht vorhandenen Einlagen aus.

5.1 Berechnung bituminöser Abdichtungen

Tabelle 5.2: Aufnehmbare Zugkraft $Z_{5\,cm}$ unterschiedlicher Abdichtungsmaterialien

	Kurz-bezeichnung	DIN	Dicke mind. mm	Flächen-bezogene Masse kg/m²	$Z_{5cm, Br}$ längs/quer N	Dehnung mind. längs/quer %
Glasvlies-Bitumen-Dachbahnen		52143			400/300	2/2
Bitumen-Dachdichtungsbahnen						
Jutegewebe 300 g/m²	J 300 DD	52130		3200	600/500	2/3
Glasgewebe 200 g/m²	G 200 DD	52130		3600	1000/1000	2/2
Dichtungsbahnen für Bauwerksabdichtungen						
Rohfilzpappe 500 g/m²	R 500 D	18190/1	3,5	4500	300/250	2/2
Jutegewebe 300 g/m²	J 300 D	18190/2	3,0	4300	600/500	5/5
Glasgewebe 220 g/m²	G 200 D	18190/3	3,0	4300	800/-	2/2
Metallband Al 0,2 mm	Al 0,2 D	18190/4	3,0	4300	500/500	5/5
Metallband Cu 0,1 mm	Cu 0,1 D	18190/4	3,0	4500	500/500	5/5
PETP-Folie PETP 0,03 mm	PETP 0,03 D	18190/5	2,5	3500	250/-	15/15
Bitumen-Schweißbahnen						
Jutegewebe 300 g/m²	J 300 S 4	52131	4,0	4800	600/500	2/3
Jutegewebe 300 g/m²	J 300 S 5	52131	5,0	6200	600/500	2/3
Glasvlies 60 g/m²	V 60 S 4	52131	4,0	4500	400/300	2/2
Glasgewebe 200 g/m²	G 200 S 4	52131	4,0	4800	1000/1000	2/2
Glasgewebe 200 g/m²	G 200 S 5	52131	5,0	6200	1000/1000	2/2

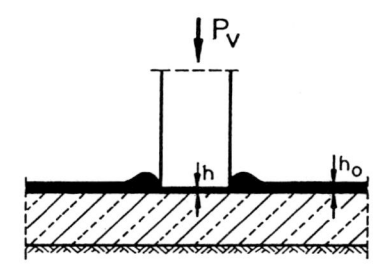

Bild 5.9: Zusammendrückung einer bituminösen Abdichtung

Für eine kreisförmige Belastungsfläche (R) folgt nach [5.1] für die Zusammendrückung:

$$\frac{1}{h^2 - \frac{1}{h_0^2}} = \frac{4 \cdot P_v}{\pi \cdot S \cdot R^4} \left[\frac{1}{m^2}\right] \quad (5.10)$$

Es bedeuten:
- h   Verbleibende Bitumenschichtdicke [m]
- h_0 Bitumenschichtdicke im Ausgangszustand [m]
- R   Radius der Belastungsfläche [m]
- P_v Gesamtauflast [N]
- S   Bitumensteifigkeit [N/m²]

Die zulässige Auflast bei vorgegebenem Dichtungsaufbau folgt damit zu:

$$\text{zul } p_v = \frac{\pi}{4} \cdot S \cdot R^4 \left(\frac{1}{h^2} - \frac{1}{h_0^2}\right) [N] \quad (5.11)$$

Für rechteckförmige Belastungsflächen folgt nach [5.1]:

$$\text{zul } p_v = \frac{S}{3} \cdot \frac{\Delta h}{h_0^3} \cdot a^4 \cdot f\left(\frac{b}{a}\right) [N] \quad (5.12)$$

a, b   Abmessungen der belasteten Fläche [m]

$f\left(\frac{b}{a}\right)$ Beiwert (siehe Tabelle 5.3)

Tabelle 5.3: Formfaktor f (b/a) in Abhängigkeit vom Verhältnis (b/a) (Länge a, Breite b) einer rechteckigen Platte (a > b) [5.1]

b/a	f (b/a)	b/a	f (b/a)
1,00	0,42	0,50	7,1 x 10⁻²
0,95	0,37	0,45	5,3 x 10⁻²
0,90	0,32	0,40	3,9 x 10⁻²
0,85	0,28	0,35	2,7 x 10⁻²
0,80	0,24	0,30	1,8 x 10⁻²
0,75	0,20	0,25	1,1 x 10⁻²
0,70	0,17	0,20	5,8 x 10⁻³
0,65	0,14	0,15	2,6 x 10⁻³
0,60	0,11	0,10	8,0 x 10⁻⁴
0,55	0,09	0,05	1,1 x 10⁻⁴
		0	0

Die bei der Belastung P_v auftretende Zugbeanspruchung der Trägerbahn (bezogen auf eine Prüfstreifenbreite von 5 cm) beträgt:

$$Z_{5\,cm} = 8{,}4 \cdot p_v \cdot h_{ges} \; [N] \qquad (5.13)$$

$Z_{5\,cm}$ Erforderliche Mindestzugfestigkeit der Einlage bei einer Beanspruchungsgeschwindigkeit v [N]; vgl. hierzu Tabelle 5.2
p_v flächenbezogene Belastung [N/mm²]
h_{ges} Gesamtdicke sämtlicher Bitumenschichten [mm]

Es ist zu berücksichtigen, dass die erforderliche Mindestzugfestigkeit Z_{5cm} der Trägerbahn für die jeweils auftretende Beanspruchungsgeschwindigkeit gilt; diese Geschwindigkeit ist in der Natur sehr gering. Versuche im Labor haben gezeigt, dass die Zugfestigkeiten der unterschiedlichen Dichtungsbahnen von der Belastungsgeschwindigkeit in hohem Maße abhängig sind [5.1]. Aus diesem Grund sind bei rechnerischen Nachweisen die vorhandene Zugfestigkeit einer Dichtungsbahn bei einer Prüfgeschwindigkeit $v_{Prüf}$ zu ermitteln. Nach [5.1] gilt:

$$v_{Prüf} = \frac{\Delta h}{T \cdot h_0} \cdot 6 \cdot 10^3 \; [mm/min] \qquad (5.14)$$

Die Abmessungen der Prüfkörper betragen l = 200 mm und b = 50 mm.
Rechnerische Untersuchungen zeigen, dass man in Sonderfällen bituminöse Abdichtungen bis zu 2,5 MN/m² beanspruchen kann (zul σ nach DIN 18195-6 ≤ 1,5 MN/m²).

5.2 Schutz des Bauwerks gegen Bodenfeuchtigkeit (Sickerwasser)

5.2.1 Beanspruchung des Bauwerks

Abdichtungsmaßnahmen gegen Bodenfeuchtigkeit dürfen nach DIN 18195-4 nur für Bauwerke in nichtbindigen Böden ausgeführt werden. Nichtbindige Böden sind für Niederschläge so durchlässig (k > 10^{-4} m/s nach DIN 18130-1), dass das anfallende Wasser bis zum Grundwasser frei versickern kann und im Erdreich nicht angestaut wird. Die Abdichtung muss demnach das Bauwerk nur gegen im Boden vorhandenes kapillar gebundenes Wasser schützen. Weiterhin haben die Abdichtungsmaßnahmen die Aufgabe, die durch Kapillarkräfte in den Bauteilen mögliche Wasserbewegung zu unterbinden, um Feuchteschäden zu vermeiden. In Bild 5.10 ist die mögliche Wasserbewegung in einer ungeschützen Wand dargestellt; hieraus können die erforderlichen Stellen für Abdichtungsmaßnahmen abgeleitet werden:

– Waagerechte Schutzschicht über dem Fundament (Querschnittsabdichtung)
– Senkrechte Schutzschichten an der Kelleraußenwand
– Schutz der Kellersohle
– Spritzwasserschutz an der Kelleraußenwand oberhalb der Geländeoberfläche (h ≥ 30 cm).

Auf den dichten Anschluss zwischen den vertikalen und den horizontalen Abdichtungen ist zu achten; nach DIN 18195-4 ist es ausreichend, auf das dichte Heranführen der beiden Abdichtungen unter Vermeidung von Feuchtigkeitsbrücken (Putzbrücken) zu achten (siehe Abschnitt 5.2.4).

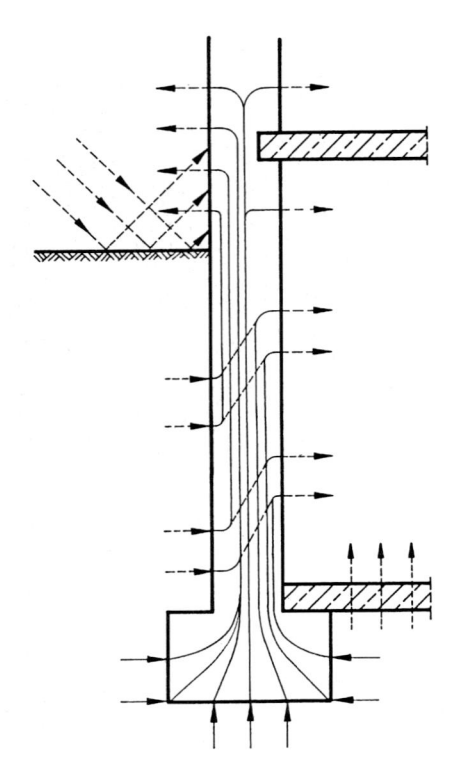

Bild 5.10:
Wasserbewegung in einer nicht abgdichteten Mauerwerkswand

5.2.2 Anforderungen an den Untergrund

Der Untergrund, auf dem die Abdichtungen aufgebracht werden, muss entsprechend DIN 18195-3, Abschnitt 4, folgenden Anforderungen entsprechen:

Bauwerksflächen, auf die die Abdichtung aufgebracht werden soll, müssen frostfrei, fest, eben, frei von Nestern und klaffenden Rissen, Graten und frei von schädlichen Verunreinigungen sein und müssen zudem bei aufgeklebten Abdichtungen oberflächentrocken sein.

Nicht verschlossene Vertiefungen – größer als 5 mm –, wie beispielsweise Mörteltaschen, offene Stoß- und Lagerfugen oder Ausbrüche, sind mit geeigneten Mörteln zu schließen. Oberflächen von Mauerwerk nach DIN 1053-1 oder von haufwerksporigen Baustoffen, offene Stoßfugen bis 5 mm (Bild 5.11) und Oberflächenprofilierungen (Bild 5.12) bzw. Unebenheiten von Steinen (z.B. Putzrillen bei Ziegeln oder Schwerbetonsteinen) müssen, sofern keine Abdichtungen mit überbrückenden Werkstoffen (z.B. Bitumen- oder Kunststoff-Dichtungsbahnen) verwendet werden, entweder durch Verputzen (Dünn- oder Ausgleichsputz), Vermörtelung, durch Dichtungsschlämmen oder durch eine Kratzspachtelung verschlossen und egalisiert werden.

Die Kratzspachtelung wird entweder auf eine erhärtete Grundierung oder frisch in frisch auf eine mit Reaktionsharz gleichmäßig dünn vorbehandelte Oberfläche aufgetragen. Sie ist kratzend über Grate und Spitzen der Bauteiloberfläche abzuziehen. Die Oberfläche der Kratzspachtelung ist gegebenenfalls mit trockenem Quarzsand der Körnung 0,2/0,7 mm so abzustreuen, dass eine Oberflächenstruktur wie bei einer Grundierung entsteht. Sie ist an den Nähten und Rändern scharf abzuziehen.

5.2 Schutz des Bauwerks gegen Bodenfeuchtigkeit (Sickerwasser)

Bild 5.11: Offene Stoßfugen zwischen Hochlochziegeln [5.3]

Bild 5.12: Schließen der Mörteltaschen im Eckbereich der Wände mit kunstharzvergütetem Mörtel [5.3]

Bei kunststoffmodifizierten Bitumendickbeschichtungen kann die Kratzspachtelung aus dem Beschichtungsmaterial selbst bestehen. Die Kratzspachtelung stellt keinen Abdichtungsauftrag dar. Vor dem Auftrag der Abdichtungsschicht muss die Kratzspachtelung soweit getrocknet sein, dass sie durch den darauf folgenden Auftrag nicht beschädigt wird (Bild 5.13 und 5.14).

Bild 5.13: Grundieren der Wandoberfläche [5.3]

Bild 5.14a: Kratzspachtelung auf Mauerwerk [5.3]

Bild 5.14b: Kratzspachtelung auf Beton [5.3]

5.2.3 Horizontale Abdichtung in den Kellerwänden (Querschnittsabdichtung)

Die waagerechte Abdichtung in den Kellerwänden (Querschnittsabdichtung) hat die Aufgabe, das kapillare Aufsteigen von Wasser in der Wand entsprechend Bild 5.10 zu unterbinden. Gegenüber früheren normativen Regelungen (DIN 18195-4, Fassung 1983) wird nunmehr nur noch eine Querschnittsabdichtung in der Wand als erforderlich angesehen, wohingegen früher bis zu drei Querschnittsabdichtungen gefordert wurden (Bild 5.15).

Die zusätzlichen Abdichtungslagen im Bereich der Kellerdecken (Bild 5.15) wurden deswegen für notwendig erachtet, weil im Falle des Versagens der unteren Querschnittsabdichtung über dem Fundament, die Kellerdecken – insbesondere Holzbalkendecken – gegen kapillar weitergeleitetes Wasser oder auch gegen Spritzwasser zusätzlich geschützt werden sollten. Im Hinblick darauf, dass in der Vergangenheit jedoch kaum (nie?) Schäden im Bereich der unteren Querschnittsabdichtung beobachtet wurden, ist die jetzt getroffene Vereinfachung akzeptabel.

Eine weitere Änderung bezüglich der Höhenlage der Querschnittsabdichtung in den Wänden wurde in DIN 18195 – Fassung 2000 – vorgenommen.

In der Neufassung von DIN 18195 ist es dem Planer freigestellt, an welcher Stelle der Wand er die Querschnittsabdichtung anordnet, während in DIN 18195-4 (Fassung 1983) empfohlen wurde, die Abdichtung ca. 10 cm über Oberfläche Kellerfußboden vorzunehmen. Durch die vorgesehene Höhenlage sollte erreicht werden, dass – für den Fall, dass der Kellerfußboden gleichzeitig mit den Fundamenten hergestellt wird – Wasser, das auf dem Kellerfußboden angestaut wird und in das Mauerwerk eindringt, nicht über die horizontale Abdichtung ansteigen kann (Bild 5.16, rechte Seite).

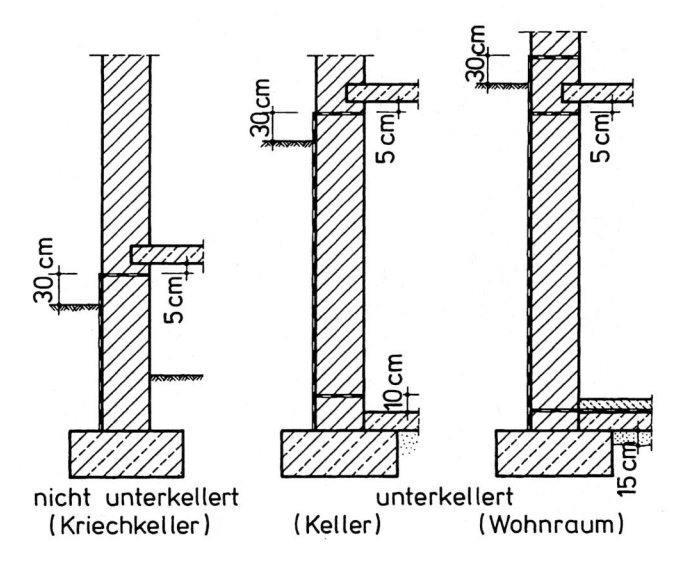

Bild 5.15: Abdichtung im Bereich der Kellerdecke nach DIN 18195 in der **Fassung von 1983**. Heute nicht mehr gültig!

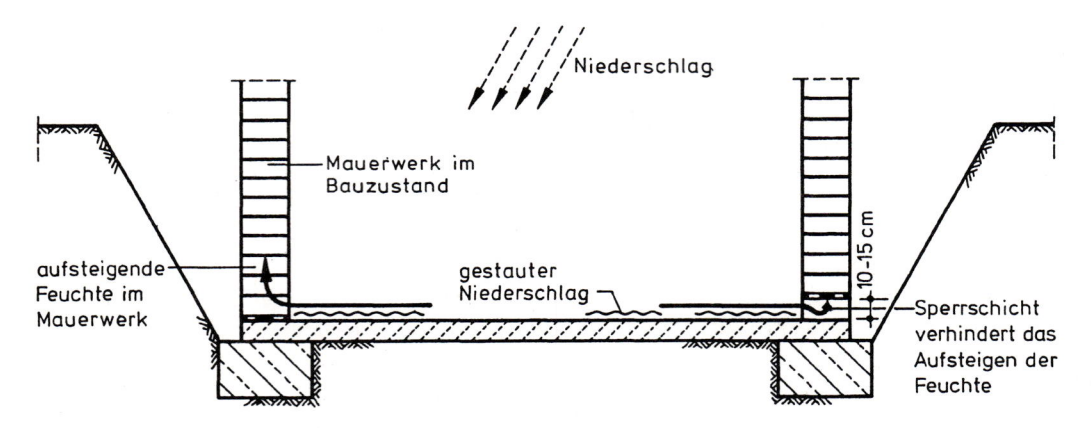

Bild 5.16: Aufsteigende Feuchtigkeit in einer Wand in Abhängigkeit von der Lage der horizontalen Abdichtung über dem Fundament

Am zweckmäßigsten ist es, die Querschnittsabdichtung direkt über dem Fundament anzuordnen (Bild 5.17), weil bei höherliegenden Abdichtungen die Gefahr besteht, dass es zu Feuchtebrücken zwischen dem Fundament und der Abdichtung kommen kann, die auch durch einen kapillaraktiven Innenputz (z.B. Gipsputz) noch verstärkt werden kann (Bild 5.18).

Für die Ausbildung des Abdichtungsdetails entsprechend Bild 5.17 gelten folgende Arbeitsschritte:
– Horizontale Sperrschicht ca. 5 - 10 mm über OK Fundament auf glatt abgezogenem Zementmörtel mit mindestens 15 cm seitlichem Überstand zum Anarbeiten der vertikalen Sperrschicht bzw. der Kellerbodenabdichtung anordnen.
– Während der Bauarbeiten sind die seitlich überstehenden Sperrschichten zu schützen (abdecken mit Bohlen).
– Das Betonieren der Kellersohle soll erst erfolgen, wenn die Kellerdecke bereits betoniert ist, um anstauendes Wasser auf der Kellersohle zu verhindern. Wenn die Kellersohle gleichzeitig mit den Fundamenten geschüttet werden soll (Bauablauf, Arbeitsebene für Maurerarbeiten u.ä.), dann ist die Sohle mit einem von den Wänden wegführenden Gefälle auszuführen; das abfließende Wasser ist in einem Sickerschacht zu fassen.

Die waagerechten Abdichtungen müssen mindestens aus einer Lage Bitumendach- oder Bitumendichtungsbahnen bestehen. Besser ist es jedoch, wenn die waagerechte Abdichtung zweilagig ausgeführt wird, um eine größere Sicherheit gegenüber Durchfeuchtungen infolge mechanischer Beschädigungen der Abdichtung oder gegenüber Durchfeuchtungen im Bereich der Bahnenstöße zu erreichen. Die Abdichtungsbahnen dürfen weder aufgeklebt noch – bei mehrlagiger Verlegung – miteinander verklebt werden (Gleitgefahr).

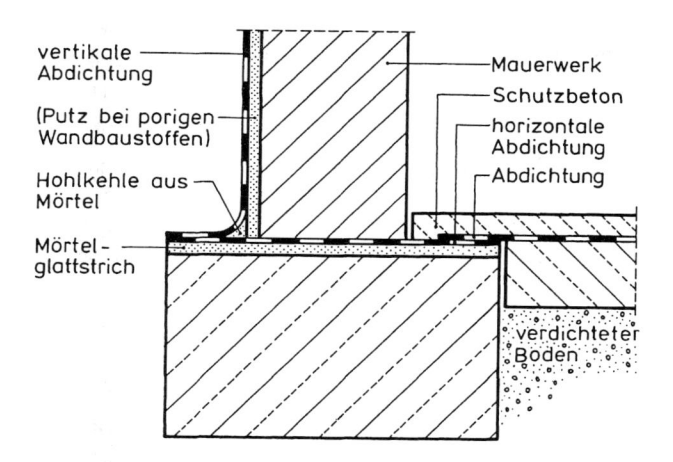

5.2 Schutz des Bauwerks gegen Bodenfeuchtigkeit (Sickerwasser)

Bild 5.17: Querschnittsabdichtung vorzugsweise direkt über dem Fundament

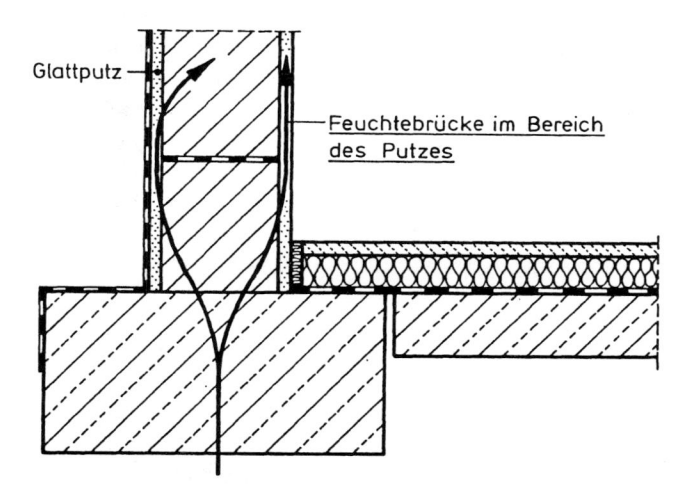

Bild 5.18: Feuchtebrücke durch den kapillaraktiven Innen- und Außenputz

Bei Gebäuden, die einseitig durch Erddruck beansprucht werden (z.B. Häuser am Hang), ist ein Abgleiten durch Nocken (stufenförmige Führung der horizontalen Abdichtung) zu verhindern (Bild 5.6). Die Abdichtung darf dabei nicht unterbrochen werden.

Obige Ausführungen gelten sinngemäß insbesondere auch dann, wenn die Kellerwände aus Beton ausgeführt werden. In diesem Fall ist zu prüfen, ob die Anfängerbewehrung aus den Fundamenten in die Wände ragen muss (meistens besteht aus statischer Sicht keine Notwendigkeit, da die Wände gelenkig und nicht biegesteif mit den Fundamenten verbunden werden). Wenn – insbesondere bei Plattengründungen – die Bewehrungsführung die Anordnung horizontaler Sperrschichten jedoch unterbindet, dann ist entweder das Kellerbauwerk aus wasserundurchlässigem Beton auszuführen oder es ist eine durchgehende Außenhautabdichtung vorzusehen (siehe Abdichtungsmaßnahmen gegen drückendes Wasser).

5.2.4 Abdichtung der Außenwandflächen

Die Abdichtungsmaterialen, die für Außenwandflächen verwendet werden dürfen, sind in DIN 18195-4 aufgeführt; es sind dies im Wesentlichen:
- Bitumen- und Polymerbitumenbahnen nach DIN 18195-2, Tabelle 4, mit Ausnahme von nackten Bitumenbahnen R 500 N und Bitumendachbahnen mit Rohfilzeinlage R 500.
- Kunststoff- und Elastomer-Dichtungsbahnen nach DIN 18195-2, Tabelle 5.
- Abdichtungen mit kaltselbstklebenden Bitumen-Dichtungsbahnen.
- Abdichtungen mit kunststoffmodifizierten Bitumen-Dickbeschichtungen (s. Abschnitt 4.5, S. 39 ff.).

Die in der Vergangenheit verwendeten bituminösen Aufstriche im Erdreich sollen nach DIN 18195-4 (Fassung 08/2000) nicht mehr verwendet werden: Die bituminösen Aufstriche (2 x Heißanstrich bzw. 3 x Kaltanstrich) besitzen keine Zugfestigkeit und weisen deswegen auch nicht die gleiche Schutzwirkung wie z.B. bahnenartige Hautabdichtungen oder Bitumen-Dickbeschichtungen auf. Die Abdichtungswirkung der bituminösen Aufstriche kann deswegen unter Umständen eingeschränkt sein, wenn mit Baukörperbewegungen gerechnet werden muss (Setzungen o.ä.).

Zur Zeit weisen Abdichtungen mit kunststoffmodifizierten Dickbeschichtungen auf Grund ihrer einfachen Verarbeitung den höchsten Marktanteil auf (ca. 80 % sämtlicher Wandflächen im Erdreich werden mit kunststoffmodifizierten Bitumendickbeschichtungen abgedichtet). Die kunststoffmodifizierten Bitumendickbeschichtungen sind dabei in zwei Arbeitsgängen aufzubringen (Bild 5.19).

Die einzelnen Aufträge können frisch in frisch erfolgen (Verarbeitungsrichtlinie des Herstellers beachten). Die Schichtdicke muss in ausgetrocknetem Zustand insgesamt mindestens 3 mm betragen. Die Überprüfung der Schichtdicke hat in frischem Zustand durch das Messen der Nassschichtdicke (mindestens 20 Messungen je Ausführungsprojekt bzw. mindestens 20 Messungen je 100 m²) zu erfolgen (Bild 5.20).

Bild 5.19: Auftragen der Bitumendickbeschichtung [5.3]

5.2 Schutz des Bauwerks gegen Bodenfeuchtigkeit (Sickerwasser)

Bild 5.20: Messen der Dicke der Bitumendickbeschichtung mit Hilfe einer Lehre [5.3]

Die Verteilung der Messpunkte sollte diagonal über die zu überprüfende Wandfläche erfolgen. Die Verteilung und die Anzahl der Messpunkte sollte je nach baulicher Gegebenheit, z.B. im Bereich von Durchdringungen, Anschlüssen o.ä., erhöht werden.
Die Überprüfung der Durchtrocknung der Bitumendickbeschichtung muss an einer Referenzprobe zerstörend mittels Keilschnittverfahren erfolgen. Die Referenzprobe besteht aus dem an dem Bauobjekt vorhandenen Untergrund, der in der Baugrube gelagert wird (Bild 5.21).

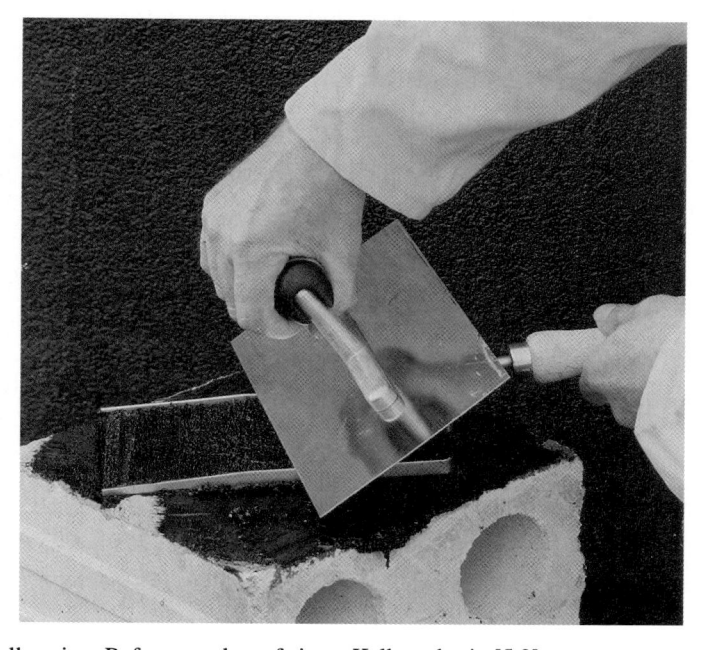

Bild 5.21: Herstellen einer Referenzprobe auf einem Kalksandstein [5.3]

Für das nachträgliche Prüfen der Trockenschichtdicke wird das Keilschnittverfahren verwendet (Bild 5.22). Beim Keilschnittverfahren wird ein im Querschnitt dreieckförmiger Keil bis auf den Prüfkörper entlanggeführt, so dass eine dreieckförmige „Aussparung" in der Bitumendickbeschichtung entsteht. Je tiefer der Keil in die Bitumendickbeschichtung eingeführt werden kann, um so breiter ist der sichtbare Einschnitt „b" (Bild 5.22). Der Einschnitt wird mit einer skalierten Lupe vermessen und so – je nach Winkel des Keils – auf die Dicke der Bitumendickbeschichtung geschlossen.

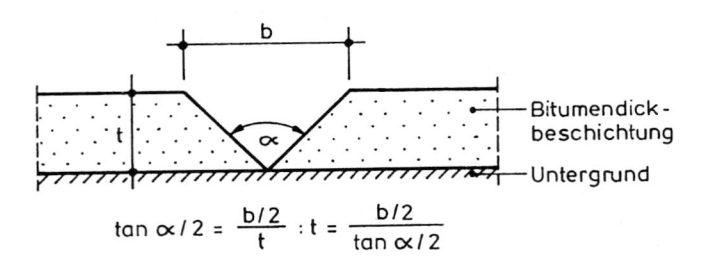

$$\tan \alpha/2 = \frac{b/2}{t} \; : \; t = \frac{b/2}{\tan \alpha/2}$$

Bild 5.22: Prinzip einer Keilschnittprobe

Bei der Ausführung der Abdichtung im Bereich der Kelleraußenwände mit kunststoffmodifizierten Bitumendickbeschichtungen besteht das Problem, wie der Anschluss dieser Abdichtung an die Querschnittsabdichtung in der Wand über dem Fundament ausgeführt werden soll. Nach Aussage der Hersteller kunststoffmodifizierter Bitumendickbeschichtungen ist die Haftung dieser Materialien zu bituminösen Bahnenabdichtungen nicht gegeben. Aus diesem Grund wird von den Herstellern der kunststoffmodifizierten Bitumendickbeschichtungen auch empfohlen, die Querschnittsabdichtung in den Wänden aus zementären Abdichtungen herzustellen. Dies steht im Widerspruch zu DIN 18195-4, nach der die Querschnittsabdichtung aus Bitumendachbahnen mit Rohfilzeinlage, aus Bitumen-Dachdichtungsbahnen oder Kunststoffdichtungsbahnen bestehen soll.

Für zementäre Querschnittsabdichtungen bestehen zur Zeit (2000) keine genormten Prüfrichtlinien und keine Verarbeitungsregelungen. Damit handelt es sich um bauaufsichtlich nicht bekannte Materialien, obwohl die entsprechenden Hersteller solche Querschnittsabdichtungen seit mehreren Jahren mit Erfolg propagieren und auch ausführen (Bild 5.23). Der Vorteil dieser bauaufsichtlich nicht geregelten Art der Ausführung besteht darin, dass die Querschnittsabdichtung im Vergleich zu genormten bituminösen Dichtungsbahnen wesentlich widerstandsfähiger ist gegenüber mechanischen Verletzungen, wie sie z.B. durch Gerüstböcke beim Aufmauern der Kelleraußenwände entstehen können.

Es wird empfohlen, beim Ausführen einer Abdichtung nach Bild 5.23 den Hersteller der Querschnittsabdichtung, der gleichzeitig auch Hersteller der kunststoffmodifizierten Bitumendickbeschichtung sein sollte, in die Verantwortung/Gewährleistung einzubeziehen (Produzentenhaftung). Auf lange Sicht ist die Abdichtung entsprechend Bild 5.23 gegenüber den zur Zeit genormten Ausführungsmöglichkeiten der Vorzug zu geben. – Die Ausführung der Hohlkehle zeigt Bild 5.24.

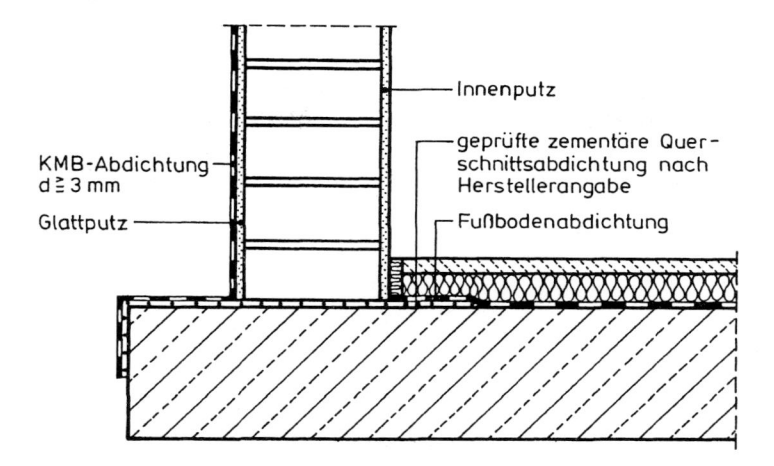

5.2 Schutz des Bauwerks gegen Bodenfeuchtigkeit (Sickerwasser) 89

Bild 5.23: Ausbildung des Anschlusses zwischen vertikaler KMB-Abdichtung und zementärer Querschnittsabdichtung nach Herstellerangaben

Bild 5.24: Ausführung der Hohlkehle [5.3]

Eine bauaufsichtlich befriedigende Lösung, wenn auch geringfügig aufwändiger, ist in Bild 5.25 dargestellt, bei der über der zementären Querschnittsabdichtung eine Abdichtungsbahn entsprechend DIN 18195-4 zusätzlich angeordnet ist.

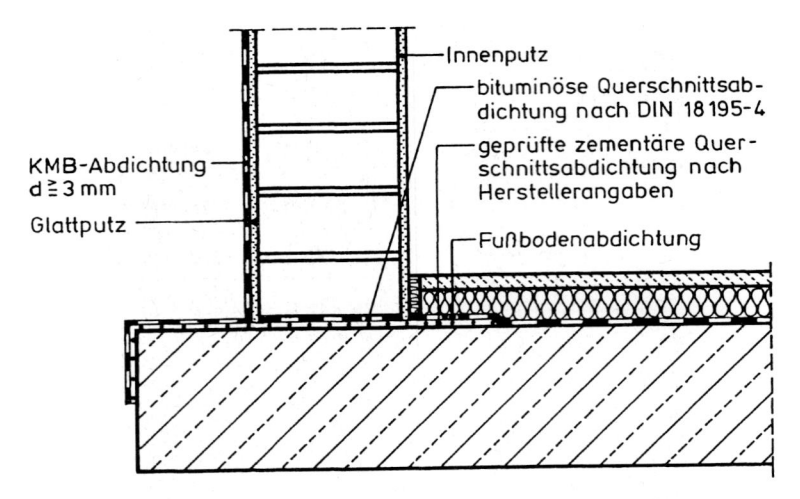

Bild 5.25: Wie Bild 5.23, jedoch mit einer zusätzlichen bituminösen Querschnittsabdichtung entsprechend DIN 18195-4

Die Ausführung der Fugenabdichtung zwischen der Fundamentplatte aus WU-Beton und vorgefertigten Wänden aus WU-Beton ist in Bild 5.26 dargestellt. – Die Vertikalfugen wurden entsprechend ausgebildet.

Die Baugruben im Bereich der abgedichteten Wandflächen dürfen erst verfüllt werden, wenn die Abdichtung trocken bzw. erhärtet ist. Beim Verfüllen darf die Abdichtung nicht beschädigt werden (kein Bauschutt, kein Splitt oder Geröll; zum Verfüllen nur rolligen Boden lagenweise einbringen und leicht verdichten). Der Schutz der Abdichtung gegenüber mechanischer Beanspruchung kann z.B. durch eine Perimeterdämmung – vgl. Abschnitt 8 – erfolgen (Bilder 5.27 und 5.28).

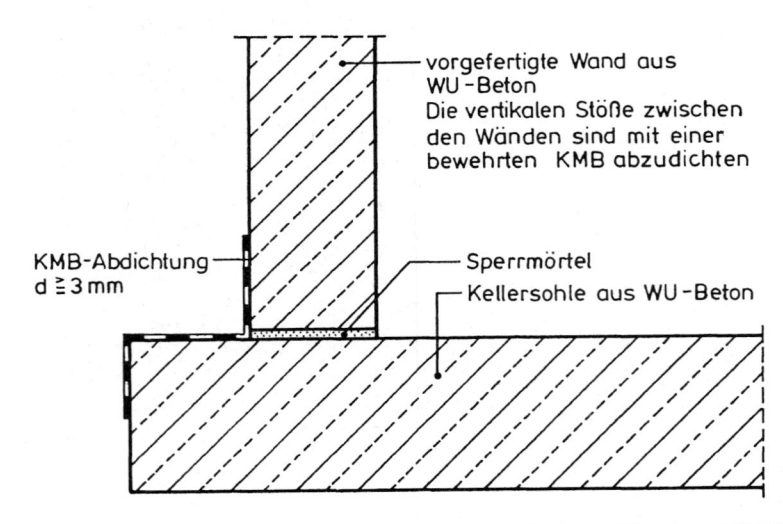

Bild 5.26: Abdichtung der Horizontalfuge zwischen einer vorgefertigten Wand aus WU-Beton und der Fundamentplatte, ebenfalls aus WU-Beton

5.2 Schutz des Bauwerks gegen Bodenfeuchtigkeit (Sickerwasser)

Bild 5.27: Auftragen von Klebebatzen auf der Rückseite der als Schutzschicht wirkenden Perimeterdämmung aus extrudiertem Polystyrol [5.3]

Bild 5.28: Aufkleben der als Schutzschicht wirkenden Perimeterdämmung auf die vollkommen durchgehärtete Abdichtung aus KMB [5.3]

Die Abdichtung der Wände ist ca. 30 cm über OK Erdreich als Spritzwasserschutz zu führen und – soweit erforderlich – gegen mechanische Beschädigungen zu schützen. Bei wenig wasserdurchlässigen Bodenflächen vor dem Gebäude (Beton, Gussasphalt) ist darauf zu achten, dass die Flächen ein vom Gebäude wegweisendes Gefälle besitzen (i ≥ 2 %), um Pfützenbildungen zu vermeiden (Setzen des in die Baugrube eingebrachten Verfüllbodens beachten). – Soweit möglich, ist im Bereich der Erdoberfläche gegen das Gebäude ein besonders versickerungsfähiges Material vorzusehen (Bild 5.29).

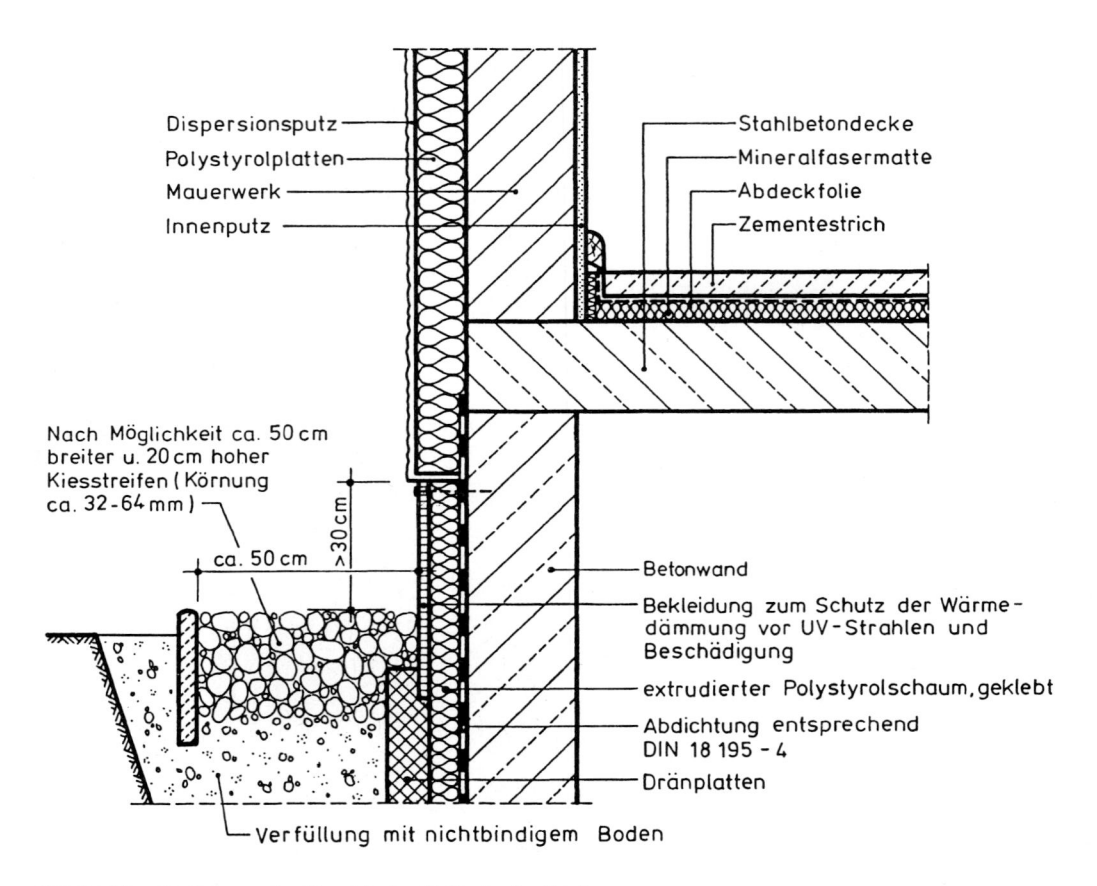

Bild 5.29: Abdichtung im Bereich der Geländeoberfläche

5.2.5 Horizontale Abdichtung der Kellerfußböden

Aufgabe der Abdichtung unterhalb des Kellerfußbodens ist der Schutz gegen aufsteigendes Porensaugwasser und die geringe durch den Beton kapillar geleitete Feuchtigkeit.

Auf die Sperrschicht kann verzichtet werden, wenn eine gewisse Feuchtigkeit im Keller unbedenklich bzw. erwünscht ist (Wirtschaftskeller). In diesem Fall ist unterhalb der Kellersohle (Ziegelschicht, Beton) eine ca. 15 cm dicke Kiesschüttung gegen die aufsteigende Kapillarfeuchtigkeit vorzusehen.

Soll der Keller trocken gehalten werden (Hobbykeller o.ä.), muss eine Abdichtung vorgesehen werden, die dicht mit den horizontalen Sperrschichten in den Wänden verbunden sein muss. Dies setzt voraus, dass die Sperrschichten in den Wänden in gleicher Höhe wie die Abdichtung in der Kellersohle angeordnet sind (in der Regel über OK Fundament – vgl. z.B. Bild 5.23).

Zur Abdichtung des Kellerfußbodens können vorzugsweise bituminöse Bahnen, aber auch Kunststoff-Dichtungsbahnen, kaltselbstklebende Bitumen-Dichtungsbahnen, Asphaltmastix sowie kunststoffmodifizierte Bitumendickbeschichtungen verwendet werden (siehe DIN 18195-4).

5.3 Dränage

5.3.1 Aufgabe und Wirkungsweise einer Dränanlage

Unter einer Dränanlage vesteht man einen unterirdischen Leitungsstrang und eine dazugehörige Flächenentwässerung zur Abführung des im Bereich baulicher Anlagen sich im Boden befindenden Wassers (Bild 5.30). Die Abführung des Wassers soll das Entstehen eines hydrostatischen Drucks auf die Abdichtung verhindern.

Die Abdichtung hinter der Dränage kann entsprechend DIN 18195-4 (Abdichtung gegen Bodenfeuchte) ausgeführt werden; hierbei wird eine zu jeder Zeit wirksame Dränage vorausgesetzt. Bei der Einleitung des Wassers in die Dränage darf ein Ausschlämmen von Feinstteilen im anstehenden Boden in die Dränanlage nicht erfolgen, damit diese nicht zugesetzt wird und somit ihre wasserfortführende Wirkung verliert (filterfeste Dränung).

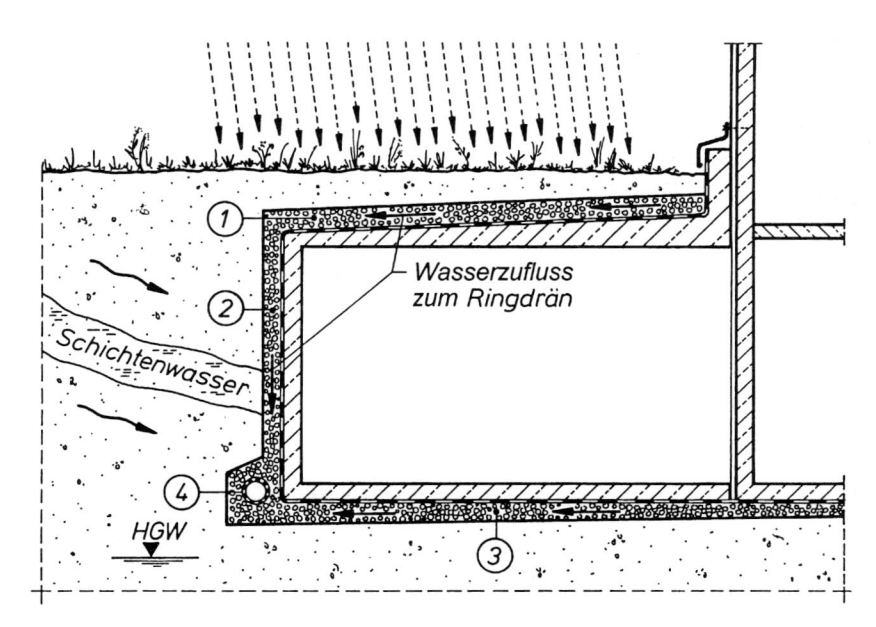

Bild 5.30: Wirkungsweise von Dränanlagen
(1) Flächendränage auf der Decke
(2) Wanddrän
(3) Flächendrän unter der Kellersohle
(4) Ringdrän

Bei Bauten in Hanglage, die stauend in den unterirdischen Wasserstrom hineingebaut werden (Bild 5.31), und besonders bei Bauwerken, die im Bereich bindiger Böden gegründet werden und bei denen das Auftreten von Schichtwasser oder Stauwasser auftreten kann (Bild 5.32), können Dränanlagen angeordnet werden, um zu verhindern, dass dieses angestaute Wasser einen hydrostatischen Druck auf das Bauwerk ausübt.

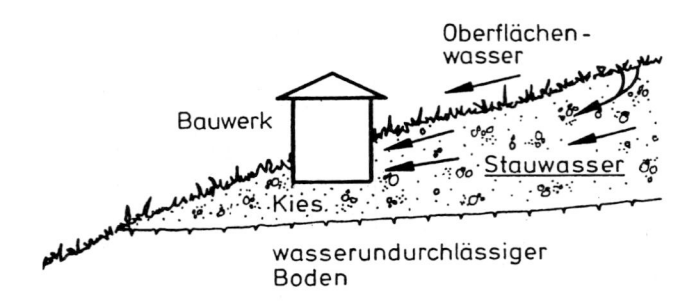

Bild 5.31: Stauwasser im Bereich eines Gebäudes in Hanglage

In den Bereichen, in denen das Bauwerk in das Grundwasser eintaucht, muss das Bauwerk durch eine Abdichtung gegen drückendes Wasser geschützt werden; in diesem Fall ist eine Dränanlage sinnlos, weil das gesamte anstehende Grundwasser nicht abgepumpt werden soll und kann (Bild 5.33).

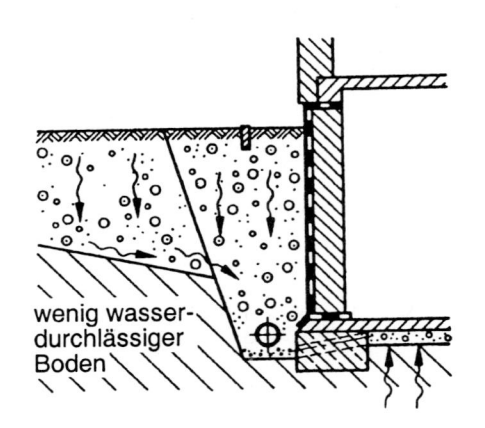

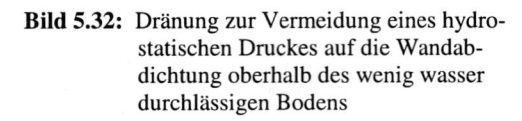

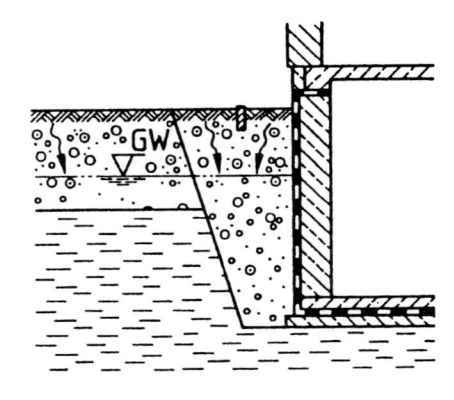

Bild 5.32: Dränung zur Vermeidung eines hydrostatischen Druckes auf die Wandabdichtung oberhalb des wenig wasser durchlässigen Bodens

Bild 5.33: In das Grundwasser eintauchendes Bauwerk; hier ist eine Dränung sinnlos!

Eine Dränanlage besteht aus den Dränschichten (Filter- und Sickerschichten, vgl. Bild 5.34), aus den Kontroll- und Spüleinrichtungen sowie der Ringdränage (Bild 5.35). Die Filterschicht hat die Aufgabe, die im Wasser enthaltenen Feinstbestandteile des Bodens aufzuhalten, damit sie nicht in die Sickerschicht gelangen und diese zusetzen.

5.3 Dränage

Die Sickerschicht hat die Aufgabe, das auf das Gebäude zufließende Wasser zum Ringdrän zu leiten, ohne dass das Wasser einen hydrostatischen Druck auf das Gebäude bzw. dessen Abdichtung ausübt. Eine Dränschicht ist dadurch gekennzeichnet, dass Filter- und Sickerschicht in ihr vereinigt sind.

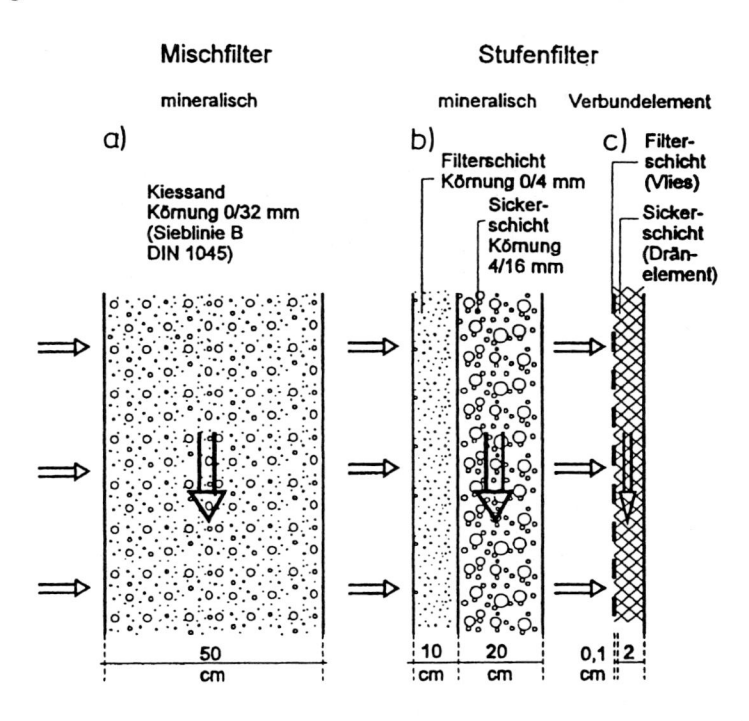

Bild 5.34: Aufbau einer Dränschicht [5.5]

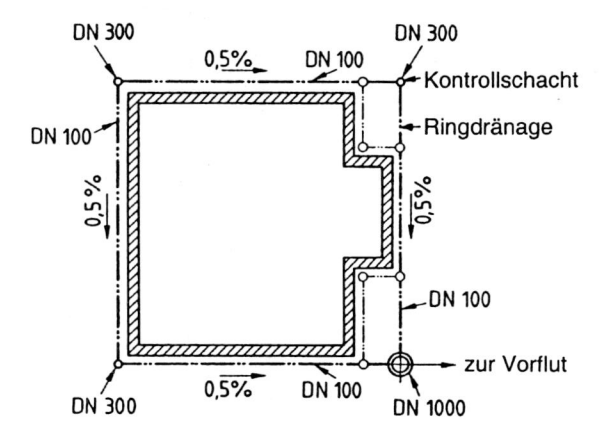

Bild 5.35:
Beispiel einer Anordnung von Dränleitungen, Kontroll- und Reinigungseinrichtungen

Die Wirkungsweise einer Dränanlage ist den Bildern 5.30, 5.36 und 5.37 zu entnehmen: Das auf das Bauwerk zufließende Wasser wird im Bereich der Kelleraußenwände durch eine Wanddränage (Dränschicht) zum Ringdrän geleitet (Bild 5.37).

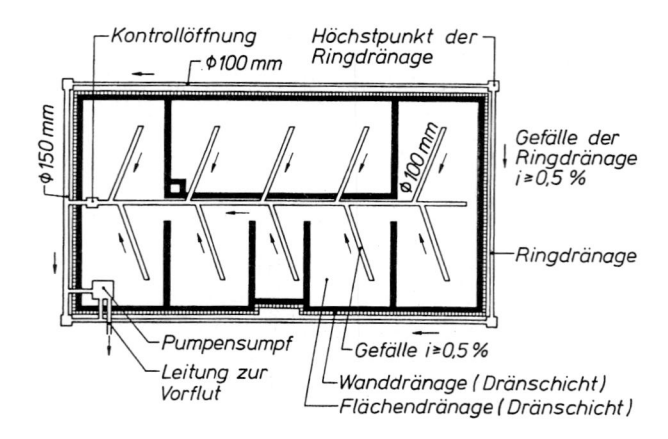

Bild 5.36: Prinzip der Ausbildung von Dränagen

Das von unten auf das Bauwerk zufließende Wasser wird durch eine horizontale Dränage (Dränschicht) ebenfalls zum Ringdrän (durch das Fundament) geleitet (Bild 5.37). Am Tiefstpunkt des Ringdräns wird das in der Dränanlage anfallende Wasser einem Pumpensumpf zugeführt, von wo es dann in einen Vorfluter (Bach, See o.ä.) oder in die Kanalisation gepumpt wird. Wenn diese Maßnahmen der Wasserentsorgung nicht möglich sind, wird das anfallende Wasser in einen Versickerungsschacht (Bild 5.38) geleitet und von dort dem Grundwasser zugeführt.

Der Sickerschacht soll mit grobkörnigen Füllstoffen gefüllt werden, deren Korngröße von unten nach oben abnimmt. Die oberste Schicht muss jedoch aus feinem Sand bestehen, mindestens 500 mm hoch und gegen Ausspülen gesichert sein, z.B. durch eine Prallplatte. Der Abstand zwischen Schachtsohle und Grundwasseroberfläche soll mindestens 1 m betragen.

Die Bemessung des Sickerschachtes geschieht nach [5.4].

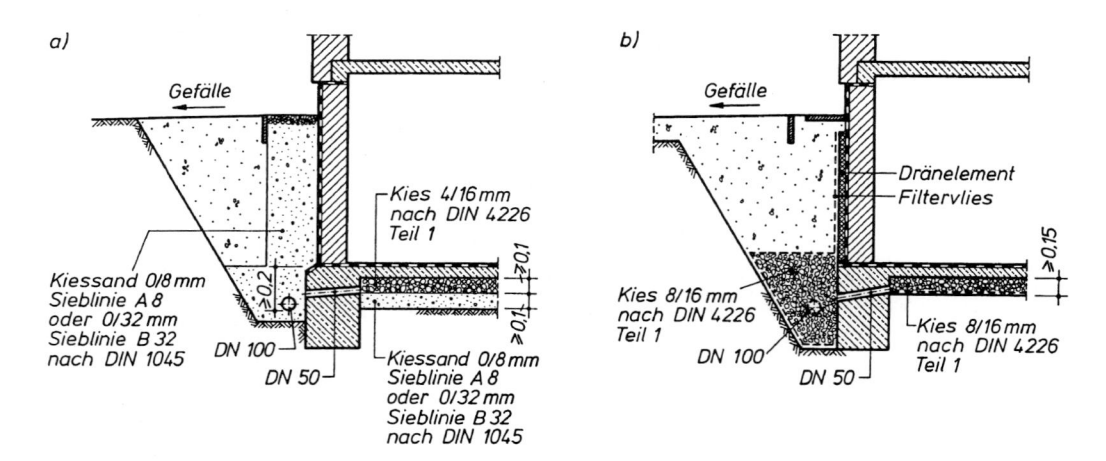

Bild 5.37: Beispiele einer Dränanlage nach DIN 4095
    a) mit mineralischer Dränschicht
    b) mit Dränelementen

5.3 Dränage

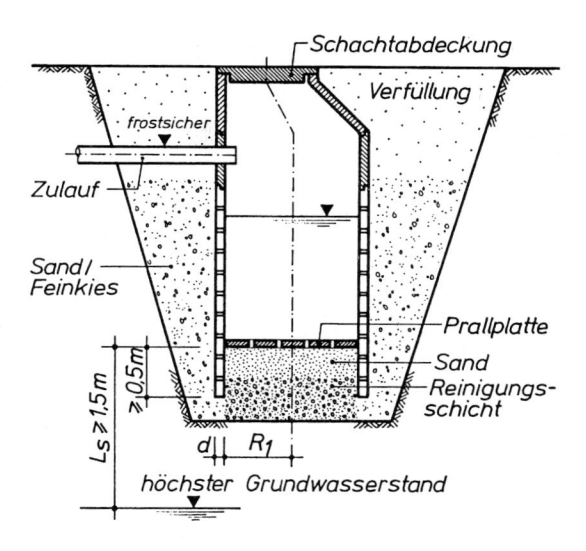

Bild 5.38: Versickerungsschacht nach ATV Regelwerk [5.4]

In Bild 5.39 ist eine Rohrversickerung des in der Dränanlage anfallenden Wassers durch eine Rigole dargestellt. Die Rigole besteht aus einem horizontalen, perforierten Versickerungsrohr (DN ≥ 300 mm), das in einer Kiespackung eingebettet ist; eine Vliesabdeckung verhindert das Zuschlämmen des Kieses. Die Bemessung der Rigolen geschieht ebenfalls nach [5.4].

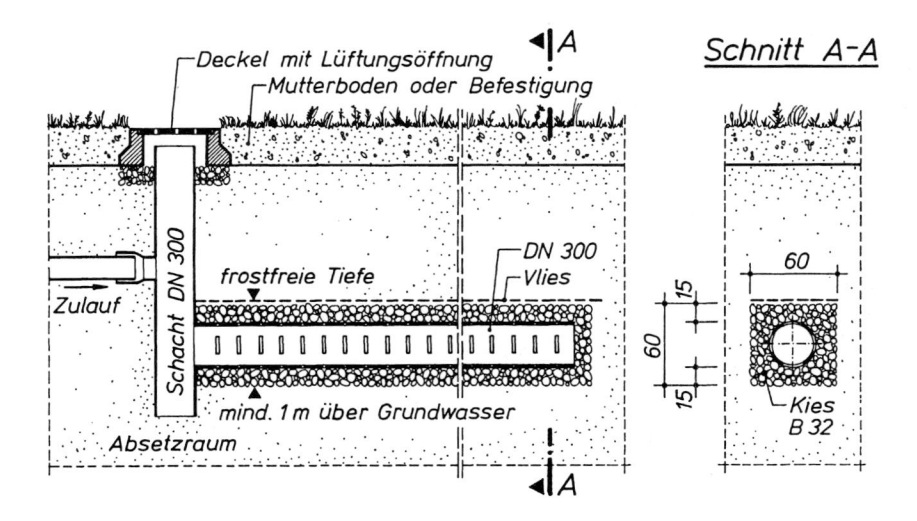

Bild 5.39: Versickerung von Dränwasser in einer Rigole [5.4]

5.3.2 Regelausbildung von Dränagen nach DIN 4095

In DIN 4095 (Fassung 1990) werden Regelausführungen für definierte Voraussetzungen angegeben, für die keine weiteren Nachweise erforderlich sind (Regelfall, s. Tabelle 5.4). Für vom Regelfall abweichende Randbedingungen sind besondere Nachweise zu führen (Sonderfall, siehe Abschnitt 5.3.3).

Im Vorfeld müssen folgende Untersuchungen durchgeführt werden:

- Einzugsgebiet für das auf die Dränanlage zufließende Wasser; im Hanggelände, bei Muldenlagen, wasserführenden Schichten, in Quellgebieten sowie bei großflächigen Bauwerken sind detaillierte Untersuchungen erforderlich.
- Art und Beschaffenheit des Baugrundes durch Bohrungen oder Schürfgruben (siehe DIN 4021 und DIN 4022).
- Chemische Beschaffenheit des Wassers, um das Entstehen von Kalkablagerungen oder von Verockerungen im Bereich der Dränage erkennen zu können.
- Vorflut. Es ist zu prüfen, wohin das Wasser abgeleitet werden kann und zwar in baulicher und wasserrechtlicher Hinsicht. Im Regelfall wird das in der Dränanlage anfallende Wasser auf dem Grundstück, auf dem es anfällt, auch durch Versickern dem Grundwasser zugeführt werden müssen (vgl. Bilder 5.38 und 5.39).
- Wasseranfall und Grundwasserstände. Eine durch Dränung mögliche Beeinträchtigung der Grundwasser- und Untergrundverhältnisse der Umgebung ist zu prüfen; insbesondere ob Bepflanzungen Schaden erleiden können und ob nicht durch das schnelle Abführen von Sicker- und Stauwasser es zu Bodensetzungen kommen kann, wodurch Setzungsschäden an der Nachbarbebauung entstehen können.

Tabelle 5.4: Richtwerte für den Regelfall einer Dränanlage nach DIN 4095

Richtwerte vor Wänden	
Einflussgröße	Richtwert
Gelände	eben bis leicht geneigt
Durchlässigkeit des Bodens	schwach durchlässig
Einbautiefe	bis 3 m
Gebäudehöhe	bis 15 m
Länge der Dränleitung zwischen Hochpunkt und Tiefpunkt	bis 60 m
Richtwerte auf Decken	
Einflussgröße	Richtwert
Gesamtauflast	bis 10 kN/m^2
Deckenteilfläche	bis 150 m^2
Deckengefälle	ab 3 %
Länge der Dränleitung zwischen Hochpunkt und Dacheinlauf/Traufkante	bis 15 m
angrenzende Gebäudehöhe	bis 15 m
Richtwerte unter Bodenplatten	
Einflussgröße	Richtwert
Durchlässigkeit des Bodens	schwach durchlässig
bebaute Fläche	bis 200 m^2

5.3 Dränage

Der Regelfall für die Ausführung einer Dränanlage liegt vor, wenn die in Tabelle 5.4 gestellten Anforderungen erfüllt werden.

Wenn die örtlichen Randbedingungen von denen für den Regelfall abweichen (siehe Tabelle 5.4), so muss die Dränage insbesondere unter Berücksichtigung der tatsächlich anfallenden Wassermengen hydraulisch bemessen werden (siehe Abschnitt 5.3.3).

Beispiele für die Ausführung und für die Baustoffe von Dränanlagen entsprechend DIN 4095 sind in Tabelle 5.5 aufgeführt.

Tabelle 5.5: Beispiele für die Ausführung und für Baustoffe von Dränanlagen nach DIN 4095

Bauteil	Art	Material
Filterschicht	Schüttung	Mineralstoffe (Sand und Kies) – siehe Bild 5.34
	Geotextilien	Filtervlies (z.B. Spinnvlies)
Sickerschicht	Schüttung	Mineralstoffe (Sand und Kies) – siehe Bild 5.34
	Einzelelemente	Dränsteine (z.B. aus haufwerksporigem Beton) Dränplatten (z.B. aus Schaumkunststoff) mit Geotextilien (z.B. aus Spinnvlies)
Dränschicht	Schüttungen	Kornabgestufte Mineralstoffe; Mineralstoffgemische (Kiessand) z.B. Körnung 0/8 mm (Sieblinie A 8 nach DIN 1045) oder Körnung 0/32 mm (Sieblinie B 32 nach DIN 1045) – siehe Bild 5.34a
	Einzelelemente	Dränsteine (z.B. aus haufwerksporigem Beton, ggf. ohne Filtervlies); Dränplatten (z.B. aus Schaumkunststoff, ggf. ohne Filtervlies)
	Verbundelemente	Dränmatten aus Kunststoff (z.B. aus Höckerprofilen mit Spinnvlies, Wirrgelege mit Nadelvlies, Gitterstrukturen mit Spinnvlies) – s. Bild 5.34c
Dränrohr	gewellt oder glatt	Beton, Faserzement, Kunststoff, Steinzeug, Ton mit Muffen
	gelocht oder geschlitzt	allseitig (Vollsickerrohr); seitlich und oben (Teilsickerrohr)
	mit Filtereigenschaften	Kunststoffrohre mit Ummantelung Rohre aus haufwerksporigem Beton

Für Dränschichten aus mineralischen Baustoffen ergeben sich für den Regelfall die in Tabelle 5.6 angegebenen Schichtdicken.

Tabelle 5.6: Beispiele für die Ausführung und Dicke der Dränschicht aus mineralischen Baustoffen für den Regelfall (DIN 4095)

Lage	Baustoff	Dicke in m (mind.)
vor Wänden	Kiesschicht, z.B. Körnung 0/8 mm (Sieblinie A 8) oder 0/32 mm (Sieblinie B 32 nach DIN 1045)	0,50
	Filterschicht, z.B. Körnung 0/4 mm (0/4a nach DIN 4226-1), und	0,10
	Sickerschicht, z.B. Körnung 4/16 mm (nach DIN 4226-1)	0,20
	Kies, z.B. Körnung 8/16 mm (nach DIN 4226-1) und Geotextil	0,20
auf Decken	Kies, z.B. Körnung 8/16 mm (nach DIN 4226-1) und Geotextil	0,15
unter Bodenplatten	Filterschicht, z.B. Körnung 0/4 mm (0/4a nach DIN 4226-1) und	0,10
	Sickerschicht, z.B. Körnung 4/16 mm (nach DIN 4226-1)	0,10
	Kies, z.B. Körnung 8/16 mm (nach DIN 4226-1) und Geotextil	0,15
um Dränrohre (Ringleitung)	Kiessand, z.B. Körnung 0/8 mm (Sieblinie A 8) oder 0/32 mm (Sieblinie B 32 nach DIN 1045)	0,15
	Sickerschicht, z.B. Körnung 4/16 mm (nach DIN 4226-1), und	0,15
	Filterschicht, z.B. Körnung 0/4 mm (0/4a nach DIN 4226-1)	0,10
	Kies, z.B. Körnung 8/16 mm (nach DIN 4226-1) und Geotextil	0,10

Werden die Dränschichten aus nichtmineralischen, verformbaren Dränelementen ausgeführt, z.B. Wanddränelemente aus miteinander durch Bitumen verklebten Polystyrolkugeln (Bild 5.40), so muss der mögliche Wasserabfluss in diesen Dränelementen unter Berücksichtigung der Stauchung dieser Elemente ermittelt werden. Für die Berechnung der auftretenden Stauchungen können – soweit keine genaueren Berechnungen erfolgen – die folgenden Druckbelastungen nach [5.5] angenommen werden:

Konstruktion	Druckbelastung [kN/m^2]
Dach begehbar	2
Decke befahrbar	10
Wand bis 3,0 m	30
Wand bis 5,0 m	50

5.3 Dränage

Bild 5.40: Sickerplatte als Wanddränelement aus miteinander verbundenen Polystyrolkugeln Ø 6 ... 12 mm [5.7]

Durch die Kugeln der in Bild 5.40 dargestellten Sickerplatte wird eine haufwerksporige Platte gebildet, die ein relativ großes Porenvolumen besitzt, in dem das auf die Platte zufließende Wasser abgeführt werden kann (versickern kann). Durch das Porenvolumen ist die Platte fast vergleichbar mit einer Dränschicht aus sandigem Kies (vgl. Bild 5.41). – Bei anstehenden Böden, die zum Ausschlämmen neigen – und das ist der Regelfall –, muss zur Erhöhung der von der Dränplatte verlangten Filterstabilität ein geeignetes geotextiles Vlies angeordnet werden; das geotextile Vlies verhindert das Zusetzen der Dränplatten mit den Feinstbestandteilen des Bodens, lässt aber das zufließende Wasser durch (Bild 5.34 c).

In Bild 5.42 ist der Einfluss der Stauchung unter dem Einwirken des Erddrucks aufgezeigt: Unter dem Einwirken eines langfristig wirkenden Erddrucks von 30 kN/m^2 ist langfristig eine etwa 35 %ige Stauchung der Dränplatte zu erwarten.

Von der Industrie wird eine Vielzahl vergleichbarer Dränelemente, z.B. solche aus Wirrvliesen und aufkaschierten geotextilen Vliesen, angeboten, die die funktionsfähige Ausführung von Dränagen ermöglichen können. Die abführbaren Wassermengen dieser Elemente sind von der Herstellern der Elemente durch ein Prüfzeugnis zu belegen. In Bild 5.43 ist für eine Sickerschicht aus bitumengebundenen Polystyrolkugeln in Abhängigkeit von der Einbautiefe (Erddruck) und unter Berücksichtigung der langfristig sich einstellenden Stauchung der mögliche Wasserabfluss angegeben [5.7].

Die abführbare Wassermenge – z.B. nach Bild 5.43 – ist mit der anfallenden Wassermenge (Abflussspende) zu vergleichen. Die Abflussspende kann entsprechend DIN 4095 angenommen werden (vgl. Tabelle 5.7).

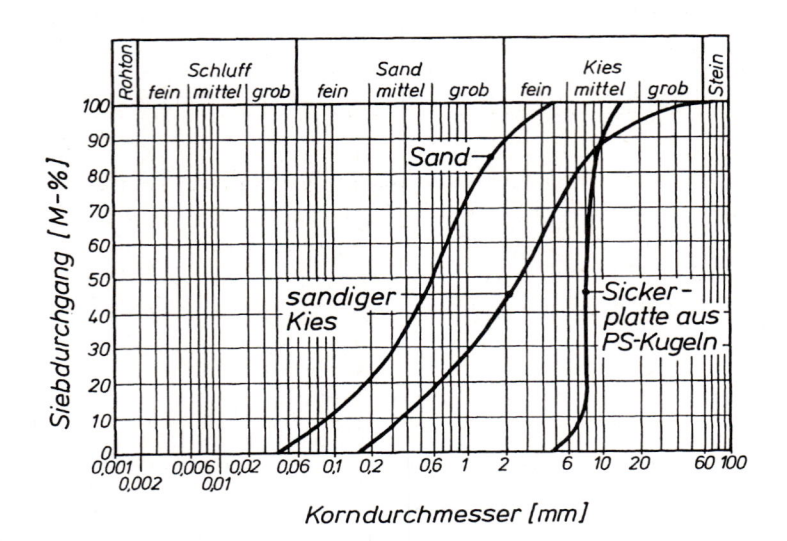

Bild 5.41: Korngrößenverteilung [5.5]

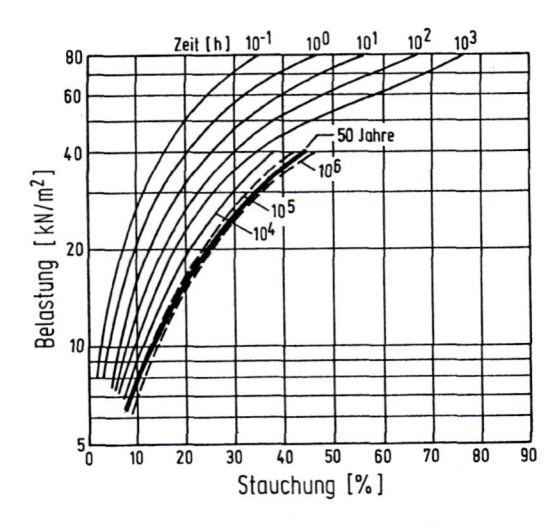

Bild 5.42: Stauchung von Sickerplatten [5.5]

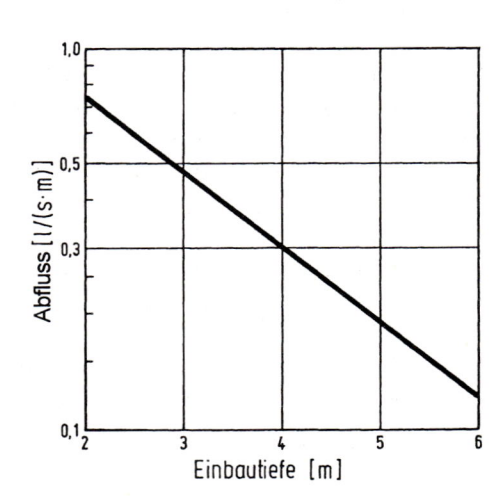

Bild 5.43: Abführbare Wassermenge (Abfluss) einer Sickerschicht aus bitumengebundenen Polystyrolkugeln unter Berücksichtigung der Einbautiefe (bzw. Stauchung) nach [5.5]

5.3 Dränage

Tabelle 5.7: Maximale Abflussspende nach DIN 4095 zur Bemessung von Dränelementen im Regelfall

Lage	Abflussspende	
vor Wänden	0,30	l/(s · m)
auf Decken	0,03	l/(s · m²)
unter Bodenplatten	0,005	l/(s · m²)

Beispiel: Bei einer Einbautiefe des Gebäudes von 2 m in das Erdreich können ca. 0,75 l/(s · m) Wasser abtransportiert werden (siehe Bild 5.43); demgegenüber ist nach DIN 4095 nur mit einem Wasseranfall von 0,30 l(s · m) zu rechnen (siehe Tabelle 5.7). Die gewählte Sickerschicht ist als ausreichend zu bewerten.

Richtwerte für den Durchmesser von Dränleitungen und Kontrolleinrichtungen im Regelfall enthält Tabelle 5.8.

Tabelle 5.8: Richtwerte für Dränleitungen und Kontrolleinrichtungen im Regelfall nach DIN 4095

Bauteil	Richtwert mind.
Dränleitung	Nennweite ≥ DN 100; Gefälle ≥ 0,5 %
Kontrollrohr	Nennweite ≥ DN 100
Spülrohr	Nennweite DN 300
Übergabeschacht	Nennweite DN 1000

Die Bemessung der Dränleitung geschieht nach DIN 4095, 6.3.3: Die erforderliche Nennweite der Dränleitung mit runder Querschnittsform und einer Betriebsrauigkeit $k_b = 2,0$ mm darf z.B. nach Bild 5.44 ermittelt werden. Die Geschwindigkeit im Dränrohr bei Vollfüllung soll v = 0,25 m/s nicht unterschreiten, um eine Sedimentation zu vermeiden.

Mit den Zahlen des vorangegangenen Beispiels folgt mit Bild 5.44 und unter Zugrundelegung einer maximalen Länge der Dränleitung vom Hochpunkt bis zum Tiefpunkt von l = 20 m bei einem Mindestgefälle von i = 0,5 % ein maximaler Abfluss in der Dränleitung von

$$Q = q \cdot l = 0,30 \cdot 20 = 6 \text{ l/s}.$$

Die erforderliche Nennweite der Dränleitung folgt mit Bild 5.44 zu DN 125 (glattes Rohr).
Die Fließgeschwindigkeit im Rohr beträgt

$$v = Q/A = 6 /(\pi \cdot 1,25^2/4) = 4,9 \text{ dm/s} \,\hat{=}\, 0,49 \text{ m/s} > 0,25 \text{ m/s}.$$

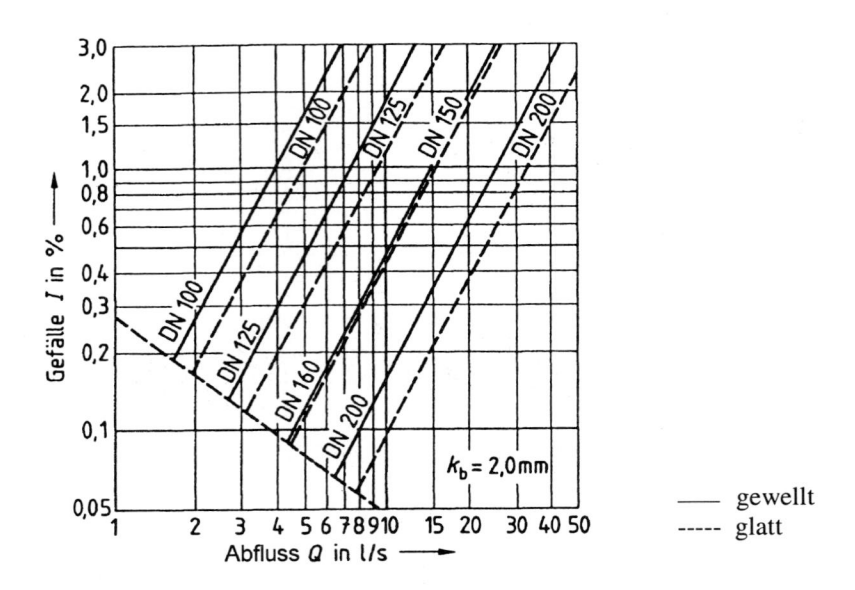

Bild 5.44: Bemessungsbeispiele für Dränleitungen mit runder Querschnittsform nach DIN 4095

Eine schematische Übersicht über die Herstellung einer Dränage zeigt Bild 5.45.
- Die Ringdränage soll am Hochpunkt mit der Rohrsohle mindestens 20 cm unter Oberkante des Fundamentes liegen (vgl. Bild 5.47); liegt die Rinddränage höher als Oberkante Fundament, so ist der freie Wasserzufluss von der Wanddränage in den Ringdrän unterbunden; liegt der Ringdrän tiefer als die Unterkante des Fundamentes, so kann es bei starkem Wasseranfall zu einer Unterspülung des Fundamentes kommen, wodurch Setzungen entstehen können.
- Der Ringdrän soll in seiner Lage fixiert werden. Unter dem Dränrohr und auch seitlich neben dem Rohr sind mindestens 15 cm Kies vorzusehen (Bild 5.46 und Bild 5.47). Die Verdichtung erfolgt zunächst von Hand. Ab 20 cm Kies über dem Dränrohr kann mit leichtem Gerät verdichtet werden.
- Das Mindestgefälle des Ringdräns soll i ≥ 0,5 % betragen (bei zu geringem Gefälle besteht die Gefahr der Sedimentation und der anschließenden Rohrverstopfung von eingespülten Bodenfeinstteilen).
- Die Dränrohre werden mit filterstabilen Kiesschichten oder mit ebenfalls filterstabilen Umhüllungen aus Polyestervlies umgeben (Bild 5.47). Die Verbindung der Dränrohre erfolgt durch Muffen (Bild 5.48).

5.3 Dränage

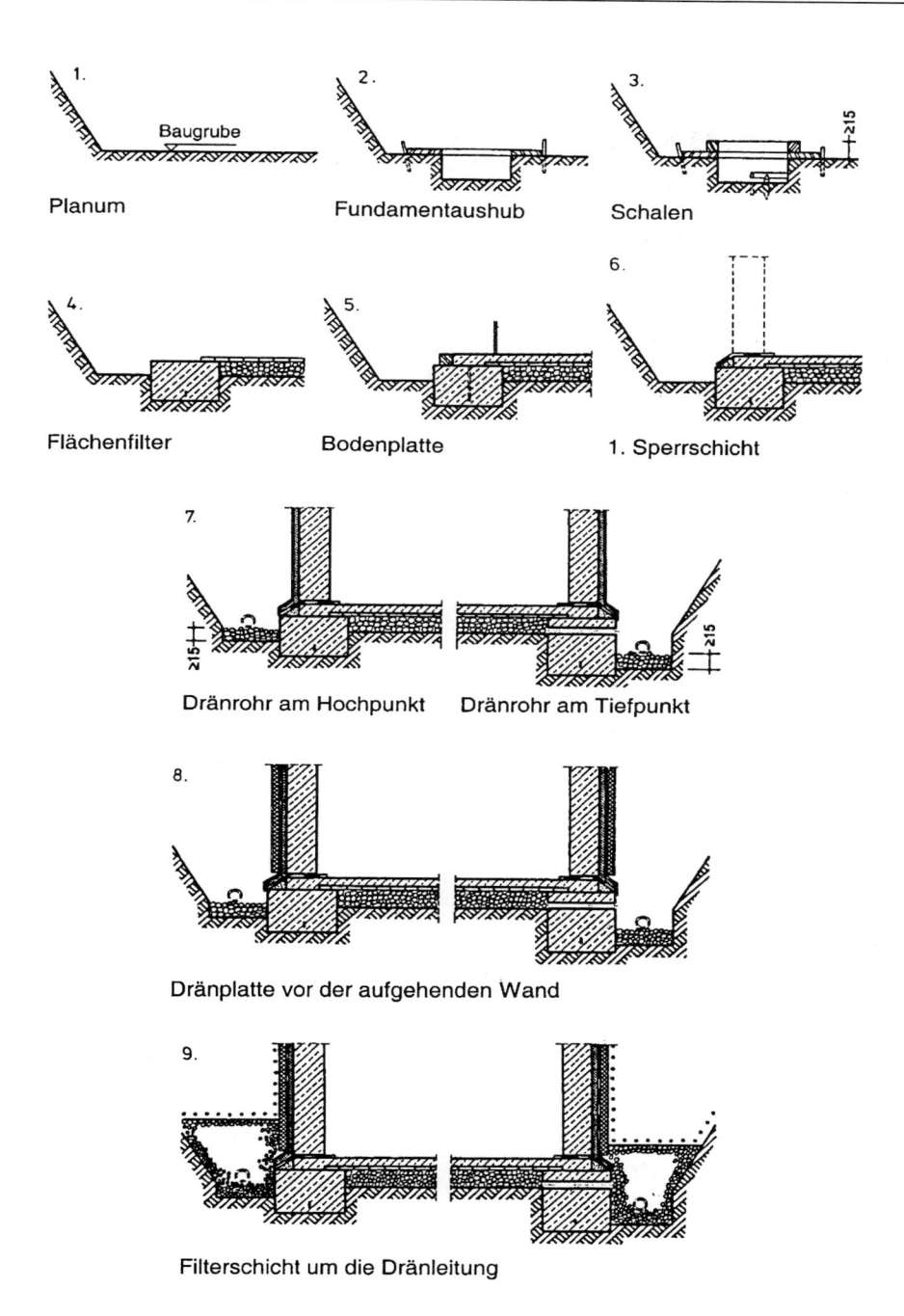

1. Planum — Baugrube
2. Fundamentaushub
3. Schalen
4. Flächenfilter
5. Bodenplatte
6. 1. Sperrschicht
7. Dränrohr am Hochpunkt — Dränrohr am Tiefpunkt
8. Dränplatte vor der aufgehenden Wand
9. Filterschicht um die Dränleitung

Bild 5.45: Arbeitsschritte zur Herstellung einer Dränanlage [5.4]

Bild 5.46: Lagesicherung des Dränrohrs im Kiesbett [5.7]

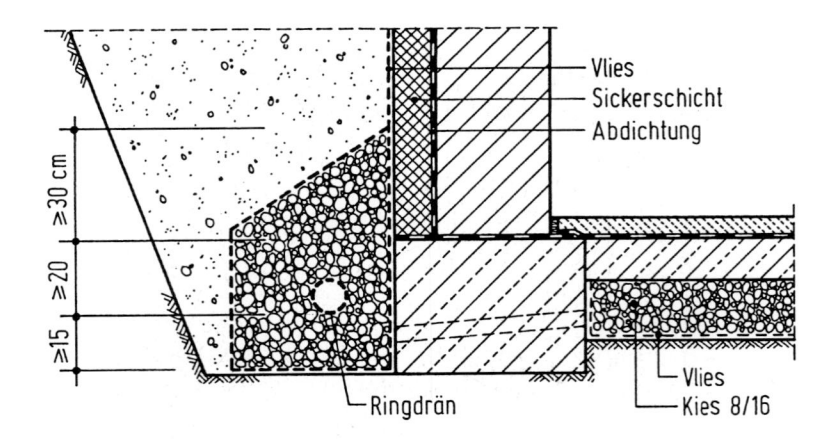

Bild 5.47: Umhüllung des Dränrohres mit filterstabiler Kiesschicht und einem Vlies

5.3 Dränage

Bild 5.48: Verbindung der Dränrohre [5.7]

Bild 5.49: Kontroll- und Spülschacht am Richtungswechsel (Knickpunkt) des Ringdräns [5.7]

Bild 5.50:
Kontroll- und Spülschacht [5.7]

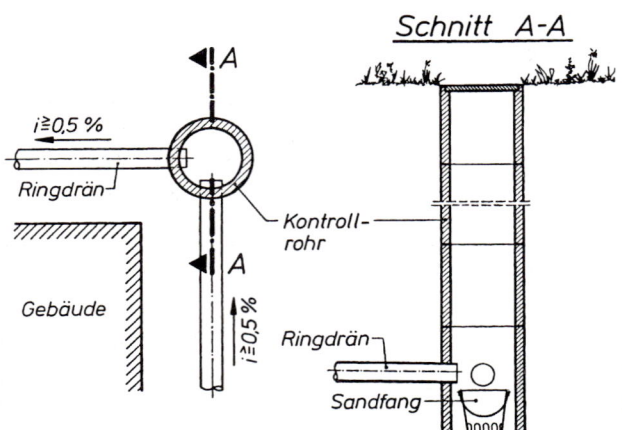

Bild 5.51:
Sandfang in einem Kontroll-/Spülschacht

- Anbringen von Kontroll- und Spülrohren an allen Richtungswechseln (Knicke) von Ringdränageleitungen entsprechend Bilder 5.35, 5.49 und 5.50 (Ringdräne können versanden oder verockern; Festsetzen von gallertartigem verfestigtem Eisenschlamm an Rohrwandungen).

5.3 Dränage

- In regelmäßigen Zeitabständen ist der Sandfang daraufhin zu überprüfen, ob zu viel Sand im Rängdrän transportiert wurde (Bild 5.51). Mindestens einmal jährlich soll der Ringdrän von den Schächten aus saubergespült werden.
- Richtwerte für die Dränleitungen und Kontrolleinrichtungen für den Regelfall enthält Tabelle 5.8.
- Entsorgung des Dränagewassers durch Vorfluter (Bach, See, Graben) oder durch Versickerung im Erdreich. Der Sickerschacht (Bild 5.37) soll mindestens 10 bis 20 m vom Bauwerk entfernt angeordnet werden.
- Die Funktionsfähigkeit der Dränleitungen muss nach dem Verfüllen der Baugrube, durch Spiegelung und Spülung, überprüft werden.
- Die Abdichtung hinter der Wanddränage und über der Bodendränage kann nach DIN 18195 einer Abdichtung gegen Bodenfeuchtigkeit (DIN 18195-4) entsprechen. Dies setzt eine funktionsfähige Dränage voraus. Der Überprüfung und laufenden Wartung kommt deswegen eine besondere Bedeutung zu.

5.3.3 Sonderausführung von Dränanlagen

Wenn bei der Ausführung von Dränanlagen die Randbedingungen des Regelfalles entsprechend DIN 4095 nicht eingehalten werden (vgl. auch Tabelle 5.4), so muss die Dränanlage im Einzelfall bemessen werden; es gelten dann nicht mehr die Bemessungsangaben des Regelfalles.

Für die Bemessung der Dränanlage ist die anfallende Wassermenge im Boden (Abflussspende) von entscheidender Bedeutung. In DIN 4095 werden drei Beanspruchungsgruppen unterschieden: gering, mittel, groß. Die Eingruppierung in eine der Beanspruchungsgruppen richtet sich nach dem anstehenden Boden und dem anfallenden Oberflächenwasser (z.B. aus Niederschlägen). Die Abflussspende nach DIN 4095 ist in den Tabellen 5.9, 5.10 und 5.11 angegeben.

Tabelle 5.9: Abflussspende vor Wänden nach DIN 4095

Bereich	Bodenart und Bodenwasser Beispiel	Abflussspende q' in $l/(s \cdot m)$
gering	sehr schwach durchlässige Böden[*] ohne Stauwasser kein Oberflächenwasser	unter 0,05
mittel	schwach durchlässige Böden[*] mit Sickerwasser kein Oberflächenwasser	von 0,05 bis 0,10
groß	Böden mit Schichtwasser oder Stauwasser wenig Oberflächenwasser	über 0,10 bis 0,30
[*] Siehe DIN 18130 Teil 1		

Tabelle 5.10: Abflussspende auf Decken nach DIN 4095

Bereich	Überdeckung Beispiel	Abflussspende q' in l/(s · m^2)
gering	unverbesserte Vegetationsschichten (Böden)	unter 0,01
mittel	verbesserte Vegetationsschichten (Böden)	von 0,01 bis 0,02
groß	bekieste Flächen	über 0,02 bis 0,03

Tabelle 5.11: Abflussspende unter Bodenplatten nach DIN 4095

Bereich	Bodenart Beispiel	Abflussspende q' in l/(s · m^2)
gering	sehr schwach durchlässige Böden *)	unter 0,001
mittel	schwach durchlässige Böden *)	von 0,001 bis 0,005
groß	durchlässige Böden *) wenig Oberflächenwasser	über 0,005 bis 0,010
*) Siehe DIN 18130 Teil 1		

Mit den aufgeführten Werten für die Abflussspende kann die Dränanlage entsprechend dem Beispiel auf Seite 103 (Abschnitt 5.3.2) bemessen werden. Für die Verwendung von Produkten der Firma Fränkische Rohrwerke kann ein EDV-Programm verwendet werden, das die erforderlichen Durchmesser des Ringdräns sowie deren Lage zum Gebäude ausweist; weiterhin wird mit dem Programm die Ausschreibung einschließlich Massenauszug erstellt [5.7].

5.4 Abdichtung gegen nichtdrückendes Wasser

5.4.1 Beanspruchung der Abdichtung

Die Abdichtung soll gegen nichtdrückendes Wasser (Niederschlags-, Sicker- und Brauchwasser) beständig sein: Nichtdrückendes Wasser übt auf die Abdichtung keinen oder nur einen geringfügigen, zeitlich begrenzten hydrostatischen Druck aus.

Nach der Größe der auf die Abdichtung einwirkenden Beanspruchungen werden „mäßig" oder „hoch beanspruchte" Abdichtungen unterschieden. Mäßig beanspruchte Abdichtungen sind nach DIN 18195-5 durch folgende Randbedingungen gekennzeichnet:
- Die auf die Abdichtung einwirkenden Verkehrslasten sind ruhend (siehe DIN 1055-3).
- Die Wasserbeanspruchung ist gering und wirkt nicht ständig (d.h. Gefälle).

Beispiele für mäßig beanspruchte Abdichtungen nach DIN 18195-5 sind u.a.:
- Balkone und ähnliche Flächen im Wohnungsbau.

- Unmittelbar spritzwasserbelastete Fußboden- und Wandflächen in Nassräumen des Wohnungsbaus, soweit sie nicht durch andere Maßnahmen – deren Eignung nachzuweisen ist – hinreichend gegen eindringende Feuchtigkeit geschützt sind.

Bei häuslichen Bädern ohne Bodeneinlauf, die nicht zu den Nassräumen nach DIN 18195-5 zählen, kann nach DIN 18195 eine Abdichtung entfallen (siehe Abschnitt 3.7). Wenn jedoch im Bereich von Wohnungsbädern ohne Bodeneinlauf die Umfassungsbauteile aus feuchtigkeitsempfindlichen Materialien bestehen (z.B. aus Holz, Holzwerkstoffen, zementgebundenen Holzwerkstoffplatten, Gips o.ä.), muss der Schutz gegen Feuchtigkeit bei der Planung besonders beachtet werden (z.B. Merkblatt des Fachverbandes des deuschen Fliesengewerbes).

Zu den hoch beanspruchten Flächen zählen u.a.:
- Dachterrassen, intensiv begrünte Flächen, Parkdecks, Hofkellerdecken und Durchfahrten, erdüberschüttete Decken
- durch Brauch- oder Reingungswasser stark beanspruchte Fußboden- und Wandflächen in Nassräumen, wie z.B. Umgänge in Schwimmbädern, öffentliche Duschen, gewerbliche Küchen u.ä.

Die Ausführungen in DIN 18195-5 gelten nicht für die Abdichtung von nichtgenutzten und von extensiv begrünten Dachflächen; hier gilt DIN 18531 bzw. die Flachdachrichtlinie.

5.4.2 Bauliche Erfordernisse für Abdichtungen gegen nichtdrückendes Wasser

- Die Abdichtungen sind mit Gefälle auszuführen ($i \geq 1{,}5\ \%$), damit sich das Wasser auf ihnen nicht staut. Sofern erforderlich, ist eine Dränage auf den Decken anzuordnen.
- Bei Bewegungen des Baukörpers (Schwinden, Bewegungen aus Temperaturänderungen, Setzungen) darf die Abdichtung nicht ihre Schutzfunktion verlieren. Die Größe der zu erwartenden Bewegungen sind z.B. der statischen Berechnung zu entnehmen und mit der von der Abdichtung aufnehmbaren Verformung zu vergleichen.
- Risse im Bauwerk dürfen zum Zeitpunkt ihres Auftretens nicht breiter als 0,5 mm sein und sich nicht weiter als 2,0 mm breit öffnen (für Bitumendickbeschichtungen 1,0 mm). Der Versatz der Risskanten in der Ebene darf nicht größer als 1 mm sein (für Bitumendickbeschichtungen 0,5 mm).
- Werden die genannten Rissabmessungen überschritten, so ist durch konstruktive Maßnahmen (mehr Bewehrung, engere Fugenteilung, Wärmedämmung) den entstehenden Bauwerksbewegungen entgegen zu wirken.
- Die Abdichtung darf nur senkrecht zur Fläche beansprucht werden. Abdichtungen in den Schrägen sind durch Widerlager, Anker o.ä. am Gleiten zu hindern (vgl. z.B. Bild 5.6).
- Dämmschichten, auf die die Abdichtungen aufgebracht werden, müssen für die jeweilige Nutzung geeignet sein. In den Dämmstoffnormen werden in der Regel keine Anforderungen an die Druckfestigkeit gestellt; es werden Mindestwerte der Druckspannung festgelegt, die eine Stauchung von 10 %, bezogen auf die ursprüngliche Dicke des Dämmaterials, verursachen (vgl. z.B. Tabelle 5.12). Für zähelastische Dämmstoffe sind diese Grenzwerte zu hoch; es ist mit etwa um die Hälfte verringerten Spannungen zu rechnen. Bei den sprödharten Dämmstoffen rechnet man bei der Bemessung mit einer Sicherheit γ gegen Bruch ($\gamma = 2{,}5$ bis 3; $\gamma = 3$ bei langeinwirkenden Lasten).

- Die Temperaturempfindlichkeit der Kunstharzschäume ist bei der Verarbeitung bituminöser Abdichtungen zu beachten. Bei der Verwendung von Kunststoffabdichtungen sind mögliche Weichmacherwanderungen zwischen Kunstharzschäumen und Abdichtungsbahnen zu berücksichtigen (Anordnung von Trennlagen).
- Decken aus großformatigen Einzelelementen für Parkdächer oder vergleichbar genutzte Flächen, z.B. aus Beton-Fertigteilplatten, müssen zur Stabilisierung mit einem bewehrten, am Ort hergestellten Aufbeton oder mit anderen Maßnahmen zur Querkraftübertragung versehen sein, um unterschiedliche Durchbiegungen der Einzelelemente sowohl an ihren Längskanten als auch an den Auflagerfugen zu vermeiden (Bild 5.52).
- Die Abdichtung muss hohlraumfrei zwischen den festen Bauteilen des Gebäudes angeordnet werden, damit sie nicht „abfließt" bzw. bei geringfügigen Beanspruchungen nicht durch den Wasserdruck zerstört wird (Bild 5.53).
- Entwässerungseinläufe, die die Abdichtung durchdringen, müssen sowohl die Oberfläche des Bauwerks als auch die Abdichtungsebene entwässern (z.B. bei Dachterrassen mit Gehwegplatten über der Abdichtung o.ä.) – siehe Bild 5.54.

Tabelle 5.12: Mindestwerte für die Druckspannung bei 10 % Stauchung für Anwendungstypen genormter Dämmstoffe

Dämmstoff	nach DIN	Typ-Kurzzeichen	$\sigma_{D,10\%}$ in N/mm²
Kork	18161-1	WD	0,10
Kork	18161-1	WDS	0,20
Schaumkunststoff	18164-1	W[1]	0,10
Schaumkunststoff	18164-1	WD	0,10
Schaumkunststoff	18164-1	WS	0,15
Schaumglas	18174	WDS	0,50[2]
Schaumglas	18174	WDH	0,70[2]

[1] Gilt nicht für Polystyrol-Partikelschaum
[2] Bruchspannung

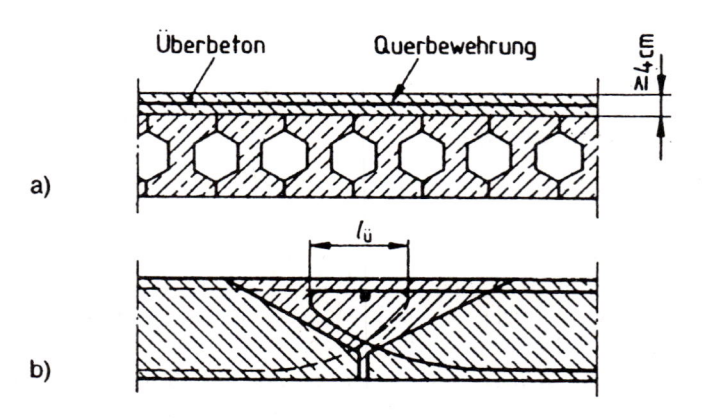

Bild 5.52: Querkraftübertragung im Bereich von vorgefertigten Stahlbeton-Fertigteilplatten nach DIN 1045

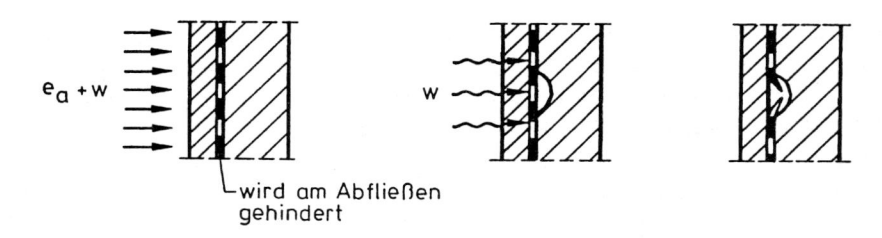

5.4 Abdichtung gegen nichtdrückendes Wasser   113

Bild 5.53: Gefahr der Beschädigung von Abdichtungen über Hohlstellen im Tragwerk

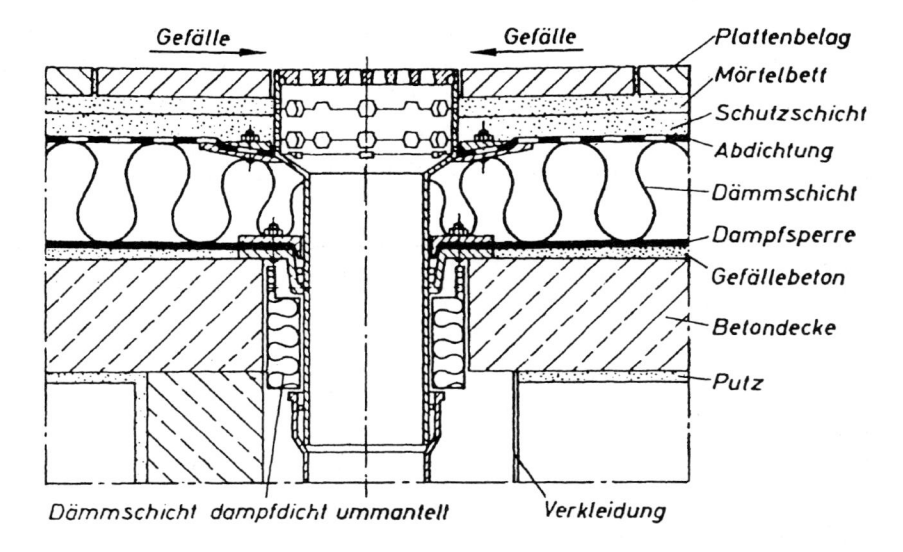

Bild 5.54: Entwässerungseinlauf an einem Terrassenaufbau

5.4.3 Materialwahl

Mäßig beanspruchte Abdichtung

Als Abdichtungsmaterialien können nach DIN 18195-5 z.B. verwendet werden (vgl. auch Abschnitt 9):

– 1 Lage Bitumen- oder Polymerbitumenbahn oder Bitumen-Schweißbahn mit Gewebe, Polyestervlies- oder Metallbandeinlage. Die Bahnen sind im Bürstenstreich-, Gieß- oder im Flämmverfahren, Schweißbahnen jedoch vorzugsweise im Schweißverfahren ohne zusätzliche Verwendung von Klebemasse einzubauen.

– Falls erforderlich, ist auf dem Untergrund ein Voranstrich aufzubringen. Bitumen-Dachdichtungsbahnen mit Gewebeeinlage müssen mit einem Deckaufstrich versehen werden.

– Die Mindesteinbaumengen für Klebeschichten und Deckaufstriche in Tabelle 5.13 müssen eingehalten werden.

Tabelle 5.13: Einbaumengen für Klebeschichten und Deckaufstriche nach DIN 18195-5

Art der Klebe- und Deckaufstrichmasse	Auftrag der Klebeschichten im			Deckaufstrich
	Bürstenstreich- oder Flämmverfahren	Gießverfahren	Gieß- und Einwalzverfahren	
	Einbaumengen mindestens in kg/m²			
Bitumen, ungefüllt	1,5	1,3	–	1,5
Bitumen, gefüllt ($\gamma = 1,5$)[*)]	–	–	2,5	–
[*)] γ = Dichte				

- 1 Lage kaltselbstklebende Bitumen-Dichtungsbahnen (KSK) auf HDPE-Trägerfolie. Der Untergrund ist mit einem kaltflüssigen Voranstrich zu versehen. Die Bahnen sind punktweise oder vollflächig verklebt aufzubringen. Die Überdeckungen müssen vollflächig verklebt werden.
- 1 Lage Kunststoff-Dichtungsbahnen aus PIB oder ECB, d = 1,5 mm, die mit Klebemasse im Bürstenstreich- oder im Flämmverfahren aufzubringen sind. Kunststoff-Dichtungsbahnen, die unterseitig mit Kunststoffvlies kaschiert sind, dürfen auch lose verlegt werden.
- Auf der Abdichtung ist eine Trennlage mit ausreichender Überdeckung an den Bahnrändern, z.B. aus lose verlegter Polyethylenfolie, oder eine Trenn- und Schutzlage aus nackten Bitumenbahnen mit Klebe- und Deckaufstrich vorzusehen.
- 1 Lage Kunststoff-Dichtungsbahnen aus EVA und PVC-P, d = 1,2 mm, die lose zu verlegen oder mit einem geeigneten Klebstoff – bei bitumenverträglichen Kunststoff-Dichtungsbahnen auch mit Klebemasse – mit ausreichender Überdeckung aufzubringen ist. Auf der Abdichtung ist eine Schutzlage vorzusehen. Bei Abdichtungen aus Kunststoff-Dichtungsbahnen aus PVC-P darf die Schutzlage auch aus einer Kunststoff-Dichtungsbahn aus PVC-P, halbhart, mit einer Dicke von mindestens 1 mm bestehen.
- 1 Lage Elastomer-Bahnen, d = 1,2 mm, die lose zu verlegen oder mit Klebemasse oder einem Kaltklebstoff aufzubringen sind. Auf die Abdichtung ist eine Schutzlage aus geeigneten Bahnen, z.B. mindestens 300 g/m² schweres Vlies vorzusehen.
- 1 Lage Elastomer-Dichtungsbahnen mit Selbstklebeschicht auf einem kaltflüssigen Voranstrich. Die Überlappungen sind je nach Werkstoffart mit Quellschweißmittel oder Warmgas zu verschweißen.
- 2 Lagen Aspaltmastix mit Schutzschicht nach DIN 18195-10. Die Art der Abdichtung darf nur auf waagerechten oder schwach geneigten Flächen angewendet werden. Zwischen der Abdichtung und dem Untergrund ist eine Trennlage, z.B. aus Rohglasvlies, vorzusehen. Die Abdichtung muss insgesamt im Mittel 15 mm, darf jedoch an keiner Stelle unter 12 mm oder über 20 mm dick sein.
- Eine Schutzschicht aus Gussasphalt muss eine Nenndicke von 25 mm aufweisen.
- Anschlüsse, Abschlüsse, Anschlüsse an Durchdringungen und Übergänge sind mit Bitumen- oder Polymerbitumenbahnen herzustellen, die für die Kombination mit Asphalt – insbesondere im Hinblick auf die Verarbeitungstemperatur – geeignet sind. Die Anschluss-

5.4 Abdichtung gegen nichtdrückendes Wasser

bahnen müssen mindestens 300 mm tief in die Mastixschicht einbinden und an aufgehenden Bauteilen und Aufkantungen gegen Beschädigung geschützt sein.
- Kunststoffmodifizierte Bitumendickbeschichtungen sind in zwei Arbeitsgängen aufzubringen. Vor dem Auftrag der zweiten Abdichtungsschicht muss die erste Abdichtungsschicht soweit getrocknet sein, dass sie durch den darauf folgenden Auftrag nicht beschädigt wird. Die Trockenschichtdicke muss mindestens 3 mm betragen. An Kehlen und Kanten sind Gewebeverstärkungen einzubauen, die auch auf horizontalen Flächen verwendet werden sollten, um die Mindestschichtdicke sicherzustellen.
- Das Aufbringen der Schutzschichten darf erst nach ausreichender Trocknung der Abdichtung erfolgen.

Hochbeanspruchte Abdichtung

Als Abdichtungsmaterialien können nach DIN 18195-5 beispielsweise verwendet werden:
- 3 Lagen nackte Bitumenbahn, die mit Klebemasse untereinander zu verbinden und mit einem Deckaufstrich zu versehen sind. Sie dürfen nur dort angewendet werden, wo eine Einpressung der Abdichtung mit einem Flächendruck von mindestens 0,01 MN/m^2 sichergestellt ist.
Die Unterseiten der Bitumenbahnen der ersten Lage sind vollflächig mit Klebemasse zu versehen. Falls erforderlich, ist auf dem Untergrund ein Voranstrich aufzubringen. Die Klebemassen sind im Bürstenstreich-, im Gieß- oder im Gieß- und Einwalzverfahren aufzubringen.
Werden die Bahnen im Gieß- und Einwalzverfahren eingebaut, ist für die Klebeschichten gefülltes Bitumen in einer Menge von mindestens 2,5 kg/m^2 zu verwenden.
- 2 Lagen Bitumen- bzw. Polymerbitumenbahnen mit Gewebe-, Polyestervlies- oder Metallbandeinlage. Für Abdichtungen auf genutzten Dachflächen (z.B. begehbare oder bepflanzbare Flächen) ist die obere Lage aus einer Polymerbitumenbahn herzustellen. Beträgt das Gefälle der Abdichtungsunterlage unter 2 %, sind mindestens 2 Lagen Polymerbitumenbahnen zu verwenden.
- Die Bahnen sind mit Klebemasse im Bürstenstreich-, im Gieß- oder im Flämmverfahren, Schweißbahnen jedoch vorzugsweise im Schweißverfahren ohne zusätzliche Verwendung von Klebemasse einzubauen. Falls erforderlich, ist auf dem Untergrund ein Voranstrich aufzubringen. Obere Lagen aus Bitumen-Dichtungs- und Dachdichtungsbahnen müssen mit einem Deckaufstrich versehen werden.
- 1 Lage Kunststoff-Dichtungsbahnen aus PIB oder ECB, bei PIB d = 1,5 mm, bei ECB d = 2,0 mm dick. Bei loser Verlegung ist die Abdichtung zwischen zwei Schutzlagen einzubauen. Bei verklebter Verlegung werden Kunststoff-Dichtungsbahnen aus PIB und ECB mit Bitumen auf einer unteren Lage aus Bitumenbahn aufgeklebt. Die Kunststoff-Dichtungsbahnen werden im Bürstenstreich- oder im Flämmverfahren aufgeklebt.
- 1 Lage Kunststoff- oder Elastomer-Dichtungsbahnen aus EVA, PVC-P oder Elastomeren mit einer Dicke von mindestens 1,5 mm.
- Bei loser Verlegung ist die Abdichtungslage zwischen zwei Schutzlagen einzubauen. Bei verklebter Verlegung werden bitumenverträgliche Kunststoff- oder Elastomer-Dichtungsbahnen mit Bitumen auf einer unteren Lage aufgeklebt. Die Kunststoff-Dichtungsbahnen werden im Bürstenstreich- oder im Flämmverfahren aufgeklebt.
- 1 Lage kalottengeriffelter Metallbänder aus Kupfer oder Edelstahl und eine Schutzlage aus Glasvlies-Bitumenbahnen oder nackter Bitumenbahn.

- 1 Lage kalottengeriffelter Metallbänder aus Kupfer oder Edelstahl mit einer darauf im Verbund angeordneten Schicht aus Gussaspalt. Die Metallbänder sind mit Klebemasse aus gefülltem Bitumen im Gieß- und Einwalzverfahren einzubauen.
- Die Schicht aus Gussasphalt muss eine Nenndicke von 25 mm aufweisen.
- Im Bereich von Anschlüssen an Durchdringungen und Einbauten, von aufgehenden Bauteilen und Aufkantungen ist die Abdichtung aus Bahnen mehrlagig, gegebenenfalls mit Zulagen, auszuführen. Hierbei sollte die obere Lage nicht aus Metallbändern bestehen. Die Anschlüsse an aufgehende Bauteile und an Aufkantungen sind gegen mechanische Beschädigung und unmittelbare Sonneneinstrahlung zu schützen.
- 1 Lage Bitumen-Schweißbahn mit einer darauf im Verbund angeordneten Schicht aus Gussasphalt.
- Die Schicht aus Gussasphalt muss eine Nenndicke von 25 mm aufweisen.
- Der Untergrund ist mit lösemittelfreiem Epoxidharz zu grundieren oder zu versiegeln. Bei Abdichtungen in Gebäuden, von erdüberschütteten Decken und ähnlich temperaturgeschützten Flächen kann der Untergrund statt dessen mit einem Bitumen-Voranstrich behandelt werden.
- Im Bereich von Anschlüssen an Durchdringen und Einbauten, aufgehenden Bauteilen, Aufkantungen und Abschlüssen ist die Abdichtung mehrlagig, gegebenenfalls mit Zulagen unter Verwendung von Bitumenbahnen oder Polymerbitumenbahnen herzustellen. Die Anschlüsse an aufgehende Bauteile und Aufkantungen sind gegen Beschädigung zu schützen.
- 1 Lage Asphaltmastix mit einer darauf im Verbund angeordneten Schicht aus Gussasphalt. Die Lage Asphaltmastix muss im Mittel 10 mm, darf jedoch an keiner Stelle weniger als 7 mm oder mehr als 15 mm dick sein. Die Schicht aus Gussasphalt muss eine Nenndicke von 25 mm aufweisen. Zwischen der Abdichtung und dem Untergrund ist eine Trennlage, z.B. aus Rohglasvlies, vorzusehen.

5.4.4 Konstruktionsbeispiele

Parkdeck

Die prinzipiellen Aufbauten von Parkdecks sind in den Bildern 5.55 und 5.56 dargestellt. Bei einer Abdichtung nach Bild 5.55 mit einer Pflasterung als Fahrbahnbelag darf das Kiesbett nicht mit Zement verfestigt werden, da der Niederschlag den freien Kalk des Zements löst und es zu Kalkausscheidungen in den Entwässerungsleitungen kommen kann. Die Höhe der Steine sollte mindestens 10 cm betragen, um Verkantungen, Fahrrillen u.ä. zu vermeiden. Zur Lagesicherung der Steine sind diese in Feldern durch Betonbalken zu umfassen.

Das kritische Detail des Anschlusses einer Tiefgarage an ein Gebäude ist in Bild 5.57 dargestellt. Bei dieser Trennung der Gebäudeteile durch eine Setzungsfuge wird die Abdichtung durch die Setzungen nicht beansprucht.

Bild 5.58 zeigt die Ausbildung eines Schrammbordes als Schutz der Abdichtung (z.B. im Bereich von Hofdurchfahren).

5.4 Abdichtung gegen nichtdrückendes Wasser

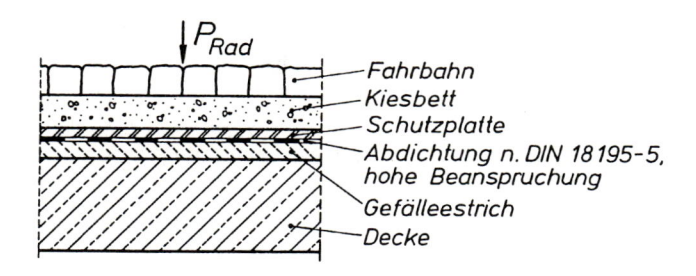

Bild 5.55: Parkdeckabdichtung ohne Wärmedämmung

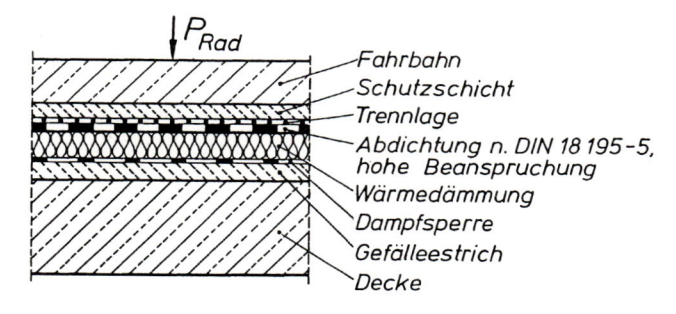

Bild 5.56: Parkdeckabdichtung mit Wärmedämmung

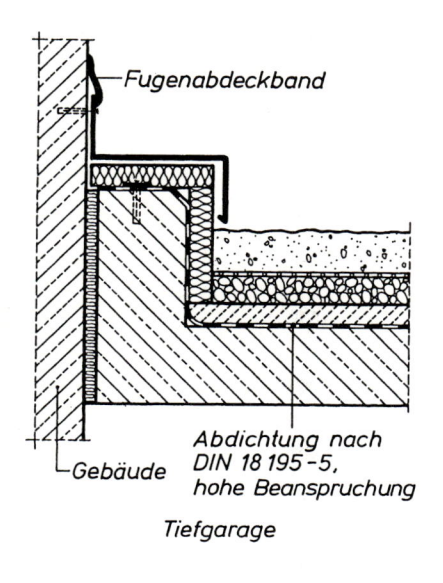

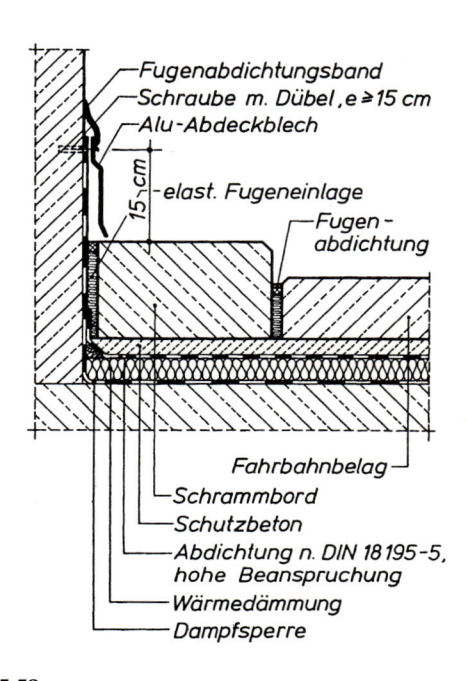

Bild 5.57:
Fugenabdichtung zwischen Tiefgarage und angrenzendem Gebäude

Bild 5.58:
Schrammbord als Schutz der Abdichtung

Im Bereich von Gefällestrecken werden die in Richtung der Abdichtung wirkenden Kräfte am zweckmäßigsten durch Telleranker aufgenommen (Bild 5.59).

Ein solcher besteht aus einem Festflansch, der an dem Bolzen wasserdicht angeschweißt ist; auf dem Festflansch wird die Abdichtung aufgeklebt, die mit dem Losflansch gegen den Festflansch gepresst wird. Der Bolzen überträgt die Kraft vom Fahrbahnbelag – einschließlich der Beschleunigungskräfte anfahrender oder bremsender Kraftfahrzeuge – in die Unterkonstruktion; die Bemessung des Bolzens kann unter Verwendung von Bild 5.60 erfolgen.

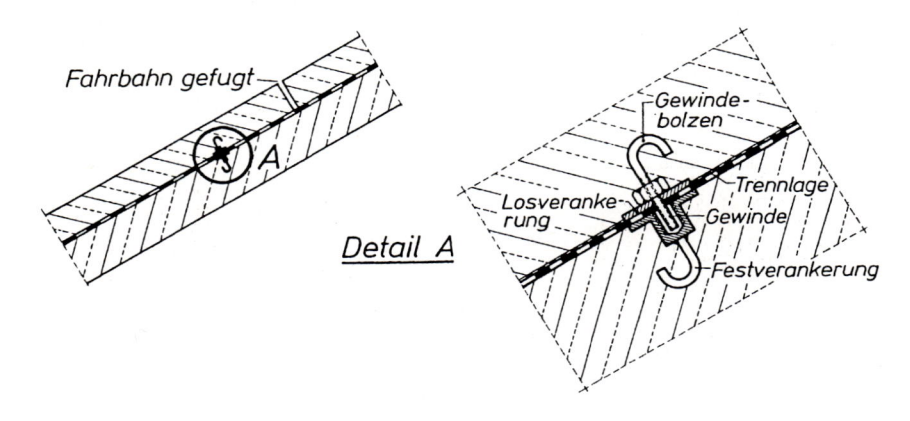

Bild 5.59: Abdichtung von Rampen mit Tellerankern

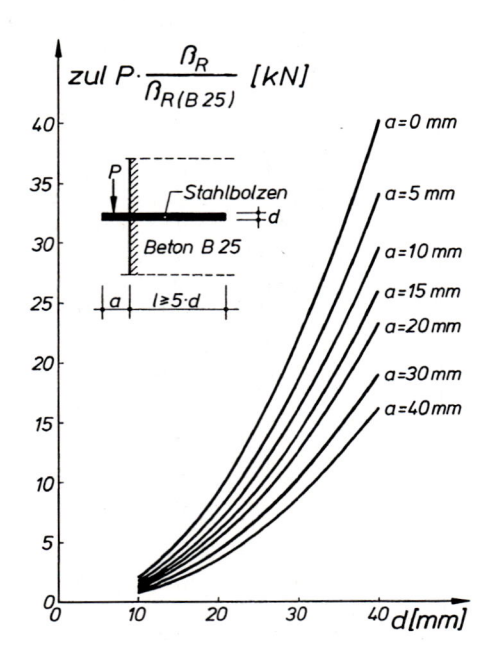

Bild 5.60: Tragfähigkeit von Bolzen unter dem Einwirken einer Querkraft

5.4 Abdichtung gegen nichtdrückendes Wasser

Nassräume (hoch beansprucht)

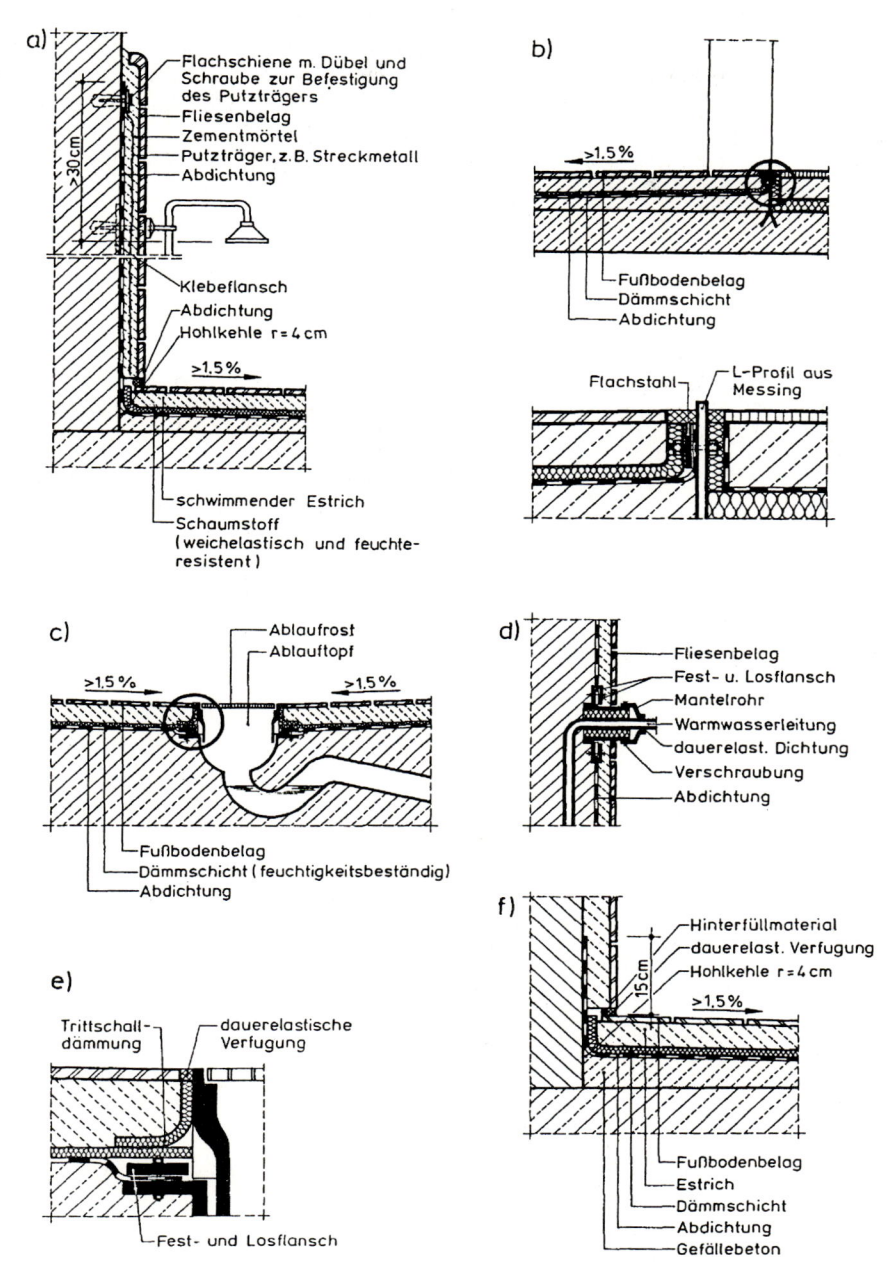

Bild 5.61: Abdichtung in hochbeanspruchten Nassräumen nach DIN 18195-5
    a) Abdichtung im Duschbereich
    b) Abdichtung im Türbereich
    c) Entwässerungseinlauf
    d) Rohrdurchdringung
    e) Trittschalldämmung am Entwässerungseinlauf
    f) Aufkantung der Abdichtung

Die Abdichtung von Nassräumen – wie z.B. Umgänge in Schwimmbädern, öffentliche Duschen, gewerbliche Küchen u.ä. – ist nach DIN 18195-5 gegen hohe Beanspruchungen auszuführen. – Die Abdichtung an den Wandflächen im Bereich der Duschen ist mindestens 30 cm über die oberste Wasserentnahmestelle hoch zuführen. In Bild 5.61 sind einige Details der Abdichtung dargestellt. Auf die Schwierigkeit des Anschlusses im Türbereich sei hingewiesen. Wenn aber diese Abdichtung nicht oder fehlerhaft ausgeführt wird, kann es dazu kommen, dass das anfallende Wasser aus dem Nassbereich in den Bereich fließt, der planmäßig nicht durch Wasser beansprucht wird und dort Schäden hervorruft.

Nach DIN 18195 zählen **Badezimmer in Wohnungen** nicht zu den Nassräumen und brauchen nicht abgedichtet zu werden. Sind die Umfassungsflächen in einem Wohnungsbadezimmer aber feuchtigkeitsempfindlich (z.B. Holz, Holzwerkstoffe, zementgebundene Holzwerkstoffe, Gips – auch Anhydritestrich), so ist eine Abdichtung nach DIN 18195-5 – mäßige Beanspruchung – vorzusehen.

Die Abdichtung kann aber auch z.B. entsprechend dem Merkblatt des Fachverbandes des deutschen Fliesengewerbes [5.11] ausgeführt werden, wodurch gegenüber Abdichtungen nach DIN 18195 zusätzliche Schutzschichten entfallen können. Details der Abdichtungsausführung sind in den Bildern 5.62 und 5.63 dargestellt.

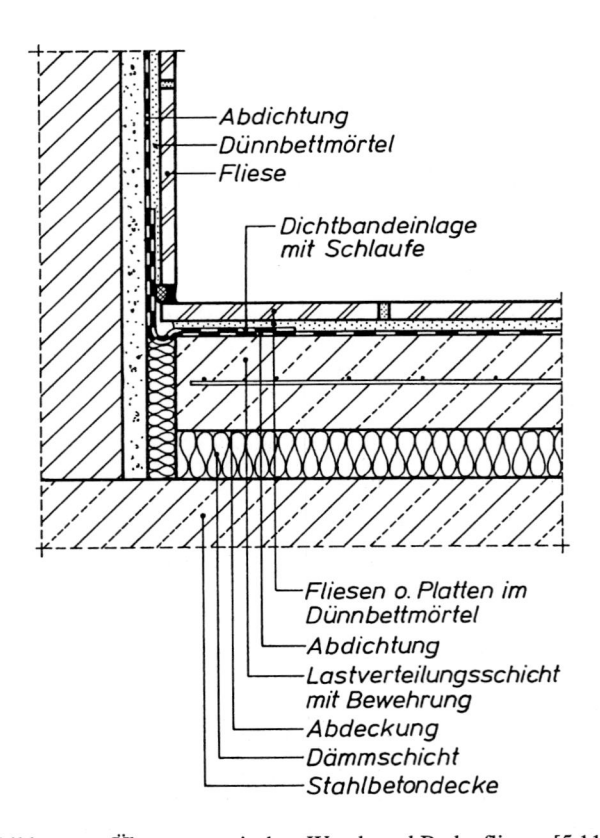

Bild 5.62: Fugenausbildung am Übergang zwischen Wand- und Bodenfliesen [5.11]

5.5 Abdichtung gegen drückendes Wasser

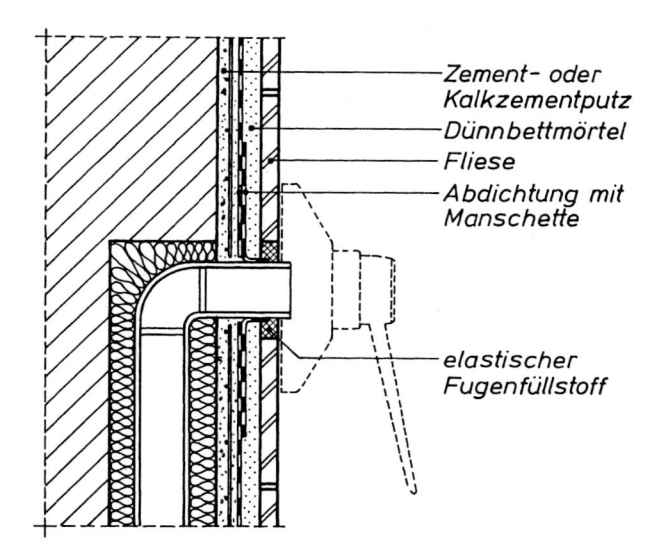

Bild 5.63: Eindichtung von Wasserrohren [5.11]

5.5 Abdichtung gegen drückendes Wasser

5.5.1 Abdichtungsprinzipien

Wasserdruckhaltende Abdichtungen müssen Bauwerke gegen von außen bzw. gegen von innen drückendes Wasser schützen und gegen natürliche oder durch Lösungen aus der Umgebung entstandene Aggressivität im Wasser unempfindlich sein. Nach der Art und Lage der Abdichtung werden unterschieden:
– Außenhautabdichtungen (Regelfall) – siehe Bild 5.64
– Innenhautabdichtungen bei Behältern bzw. für Sanierungen – siehe Bild 5.65
– Wasserundurchlässige Bauteile/Bauwerke (Regelfall) – siehe Abschnitt 6

Lange Zeit war für das Herstellen nachgiebiger Bauwerksabdichtungen gegen alle Arten von Wasser nur das bituminöse Verfahren mit nackten Bitumenbahnen bekannt. Hierfür sind die nachfolgend aufgeführten Grundregeln aufgestellt worden. Sie nennen in kürzester Form alle Voraussetzungen, die beim Anordnen und Einbauen dieser Abdichtung erfüllt sein müssen, damit ihre dauernde Wirksamkeit gewährleistet ist.

Trotz der inzwischen erfolgten Weiterentwicklung der Abdichtungstechnik hat die Klebeabdichtung mit nackten Bitumenbahnen nicht an Bedeutung verloren. Sie stellt auch heute noch, insbesondere gegen von außen drückendes Wasser, das am meisten angewendete Abdichtungsverfahren dar. Deshalb werden die Grundregeln zunächst in ihrer ursprünglichen Form mit den Eigenschaften der bituminösen Klebemassen und nackten Bitumenbahnen begründet.

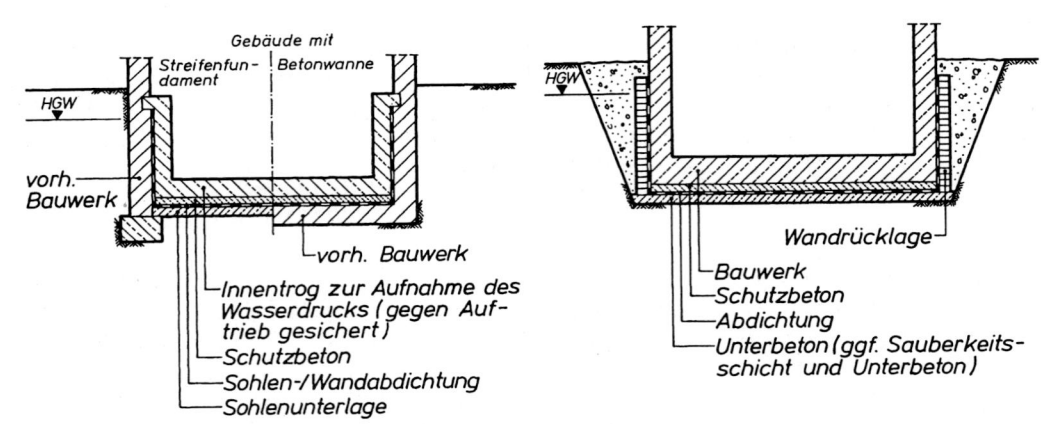

Bild 5.64: Außenhautabdichtung, Regelfall für Neubauten

Bild 5.65: Innenhautabdichtung, Regelfall für Behälterabdichtungen und nachträgliche Abdichtungen in Gebäuden

1. Grundregel: Umschließen der Abdichtung

Die Fließfähigkeit der bituminösen Klebemassen wird durch zwei Umstände bewirkt bzw. erhöht: Durch äußeren Kraftangriff und durch Erwärmung. Je nach der Lage der Abdichtung am oder im Bauwerk und den im Einzelfall vorliegenden Verhältnissen wird die eine oder die andere Ursache mehr in den Vordergrund treten.

Z.B. können bei einer abgedichteten Brückenfahrbahn Temperaturschwankungen einen bedeutend größeren Einfluss auf die Abdichtung ausüben als bei einer wasserdruckhaltenden Abdichtung, die im Gründungsraum des Bauwerks der fast gleich bleibenden Temperatur des Grundwassers ausgesetzt ist. Andererseits wird bei der letzteren die ständige Last in wesentlich höherem Maße die Verformungseigenschaften des Bitumens beeinflussen, als dies durch Aufbeton und Fahrbahnbelag bei der Brücke der Fall ist. Die Beanspruchung durch Verkehrslasten wiederum, die durch starken Wechsel und schnelle Bewegungen gekennzeichnet ist, tritt bei Abdichtungen der Fahrbahntafel mehr in Erscheinung als bei Grundwasserabdichtungen.

Für die Wahl der Einlagen (nackte Bahnen, Metallbänder, Dichtungsbahnen) ist in erster Linie der Lastangriff, insbesondere das Verhältnis der ständigen Last zur Verkehrslast bestimmend, für die Wahl der Klebemassen dagegen die zu erwartende Temperaturbeanspruchung. In jedem Fall wird die Wahl so getroffen, dass die Fließeigenschaften der bituminösen Massen in einem Maße erhalten bleiben, die die Verformungsfähigkeit der fertigen Abdichtung sicherstellt. So wichtig diese Fließeigenschaften sind, so schädlich können sie sich auf den Bestand der Abdichtung auswirken. Es kann z.B. die Abdichtung von einer senkrechten Wand abrutschen, wenn dem nicht durch besondere Maßnahmen entgegengewirkt wird (Bild 5.8).

Daher bestimmt die 1. Grundregel:

Die Abdichtung muss allseitig von Massivbauteilen hohlraumfrei umschlossen sein (Einbettung der Abdichtung).

Tatsächlich steht dieser Regel aber entgegen, dass in einem großen Ausmaß Schwimmbecken und andere Behälterbauwerke mit Kunststoff- oder Schweißbahnen abgedichtet wurden, ohne dass die fertige Abdichtung mit Massivbauteilen bedeckt wurde. Diese Sonderfälle sollten jedoch nicht verallgemeinert werden.

5.5 Abdichtung gegen drückendes Wasser

Da im einschlägigen Schrifttum die Unabdingbarkeit der 1. Grundregel immer wieder hervorgehoben wird, obgleich z.B. bei Kunststoffen innerhalb des recht weiten Temperaturanwendungsbereichs keine Fließvorgänge stattfinden, gilt diese Regel uneingeschränkt für alle Abdichtungsverfahren mit Bitumen- oder Kunststoffbahnen. Als einzige Ausnahme gilt die beim Hamburger U-Bahnbau entwickelte so genannte bituminöse Schutzschicht.

2. Grundregel: Reibungslosigkeit

Parallel zur Abdichtung gerichtete Kräfte rufen Gleitbewegungen hervor. Wenn es sich dabei um zeitlich begrenzte Vorgänge und räumlich geringe Bewegungen handelt, die ein Aufhören der Beanspruchung zur Folge haben, tritt der Hauptvorzug der bituminösen Klebeabdichtung, nämlich ihre Verformungsfähigkeit, in Erscheinung. Jedoch ist die Abdichtung nicht in der Lage, durch Reibung dauernd Kräfte zu übertragen, die zu ihrer Ebene parallel gerichtet sind. Sie muss praktisch als reibungslos angesehen werden (vgl. auch DIN 18195).

Bild 5.66 zeigt eine sehr häufig vorkommende Abdichtungsanordnung. Die Abdichtung wirkt wegen ihrer anzunehmenden Reibungslosigkeit wie ein bewegliches Auflager (Rollenlager). Der Anteil der in der Schrägen zwischen A und B wirkenden Lasten (vgl. Bild 5.66a) wird in die Komponenten senkrecht zur Abdichtung ($G \cdot \cos \alpha$) und parallel zur Abdichtung ($G \cdot \sin \alpha$) zerlegt. Die parallel zur Abdichtung gerichtete Kraft $G \cdot \sin \alpha$ muss von den Massivbauteilen rechts vom Punkt B aufgenommen werden. Dazu wird die Kraft in eine senkrechte und horizontale Komponente zerlegt. Die Vertikalkraft $V = G \cdot \sin^2 \alpha$ wird vom waagerechten Teil der Sohle rechts von B aufgenommen. Der waagerechte Schub $H = G \cdot \sin \alpha \cdot \cos \alpha$ würde ein Gleiten nach rechts verursachen und muss deshalb durch ein festes Widerlager aufgenommen werden.

Es ergibt sich die 2. Grundregel:

Die Abdichtung gilt als reibungslos und vermag ausschließlich rechtwinklig zu ihrer Ebene gerichtete Kräfte zu übertragen.

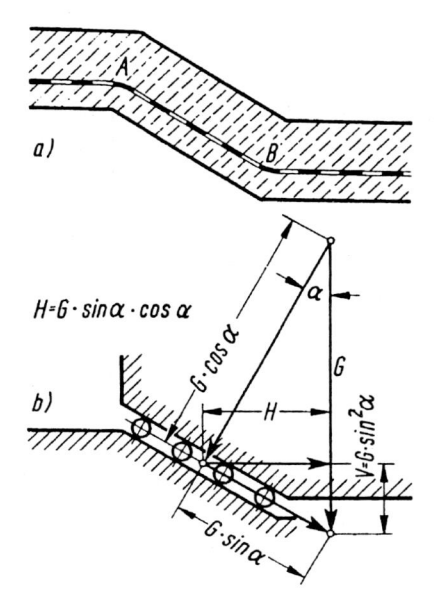

Bild 5.66: Reibungslosigkeit der bituminösen Abdichtung

Obgleich Kunststoffbahnen den parallel zu ihrer Ebene wirkenden Kräften erheblich größere Widerstände entgegensetzen können als Bitumenschichten, muss auch bei ihnen an der 2. Grundregel festgehalten werden, abgesehen davon, dass sie an den Schrägflächen (Bild 5.65) in der Regel mit Bitumen aufgeklebt werden oder sogar mit einer geklebten Bitumenbahn bedeckt sind.

3. Grundregel: Stetige Belastung

Die Fließfähigkeit der bituminösen Massen wirkt sich nicht nur in einem Gleiten bei Kraftangriff parallel zur Abdichtungsebene aus, sondern, allerdings in wesentlich geringerem Maße, auch in einem Ausweichen bei Kraftangriffen rechtwinklig zu ihrer Ebene (Bild 5.67).

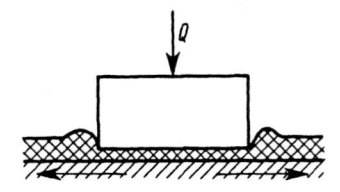

Bild 5.67: Ausweichen der Klebemasse unter einer Last

Dies gilt insbesondere für den Angriff von Einzellasten. Die Erfahrung hat gelehrt, dass ein solches Abwandern der bituminösen Masse aus höher in niedriger belastete Teile der Abdichtung dann nicht mehr stattfindet, wenn die Belastungslinie keinen sprunghaften Wechsel aufweist, sondern eine stetige Kurve bildet (Bild 5.68).

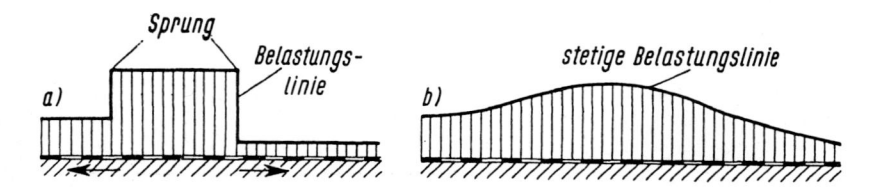

Bild 5.68: Belastungssprünge und stetige Belastung
       a) Sprunghafte Belastungsänderung, z.B. unter Stützen
       b) Stetige Belastungsänderung, z.B. unter Fundamentverdickungen

Das Abwandern der bituminösen Massen muss vermieden werden, weil dabei stets der hochbelastete Teil der Abdichtung abmagern würde. Als Folge davon würden die Verbundwirkung zwischen Einlage und Klebeaufstrich, das Gleitvermögen und damit die Verformbarkeit der Abdichtung aufgehoben werden.

Die 3. Grundregel lautet daher:

Die auf eine Abdichtungsebene wirkende Belastung muss möglichst gleichmäßig, zumindest aber stetig verteilt sein.

5.5 Abdichtung gegen drückendes Wasser

Selbstverständlich kann diese Regel an Unstetigkeitspunkten der Abdichtung, wie z.B. am Übergang von der Sohle zur Wand, nicht befolgt werden. Auch im Bereich von Bauwerksfugen wird die Belastung der Abdichtung beiderseits der Fuge oft verschieden sein. In diesen Fällen sind konstruktive Maßnahmen erforderlich (Bilder 5.69 und 5.70).

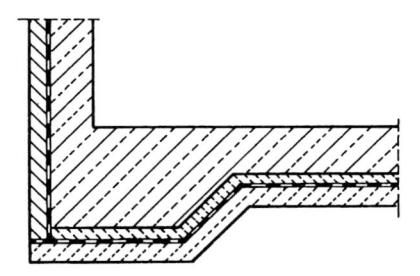

Bild 5.69: Verstärkung am Übergang einer hochbelasteten Wand zur Fundamentplatte

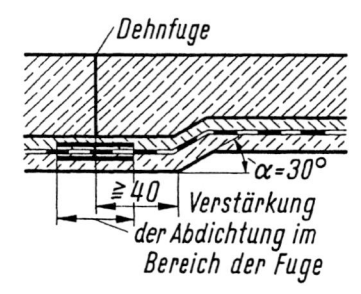

Bild 5.70: Dehnungsfuge im Bereich unterschiedlicher Fundamentplattendicken

Die Gültigkeit der Grundregel hinsichtlich einer stetigen Belastung der Abdichtung wird immer wieder in Zweifel gezogen. An einem Schadensfall soll die Wichtigkeit der Regel deswegen erläutert werden. In Bild 5.71 ist das Ende eines Raumträgers dargestellt, der nach den Bauarbeiten im Erdreich verblieb. Beim Setzen des Bauwerks drang das Trägerende nicht durch den Unterbeton bis an die Abdichtung und zerstörte diese nicht, da ein hinreichender Abstand zwischen Unterbeton und Trägerende vorhanden war. Es wurde vielmehr nach dem Freilegen der Schadensstelle festgestellt, dass die Abdichtung Lage für Lage, offenbar in zeitlichen Abständen, gerissen war, was auf Grund der Spannungskonzentration über dem Trägerende erklärbar ist.

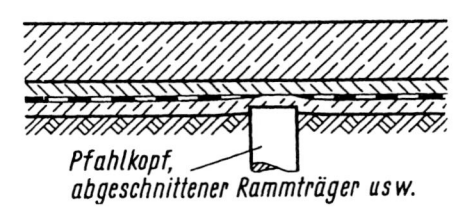

Bild 5.71: Zerstörung der Sohlenabdichtung durch Einzellast beim Setzen des Bauwerks

Bei Abdichtungen aus Kunststoff könnte theoretisch zunächst ein sprunghafter Belastungswechsel zugelassen werden, da Fließvorgänge in wesentlich geringerem Maß im Vergleich zu bituminösen Abdichtungen stattfinden. Doch auch bei Kunststoffabdichtungen sollte man stetige Lastverteilungen z.B. im Bereich von Stützen, Pfählen o.ä. anstreben, da Kunststoffbahnen mit Bitumenbahnen zum Teil bituminös verklebt werden müssen.

4. Grundregel: Rissbildung in der Baukonstruktion

Bei einer Änderung der Größe der auf die Abdichtung wirkenden Kräfte ist eine belastungsbedingte Rissbildung der Baukonstruktion (Durchstanzen) zu vermeiden (vgl. Bild 5.72).

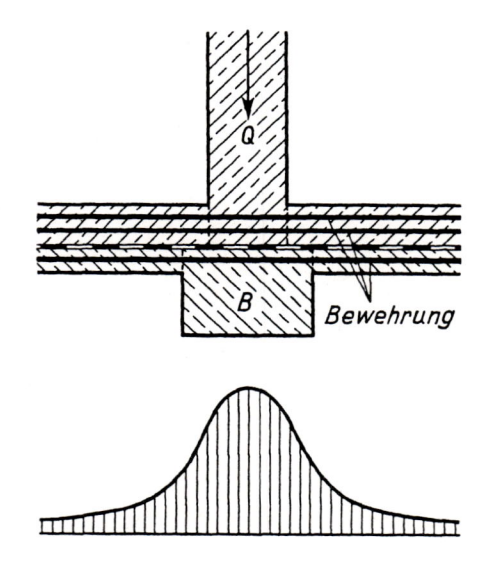

Bild 5.72: Belastungsbedingte Rissbildung der Baukonstruktion

5. Grundregel: Mindesteinpressung

Trotz Beachten aller Vorsichtsmaßregeln und auch bei einwandfreier handwerklicher Ausführung der Abdichtung sind häufig Fäulniserscheinungen in den nackten Bitumenbahnen wasserdruckhaltender Abdichtungen aufgetreten, die zum Unwirksamwerden der Abdichtung in mehr oder weniger großem Ausmaß führten.

Die Ursache liegt darin, dass im Gegensatz zu Metallen organische Folien oder Schichten, also auch Kunststoffbahnen und Bitumenschichten, in geringem Ausmaß wasserdampfdurchlässig sind und dass nackte Bitumenbahnen trotz ihrer bituminösen Tränkung Wasser aufnehmen und unter Aufquellen in Fäulnis übergehen. Diverse Bitumenschichten nehmen nach 100tägiger Wasserlagerung 1 bis 1,2 M % an Wasser auf.

Nach Versuchen, die von den praktischen Erfahrungen bestätigt werden, wird die Wasseraufnahmefähigkeit der nackten Bitumenlagen durch Einpressen zwischen feste Körper so entscheidend herabgemindert, dass sie nicht mehr verrotten. Bild 5.73 zeigt, dass bereits bei einem Druck von 1 N/cm^2 $\triangleq$ 0,01 MN/m^2 fast das Minimum der Wasseraufnahmefähigkeit erreicht wird.

5.5 Abdichtung gegen drückendes Wasser

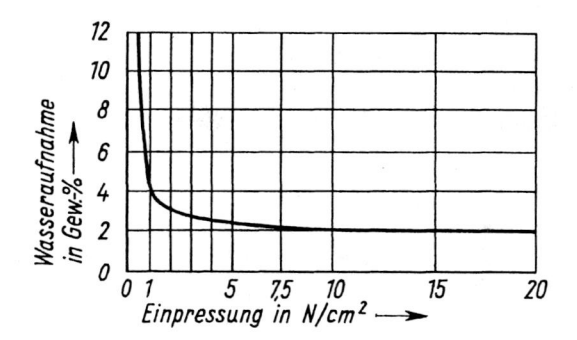

Bild 5.73: Einpressung und Wasseraufnahme (nach Alfeis und Schäfer [5.8])

Für wasserdruckhaltende Abdichtungen mit nackten Bitumenbahnen lautet daher die wichtige 5. Grundregel:

Die wasserdruckhaltende bituminöse Abdichtung muss dauernd mit ausreichend Flächendruck (1 N/cm² als untere Grenze) zwischen festen Bauteilen eingepresst sein.

Bituminöse Abdichtungen, bei denen nackte Bitumenbahnen in geeigneter Weise mit Metallbändern kombiniert sind, benötigen nach den obigen Ausführungen keine Einpressung, um ständig wirksam zu bleiben. Dies gilt auch für bituminöse Schweißbahnen und für Kunststoffabdichtungen.

6. Grundregel: Wärmeschutz

Wegen des großen Einflusses, den die Temperatur auf das Fließvermögen und damit auf die Klebekraft der bituminösen Massen hat, muss eine Höchstgrenze für die Wärmebeanspruchung der Abdichtung festgelegt werden. Dies ist insbesondere da erforderlich, wo die abzudichtenden Bauteile während längerer Zeit (z.B. während der Heizperiode) nicht nur höheren Temperaturen, sondern einem dauernden Wärmestau ausgesetzt werden.

Für solche Fälle gilt die 6. Grundregel:

Die Temperatur an der Abdichtung im fertigen Bauwerk darf nicht höher sein als 30 K unter dem Erweichungspunkt nach RuK der Klebemassen und Beschichtungsstoffe.

Bei Sickerwasserabdichtungen im Freien, z.B. begehbaren Dachterrassen, sind kurzzeitige höhere Wärmebeanspruchungen kaum zu vermeiden. Auf derartige Fälle erstreckt sich die 6. Grundregel nicht, sondern diesen stark wechselnden und keinen dauernden Wärmestau verursachenden Beanspruchungen wird durch entsprechenden Aufbau der Abdichtung und Dämmung Rechnung getragen.

7. Grundregel: Bewegung des Bauwerks

Die Abdichtung darf durch die Bewegungen des Bauwerks nicht beschädigt werden (Schwinden, Setzen, Temperaturbewegungen). Risse im Bauwerk dürfen nach DIN 18195-6 zum Zeitpunkt ihres Entstehens (zum Zeitpunkt des Abdichtens) nicht breiter als 0,5 mm sein und durch weitere Bewegungen nicht breiter als 5 mm werden. Der Versatz der Rissufer in Richtung der Abdichtungsebene muss geringer als 2 mm sein (vgl. Abschnitt 5.1.5, S. 76).

Bei Abdichtungen gegen aufstauendes Sickerwasser darf die Rissbreite nicht größer als 0,5 mm sein und durch weitere Bewegungen nicht breiter als 1 mm werden. Der Versatz der Rissufer in der Abdichtungsebene muss geringer als 0,5 mm sein.

Der nachträglichen Bauteilbewegung durch Schwinden ist besondere Beachtung zu schenken. Schwindverformungen können nach DIN 1045 abgeschätzt werden; die Größe der Verformung kann erforderlichenfalls durch Arbeitsfugen verringert werden.

Bei der Ausführung von Kunststoffabdichtungen ist darauf zu achten, dass die Kunststoffbahnen in Bitumenbahnen eingebettet sind, da die Kunststoffbahnen zum Teil mit dem Beton einen Haftverbund eingehen und bei den auftretenden Schwindverformungen des Betons auf Grund ihrer geringeren Dehnfähigkeit reißen würden (Bild 5.74).

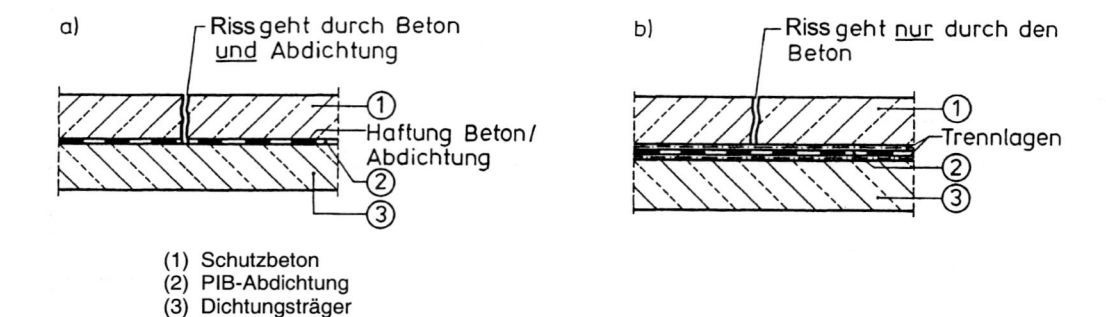

(1) Schutzbeton
(2) PIB-Abdichtung
(3) Dichtungsträger

Bild 5.74: Trennlagen/Schutzschichten beiderseits von PIB-Dichtungsbahnen
    a) Schutzbeton direkt auf der Abdichtung
    b) Trennlage zwischen Schutzbeton und Abdichtung

8. Grundregel: Hochführen der Abdichtung

Die Abdichtung ist bei nichtbindigen Böden ($k > 10^{-4}$ m/s) 300 mm über den höchsten Grundwasserspiegel zu führen; bei bindigen Böden 300 mm über Oberkante Erdreich (Begründung: Stauwasserwirkung).

9. Grundregel: Zulässige Spannungen

Die Ermittlung der maximalen Druckspannungen unterhalb der Fundamentplatte geschieht nach DIN 4018 entweder nach dem
- Spannungstrapezverfahren,
- Bettungsmodulverfahren,
- Streifenmodulverfahren
- oder nach der Finite-Elemente-Methode (FEM).

Die maximal zulässigen Spannungen sind abhängig vom Abdichtungsmaterial und der Art der Verarbeitung (siehe Tabelle 5.14). Die Anzahl der Abdichtungslagen entsprechend Tabelle 5.14 richtet sich auf Grund von Sicherheitsüberlegungen nach der Eintauchtiefe in das Grundwasser.

Tabelle 5.14: Zulässige Druckspannungen von Abdichtungen nach DIN 18195-6

Abdichtungssystem	zul σ in MN/m²	t in m	Lagenzahl bei Bü	Gi
Nackte Bitumenbahnen (erf. Einpressdruck ≥ 0,01 MN/m²)	0,6	≤ 4	3	3
		4 bis 9	4	3
		> 9	5	4
Nackte Bitumenbahnen und eine Metallbandlage (Kupfer d = 0,1 mm oder Edelstahl d = 0,05 mm)	1,0	≤ 4	3	3
		4 bis 9	3	3
		> 9	4	3
Nackte Bitumenbahnen und zwei Metallbandlagen (Kupfer d = 0,1 mm oder Edelstahl d = 0,05 mm)	1,5	≤ 4	4	4
		4 bis 9	4	4
		> 9	5	4
			Lagenzahl bei sonstiger Verlegung	
Bitumen-Schweißbahnen (nur in Ausnahmefällen – z.B. im Überkopfbereich und an unterschnittenen Flächen)	0,8 bei Glasgewebe, 1,0 bei sonstigen Einlagen	≤ 4	2 mit GE oder PE	
		4 bis 9	3 mit GE oder PE 1 mit GE oder PE + jew. m. 1 Ku	
		> 9	2 mit GE oder PE + jew. m. 1 Ku	
Bitumen-Bahnen und/oder Polymerbitumen-Dachdichtungsbahnen	0,8 bei Glasgewebe, 1,0 bei sonstigen Einlagen	≤ 4	siehe Bitumen-Schweißbahnen	
		4 bis 9	Bitumenbahnen mit Gewebeeinlagen sind mit Bahnen anderer Trägereinlage zu kombinieren	
		> 9		
Bahnen aus EVA, PIB bzw. PVC-P	1,0 (bei PIB 0,6)	≤ 4	1	d = 1,5
		4 bis 9	1	d = 2,0
		> 9	1	d = 2,0
ECB- und EPDM-Bahnen	1,0	≤ 4	1	d = 2,0
		4 bis 9	1	d = 2,5
		> 9	1	d = 2,5

zul σ	zulässige Druckspannung	GE	Gewebeeinlage
t	Eintauchtiefe in das Grundwasser	KU	Kupferbandeinlage
Bü	Bürstenstreich- oder Gießverfahren	PE	Polyestervlies-Einlage
Gi	Gieß- und Einwalzverfahren		

10. Grundregel: Ablösen der Abdichtung

Ein unbeabsichtigtes Ablösen der Abdichtung von ihrer Unterlage ist durch konstruktive Maßnahmen auszuschließen.

Beispiel: Bei der Ausführung von Abdichtungen auf „steifen" Wandrücklagen bildeten sich häufig Hohllagen der Abdichtung auf Grund der großen Schwindmaße des abzudichtenden Bauteils (Bild 5.75). Nach dem Freilegen der Abdichtung war zu erkennen, dass die Abdichtung ursprünglich fest an der Wandrücklage geklebt hatte und erst durch den Wasserdruck in den durch das Schwinden entstandenen Hohlraum gedrückt wurde. – Grundsätzlich gilt, dass die Wandrücklage beweglich ausgeführt werden muss, so dass sie durch den Erddruck gegen die tragende Wand gedrückt werden kann, wodurch die Abdichtung immer hohlraumfrei gepresst wird.

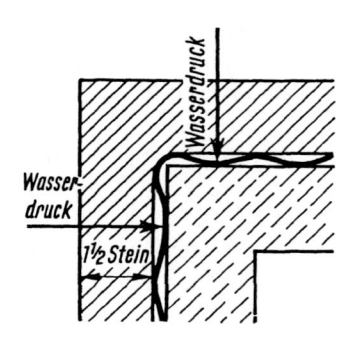

Bild 5.75: Hohlliegende und abgedrückte Abdichtung infolge des Schwindens des Betons

11. Grundregel: Aufstauendes Sickerwasser

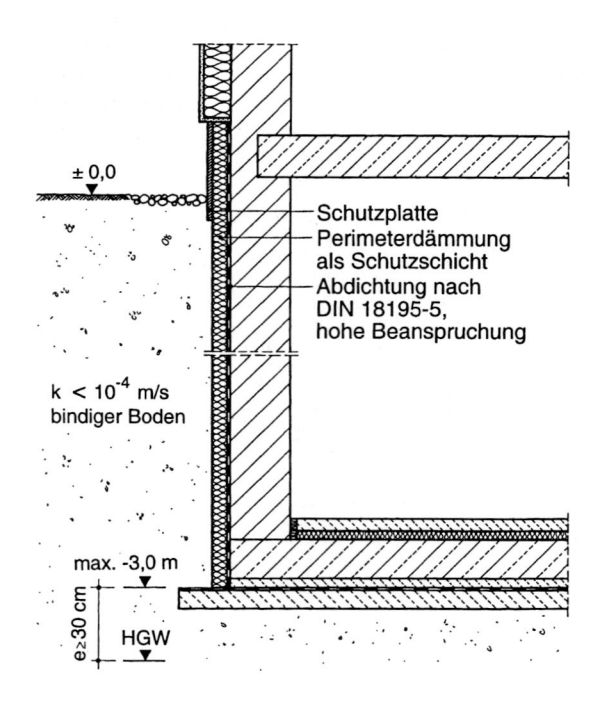

Bild 5.76: Abdichtung gegen zeitweise aufstauendes Sickerwasser nach DIN 18195-6, Abschnitt 7.2.2 *(siehe 11. Grundregel)*

5.5 Abdichtung gegen drückendes Wasser

Abdichtungen gegen *zeitweise* aufstauendes Sickerwasser – nichtdrückendes Wasser – können nach DIN 18195-6, Abschnitt 7.2.2 ausgeführt werden. Abdichtungen gegen zeitweise aufstauendes Sickerwasser sind Abdichtungen von Kelleraußenwänden und Bodenplatten bei Gründungstiefen bis 3,0 m unter GOK in wenig durchlässigen Böden ($k < 10^{-4}$ m/s) ohne Dränung nach DIN 4095, bei denen Bodenart und Geländeform nur Stauwasser erwarten lassen. Die Unterkante der Kellersohle muss mindestens 300 mm über dem nach Möglichkeit langjährig ermittelten Bemessungswasserstand liegen (Bild 5.76). Im Hinblick darauf, dass es im Planungsstadium sehr schwer zu erkennen ist, ob ein Sickerwasser nur zeitweise angestaut wird oder ob sich ein hydrostatischer Druck aufbaut, ist die Wahl der Abdichtungsart nach DIN 18195-6, Abschnitt 9 (u.a. Bitumendickbeschichtungen) nur mit Vorsicht zu wählen.

12. Grundregel: Sicherung gegen Luftüberdruck

Bei Einwirkung von Druckluft (wenn beim Abschalten der Wasserhaltung z.B. das Wasser die Luft in den Poren des Erdreichs gegen die Abdichtung presst) sind die Abdichtungen gegen das Ablösen von der Unterlage zu sichern. Bei bituminösen Abdichtungen sind Metallbänder einzukleben.

Die bituminöse Klebeabdichtung mit nackten Bitumenbahnen ist nicht gasdicht. Angreifende Druckluft dringt daher durch die Klebeabdichtung durch, wobei Poren entstehen können, die dann auch Wasser durchlassen. Gegen den Luftdurchtritt wurden bisher „Luftdränagen" angeordnet. In letzter Zeit bringt man jedoch mehr und mehr luftseitig eine Metallbandlage an, und zwar vorzugsweise Kupferriffelband, um jeden Luftdurchtritt auszuschließen.

Beispiel: Abdichtung eines Senkkastens.

Es sind zwei Grundformen zu unterscheiden: Die Anordnung der Abdichtung oberhalb des Senkkastens (Bild 5.77 a) und im Senkkasten (Bild 5.77 b).

Bild 5.78 zeigt eine Abdichtung oberhalb des Senkkastens [5.8]. Sie ist ohne Metallbänder mit nackten Bitumenbahnen hergestellt und deshalb auf der Sohle durch eine Luftdränung geschützt. Diese besteht aus einer 10 cm dicken Schicht aus porigem Beton, die mit der Außenluft in Verbindung steht. Dadurch wird ein Luftüberdruck an der Abdichtung vermieden. Bei Verwendung einer Metallbandlage könnte diese Luftdränung entfallen (diese Lösung sollte bevorzugt ausgeführt werden).

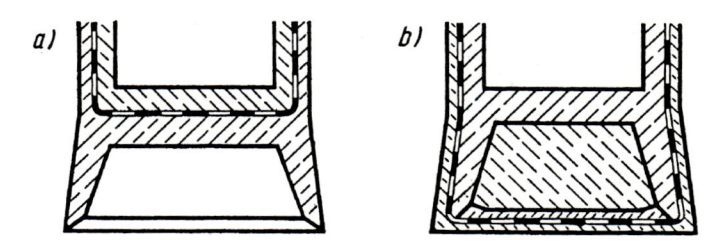

Bild 5.77: Grundformen der Abdichtungsanordnung bei Senkkastengründungen
    a) Abdichtung oberhalb des Senkkastens
    b) Abdichtung im Senkkasten

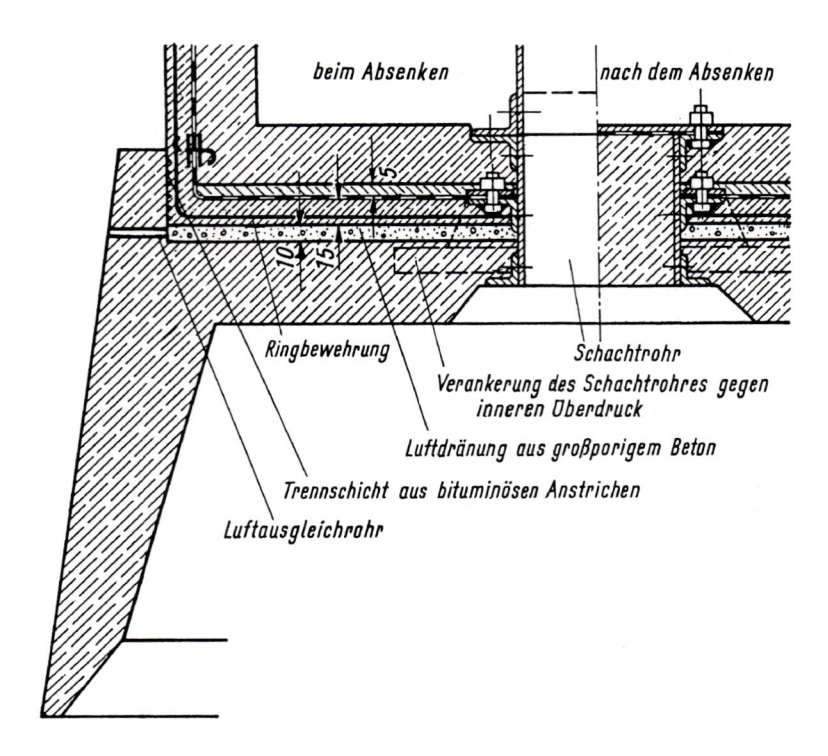

Bild 5.78: Abdichtung oberhalb des Senkkastens angeordnet

13. Grundregel: Pumpensümpfe

In der Sohle abgedichteter Bauwerke müssen Pumpensümpfe angelegt werden, die das während der Bauzeit anfallende, von Niederschlägen und dem Betonieren herrührende Tageswasser aufnehmen können.

Neben ihrer Aufgabe, das Eindringen des mit hydrostatischem Druck angreifende Grund-, Stau- oder Hangwassers in das Bauwerksinnere zu verhindern, bewirkt die wasserdruckhaltende Abdichtung zugleich, dass im Inneren des Troges anfallendes Wasser nicht in den Erdboden versickern kann. Es ist natürlich nicht zu vermeiden, dass während des ganzen Baufortschritts, praktisch bis zur Beendigung der letzten Arbeiten, Bauwasser und Niederschläge von oben her in das wannenartig abgedichtete Bauteil dringen. Hierzu gehören auch das überschüssige Anmachwasser des Betons sowie das Wasser, das z.B. beim Mauern, Estrich- und Fliesenlegen anfällt. All den erwähnten Wassermengen gegenüber wirkt der an der tiefsten Stelle liegende abgedichtete Trog wie ein riesiger Pumpensumpf.

So kommt es sehr oft vor, dass die Sohlenoberfläche eines abgedichteten Tiefkellers, durch trockene Witterung begünstigt, unmittelbar nach dem Fertigstellen des Kellergeschosses tage- oder gar wochenlang trocken oder höchstens baufeucht erscheint. Im weiteren Bauverlauf aber wird das Fundament dann vollkommen durchnässt, es bilden sich zunächst Pfützen und später kann es nur noch über Bretter und Bohlen begangen werden. Wenn dieser Zeitpunkt zufällig mit dem Einstellen der Wasserhaltung zusammenfällt, wird oft die Befürchtung laut, die Abdichtung sei unwirksam und es handle sich um eingedrungenes Grundwasser, das die ganze Kellersohle überschwemmt und unbenutzbar macht.

Selbstverständlich ist in diesem Baustadium nach dem Vorausgesagten ein Schluss auf die Wirksamkeit der Abdichtung überhaupt nicht möglich. Wohl aber wird jetzt besonders deutlich, wie wichtig die empfohlene Anordnung zahlreicher Pumpensümpfe in der Kellersohle ist.

Die zu fördernde Wassermenge ist größer als allgemein angenommen wird. Man bezeichnet mit dem Sättigungsfeuchtigkeitsgehalt φ_s in m³/m³ diejenige Wassermenge (m³), die der „poröse" Beton (m³) enthalten kann wenn alle Poren und Kapillaren mit Wasser gefüllt sind; er beträgt ca. 22 %. Demgegenüber beträgt die Ausgleichsfeuchte des Betons bei normaler Raumnutzung ca. 5 %. Das bedeutet, dass z.B. die 1 m dicke Fundamentplatte im Tiefkeller eines Parkhauses mit 100 · 50 m Grundrissfläche $(0,22 - 0,05) \cdot 100 \cdot 50 = 850$ m³ Wasser enthalten kann. Dieses Wasser muss zum größten Teil den Pumpensümpfen zufließen und abgepumpt werden. Dies erstreckt sich über eine recht lange Zeit, wenn man berücksichtigt, dass ein einzelner Pumpensumpf zwar sehr schnell entleert werden kann, dass der Beton aber das Wasser nur sehr langsam abgibt. Die Folge davon ist, dass die Pumpensümpfe sich nach dem Entleeren immer wieder füllen, und zwar steigt das Wasser zunächst schnell, dann langsamer an, bis es nach dem Erreichen einer gewissen Höhe stagniert.

Das sicherste Kennzeichen dafür, dass es sich bei den geförderten Wassermengen um Bauwasser handelt, ist darin zu erblicken, dass die zusickernden Mengen allmählich abnehmen. Man kann dies entweder dadurch feststellen, dass man die Zeiträume misst, bis der Wasserstand im Pumpensumpf jeweils eine gewisse Marke erreicht, oder aber, indem man beim Entleeren in gleichen Zeitabständen die jeweilig erreichte Höhe des Wasserspiegels feststellt. Je nach den Grundrissabmessungen, der Zahl der Pumpensümpfe, deren Größe und der Bauzeit kann es Monate, ja unter besonders ungünstigen Umständen Jahre dauern, bis die gesamte Wassermenge gefördert worden ist. – Es ist zweckmäßig, die Schutzschicht oberhalb der Abdichtung aus haufwerksporigem Beton herzustellen, der die Funktion einer Dränage übernimmt. Die Frage, ob ein Schaden vorliegt, wenn bei der Planung keine Pumpensümpfe vorgesehen worden sind, hängt je nach den örtlichen Umständen davon ab, ob und inwiefern die Nutzung des Bauwerks beeinträchtigt oder sein Wert anderweitig gemindert wird.

Der erste Fall liegt dann vor, wenn die Sohlenfläche von Wasser derart überschwemmt ist, dass es nur durch nachträgliches Einstemmen einer Sohlenvertiefung und dauerndes Abpumpen gelingt, die Oberfläche von stehendem Wasser zu säubern. Eine anderweitige Wertminderung dürfte dann vorliegen, wenn die Fußbodenfläche zwar begehbar, der Sohlenbeton aber bis zur Sättigungsgrenze mit Wasser angereichert ist, so dass die Luftfeuchtigkeit im Keller während längeren Zeiträumen extrem hoch bleibt.

Das zeitliche Austrocknungsverhalten der Fundamentplatten kann mit EDV-Programm berechnet werden (siehe auch Abschnitt 11).

5.5.2 Materialien

Die einzelnen Abdichtungsmaterialien für Abdichtungen gegen drückendes Wasser können Tabelle 5.14, Seite 129 entnommen werden.

Abdichtung mit nackten Bitumenbahnen

Die Abdichtung mit nackten Bitumenbahnen hat sich als Außenabdichtung seit mehren Jahrzehnten – insbesondere im U-Bahnbau – bestens bewährt. Die Grundregeln der Abdichtungstechnik können mit nackten Bahnen eingehalten werden. Nackte Bitumenbahnen haben sich für diesen Zweck so gut bewährt, dass sie noch heute in fast unveränderten Form für die U-Bahn-Neubauten verwendet werden.

Für Innen- und Behälterabdichtungen ist die Klebeabdichtung mit nackten Bitumenbahnen weniger geeignet, weil die Bedingung für die Einhaltung des Mindesteinpressdruckes nur schwierig zu erfüllen ist.

DIN 18195-6 bestimmt, dass für Voranstrich-, Klebe- und Deckaufstrichmittel die in Teil 2 der Norm aufgeführten Stoffe verwendet werden sollen. Hierbei handelt es sich um kaltflüssige Bitumenvoranstrichmittel sowie heiß zu verarbeitende Bitumenklebemassen und Deckaufstrichmittel.

Es ist zweckmäßig, in der kalten Jahreszeit möglichst weiche Bitumenmassen, also solche mit niedrigem Erweichungspunkt, zu verarbeiten, dagegen im Sommer härtere Massen. Dies berücksichtigt die belassene Spanne für die zulässige Höhe der Erweichungspunkte. Unabhängig davon werden Klebemassen, deren Erweichungspunkt an der oberen zulässigen Grenze liegen, immer da verarbeitet, wo mit einer Erwärmung der fertig eingebauten Abdichtung während der Nutzung des Bauwerks gerechnet werden muss (6. Grundregel).

Für besondere Zwecke darf mineralgefüllte Klebemasse verwendet werden. Die Füller dürfen nicht hygroskopisch, nicht quellfähig und nicht wasserlöslich sein.

Die Abdichtung mit nackten Bitumenbahnen wird grundsätzlich mehrlagig ausgeführt. Bei wasserdruckhaltenden Abdichtungen sind mindestens drei Lagen vorgeschrieben (siehe Tabelle 5.14).

Da jede einzelne Lage als für sich geschlossene Abdichtungshaut die Baukörperfläche bedeckt, wobei alle Bahnenränder gegenseitig um 10 cm überlappt und die Überlappung benachbarter Lagen gegeneinander versetzt werden, bedeutet jede weitere Lage eine Vergrößerung der Sicherheit.

Abdichtung mit nackten Bitumenbahnen und Metallbändern

Es hat sich ein Verfahren herausgebildet, das dadurch gekennzeichnet ist, dass der mehrlagigen Abdichtung mit nackten Bahnen eine vollständige Lage Metallriffelband beigeklebt wird, und zwar stets zwischen der wasserseitig angeordneten äußersten und der folgenden Lage.

Aus der Begründung der Einpressregel für die Abdichtung mit nackten Bahnen geht hervor, dass diese Einpressung nur dann ihren Zweck erfüllt, wenn der Einpressdruck von festen Bauteilen auf die Abdichtung übertragen wird.

Eine völlig wasser- und dampfdichte Metallhaut vermag den Wasserdruck für die Einpressung zu bewirken, d.h. sie wird schon in 1 m Tiefe unter dem Grundwasserstand mit dem nötigen Druck von 1 N/cm^2 gegen die inneren Papplagen gepresst (Aktivierung des Wasserdrucks). – Es könnte eingewendet werden, dass die Vielzahl an Bitumenbahnen überhaupt nicht mehr benötigt werden, weil ja der Zweck des Abdichtens schon durch die völlig wasserdichte Kupferlage erzielt wird. Dies ist jedoch nicht zutreffend. In der Abdichtung muss, damit sie die Beanspruchungen bei kleinen Bewegungen, bei Dehnungen und bei der Bildung von Rissen aufnehmen kann, eine gewisse Mindestmenge an plastisch verformbarer bituminöser Masse vorhanden sein, die auch die Verbundwirkung zwischen den Bitumenbahnen sicherstellt; eine gewisse Mindestdicke der bituminösen Abdichtungen darf nicht unterschritten werden.

Das hier beschriebene Verfahren wird seit etwa 40 Jahren mit Erfolg beim U-Bahn-Neubau in Berlin überall da angewendet, wo es nicht gelingt, den Einpressdruck mit einfachen Mitteln herbeizuführen. Beim U-Bahnbau werden für die Metallbandlage nur Kupferriffelbänder von 0,1 mm Dicke verwendet, sonst auch solche aus Edelstahl mit einer Dicke von 0,05 mm.

Die Metallbänder sind stets als 2. Lage von der Wasserseite im Gieß- und Einwalzverfahren mit gefülltem Bitumen aufzukleben, auch dann, wenn die Bitumenbahnen im Bürstenstreich-

oder Gießverfahren eingebaut werden. In diesem Falle wird bei Eintauchtiefen > 9 m die Gesamtlagenanzahl auf 4 festgesetzt.

Abdichtungen mit Bitumen-Dichtungsbahnen

Wenn es eine der wichtigsten Aufgaben eines Fachbuches ist, im Gegensatz zu den Normbestimmungen dem Benutzer darzulegen, welches der zugelassenen Verfahren für welche Bauaufgaben technisch und wirtschaftlich am günstigsten ist, so ist diese Aufgabe hinsichtlich der zuvor behandelten Abdichtungen leicht erfüllbar.

Für die Abdichtung von Bauwerken gegen von außen drückendes Wasser hat sich die Klebeabdichtung mit nackten Bitumenbahnen ausgezeichnet bewährt. Dabei müssen jedoch die Voraussetzungen für ihre Dauerwirksamkeit, nämlich die Mindesteinpressung einerseits und das Einhalten der Höchstbelastung andererseits gegeben sein. In den meisten Fällen ist dies leicht zu erreichen. Wo dies nicht möglich ist, bzw. die konstruktiven Maßnahmen zur Erfüllung dieser Forderungen zu aufwändig werden, ist die Kombination der nackten Bitumenbahnen mit Metallbändern anwendbar. Sie erfordert keine Einpressung und kann bedeutend höhere Belastungen aufnehmen. Wenn es sich darum handelt, unterschnittene Flächen abzudichten oder über Kopf zu arbeiten, hat sich das Bitumenschweißverfahren bewährt, das auch bei Senkkastengründungen mit Erfolg angewendet worden ist. Leider können derart eindeutige Feststellungen bei den Abdichtungen mit fabrikfertigen Bitumen-Dichtungsbahnen, sofern sie gegen von außen drückendes Wasser verarbeitet werden sollen, nicht getroffen werden.

Auf Grund langjähriger Beobachtungen bei der Erstellung bituminöser Abdichtungen kann festgestellt werden, dass Abdichtungen mit Bitumen-Dichtungsbahnen – obwohl genormt – praktisch nicht ausgeführt werden [5.8].

Abdichtungen mit Kunststoff- und Elastomer-Dichtungsbahnen und nackten Bitumenbahnen

Eine einlagig verlegte Kunststoff-Dichtungsbahn ist im Hinblick auf die angestrebte Sicherheit gegenüber Undichtigkeiten nicht befriedigend. Somit wurde bei der Bearbeitung der DIN 18195-6 beschlossen, dass bei Abdichtungen gegen äußeren Wasserdruck die Kunststofflage zwischen zwei Lagen aus nackten Bitumenbahnen vollflächig eingeklebt wird.

Natürlich ist dies ein Kompromiss, der unterschiedlich bewertet werden wird. Für den Bitumenfachmann bedeutet er die Erfüllung der Forderung nach Mehrlagigkeit, die für wagnisreiche Abdichtungsarbeiten unabdingbar ist, während es sich aus der Sicht der Kunststoffindustrie um eine einlagige Kunststoffabdichtung handelt, die durch die Bitumenbahnen gegen Beschädigungen bzw. bei PIB-Bahnen gegen die feste Haftung des Kunststoffs mit dem frisch aufgebrachtem Beton vermieden wird (s. Bild 5.74, Seite 128). Wie dem auch sei: Es bedeutet das Erreichen einer zusätzlichen Sicherheit.

5.5.3 Ausführung und Konstruktionsbeispiele

Auf einer Sauberkeitsschicht/Unterbeton (8 bis 10 cm Magerbeton) wird die Abdichtung aufgebracht. Die Abdichtung ist vor dem Beginn des Bewehrens der Fundamentplatte vor mechanischen Verletzungen zu schützen; dies geschieht in der Regel durch eine etwa 5 cm dicke Schutzbetonschicht (aus haufwerksporigem Beton). Dann erfolgt das Bewehren und Betonieren der Fundamentplatte. In der Fundamentplatte sind Pumpensümpfe vorzusehen.

Der Übergang von der Fundamentplatte zu den Wänden erfolgt in Abhängigkeit von den örtlichen Verhältnissen und vom Bauablauf. Der Kehrstoß (Bild 5.79) wird bei beengten Verhältnissen (Lückenbebauung) bevorzugt verwendet. Der rückläufige Stoß wird heute nur noch selten ausgeführt (Bild 5.80).

Bei der Herstellung des Kehlstoßes (Bild 5.81) wird die Sohlen- und Wandabdichtung in der Regel vor der Erstellung des abzudichtenden Bauwerks hergestellt bzw. es wird die Wandabdichtung mit Kehranschlüssen versehen (Bilder 5.82 und 5.83).

Die Bilder 5.82 und 5.83 zeigen die Ausführung des Kehlstoßes in den einzelnen Arbeitsschritten.

Bild 5.79: Kehlstoß

Bild 5.80: Rückläufiger Stoß

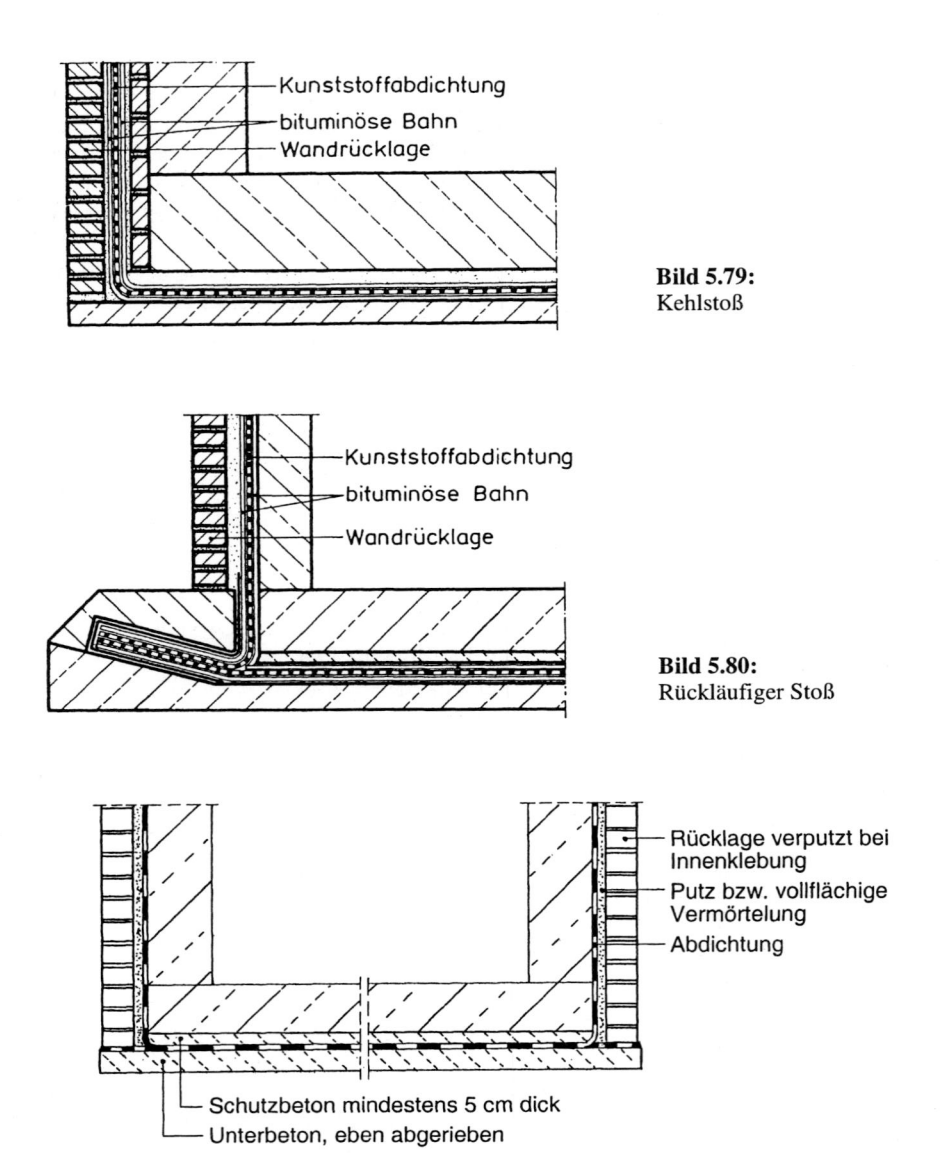

Bild 5.81: Kehlstoßausbildung

5.5 Abdichtung gegen drückendes Wasser

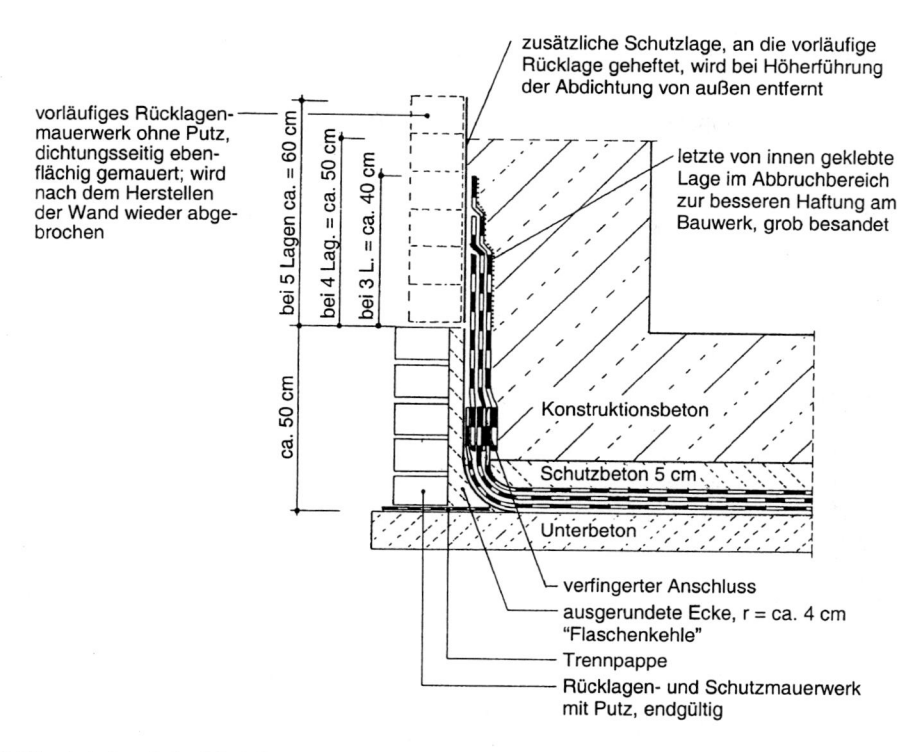

Bild 5.82: Arbeitsschritt 1 bei der Ausbildung des Kehlstoßes [5.9]

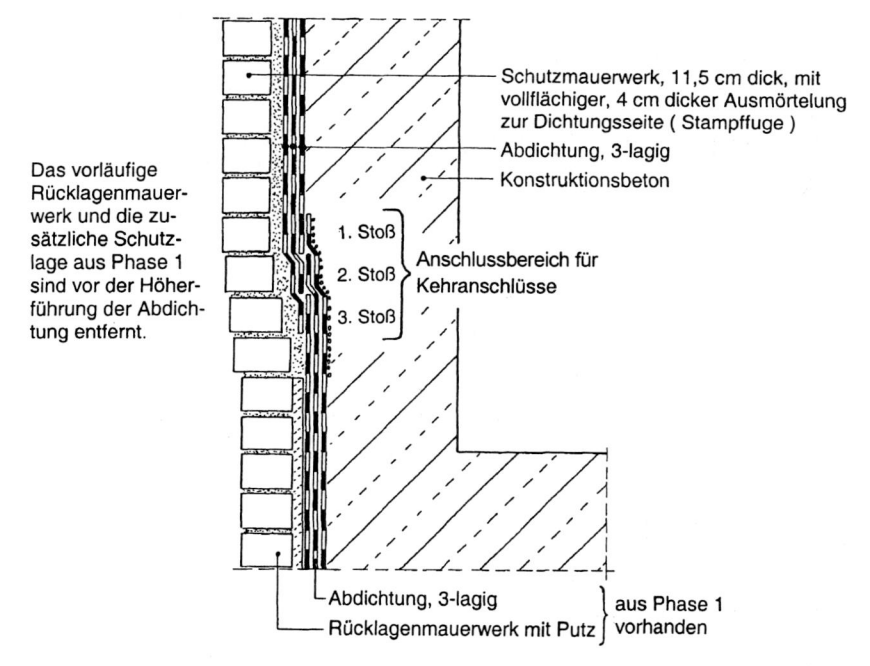

Bild 5.83: Arbeitsschritt 2 bei der Ausbildung des Kehlstoßes [5.9]

Die Ausbildung des rückläufigen Stoßes ist in den einzelnen Arbeitsschritten in Bild 5.84 dargestellt.

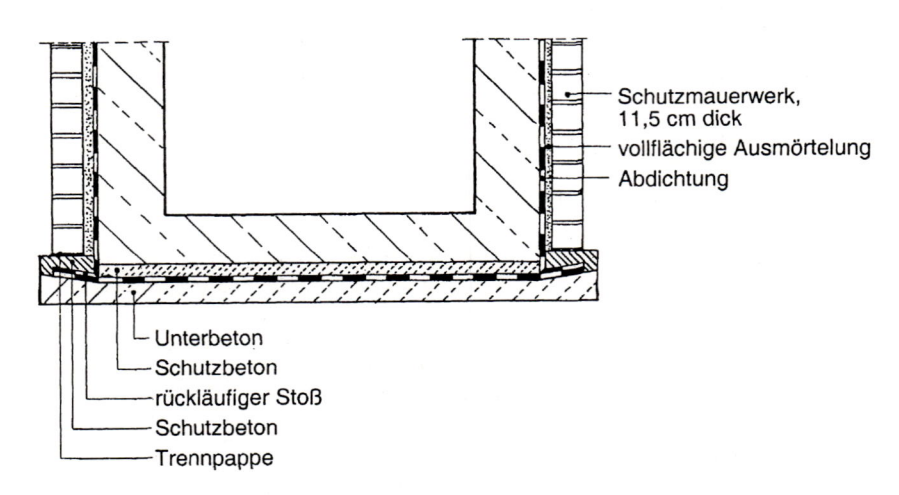

Bild 5.84 A: Darstellung eines fertigen rückläufigen Stoßes. Die einzelnen Arbeitsschritte sind in Bild 5.84 B dargestellt [5.8]

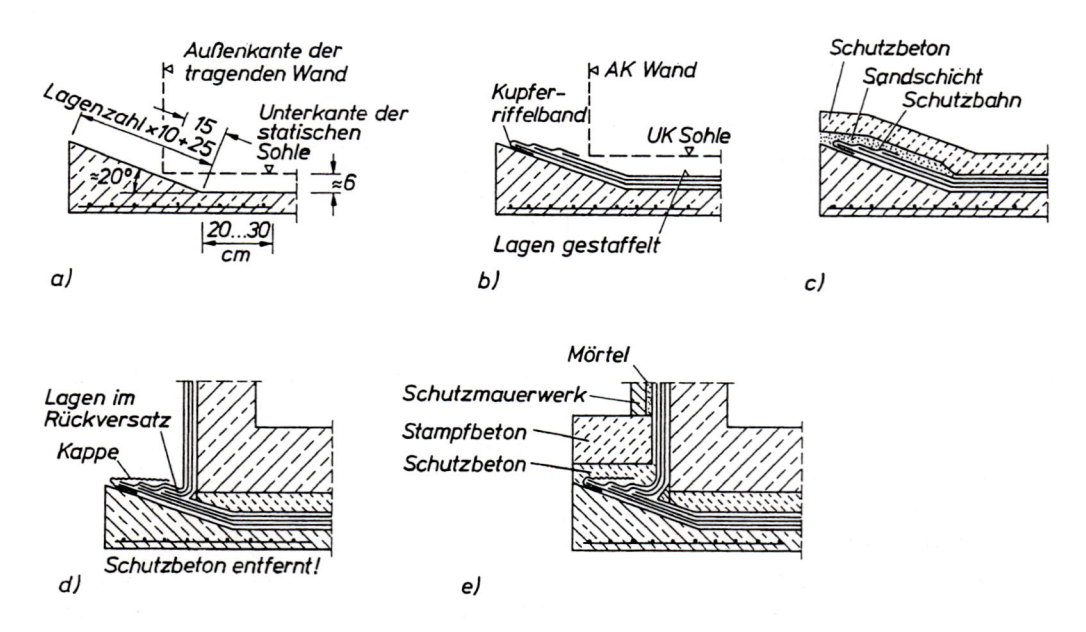

Bild 5.84 B: Herstellung eines rückläufigen Stoßes [5.8]

5.5 Abdichtung gegen drückendes Wasser

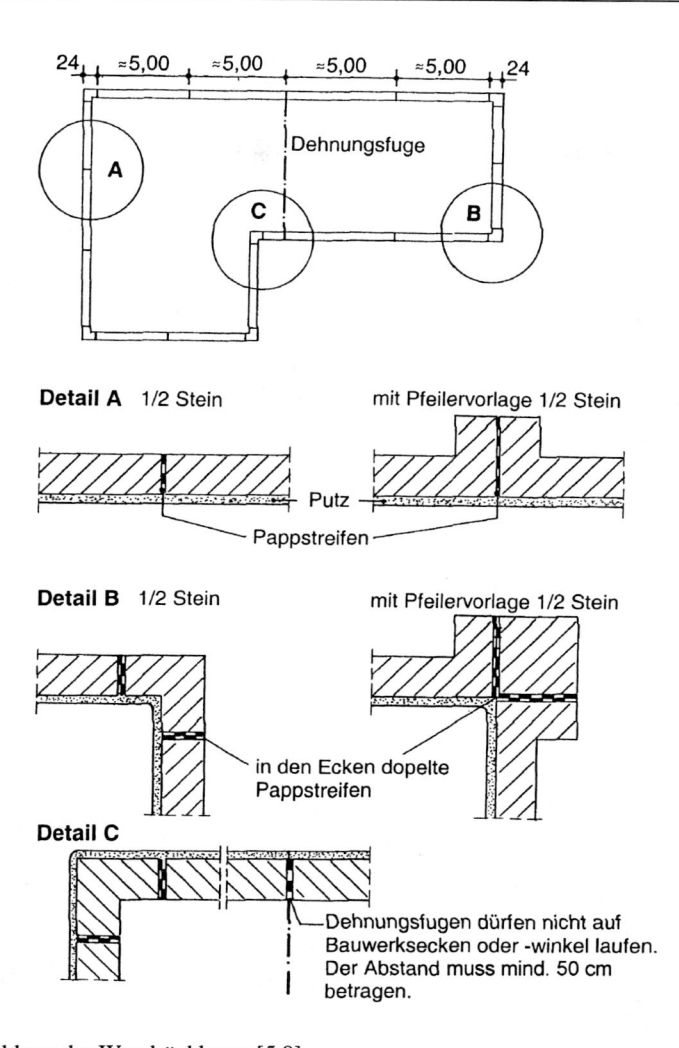

Bild 5.85: Ausbildung der Wandrücklagen [5.9]

Bei der Herstellung des Rücklagen- bzw. Schutzmauerwerkes sind folgende Punkte zu beachten (siehe auch Bild 5.85):

1. Das Rücklagenmauerwerk muss auf der Klebesohle kippsicher stehen.
2. Das Mauerwerk muss von der Klebesohle durch Pappstreifen getrennt sein, damit es durch den Erddruck gegen die Abdichtung und das Bauwerk gedrückt werden kann (vgl. auch Bilder 5.82 und 5.84).
3. Das Mauerwerk selbst muss in Abständen von ca. 5,00 m getrennt sein, um ein Anpressen durch den Erddruck in allen Bereichen zu gewährleisten. Eckbereiche sind grundsätzlich zu trennen.
4. Dichtungsseitig ist das Rücklagenmauerwerk ebenflächig zu verputzen bzw. das Schutzmauerwerk 3 cm dick auszumörteln.

5. Das Rücklagenmauerwerk muss gegebenenfalls zur Sicherung der Standfestigkeit durch Pfeilervorlagen (max. 11,5 cm dick) verstärkt werden bzw. durch Streben während der Bauzeit ausgesteift werden.
6. Ecken und Kanten sind aus- bzw. abzurunden.
7. Das Rücklagenmauerwerk muss in allen Bereichen so gesichert sein, dass es beim Betonieren des Bauwerks nicht umkippen oder ausknicken kann.

Die Ausbildung einer Abdichtung im Bereich einer Baugrube, die durch eine Bohrpfahlwand umschlossen wird, ist in Bild 5.86 dargestellt. Die Ausgleichsschicht (Kleberücklage) vor der Bohrpfahlwand muss ebenflächig und lotrecht sein, damit das Bauwerk evtl. Setzungen gegenüber der Bohrpfahlwand ohne Beschädigung der Abdichtung ausführen kann.

Eine andere Art der Baugrubenausbildung – insbesondere im U-Bahnbau – stellt der Berliner Verbau dar (Bild 5.87). Die Bauweise beim Berliner U-Bahnbau war schon bei Errichtung der ersten Tunnelbauwerke um die letzte Jahrhundertwende hinsichtlich der Einpressung der Wandabdichtung außerordentlich günstig. Die Anlage der Bahnen in belebten Straßen, deren Verkehr möglichst aufrecht erhalten werden sollte, erforderte so knapp wie möglich bemessene Baugruben. Deshalb galt das Aufbringen der Wandabdichtung auf die Tunnelwände von außen von vorn herein als ausgeschlossen.

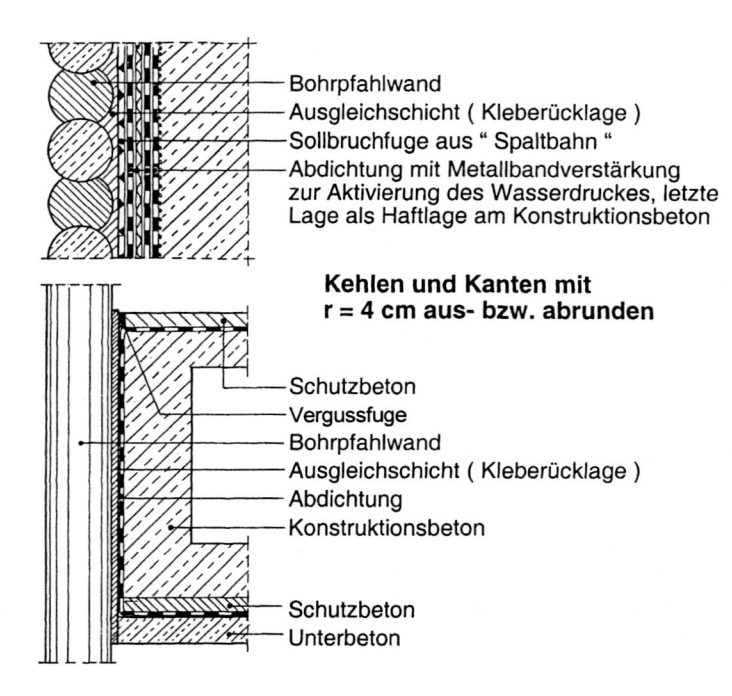

Bild 5.86: Abdichtung im Bereich einer Bohrpfahlwand

Nach dem Einrammen von Trägern unmittelbar entlang den Außenflächen des vorgesehenen Tunnelkörpers wurden gleichzeitig mit dem Ausschachten zwischen den Rammträgern Bohlwände gezogen, die den Erddruck aufnahmen und auf die Träger übertrugen (Bild 5.87).

5.5 Abdichtung gegen drückendes Wasser

Die Träger wurden gegeneinander über die Baugrube hinweg mit Rundholzsteifen abgesteift. Über die inneren Trägerflansche wurde, um das spätere Ziehen der Träger zu begünstigen, eine Blechkappe genagelt. Die Wandrücklage wurde meist in Beton unmittelbar gegen die Bohlwand errichtet, in die, um eine feste Verbindung mit den Bohlen zu schaffen, in 25 cm Abständen lange Nägel bis zur Hälfte ihrer Länge eingeschlagen wurden.

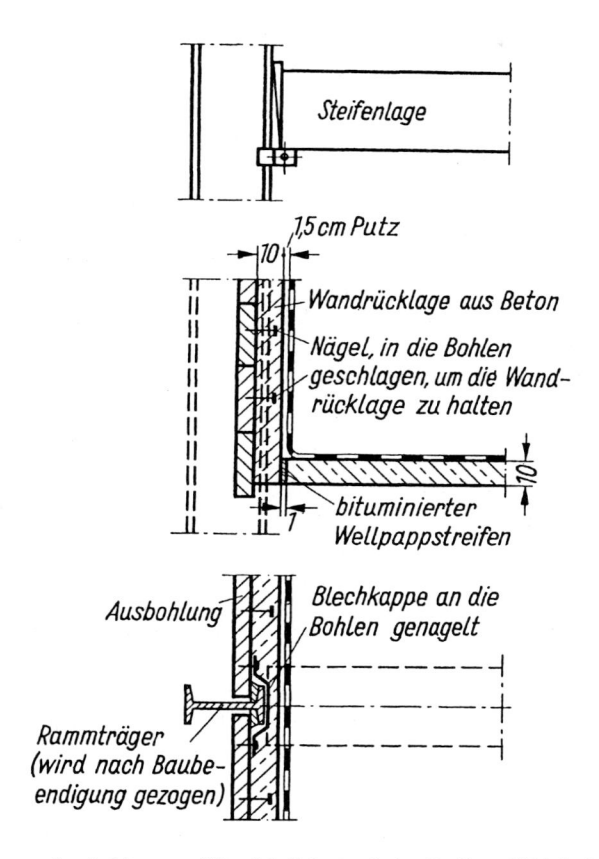

Bild 5.87: Übergang von der Sohlen- zur Wandabdichtung beim Berliner U-Bahnbau

Nach dem Fertigstellen der tragenden Teile des Tunnels wurden die Steifen, mit der untersten Lage beginnend, nach und nach ausgebaut und die Rammträger später zwecks Wiederverwendung gezogen. Dadurch wurde der Verband der ganzen Baugrubenumschließung und Aussteifung gelöst, und die Bohlwände pressten sich mitsamt der Rücklage fest an den abgedichteten Tunnelkörper. Beschädigungen der Abdichtung sind beim Ziehen der Träger nach den vorliegenden umfangreichen Erfahrungen nicht erfolgt, wobei es selbstverständlich ist, dass krumm gerammte Träger, die am Kopf gekennzeichnet wurden, nicht gezogen werden durften. Diese, später als Berliner Verbau bezeichnete Bauweise, hat sich, wenn man von unwesentlichen Einzelheiten absieht, bis heute nicht geändert. – Im Gegensatz zu der Ausführung der Wandrücklage z.B. entsprechend Bild 5.82 wird beim Berliner U-Bahnbau die Ecke am Übergang zur Wandrücklage nicht waagerecht, sondern senkrecht aufgelöst. In die Fuge wird ein bituminierter Wellpappstreifen, 10 cm breit und 1 cm dick, gelegt (Bild 5.87).

Fugen:

Soweit Setzungs- bzw. Dehnungsfugen im Bauwerk vorhanden sind, muss die Abdichtung, die über die Fugen hinweggeführt wird, verstärkt werden (Bild 5.88). Die Fugen sind deswegen im Bauteil so anzuordnen, dass eine ebene Verstärkung der Abdichtung in der Waagerechten und Senkrechten ohne Einschränkung möglich ist. Fugen müssen daher von Kehlen, Kanten und sonstigen Knickpunkten der Abdichtung mindestens 50 cm entfernt sein.

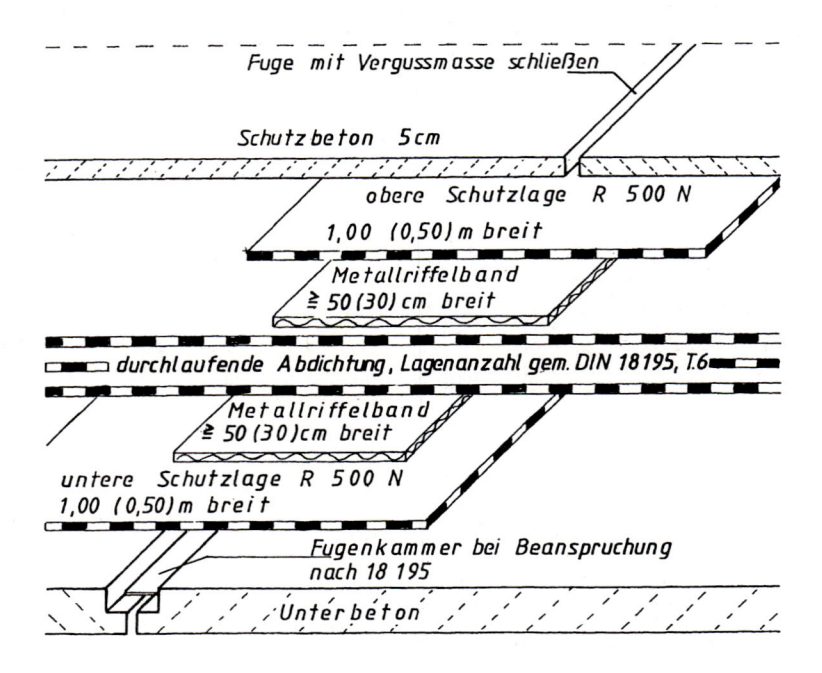

Bild 5.88: Verstärkung der Abdichtung im Bereich einer Fuge [5.9]

In Bild 5.89 sind in Abhängigkeit von den zu erwartenden Bewegungen im Fugenbereich die Verstärkungsmaßnahmen und die Größe der Fugenkammer angegeben.

Für große Setzungsbewegungen ist z.B. eine Konstruktion entsprechend Bild 5.90 anwendbar. Die Festflansche in Bild 5.90, die auch anders, z.B. als Winkel, ausgebildet sein können, müssen in der abzudichtenden Baukörperfläche bündig liegen. Die Köpfe der Schrauben sind mit dem Festflansch druckwasserdicht zu verschweißen. Über die beiden äußeren Schraubenreihen wird die Abdichtung gefädelt, deren Lagen von den Schrauben durchbrochen werden. Die bituminöse Masse wird mit Lötlampen oder Propanbrennern auf der Stahlfläche „eingebrannt", d.h., die Flansche werden gut angewärmt. Dadurch wird, ähnlich wie bei Heißlackierungen, eine innige Verbindung der Klebemasse mit den Flanschen erzielt. Anschließend werden die Losflansche aufgeschraubt. Mit den beiden inneren Schraubenreihen wird die Dehnungswelle eingebaut. Zum wasserdichten Anschluss der Welle an die Stahlteile der Einspannungskonstruktion werden die Ränder der Welle zwischen Streifen aus Bitumenbahnen und Bitumen eingebettet. Wegen der besonderen Beanspruchung der Welle muss sie auswechselbar und, wenn möglich, vom Bauwerksinneren her zugänglich sein (Bild 5.90).

5.5 Abdichtung gegen drückendes Wasser

Bewegungen mm	Senkrechter Schnitt durch Abd.-Verst. in waager. u. leicht geneigten Flächen	Zulagen zu der durchlaufenden Abdichtung	Fugenkammer
10 ↔ 10 ↓ 10 ↘	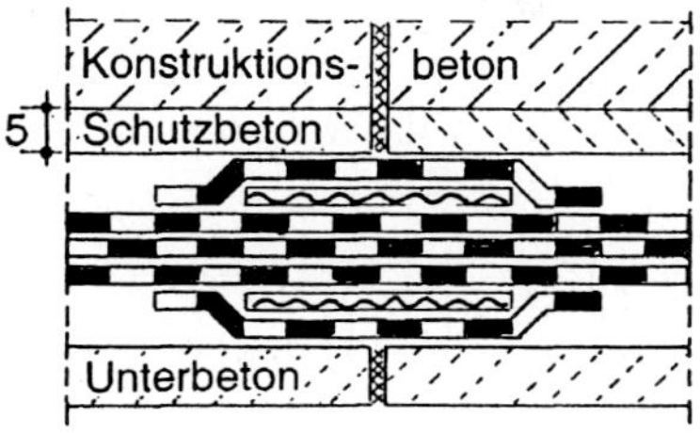 Konstruktionsbeton / Schutzbeton / Unterbeton (5)	2 Schutzlagen R 500 N 50 cm br. 2 Verst.-Lage CU-Riffelband 0,30 cm breit	keine
20 ↔ 20 ↓ 15 ↘	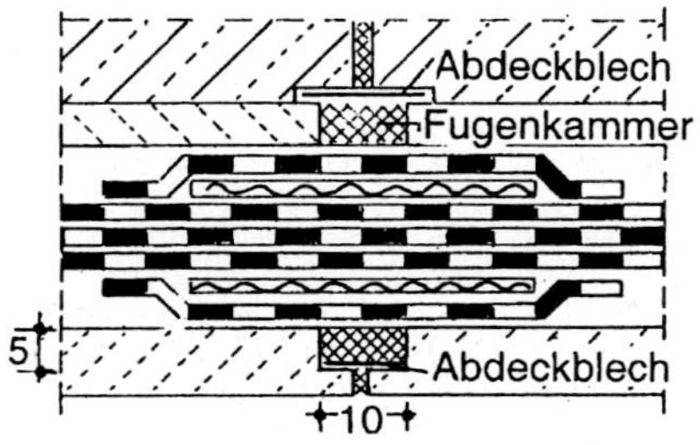 Abdeckblech / Fugenkammer / Abdeckblech (5, +10+)	2 Schutzlagen R 500 N 1,00 m br. 2 Verst.-Lagen CU-Riffelband 0,2 ≥ 50 cm breit	In waagerechten und leicht geneigten Flächen 10 cm breit, 5 - 8 cm tief. Mit Vergussmasse vergießen, obere und untere Fugenkammer mit Blechstreifen 200 / 1 mm bzw. 100 / 1 mm zur Verhinderung des Ausquetschens abdecken. Dichtungsseitige Ecken der unteren Kammer bei Bedarf abschrägen.
30 ↔ 30 ↓ 20 ↘	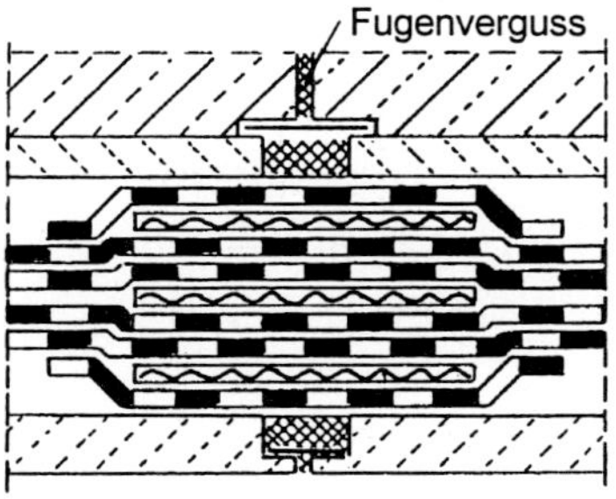 Fugenverguss	2 Schutzlagen R 500 N 1,00 m br. 3 Verst.-Lagen CU-Riffelband 0,2 ≥ 50 cm breit	
40 ↓ 25 ↘	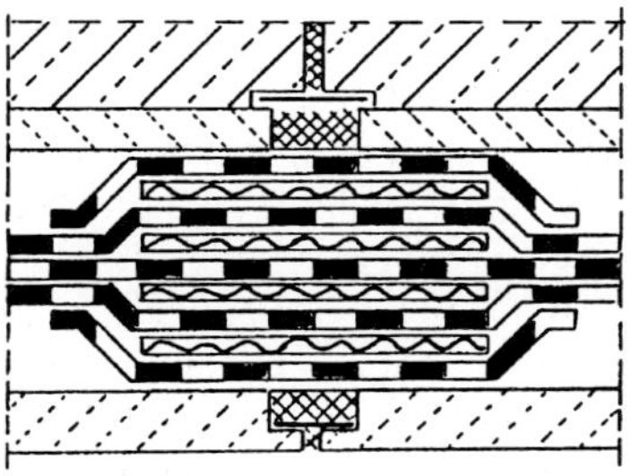	2 Schutzlagen R 500 N 1,00 m br. 4 Verst.-Lagen CU-Riffelband 0,2 ≥ 50 cm breit	

Bild 5.89: Fugenverstärkungen bei drückendem Wasser und langsamen Bewegungen [5.9]

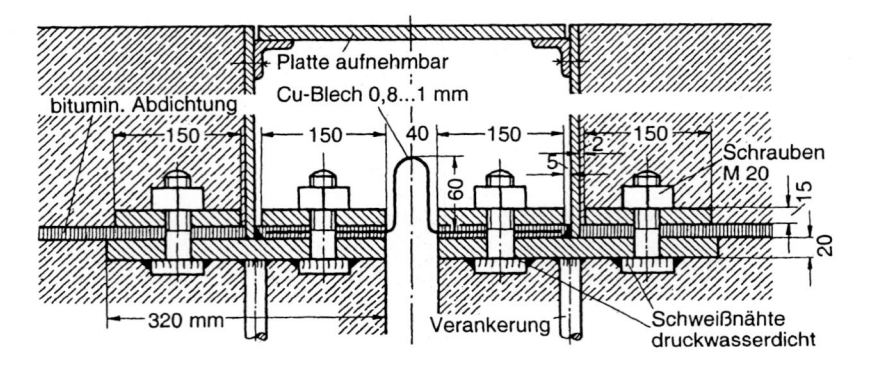

Bild 5.90: Abdichtung mit Dehnungswelle in der Setzungsfuge für große Setzungen [5.8]

Übergangskonstruktion

In der Praxis kommt es bei ausgedehnten Bauwerken häufig vor, dass Bauabschnitte, die unterschiedlich abgedichtet sind, aneinander grenzen. Die Übergangskonstruktion zwischen einem bituminös abgedichteten Bauteil und einem Bauteil aus WU-Beton ist in Bild 5.91 dargestellt. Die bituminöse Abdichtung reicht noch ca. 1,00 m über die Dehnungsfuge bis in die Fundamentplatte aus WU-Beton und ihre Endigung wird mit einer Flanschkonstruktion eingepresst. Im Bereich der Dehnungsfuge ist eine Fugenverstärkung entsprechend den Bildern 5.88 und 5.89 vorzusehen. – Bei dieser Konstruktion ist angenommen, dass der bituminös abgedichtete Baukörper zuerst hergestellt wird.

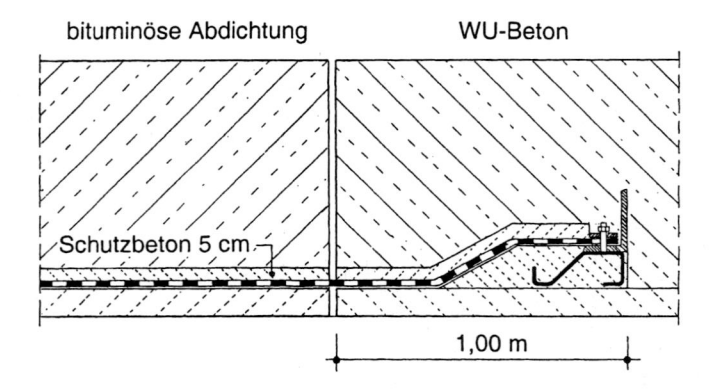

Bild 5.91: Übergangskonstruktion zwischen einem Bauteil mit einer bituminösen Abdichtung und einem Bauteil aus WU-Beton [5.9]

In Bild 5.92 ist eine weitere Lösungsmöglichkeit für den Übergang von einem bituminös abgedichteten Bauteil zu einem Bauteil aus WU-Beton dargestellt. Die Ausführung nach Bild 5.92 beinhaltet durch das ungefähr mittig angeordnete Fugenband eine zusätzliche Sicherheit. Das Fugenband ist einseitig glatt auszubilden, damit es durch die Klemmkonstruktion angepresst werden kann.

5.5 Abdichtung gegen drückendes Wasser

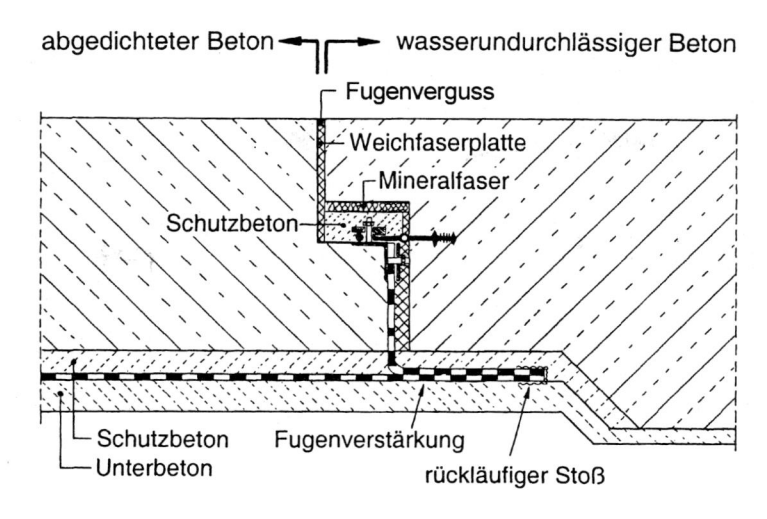

Bild 5.92: Übergangskonstruktion zwischen einem Bauteil mit einer bituminösen Abdichtung und einem Bauteil aus WU-Beton [5.9]

Brunnentöpfe

Brunnentöpfe sind mantelrohrartige Durchdringungen der Sohlenabdichtung. Sie dienen zum Durchführen der Rohrbrunnen für die Grundwasserhaltung, sofern sich außerhalb der Baugrube kein Platz dafür befindet oder ihre Anordnung innerhalb des Bauwerks, besonders bei großen Grundrissen notwendig ist.

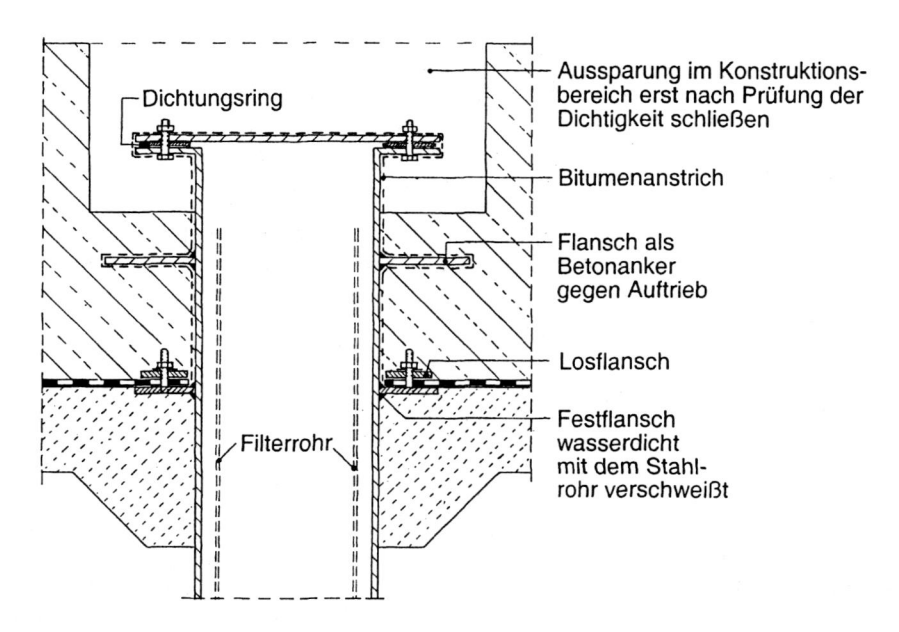

Bild 5.93: Anschluss des Brunnentopfes an die Abdichtung [5.9]

Bild 5.93 zeigt eine gebräuchliche Ausführung für die Andichtung des Brunnentopfes. Hierbei werden die Gewindebolzen, um das Durchbohren der Festflansche zu vermeiden, als Schweißbolzen stumpf aufgeschweißt. Die Festigkeit dieser Schweißung wird im Stahlwerk mit einem Drehmoment von 150 Nm geprüft. Alle an dem Brunnentopf vorhandenen Schweißnähte müssen zweilagig nach DIN 4100 ausgeführt werden und selbstverständlich wasserdicht sein.

Einige Vorschriften im U-Bahnbau besagen, dass der Brunnentopf zur elektrischen Isolierung an seinem über die Abdichtung hinausragenden Teil mit mindestens zwei volldeckenden Bitumenanstrichen zu versehen ist, die auf die Sohlenabdichtung übergreifen müssen (gestrichelte Linie in Bild 5.93).

Durchdringungen / Rohrdurchführungen

Beim Festlegen von Durchdringungen der Abdichtung im Entwurf ist ihre Anzahl möglichst einzuschränken.

Meist hat der Abdichter die Bauwerksabdichtung an Durchführungsstücke (Einbauteile) anzuschließen, die von einem anderen Betrieb eingebaut worden sind (vgl. Bild 5. 94). Dabei werden bei wasserdruckhaltenden Abdichtungen grundsätzlich die Ränder der durchbrochenen Abdichtung zwischen zwei stählerne Flansche eingespannt (Los- und Festflanschkonstruktion). Die Arbeit kann sowohl vom Bauwerksinneren als auch von außen her durchgeführt werden.

Die Einbauteile, die nach DIN 18195, Teil 9, in der Regel aus schweißbarem Stahl bestehen, müssen gegen natürliche oder durch Lösungen aus dem Beton oder Mörtel entstehende aggressive Wässer unempfindlich sein. Außerdem kann bei Verwendung verschiedener Metalle die Gefahr der Korrosion durch Elektrolyse bestehen, die durch geeignete Schutzmaßnahmen verhütet werden muss.

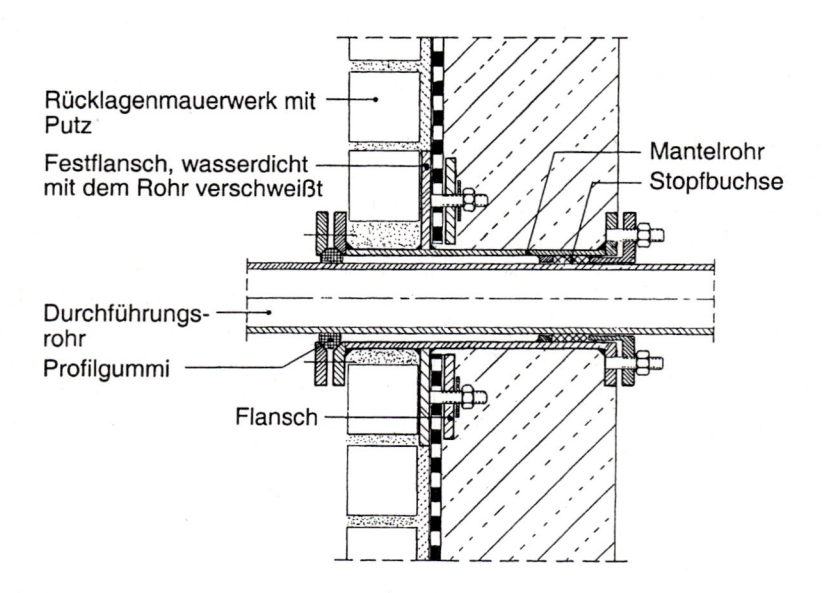

Bild 5.94: Rohrdurchführung [5.9]

5.5 Abdichtung gegen drückendes Wasser

Die Vorderfläche des Festflansches liegt bündig zur abzudichtenden Baukörperfläche. Die Abdichtung wird über die hervorstehenden Bolzen gefädelt, nachdem die Klebemasse des untersten Anstrichs auf dem Flansch „eingebrannt" worden ist. Danach wird der Losflansch aufgelegt und mit den Muttern angepresst. Die Durchführung muss nach dem Eindichten so schnell wie möglich einbetoniert werden. Vermauern genügt nicht, weil es keine genügende Gewähr bietet, dass Hohlräume vermieden werden.

Das Erhalten einer gleichmäßigen Einpressung der Abdichtung innerhalb der Flanschkonstruktion hängt von mehreren Umständen ab, z.B. der Zusammensetzung und Dicke der bituminösen Klebemasseschicht, dem Bruchwiderstand der Einlagen, der Ausweichmöglichkeit des Bitumens usw.

Um hierüber Aufschluss zu bekommen, sind in Hamburg eingehende Versuche angestellt worden [5.10]. Nachfolgend seien einige der wichtigsten Ergebnisse angeführt.

Hinsichtlich der Zusammensetzung der Klebemasse haben die Versuche ergeben, dass die günstigsten Resultate mit einer Mischung aus 25 % B25, 25 % geblasenem Bitumen 75/30, 45 % Schiefermehl und 5 % Asbestflocken erzielt wurden. Die Versuche bestätigten ferner, dass die nach den bestehenden Normen notwendige Mindestmenge des ungefüllten Bitumens im Streichverfahren von 1,5 kg/m^2 und Lage völlig ausreicht. Bei gefüllten Massen ist die Mindestmenge wegen des größeren Gewichts der Füllstoffe natürlich höher, doch sollen die Klebemasseschichten keinesfalls zu dick sein, weil die dadurch bedingten stärkeren Fließvorgänge die Einlagen unnötig auf Zug beanspruchen.

Eine gute Kombination hat sich mit nackten Bitumenbahnen, verstärkendem 0,1 mm dicken Kupfer-Riffelband und der oben beschriebene Zusammensetzung des gefüllten Bitumens ergeben.

Dabei wurde die Beständigkeit des Einpressdruckes zwischen den Flanschen bei den Schraubendurchmessern und -abständen dadurch erreicht, dass beim Anziehen mit dem Momentenschlüssel alle angezogenen Schraubenmuttern die Abdichtung gleichmäßig mit einem Drehmoment von etwa 100 Nm zusammenpressten. – Da die unter dem Druck der Flansche in erhöhtem Maße fließfähige Klebemasse das Bestreben hat, in die umgebende nicht belastete Abdichtung abzuwandern, müssen bei bituminösen Abdichtungen die Muttern kurz vor dem Einbetonieren nachgezogen werden.

Wegen der Fließeigenschaften der Klebemassen wird die durch das Anziehen der Schraubenmuttern erzeugte Pressung bald wieder abgebaut. Bei den obigen Versuchen [5.10] ergab sich z.B., dass die Anfangsspannung von 140 N/cm^2 nach wenigen Tagen nur noch 20 N/cm^2 betrug. Deshalb ist es sinnlos, die Schrauben immer wieder nachzuziehen, um einen Presswert zu erzeugen, der doch immer wieder verloren geht, sondern es muss sorgfältig durch Anziehen geprüft werden, ob die Schrauben noch nicht locker sitzen, gegebenenfalls ist behutsam nachzuziehen, vor allem aber muss unmittelbar vor dem Einbetonieren der Konstruktion noch einmal der volle Einpresswert mit einem Drehmoment von etwa 100 Nm herbeigeführt werden.

Die Versuche und die Praxis haben gezeigt, dass die Anschlüsse unter Beachtung der o.g. Angaben dicht waren und blieben.

Gruppendurchführungen

Sie kommen in Frage, wenn mehrere Rohre so eng nebeneinander durch die Abdichtung geführt werden müssen, dass die lichten Abstände zwischen ihnen für Einzelabdichtung nicht ausreichen. Sämtliche Durchführungsstücke werden in eine Stahlplatte eingeschweißt. Der Plattenrand wird mit einem Losflansch eingedichtet (Bild 5.95).

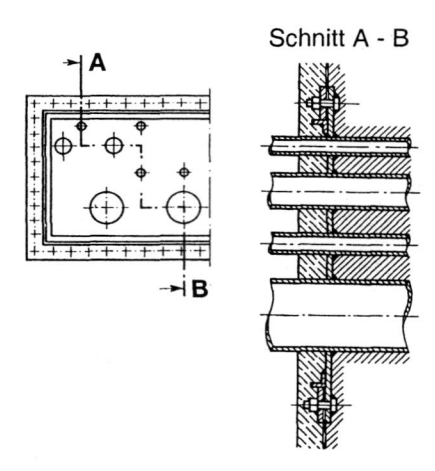

Bild 5.95: Gruppendurchführung

Ein auf die Platte geschweißter Winkel verhindert bei bituminösen Abdichtungen, dass die Klebemasse unter dem Flanschdruck austritt.

Alle Schweißarbeiten müssen erledigt sein, bevor die Abdichtung aufgebracht wird, weil sonst infolge der guten Wärmeleitung der Platte die Abdichtung über das zulässige Maß erwärmt werden würde.

Literatur

[5.1] Braun, E. u.a.: Die Berechnung bituminöser Bauwerksabdichtungen. Arbeitsgemeinschaft der Bitumen-Industrie e.V., 1976

[5.2] Zimmermann, G.: Hautförmige Flachdachabdichtungen. Deutsches Architektenblatt, 1980, Heft 4

[5.3] Foto Firma Deitermann AG

[5.4] ATV Regelwerk Abwasser-Anfall: Bau und Bemessung von Anlagen zur dezentralen Versickerung von nicht schädlich verunreinigtem Niederschlagswasser. Arbeitsblatt A 138, Januar 1990

[5.5] Muth, W.: Bauwerksdränung. Tagungsband des Instituts für das Bauen mit Kunststoffen (IBK), Nr. 245, 1999

[5.6] Muth, W.: Schäden an Dränanlagen. Reihe Schadenfreies Bauen, Band 17. Fraunhofer IRB Verlag, Stuttgart, 1997

[5.7] Nach Unterlagen der Firma Fränkische Rohrwerke

[5.8] Lufsky, K.: Bauwerksabdichtung. Teubner Verlag, 4. Auflage, Stuttgart, 1983

[5.9] Nach Unterlagen der Firma Stapelfeldt

[5.10] --: Die bituminöse Abdichtung im Bereich von Los- und Festflanschen. Bitumen 1972, Heft 4, Seite 96 - 104

[5.11] Fachverband Deutsches Fliesengewerbe im Zentralverband des Deutschen Baugewerbes: Hinweise für die Ausführung von Abdichtungen im Verbund mit Bekleidungen und Beläge aus Fliesen und Platten für den Innen- und Außenbereich. Ausgabe 08/2000

6 Ausbildung von Bauten aus wasserundurchlässigem Beton

Von Dipl.-Ing. Gottfried C.O. Lohmeyer

6.1 Schwinden des Betons

Bei der Ausbildung von Bauten aus wasserundurchlässigem Beton sind die besonderen Eigenschaften des Betons zu beachten. Die Konstruktion des Bauwerks und der Bauteile ist darauf abzustimmen.

Die Verkürzung des unbelasteten Betons während des Austrocknens wird als Schwinden bezeichnet. Das Schwinden des Betons ist abhängig von mehreren Einflüssen, insbesondere sind diese:

- Wassergehalt des Betons
- Abmessungen des Bauteils
- Feuchte der umgebenden Luft.

Das Schwinden ist ein sehr langwieriger Vorgang. Der zeitliche Schwindverlauf wird sehr stark beeinflusst durch die wirksame Körperdicke (s. Abschnitt 6.1.1) des betrachteten Bauteils und die Kapillarporen des Betons.

Bei üblichen Bauteildicken ist der Endwert des Schwindens nach etwa drei Jahren erreicht, bei dickeren Bauteilen ist es erst nach wesentlich längerer Zeit zu erwarten, oft erst nach Jahrzehnten.

Genauere Nachweise des Schwindens sind meistens bei Spannbetonkonstruktionen erforderlich. Für Stahlbetonbauteile, die rissfrei bleiben sollen, ist der Einfluss des Schwindens bei der Abschätzung der zu erwartenden Verformungen stets zu verfolgen.

6.1.1 Wirksame Körperdicke

Die für das Schwinden wirksame Körperdicke ist je nach Lage des Bauteils (Umweltbedingungen) und nach Art der Begrenzungsflächen zu berechnen.

Der zeitliche Verlauf des Schwindens ist stark abhängig vom hydraulischen Radius, ausgedrückt durch die wirksame Körperdicke des betrachteten Bauteils. Die für das Schwinden wirksame Körperdicke ergibt sich aus dem Verhältnis der Querschnittsfläche A zum halben Umfang u des Bauteils. Dieses geometrische Verhältnis wird korrigiert durch einen Beiwert k_{ef}, der die Lage des Bauteils bei verschiedenen Umweltbedingungen erfasst.

$$\text{Wirksame Körperdicke } d_{ef} = k_{ef} \cdot \frac{2A}{u} \quad \text{in cm} \tag{6.1}$$

Hierbei sind:

k_{ef} Beiwert nach Tabelle 6.1 zur Berücksichtigung des Einflusses der Feuchte der Bauteilumgebung

A   Fläche des gesamten Betonquerschnitts in cm^2

u   Abwicklung (Umfang) der Begrenzungsflächen des Bauteils in cm, die der Austrocknung ausgesetzt sind.

Die Werte der Spalten 3 und 4 der Tabelle 6.1 gelten für den Konsistenzbereich KP (plastischer Beton). Für weichen Beton KR bzw. steifen Beton KS sind die Zahlen um 25 % zu erhöhen bzw. zu ermäßigen. Bei Verwendung von Fließmitteln darf die Ausgangskonsistenz des Betons angesetzt werden.

Tabelle 6.1: Richtwerte zur Berücksichtigung von Kriechen und Schwinden (DIN 4227) [6.10]

1	2	3	4	5
Lage des Bauteils	Mittlere rel. Luftfeuchte in % etwa	Grundfließzahl φ_{f0}	Grundschwindmaß ε_{s0}	Beiwert k_{ef}
im Wasser		0,8	$+10 \cdot 10^{-5}$	30
in sehr feuchte Luft, z.B. unmittelbar über dem Wasser	90	1,3	$-13 \cdot 10^{-5}$	5,0
allgemein im Freien	70	2,0	$-32 \cdot 10^{-5}$ [1)]	1,5
in trockener Luft, z.B. in trockenen Innenräumen	50	2,7	$-46 \cdot 10^{-5}$	1,0

Beispiele zur Erläuterung

1. Stahlbetonwände von 40 cm Dicke werden 3,0 m hoch betoniert und stehen zunächst in einer Luft mit etwa 50 % relativer Luftfeuchte. Die für das anfängliche Schwinden wirksame Körperdicke wird berechnet:

$$d_{ef} = k_{ef} \cdot \frac{2A}{u} = 1,0 \cdot \frac{2 \cdot 300 \cdot 40}{2 \cdot 300 + 40} = 38 \text{ cm}$$

Wegen der Austrocknung auch an der Wandoberseite ergibt sich eine kleinere wirksame Dicke als die tatsächliche Dicke.

2. Eine Stahlbetonsohlplatte von 40 cm Dicke erhärtet im Freien bei einer relativen Luftfeuchte von 60 bis 65 %.

Wirksame Körperdicke

$$d_{ef} = k_{ef} \cdot \frac{2A}{u} \approx 1,3 \cdot \frac{2 \cdot 100 \cdot 40}{100} \approx 104 \text{ cm}$$

Wegen der einseitigen Austrocknungsmöglichkeit nur zur Oberseite der Sohlplatte und der höheren Luftfeuchte ergibt sich eine wirksame Dicke, die mehr als 2,5mal so groß ist wie die tatsächliche Dicke.

6.1.2 Schwindverkürzung

In Tabelle 6.1 sind Grundschwindmaße für plastischen Beton im Konsistenzbereich KP in Abhängigkeit von der Lage des jeweiligen Bauteils angegeben. Die Grundschwindmaße haben negative Vorzeichen: die Betonbauteile verkürzen sich. Das positive Vorzeichen bei Lagerung des Bauteils im Wasser zeigt, dass vorher ausgetrockneter Beton quillt.

Beispiel zur Erläuterung
Das Grundschwindmaß für Bauteile im Freien hat folgende Größe:

6.1 Schwinden des Betons

$$\varepsilon_{so} = -32 \cdot 10^{-5}$$

Das Grundschwindmaß kann auch anders geschrieben werden, wodurch die Größenordnung vorstellbarer wird:

$$\varepsilon_{so} = -0{,}32 \text{ mm/m}$$

In Bild 6.1 sind Beiwerte k_s angegeben, die das Abschätzen des Schwindens in Abhängigkeit von der wirksamen Körperdicke (Gl. 6.1) und vom wirksamen Betonalter (Gl. 6.2) gestatten. Es kann dabei das Schwinden vom Anfang bis zum Ende oder bis zu einem bestimmten Zeitpunkt ermittelt werden. Auch für einen gewählten Zeitabschnitt zwischen Anfang und Ende ist das Schwindmaß bestimmbar.

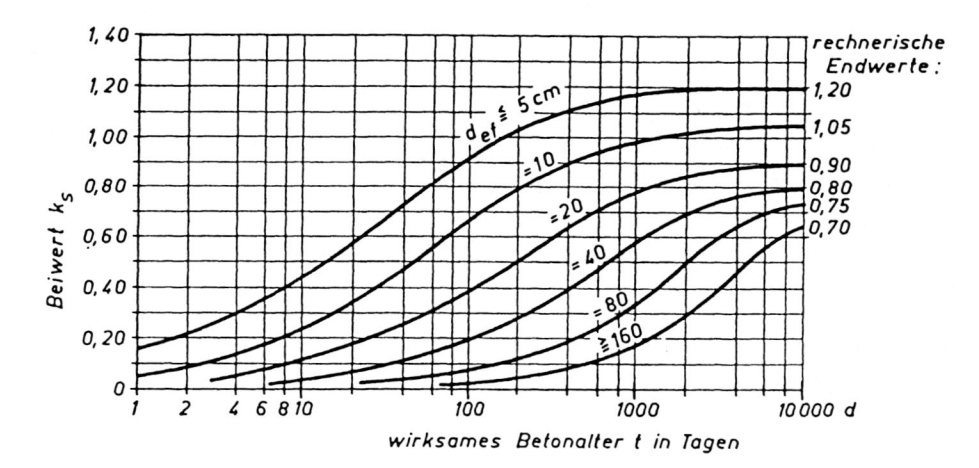

Bild 6.1: Beiwerte k_s für das Schwinden des Betons in Abhängigkeit von der wirksamen Bauteildicke d_{ef} und vom wirksamen Betonalter t

Beton erhärtet nur selten bei einer Temperatur von 20 °C, die der Normfestigkeit zu Grunde liegt. Bei anderen Temperaturen als +20 °C wird nicht mit dem wahren Alter des Betons, sondern mit dem wirksamen Betonalter gerechnet. Das wirksame Betonalter kann nach DIN 4227 mit folgender Gleichung abgeschätzt werden:

$$\text{wirksames Betonalter} \quad t = \sum \frac{T_i + 10°C}{20°C + 10°C} \cdot \Delta t_i \quad (6.2)$$

Hierin bedeuten:
- T_i mittlere Tagestemperatur des Betons in °C
- Δt_i Anzahl der Tage mit mittlerer Tagestemperatur T_i

Die Zurechnung von 10 °C beim Temperaturverhältnis ergibt sich aus der niedrigsten Temperatur von −10 °C, bis zu der Beton noch etwas erhärtet.

Gesamtschwinden (von Anfang bis zum Ende)

$$\varepsilon_s = \varepsilon_{s0} \cdot k_s \quad (6.3)$$

Anfangsschwinden (vom Anfang bis zu einem Zeitpunkt t_1)

$$\varepsilon_{s,ta} = \varepsilon_{s0} \cdot k_{s,t1} \qquad (6.4)$$

Endschwinden (von einem bestimmten Zeitpunkt t_1 bis zum Ende t_∞)

$$\varepsilon_{s,te} = \varepsilon_{s0} \cdot k_{s,t\infty} - k_{s,t1} \qquad (6.5)$$

Teilschwinden innerhalb eines Zeitabschnitts $t_2 - t_1$

$$\varepsilon_{s,te} = \varepsilon_{s0} \cdot k_{s,t2} - k_{s,t} \qquad (6.6)$$

Beispiele zur Erläuterung

1. Stahlbetonwände von 40 cm Dicke, 3 m Höhe und 12 m Länge werden aus B 25 mit Fließmittel-Beton hergestellt. Ausgangskonsistenz KP. Die Wände stehen allgemein im Freien, die relative Luftfeuchte beträgt etwa 70 %.
   wirksame Körperdicke

   $$d_{ef} = k_{ef} \cdot \frac{2A}{u} \approx 1{,}5 \cdot \frac{2 \cdot 300 \cdot 40}{2 \cdot 300 + 40} \approx 56 \text{ cm}$$

   Anfangsschwinden bis zum wirksamen Betonalter von 14 Tagen (das tatsächliche Betonalter ist meistens höher)
   $\varepsilon_{s,ta} = \varepsilon_{s0} \cdot k_{s,t1} \approx -32 \cdot 10^{-5} \cdot 0{,}05 \approx -1{,}6 \cdot 10^{-5}$
   Schwindverkürzung
   $\Delta l_s = \varepsilon_{s,ta} \cdot l \approx -1{,}6 \cdot 10^{-5} \cdot 12 \cdot 10^3 \approx 0{,}2 \text{ mm}$

2. Für dieselben Wände ergibt sich ein Teilschwinden ab 14 Tage bis 6 Monate in folgender Größe:
   Teilschwinden
   $\varepsilon_{s,t} = \varepsilon_{s0} \cdot (k_{s,t2} - k_{s,t1}) \approx -32 \cdot 10^{-5} \cdot (0{,}20 - 0{,}05) \approx -4{,}8 \cdot 10^{-5}$
   Schwindverkürzung innerhalb dieses Zeitabschnitts

   $$\Delta l_s = \varepsilon_{s,t} \cdot l \approx -4{,}8 \cdot 10^{-5} \cdot 12 \cdot 10^3 \approx -0{,}6 \text{ mm} \qquad (6.7)$$

3. Das Schwinden bis zum Abschluss des Schwindvorgangs für die vorgenannten Wände wird abgeschätzt.
   Endschwinden
   $\varepsilon_{s,te} = \varepsilon_{s0} \cdot (k_{s,t\infty} - k_{s,t1}) \approx -32 \cdot 10^{-5} \cdot (0{,}78 - 0{,}29) \approx -18{,}6 \cdot 10^{-5}$
   Schwindverkürzung

   $$\Delta l_s = \varepsilon_{s,te} \cdot l \approx -18{,}6 \cdot 10^{-5} \cdot 12 \cdot 10^3 \approx -2{,}2 \text{ mm} \qquad (6.8)$$

4. Das rechnerische Gesamtschwinden der Stahlbetonwände beträgt:
   $\varepsilon_s = \varepsilon_{s0} \cdot k_s \approx -32 \cdot 10^{-5} \cdot 0{,}78 \approx -25 \cdot 10^{-5}$
   Schwindverkürzung insgesamt

   $$\Delta l_s = \varepsilon_s \cdot l \approx -25 \cdot 10^{-5} \cdot 12 \cdot 10^3 \approx -3{,}0 \text{ mm} \qquad (6.9)$$

Aus den vorstehenden Rechnungen ergibt sich eine zeitliche Verteilung des Schwindens entsprechend Tabelle 6.2.

6.1 Schwinden des Betons

Tabelle 6.2: Zeitliche Verteilung des Schwindens bei 40 cm dicken Bauteilen

wirksames Betonalter	Schwindverkürzung	Prozentualer Anteil
Anfang bis 14 Tage	- 0,2 mm	7 %
14 Tage bis 180 Tage (6 Monate)	- 0,6 mm	20 %
180 Tage bis 6000 Tage (16 ½ Jahre)	- 2,2 mm	73 %
Anfang bis Ende (gesamt)	- 3,0 mm	100 %

Das bedeutet, dass etwa ¾ des Gesamtschwindens erst in einem Zeitraum stattfindet, nachdem die Rohbauten abgeschlossen sind.

Die in den vorstehenden Beispielen ermittelten Schwindverkürzungen werden in der Praxis nicht in dieser Größe eintreten, da die Schwindverformungen durch Verbindung mit anderen Bauteilen oder durch Reibung zum Untergrund behindert werden. Dadurch wird ein Teil der Schwindverformung durch Kriechen oder Relaxation abgebaut.

6.1.3 Schwindarmer Beton

Beim Grundmaß des Schwindes entsprechend Tabelle 6.1 wird von plastischem Beton im Konsistenzbereich KP ausgegangen. Zuschläge bzw. Abzüge von jeweils 25 % sind für weicheren Beton KR bzw. steiferen Beton KS vorgesehen. Dieses sind Vereinfachungen. Da das Schwinden eine Verkürzung des Betons während des Austrocknens darstellt, beeinflusst vor allem die Menge des verdunstenden Wassers die Größe des Schwindens.

In der DAfStb-Richtlinie „Betonbau beim Umgang mit wassergefährdenden Stoffen" 1992 und 1996 [6.20] wurde schwindarmer Beton durch das Volumen des Zementleim festgelegt:

Anforderungen an schwindarmen Beton:

Zementleimgehalt

    $zl_V \leq 280$ l/m³ (Volumen von Zement z_V und Wasser w_V)

    $zl_V \leq 290$ l/m³ (Volumen von Zement z_V, Flugasche f_V und Wasser w_V)

Bei Beton mit Flugasche wird der Anteil der auf den Wasserzementwert angerechneten Flugasche mit zum Zementleim gerechnet. Dieser Anteil darf 0,4 f betragen, aber nicht mehr als 25 % des Zementgewichts $\hat{=} 0{,}25\ z$.

$$\text{Der Wasserzementwert } \frac{w}{z} \text{ wird dadurch erweitert auf } \frac{w}{z+0{,}4f}. \qquad (6.10)$$

Beispiel zur Erläuterung

1. Für den Keller eines Wohngebäudes ist ein wasserundurchlässiger Beton B 25 als Beton B I mit 350 kg Zement CEM 32,5 R je m³ und 200 l Wasser je m³ vorgesehen. Die Schwindneigung des Betons ist zu beurteilen.
   Die Dichte des Zements beträgt $\rho_z = 3{,}1$ kg/dm³

   Zementleimgehalt

   $$\begin{aligned} zl_V &= z_V + w_V = z/\rho_z + w/\rho_w \\ &= 350/3{,}1 + 200/1{,}0 = 113 + 200 \\ &= 313 \text{ l/m}^3 > 280 \text{ l/m}^3 \end{aligned} \qquad (6.11)$$

   Der Beton kann nicht als schwindarm bezeichnet werden.

2. Für eine Tiefgarage wird wasserundurchlässiger Beton B 35 als Beton B II eingebaut. Der Gehalt des Zements CEM 32,5 NW/HS beträgt 330 kg/m³ und des Wassers 160 kg/m³. Die Schwindneigung des Betons ist zu beurteilen.

Die Dichte des Zements beträgt ρz = 3,0 kg/dm³.
Wasserzementwert w/z = 160/330 = 0,48
Zementleimgehalt

$$zl_V = z_V + w_V = z/\rho_z + w/\rho_w$$
$$= 330/3,0 + 160/1,0 = 110 + 160$$
$$= 270 \text{ l/m}^3 < 280 \text{ l/m}^3$$

Der Beton kann als schwindarm eingestuft werden.

3. Für einen Wasserbehälter ist ein wasserundurchlässiger Beton B 25 als Beton B II mit 300 kg Zement CEM 32,5 R je m³, 60 kg Flugasche je m³ und 180 l Wasser je m³ geplant. Die Schwindneigung des Betons ist zu beurteilen.

Die Dichten betragen: Zement ρ_z = 3,1 kg/dm³, Flugasche ρ_f = 2,4 kg/dm³.
Wasserzementwert w/(z + 0,4 f) = 180 /(300 + 0,4 · 60) = 0,56
Zementleimgehalt

$$zl_V = z_V + f_V + w_V = z/\rho_z + f/\rho_f + w/\rho_w$$
$$= 300/3,1 + 0,4 \cdot 60/2,4 + 180/1,0 = 97 + 10 + 180$$
$$= 287 \text{ l/m}^3 < 290 \text{ l/m}^3$$

Der Beton erfüllt die Anforderungen an schwindarmen Beton.

6.2 Erwärmung des erhärtenden Betons

Die Erhärtung des Betons ist ein chemischer Vorgang, bei dem der Zement Wasser bindet. Ein Teil des Wassers wird physikalisch, ein Teil chemisch gebunden. Diese Wasserbindung wird als Hydratation bezeichnet. Die Hydratation des Zements ist ein exothermer Vorgang: Es wird Wärme freigesetzt. Die freiwerdende Wärmemenge wird als Hydratationswärme H bezeichnet und in J/g (Joule je Gramm) oder kJ/kg gemessen.

Durch diese Hydratationswärme erwärmen sich die Betonbauteile beim Erhärten. Der Beton ist zunächst noch relativ leicht verformbar, die Ausdehnung des Betonbauteils ist gering, es entstehen nur geringe Druckspannungen im Beton, die entstehenden Spannungen werden zum Teil sofort durch Relaxation abgebaut. Der anfänglichen Erwärmung folgt beim Abfließen der Hydratationswärme eine Abkühlung: Die Betonbauteile wollen sich verkürzen, sie werden bei behinderter Verkürzung einer Zugbeanspruchung ausgesetzt. Die Zugbeanspruchung ist umso größer, je mehr sich der Beton erwärmt hatte und je weniger sich der Beton beim Abkühlen verkürzen kann. Die Zugbeanspruchung wird aber auch dadurch größer, wenn der Beton infolge fortgeschrittener Erhärtung diese Zugspannungen durch Relaxation nicht mehr abbauen kann.

Die Hydratationswärme und der Verlauf der Wärmeentwicklung verschiedener Zemente ist aus Bild 6.2 zu ersehen. Die Hydratationswärme wird im adiabatischen Kaloriemeter gemessen. Dadurch kann die Hydratationswärme der Zemente direkt miteinander vergleichen werden. Beim Messen der adiabatischen Wärmemenge ist die Wärmeabgabe des Zements nach außen gleich Null. Es wird dabei keine Abkühlung berücksichtigt, die gesamte Wärmeentwicklung wird während der Hydratation addiert. Diese Werte für die Hydratationswärme sind Richtwer-

6.2 Erwärmung des erhärtenden Betons

te. Die tatsächlichen Werte der einzelnen Zemente können niedriger sein (z.B. bei CEM 32,5-NW/HS) oder höher liegen (z.B. bei CEM 32,5 R).

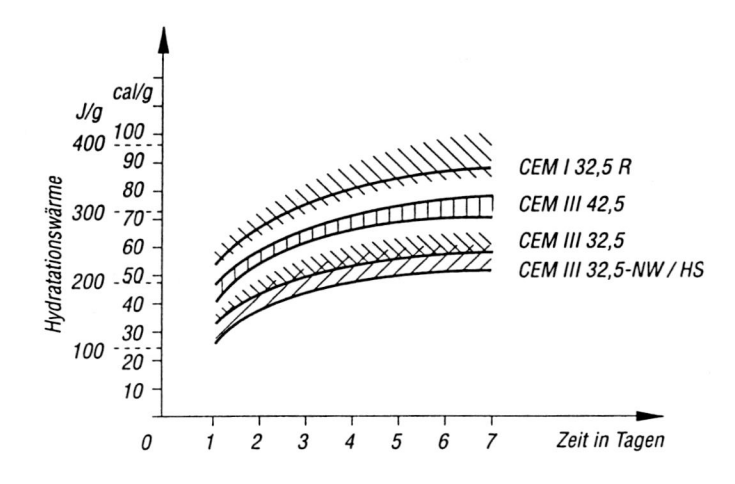

Bild 6.2: Hydratationswärme verschiedener Zemente während der ersten 7 Tage unter adiabatischen Bedingungen

Obwohl die Hydratationswärme des Zements keinen direkten Rückschluss auf die Erwärmung des Betonbauteils zulässt (es herrschen keine adiabatischen Bedingungen), ist eine rechnerische Abschätzung der entstehenden Erwärmung möglich. Die Erwärmung des Betonbauteils wird umso größer sein, je größer die durch den Zement eingebrachte Hydratationswärme ist. Diese Hydratationswärme im Beton ist abhängig von der Zementmenge z und von der Hydratationswärme H des Zements. Die Temperaturerhöhung ist aber auch abhängig von der Wärmekapazität c_b des Betons und wird daher darauf bezogen.

Theoretische Temperaturerhöhung im Beton:

$$\Delta T_{th(Beton)} = \frac{z \cdot H}{c_b} \text{ in K (Kelvin)} \tag{6.12}$$

mit z in kg/m³, H in kJ/kg, $c_b \approx 2500$ kJ/(m³ · K)

Diese theoretische Temperaturerhöhung kann praktisch nicht eintreten, da während der Erwärmung schon wieder Wärme abfließt. Die theoretische Temperaturerhöhung des Betons $\Delta T_{th(Beton)}$ kennzeichnet nicht die Temperaturerhöhung der Bauteile. Sie ist jedoch eine Vergleichsgröße mit anderen Betonen, abhängig vom Zementgehalt und der Hydratationswärme des Zements.

6.2.1 Zeitpunkt der maximalen Temperatur

Der Zeitpunkt, zu dem die Temperatur im Inneren des Bauteils ihren Höchstwert erreicht, ist im Wesentlichen abhängig von der Bauteildicke, von der Wärmeabgabe an den Außenflächen und von der Zementart. Auch Verzögerer VZ spielen eine Rolle. Sofern normale Abkühlbedingungen vorausgesetzt werden können (beidseitig 24 mm Holzschalung und ruhige Umgebungsluft), ist eine Abschätzung nach Tabelle 6.3 möglich.

Tabelle 6.3: Zeitpunkt der maximalen Temperatur nach Einbau des Betons

Bauteildicke d_B in m	Zeit zum Erreichen des Temperaturmaximums $t_{(max\ T)}$ in h	
	CEM 32,5-NW	CEM 32,5 R
0,4	30	22
0,6	34	26
0,8	38	29
1,0	42	32

Daraus ergibt sich, dass die maximale Temperatur bei üblichen Bauteildicken etwa 1 bis 1,5 Tage nach dem Einbringen des Betons erreicht wird. Dieser Zeitraum ist für das Ausschalen der ungünstigste Bereich, wenn außerdem die Lufttemperaturen während des Ausschalens niedrig sind. Hierbei entsteht der größtmögliche Temperaturunterschied zwischen Betonkern und Außenfläche. Es kann angenommen werden, dass die Temperatur im Kern in den nächsten Tagen nach dem Temperaturmaximum um etwa 10 bis 5 K (Kelvin) je Tag abnimmt.

Für dicke Bauteile mit $d_B > 1$ m kann der Zeitpunkt der maximalen Temperatur nach folgender Formel [6.28] abgeschätzt werden:

$$t_{(max\ T)} = 0,8 \cdot d_B + 1 \quad \text{in Tagen} \quad \text{mit } d_B \text{ in m} \tag{6.13}$$

6.2.2 Zeitpunkt des Temperaturausgleichs

Die Betonbauteile geben während der Hydratation die entstehende Wärme an die Umgebung ab. Dadurch herrscht in den Bauteilen über den Querschnitt keine gleichmäßige Temperaturverteilung. Die Temperaturverteilung im Laufe der Zeit über die Bauteildicke wird im Wesentlichen beeinflusst durch:

- Hydratationswärme des Zements
- Wärmeleitfähigkeit des Betons
- Wärmeübergang an den Außenflächen
- Bauteildicke.

Der Temperaturausgleich des erhärtenden Betons mit seiner Umgebung ist ebenfalls von den vorgenannten Einflüssen abhängig. Sehr entscheidend für die Zeit des Temperaturausgleichs ist neben der Hydratationswärmemenge der Wärmeabfluss über die Bauteildicke sowie durch die Schalung und Art der Nachbehandlung.

Wärmedämmende Schalungen oder Nachbehandlungsstoffe sorgen für geringere Temperaturdifferenzen zwischen Kern und Außenfläche, schieben aber den Zeitpunkt für den Temperaturausgleich hinaus.

Bei dicken Bauteilen überwiegt der Einfluss der Bauteildicke alle anderen Größen. Für Bauteile mit $d_B > 1,5$ m kann die Zeit bis zum Temperaturausgleich mit folgender Formel abgeschätzt werden [6.40]:

$$t_{(Ausgleich)} = 12 \cdot d_B - 5 \quad \text{in Tagen} \quad \text{mit } d_B \text{ in m} \tag{6.14}$$

Für übliche Bauteildicken von $d_B = 40$ cm bis 100 cm verliert die Bauteildicke an Bedeutung. Bei normalen Holzschalungen und gewöhnlichen Temperaturverhältnissen kann angenommen werden, dass der Temperaturausgleich nach etwa sieben bis zehn Tagen erreicht ist.

6.2 Erwärmung des erhärtenden Betons

$$t_{(Ausgleich)} = 7 \text{ Tage bis } 10 \text{ Tage} \qquad (6.15)$$

Bei dünneren Wänden mit $d_B < 40$ cm und günstigen oder normalen Umgebungsbedingungen muss für das Ausschalen die Zeit bis zum Temperaturausgleich nicht abgewartet werden, wenn außerdem die Fugenabstände gering sind und die Länge der Wandabschnitte die doppelte Wandhöhe nicht überschreitet.

6.2.3 Temperaturerhöhung im Bauteil

Die im Bauteil während des Erhärtens entstehende Temperaturerhöhung kann über eingebaute Temperaturfühler gemessen werden. Die Temperaturerhöhung lässt sich aber auch vorab rechnerisch abschätzen. Dies kann zur Vermeidung großer Temperaturverformungen und möglicher Temperaturrisse insbesondere bei dicken Bauteilen erforderlich sein. Innerhalb der Bauteile entsteht keine gleichmäßige Temperaturverteilung (siehe Bild 6.3, S.161).

Die maximale Temperaturerhöhung kann mit der Hydratationswärme des verwendeten Zements ermittelt werden. Hierfür ist die bis zum Zeitpunkt der maximalen Temperatur freiwerdende Hydratationswärme anzusetzen. Die entstehende Temperaturerhöhung im Inneren der Bauteile $\Delta T_{H(Bauteil)}$ ist niedriger als die für den Beton theoretisch errechnete Temperaturerhöhung $\Delta T_{th(Beton)}$. Sie ist abhängig von der Bauteildicke, von der Art der Schalung und vom Wärmeübergangswiderstand an den Bauteilaußenseiten. Auf Grund von Untersuchungen [6.76] kann angenommen werden, dass der Verhältniswert der Temperaturerhöhung im Kern von Betonwänden je nach Bauteildicke die Werte der Tabelle 6.4 erreicht. Hierbei wird davon ausgegangen, dass Wände beidseitig in 24 mm dicker Holzschalung stehen und kein Wind herrscht.

Tabelle 6.4: Verhältnisse der Temperaturerhöhung durch Hydratationswärme in Abhängigkeit von der Bauteildicke

Bauteildicke d_B in m	$\Delta T_{H(Bauteil)} / \Delta T_{th(Beton)}$
0,4	0,75
0,6	0,80
0,8	0,85
1,0	0,95
2,0	1,00

Mit der theoretischen Temperaturerhöhung im Beton $\Delta T_{th(Beton)}$ nach Gleichung 6.10 und den Verhältniswerten der Tabelle 6.3 kann die im Inneren der Bauteile entstehende Temperaturerhöhung $\Delta T_{(Bauteil)}$ abgeschätzt werden.

Beispiele zur Erläuterung

1. Die Wände einer Stahlbetonwanne sind 40 cm dick. Der Beton wird mit 320 kg Zement CEM 32,5-NW/HS je m³ hergestellt. Er hat eine Frischbetontemperatur von $T_{bo} = 12$ °C.

   Während der Hydratation liegt der Zeitpunkt der maximalen Temperatur bei 30 Stunden (Tabelle 6.3), also nach etwa 30/24 = 1,25 Tagen. Die bis zu diesem Zeitpunkt entwickelte Hydratationswärme beträgt H ≈ 130 J/g ≈ 130 kJ/kg nach Angaben des Zementherstellers bzw. nach Bild 6.2.

Folgende Temperaturerhöhung ist in den Wänden zu erwarten:

$$\Delta T_{(Bauteil)} = \frac{\Delta T_{H(Bauteil)}}{\Delta T_{th}} \cdot \frac{z \cdot H}{c_b} \approx 0{,}75 \cdot \frac{320 \cdot 130}{2500} \approx 13\,K \quad (6.16)$$

In Wandmitte wird eine Temperatur erreicht von:

$$\max T = T_{bo} + \Delta T_{(Bauteil)} = 12 + 13 = 25\,°C \quad (6.17)$$

2. Bei Wänden von 60 cm Dicke ergibt sich voraussichtlich folgende Temperaturerhöhung und maximale Temperatur durch Hydratation, wenn Beton mit 350 kg Zement CEM 32,5 R je m³ verwendet wird und das Temperaturmaximum nach 26 Stunden zu erwarten ist.
Frischbetontemperatur T_{bo} = 17 °C,
Hydratationswärme nach 26 Stunden $H \approx 160$ kJ/kg.

Folgende Temperaturerhöhung ist in den Wänden zu erwarten:

$$\Delta T_{(Bauteil)} = \frac{\Delta T_{H(Bauteil)}}{\Delta T_{th}} \cdot \frac{z \cdot H}{c_b} \approx 0{,}80 \cdot \frac{320 \cdot 160}{2500} \approx 18\,K \quad (6.18)$$

Maximale Temperatur in Wandmitte:

$$\max T = T_{bo} + \Delta T_{(Bauteil)} = 17 + 18 = 35\,°C \quad (6.19)$$

6.3 Schutzmaßnahmen während des Betonierens und Erhärtens

Der Schutz des jungen Betons bis zum ausreichenden Erhärten muss durch eine fachgerechte Nachbehandlung erfolgen:
- Schutz gegen Austrocknen
- Schutz gegen Abkühlen und starkes Erwärmen
- Schutz gegen Schwingungen und Erschütterungen

Ein wesentlicher Teil dieser Nachbehandlung des Betons ist der Schutz gegen Austrocknen. Bei vorzeitiger Verdunstung würden Kapillarporen im Zementstein entstehen. Das Gefüge bliebe poröser, die Festigkeit würde geringer ausfallen, die Wasserundurchlässigkeit könnte nicht erreicht werden, die Dauerhaftigkeit wäre nicht ausreichend.

Hell werdende Betonflächen sind soweit ausgetrocknet, dass in Oberflächennähe keine weitere Erhärtung stattfinden kann: der Beton ist „verdurstet". Das kann schon während des Betonierens geschehen. Wenn gut zusammengesetzter Beton wegen Wasserverdunstung nicht ausreichend erhärten kann, ist er nicht dauerhafter als wenn er schlecht zusammengesetzt wäre. Daher muss Beton bis zum genügenden Erhärten gegen zu schnelles Austrocknen geschützt werden. Der Schutz gegen Austrocknen muss früh genug einsetzen und genügend lange andauern.

Ein weiterer und besonders wichtiger Teil der Nachbehandlung ist der Schutz gegen zu schnelles Abkühlen. Schnelles Abkühlen kann zu Rissen führen. Temperaturdifferenzen über 15 Kelvin zwischen dem Inneren des Betonbauteils und der Außenseite erzeugen stets Risse.

In Abschnitt 6.2 ist der Zeitpunkt der maximalen Temperatur und der Zeitpunkt des Temperaturausgleichs angegeben. Zum Zeitpunkt der maximalen Temperatur des Betons innerhalb der ersten zwei Tage, je nach Bauteildicke und Zementart, ist das Ausschalen besonders gefährlich.

In der Praxis wird aber gerade dieser Zeitpunkt zum Ausschalen gewählt, da die Schalung für den nächsten Bauabschnitt wieder eingesetzt werden soll.

6.3.1 Arten der Nachbehandlung

Für die Nachbehandlung kommen verschiedene Möglichkeiten in Frage.

Im Einzelfall muss geklärt werden, welches Verfahren sinnvoll und wirkungvoll angewendet werden kann. Nachstehend sind einige Verfahren genannt, und zwar in der Reihenfolge abnehmender Wirksamkeit:

- Lagerung unter Wasser;
  (diese Maßnahme wird jedoch nur in Ausnahmefällen möglich sein)
- Belassen der Bauteile in Schalung, saugende Schalung feucht halten;
- Bedecken der Betonoberflächen mit dampfdichten Folien, die an den Kanten und Stößen gegen Durchzug gesichert sind;
- Aufrechterhalten eines sichtbaren Films aus geeignetem Wasser auf der Oberfläche;
- Anwendung von Nachbehandlungsmitteln mit nachgewiesener Eignung in der erforderlichen Menge (z.B. mindestens 150 g/m²); dabei Haftung für evtl. spätere Oberflächenbehandlung beachten.

Für die Praxis kann das Kombinieren zweier Verfahren sinnvoll und wirtschaftlich sein, z.B.:

- Lotrechte Flächen (Wände):
  Zunächst in Schalung stehen lassen, dann sofort nach dem Ausschalen mit Folie abhängen.
- Waagerechte Flächen (befahrene Decken):
  Sofort nach der Bearbeitung der Oberfläche ein Nachbehandlungsmittel aufsprühen, dann vor der ersten Nacht mit Folie oder Matten abdecken.

6.3.2 Dauer der Nachbehandlung

Die Dauer der Nachbehandlung für wasserundurchlässige Betonbauteile ist abhängig von:

- Umgebungsbedingungen (Sonne, Wind, Lufttemperatur, relative Luftfeuchte)
- Oberflächentemperatur des Betons
- Festigkeitsentwicklung des Betons (Frühfestigkeit)

Aus Tabelle 6.5 ist die erforderliche Dauer der Nachbehandlung zu ersehen.

Tabelle 6.5: Dauer der Nachbehandlung in Tagen für Außenbauteile aus Beton (nach der Richtlinie zur Nachbehandlung) [6.57]

Umgebungs-bedingungen	Beton-temperatur, ggf. mittlere Lufttemperatur	Festigkeitsentwicklung des Betons		
		schnell, z.B. w/z < 0,50 CEM 52,5 R; 52,5; 42,5 R	mittel, z.B. w/z 0,50...0,60 CEM 52,5 R; 52,5; 42,5 R; 42,5; 32,5 R oder w/z < 0,50 CEM 32,5	langsam, z.B. w/z 0,50...0,60 CEM 32,5; oder w/z < 0,50 CEM 32,5-NW/ HS
günstig vor unmittelbarer Sonneneinstrahlung und vor Windeinwirkung geschützt, relative Luftfeuchte durchgehend ≥ 80 %	mind. +10 °C	1	2	2
	unter +10 °C	2	4	4
normal mittlere Sonneneinstrahlung und/oder mittlere Windeinwirkung und/oder relative Luftfeuchte ≥ 50 %	mind. +10 °C	1	3	4
	unter +10 °C	2	6	8
ungünstig starke Sonneneinstrahlung und/oder starke Windeinwirkung und/oder relative Luftfeuchte < 50 %	mind. +10 °C	2	4	5
	unter +10 °C	4	8	10

Die Dauer der Nachbehandlung ist in folgenden Fällen zu verlängern:
- bei Temperaturen unter 5 °C um die Zeit, in der die Temperatur unter 5 °C lag
- bei verzögertem Beton um die Verzögerungszeit
- bei Beton mit Flugasche FA, die auf den Wasserzementwert angerechnet werden soll, um 2 Tage
- bei warmen Betonoberflächen gegen zu schnelles Abkühlen so lange, bis die Temperaturdifferenz zur umgebenden Luft möglichst gering ist.

6.4 Nachweis der Eigen- und Zwangspannungen

Für die Dichtigkeit eines Bauwerks spielt die Rissempfindlichkeit der Betonbauteile eine große Rolle. Daher ist eine Abschätzung der Schnittgrößen und der Spannungen für den Zustand der Rissentstehung sinnvoll. Für diese Abschätzung ist die Belastungsgeschichte zu berücksichtigen, es sind also die möglichen Zeitpunkte der Rissentstehung zu erfassen. Dies ist schwierig und eigentlich nur mit umfangreichen Rechnungen möglich. Mit einfachen Überschlagsrechnungen wird nachfolgend eine Abschätzung versucht.

6.4 Nachweis der Eigen- und Zwangspannungen

Bei der Rissentstehung ist zu bedenken, dass aus Zwang- und/oder Lasteinwirkung entstanden Risse später erhalten bleiben und sich auch nach Beendigung der rissauslösenden Einwirkung in der Regel nicht wieder vollständig schließen. Die Einwirkungen infolge Zwang und Last sind möglichst wirklichkeitsnah zu überlagern [6.21, 6.22].

Die beim Erhärten des Betons freigesetzte Hydratationswärme führt zunächst zu einer Erwärmung, später zum Abkühlen des Bauteils (Abschn. 6.2). Durch Wärmeabgabe an den Bauteiloberflächen ergibt sich eine ungleichmäßige Temperaturverteilung über den Querschnitt. Dabei entstehen bei dicken Bauteilen Eigenspannungen in Form von Zugspannungen an den Bauteiloberflächen und Druckspannungen im Kern des Bauteils (Bild 6.3). Bei weiterer Abkühlung auch des inneren Bauteilbereichs wirken schließlich im gesamten Querschnitt Zugspannungen.

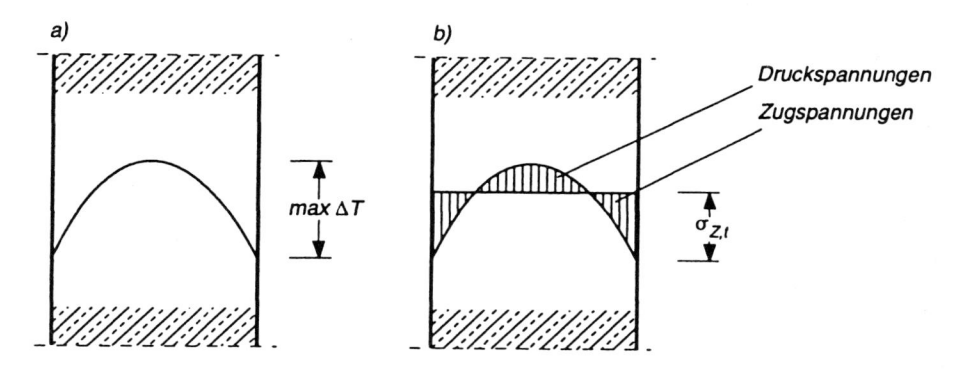

Bild 6.3: Temperaturverlauf und Eigenspannungen beim Abfließen der Hydratationswärme
    a) Temperaturverlauf: bei Temperaturdifferenzen max T > 15 K in dicken Bauteilen ist mit Schalenrissen zu rechnen [6.75]
    b) Eigenspannungen: Zugspannungen in den Randbereichen und Druckspannungen im Querschnittsinneren

Bei Beanspruchungen aus abfließender Hydratationswärme dürfen die vom Zeitpunkt ihres Auftretens herrührenden, günstig wirkenden Randbedingungen berücksichtigt werden. Dies sind z.B. die zeitliche Entwicklung des Elastizitätsmoduls sowie die Kriechfähigkeit und Relaxation des Betons [6.21].

6.4.1 Eigenspannungen (innerer Zwang)

Durch Eigenspannungen können in den Bauteilen Schalenrisse entstehen. Mit einem Nachweis der Eigenspannungen kann die Rissgefahr oder die Risssicherheit gegen Oberflächenrisse infolge Abfließens der Hydratationswärme während des anfänglichen Erhärtens abgeschätzt werden.

Eigenspannungen sind durch folgende Merkmale gekennzeichnet:
- die Summe der Eigenspannungen über den Querschnitt ist gleich Null (Bild 6.3)
- Eigenspannungen lassen sich nicht zu Schnittgrößen zusammenfassen, weil sich die Spannungen über den Querschnitt aufheben
- Eigenspannungen verursachen keine Auflagerkräfte
- Eigenspannungen sind unabhängig von den Lagerbedingungen der Bauteile

Die Eigenspannungen $\sigma_{bZ,t}$ infolge ungleichmäßiger Temperaturverteilung über die Bauteildicke können näherungsweise wie folgt bestimmt werden [6.75]:

$$\sigma_{bZ,t} = \Delta T_b \cdot \alpha_{T,t} \cdot \frac{E_{b,t}}{1+\varphi_t} \quad \text{in N/mm}^2 \qquad (6.20)$$

Hierbei sind:

ΔT_b Temperaturunterschied zwischen dem Bauteilinneren und der Außenfläche
z Zementgehalt in kg/m³
H Hydratationswärme des Zements in kJ/kg Zement
$E_{b,t}$ Elastizitätsmodul des jungen Betons B 35 zurzeit t (nach 1, 2 und 3 Tagen) in N/mm² [6.75]

$$\begin{aligned}E_{b,1} &= 0{,}65 \cdot E_b = 0{,}65 \cdot 34000 \approx 22100 \text{ N/mm}^2 \\ E_{b,2} &= 0{,}85 \cdot E_b = 0{,}85 \cdot 34000 \approx 28900 \text{ N/mm}^2 \\ E_{b,3} &= 0{,}90 \cdot E_b = 0{,}90 \cdot 34000 \approx 30600 \text{ N/mm}^2\end{aligned} \qquad (6.21)$$

$\alpha_{T,t}$ Temperaturdehnzahl des jungen Betons zurzeit t (nach 1, 2 und 3 Tagen) in 1/K

$$\begin{aligned}\alpha_{T,1} &\approx 15 \cdot 10^{-6}/K \\ \alpha_{T,2} &\approx 13{,}5 \cdot 10^{-6}/K \\ \alpha_{T,3} &\approx 13 \cdot 10^{-6}/K\end{aligned} \qquad (6.22)$$

φ_t Kriechzahl des Betons
$$\varphi_t = 0{,}12 \cdot t \leq 1 \qquad (6.23)$$
mit t = t_{maxT} in Tagen
für die Zeit der maximalen Temperatur bzw. mit t für die Zeit des Abkühlens

Temperaturdifferenz ΔT_b

Bei Berücksichtigung des Temperaturverlaufs innerhalb der Bauteile durch einen Beiwert $k_{T,v}$ kann die Temperaturdifferenz vereinfacht durch folgende Gleichungen gekennzeichnet werden [6.34]:
für normale Verhältnisse:

$$\Delta T_b \leq 10\,d + 3 \quad \text{in °C} \quad \text{mit d in m} \qquad (6.24)$$

für ungünstigere Verhältnisse (z.B. größere Lufttemperaturwechsel, höhere Frischbetontemperatur über 20 °C, Zement mit höherer Hydratationswärme) [6.56]:

$$\Delta T_b \leq 12\,d + 4 \quad \text{in °C} \quad \text{mit d in m} \qquad (6.25)$$

Eigenspannung $\sigma_{Z,t}$

Die höhere Frischbetontemperatur hat eine schnellere Festigkeitsentwicklung und Erhöhung des Elastizitätsmoduls zur Folge. Somit steht den höheren Spannungen auch eine höhere Festigkeit und ein größerer Verformungswiderstand gegenüber. Dieser Einfluss wurde bei Gleichung (6.25) bereits berücksichtigt.
Gleichung (6.20) zur Abschätzung der Eigenspannungen erhält damit nachstehende Form, unterschieden nach normalen und ungünstigen Verhältnissen.

6.4 Nachweis der Eigen- und Zwangspannungen

Eigenspannung bei günstigen Verhältnissen [6.34]:

$$\sigma_{Z,t,g} \approx k_{Tv} \cdot \alpha_{T,t} \cdot E_{b,t} \cdot \frac{10\,d + 3}{0{,}12\,t + 1} \quad \text{in N/mm}^2 \tag{6.26}$$

Eigenspannung bei ungünstigen Verhältnissen [6.56]:

$$\sigma_{Z,t,u} \approx k_{Tv} \cdot \alpha_{T,t} \cdot E_{b,t} \cdot \frac{12\,d + 4}{0{,}12\,t + 1} \quad \text{in N/mm}^2 \tag{6.27}$$

Der Beiwert k_{Tv} für den Temperaturverlauf innerhalb des Bauteils kann angenommen werden mit:

$$\begin{aligned} k_{T,v} &= {}^1\!/_2 = 0{,}5 \quad \text{für Bauteile } d < 0{,}5 \text{ m} \\ k_{T,v} &= {}^2\!/_3 \approx 0{,}7 \quad \text{für Bauteile } d = 0{,}5 \text{ bis } 3{,}0 \text{ m} \\ k_{T,v} &= 1{,}0 \quad \text{für Bauteile } d > 3{,}0 \text{ m} \end{aligned} \tag{6.28}$$

Beispiele zur Erläuterung

1. Eigenspannungen und Risssicherheit nach 24 Stunden = 1 Tag.
   Berechnung der Eigenspannung aus Abfließen der Hydratationswärme nach 1 Tag für ein Betonbauteil aus B 35 mit ß$_{WN}$ = 35 N/mm², Dicke d = 30 cm:
   Beiwert für den Festigkeitsverlauf $\quad k_{z,t} = k_{z,1} \approx 0{,}4$
   Temperaturdehnzahl des Betons $\quad \alpha_{T,t} \approx 15 \cdot 10^{-6}/K$
   Elastizitätsmodul des Betons $\quad E_{b,1} \approx 0{,}65 \cdot 34000 \approx 22100$ N/mm²
   wirksame Betonzugfestigkeit für t = 1 Tag

$$\begin{aligned} \text{ß}_{Zw,1} &\approx k_{z,1} \cdot k_E \cdot 0{,}3 \cdot \text{ß}_{WN}^{2/3} \\ &\approx 0{,}4 \cdot 0{,}8 \cdot 0{,}3 \cdot 35^{2/3} \approx 1{,}03 \text{ N/mm}^2 \end{aligned} \tag{6.29}$$

Eigenspannungen infolge Abkühlung bei günstigen Verhältnissen (Gl. 6.21 und 6.26):

$$\begin{aligned} \sigma_{Z1,g} &\approx k_{T,v} \cdot \alpha_{T,t} \cdot E_{b,t} \cdot \frac{10\,d + 3}{0{,}12\,t + 1} \\ &\approx 0{,}5 \cdot 15 \cdot 10^{-6} \cdot 22100 \cdot \frac{10 \cdot 0{,}30 + 3}{0{,}12 \cdot 1 + 1} \approx 0{,}89 \text{ N/mm}^2 \end{aligned}$$

Eigenspannungen infolge Abkühlung bei ungünstigen Verhältnissen (Gl. 6.27):

$$\begin{aligned} \sigma_{Z1,u} &\approx k_{T,v} \cdot \alpha_{T,t} \cdot E_{b,t} \cdot \frac{12\,d + 4}{0{,}12\,t + 1} \\ &\approx 0{,}5 \cdot 15 \cdot 10^{-6} \cdot 22100 \cdot \frac{12 \cdot 0{,}30 + 4}{0{,}12 \cdot 1 + 1} \approx 1{,}12 \text{ N/mm}^2 \end{aligned}$$

Sicherheit gegen die Entstehung von Oberflächenrissen infolge Eigenspannungen durch Abkühlung bei günstigen Verhältnissen:

$$\gamma_{Z1,g} = \frac{\text{ß}_{Zw,1}}{\sigma_{Z1,g}} \tag{6.30}$$

$$\approx \frac{1{,}03}{0{,}89} \approx 1{,}16 > 1{,}0$$

Sicherheit gegen die Entstehung von Oberflächenrissen infolge Eigenspannungen durch Abkühlung bei ungünstigen Verhältnissen:

$$\gamma_{Z1,u} = \frac{\text{ß}_{Zw,1}}{\sigma_{Z1,u}} \approx \frac{1{,}03}{1{,}12} \approx 0{,}92 < 1{,}0$$

2. Eigenspannungen und Risssicherheit nach 48 Stunden = 2 Tagen.
   Berechnung der Eigenspannungen aus Abfließen der Hydratationswärme nach 2 Tagen für ein Betonbauteil aus B 35 mit ß$_{WN}$ = 35 N/mm², Dicke d = 30 cm:

   Beiwert für den Festigkeitsverlauf $\quad k_{z,t} = k_{z,2} \approx 0{,}45$
   Temperaturdehnzahl des Betons $\quad \alpha_{T,2} \approx 13{,}5 \cdot 10^{-6}/K$
   Elastizitätsmodul des Betons $\quad E_{b,2} \approx 0{,}85 \cdot 34000 \approx 28900 \text{ N/mm}^2$
   Wirksame Betonzugfestigkeit für t = 2 Tage

   $\text{ß}_{Zw,2} \approx k_{z,2} \cdot k_E \cdot 0{,}3 \cdot \text{ß}_{WN}^{2/3}$
   $\approx 0{,}45 \cdot 0{,}8 \cdot 0{,}3 \cdot 35^{2/3} \approx 1{,}16 \text{ N/mm}^2$

Eigenspannungen infolge Abkühlung bei günstigen Verhältnissen (Gl. 6.21 und 6.22):

$$\sigma_{Z2,g} \approx k_{T,v} \cdot \alpha_{T,t} \cdot E_{b,t} \cdot \frac{10\,d + 3}{0{,}12\,t + 1}$$

$$\approx 0{,}5 \cdot 13{,}5 \cdot 10^{-6} \cdot 28900 \cdot \frac{10 \cdot 0{,}30 + 3}{0{,}12 \cdot 2 + 1} \approx 0{,}94 \text{ N/mm}^2$$

Eigenspannungen infolge Abkühlung bei ungünstigen Verhältnissen (Gl. 6.27):

$$\sigma_{Z2,u} \approx k_{T,v} \cdot \alpha_{T,t} \cdot E_{b,t} \cdot \frac{12\,d + 4}{0{,}12\,t + 1}$$

$$\approx 0{,}5 \cdot 13{,}5 \cdot 10^{-6} \cdot 28900 \cdot \frac{12 \cdot 0{,}30 + 4}{0{,}12 \cdot 2 + 1} \approx 1{,}20 \text{ N/mm}^2$$

Sicherheit gegen die Entstehung von Oberflächenrissen infolge Eigenspannungen durch Abkühlung bei günstigen Verhältnissen:

$$\gamma_{Z2,g} = \frac{\text{ß}_{Zw,2}}{\sigma_{Z2,g}} \approx \frac{1{,}16}{0{,}94} \approx 1{,}23 > 1{,}0$$

Sicherheit gegen die Entstehung von Oberflächenrissen infolge Eigenspannungen durch Abkühlung bei ungünstigen Verhältnissen:

$$\gamma_{Z2,u} = \frac{\text{ß}_{Zw,2}}{\sigma_{Z2,u}} \approx \frac{1{,}16}{1{,}20} \approx 0{,}97 < 1{,}0$$

3. Eigenspannungen und Risssicherheit nach 72 Stunden = 3 Tagen.
   Berechnung der Eigenspannungen aus Abfließen der Hydratationswärme nach 3 Tagen für ein Betonbauteil aus B 35 mit ß$_{WN}$ = 35 N/mm², Dicke d = 30 cm:

   Beiwert für den Festigkeitsverlauf $\quad k_{z,t} = k_{z,3} \approx 0{,}5$

6.4 Nachweis der Eigen- und Zwangspannungen

Temperaturdehnzahl des Betons $\quad \alpha_{T,3} \approx 13 \cdot 10^{-6}/K$
Elastizitätsmodul des Betons $\quad E_{b,3} \approx 0{,}90 \cdot 34000 \approx 30600 \ N/mm^2$
Wirksame Betonzugfestigkeit für t = 3 Tage

$$\beta_{Zw,3} \approx k_{z,3} \cdot k_E \cdot 0{,}3 \cdot \beta_{WN}^{2/3}$$
$$\approx 0{,}5 \cdot 0{,}8 \cdot 0{,}3 \cdot 35^{2/3} \approx 1{,}28 \ N/mm^2$$

Eigenspannungen infolge Abkühlung bei günstigen Verhältnissen (Gl. 6.21 und 6.26):

$$\sigma_{Z3,g} \approx k_{T,v} \cdot \alpha_{T,t} \cdot E_{b,t} \cdot \frac{10 \ d + 3}{0{,}12 \ t + 1}$$

$$\approx 0{,}5 \cdot 13 \cdot 10^{-6} \cdot 30600 \cdot \frac{10 \cdot 0{,}30 + 3}{0{,}12 \cdot 3 + 1} \approx 0{,}88 \ N/mm^2$$

Eigenspannungen infolge Abkühlung bei ungünstigen Verhältnissen (Gl. 6.27):

$$\sigma_{Z3,u} \approx k_{T,v} \cdot \alpha_{T,t} \cdot E_{b,t} \cdot \frac{12 \ d + 4}{0{,}12 \ t + 1}$$

$$\approx 0{,}5 \cdot 13 \cdot 10^{-6} \cdot 30600 \cdot \frac{12 \cdot 0{,}30 + 4}{0{,}12 \cdot 3 + 1} \approx 1{,}11 \ N/mm^2$$

Sicherheit gegen die Entstehung von Oberflächenrissen infolge Eigenspannungen durch Abkühlung bei günstigen Verhältnissen:

$$\gamma_{Z3,g} = \frac{\beta_{Zw,3}}{\sigma_{Z3,g}} \approx \frac{1{,}28}{0{,}88} \approx 1{,}45 > 1{,}0$$

Sicherheit gegen die Entstehung von Oberflächenrissen infolge Eigenspannungen durch Abkühlung bei ungünstigen Verhältnissen:

$$\gamma_{Z,3u} = \frac{\beta_{Zw,3}}{\sigma_{Z3,u}} \approx \frac{1{,}28}{1{,}11} \approx 1{,}15 > 1{,}0$$

Folgerungen aus den berechneten Eigenspannungen

Die Sicherheit gegen Rissentstehung wird mit zunehmendem Alter des Betons größer. Die Rissgefahr ist innerhalb des ersten Tages am größten. Diese Ergebnisse der Berechnungen bestätigen die praktischen Erfahrungen, wonach die Rissgefahr nach Ablauf des ersten Tages bzw. bei niedrigen Außentemperaturen noch während der ersten 24 Stunden am größten ist, z.B. am frühen Morgen des folgenden Tages nach dem Betonieren.

Bei normalen Verhältnissen liegt bei vorstehendem Beispiel die Sicherheit gegen Rissentstehung stets über 1,0. Daher besteht keine Gefahr für das Entstehen netzartiger Oberflächenrisse (Schalenrisse).

Bei ungünstigen Verhältnissen (z.B. bei größeren Lufttemperaturwechseln, höherer Frischbetontemperatur über 20 °C, Zement mit höherer Hydratationswärme) liegt bei vorstehendem Beispiel die Sicherheit gegen Rissentstehung erst am dritten Tage über 1,0. Innerhalb der ersten zwei Tage ist mit dem Entstehen netzartiger Oberflächenrisse zu rechnen. Sofern keine anderen Temperaturbedingungen (Luft- und Frischbetontemperatur) geschaffen werden können, hilft nur noch wärmedämmendes Abdecken der Betonoberfläche. Dieser Schutz des erhärtenden Betons muss möglichst bald nach dem Einbauen des Betons erfolgen.

6.4.2 Zwangspannungen (äußerer Zwang)

Durch Zwangspannungen können in den Bauteilen Spaltrisse entstehen. Spaltrisse gehen durch die gesamte Bauteildicke.

Zwangspannungen entstehen in den Bauteilen dann, wenn die Verformungen behindert sind, z.B. durch Einspannung in anderen Bauteilen.

Zwangspannungen sind durch folgende Merkmale gekennzeichnet:
- Zwangspannungen entstehen nur bei statisch unbestimmt gelagerten Bauteilen
- Zwangspannungen führen die Verträglichkeit der aufgezwungenen Verformungen zwischen den unterschiedlichen Bauteilen herbei
- Zwangspannungen lassen sich zu Schnittkräften zusammenfassen
- durch Zwangspannungen bedingte Auflagerkräfte stehen für sich im Gleichgewicht
- Zwangspannungen werden durch Kriechen oder Rissbildung abgebaut.

Einwirkungen, die Zwangspannungen in den Bauteilen erzeugen können, sind z.B.:
- abfließende Hydratationswärme (Abschn. 6.2)
- Schwinden des Betons (Abschn. 6.1)
- Temperatureinwirkungen aus Witterungseinflüssen
- Temperatureinwirkungen aus erhitzten bzw. abgekühlten Lagerstoffen
- Verformungsbehinderung infolge Reibung
- Setzungsdifferenzen aus benachbarter Bebauung.

6.4.2.1 Temperatureinwirkungen aus Witterungseinflüssen

Für Konstruktionen, die der Witterung ausgesetzt sind, dürfen die Werte für die einzelnen Temperaturanteile entsprechend Bild 6.4 aus Bild 6.5 entnommen werden, wenn keine genaueren Werte vorliegen [6.20].

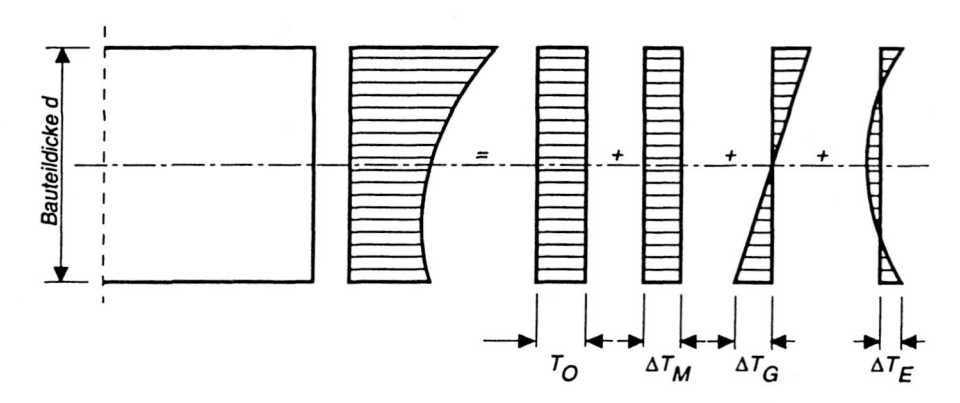

Bild 6.4: Zerlegung der Temperaturanteile über die Bauteildicke
Hierbei bedeuten:
T_0 Bezugstemperatur
ΔT_M zusätzlicher, gleich bleibender Temperaturanteil
ΔT_G zusätzlicher, linear verlaufender Temperaturanteil
ΔT_E zusätzlicher, nichtlinear verlaufender Temperaturanteil

6.4 Nachweis der Eigen- und Zwangspannungen

Für den nichtlinearen Verlauf der Temperatur darf näherungsweise ein Verlauf entsprechend einer quadratischen Parabel nach Bild 6.4 angesetzt werden. Der Abbau der Spannungen durch Kriechen und Relaxation darf berücksichtigt werden. Falls nicht genauer nachgewiesen, dürfen hierfür die Beanspruchungen infolge von Temperaturen um 10 bis 20 % verringert werden, und zwar:

- Verringerung beim Tagesgang um 10 %
- Verringerung beim Jahresgang um 20 %.

Die Temperaturverläufe über die Bauteildicke sind in Bild 6.5 dargestellt, und zwar von der Oberfläche ausgehend für Verhältnisse im Winter (links) und im Sommer (rechts). Für beide Jahreszeiten sind je eine Kurve für den Temperaturverlauf morgens und mittags angegeben, im Sommer zusätzlich mittags beschattet.

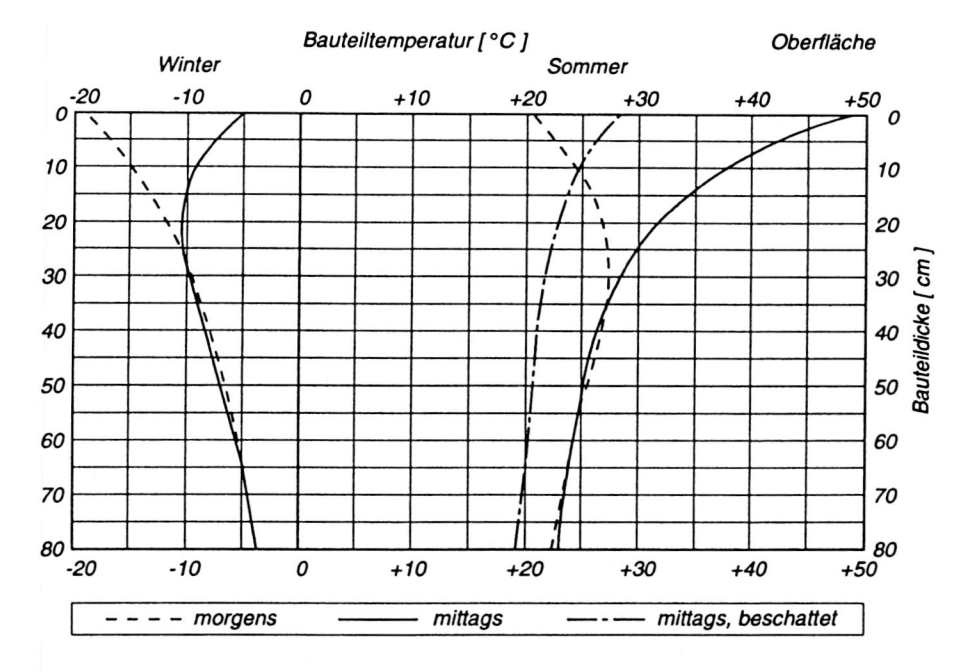

Bild 6.5: Temperaturverläufe über die Bauteildicke [20]

Beispiel zur Erläuterung

Die Auswertung zur Bestimmung der Temperaturanteile ist in Bild 6.6 in einem Beispiel sowohl für den Winter (links) als auch für den Sommer (rechts) dargestellt.

Der Arbeitsgang ist folgender:

- Bauteildicke wählen: d = 40 cm
- Temperaturkurve wählen: links: morgens im Winter rechts: mittags im Sommer
- Ausgleichsgeraden einzeichnen:

Dabei ist darauf zu achten, dass die Summe der Flächen zwischen der Temperaturkurve und der Ausgleichsgeraden gleich Null sein muss.

Ergebnisse ablesen:

	morgens im Winter:		mittags im Sommer:	
$T_{m,W}$	= –12 °C	$T_{m,S}$	= + 34 °C
$2 \cdot \Delta T_{G,W}$	= 10 K	$2 \cdot \Delta T_{G,S}$	= 20 K
$\Delta T_{E,W}$	= 2 K	$\Delta T_{E,S}$	= 4 K

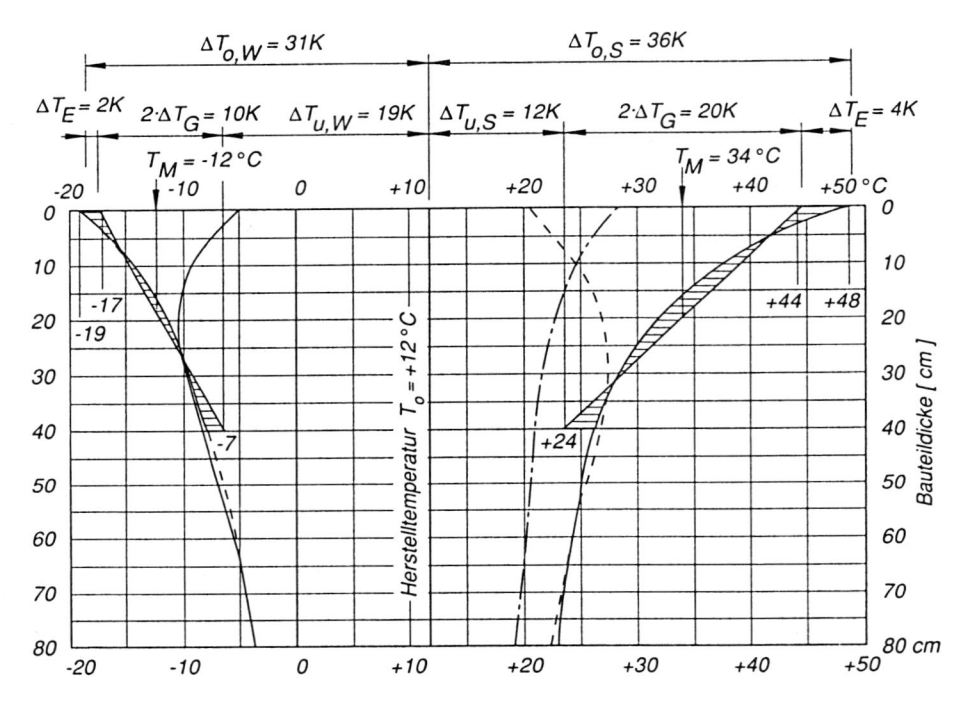

Bild 6.6: Beispiel für die Auswertung zur Bestimmung der Temperaturanteile [6.20]

Daraus ergibt sich folgende Temperaturbeanspruchung:

		im Winter		im Sommer	
zusätzlicher gleich bleibender Temperaturanteil $T_M - T_O$	ΔT_M	= 24 K	ΔT_M	= 22 K
zusätzlich linear verlaufender Temperaturanteil	ΔT_G	= 5 K	ΔT_G	= 10 K
zusätzlicher nichtlinear verlaufender Temperaturanteil	ΔT_E	= 2 K	ΔT_E	= 4 K
Bezogen auf Herstelltemperatur $T_O = 12$ °C:				
Temperaturdifferenz an der Bauteiloberseite	$\Delta T_{o,W}$	= 31 K	$\Delta T_{o,S}$	= 36 K
Temperaturdifferenz an der Bauteilunterseite	$\Delta T_{u,W}$	= 19 K	$\Delta T_{u,S}$	= 12 K

6.4.2.2 Verformungsbehinderung infolge Reibung oder Verbund

Schnittgrößen aus Verformungsbehinderungen infolge Reibung (z.B. zwischen Bauwerk und Untergrund) sowie infolge Verbunds (z.B. zwischen Wand und Fundamentplatte) sind bei der Bemessung zu berücksichtigen [6.20].

6.4 Nachweis der Eigen- und Zwangspannungen

a) Zwangspannungen in Fundamentplatten

Bei Fundamentplatten mit ebener Unterseite ist die Rissgefahr im Allgemeinen gering. Die größtmögliche Scherspannung max τ, die beim Abkühlen des Betons zwischen Fundamentplatte und Untergrund entstehen kann, ist abhängig von der Verformbarkeit der oberen Bodenschichten, von dem Reibungsbeiwert μ zwischen Fundamentplatte und Untergrund, sowie von der Rohwichte des Betons γ_b, einer evtl. vorhandenen Auflast p und der Plattenlänge l:

$$\max \tau \approx \mu \cdot (\gamma_b + p/d) \cdot l/2 \quad \text{in N/mm}^2 \tag{6.31}$$

Hierbei sind:

μ = Reibungsbeiwert zwischen Fundamentplatte und Untergrund nach Tabelle 6.6
γ_b = 0,025 MN/m³ Rohwichte des Betons
p = Auflast in MN/m²
d = Dicke der Fundamentplatte in m
l/2 = halbe Plattenlänge l bzw. halber Fugenabstand l in m

Tabelle 6.6: Anhaltswerte von Reibungsbeiwerten $\mu^{1)}$ (DAfStb-Richtlinie) [6.20]

Untergrund	Gleitschicht	erste Verschiebung min max	wiederholte Verschiebung min max
Mineralgemisch (Kies)	keine	1,4 ... 2,1	1,3 ... 1,5
Sandbett	keine	0,9 ... 1,1	0,6 ... 0,8
Sandbett	PE-Folie	0,5 ... 0,7	0,3 ... 0,5
Unterbeton	1 Lage PE-Folie	0,8 ... 1,4	0,6 ... 0,8
Unterbeton	2 Lagen PE-Folie	0,6 ...1,0	0,3 ... 0,75
Unterbeton	PTFE-beschichtete Folie	0,2 ...0,5	0,2 ... 0,3

[1] Für den Untergrund sind erhöhte Anforderungen nach DIN 18 202 bezüglich der Ebenheit einzuhalten.

Bei einer Fundamentplatte ohne Vertiefungen kann die maximale Scherspannung max τ unter der Fundamentplatte abgeschätzt werden mit dem rechnerischen Reibungswinkel cal φ des Bodens nach DIN 1055.

$$\max \tau \leq \sigma_0 \cdot \tan(\text{cal } \varphi) \tag{6.32}$$

Hierbei sind:

σ_0 Normalspannung unter der Fundamentplatte aus Eigenlast und eventueller Verkehrslast auf der Fundamentplatte
cal φ rechnerischer Reibungswinkel des Bodens nach DIN 1055
cal φ 32,5° für nichtbindigen Baugrund bei mitteldichter Lagerung
cal φ 35° für nichtbindigen Baugrund bei dichter Lagerung

Die maximal mögliche zentrische Zugkraft im Betonquerschnitt in x-Richtung bzw. y-Richtung der Fundamentplatte errechnet sich aus:

$$\max Z_{bx} \leq \max \tau \cdot b \cdot l_x \tag{6.33}$$
$$\max Z_{by} \leq \max \tau \cdot b \cdot l_y$$

Hierbei sind:

b   Breite der Fundamentplatte (im Regelfall 1 m)

l_x bzw. l_y Länge der Fundamentplatte, über die eine Verkürzung stattfindet (bei Fundamentplatte mit ebener Unterseite l/2)

Die maximal mögliche Zugspannung im Betonquerschnitt in x-Richtung bzw. y-Richtung beträgt:

$$\sigma_{bZx} \leq Z_{bx} / (b \cdot d) = \max \tau \cdot l_x / d \tag{6.34}$$

$$\sigma_{bZy} \leq Z_{by} / (b \cdot d) = \max \tau \cdot l_y / d$$

Hierbei ist d die Dicke der Fundamentplatte.

Beispiel zur Erläuterung

Eine 45 m lange und 50 cm dicke Fundamentplatte liegt auf einer ebenen Sauberkeitsschicht auf 2 Lagen PE-Folie und verdichtetem Sand.
Reibungsbeiwert entsprechend Tabelle 6.6: $\mu = 0{,}7$ bzw.
Reibungswinkel des Bodens cal $\varphi = 35°$, tan $\varphi = 0{,}7$.
Die Belastung der Fundamentplatte durch Baustellenbetrieb wird mit 5 kN/m² angenommen.
Die entstehende Zugspannung infolge Abkühlung durch Abfließen der Hydratationswärme wird nachgewiesen.

Sohlnormalspannung

$$\sigma_0 = g + p = 25 \cdot 0{,}50 + 5 = 17{,}5 \text{ kN/m}^2 \tag{6.35}$$

maximale Scherspannung unter der Fundamentplatte

$$\max \tau \leq \sigma_0 \cdot \tan (\text{cal } \varphi) \approx 17{,}5 \cdot \tan 35° \approx 12{,}3 \text{ kN/m}^2$$

maximal mögliche Zugspannung in der Fundamentplatte

$$\sigma_{bZx} \leq \max \tau \cdot l_x / d \approx 12{,}3 \cdot (45/2) / 0{,}50 \approx 554 \text{ kN/m}^2$$

$$\approx 0{,}55 \text{ N/mm}^2$$

oder

$$\sigma_{bZx} \leq \mu \cdot (\gamma_b + p/d) \cdot l_x/2 \tag{6.36}$$

$$\approx 0{,}7 \cdot (0{,}025 + 0{,}005/0{,}50) \cdot 45/2 \approx 0{,}55 \text{ MN/m}^2$$

$$\approx 0{,}55 \text{ N/mm}^2$$

Diese Zugspannung darf erst entstehen, wenn der Beton mindestens diese Zugfestigkeit erreicht hat. Bis zu diesem Zeitpunkt muss das Abkühlen des Betons verhindert werden, indem z.B. die Betonfläche abgedeckt wird.

b) Zwangspannungen in Wänden

Bei Wänden, die erst später auf Fundamentplatten betoniert werden, ist die Zwangbeanspruchung größer als bei Wänden, die in einem Arbeitsgang mit der Fundamentplatte hergestellt werden können. Die Rissgefahr ist bei nachträglich aufbetonierten Wänden größer als bei Fundamentplatten.

6.4 Nachweis der Eigen- und Zwangspannungen

Die Zwangspannung σ_{bZ} in Wänden lässt sich auf folgende Weise bestimmen [6.75]:

$$\sigma_{bZ} \approx k_v \cdot (T_m - T_F) \cdot \alpha_T \cdot \frac{E_{b,t}}{1 + \varphi_t} \text{ in N/mm}^2 \qquad (6.37)$$

Hierbei sind:

k_V Beiwert für den Verbund zwischen Wand und Fundamentplatte
      $k_V = 0$ bei unbehinderter Bewegungsmöglichkeit (Rollenlagerung)
      $k_V = 0{,}8$ bei Verbindung mit Fundamentplatte aus Stahlbeton
      $k_V = 1$ bei vollständiger Behinderung (Felsfundament)

T_m mittlere Wandtemperatur in °C, gemittelt über die Wanddicke, nach Bild 6.5 für Witterungseinflüsse oder nach Gleichung (6.36) bzw. (6.37) für abfließende Hydratationswärme

$$T_m = 0{,}5 \cdot (T_i + T_a) \quad \text{für Wände mit } d < 0{,}5 \text{ m} \qquad (6.38)$$
$$T_m = k_{T,v} \cdot \Delta T + T_a \quad \text{für Wände mit } d \geq 0{,}5 \text{ m} \qquad (6.39)$$

      $k_{T,v} = 2/3 \approx 0{,}7$ für Bauteile $d = 0{,}5$ bis $3{,}0$ m
      $k_{T,v} = 1{,}0$ für Bauteile $d > 3{,}0$ m
      ΔT Temperaturunterschied zwischen Kern und Außenfläche
      T_a Temperatur der Außenfläche

T_F Temperatur der Fundamentplatte in °C
α_T Temperaturdehnzahl des Betons in 1/K
$E_{b,t}$ Elastizitätsmodul des Betons in N/mm² während des Abkühlens zurzeit t (s. Gl. 6.21)
φ_t Kriechzahl des Betons (s. Gl. 6.23)
φ_t $= 0{,}12 \cdot t \leq 1$ mit
t $= t_{maxT}$ in Tagen für die Zeit der maximalen Temperatur bzw.
t   für die Zeit des Abkühlens

Beispiel zur Erläuterung

Für ein Bauwerk werden 60 cm dicke Wände hergestellt, die nach 2 ½ Tagen ausgeschalt werden. Es sollen die Zwangspannungen in den Wänden zum Zeitpunkt $t_{crit} = 3$ Tage untersucht werden.

Temperatur der Fundamentplatte	T_F	$= 16$ °C
Temperatur im Inneren der Wände	T_i	$= 25$ °C
Temperatur der Luft	T_L	$= 15$ °C
Temperaturdehnzahl	α_T	$= 12 \cdot 10^{-6}/K$
Elastizitätsmodul zurzeit $t_{crit} = 3$ Tage	$E_{b,t}$	$= 0{,}9 \, E_b$
Kriechzahl	φ_t	$= 0{,}12 \cdot 3 = 0{,}36$

Temperatur der Außenfläche (vereinfachte Annahme)

$$T_a \approx T_L + \frac{1}{3}(T_i - T_L) \qquad (6.40)$$

$$\approx 15 + \frac{1}{3}(25 - 15) \approx 18{,}3 \text{ °C}$$

mittlere Wandtemperatur (vereinfachte Berechnung)

$$T_m \approx k_{T,v} \cdot \Delta_T + T_a \qquad (6.41)$$

$$\approx \frac{2}{3} \cdot (25-18{,}3) + 18{,}3 \approx 22{,}8 \,°C$$

Zwangspannung infolge Abkühlung

$$\sigma_{bZ} = k_V \cdot (T_m - T_F) \cdot \alpha_T \cdot \frac{E_{b,t}}{1+\varphi_t} \tag{6.42}$$

$$\approx 0{,}8 \cdot (22{,}8 - 16) \cdot 12 \cdot 10^{-6} \cdot \frac{0{,}9 \cdot 30000}{1+0{,}36}$$

$$\approx 1{,}3 \text{ N/mm}^2$$

vorhandene Betonzugfestigkeit nach 3 Tagen mit

Beiwert k_{zt} = 0,5 (für Festigkeitsentwicklung) und
Beiwert k_E = 0,68 (für Bauteildicke: k_E = 0,80 bei d ≤ 30 cm
k_E = 0,60 bei d ≥ 80 cm)

$$\text{vorh } \beta_{bZ} \approx k_{zt} \cdot k_E \cdot 0{,}3 \, \beta_{WN}^{2/3} \tag{6.43}$$

$$\approx 0{,}5 \cdot 0{,}68 \cdot 0{,}3 \cdot 35^{2/3}$$

$$\approx 1{,}1 \text{ N/mm}^2$$

Sicherheit gegen Rissentstehung

$$\gamma_{bZ} = \frac{\text{vorh } \beta_{bZ}}{\sigma_{bZ}} \tag{6.44}$$

$$\approx \frac{1{,}1}{1{,}3} \approx 0{,}85 < 1{,}0$$

Es besteht keine ausreichende Risssicherheit. In der Wand werden Risse entstehen, wenn bei den zu Grunde gelegten Temperaturverhältnissen das Entfernen der Schalung nach 2 ½ Tagen stattfindet. Es ist eine längere Schalfrist einzuhalten oder eine besondere Nachbehandlung (z.B. Wärmedämmung) erforderlich.

6.5 Risssicherheit von wasserundurchlässigen Betonbauteilen

Die Risssicherheit von wasserundurchlässigen Betonbauteilen kann auf unterschiedliche Weise verstanden werden: Sicherheit gegen das Entstehen von Rissen in den Bauteilen oder Dichtigkeit des Bauwerks trotz entstehender Risse. Ob sich eine Sicherheit gegen das Entstehen von Rissen erreichen lässt, ist vom Einzelfall abhängig und kann eine Frage des dafür erforderlichen Aufwandes sein. Für die Beurteilung eines Bauwerks sollte jedoch stets entscheidend sein, ob es trotz entstandener Risse dicht ist. Unabdingbares Ziel muss stets die Wasserundurchlässigkeit des Bauwerks sein.

Für Bauteile aus Beton sind die wesentlichen risserzeugenden Wirkungen:

- Abkühlen des erhärtenden Betons (Abschn. 6.1),
- Schwinden des Betons durch Austrocknen (Abschn. 6.2).

Sowohl die Veränderung der Betontemperatur als auch das Austrocknen führen zur Veränderungen des Betonvolumens, zu Verformungen. Diese Verformungen kann der Beton nicht mehr unbehindert ausführen, sobald er zu erstarren und erhärten beginnt. Eine innere Verformungsbehinderung führt zu Eigenspannungen (Abschn. 6.4.1), eine äußere Verformungsbehinderung erzeugt Zwangspannungen (Abschn. 6.4.2). Beim Abkühlen und Schwinden des Betons entstehen Zugspannungen, wenn die Verformung behindert wird. Diese Zugspannungen können Risse verursachen.

Im Hinblick auf die Wasserundurchlässigkeit der Bauteile ist zwischen folgenden Rissen zu unterscheiden:

- Risse im Bereich der Oberfläche
- Risse durch die gesamte Bauteildicke
- Risse in der Biegezugzone

Die Eigenarten und Bedeutung der Risse sollen nachfolgend näher erklärt werden.

6.5.1 Risse im Bereich der Oberfläche (Schalenrisse)

Risse, die nur wenige Zentimeter in den Beton hineinreichen, werden als Oberflächenrisse oder als Schalenrisse bezeichnet. Die Ursache dieser Risse sind meistens Eigenspannungen des Betons. Hier unterscheidet man:

- *Innerer Zwang:* Zu diesen Eigenspannungen kommt es durch Wasserentzug und durch Wärmeabgabe. Beides kann im frischen oder jungen oder erhärtenden Beton stattfinden.
- *Frühschwinden,* auch plastisches Schwinden oder Kapillarschwinden genannt, entsteht bei starkem Wasserentzug aus frisch hergestellten Betonoberflächen. Betonoberflächen von Sohlen, Wandkronen oder Decken geben bei geringer Luftfeuchte und Wind oder Sonne sehr schnell Wasser ab, wenn diese Flächen nicht geschützt sind. Dabei können Risse entstehen. Rissbreiten bis 2 mm, Risstiefen bis 5 cm und Risslängen bis 2 m sind typisch. Die Risse sind nicht gerichtet, der Rissverlauf ist „wild".
- *Absetzen* des Betons infolge zu schneller und zu kurzer Verdichtung mit anschließender Wasserabgabe kann zu Rissen über oben liegenden Bewehrungen führen. Der Verlauf der Risse ist abhängig von der Verteilung der oberen Bewehrung bei Sohlen und Decken oder von den Abständen der Steckbügel bei Wandkronen. Der Verbund zwischen Bewehrung und Beton ist gestört.
- *Abkühlen* des erhärtenden Betons kann zu Temperaturrissen führen. Der Beton wird erwärmt durch die Entwicklung der Hydratationswärme beim Erhärten. Beim schnellen Abkühlen durch Wind entsteht ein starkes Temperaturgefälle von innen nach außen. In den Randzonen entstehen Zugspannungen durch die behinderte Verkürzung. Wenn die Zugspannungen die bis dahin entstandene Zugfestigkeit des Betons erreichen, entstehen Risse: Temperaturrisse als Schalenrisse. Bei dicken Bauteilen führen Temperaturdifferenzen von $\Delta T \geq 15$ K zwischen dem Bauteilinneren und den Bauteilaußenflächen zu Rissen (Bild 6.3). Bei Temperaturausgleich sind diese Risse wieder geschlossen, wenn sie nicht Anlass für weitergehende Risse waren. Die Risse sind umso breiter, je länger sie sind. Die Breite ist jedoch kaum größer als 0,2 mm.

6.5.2 Risse in der Biegezugzone

Durch Biegebeanspruchung aus Lasten oder Zwang können Risse in der Biegezugzone entstehen. Die zulässigen Rissweiten infolge Biegebeanspruchung können auch ohne Bewehrung eingehalten werden [6.48]. Es ist nachzuweisen, dass die Risse nur teilweise – also nicht tief in die Konstruktion – eindringen können.

Im restlichen Querschnitt müssen Druckspannungen das weitere Eindringen der Risse verhindern. Bei genügend dicken Bauteilen ist das durchaus zu erreichen (Bild 6.7).

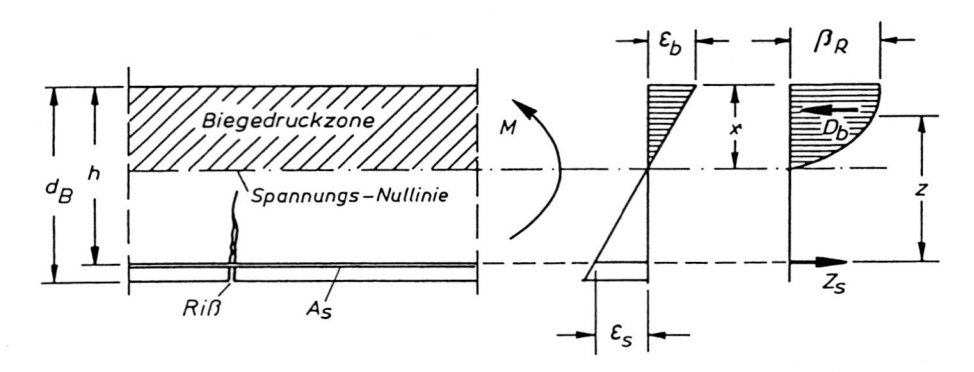

Bild 6.7: Biegebeanspruchte Bauteile reißen höchstens so tief auf, wie die Biegezugzone in den Beton hineinreicht. In der Biegedruckzone können keine Zugrisse entstehen.

Die Risstiefe t_R kann bis zur Spannungs-Nulllinie reichen, so dass die Risstiefe gleich der Höhe der Zugzone ist: $t_R = d_B - k_x \cdot h$.
Die Höhe der ungerissen bleibenden Druckzone soll mindestens betragen [6.21]:

$$\min x \geq 5 \text{ cm}$$
$$\geq 2 \cdot d_K \quad \text{mit } d_K = \text{Größtkorn des Zuschlags} \tag{6.45}$$

Bedeutung

Biegezugbeanspruchungen werden die Wasserundurchlässigkeit nicht aufheben, wenn der Beton erst gar nicht reißt (Möglichkeit 1) oder wenn bei entstehenden Rissen der Biegezugzone eine genügend dicke Betondruckzone gegenübersteht (Möglichkeit 2) oder wenn die Rissbreite in der Biegezugzone durch geeignete Bewehrung eng genug bleibt (Möglichkeit 3).

Die erste Möglichkeit erscheint als die sicherste. Sie ist es jedoch nur dann, wenn außer allen Lastfällen und verschiedenen Lastkombinationen auch alle Zwangschnittgrößen erfasst werden. Das ist sehr schwierig und meistens nur ungefähr zutreffend möglich. In einer üblichen statischen Berechnung werden die verschiedenen Zwänge durch Temperaturzustände und Schwindvorgänge kaum erfasst. Das ist auch deswegen schwierig, weil die dadurch entstehenden Spannungen im jungen Beton durch Kriechen und Relaxation abgebaut werden. Ob diese Vorgänge rechnerisch erfasst werden oder nicht: Die Bauteile erleben diese Vorgänge, beginnend beim Betonieren, dann beim Ausschalen, später bei den unterschiedlichen Bauzuständen bis hin zum fertigen Bauwerk.

Die dritte Möglichkeit, die die Beschränkung der Rissbreite durch Anordnung einer rissverteilenden Bewehrung vorsieht, erscheint zunächst sehr aufwändig. Insgesamt gesehen gestattet diese Methode aber das Herstellen sicherer Bauwerke mit geringeren Kosten, wenn sinnvoll vorgegangen wird.

6.5.3 Durchgehende Risse (Spaltrisse)

Risse, die durch die ganze Dicke der Konstruktion durchgehen, werden Spaltrisse genannt. Risse dieser Art entstehen durch Zugspannungen infolge von Lasten oder von äußerem Zwang. Die Breite dieser Risse lässt sich durch Bewehrung beeinflussen und steuern. Die statische Zugbeanspruchung kann rechnerisch ziemlich genau erfasst werden. Nur schwer abschätzen lassen sich die Zugspannungen infolge äußerem Zwang. Dieser äußere Zwang entsteht, wenn von außen erzwungene Bewegungen durch Behinderung nicht stattfinden können. Solche Zwänge entstehen z.B. durch:

- Temperaturänderungen im Laufe des Tages und des Jahres
- Schwinden des Betons durch Austrocknen
- Ungleichmäßige Setzungen der Bauteile.

Diese Zwangbeanspruchungen werden kurz erläutert.

6.5.3.1 Rissgefahr beim Abkühlen

Temperaturänderungen im Laufe des Tages und im Wechsel der Jahreszeiten beanspruchen die Bauteile unterschiedlich und nicht stets in gleicher Weise. Freistehende Bauteile (z.B. Behälterwände) werden anderen Temperaturschwankungen ausgesetzt als im Erdreich liegende und überdeckte Bauteile (z.B. Sohle eines teilweise gefüllten Behälters). Der Sonneneinstrahlung ausgesetzte Bauteile werden stärker erwärmt als im Schatten stehende.

Während des Erhärtens erfährt der Beton verschiedene Stadien, in denen er geänderten Auswirkungen ausgesetzt ist und sich unterschiedlich verhält. Untersuchungen [6.70] zeigten dieses Verhalten sehr deutlich. Folgende Daten kennzeichnen die Untersuchungen:

- Beton aus CEM 32,5 R, A/B 16, w/z = 0, 50
- Frischbeton-Temperatur 30 °C
- Lufttemperatur 30 °C
- Erstarrungsbeginn 2 Stunden
- Abkühlung der Luft: Beginn 2 bis 48 Stunden nach dem Mischen,
  Abkühlgeschwindigkeit 2 °C je Stunde.

Fünf kennzeichnende Stadien sind beim Erhärten des Betons feststellbar, wenn er von außen abgekühlt wird und Einspannungen das Verformen behindern (Bild 6.8).

- *Stadium I* (0 bis etwa 2 Stunden)
  Anfangsstadium ohne Temperaturerhöhung bis zum Einsetzen des Erstarrungsbeginns nach 2 Stunden.
- *Stadium II* (etwa 2 bis etwa 5 Stunden)
  Beginn des Temperaturanstiegs durch Hydratation. Die Temperaturdehnung wird in Stauchungen umgesetzt, da sich der Beton in Längsrichtung nicht ausdehnen kann. Es entstehen keine messbaren Spannungen, denn der Beton ist noch plastisch verformbar. Die Temperatur am Ende dieses Stadiums wird als „erste Nullspannungstemperatur" bezeichnet. Sie liegt über der Frischbetontemperatur.
- *Stadium III* (etwa 6 bis etwa 9 Stunden)
  Beim weiteren Erwärmen und verstärkten Erhärten des Betons entstehen messbare Druckspannungen, da sich der Beton nicht ausdehnen kann. Die Druckspannungen werden zum Teil durch Relaxation abgebaut. Das Erreichen der Höchsttemperatur beendet dieses Stadium.

- *Stadium IV* (etwa 9 bis etwa 11 Stunden)
  Der Beton kühlt sich ab, da mehr Wärme abgeleitet und abgestrahlt wird als durch Hydratation entsteht. Die Druckspannung wird geringer. Die Temperatur, bei der die Druckspannung zu Null wird, ist die „zweite Nullspannungs-Temperatur „. Sie liegt um den Wert ΔT höher als die erste Nullspannungs-Temperatur. Ein Teil der Druckspannung wurde durch Relaxation abgebaut. Dabei hat sich der Beton um das Maß $\alpha_T \cdot \Delta T$ plastisch verkürzt.
- *Stadium V* (etwa 11 bis etwa 15 Stunden)
  Bei weiterer Abkühlung entstehen Zugspannungen. Sie werden zum Teil durch Relaxation abgemindert. Die Zugspannungen nehmen stark zu bis schließlich der Beton reißt. Es entstehen *Spaltrisse*.

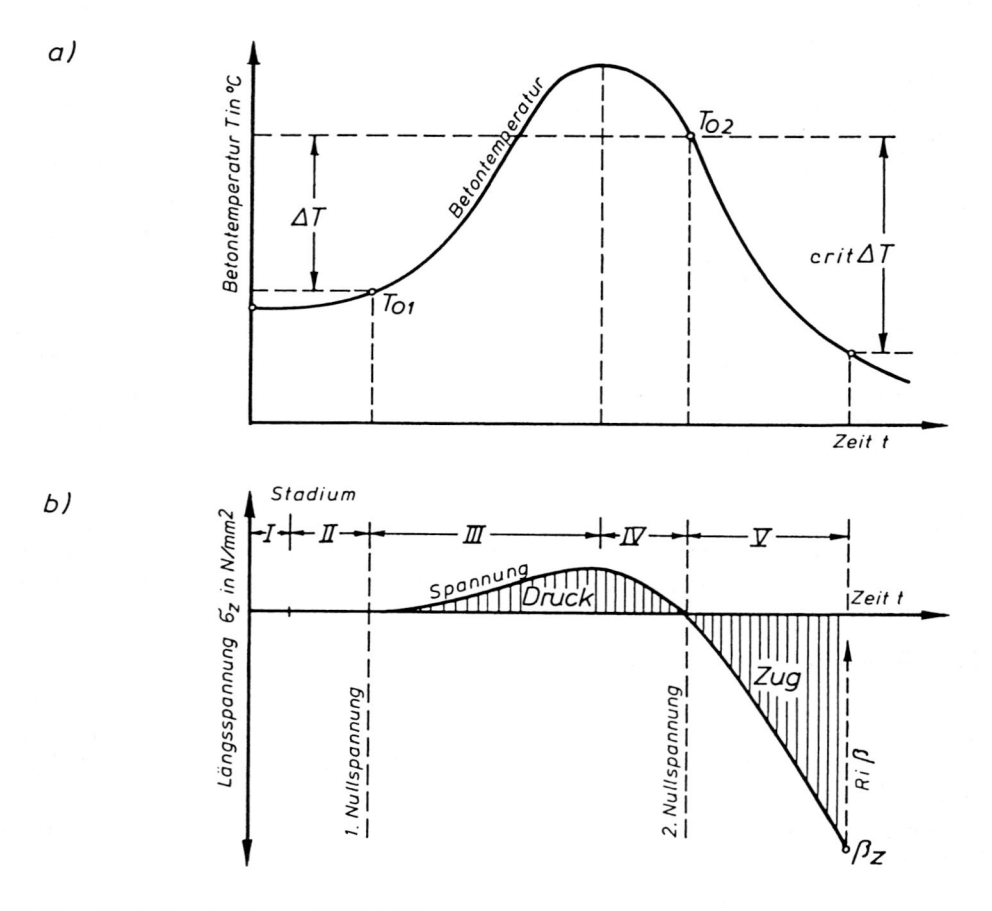

Bild 6.8: Verhalten des Betons [6.70, 6.75]
    a) Betontemperatur bei Erwärmung und Abkühlung des Betons infolge Hydratation
    b) Spannungen im Beton bei behinderter Verformung und Rissgefahr bei Erreichen der Betonzugfestigkeit

In der Praxis ist für das Entstehen von Rissen auch die Abkühlgeschwindigkeit von Bedeutung. Risse können auftreten, lange bevor die Ausgangstemperatur erreicht ist.

Folgerungen

Aus den vorgenannten Untersuchungen können hinsichtlich der Rissgefahr bei jungem Beton folgende Schlussfolgerungen abgeleitet werden [6.70, 6.75].

- *1. Wenig erwärmen:*
  Der Beton soll sich durch Hydratation oder Sonneneinstrahlung in den ersten Stunden möglichst wenig erwärmen. Damit wird dem Beton nur wenig plastische Stauchung aufgezwungen. Der Unterschied zwischen der zweiten Nullspannungs-Temperatur und der Endtemperatur darf nicht so groß werden. Niedrige Ausgangstemperatur und Abführen der Hydratationswärme durch Kühlen wirken sich günstig aus.

- *2. Langsam abkühlen:*
  Nach der Wärmeentwicklung soll sich der Beton langsam abkühlen. Langsam entstehende Zugspannungen können weitgehender durch Relaxation abgebaut werden.

- *3. Austrocknen verzögern:*
  Besonders hohe Rissgefahr besteht, wenn der Beton kurz nach Erreichen der Höchsttemperatur plötzlich austrocknen kann. Durch die dabei entstehende Verdunstungskälte wird er schneller abgekühlt. Zusätzlich wird der Beton durch Schwindspannungen beansprucht.

- *4. Geeignete Zuschläge:*
  Zuschläge mit geringer Temperaturdehnung vermindern die Rissgefahr erheblich. Mit Kalksteinzuschlag gegenüber Quarzzuschlag wird zum Beispiel der ertragbare Temperaturunterschied beim Abkühlen um etwa 50 % erhöht.

- *5. Geeignete Betonzusammensetzung:*
  Zemente mit niedrigerer Wärmeentwicklung (NW-Zemente) sind zweckmäßig. Betone mit geringeren Zementgehalten (möglichst $z \leq 320$ kg/m³) sind günstiger als solche mit höheren Zementgehalten ($z > 350$ kg/m³). Für wasserundurchlässige Betone muss auch der Wassergehalt niedrig gehalten werden (möglichst $w \leq 165$ kg/m³).

- *6. Luftporengehalt:*
  Betone mit künstlichen Luftporen durch Zusatz eines LP-Mittels sind weniger rissempfindlich als solche ohne Luftporen. Durch künstliche Luftporen wird der Elastizitätsmodul gesenkt. Die Wasserundurchlässigkeit wird dadurch nicht ungünstig beeinträchtigt.

6.5.3.2 Rissgefahr beim Austrocknen

Rasche Wasserabgabe durch Austrocknen des jungen Betons kann in den ersten Stunden zu erheblichen Verkürzungen führen. Dieser Gefahr sind nichtgeschalte Betonoberflächen ausgesetzt. Nennenswerte Verkürzungen treten ein, sobald bei starker Verdunstung das Wasser verschwunden ist, das durch Bluten an die Oberfläche gelangt war.

Bei austrocknendem Beton, der sich unbehindert verformen kann, sind drei Phasen zu unterscheiden [6.75]:

- I. Phase (0 bis etwa 5 Stunden)
  Anfangsphase ohne nennenswerte Erhärtung.
  Bei starker Verdunstung ist die Wärmeabgabe größer als die Wärmeentwicklung durch Hydratation. Daher kühlt der Beton bis unter die Lufttemperatur ab. Es findet eine rasche und starke Verkürzung des Betons statt.

- *II. Phase* (etwa 5 bis etwa 11 Stunden)
  Zeitbereich mit maximaler Erhärtungsgeschwindigkeit.

Trotz starker Verdunstung steigt die Betontemperatur an wegen starker Wärmeentwicklung durch Hydratation. Mit dem Temperaturanstieg und der beschleunigten Erhärtung erhöht sich die Steifigkeit des Betons. Die innere Verformungsbehinderung und die Temperaturdehnung bringen die Verkürzung zum Stillstand.

- *III. Phase* (etwa 11 bis etwa 24 Stunden)
  Zeitbereich verlangsamter Verdunstung und fallender Temperatur.
  Der Beton verlängert sich etwas und behält seine Länge bei. Bei frühzeitig ausgetrocknetem Beton sind nennenswerte Schwindverformungen in späterer Zeit nicht mehr zu erwarten. Zwar steigt die Druckfestigkeit noch weiter an, sie erreicht jedoch nicht den Wert, der sich bei ordnungsgemäßer Lagerung des Betons ergibt.

Für die Verformung des jungen Betons beim Austrocknen sind im Wesentlichen drei Einflüsse bestimmend:
- zeitlicher Verlauf der Wasserverdunstung
- Verteilung und Bindung des Wassers im Beton
- Entwicklung von Festigkeit und Verformungswiderstand.

Frühzeitiger Austrocknungsbeginn durch Wind und niedrige Luftfeuchte verstärkt die Verkürzung des Betons (Tabelle 6.7).

Tabelle 6.4: Einfluss der Luftbewegung auf die Verkürzung des jungen Betons [6.75]

Luftbewegung	Verkürzung des Betons gegenüber Lagerung in ruhender Luft
ruhende Luft	1fach
Wind 1 m/s (3,6 km/h)	2fach
Wind 3 m/s (10,8 km/h)	5fach

Bedeutung:

Durchgehende Risse beeinträchtigen die Wasserundurchlässigkeit, wenn sie eine bestimmte Breite überschreiten. Risse sollten vermieden werden, entstehende Risse müssen eng genug bleiben. Die zulässige Rissbreite ist abhängig vom Wasserdruck und von der Bauteildicke.

Daraus ergeben sich die Folgerungen:
- Zugspannungen infolge Lasten und äußerem Zwang gering halten:
  geeignete Konstruktion wählen und umfassende Bemessung durchfuhren.
- Zugfestigkeit des Betons erhöhen:
  günstige Betonzusammensetzung sowie gute Verdichtung und Nachbehandlung des Betons sicherstellen.
- Wenn die Zugspannungen nicht mit ausreichender Sicherheit unter der Zugfestigkeit gehalten werden können:
  rissverteilende Bewehrung einbauen.

6.5.4 Vorgänge bei der Rissbildung

Sinn der Bauweise mit beschränkter Rissbreite ist es, unvermeidbare Zwänge durch Bewehrung abzudecken. Entstehende Risse sollen möglichst fein verteilt werden. Diese Risse beeinträchtigen nicht die Wasserundurchlässigkeit, wenn sie eng genug sind. Für rechnerisch zulässige Rissbreiten gibt Abschnitt 6.5.5 entsprechende Hinweise.

6.5 Risssicherheit von wasserundurchlässigen Betonbauteilen

Wenn risserzeugende Zwänge nicht vermieden werden können oder wenn sich keine zuverlässige Aussage über die zu erwartende Zwangbeanspruchung machen lässt, wird sicherlich eine Bewehrung zur Beschränkung der Rissbreite erforderlich. Dieses sollte jedoch nicht die Regel sein. Das Rissbild in last- und zwangbeanspruchten Bauteilen zeigt Bild 6.9.

Eine Rissbreitenbegrenzung ist bei folgenden, nicht günstigen Verhältnissen erforderlich:
- Sohlplatte des Bauwerks:
  - keine Gleitmöglichkeit der Sohlplatte auf dem Baugrund
  - unvermeidbare Versprünge der Sohlplattenunterseite
  - Verhakungen der Sohlplatte durch Schachteinbauten
  - unterschiedliche Sohlplattendicke durch Fundamentstreifen
  - Zwang durch große Bauwerkssohle ohne Fugenunterteilung
- Wände des Bauwerks:
  - große Zwangspannungen in den Wänden durch späteres Betonieren
  - große Fugenabstände in den Wänden
  - ungünstige Betonierbedingungen
  - fehlende wirksame Nachbehandlung als Schutz gegen zu schnelles Abkühlen und Austrocknen

In diesen und ähnlich gelagerten Fällen sollte die rissverteilende Bewehrung nach den folgenden Abschnitten oder einer ähnlichen Methode gemessen werden.

Zugbeanspruchter Beton reißt, wenn die wirkende Zugspannung σ_Z aus Last- und Zwangspannungen die derzeitige Betonzugfestigkeit β_{bZ} erreicht (Bild 6.10). Hierbei kann es zu einer frühen und einer späten Rissbildung kommen.

Die aus dem wirksamen Betonquerschnitt ef A_b frei werdende Betonzugkraft Z_b muss plötzlich vom Stahlquerschnitt A_s aufgenommen werden. Die Gleichgewichtsbedingung hierfür lautet

$$Z_b = \text{ef } A_b \cdot \beta_{bZ}$$
$$= A_s \cdot \sigma_s \tag{6.46}$$

Für die Stahlspannung σ_s kann 80 % der Streckgrenze β_S des Stahls eingesetzt werden:

$$\sigma_s \leq 400 \text{ N/mm}^2 \quad \text{für BSt IV R} \tag{6.47}$$

Zur Eingrenzung der Rissbildung ist wegen des erforderlichen Verbundes zwischen Beton und Stahl nur Rippenstahl zu verwenden.

Mit der Stahlspannung σ_s erhält man aus der Gleichgewichtsbedingung die erforderliche Mindestbewehrung

$$\min \mu = \beta_{bZ}/\sigma_s \tag{6.48}$$

Für eine zunehmende Betonzugfestigkeit β_Z ist damit auch ein höherer Gehalt an Mindestbewehrung nötig. Für die Mindestbewehrung kann entscheidend sein, zu welchem Zeitpunkt (also bei welcher Zugfestigkeit) die risserzeugende Beanspruchung auftritt.

Die Ausnutzung des Stahls mit einer Zugspannung von $\sigma_s = 400$ N/mm² entspricht eine zugehörige Dehnung von:

$$\varepsilon_s = \sigma_s/E_s \tag{6.49}$$
$$\approx 400/210000 \approx 0{,}002$$
$$\stackrel{\wedge}{=} 2\,\text{\textperthousand} = 2 \text{ mm/m}$$

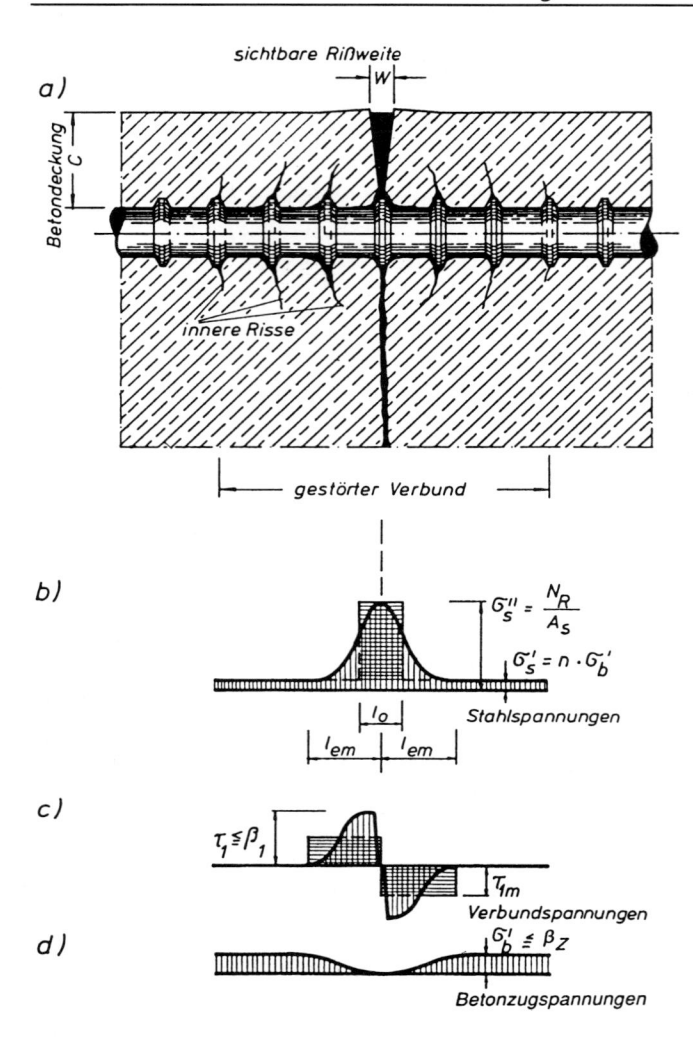

Bild 6.9:
Rissbild in last- und zwangbeanspruchtem Beton bei Bewehrung aus Rippenstahl
a) im Inneren entstehen Verbundrisse im Beton an den Stahlrippen, außen ist die sichtbare Rissbreite größer als am Stahlstab [50]
b) Stahlspannungen im Bereich der Einleitungslänge l_{em} [6.39]
c) Verbundspannungen
d) Betonzugspannungen

Gegenüber der hohen Dehnfähigkeit des Stahls besitzt der Beton nur eine geringe Bruchdehnung von $\varepsilon_b = 0{,}1\,‰$ bis $0{,}15\,‰$. Die Dehnung des Stahls überschreitet die Dehnfähigkeit des Betons um das 20fache! Der Beton muss bei dieser Stahldehnung reißen. Auf Grund der Gleichgewichtsbedingungen muss die ursprünglich im Beton wirkende Zugkraft Z_b vom Stahlquerschnitt übernommen werden:

$$Z_s = Z_b \qquad (6.50)$$

6.5.5 Rechnerisch zulässige Rissbreiten

Unter der Rissbreite versteht man im Allgemeinen die Breite des Risses, die an der Betonoberfläche zu sehen ist. Oft täuscht diese Weite über die tatsächliche Rissbreite im Inneren des Bauteils: Diese ist meistens kleiner. Der Verlauf der Rissbreite ist abhängig von der Risstiefe, der Bewehrung und vor allem von der Entstehungsursache.

6.5 Risssicherheit von wasserundurchlässigen Betonbauteilen

Es gibt im Zusammenhang mit Bauwerksabdichtungen zwei Gründe, die Rissbreite zu beschränken:

- Korrosionsschutz der Bewehrung in Abhängigkeit von Umweltbedingung und Betondeckung
- Wasserdruck in Abhängigkeit von der Bauteildicke d_B (Bild 6.10)
- Selbstheilung des Betons

Je nach Bauteilart und Beanspruchung kann der Rechenwert einer rechnerisch zulässigen Rissbreite w_{cal} entsprechend Tabelle 6.8 festgelegt werden, wenn nicht andere Regelungen dagegen sprechen oder andere Vereinbarungen getroffen werden.

Aus der Druckwasserhöhe h_D und der Bauteildicke d_B kann das Druckgefälle i errechnet werden. Mit dem Druckgefälle i erhält man eine Kenngröße für zulässige Rissbreiten w_{cal}, bei denen eine Selbstheilung erwartet werden kann:

$$\text{Druckgefälle } i = h_D / d_B \tag{6.51}$$

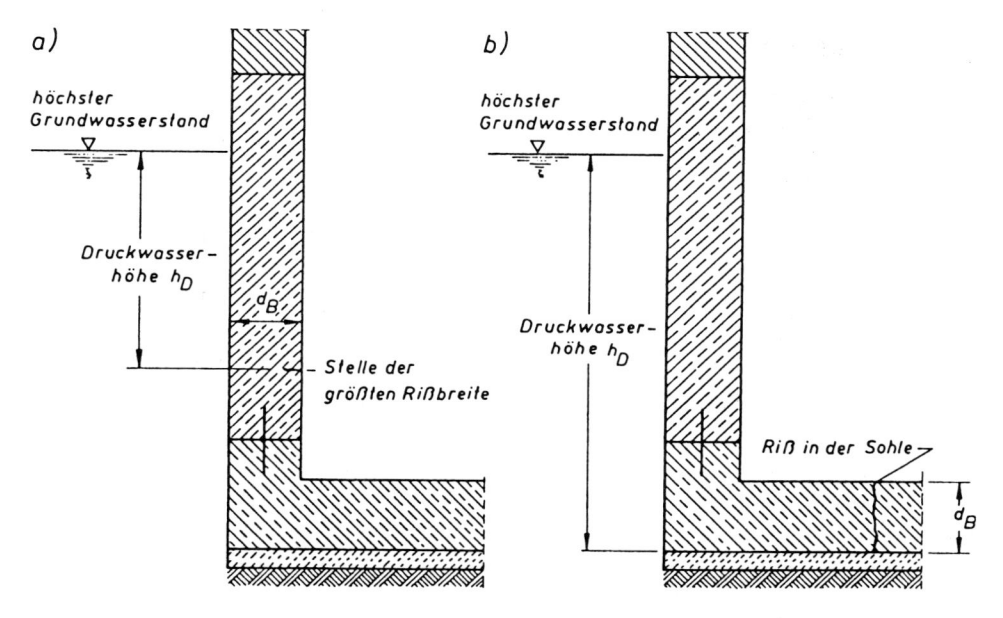

Bild 6.10 Bestimmung der Druckwasserhöhe h_D zum Festlegen der unbedenklichen Rissbreite w_{cal} für die Selbstheilung von Rissen im Beton
  a) Risse in Betonwänden
  b) Risse in Sohlplatten

Diese zulässigen Rissbreiten für wasserundurchlässige Bauteile beruhen auf Erfahrungswerten im Hinblick auf ein mögliches Dichtwerden der Risse durch Selbstheilung des Betons. Nach Beobachtungen vieler Bauwerke und praktischen Erfahrungen des Autors sollten Risse oder Fehlstellen für eine zu erwartende Selbstheilung die Werte der Tabelle 6.8 Spalte 2 nicht überschreiten. Nach weiteren Untersuchungen unter Laborbedingungen [6.38, 6.64] wären für eine zu erwartende Selbstheilung die Rissbreiten nach Tabelle 6.8 Spalte 3 zulässig.

Tabelle 6.8: Rechnerische Rissbreiten w_{cal} für die „Selbstheilung" von Rissen im Beton

rechnerische Rissbreite w_{cal} in mm	Druckgefälle i = h_D/d_B in m/m	
	nach Beobachtungen des Autors [6.56]	nach weiteren Untersuchungen [6.37, 6.64]
≤ 0,20	≤ 2,5	≤ 10
≤ 0,15	≤ 5	≤ 15
≤ 0,10	> 5	≤ 25

Bei wasserundurchlässigen Konstruktionen mit einer verbleibenden Druckzone von mindestens 5 cm bzw. mindestens der 2fachen Abmessung des Zuschlaggrößtkorns wird die rechnerisch zulässige Rissbreite auf der Luftseite der Bauteile nicht durch die Wasserundurchlässigkeit, sondern durch andere Anforderungen bestimmt, wie z.B. die Dauerhaftigkeit oder das Aussehen.

6.5.6 Bemessung der Bewehrung zur Beschränkung der Rissbreite

Bei der Bemessung der Bewehrung zur Rissverteilung handelt es sich um Rechenverfahren, mit denen geeignete Größenordnungen abgeschätzt werden können. Es hat demzufolge keinen Sinn, komplizierte Rechnungen durchzuführen, wenn die rechnerischen Annahmen die wirklichen Verhältnisse nicht einigermaßen erfassen. Entscheidend ist hierbei besonders das Verformungsverhalten des jungen, erhärtenden und erhärteten Betons sowie das Erfassen der Zwangbeanspruchungen durch Abkühlen und Austrocknen.

Die Zwangbeanspruchung beim Abfließen der Hydratationswärme ist in den meisten Fällen die rissauslösende Ursache. Daher ist der Lastfall „Hydratationswärme" der wichtigste Lastfall, der bei der Bemessung zur Beschränkung der Rissbreite zu berücksichtigen ist. Zur Bemessung wurde eine Vielzahl von Rechenprogrammen und Diagrammen entwickelt. Diagramme ermöglichen ein direktes Ablesen der erforderlichen Bewehrung [6.58].

Bild 6.11 erläutert zunächst die Darstellung der Linienzüge hinsichtlich der sich ergebenden Stababstände s und der wirkenden Stahlspannungen σ_s für die jeweilige Dicke d des Bauteils. Bild 6.12 macht deutlich, dass die abgelesene Bewehrung bei zentrischem Zwang für jeweils eine Bauteilseite gilt. So ist also a_{sa} die Bewehrung für die Außenseite einer Wand und a_{si} die Bewehrung für die Innenseite dieser Wand. Diese Bewehrung ist an Stelle der sonst üblichen Querbewehrung anzuordnen.

6.5 Risssicherheit von wasserundurchlässigen Betonbauteilen

	[mm] $20+d_s \leq s \leq 250$	$s \geq 250$ mm $s \leq 350$ mm	[mm] $s \leq 20+d_s$
[N/mm²] $\sigma_s \leq 400$	————	– – – –	– · – · –
$\sigma_s > 400$ $\sigma_s \leq 500$	· · · · · · · ·	—— ——	— · · — · ·

Bild 6.11:
Erläuterung zu den Bemessungsdiagrammen 6.13 und 6.14.
Die dargestellten Linienzüge geben die Größe der entstehenden Stababstände s der Bewehrung a_s und die Größe der Stahlspannung σ_s an [6.58]

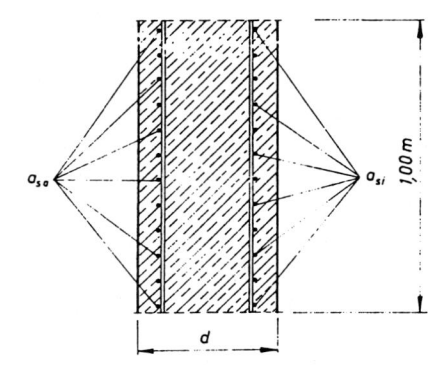

Bild 6.12:
Bewehrung für zentrischen Zwang durch Abfließen der Hydratationswärme aus Bauteilen, z.B. bei Wänden in horizontaler Richtung an Stelle der sonst üblichen Querbewehrung [6.58]

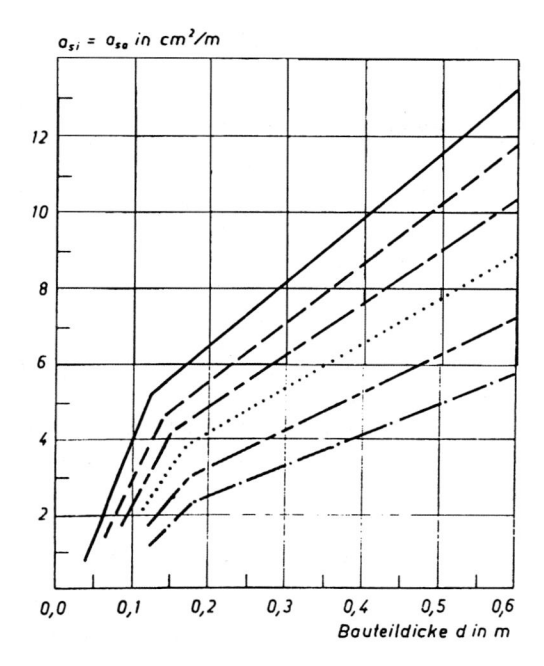

Die erforderliche Bewehrung je Bauteilseite, die bei zentrischem Zwang infolge des Abfließens der Hydratationswärme in Abhängigkeit von Bauteildicke und Stabdurchmesser der Bewehrung erforderlich ist, kann zur Beschränkung der Rissbreite auf $w_{cal} = 0{,}10$ mm aus Bild 6.13 und für die Rissbreite $w_{cal} = 0{,}25$ mm aus Bild 6.14 abgelesen werden.

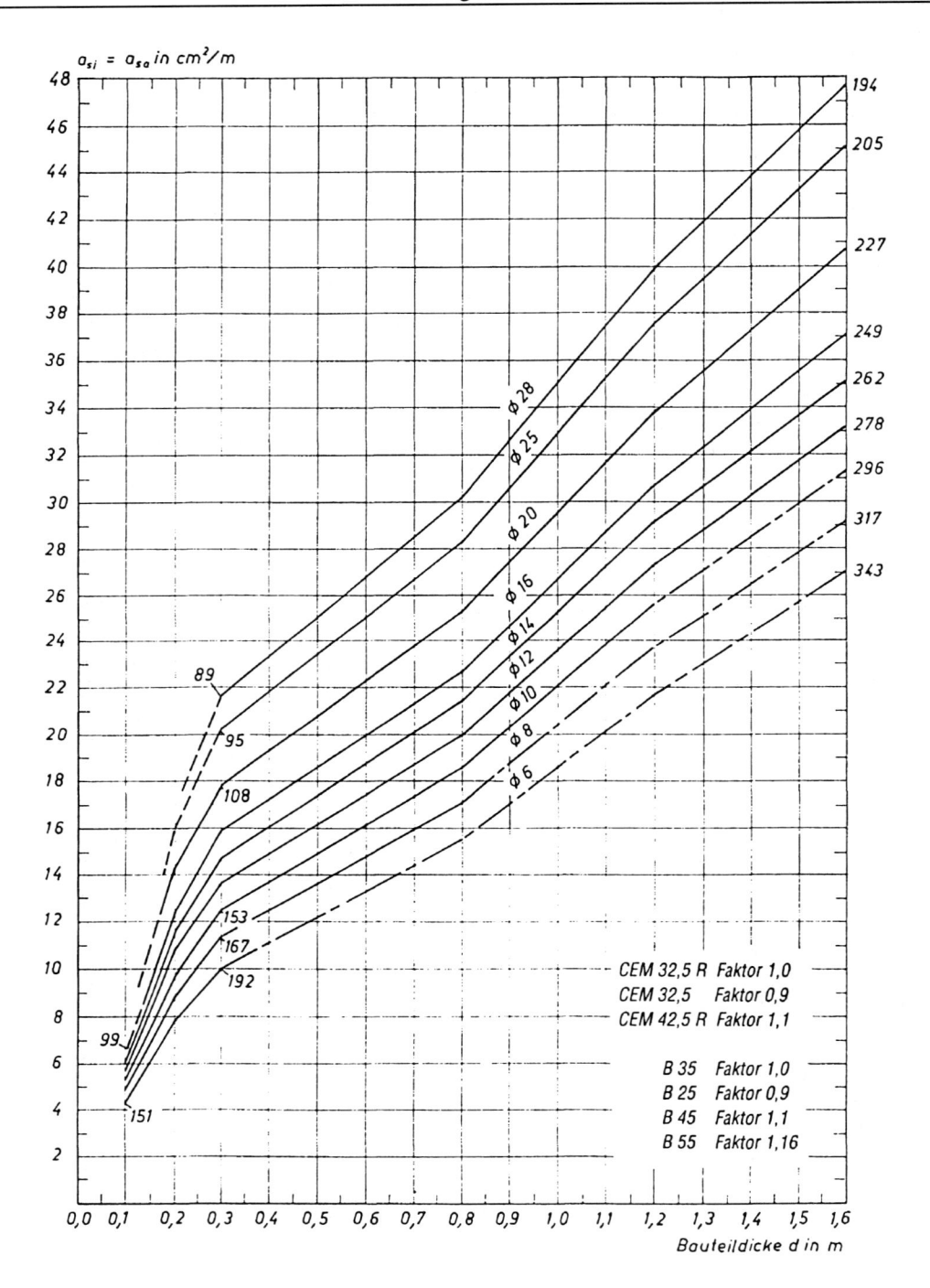

Bild 6.13: Bewehrung zur Beschränkung der Rissbreite auf einen rechnerischen Wert von $w_{cal} = 0{,}10$ mm bei zentrischem Zwang aus Abfließen der Hydratationswärme für eine Betondeckung von 3 cm entsprechend Heft 400 des DAfStb [6.58]

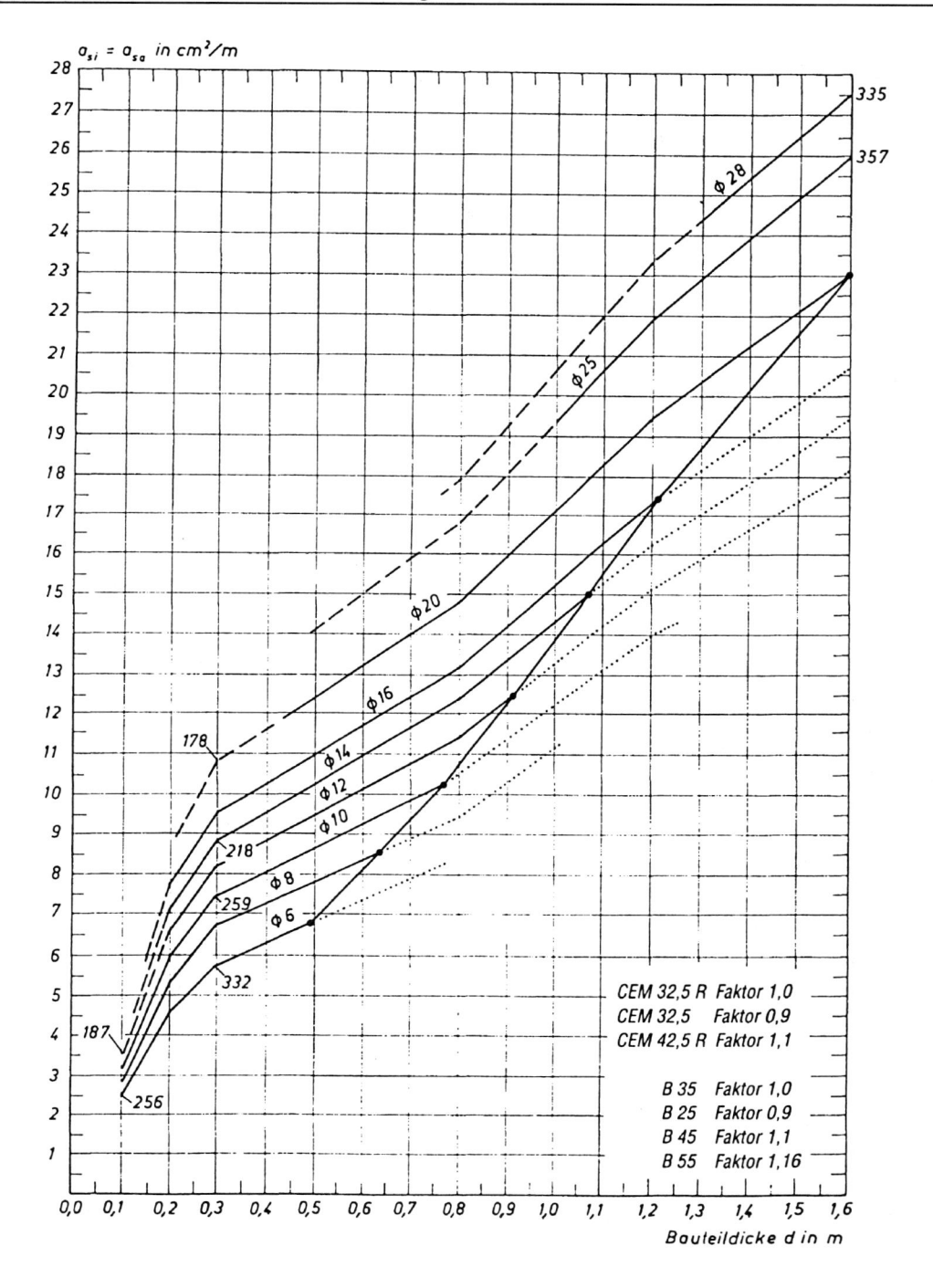

6.5 Risssicherheit von wasserundurchlässigen Betonbauteilen

Bild 6.14: Bewehrung zur Beschränkung der Rissbreite auf einen rechnerischen Wert von $w_{cal} = 0{,}25$ mm bei zentrischem Zwang aus Abfließen der Hydratationswärme für eine Betondeckung von 3 cm entsprechend Heft 400 des DAfStb [6.58]

186   6 Ausbildung von Bauten aus wasserundurchlässigem Beton

Beispiele zur Erläuterung

1. Für eine Sohlplatte aus Beton B 35 mit Fundamentvertiefungen und Schächten ohne seitliche Abpolsterung, wird die Bewehrung zur Beschränkung der Rissbreite für den entstehenden Zwang ermittelt.

   Sohlplattendicke $d_B = 0{,}50$ m
   Unterseite der Sohlplatte im Grundwasser $h_D = 3{,}2$ m
   Druckgefälle $i = h_D / d_B = 3{,}2/0{,}5 = 6{,}4 > 5$
   Beschränkung der Rissbreite auf $w_{cal} = 0{,}10$ mm

   Nach Bild 6.13 ist als Bewehrung abzulesen für Stabdurchmesser 12 mm:

   $a_{su} = a_{so} = 16{,}2$ cm²/m je unten und oben
   Faktor 1,0 für Beton B 35, Faktor 0,9 für Zement CEM 32,5

   erforderliche Bewehrung in Richtung der Zwangbeanspruchung:

   erf $a_{su} = a_{so} = 1{,}0 \cdot 0{,}9 \cdot 16{,}2 = 14{,}6$ cm²/m

   gewählte Bewehrung:

   IV ∅ 12 mm, s = 7,5 cm mit $a_{si} = a_{sa} = 15{,}1$ cm²/m

   Stababstände paarweise anordnen, damit die Sohlplatte einwandfrei betoniert werden kann:
   Stababstände abwechselnd $s_1 = 3{,}5$ cm und $s_2 = 11{,}5$ cm

2. Für eine Sohlplatte aus Beton B 35 ohne Fundamentvertiefungen auf 2 Lagen PE-Folie entsprechend Tabelle 6.6 wird die Bewehrung zur Beschränkung der Rissbreite für den dabei entstehenden Zwang ermittelt.

   Nachweis der Betondruckfestigkeit für $ß_{D56}$ mit Zement CEM 32,5 NW
   Abminderungsfaktor $f = 0{,}9$
   Sohlplattendicke $d_B = 0{,}50$ m
   Unterseite der Sohlplatte im Grundwasser $h_D = 3{,}2$ m
   Druckgefälle $i = h_D / d_B = 3{,}2/0{,}5 = 6{,}4 > 5$
   Beschränkung der Rissbreite auf $w_{cal} = 0{,}10$ mm
   Reibungsbeiwert $\mu = 0{,}7$ (Tabelle 6.6)

   Die entstehende Zugspannung in der Sohlplatte infolge Abkühlung durch Abfließen der Hydratationswärme wurde in Abschnitt 6.4.2.2 nachgewiesen, sie beträgt:

   $$\sigma_{bZ} \approx \mu \cdot (\gamma_b + p/d) \cdot l/2 \qquad (6.36)$$

   $$\approx 0{,}7 \cdot (0{,}025 + 0{,}005/0{,}50) \cdot 45/2 \approx 0{,}55 \text{ MN/m}^2$$

   $$\approx 0{,}55 \text{ N/mm}^2$$

   Sofern nicht durch bautechnische Maßnahmen (Nachbehandlung durch Abdecken) die Festigkeitsentwicklung des Betons geschützt und das Abkühlen des Betons behindert wird, ist eine Bewehrung zur Beschränkung der Rissbreite erforderlich. Dies erfolgt durch Ermittlung des zutreffenden Beiwerts $k_{zt,V}$ zum Zeitpunkt der stattfindenden Verkürzung. Maßgebend hierfür ist das Verhältnis der auftretenden Zugspannung im Beton σ_{bZ} zur vorhandenen wirksamen Betonzugfestigkeit $ß_{bZw}$.

   $$k_{zt,V} = \sigma_{bZ} / ß_{bZw} \qquad (6.52)$$

wirksame Betonzugfestigkeit mit $k_E = 0{,}72$ für d = 50 cm

$$\text{ß}_{bZw} \approx k_{zt} \cdot k_E \cdot 0{,}3 \, \text{ß}_{WN}^{2/3} \tag{6.29}$$

$$\geq 1{,}0 \cdot 0{,}72 \cdot 0{,}3 \cdot 35^{2/3}$$

$$\geq 2{,}3 \text{ N/mm}^2$$

Zeitbeiwert für den Zeitpunkt der Verkürzung

$$k_{zt,V} \approx \sigma_{bZ} / \text{ß}_{bZw}$$
$$\approx 0{,}55 / 2{,}3 = 0{,}24 < k_{zt,H} = 0{,}5$$

Bewehrung nach Bild 6.13 für Stabdurchmesser 10 mm:

$$a_{su} = a_{so} = 15{,}0 \text{ cm}^2/\text{m je unten und oben}$$

erforderliche Bewehrung in beiden Richtung der Sohlplatte:

$$\text{erf } a_{su} = a_{su} \cdot f \cdot \sqrt{\frac{k_{zt,V}}{k_{zt,H}}}$$

$$= 15{,}0 \cdot 0{,}9 \cdot \sqrt{\frac{0{,}24}{0{,}5}}$$

$$= 9{,}4 \text{ cm}^2/\text{m}$$

gewählte Bewehrung:

IV ∅ 10 mm, s = 8 cm mit $a_{si} = a_{sa} = 9{,}8 \text{ cm}^2/\text{m}$

Stababstände paarweise anordnen, damit die Sohlplatte einwandfrei betoniert werden kann: Stababstände abwechselnd $s_1 = 3$ cm und $s_2 = 13$ cm

3. Für 35 cm dicke Stahlbetonwände einer weißen Wanne wird Beton B 35 verwendet. Die rechnerisch zulässige Rissbreite wird auf $w_{cal} = 0{,}10$ mm festgelegt. Nach Bild 6.13 ist als Bewehrung abzulesen für Stabdurchmesser 10 mm:

$$a_{si} = a_{sa} = 13{,}2 \text{ cm}^2/\text{m}$$

Faktor 1,0 für Beton B 35, Faktor 0,9 für Zement CEM 32,5

erforderliche Bewehrung:

$$\text{erf } a_{si} = a_{sa} = 1{,}0 \cdot 0{,}9 \cdot 13{,}2 = 11{,}9 \text{ cm}^2/\text{m}$$

vorhandene Bewehrung aus Lastbeanspruchung:

innen und außen je 1 Q 513

erforderliche Zulagebewehrung horizontal:

Zulage erf $a_{si} = a_{sa} = 11{,}9 - 5{,}13 = 6{,}8 \text{ cm}^2/\text{m}$

gewählte Zulagebewehrung:

IV ∅ 10 mm, s = 10 cm mit $a_{si} = a_{sa} = 7{,}8 \text{ cm}^2/\text{m}$

Im unteren Wandviertel genügt die Hälfte der Bewehrung zur Beschränkung der Rissbreite, da hier die Rissgefahr geringer ist: Zulagebewehrung nicht erforderlich.

4. Für Stahlbetonwände d = 35 cm eines Kellers im Grundwasser soll eine Bewehrung zur Beschränkung der Rissbreite auf w_{cal} = 0,25 mm ermittelt werden. Hierfür ist eine geringere Bewehrung erforderlich als im vorigen Beispiel, wenn außerdem Beton B 25 und langsam erhärtender Zement verwendet wird: Betondeckung 3 cm, Beton B 25, Zement CEM 32,5-NW.
Nach Bild 6.14 sind abzulesen für Stabdurchmesser 8 mm:

$a_{si} = a_{sa}$ = 7,0 cm²/cm

Faktor 0,9 für Zement CEM 32,5, Faktor 0,9 für Beton B 25

erforderliche Bewehrung

erf $a_{si} = a_{sa}$ = 0,9 · 0,9 · 7,0 = 5,67 cm²/m

vorhandene Bewehrung aus Lastbeanspruchung:

innen und außen je 1 Q 295

erforderliche Zulagebewehrung horizontal:

Zulage erf $a_{si} = a_{sa}$ = 5,67 − 2,95 = 2,72 cm²/m

gewählte Zulagebewehrung:

IV ⌀ 8 mm, s = 15 cm mit $a_{si} = a_{sa}$ = 3,35 cm²/m

Im unteren Wandviertel genügt die Hälfte der Bewehrung zur Beschränkung der Rissbreite, da hier die Rissgefahr geringer ist: keine Zulagebewehrung erforderlich.

Zusammenfassend kann zur rissverteilenden Wirkung der Bewehrung festgestellt werden:
- Rissbildung im ganz jungen Beton ist durch Betonstahlmatten oder Stabstahlbewehrung nicht zu beeinflussen.
- Risse im erhärteten Beton können durch Bewehrung nicht verhindert werden.
- Bewehrung kann lediglich die Rissbreiten beschränken.
- Geringe Bewehrungsgehalte unter μ = 0,4 % sind zur Rissbeschränkung im erhärteten Beton wirkungslos, wenn große Zwangspannungen herrschen.
- Eine hohe Zugfestigkeit des Betons erhöht den erforderlichen Bewehrungsgehalt.
- Dicke Stabdurchmesser erfordern ebenfalls einen größeren Bewehrungsgehalt.
- Das Rissverhalten jungen Betons kann durch feine Faserbewehrung verbessert werden.

6.6 Konstruktive Durchbildung von Bauteilen aus WU-Beton

6.6.1 Vorbemerkung

Das Festlegen der Art einer Bauwerkskonstruktion erfordert großen Sachverstand des Konstrukteurs. Hierbei geht es nicht nur um die Feststellung der Baugrund- und Grundwasserverhältnisse, um die statische Berechnung für die auftretenden Lastfälle einschließlich Auftriebssicherung und um die Anfertigung sauberer Bewehrungszeichnungen. Hier geht es auch um die Ausführbarkeit der Konstruktion und um einen Nachweis der Dichtigkeit des Bauwerks.

Nicht jede Konstruktion lässt sich in jeden beliebigen Bauablauf pressen. Nicht jede Betonart ist für alle Konstruktionen geeignet. Außerdem gibt es unterschiedliche Auffassungen. Man kann einem Bauunternehmen nicht jede Konstruktion aufzwingen. Es kann sein, dass beim Bauunternehmen Bedenken gegen die Ausführung bestehen. Vielleicht bestehen sie zu Recht. Schließlich muss das Bauunternehmen ein funktionsfähiges Bauwerk gewährleisten.

Bei der Planung weißer Wannen sind alle maßgebenden Randbedingungen zu berücksichtigen. Hierzu gehören unter anderem:

- Art, Belastbarkeit und Gleichmäßigkeit des Baugrundes
- Höhe des maximalen Grundwasserstandes
- dauernde oder vorübergehende Einwirkung des Grundwassers
- betonangreifende oder korrosionsfördernde Bestandteile des Grundwassers
- Herstellungsweise des Bauwerks
- spätere Bauwerksnutzung.

Die Planung weißer Wannen ist ein Teil der Tragwerksplanung und darf nicht dem Zufall oder der Improvisation auf der Baustelle überlassen werden. Es ist erforderlich, bei der Tragwerksplanung folgende Festlegungen zu treffen und bis ins Detail durchzubilden:

- Form des Bauwerks und der Bauteile
- Abmessungen der Bauabschnitte und Bauteile
- Anordnung und Ausbildung der Fugen
- Menge und Lage der Bewehrung.

Tragwerksplanung und Ausführungsplanung müssen aufeinander abgestimmt sein. Das ist im Hinblick auf eine fachgerechte Ausführung und nicht zuletzt wegen der einzuhaltenden Termine von großer Bedeutung. Dieses gilt besonders für:

- Lage der Arbeitsfugen
- Anordnung und Reihenfolge der Betonierabschnitte
- Einsatz von Schalungssystemen
- Wahl der Betonzusammensetzung unter Berücksichtigung der betontechnologischen Erfordernisse

Entsprechende Festlegungen sollten in den Bauvertrag aufgenommen werden.

6.6.2 Allgemeine Konstruktionsgesichtspunkte

Das tatsächliche Verhalten der Stahlbetonkonstruktionen im Bauwerk zeigt, dass Risse meistens dort auftreten, wo Zwangsbeanspruchungen wirksam sind. Häufig wird für die Lastbeanspruchung sorgfältig bemessen und konstruiert, die Zwangbeanspruchung jedoch gänzlich vernachlässigt. Diese Zwangbeanspruchung wird dann durch Risse abgebaut. In den Fällen mit geringerer Lastbeanspruchung ist es hingegen so, dass die Konstruktion für die Zwangbeanspruchung zu bemessen ist. Wichtig sind hier die im Rissquerschnitt herrschenden Schnittkräfte, für die eine ausreichende Bewehrung benötigt wird [6.68].

Die Bemessung soll sicherstellen, dass der Bewehrungsstahl am Rissquerschnitt die Schnittkräfte aufnimmt. Er darf sich dabei nicht zu stark dehnen oder fließen, und er soll die Rissbreite gering halten. Dazu ist eine „rissverteilende Bewehrung" erforderlich. Die übliche „konstruktive Bewehrung" reicht meistens hierfür nicht aus. Die konstruktive Bewehrung wird so genannt, weil sie nicht nachgewiesen wird und der Einbau nur nach Erfahrung oder Vorschrift erfolgt.

Beim Festlegen der Konstruktion müssen verschiedene Überlegungen in das Abwägen zwischen Baukosten und Rissrisiko einfließen. Man kann nicht so sicher bauen, dass das Entstehen von Rissen völlig ausgeschlossen bleibt: das Bauwerk wäre zu teuer.

Man kann aber auch nicht so billig bauen, dass auf die Rissentstehung keine Rücksicht genommen wird: dieses Bauwerk wäre nicht ausreichend sicher.

Bei der Bemessung muss das Rissproblem erfasst werden. Das ist nicht einfach, es ist meistens auch nicht exakt möglich. Es hat aber keinen Sinn, einerseits mit verschiedenen Lastannahmen genaue statische Berechnungen durchzuführen, andererseits einige Zwangbeanspruchungen gar nicht zu erfassen und die Baustoffeigenschaften unberücksichtigt zu lassen. Es wird von einem Tragwerksplaner bei der Durchführung einer sinnvollen, zweckmäßigen und konstruktionsgerechten Bemessung mehr erwartet, als er es von üblichen Hochbaukonstruktionen her gewöhnt ist.

Folgende Einflüsse spielen bei der Bemessung eine Rolle:
- Anforderungen an die Wasserundurchlässigkeit
- Art, Form, Abmessungen und Lagerung des Baukörpers
- Beanspruchung durch Lasten und/oder Zwang
- Wahl der Bauweise
- Umweltbedingungen (z.B. Temperaturschwankungen, Art und Angriffsgrad des Grundwassers oder anderer Flüssigkeiten)
- Betoneigenschaften
- ausführungstechnische Bedingungen (Arbeitsabschnitte, Baufolge)
- Nutzung des Bauwerks und Betriebsbedingungen.

Es geht bei allen Überlegungen im Wesentlichen um das Rissproblem. Bei gleichmäßigen Zwängungsverhältnissen können die erforderlichen Maßnahmen auch ohne Kenntnis der Zwängungs-Schnittgrößen nur auf Grund der zu erwartenden Dehnungsdifferenzen getroffen werden; allerdings stets in Verbindung mit den Bauteilabmessungen, den Baustoffkennwerten und den Ausführungsbedingungen. Risse können nicht entstehen, wenn die Zugfestigkeit des Betons stets größer ist als die jeweils wirkende Zugspannung.

Oder anders ausgedrückt: Zur Vermeidung von Rissen muss die Dehnfähigkeit des Betons stets größer sein als die tatsächlich entstehende Dehnung infolge von Lasten und Zwang.

Zum Erfüllen der vorgenannten Grundsätze stehen mehrere Möglichkeiten zur Verfügung:
- Anordnung von Fugen und Sollbruchstellen im Zusammenhang mit betontechnologischen und bautechnischen Maßnahmen
- Anordnung von Bewehrung zur Beschränkung der Rissbreite
- Aufbringen einer Vorspannung.

6.6.3 Nachweis der Gebrauchstauglichkeit

In den technischen Regelwerken sind unterschiedliche Festlegungen für den Nachweis der Gebrauchstauglichkeit wasserundurchlässiger Baukörper aus Beton enthalten. Die wesentlichen Nachweise sind:

Einhaltung des ungerissenen Zustands unter Gebrauchslasten (Zustand I),
- Nachweis einer rechnerischen Betondruckzone (Zustand II)
- Beschränkung der Rissbreite bei Last- und/oder Zwangbeanspruchung
- Nachweis einer mäßigen Vorspannung.

6.6 Konstruktive Durchbildung von Bauteilen aus WU-Beton

Das Einhalten des ungerissenen Zustands über die Begrenzung der Vergleichsspannung σ_V unter Gebrauchslast im Zustand I wird gelegentlich gefordert und beruht auf Abschnitt 17.6.3 der alten DIN 1045. Die Vergleichsspannung lässt sich nicht einhalten, wenn Zug aus Zwangbeanspruchung berücksichtigt wird. Außerdem führt dieser Nachweis zu unnötig dicken Bauteilen, bei denen die Zwangbeanspruchung größer wird. Dieser Nachweis ist ein unzweckmäßiges Mittel zur Festlegung der Bauteildicke und sollte deshalb nicht mehr gefordert werden [6.21].

6.6.4 Zwangbeanspruchung in Sohlplatten

Aus dem praktischen Verhalten von Stahlbetonkonstruktionen ist bekannt, dass bei richtiger Planung und sorgfältiger Ausführung selten Undichtigkeiten in Sohlplatten auftreten. Zum Nachweis der Eigen- und Zwangspannungen siehe Abschnitte 6.4.1 und 6.4.2.

Durchlässige Fehlstellen ergeben sich kaum, wenn die Abmessungen nicht zu groß sind, die Mindestdicke auch bei kleinen Bauwerken von 25 cm eingehalten ist und die Bewehrungsanordnung so gewählt wird, dass ein ordnungsgemäßes Betonieren durchgeführt werden kann.

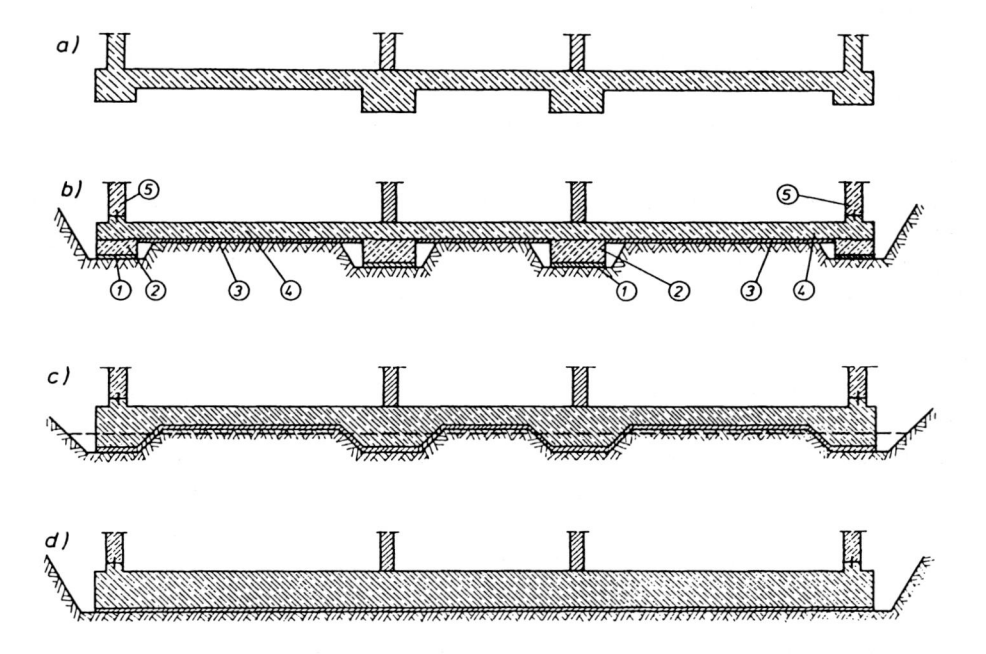

Bild 6.15: Bauwerksgründung mit Fundamentbalken und Sohlplatte
  a) Querschnitt durch eine „klassische" Konstruktion, die jedoch für weiße Wannen nicht geeignet ist
  b) Querschnitt mit Betonierfugen und Darstellung der Arbeitsgänge (1) bis (5), die sich zwangsläufig ergeben
  c) Querschnitt mit angeböschten Streifenfundamenten und aufwändiger Sauberkeitsschicht auf Böschungen
  d) Querschnitt mit einheitlich dicker Sohlplatte und ebener Unterseite zur Verringerung des Arbeitsaufwandes und zur Vermeidung ungünstiger Zwangbeanspruchungen

Risse entstehen nur im Bereich besonderer Beanspruchungen. Sohlplatten, die sich mit ebener Unterseite auf dem Untergrund bewegen können und dabei lediglich die Reibungskraft zu überwinden haben, werden bei ordnungsgemäßer Ausführung nicht reißen (Bild 6.15).

Die Größe der Reibungskraft zwischen Sohlplatte und Baugrund ist abhängig von:
- Größe der Auflast
- Ebenflächigkeit der Sohlplatte
- Reibungsbeiwert µ zwischen Baugrund und Sohlplatte
- horizontale Verformbarkeit der oberen Baugrundschichten.

Zur Überwindung dieser Reibungskraft kann in bestimmten Fällen der Einbau einer Spannbewehrung für mäßige Vorspannung sinnvoll sein. Das ist z.B. bei flachen Auffangwannen mit ebener Unterseite der Fall. Hierfür eignen sich einfache Spannglieder ohne Verbund, z.B. korrosionsgeschützte sieben-drähtige Spannstahllitzen in PE-Ummantelung mit Fettzwischenschicht. Meistens genügt eine geringe Vorspannung von 0,8 bis 1 N/mm², die nach dem Abklingen der Hydratationswärme noch mit mindestens 0,5 N/mm² vorhanden sein sollte [6.49]. Wichtig ist allerdings, dass die Vorspannung sehr früh aufgebracht wird, damit schon bei Beginn einer Zwangbeanspruchung im Beton entstehende Zugspannungen überdrückt werden, z.B. schon 12 Stunden nach dem Einbau des Betons.

Zusätzliche Beanspruchungen in Sohlplatten entstehen stets bei Querschnittsänderungen, Fundamentvertiefungen, Aufzugschächten, Pumpensümpfen und anderen „Unregelmäßigkeiten".

6.6.5 Zwangbeanspruchung in Wänden

Der Nachweis der Eigen- und Zwangspannungen wurde bereits in Abschnitt 6.4 beschrieben.

Die geringsten Zwangbeanspruchungen in Wänden entstehen dann, wenn die Wände mit der Sohlplatte in einem Arbeitsgang betoniert werden. Diese Betonierweise ist jedoch nur in wenigen Fällen möglich. Bei Wänden, die auf vorher hergestellte Sohlplatten betoniert werden, entstehen jedoch Längszugkräfte durch die Zwangbeanspruchung, die sich aus der Verbindung des jungen Betons der Wand mit dem älteren Beton der Sohlplatte ergibt.

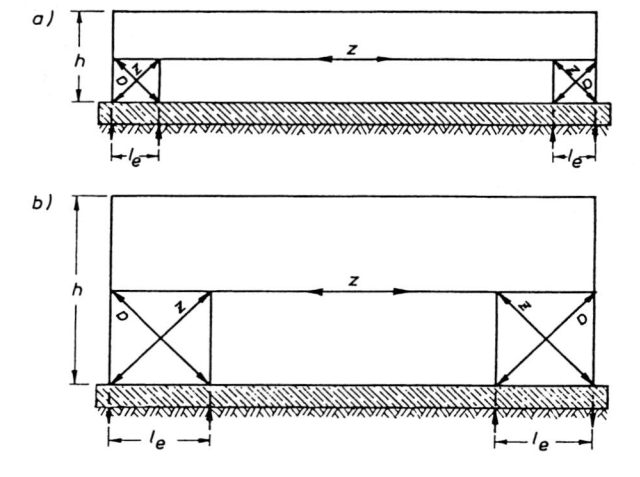

Bild 6.16:
Zwang in Wänden [6.38]: Zwischen den Einleitungsbereichen l_e herrscht Zwang Z in gleicher Größe
a) niedrige Wände
b) hohe Wände

6.6 Konstruktive Durchbildung von Bauteilen aus WU-Beton

Die Längszugkräfte entstehen zwischen den Einleitungsbereichen (Bild 6.16) in voller Größe. Durch diese Zwangbeanspruchung können lotrechte Risse entstehen, und zwar in Abständen, die der 0,7 bis 1,5fachen Wandhöhe entsprechen (Bild 6.17). Dieses ist der „St. Vernant'sche Störbereich" [6.38]. Wenn diese Risse mit Sicherheit verhindert werden sollen, sind sehr kurze Wandabschnitte auszuführen.

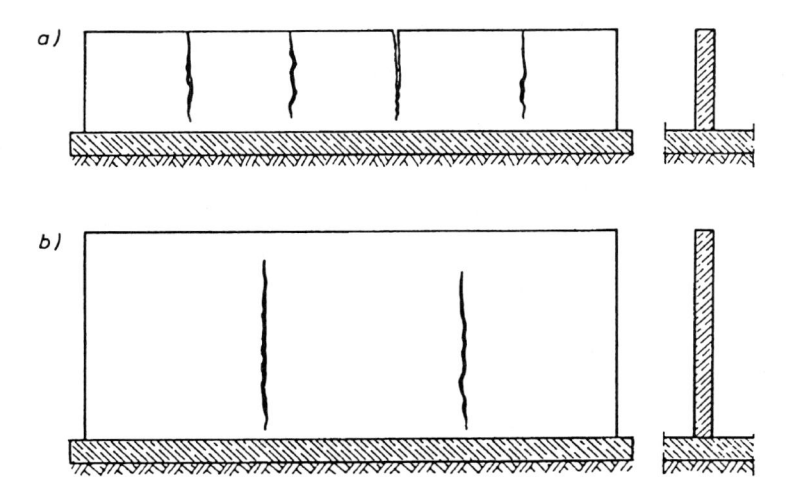

Bild 6.17: Sichtbare Risse in langen Wänden (unsichtbare kurze Rissen in sehr engen Abständen entstehen direkt über der Sohlplatte)
    a) niederige Wände: die Risse beginnen kurz über der Sohlplatte und reichen meistens bis zur Wandkrone hinauf
    b) hohe Wände: die Risse beginnen ebenfalls kurz über der Sohlplatte, enden jedoch häufig unterhalb der Wandkrone; der Rissabstand ist größer als bei niedrigen Wänden.

Damit können die Einleitungskräfte zwischen Wand und Sohlplatte gering gehalten werden, so dass die Zugfestigkeit des Betons nicht überschritten wird. Diese Lösung ist jedoch unwirtschaftlich und baupraktisch uninteressant (Bild 6.18). Mit größer werdender Wandlänge nehmen die Zwangspannungen zur Wandkrone immer mehr zu (Bild 6.19). Von einer Wandlänge an, die der achtfachen Wandhöhe entspricht, bleiben die Zwangspannungen gleich groß [6.38]. Der Spannungszustand ist von nun an unabhängig von der Länge. Wände können bei Berücksichtigung dieser Zwangspannungen unbegrenzt lang sein. Beim Entstehen von Rissen werden die Zwangschnittgrößen frei, sie sind durch Bewehrung aufzunehmen. Die Bewehrung hat die Aufgabe, die Rissbreite auf ein zulässiges Maß zu begrenzen. Die Bemessung der erforderlichen Bewehrung ist in Abschnitt 6.5.6 beschrieben.

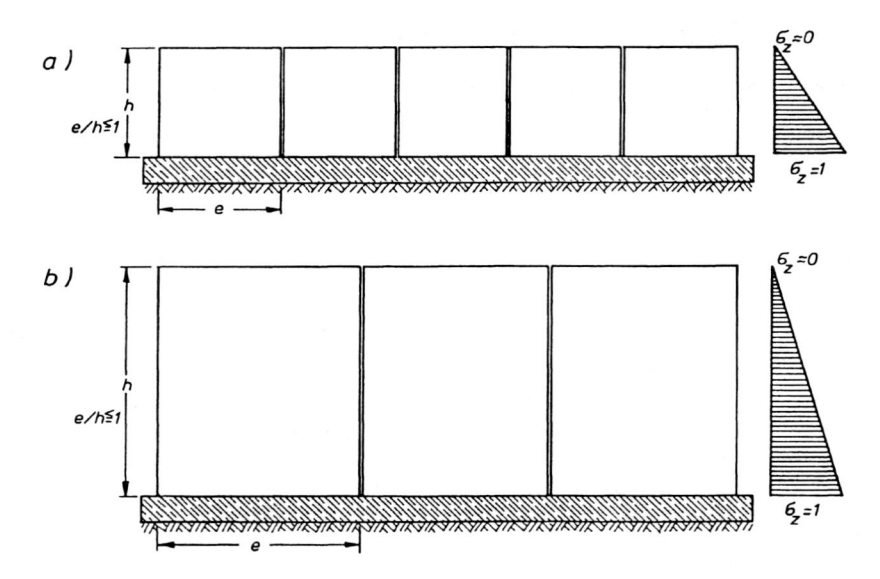

Bild 6.18: Kurze Wände mit Fugenabständen $e_F \leq h_W$ [6.38]: Die Zwangspannungen σ_Z entstehen zwar über der Sohlplatte in voller Größe, werden jedoch durch unsichtbare Risse abgebaut. Zur Wandkrone hin nehmen die Zwangspannungen auf Null ab: $\sigma_Z = 0$.

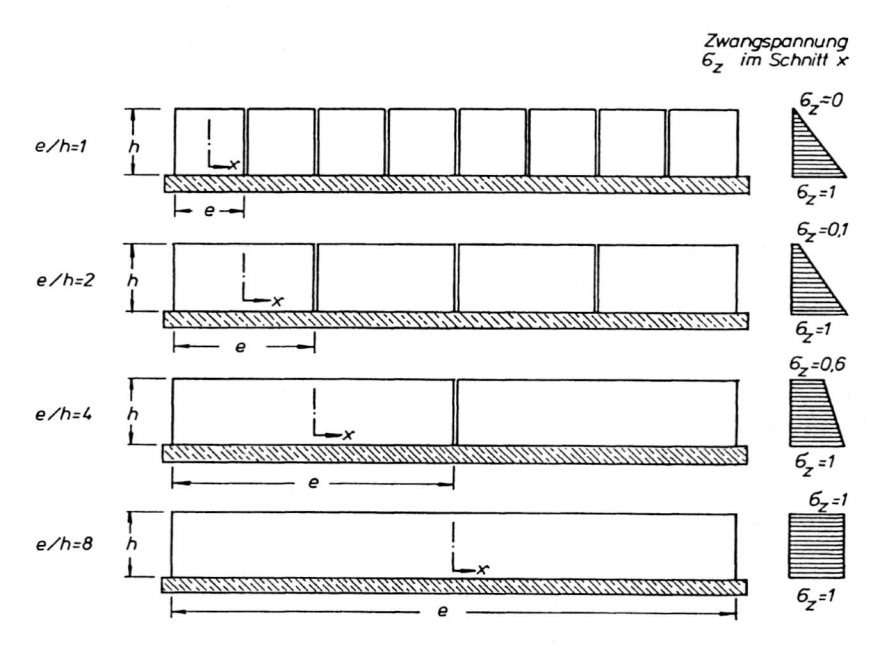

Bild 6.19: Zwang in Wänden [6.38]: Die Größe der Zwangbeanspruchung ist am Wandfuß unabhängig von der Wandlänge, sie nimmt jedoch mit zunehmender Wandlänge zur Wandkrone zu und wächst bei sehr langen Wänden nach oben auf den vollen Wert an: Bei $e_F/h_W \geq 8$ beträgt die Zwangspannung über die ganze Wandhöhe $\sigma_Z = 1$.

6.6.6 Wahl der Konstruktionsart und Bauweise

Die Funktionsfähigkeit wasserundurchlässiger Baukörper kann sehr wesentlich durch Risse beeinträchtigt werden. Risse sind in den meisten Fällen auf Eigen- und Zwangbeanspruchungen zurückzuführen.

Es sollten daher folgende Grundsätze gelten:
- Eigen- und Zwangbeanspruchungen möglichst vermeiden
- unvermeidbare Eigen- und Zwangbeanspruchungen möglichst gering halten.

Erst wenn die Eigen- und Zwangbeanspruchungen nicht vermeidbar sind oder nicht in engen Grenzen gehalten werden können, sind andere Maßnahmen zu ergreifen, z.B. Beschränkung der Rissbreite oder Vorspannung.

Gegen die vorstehenden Grundsätze wird in der Praxis häufig verstoßen, bewusst oder unbewusst. Zunächst ist daher eine gegenseitige Abstimmung von Planung und Ausführung erforderlich. Dieses ist wichtig, da zwischen drei Bauweisen gewählt werden kann:
- Bauweise mit verminderter Zwangbeanspruchung
- Bauweise mit beschränkter Rissbreite
- Bauweise mit Rissbildung.

6.6.6.1 Bauweise mit verminderter Zwangbeanspruchung

Bei dieser Bauweise zielen alle Maßnahmen darauf ab, das Entstehen von Rissen möglichst zu verhindern. Risse im Beton entstehen, wenn die Zugbeanspruchung größer als die Zugfestigkeit des Betons wird. Daher müssen Zugspannungen, die durch Belastung und Zwangbeanspruchung der Bauteile entstehen, gering gehalten werden. Durch konstruktive, betontechnologische und ausführungstechnische Maßnahmen ist das möglich.

Konstruktive Maßnahmen

Zu den konstruktiven Einflüssen und Maßnahmen, die in den Arbeitsbereich der Tragwerksplanung liegen, gehören z.B.:
- gut tragfähiger und gleichmäßiger, nicht bindiger Baugrund
- zulässige Bodenpressung begrenzen auf Werte wie für setzungsempfindliche Bauwerke (DIN 1054, Tabelle 1)
- keine wesentlich unterschiedlichen Belastungen des Baugrundes durch das Bauwerk (etwa gleich bleibende Gebäudehöhen)
- Gebäudeteile mit unterschiedlichen Höhen oder wesentlich anderen Belastungen des Baugrundes durch Bewegungsfugen voneinander trennen
- Querschnittsänderungen bewirken Kerbspannungen im Beton, daher in den abdichtenden Flächen scharfe Querschnittsänderungen möglichst vermeiden
- zu vermeidende Querschnittsänderungen sind z.B. Vorsprünge, Rücksprünge, einspringende Ecken, Knicke, Nischen, Öffnungen und Übergänge von dicken auf dünne Bauteile
- Bauwerksunterseite möglichst auf eine Ebene legen, so dass Längenänderungen der Sohlplatte auf dem Untergrund stattfinden können
- einheitliche Sohlplattendicke ohne Vertiefungen
- zwei Lagen PE-Folie $\geq 0{,}2$ mm auf sandigem Untergrund zur Verringerung der Reibung
- einheitliche Wanddicke über die gesamte Höhe ohne Versprünge

- Konstruktion so ausbilden, dass alle abdichtenden Bauteile (Sohlplatte und Wände) in einem Arbeitsgang hergestellt werden können
- Konstruktion und Bewehrungsführung so wählen, dass alle anschließenden Bauteile später als die abdichtenden Bauteile betoniert werden können, also Innenbauteile nicht gemeinsam mit den abdichtenden Außenbauteilen betonieren; für die Bewehrung Verwahrkästen mit Anschlussbewehrung vorsehen.

Betontechnologische Maßnahmen

Die wesentlichen betontechnologischen Maßnahmen, die durch das Transportbetonwerk erreicht werden können, sind durch zwei Betoneigenschaften gegeben:

- Beton mit niedriger Wärmeentwicklung, daher:
  Zement CEM 32,5-NW
  Zementgehalt des Betons z ≤ 320 kg/m³
  Frischbetontemperatur < 15 °C, möglichst ≤ 10 °C
- Beton mit geringem Schwindmaß, daher:
  Wassergehalt des Betons w ≤ 165 kg/m³
  Zementleimgehalt des Betons $z_l \leq 280$ l/m³
  Wasserzementwert des Betons w/z $\leq 0{,}55$
  Betonverflüssiger BV und/oder Fließmittel FM

Ausführungstechnische Maßnahmen

In den Arbeitsbereich des Bauunternehmen fallen folgende Einflüsse und mögliche Maßnahmen:

- Eigenüberwachung durch verantwortlichen Betonfachmann: BII-Baustelle
- Einsatz geschulten Personals
- Abstimmung der Betonierabschnitte auf Betonlieferung de Transportbetonwerks und Leistungsfähigkeit der Baustellentruppe
- Betonieren von Sohlplatte und Wänden in einem Arbeitsgang
- Einbau des Betons bei hohen Bauteilhöhen ohne Entmischung, in geringer freier Fallhöhe mit Schüttrohr (Pumpenschlauch, Kübelschlauch)
- Nachverdichtung des Betons durch Rütteln nach dem normalen Verdichtungsvorgang, insbesondere bei hohen Bauteilen
- Wahl des Zeitpunkts für den Betonierbetrieb: möglichst günstige Witterungsbedingungen ohne direkte Sonneneinstrahlung, geringe Temperaturdifferenzen zwischen Tag und Nacht (≤ 15 K)
- sofort beginnender und genügend lang wirkender Schutz des Betons gegen zu schnelles Abkühlen, insbesondere zu schnelles Abfließen der Hydratationswärme, z.B. mindestens drei Tage lang
- sofort beginnender und genügend lang Schutz des Betons gegen zu schnelles Austrocknen, insbesondere bei windigem und sonnigem Wetter, z.B. mindestens sieben Tage lang.

Unter der Voraussetzung, dass die vorgenannten konstruktiven, betontechnologischen und ausführungstechnischen Maßnahmen zutreffen bzw. anwendbar sind und schließlich auch tatsächlich durchgeführt werden, ist der Zwang so gering, dass er sich auf die Bauteile nicht auswirkt. Damit wäre dann eine Mindestbewehrung nach DIN 1045 Abschn. 17.6 als Bewehrung zur Beschränkung der Rissbreite nicht erforderlich.

In der Praxis scheitert die Verminderung der Zwangbeanspruchung häufig an einen Punkt, nämlich Sohlplatte und Wände in einem Arbeitsgang zu betonieren. Sofern dies nicht möglich ist, sollte geklärt werden, ob die Fugenabstände in den Wänden begrenzt werden können, z.B. durch Scheinfugen oder Betonierfugen:

$$\text{Fugenabstand } e_F \leq 1 \; h_W \text{ mit Wandhöhe } h_W. \tag{6.53}$$

Für diesen Fall ist die horizontale Zwangbeanspruchung in den Wänden so gering, dass auf eine zusätzliche horizontale Bewehrung verzichtet werden kann.

Wenn auch diese Lösung nicht möglich ist, sollte die „Bauweise mit beschränkter Rissbreite" in Betracht gezogen werden.

6.6.6.2 Bauweise mit beschränkter Rissbreite

Bei der Bauweise mit beschränkter Rissbreite wird davon ausgegangen, dass Zugspannungen in den Bauteilen durch Last und Zwang auftreten. Diese Zugspannungen werden durch engliegende, rissverteilende Bewehrungen aufgenommen. Entstehende Risse werden in ihrer Breite so gering gehalten, dass sowohl die Wasserdurchlässigkeit als auch die Dauerhaftigkeit des Bauwerks nicht beeinträchtigt sind. Die Selbstheilung des Betons kann berücksichtigt werden, wenn die entstehenden Risse in Ruhe sind (Abschn. 6.5.5).

Sofern den Bewehrungen die volle Zwangbeanspruchung zugewiesen wird, sind keine Fugen erforderlich, aber es werden Risse entstehen. Über die Wahl dieser Bauweise ist der Bauherr zu informieren, damit in den auftretenden Rissen nicht ein Baumangel vermutet wird. Bei dieser Bauweise ist stets eine Bewehrung für „Hydratationszwang" erforderlich.

Sohlplatten

Bei Sohlplatten ist für die Ermittlung der Bewehrung der auftretende Zwang in der tatsächlichen Größe entscheidend. Der Zwang ist umso geringer, je mehr sich die Sohlplatte auf dem Untergrund bewegen kann. Voller Zwang entsteht bei Vertiefungen durch Schächte oder vertiefte Streifen- oder Einzelfundamente. Hierfür ist mit dem vollen Beiwert $k_{zt} = 1,0$ zu rechnen, wenn nicht besondere Maßnahmen ergriffen werden, z.B. seitliche Abpolsterung der Vertiefungen.

Bei Sohlplatten, die bei einer Verkürzung nur die Reibung zum Untergrund überwinden müssen, werden im Allgemeinen ohne Fugen hergestellt. Hierbei ist diese Reibungskraft die maßgebende Größe für den entstehenden Zwang und damit für die erforderliche Bewehrung. Der zutreffende Beiwert k_{zt} für mögliche Verkürzungen der Sohlplatte ergibt sich aus der Berechnung, er ist geringer als bei Behinderung der Verkürzung, wofür $k_{zt} = 0,5$ anzusetzen wäre. Beispiele zur Bemessung der Bewehrung siehe Abschn. 6.5.6.

Wände

Bei Wänden, die später auf die schon erhärtete Sohlplatte betoniert werden, entsteht eine Zwangbeanspruchung und damit Zugspannungen in Längsrichtung der Wände. Der Beiwert für Zwang aus abfließender Hydratationswärme beträgt $k_{zt} = 0,5$ (Abschn. 6.5.6). Damit ergibt sich die Mindestbewehrung nach DIN 1045 Abschn. 17.6. Diese Bewehrung ist umfangreicher als die statisch erforderliche Bewehrung.

Der Zwang lässt sich aber auch bei dieser Bauweise vermindern, und zwar abhängig von der Wandlänge (Abschn. 6.6.1.4). Je kürzer die Wandlänge bezogen auf die Wanddicke bzw. die

Wandhöhe ist, umso geringer ist die Zwangbeanspruchung. Folgende Maßnahmen zur Verringerung der Mindestbewehrung nach DIN 1045 Abschn. 17.6 sind sinnvoll:

- Kurze Wandabschnitte durch Scheinfugen oder Betonierfugen, z.B.

    $e_F \leq 9 - 2{,}5\ d_W$ (Wanddicke d_W und Wandhöhe h_W in m) (6.54)

    $e_F \leq 2\ h_W$ (6.55)

- verminderte horizontale Wandbewehrung, z.B.

    erf a_s = ½ a_s bei vollem Hydratationszwang

- rechnerische Rissbreite w_{cal} in Abhängigkeit vom Druckgefälle entsprechend Tabelle 6.8 für die Selbstheilung des Betons (Beispiel und Beiwerte zur Bemessung der Bewehrung Abschn. 6.5.6).

6.6.6.3 Bauweise mit Rissbildung

Bei dieser Bauweise wird weder eine enge Fugenanordnung gewählt, noch wird eine umfangreiche Bewehrung eingebaut. Es werden Risse hingenommen und durchfeuchtende Risse werden planmäßig geschlossen. Bei Bauwerken, die schon im Rohbauzustand dem höchsten Wasserdruck ausgesetzt werden und bei denen später die Sohl- und Wandflächen zur nachträglichen Abdichtung zugänglich sind, kann diese Bauweise zur Anwendung kommen, sofern der Bauherr zustimmt. Diese Bauweise ist kostengünstig, aber nur in wenigen Fällen auch wirklich sinnvoll.

6.6.7 Bauteilabmessungen und -schwächungen

Die zulässigen Bauteillängen sind von mehreren Faktoren abhängig. Zum Teil lassen sich diese Faktoren durch konstruktive oder durch ausführungstechnische Maßnahmen beeinflussen.

In DIN 1045 Abschnitt 14.4.1 heißt es: „.... *Bei längeren Bauwerken oder Bauteilen, bei denen durch Temperaturveränderungen und Schwinden Zwänge entstehen können, sind zur Beschränkung der Rissbildung geeignete konstruktive Maßnahmen zu treffen, z.B. Bewegungsfugen, entsprechende Bewehrung und zwängungsfreie Lagerung...*".

Eine vollständig zwängungsfreie Lagerung kann unter baupraktischen Verhältnissen nicht erreicht werden. Es ist aber möglich, die Zwängungen gering zu halten. Zu entscheiden bleibt jedoch, ob zur Beschränkung der Rissbildung mit engen Fugenabständen oder mit Bewehrung gearbeitet wird. Unbegrenzte Bauteillängen sind nur mit Bewehrung möglich.

Das Festlegen der Bauteilabmessungen ist zum Teil durch die Funktionen vorgegeben, die das Bauwerk zu erfüllen hat. Bei nicht vorgegebenen Abmessungen, also bei freier Wahl der Abmessungen sind vor allem folgende Punkte zu berücksichtigen:

- Die Lastspannungen sollten möglichst klein bleiben, der Querschnitt ist hierfür zu bemessen.
- Die Zwangspannungen infolge Verbund mit anderen Bauteilen sind zu erfassen, z.B. Temperaturdifferenzen (Hydratationswärme, Wechsel Tag/Nacht bzw. Sommer/Winter), Schwinden, Kriechen.
- Mit zunehmender Bauteildicke d_B wächst die Zwangbeanspruchung, ebenso der Anteil einer eventuell erforderlichen Mindestbewehrung zur Beschränkung der Rissbreite.
- Erforderliche Mindestdicke der rechnerischen Druckzone min x:

    min x $\geq$ 5 cm bzw. $\geq$ 2facher Größtkorndurchmesser des Zuschlags

6.6 Konstruktive Durchbildung von Bauteilen aus WU-Beton

- Das Betonieren der Bauteile muss einwandfrei möglich sein, dafür ist eine ausreichende Bauteildicke und eine geeignete Bewehrungslage erforderlich.

6.6.7.1 Bauteildicken

Aus den vorgenannten Punkten folgert, dass die Bauteile dick genug zu wählen sind, aber andererseits auch nicht unnötig dick ausgebildet werden sollen.

Bei der Tragwerksplanung werden oft Bauteilabmessungen gewählt, die ein normgerechtes Betonieren der Bauteile unmöglich machen. Das mag an mangelnder praktischer Erfahrung oder an Unbedachtsamkeit liegen. Auf der Baustelle ergeben sich dadurch improvisierte Einbauverfahren, die Fehlstellen im Betonbauteil zur Folge haben können.

Für das Eintauchen eines Fallrohres oder der Pumpenleitung in die Wandschalung darf der Zwischenraum zwischen den Wandbewehrungen nicht kleiner als 20 cm sein. Damit ergibt sich zum einwandfreien Betonieren eine Wanddicke von etwa 30 cm (Bild 6.20).

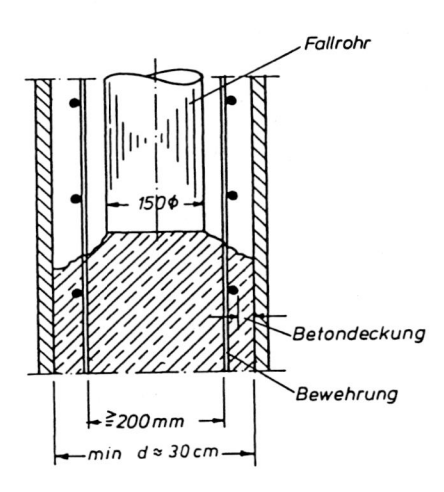

Bild 6.20:
Erforderliche Wanddicke für das vorschriftsmäßige Einbringen des Betons mit Fallrohr, damit der Beton nicht entmischt und keine Fehlstellen (Nester) entstehen.

Andererseits erhöhen dicke Wände die Rissgefahr wegen der höheren Wärmeentwicklung während des Erhärtens des Betons. Optimale Verhältnisse ergeben sich im Allgemeinen bei Bauteildicken von 30 bis 50 cm.

Die Konstruktionselemente für Abdichtungen mit Beton sind:

- Sauberkeitsschicht auf dem Baugrund $d \geq 5$ cm, Beton $\geq$ B 5
- Sohlplatten aus Stahlbeton $d_S \geq 25$ cm, Beton $\geq$ B 25   (6.56)
- Wände aus Stahlbeton $d_W \geq 30$ cm, Beton $\geq$ B 25.

Durchgehende Risse in den wasserbeanspruchten Bauteilen werden vermieden, wenn die Ausbildung einer genügend großen Biegedruckzone möglich ist. Dies kann einen Einfluss auf die Mindestbauteildicke haben. Unter der Voraussetzung, dass sich die tatsächlichen Beanspruchungen zuverlässig bestimmen lassen, sollte dann folgender rechnerischer Mindestwert der Biegedruckzone im Gebrauchszustand nicht unterschritten werden:

$$\min x \geq 5 \text{ cm} \qquad (6.57)$$
$$\geq 2 \cdot d_K \text{ mit } d_K = \text{Größtkorn des Zuschlags}.$$

Im Bereich des Bahn- und Tunnelbaus können größere Werte erforderlich sein. Zwangbeanspruchungen sind bei dieser Bauweise auf ein Mindestmaß zu begrenzen.

6.6.7.2 Wandhöhen

Die Höhe der Wände ist abhängig von dem höchsten Wasserspiegel des später einwirkenden Wassers. Bei Grundwasser ist die Festlegung oft schwierig, meistens aber gerade bei diesen Bauwerken besonders wichtig.

Schon bei Planungsbeginn muss ermittelt werden, wie hoch der Grundwasserspiegel möglicherweise steigen kann. Es ist Aufgabe der Planenden, dieses sehr sorgfältig abzuklären. Hierzu sind Erkundungen nötig. Die Feststellung des derzeitigen Grundwasserstandes ist zwar während der Ausführung des Bauvorhabens von Interesse, nützt aber nicht viel für die spätere Sicherheit.

Der wasserundurchlässige Beton muss eine geschlossene Wanne bilden und das Bauwerk unten und seitlich umschließen. Bei nichtbindigem Boden muss die Wanne mindestens 30 cm über den höchsten Grundwasserstand reichen:

– Oberkante Wanne $\geq$ 30 cm über höchstmöglichen Grundwasserstand.

Darüber ist das Bauwerk gegen Bodenfeuchtigkeit oder gegen nichtdrückendes Wasser zu schützen. Der höchste Grundwasserstand ist aus möglichst langjährigen Beobachtungen zu ermitteln.

Die Wandhöhe hat einen wesentlichen Einfluss auf den Betoniervorgang. Die Fallhöhe des Betons darf nicht zu groß sein, da sich der Beton beim Einbringen sonst entmischt. Freie Fallhöhen über 1,5 m werden problematisch und sollten bei wasserundurchlässigen Bauteilen vermieden werden. Bei größeren Wandhöhen hat das Betonieren mit Schüttrohren zu erfolgen oder es ist der Pumpenschlauch weit genug in die Schalung einzuführen. Dafür müssen hohe Wände dick genug sein (möglichst $\geq$ 30 cm).

Auch dem Betonieren mit Schüttrohren oder tiefer eintauchendem Pumpenschlauch sind Grenzen gesetzt. Die Wandhöhe h sollte nicht größer als 6 m sein und die 15fache Wanddicke nicht überschreiten:

$$h_W \leq 6{,}0 \text{ m} \quad \text{und} \quad h_W \leq 15\, d_W. \tag{6.58}$$

Die größeren Höhen bzw. die erforderlichen besonderen Maßnahmen sind in der Leistungsbeschreibung zu nennen, und zwar in der entsprechenden Position und nicht in den Vorbemerkungen. Es sind eventuell zusätzlich waagerechte Arbeitsfugen für getrennte Betoniervorgänge vorzusehen mit dem Nachteil erhöhter Zwangbeanspruchung in den oberen Wandbereichen. Es ist zu klären, ob mit Gleitschalung oder Kletterschalung gearbeitet werden kann.

6.6.7.3 Öffnungen in Wänden

Im Bereich drückenden Wassers werden in den Wänden keine offen bleibenden Öffnungen eingebaut. Es kann sich aber um vorübergehende Öffnungen handeln, die während der Bauzeit durch die wirkende Querschnittsschwächung zu Rissen führen. Öffnungen über dem Wirkungsbereich des Wassers können durch weiterführende Zwangspannungen auch Risse im darunter liegenden Abdichtungsbereich entstehen lassen.

Fensteröffnungen in Kellern können z.B. durch außen liegende Lichtschächte gesichert werden. Hierbei entstehen jedoch Querschnittsschwächungen und zusätzlich Versprünge.

6.6 Konstruktive Durchbildung von Bauteilen aus WU-Beton

Lichtschächte, die ins Grundwasser hineinreichen, müssen wasserundurchlässig ausgebildet werden. Hier muss die Angriffsfront für das Wasser möglichst kurz gehalten werden. Getrennte Arbeitsabschnitte sind zu vermeiden, damit die Anzahl der Arbeitsfugen verringert wird. Bild 6.21 zeigt den üblichen Fall, Vereinfachungen sind jedoch nötig; sie sind in Bild 6.22 zu erkennen. Hier wird die Bauwerkssohle bis zur Außenseite des Lichtschachtes durchgeführt, und zwar in gleicher Höhe. Die tragende Außenwand kann auf der Sohle stehen, die als Gründungsplatte berechnet wird. Diese Lichtschachtlösung ist auch bei Kelleraußentreppen zu empfehlen. Im Grundriss betrachtet (Bild 6.22), ergibt sich ebenfalls eine „Frontverkürzung" durch Zusammenfassen mehrerer Lichtschächte zu einem großen. Solche vereinfachenden Lösungen sind stets anzustreben. Lichtschächte müssen gegen Niederschlagswasser abgedeckt sein oder sie müssen entwässert werden.

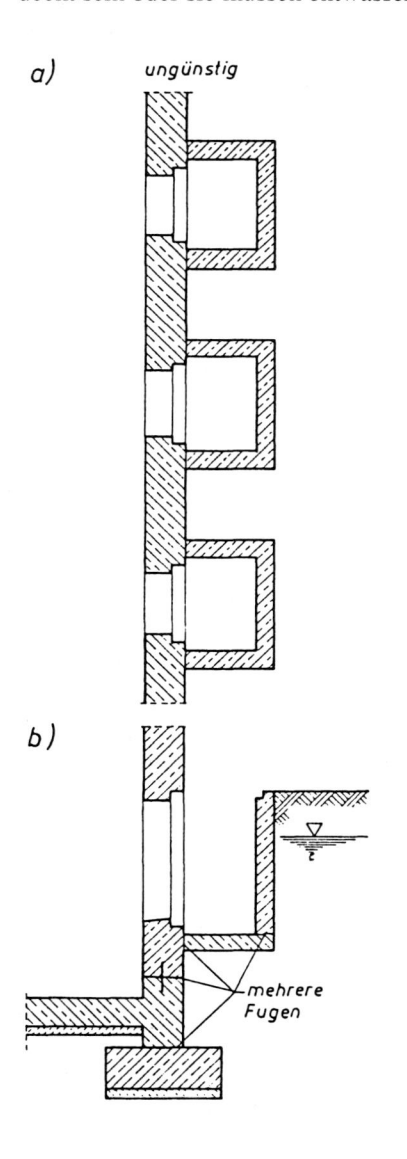

Bild 6.21:
Ungünstige Ausführung von Lichtschachtwänden bei Kellern im Grundwasser
a) Grundriss durch einzelne Lichtschächte für jedes Fenster: komplizierter Schalaufwand, große Angriffsfläche für das Wasser, viele Betonierfugen als Schwachstellen
b) Querschnitt mit Streifenfundament und üblichem Lichtschacht: mehrere Betonierabschnitte mit unnötigen Schwachstellen

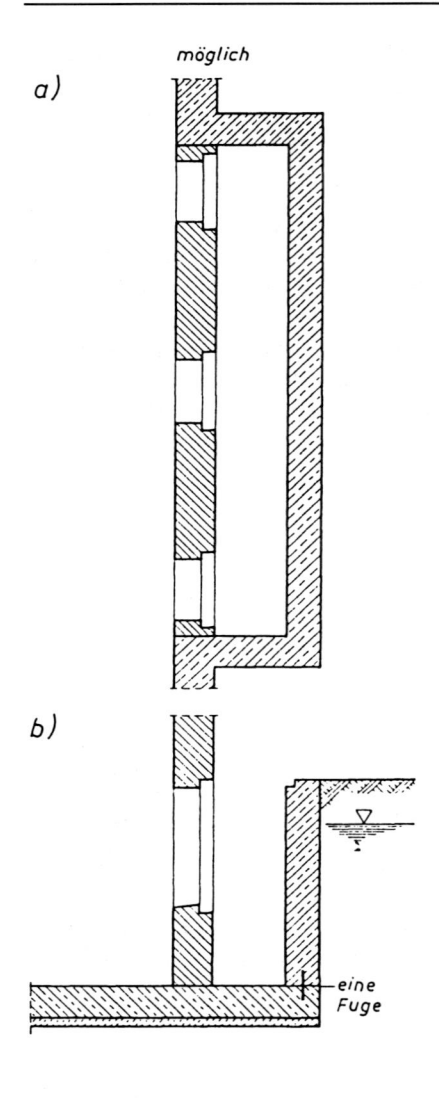

Bild 6.22:
Mögliche Ausführung eines Lichtschachtes bei Kellern im Grundwasser
a) Grundriss durch zusammengefasste Lichtschächte für mehrere Fenster: Einfachere Schalarbeit, verringerte Angriffsfläche für das Wasser, keine unnötigen Betonierfugen
b) Querschnitt mit durchgezogener Wannensohlplatte und Lichtschachtwand als Außenwand der Wanne: nur eine Betonierfuge

6.6.7.4 Nischen und Versprünge in Wänden

Nischen und Vertiefungen in Wänden sind Querschnittsschwächungen. Solche Querschnittsschwächungen oder Wandversprünge erzeugen in den einspringenden Ecken zusätzliche Spannungen: Es entstehen Kerbspannungen. Daher sind Nischen, Vertiefungen und Wandversprünge möglichst zu vermeiden. Unvermeidbare Querschnittsänderungen sind durch zusätzliche Bewehrung so abzusichern, dass die infolge der Kerbspannungen entstehenden Risse möglichst fein gehalten werden.

6.6.7.5 Durchdringungen

Durchdringungen der wasserundurchlässigen Bauteile werden sich nicht immer vermeiden lassen. So sind z.B. Rohrleitungen und Kabel durch die Wände zu führen oder Schalungsanker anzuordnen, die die Wanne durchstoßen. Diese Durchdringungen sind wasserundurchlässig

6.6 Konstruktive Durchbildung von Bauteilen aus WU-Beton

herzustellen. Sie sollen die Bauteile rechtwinklig durchstoßen. Längsgeführte Leitungen in Sohlplatten und Wänden sind auf jeden Fall zu vermeiden: Sie gelten bei weißen Wannen als nicht fachgerecht.

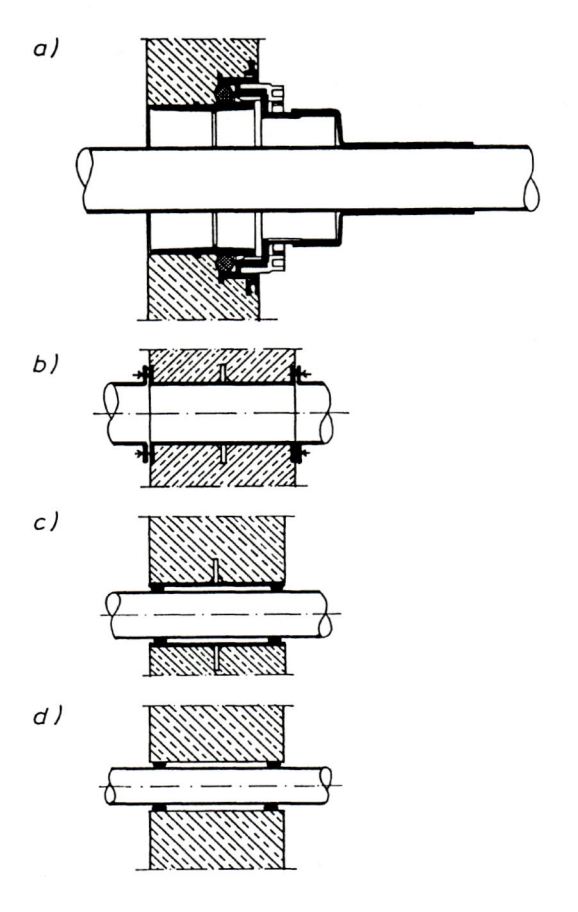

Kabel- und Rohrdurchführungen

Bei Kabel- und Rohrdurchführungen gibt es mehrere Möglichkeiten, und zwar durch das vorherige Einbetonieren von:

- Spezial-Kabel- und Rohrdurchführung (Bild 6.23 a)
- Flanschrohr (Bild 6.23 b)
- Mantelrohr (Bild 6.23 c).

Bild 6.23:
Kabel- und Rohrdurchführungen bei wasserundurchlässigen Bauteilen
a) Spezial-Rohrdurchführung mit Dichtpackung (z.B. System Hauff)
b) Flanschrohr mit Dichtflanschen
c) Mantelrohr mit Abdichtung durch Dichtmaterial
d) Wandbohrung mit Abdichtung durch Dichtmaterial für Wasserdruckhöhen $h_D \leq 1$ m

Stemmarbeiten für Durchbrüche und das nachträgliche Einsetzen der Durchdringungen in die Betonwand scheiden auf jeden Fall aus.

Bohrungen (Bild 6.23 d) für das spätere Durchschieben der Leitung sind möglich, jedoch nur mit Diamant-Bohrkronen. Diese Art der Durchführungen sollte nur bis zu Wasserdruckhöhen von $h_D \leq 1$ m gewählt werden.

Bei Mantelrohren und Bohrungen wird später die Rohrleitung durchgeschoben. Der Zwischenraum zwischen Wandung und Leitung wird mit Dichtungsmaterial verstopft und abgedichtet. Der Schwachpunkt bei diesen Ausführungen ist das Verstopfen und Abdichten der Rohrdurchführung. Dies muss zuverlässig erfolgen. Außerdem ist die Beständigkeit des Dichtungsmaterials zu klären.

Bei Flanschrohren wird die Rohrleitung dichtend angeflanscht. Hierbei handelt es sich um eine starre Verbindung, die gegen Bewegungen sehr empfindlich ist, z.B. bei Setzungen des Bodens im Bereich der Baugrube.

6.6.8 Sonderbauweise „Dreifachwand"

Der Begriff „Dreifachwand" steht für eine Bauweise, bei der zwei dünne Fertigteilplatten durch Gitterträger werkmäßig zu einem Doppel-Element mit Zwischenraum verbunden werden. Nach dem Aufstellen der Doppel-Elemente auf der Baustelle wird der Raum zwischen den beiden Fertigplatten mit Ortbeton verfüllt: Dadurch entsteht die Dreifachwand. Der Gesamtquerschnitt aus Fertigplatten und Ortbeton wirkt statisch gemeinsam im Verbund. Diese Dreifachwände können auch im Kellerbereich gegen drückendes Wasser eingesetzt werden. Hierzu sind eine Reihe besonderer Bedingungen einzuhalten. In diesem Zusammenhang wird nicht näher auf Einzelheiten eingegangen, sondern auf weiterführende Literatur verwiesen [6.56 bis 6.56 b].

6.7 Fugenausbildung

Fugen sind in ihrer Lage von der Bauwerksnutzung abhängig, sind andererseits aber auch durch die Herstellung bedingt. Fugen bedürfen einer sorgfältigen Planung. Die Planung von Fugen einschließlich der dazugehörigen Abdichtung sollte stets ein Bestandteil der Objekt- oder Tragwerksplanung sein. Die Ergebnisse der Planung müssen in das Leistungsverzeichnis und in den Ausführungsunterlagen aufgenommen werden. Diese Detailplanung ist nicht Aufgabe des ausführenden Bauunternehmens. Allerdings ist Abstimmung aller Beteiligten erforderlich, z.B. zwischen Tragwerksplanung, Bewehrungsverlegung, Schalungsbau, Betontechnologie, Betonlieferung, Bauausführung, Qualitätssicherung.

6.7.1 Fugenarten

Es gibt verschiedene Arten von Fugen für wasserundurchlässige Bauteile:
- Bewegungsfugen (Dehnfugen)
- Scheinfugen (Sollrissfugen)
- Betonierfugen (Arbeitsfugen)

Dehnfugen sollen ein Ausdehnen der Bauteile ermöglichen. Zwang infolge Temperaturänderungen oder anderer Einflüsse können durch Dehnfugen verringert werden (s. DIN 1045 Abschnitt 14.4). Dehnfugen sollten besser Bewegungsfugen, Temperaturfugen oder Raumfugen genannt werden. Die konstruktiv richtige Ausbildung dieser Fugen ist nicht einfach und oft recht aufwändig.

Bewegungsfugen sollen Bauteilbewegungen ermöglichen. Solche Bewegungen können durch ungleiche Setzungen – bedingt durch unterschiedlichen Baugrund oder verschieden große Belastungen entstehen. Diese Fugen werden auch als Dehnfugen bezeichnet; sie unterscheiden sich konstruktiv meistens nicht von ihnen. Bewegungsfugen werden auch Bauteilfugen, Bauwerksfugen, Gebäudefugen oder Trennfugen genannt.

Scheinfugen sollen bei der Tragwerksplanung dort angelegt werden, wo im jungen Beton voraussichtlich Risse zu erwarten sind und wo eine Betonierfuge nicht angeordnet werden kann. Sie werden auch Sollrissfugen genannt. Durch Scheinfugen sollen Risse nur an diesen beabsichtigten Stellen entstehen: Es wird durch eine Scheinfuge eine Querschnittsschwächung angelegt. Scheinfugen gestatten nur ein Zusammenziehen des Betons, z.B. beim Abkühlen oder durch Schwinden. Dabei reißt der Beton an der vorgesehenen Stelle; die Scheinfuge öffnet sich. Diese Fugen werden auch als Temperaturfugen oder Schwindfugen bezeichnet.

6.7 Fugenausbildung 205

Betonierfugen sind Fugen zwischen einzelnen Betonierabschnitten. Mehrere Betonierabschnitte ergeben sich dann, wenn die Bauwerksabmessungen für einen einzigen Betoniervorgang zu groß sind. Das ist oft der Fall.

Betonierfugen entstehen
- innerhalb einer großen Sohlplatte
- zwischen Sohlplatte und Wänden
- zwischen einzelnen Wandabschnitten
- zwischen Wänden und Decken.

Die Gründe für das Anlegen von Betonierfugen können unterschiedlich sein
- Betonierabschnitte mit geringeren Betonmengen
- günstigere Arbeitstakte: Schalen, Bewehren, Betonieren
- einfacheres Schalen
- weniger Schalungsmaterial.

Betonierfugen können als Scheinfugen oder als Pressfugen angelegt werden.

Zusammenfassend ergeben sich für wasserundurchlässige Bauteile aus den vorstehenden Erklärungen zwei Fugenarten: Bewegungsfugen, Schein- und Arbeitsfugen. Bei Bewegungsfugen spielen andere Probleme eine Rolle als bei Schein- und Arbeitsfugen.

6.7.2 Wirkungsweise von Fugenabdichtungen

Die Funktion einer Fugenabdichtung beruht meistens auf einer der nachstehend genannten Wirkungen:

- *Anpressdruck* in einer Betonierfuge, wenn der neue Beton an den vorhandenen Beton dicht anschließt, z.B. Fuge Sohlplatte/Wand
- *Einbettungen* durch festes Einbetonieren von Stahlblech. Die dichtende Wirkung ergibt sich aus der guten Haftung zwischen Stahlblech und Beton. Dieses Prinzip funktioniert nicht bei Kunststoff.
- *Umlaufwege* für das Wasser werden bei Fugenbändern durch Sperranker, Rippen und Randwulst so vergrößert, dass zwischen Beton und Kunststoff kein Wasser durchläuft. Geeignet sind hierfür Fugenbänder aus thermoplastischem Kunststoff und Elastomer-Fugenbänder.
- *Anflanschungen* bewirken eine Abdichtung durch Einklemmen der Fugenbandschenkel in Stahllaschen. Geeignet ist hierfür besonders Elastomer wegen der größeren Rückstellkraft des Materials.
- *Verpressschläuche* (Injektionsschläuche) können zum späteren Verpressen von Betonierfugen eingebaut werden. Sie müssen durchgehend dicht am zuerst eingebrachten Beton anschließen und in engen Abständen befestigt werden, damit sie Kontakt zur Betonierfuge behalten und beim späteren Weiterbetonieren nicht vollständig von Beton oder Zementleim umschlossen werden.
- *Quellprofile* aus modifiziertem Bentonitmaterial oder Quellkautschuk bzw. quellfähigem Kunststoff können zur Sicherung von Betonierfugen auf dem zuerst eingebrachten Beton verlegt werden. Sie müssen ebenfalls durchgehend auf dem Beton aufliegen und dürfen vor dem Erhärten des Anschlussbetons nicht quellen, z.B. durch Baufeuchte oder Regen.

Bei allen Fugenabdichtungen ist zu bedenken, dass die in verschiedenen Ebenen verlaufenden Systeme (waagerecht/lotrecht) miteinander verbunden werden müssen. So ist im Allgemeinen eine Durchführung der in Sohlplattenmitte verlaufenden Fugenbänder mit den in Wandmitte angeordneten Fugenbändern einwandfrei herzustellen (Bild 6.24 a). Am einfachsten einbaubar sind unter der Sohlplatte liegende Außenfugenbänder, die mit außenstehenden Fugenbändern der Wände verbunden werden (Bild 6.24 b). An der Außenecke ist ein ordnungsgemäßes Herstellen einer geschweißten senkrechten Ecke entsprechend Bild 6.46 f, Seite 227) nötig. Ein ungestoßenes Herumführen um die Ecke ist nicht zulässig, da hierbei die Ankerrippen gequetscht würden.

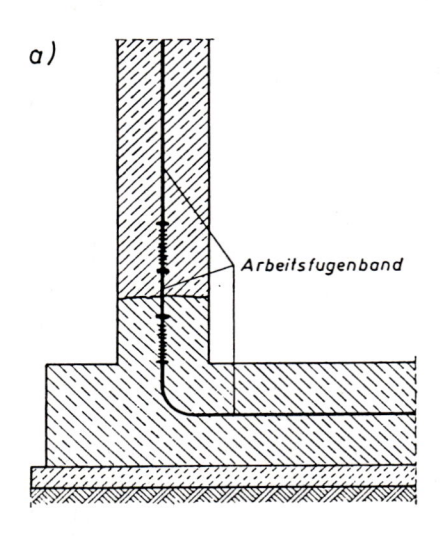

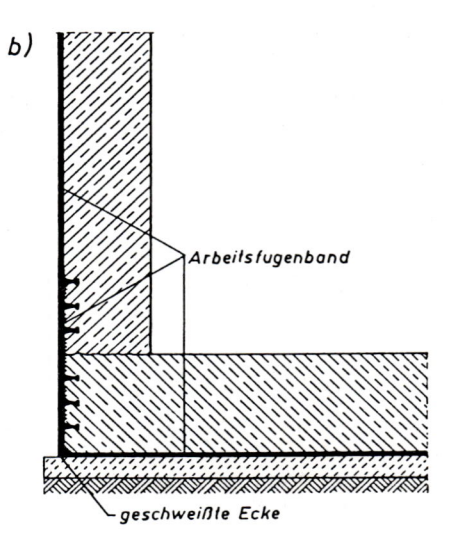

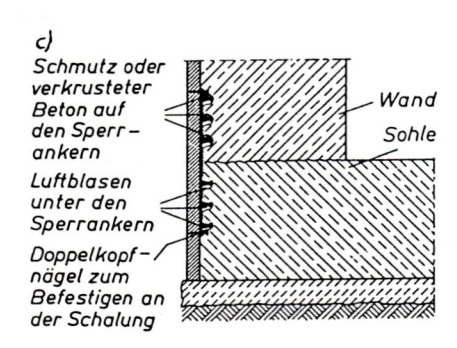

Bild 6.24:
Beispiele für das Führen der Fugenbänder von der waagerechten in die lotrechte Ebene bei Betonierfugen
a) mittigliegendes Fugenband mit Umlenkung von der Sohlpatte in die Wand
b) außen liegendes Fugenband mit geschweißter Ecke zwischen Sohlplatte und Wand
c) außen liegende Fugenbänder müssen beim Einbetonieren frei von Schmutz und verkrustetem Altbeton sein

Geschlossenes System der Fugenabdichtung

Jede Art der Fugenabdichtung muss ein System bilden, das in sich geschlossen ist. Das bedeutet, dass nicht nur die Regelquerschnitte in horizontaler oder vertikaler Richtung einwandfrei gelöst und in den Ausführungszeichnungen klar dargestellt werden müssen. Es muss auch über die Detailpunkte nachgedacht werden, die sich am Ende oder an Kreuzungen verschiedener Fugensicherungen ergeben. So wird es immer schwierig sein, mittig- und außen liegende Fugensicherungen miteinander zu verbinden. Eine einwandfreie Lösung ist aber erforderlich, damit ein geschlossenes System der Fugenabdichtung entsteht.

6.7.2.1 Fugenbänder oder Fugenbleche

Fugen können durch Fugenbänder oder durch Fugenbleche abgedichtet werden. Fugenbänder funktionieren nach dem Umlaufprinzip, indem der Umlaufweg eindringenden Wassers vergrößert wird. Fugenbleche wirken nach dem Einbettungsprinzip, da durch Einbettung der Fugenbänder zwischen Beton und Stahl eine innige Verbindung entsteht. Es ist stets zu entscheiden, welches Fugensicherungssystem gewählt werden soll:

- *Entweder*   Fugensicherungen nach dem Umlaufprinzip
- *oder*   Fugensicherungen nach dem Einbettungsprinzip.

Eine Besonderheit sind Fugenbänder mit beidseitigen Stahllaschen (s. Bild 6.31c, s. Seite 216). Sie stellen eine Kombination beider Prinzipien dar.

Fugenbleche sind steifer als Fugenbänder, können daher sicherer einbetoniert werden. Die Gefahr des Umkippens durch Betondruck ist geringer. Allerdings sollten Fugenbleche nur in solchen Arbeitsfugen eingebaut werden, bei denen keine Fugenbewegung zu erwarten ist (z.B. in Arbeitsfugen zwischen Sohlplatte und Wand).

Bei Arbeitsfugen in Wänden sollten Fugenbleche nicht eingesetzt werden, da bei Bewegungen das Einbettungsprinzip nicht voll wirken kann. Eine Notlösung für den Einsatz von Fugenblechen in Wänden ergibt sich durch Anstreichen des mittleren Fugenblechbereichs von etwa 10 cm Breite mit einem Bitumen- oder Kunststoffanstrich, so dass die Verbundwirkung auf die Randbereiche des Fugenbleches begrenzt bleibt und der mittlere Bereich für Dehnungen zur Verfügung steht.

Bei Scheinfugen kann eine Sonderkonstruktion eingesetzt werden, und zwar in Form des so genannten Fugenblechkreuzes (s. Bild 6.35 c, s. Seite 216).

Verbindungen von Kunststoff-Fugenbändern mit Stahlblechen sind stets problematisch und in ihrer Wirkung fragwürdig, da es zu Umläufigkeiten kommen kann. Eine Ausnahme bilden jedoch Fugenbänder mit Stahllaschen. Hier können Verbindungen von Fugenblechen an den Stahllaschen der Fugenbänder vorgenommen werden, wenn z.B. waagerecht umlaufende Bleche zwischen Sohlplatte und Wand mit lotrechten Fugenbändern verbunden werden sollen (s. Bild 6.47, s. Seite 228).

6.7.2.2 Fugenbandarten

Fugenbänder werden nach ihrer Anordnung im Beton sowie nach ihrer Verwendung bei Bewegungs- bzw. Dehnfugen oder Schein- bzw. Arbeitsfugen unterschieden in

- mittigliegendes (innenliegendes) Dehnfugenband Typ D
- mittigliegendes (innenliegendes) Arbeitsfugenband Typ A
- außen liegendes Dehnfugenband Typ DA
- außenliegendes Arbeitsfugenband Typ AA.

Außen liegende Fugenbänder

Außen liegende Fugenbänder wirken nur einwandfrei, wenn sie auf der Seite des einwirkenden Wassers liegen, z.B. an der Außenwandseite des Bauwerks bei Einwirkung von Grundwasser. Sie sind bei dünneren Bauteilen (z.B. $d_B \leq 50$ cm) zweckmäßig und können bei Druckgefällen bis $h_D/d_B \leq 10$ angewendet werden.

Das Verlegen und Einbetonieren außen liegender Fugenbänder an der Unterseite der Sohlplatte (Bild 6.25 a) ist einfacher als das Einbauen mittigliegender Fugenbänder (Bild 6.25 b). Bei waagerecht umlaufenden Fugenbändern zur Sicherung der Betonierfuge zwischen Sohlplatte und Wand sind sowohl der Einbau von Fugenbändern durch Befestigen an der Schalung als auch das Einbetonieren einfach durchzuführen, doch das Risiko möglicher Fehler ist groß. Daher ist auf folgende Punkte besonders zu achten (Bild 6.24 a):

- Außen liegende Fugenbänder dürfen nur in großem Bogen gekrümmt werden oder der Übergang Sohlplatte/Wand ist mit geschweißter Ecke auszubilden (Bild 6.24 b).
- Schmutz oder Betonreste, die auf den Ankerrippen liegen, müssen vor dem Einbetonieren entfernt werden (Bild 6.24 c).
- Unter den Ankerrippen kann sich beim Betonieren Luft ansammeln, der Beton sollte daher nach Möglichkeit seitlich vorangetrieben werden.
- Bewehrung darf die Ankerrippen nicht quetschen, Abstandhalter müssen für den richtigen Abstand der Bewehrung sorgen.
- Das Entfernen der Schalung muss vorsichtig erfolgen, damit außen liegende Fugenbänder nicht aus dem Betongefüge gerissen werden. Die Befestigung mit Doppelkopfnägeln ist zweckmäßig.
- Nach dem Ausschalen sind die Fugenbänder gegen mechanische Beschädigung zu schützen. Das kann durch Hartfaserplatten o. ä. erfolgen, die über die herausschauenden Spitzen der Doppelkopfnägel gesetzt werden.
- Außen liegende Fugenbänder sind vor dem Verfüllen der Baugrube zu kontrollieren. Eventuell entstandene Beschädigungen können erkannt werden und sind durch Schweißen zu reparieren.

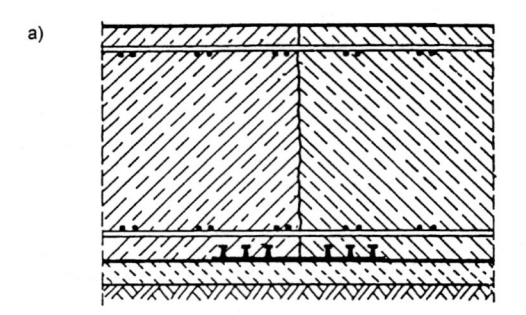

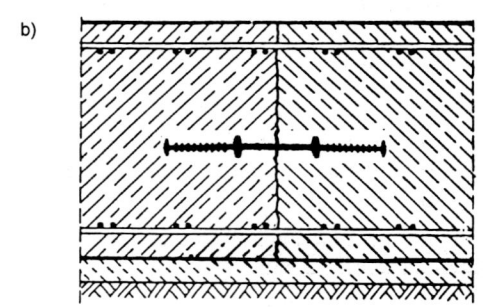

Bild 6.25: Beispiel für eine Betonierfugen (Arbeitsfugen) in der Sohlplatte mit Rippenstreckmetall-Absperrung
a) unten liegendes Fugenband   b) mittig liegendes Fugenband

Mittigliegende Fugenbänder

Bei mittigliegenden Fugenbändern ist es gleichgültig, von welcher Richtung der Flüssigkeitsdruck wirkt. Auch hinsichtlich der Größe des Wasserdrucks bestehen keine Einschränkungen für die Anwendung mittigliegender Fugenbänder.

Der Einbau mittigliegender Fugenbänder ist aufwändiger als der Einbau außen liegender Fugenbänder. Das Fugenband sollte mindestens 25 cm überdeckt sein. Andererseits sollte das Fugenband für eventuelle Reparaturen später zugänglich sein und daher möglichst nicht tiefer als 30 cm von der zugänglichen Oberfläche liegen (s. Bild 6.39 und 6.40). Damit sich beim Betonieren die Fugenbänder nicht verschieben, sind sie zu sichern, ggf. durch Aussteifungen, Schalung oder Verspannungen (s. Bild 6.31 a).

6.7 Fugenausbildung

Außen- und mittigliegende Fugenbänder

Bei besonders beanspruchten Konstruktionen mit erhöhtem Sicherheitsniveau (z.B. Druckgefälle $h_D/d_B > 20$ oder Wasserdruckhöhe $h_D > 10$ m) können sowohl außen liegende als auch mittigliegende Fugenbänder als doppeltes Sicherheitssystem eingebaut und miteinander kombiniert werden. Dieses doppelte Abdichtungssystem ist dann sinnvoll, wenn in engen Abständen (z.B. 2 bis 3 m) Querschotte durch dazwischen angeordnete Fugenbänder eingebaut werden.

6.7.3 Ungeeignete Fugenabdichtungen

Für wasserundurchlässige Bauteile sind nur Abdichtungen von Bedeutung, die bei Wasserdruck dicht sind und trotz entsprechender Fugenbeanspruchung dicht bleiben. Hierbei gibt es auch einige Abdichtungen, die nur für andere Arbeitsbereiche geeignet sind.

Zur Abdichtung wasserundurchlässiger Fugen scheiden einige Materialien als alleiniges Abdichtungssystem aus.

Daher:

- Keine Fugendichtungsmassen (elastisch oder plastisch)
- keine Fugenprofile zum Eindrücken, Einstecken, Ankleben
- keine Moosgummiprofile zum Einpressen
- keine Vakuumprofile
- keine Hutprofile (Abdeckfolie) zum Einbetonieren
- keine Dichtungsbahnen zum Überkleben von Bewegungsfugen.

Begründungen:

Fugendichtungsmassen nach DIN 18 540 „Abdichten von Außenwandfugen im Hochbau mit Fugendichtungsmassen" oder nach den „Technischen Lieferbedingungen für bituminöse Fugenvergussmassen" sind nicht zugelassen für wasserdruckhaltende Abdichtungen. Sie sind hierbei überfordert.

Fugenprofile, die später in die Fugen eingedrückt, eingesteckt oder an den Fugenflanken angeklebt werden, dienen dem optischen Verschließen von Fugen in Fassaden. Sie können einem Wasserdruck nicht standhalten.

Moosgummiprofile zum Einpressen in die Fuge sind nur bei Fertigteilen geeignet. Bei Ortbetonbauteilen sind die Fugenflanken zu uneben und die Fugenbreite nicht gleichmäßig genug. Das Gefüge des Betons an den Fugenflanken ist oft nicht dicht genug. Außerdem fehlt der nötige Anpressdruck.

Vakuumprofile sind Hohlprofile, aus denen vor dem Einbau die Luft durch Unterdruck herausgezogen wurde; dadurch sind sie flach und lassen sich in die Fuge einschieben. Bei Belüftung nimmt das Material seine ursprüngliche Form wieder an und presst sich dabei an die Fugenflanken. Das Problem der Unebenheit und des porösen Gefüges der Fugenflanken besteht auch hier.

Hutprofile sind U-förmigeProfile aus Kunststoff. Sie werden mit ihren Ankerrippen einbetoniert. Bei Versuchen zeigten diese Profile zwar eine gute Funktionsfähigkeit, doch sie haben für den Baustellenbetrieb mehrere Nachteile: Die Ankerrippen können oft nicht sicher genug einbetoniert werden; Verbindungen mit anderen Profilen sind schlecht möglich; Schweißarbeiten sind bei diesen Profilen auf der Baustelle besonders schwierig.

Dichtungsbahnen zum Überkleben der Fugen haben den Anschein einer Notlösung. Für Bewegungsfugen kommen sie nicht in Frage. Sie sind nur auf der Seite des Wasserdrucks bei erdberührten Bauteilen und nur bei Arbeitsfugen oder Rissen einsetzbar. Die Dehnfähigkeit ist begrenzt, eine Rissabdichtung ist damit nur in Grenzen möglich.

6.7.4 Betonierfugen

6.7.4.1 Vorbemerkungen

Betonierfugen (Arbeitsfugen) entstehen zwischen zeitlich getrennt hergestellten Betoniersabschnitten. Sie müssen vorher geplant werden und dürfen in ihrer Lage nicht dem Zufall überlassen bleiben. Trotz der Betonierfugen erhält man eine kraftschlüssige Verbindung der Betonierabschnitte. Die Bewehrung läuft bei diesen Fugen vollständig oder zur Hälfte durch, jeder zweite Stab kann getrennt werden, wenn die Bewehrung statisch nicht erforderlich ist. In DIN 1045 werden zur Anordnung und Ausbildung von Arbeitsfugen in Abschnitt 10.2.3 folgende Angaben gemacht:

> *„Die einzelnen Betonierabschnitte sind vor Beginn des Betonierens festzulegen. Arbeitsfugen sind so auszubilden, dass alle auftretenden Beanspruchungen aufgenommen werden können. In den Arbeitsfugen muss für einen ausreichend festen und dichten Zusammenschluss der Betonschichten gesorgt werden. Verunreinigungen, Zementschlamm und nicht einwandfreier Beton sind vor dem Weiterbetonieren zu entfernen. Trockener älterer Beton ist vor dem Anbetonieren mehrere Tage lang feucht zu halten, um das Schwindgefälle zwischen jungem und altem Beton gering zu halten und um weitgehend zu verhindern, dass dem jungen Beton Wasser entzogen wird.*
> *Zum Zeitpunkt des Anbetonierens muss die Oberfläche des älteren Betons jedoch etwas abgetrocknet sein, damit sich der Zementleim des neu eingebrachten Betons mit dem älteren Beton verbinden kann. Das Temperaturgefälle zwischen altem und neuem Beton kann dadurch gering gehalten werden, dass der alte Beton warm gehalten oder der neue gekühlt eingebracht wird. Bei Bauwerken aus wasserundurchlässigem Beton sind auch die Arbeitsfugen wasserundurchlässig auszubilden. Sinngemäß gelten die Bestimmungen dieses Abschnittes auch für ungewollte Arbeitsfugen, die z.B. durch Witterungseinflüsse oder Maschinenausfall entstehen."*

Zur wasserundurchlässigen Ausbildung der Betonierfugen ist in der Regel der Einbau einer zusätzlichen Wassersperre nötig. Meistens genügt es, nur den Weg des Wassers zu verlängern. Auf dem längeren Weg wird der Wasserdruck soweit abgebaut, dass die trockene Seite auch trocken bleibt.

Die in den folgenden Abschnitten gezeigten Lösungen für Betonierfugen gelten für häufig vorkommende Fälle bei üblichen Bauteildicken und begrenzten Wasserdrücken (siehe beispielsweise Bild 6.30). Für spezielle Aufgaben sind Lösungen im Einzelfall zu erarbeiten, wozu die hier gezeigten einfachen Möglichkeiten nicht ausreichen.

6.7.4.2 Betonierfugen in der Sohlplatte

Fugen in der Sohlplatte können meistens als Arbeitsfugen ausgeführt werden. Es müssen nur dann Bewegungsfugen sein, wenn es besondere Bedingungen erfordern. Bei rissverteilender Bewehrung braucht innerhalb der Sohlenfläche eines Gebäudes keine Fuge ausgeführt zu werden. Häufig ist jedoch das Arbeiten ohne Fuge schlecht ausführbar: Der Arbeitstakt zwingt

6.7 Fugenausbildung

zu Unterteilungen der Gesamtfläche. Die Ausbildung dieser Betonierfugen erfolgt durch lotrechtes Absperren mit Rippenstreckmetall oder Schalung mit profilierten Leisten. Die Bewehrung kann ungestoßen durchlaufen.

Bei Wasserdruck von außen kann mit außen liegendem Fugenband gearbeitet werden. Mittig unter der Betonierfuge liegt auf der Sauberkeitsschicht ein Arbeitsfugenband von 350 mm Breite mit je drei Ankerrippen links und rechts. Bild 6.25 zeigt die Ausführung dieser Betonierfuge. Im Gegensatz zu mittig in der Sohlplatte liegenden Fugenbändern (Bild 6.25 b) lassen sich die unten liegenden Fugenbänder (Bild 6.25 a) einwandfrei einbetonieren. Das Anbetonieren des nächsten Abschnittes soll erst erfolgen, wenn die Hydratationswärme des Betons wieder abgeklungen ist. Das wird je nach Sohlplattendicke vier bis sechs Tage nach dem Betonieren der Fall sein (Abschn. 6.2.2). Einen Tag vor dem Anbetonieren ist der Beton anzufeuchten.

Bei Einbau eines mittigliegenden Fugenbandes ist besonders darauf zu achten, dass sich unter dem Band zwischen den Ankerrippen keine Luftblasen ansammeln. Das Fugenband muss auch von unten satt eingebettet sein.

6.7.4.3 Arbeitsfugen an Schächten

Tieferliegende Schächte können oft nicht mit der Sohlplatte in einem Arbeitsgang betoniert werden. Die dadurch erforderlich werdende Fuge sollte in Höhe der Sohlplattenunterseite waagerecht liegend ausgebildet werden. Diese Arbeitsfuge ist durch ein Fugenband zu sichern (Bild 6.26 bis 6.28). Hierfür kann ein abgewinkeltes, aus zwei Teilen zusammengeschweißtes Fugenband verwendet werden.

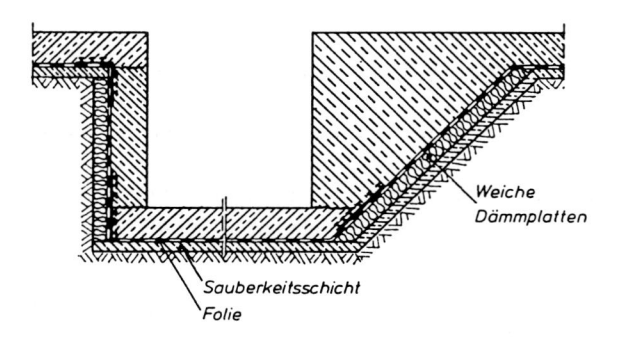

Bild 6.26:
Beispiel für einen tieferliegender Schacht mit einseitiger Verschiebemöglichkeit durch weiche Dämmplatten (z.B. Mineralfaserplatten)

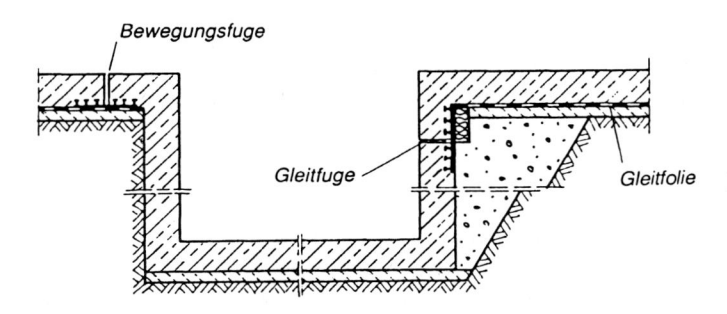

Bild 6.27:
Beispiel für einen tieferliegender Schacht, der durch Bewegungsfugen bzw. Gleitfugen von den anderen Bauteilen getrennt ist

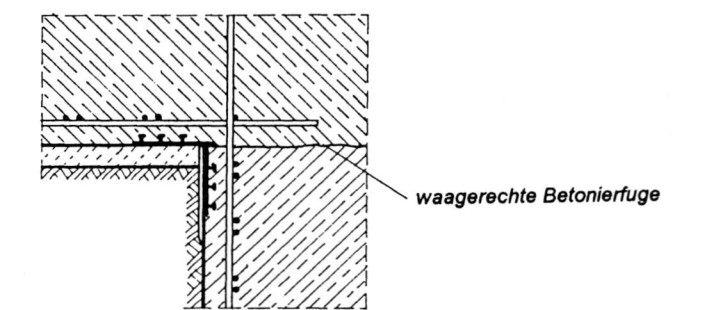

Bild 6.28:
Beispiel für eine waagerechte Betonierfuge zwischen Schachtwand und Sohlplatte mit außen eingebautem Fugenband, zusammengeschweißt aus zwei halben Fugenbändern, je 350 mm breit

6.7.4.4 Arbeitsfugen Sohlplatte/Wand

Zunächst sollte geklärt werden, ob Arbeitsfugen zwischen der Sohlplatte und den Wänden erforderlich sind. Diese Fugen sind Schwachpunkte der Abdichtung. In einigen Fällen ist es sinnvoller – wenn auch ausführungsmäßig schwierig – die Wände mit der Sohlplatte in einem Arbeitsgang zu betonieren.

In Arbeitsfugen zwischen Sohlplatte und Wänden treten im Allgemeinen keine Bewegungen auf und es ist eine breite Biegedruckzone vorhanden. Die Fuge könnte durch den Anpressdruck dicht sein, wenn der neue Beton an den vorhandenen Beton dicht anschließt (Bild 6.29). Das ist jedoch schwierig zu erreichen. Dafür gibt es mehrere Gründe:

- Die Oberfläche des Sohlplattenbetons ist zwischen den Anschlussbewehrungen der Wände oft mit Zementschlämme angereichert, da die Oberfläche in diesem Bereich nicht abgezogen werden kann.
- Vor dem Einbringen des Wandbetons kann es zu Verschmutzungen des Anschlussbereichs kommen.
- Der Anschlussbereich ist beim Betonieren nicht einsehbar; das Betonieren geschieht im Dunkeln.
- Der Wandbeton entmischt sich leicht beim Abstürzen in der Wandschalung, es entstehen am Wandfuß gelegentlich Nester.

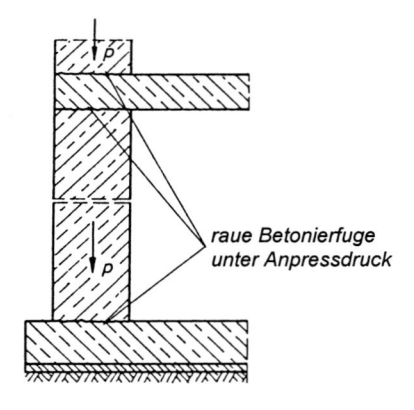

Bild 6.29:
Abdichten einer Betonierfuge durch raue Oberfläche und Anpressdruck bei großer Biegedruckzone und einem Druckgefälle $h_D/d_B \leq 2,5$ bei Wanddicken $d_B \geq 30$ cm
Altbeton von Zementschlämmeschicht befreien durch Abspritzen der Oberfläche mit einem Hochdruck-Wasserstrahler
Neubeton in weicher Konsistenz 0/8 mm intensiv in die Anschlussfläche einrütteln (DIN 1045, Abschn. 10.2.3)

Eine Vorbehandlung des älteren Betons vor dem Weiterbetonieren im Sinne von DIN 1045 Abschnitt 10.2.3 genügt nur bei hohem Anpressdruck aus Auflast lotrecht zur Arbeitsfuge und

6.7 Fugenausbildung

nur bei geringem Wasserdruck. Der höchstmögliche Wasserstand sollte nicht höher als die 2,5fache Wanddicke über der Arbeitsfuge anstehen:

Druckgefälle $h_D/d_B \leq 2,5$ nach Tabelle 6.8 und Bild 6.10 (Seite 181, 182).

Erforderlich ist bei dieser Ausführungsart nach dem Vorbereiten des Altbetons das Aufbringen und gründliche Einrütteln einer besonderen Anschlussmischung aus weichem, feinem Beton (z.B. Beton mit Fließmittel Konsistenz KF mit 8 mm Größtkorn).

Dichtungsschlämmen, mit denen die Betonierfuge zwischen Sohlplatte und Wand eingestrichen wird sind abzulehnen, wenn nicht frisch hinein betoniert werden kann. Das Bewehren und Einschalen der Wände erfordert meistens so viel Zeit, dass zwischendurch die Dichtungsschlämme abgetrocknet oder sogar ausgehärtet ist. Sie kann dann als Trennschicht wirken. Das ist schlechter, als wenn der Altbeton durch Anfeuchten vorbehandelt wurde.

Ausführung verschiedener Arbeitsfugen

Die zwischen der Sohlplatte und den Wänden entstehende Arbeitsfuge ist bei Wasserdruck zusätzlich durch eine Wassersperre zu sichern. Dies kann auf verschiedene Weisen geschehen (Bild 6.30).

Die Querschnitte (Bild 6.30 a), c) und f) zeigen jeweils Ausführungen mit Abkantung bzw. Sockel, die gleichzeitig mit der Sohlplatte ausgeführt werden müssen. Bei der Planung von Wandsockeln sollte bedacht werden, dass der Arbeitsaufwand bei fachgerechter Ausführung sehr groß ist, insbesondere bei der „üblichen" Ausführung nach Bild 6.30 c). Das Betonieren eines Sockels mit gesondert hergestellter Schalung ist nur nötig, wenn die obere Bewehrung der Sohlplatte tatsächlich durchlaufen muss. Bild 6.30 b) zeigt eine einfachere und preiswertere Lösung.

Die Querschnitte (Bild 6.30 b), d) und e) stellen Lösungen dar, bei denen die Arbeitsfuge in Höhe der Sohlplattenoberseite durchläuft. Die gezeigten Lösungsbeispiele sind nicht als gleichwertig anzusehen. Die Ausführbarkeit ist unterschiedlich schwierig, die Anwendungsbereiche sind durch die vorhandene Wanddicke und das wirkende Druckgefälle eingeengt.

Abkantungen in der äußeren Wandhälfte unterhalb der Sohlplattenunterseite lassen sich mit einem in Wandmitte lotrecht angeordneten Streckmetallstreifen von mindestens 10 cm Höhe herstellen (Bild 6.30 a). Der außen liegende Bereich ist vor dem Betonieren zu säubern, da sich hier Abfall und Schmutz ansammeln kann. Diese Ausführung ist relativ einfach herzustellen und bei nicht zu großem Wasserdruck genügend sicher. Auch hier ist nach dem Reinigen und Vornässen des Altbetons eine Anschlussmischung aus weichem, feinem Beton aufzubringen und gründlich einzurütteln.

Mittigliegende Fugenbänder können mit der unteren Hälfte in die Sohlplatte einbetoniert werden, wenn die obere Sohlplattenbewehrung nicht nach außen durchläuft und in Wandmitte abgebogen wird (Bild 6.30 b). Die obere Sohlplattenbewehrung kann zum Einbau des Fugenbandes auch abgesenkt werden. Das ist stets dann möglich, wenn an der Innenecke Sohlplatte/Wand keine Zug- oder Biegezugbeanspruchung wirkt.

Nur in Fällen, bei denen die obere Sohlplattenbewehrung nach außen durchlaufen muss, ist ein Wandsockel mit der Sohlplatte in einem Arbeitsgang zu betonieren, damit das Fugenband zur Hälfte einbetoniert wird (Bild 6.30 c). Fugenbänder sind vor dem Betonieren einzubauen und gegen Umkippen zu sichern. Ein nachträgliches Eindrücken in den frischen Beton ist abzulehnen.

Mittigliegende Fugenbleche sollen 250 mm hoch und 1,5 mm dick sein, bei hohem Druckgefälle mit erhöhten Anforderungen an die Dichtheit sollten die Fugenbleche einen Querschnitt von 300 x 2 mm haben. Fugenbleche bestehen aus normalem „Schwarzblech", sie können auch mit besonders abdichtenden Stoffen (z.B. Bentonit) beschichtet sein. Die Fugenbleche sind in möglichst großen Längen vor dem Betonieren einzubauen, gegen Verschieben und Umkippen zu sichern und zu befestigen, z.B. durch Punktschweißen an Bewehrungen.

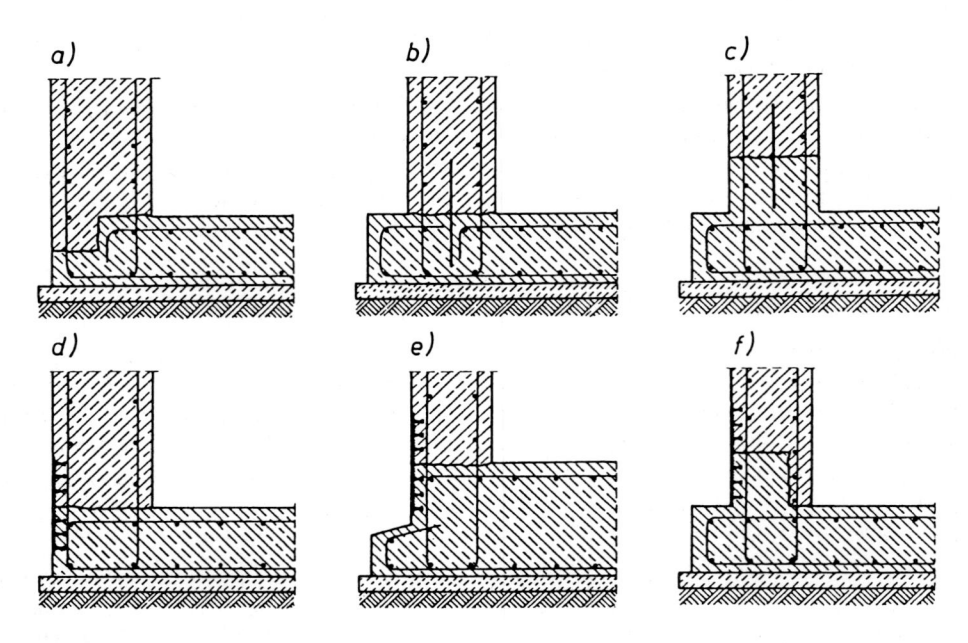

Bild 6.30: Beispiele für Betonierfugen zwischen Sohlplatte und Wand in weißen Wannen, bei denen Sohlplatte und Wände nicht in einem Arbeitsgang betoniert werden können:
    a) Abkantung im äußeren Wandbereich mit Rippenstreckmetall ≥ 10 cm tief
       Anwendungsbereich Wanddicke $d_B \geq 30$ cm, Druckgefälle $h_D/d_B \leq 2,5$
    b) Betonierfuge ohne Sockel und ohne obere durchgehende Bewehrung mit Fugenband oder Fugenblech in Wandmitte
       Anwendungsbereich Wanddicke $d_B \geq 30$ cm, Druckgefälle $h_D/d_B \leq 20$
    c) geschalter Wandsockel mit Fugenblech oder Fugenband in der Mitte des Sockels, wenn die obere Sohlplattenbewehrung über den gesamten Wandbereich durchlaufen muss
       Anwendungsbereich Wanddicke $d_B \geq 30$ cm, Druckgefälle $h_D/d_B \leq 20$
    d) durchgehende Betonierfuge mit Fugenband an der Außenseite
       Anwendungsbereich Wanddicke $d_B \geq 20$ cm, Druckgefälle $h_D/d_B \leq 10$
    e) Betonierfuge ohne Sockel mit Fugenband an der Außenseite bei dicken auskragenden Sohlplatten
       Anwendungsbereich Wanddicke $d_B \geq 20$ cm, Druckgefälle $h_D/d_B \leq 10$
    f) geschalter Wandsockel mit Außenschalung und Rippenstreckmetall an der Innenbewehrung mit Fugenband an der Außenseite
       Anwendungsbereich Wanddicke $d_B \geq 20$ cm, Druckgefälle $h_D/d_B \leq 10$

Außen liegende Fugenbänder bieten bei geringerem Wasserdruck und sorgfältigem Einbau eine weitere Möglichkeit der Fugensicherung bei von außen angreifendem Wasser. Voraussetzung hierfür ist allerdings, dass die Sohlenstirnseite nach außen nicht verspringt, also bündig mit der Wandaußenseite steht (Bild 6.30 d) oder ein Sockel betoniert wird (Bild 6.30 f). Das Fugenband wird an der Außenschalung mit Doppelkopfnägeln oder in anderer geeigneter

6.7 Fugenausbildung

Weise angeheftet. Das Annageln in den Befestigungsstreifen außerhalb der Sperranker soll so erfolgen, dass beim Entfernen der Schalung das Fugenband nicht aus dem Beton herausgerissen wird. Doppelkopfnägel oder teilweise eingeschlagene Nägel mit umgeklopftem Kopf sind im Beton gut verankert und verhindern das Herausreißen des Fugenbandes beim Ausschalen. Die Fugenbänder sind vor dem Verfüllen des Arbeitsraumes zu kontrollieren und gegen Beschädigung zu schützen. Der Schutz kann durch Hartfaserplatten o. ä. Platten erfolgen, die von den herausschauenden Nagelspitzen gehalten werden.

Es ist beim Betonieren darauf zu achten, dass auf dem Sperranker kein Schmutz liegt und sich unter den Sperrankern möglichst keine Luft festhängt (Bild 6.30 c).

Bei dicken Sohlplatten ist es möglich, die Außenkante der Sohle im unteren Bereich auskragen zu lassen. Damit ist es möglich, das Fugenband über der Auskragung bündig mit der Wandaußenseite einzubauen (Bild 6.30 e).

6.7.4.5 Betonierfugen in den Wänden

Wandfugen in engeren Abständen können aus schalungstechnischen Gründen oder wegen des Arbeitsablaufes erforderlich werden. Zu empfehlen ist ein Abschalen rechtwinklig zur Wandachse mit Rippenstreckmetall oder mit Holzschalung und profilierten Leisten. Die horizontale Bewehrung kann durchlaufen, es ist jedoch zu empfehlen, jeden zweiten Stab zu trennen.

Die Art der Fugensicherung ist abhängig von der Sicherung der Fuge zwischen Sohlplatte und Wand. Beide Fugensicherungen müssen sich miteinander verbinden lassen und sollten daher in einer Ebene laufen (Bild 6.24).

Mittigstehende Fugenbänder sind zur Sicherung der Fuge bei Wasserdruck von außen oder innen geeignet. Beim Abschalen der Wandabschnitte werden die Fugenbänder im Mittelbereich beidseitig von den Querschalungen eingeschlossen und dadurch in ihrer Stellung gehalten (Bild 6.31). Der Aufwand für Schalung und Bewehrung ist erheblich. Da die Betonwand durch die Fugenbandschenkel aufgeschlitzt wird, müssen zusätzliche Bügel und Bewehrungen den Beton sichern. Hierbei sollen die Bügel die Fugenbänder so umschließen, dass die Fugenbandschenkel gehalten werden (Bild 6.31 a).

Fugenbänder mit Stahllaschen (Bild 6.31 c) in den lotrechten Fugen der Wände können mit den waagerecht umlaufenden Fugenblechen, die die Fuge zwischen Sohlplatte und Wand sichern (Bild 6.30 b oder c), durch Schweißen oder mit Klemmlaschen verbunden werden.

Alle lotrechten Fugensicherungen in den Wänden sind mit den waagerecht umlaufenden Fugensicherungen zwischen Sohle und Wand wasserdicht zu verbinden. Bei Fugenbändern sind die Anschlüsse mit vorgefertigten T-Stücken oder Kreuzungsstücken zu verschweißen. Bei Fugenblechen erfolgen die Verbindungen durch Schweißen, Kleben oder Klemmen. Fugenbänder mit Stahllaschen (Bild 6.31 c) können mit Fugenblechen gut verbunden werden.

Außenstehende Fugenbänder können zur Sicherung der Fuge bei Wasserdruck von außen verwendet werden (Bild 6.32). Sie sind an der Außenschalung mit Doppelkopfnägeln anzuheften und werden beim ersten Betonierabschnitt halbseitig einbetoniert. Vor dem Verfüllen des Arbeitsraumes sind die Fugenbänder nochmals zu kontrollieren und gegen Beschädigung zu schützen.

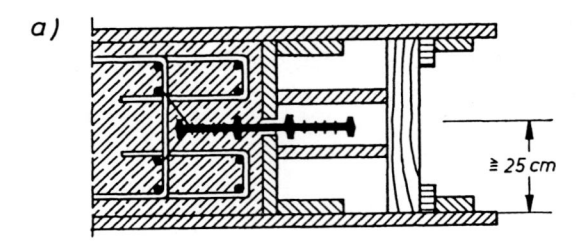

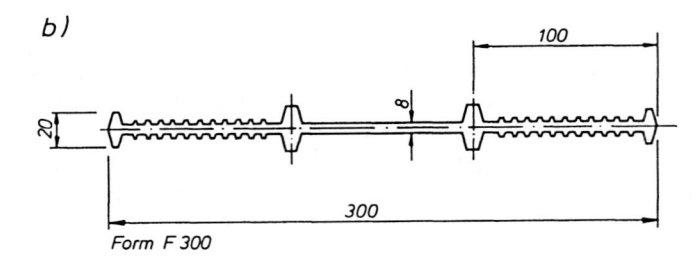

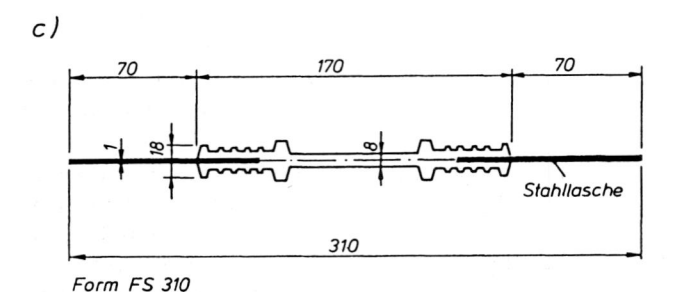

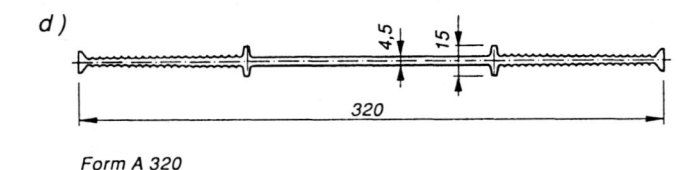

Bild 6.31:
Beispiel für eine lotrechte Betonierfuge in der Wand, abgeschalt durch Brettschalung, gesichert durch ein mittiges Fugenband
a) waagerechter Schnitt durch Schalung und Bewehrung
b) Fugenband (Elastomer) DIN 7865 Form F 300
c) Fugenband (Elastomer) mit beidseitigen Stahllaschen DIN 7865 Form FS 310
d) Fugenband aus thermoplastischem Kunststoff DIN 18541 Form A 320

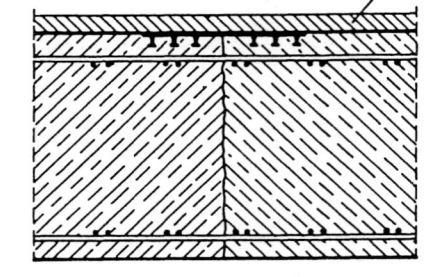

Bild 6.32:
Beispiel für eine lotrechte Betonierfuge in der Wand, abgeschalt durch Rippenstreckmetall, gesichert durch ein außen liegendes Fugenband (waagerechter Schnitt)

6.7 Fugenausbildung

In allen Fällen sind entweder außen liegende oder mittigliegende Fugensicherungen anzuwenden. Ein Vermischen von Fugensicherungen verschiedener Systeme führt entweder zu schwierigen Anschlüssen oder zu Umläufigkeiten im Dichtsystem (Bild 6.24).

6.7.5 Scheinfugen

6.7.5.1 Scheinfugen in der Sohlplatte

Es gibt in der Praxis gelegentlich Fälle, bei denen zusätzlich zu den erforderlichen Arbeitsfugen weitere Scheinfugen als „Sollrissstellen" nötig sind oder es werden einige der Arbeitsfugen als Scheinfugen ausgebildet. Durch diese „Sollrissstellen" sollen Risse an bestimmten Stellen entstehen. Dadurch können Zwangspannungen abgebaut werden, die beim Abklingen der Hydratationswärme und beim Schwinden entstehen. Gleichzeitig sind aber größere Betonierabschnitte möglich, da die Scheinfugen innerhalb der Betonierabschnitte angeordnet werden. Das bedeutet: Die Scheinfugenabstände sind unabhängig von den Betonierabschnitten.

Scheinfugen in der Sohlplatte können in der gleichen Weise wie die Betonierfugen ausgeführt werden (Abschnitt 6.7.4.1).

Für den Fall jedoch, dass mit größeren Längenänderungen durch Abkühlen und Schwinden des Betons zu rechnen ist, können Scheinfugen mit keilförmiger Öffnung ausgeführt werden. Diese Scheinfugen werden auch als „Schwindplomben" bezeichnet, richtiger ist die Bezeichnung „Temperaturfugen".

Das verschiedentlich noch übliche Aussparen eines Streifens in der Sohlplatte von bestimmter Breite führt zu zwei nebeneinander liegenden Fugen. Dadurch ergeben sich doppelte Gefahrenbereiche. Es ist daher einfacher und sicherer, eine V-förmige Absperrung mit Rippenstreckmetall einzubauen (Bild 6.33), die über einem Arbeitsfugenband angeordnet wird. Ein einziges Fugenband sichert den gesamten Bereich gegen Druckwasser. Es wird auf der Sauberkeitsschicht verlegt und angeheftet. Der Streckmetallkorb wird in der Sohlplatte bis zur Wandaußenseite durchgeführt und am Ende zusammengezogen, so dass das unten durchlaufende Fugenband an der Wandaußenseite hochgeführt werden kann und den entstehenden Riss außerhalb des Streckmetallkorbes abdeckt. Nach gründlichem Reinigen soll mindestens 2 Tage vor dem Anbetonieren der Streckmetallbereich mehrfach angefeuchtet werden. Der vorhandene Beton soll vor dem Einbringen des neuen Betons wieder leicht angetrocknet sein. Das Streckmetall selbst wird mit einbetoniert, es muss nicht entfernt werden.

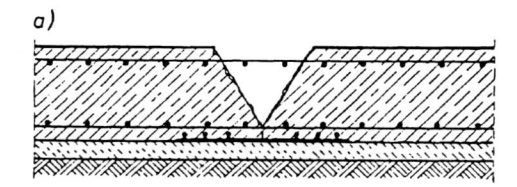

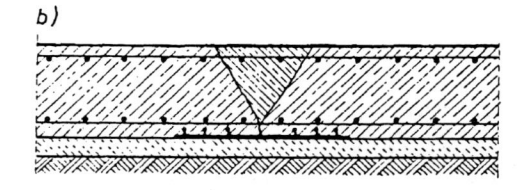

Bild 6.33: Beispiele für Scheinfugen bzw. Betonierfugen in der Sohlplatte durch V-förmige Streckmetall-Absperrung mit Fugenband, möglichst 500 mm breit
a) Zustand nach dem Betonieren der Sohlplatte
b) Ausbetonieren des Keils nach Abklingen der Hydratationswärme

Das Schließen der Keilfuge soll nach Erreichen des Temperaturausgleichs erfolgen, das ist etwa 5 bis 7 Tage nach dem letzten Betonieren der Fall. Dazu wird weicher, feinkörniger Beton verwendet, z.B. Beton mit Fließmittel, Konsistenz KF, Größtkorn 8 mm. Das Schließen der Keilfuge soll frühmorgens geschehen. Dann hat sich durch die Nachtkühle die Fuge am weitesten geöffnet.

Nach Erreichen des Temperaturausgleichs haben die Bauteile durch Abklingen der Hydratationswärme eine Verkürzung erfahren, die etwa zehnmal so groß ist wie das Schwinden zu diesem Zeitpunkt. Es ist der Temperaturabbau und nicht das Schwinden des Betons als risserzeugende Ursache von großer Bedeutung. Daher bringt ein längeres Offenhalten der Scheinfugen keinen Vorteil, denn das Schwinden ist ein sehr langwieriger Prozess, der nicht abgewartet werden kann.

Bei sehr dicken Sohlen ergibt sich bei der V-förmigen Ausführung mit Rippenstreckmetall eine sehr weite Öffnung an der Sohlenoberfläche. Es ist in solchen Fällen zu empfehlen, den Rippenstreckmetallkorb nach oben etwas zusammenzuziehen. Die verbleibende Öffnungsbreite an der Oberseite sollte zum einwandfreien Betonieren mindestens 300 mm betragen (Bild 6.7.11). Das Fugenband sollte möglichst 500 mm, mindestens 320 mm breit sein mit je drei Ankerrippen je Fugenbandseite. Es ist zu prüfen, ob die Bewährung im Bereich der Fuge gestoßen werden muss, um die Zwangsbeanspruchung aus der Verkürzung des Betons zu vermeiden.

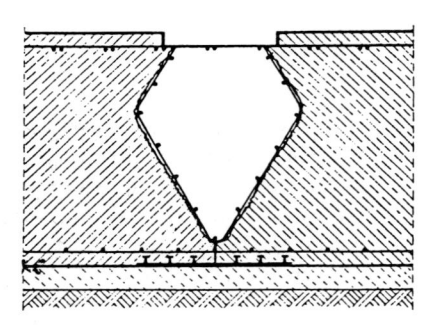

Bild 6.34:
Beispiel für eine Scheinfuge bzw. Betonierfuge in dicken Sohlplatten mit Fugenband auf der Sauberkeitsschicht

6.7.5.2 Scheinfugen in den Wänden

Bei der Bauweise mit verminderter Zwangbeanspruchung (Abschnitt 6.6.5.1) kann es erforderlich werden, zusätzlich zu den Arbeitsfugen weitere Scheinfugen als Sollrissstellen vorzusehen. Diese Sollrissstellen liegen dann innerhalb eines Betonierabschnitts, also zwischen zwei Arbeitsfugen.

Rippenstreckmetallkorb

Zur Ausbildung der Fugen können säulenförmige Rippenstreckmetallkörbe über Eck in die Wände eingestellt werden, die bis an die Wandbewehrung reichen (Bild 6.35 a). Der Korb ist unten offen, er kann oben gegen Verschmutzung zunächst geschlossen sein. Im Korb soll unten ein Rohr für die notwendige Entwässerung beim Ausspülen vorgesehen werden. Die horizontalen Wandbewehrungen laufen umgestoßen durch. Die schmalen Betonstege zwischen Streckmetallkorb und Wandschalung reißen später auf. Wenn der Riss an der Wandinnenseite klar geführt werden soll, kann eine Dreikantleiste an die Schalung geheftet werden. Ein zusätzliches Fugenband sichert die Fuge gegen Wasserdruck. Dieses Fugenband muss mit dem außen liegenden Fugenband, welches die Arbeitsfuge zwischen Sohlplatte und Wand abdeckt

(Bild 6.30 d), e) oder f), verschweißt werden. Etwa 7 Tage später kann nach einer Vorbereitung – wie bei der Sohlenfuge in Abschnitt 6.7.5.1 beschrieben – der ausgesparte Korbquerschnitt nachbetoniert werden.

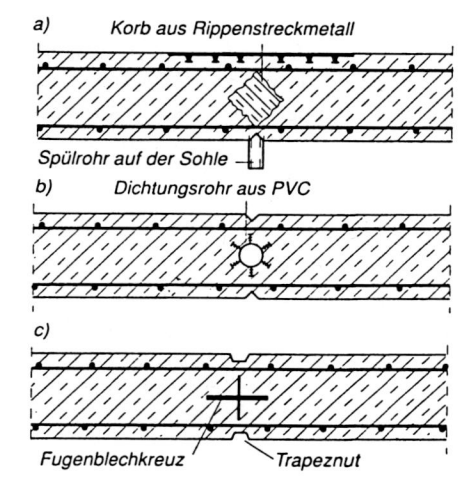

Bild 6.35:
Beispiele für Scheinfugen in Wänden als Sollrissstellen zum Abbau von Zwangsspannungen
a) Korb aus Rippenstreckmetall zum späteren Ausbetonieren
für Druckgefälle $h_D/d_B \leq 10$ und Druckwasserhöhe $h_D \leq 10$ m
b) Dichtungsrohr aus Kunststoff mit Dichtungsstegen
für Druckgefälle $h_D/d_B \leq 5$ und Druckwasserhöhe $h_D \leq 2$ m
c) Fugenkreuz; Querblech evtl. mit Bentonit-Beschichtung
für Druckgefälle $h_D/d_B \leq 20$ und Druckwasserhöhe $h_D \leq 10$ m

Dichtungsrohr

An Stelle der Streckmetallkörbe können auch spezielle Dichtungsrohre aus Kunststoff mit Laschen eingebaut werden. Die Dichtungsrohre ermöglichen ebenfalls eine weitere Unterteilung der Arbeitsabschnitte (Bild 6.35 b). Für den Anwendungsbereich gilt das Gleiche: Nur bei waagerechten Betonierfugen entsprechend Bild 6.29 oder 6.30 a) anwenden. Beim Einbauen der Dichtungsrohre sollen zwischen unterem Rohrende und Sohlenoberseite etwa 5 cm Zwischenraum sein, damit das Rohrende von unten satt einbetoniert werden kann.

Fugenblechkreuz

Eine weitere, sehr zweckmäßige Ausführungsart für Scheinfugen als Sollrissstellen ist durch das so genannte Fugenblechkreuz gegeben (Bild 6.35 c). An das in Längsrichtung der Wand stehende Fugenblech werden rechtwinklig dazu zwei Querbleche angeschweißt. Diese bilden die Querschnittsschwächung. Zur klaren Rissführung werden Trapeznuten angeordnet. Die waagerechte Bewehrung kann durchlaufen oder (falls sie statisch nicht erforderlich ist) zur Hälfte getrennt werden.

6.7.6 Bewegungsfugen

Es ist stets zu klären, ob Bewegungsfugen tatsächlich erforderlich sind, denn für Bewegungsfugen sind zusätzliche Maßnahmen für Fugenbänder, spezielle Abschalungen und besondere Bewehrungsführungen erforderlich. Bewegungsfugen stellen stets besondere Schwachstellen in der Konstruktion dar.

Durch veränderte Gebäudebreiten, andere Geschosszahlen oder ähnliche Einflüsse entstehen unterschiedliche Baukörper. Durch andere Gründungen der Gebäudeteile (z.B. Sohlplatte oder Einzel- und Streifenfundamente) ergeben sich unterschiedliche Belastungen des Baugrunds.

Diese und ähnliche Gegebenheiten können Bewegungsfugen erforderlich machen. Es ist dabei zu klären, ob die Bewegungsfugen auch durch die weiße Wanne gehen müssen. Gebäudefugen im oberen Bereich müssen nicht unbedingt auch durch die Kellerwände und die Sohlplatte gehen. Entscheidend für die Wahl der Fugensicherung sind die Bewegungen, die sich in der Fuge abspielen. Hierbei geht es nicht um Änderungen der Fugenbreite, sondern um Relativbewegungen in allen Richtungen (Bild 6.36).

Diese Bewegungen können entstehen durch

- Temperaturänderungen
- Schwinden des Betons
- Verformungen infolge Lasten
- Bewegungen angrenzender Bauteile
- Setzungen des Baugrunds.

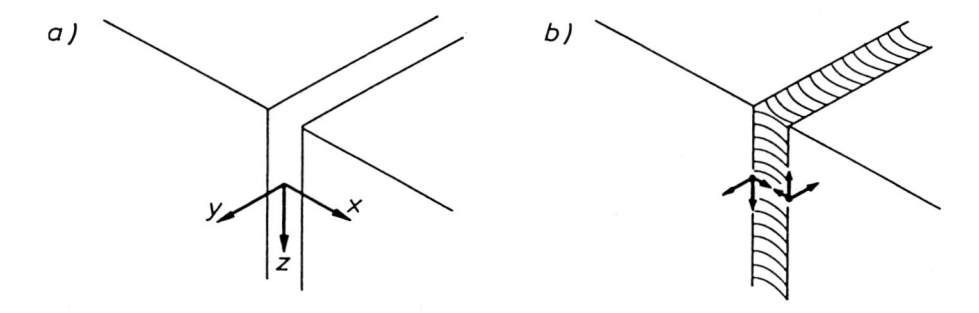

Bild 6.36: Bewegungsfugen haben Bewegungen in mehreren Richtungen aufzunehmen:
a) Richtungen im räumlichen Koordinatensystem
b) mögliche Bewegungen der Fugenflanken

Erforderliche Bewegungsfugen müssen alle Dehnungen und Bewegungen aufnehmen können. Es sind daher stets Dehnfugenbänder zu verwenden: Entweder mittigliegende oder außen liegende Dehnfugenbänder. Andere Möglichkeiten der Fugensicherung scheiden im Normalfall aus.

Bewegungsfugen müssen im Allgemeinen mindestens 20 mm breit sein. Als Fugenbänder kommen nur Bänder mit mindestens 300 mm Breite in Frage, bei außen liegenden Fugenbändern besser 500 mm Breite. Sie brauchen einen Mittelschlauch, kräftige Randwülste und möglichst viele Rippen und Riffelungen. Bei außen liegenden Fugenbändern sind drei Ankerrippen je Seite erforderlich (Bild 6.37). Im Dehnbereich soll das Band mindestens 5 mm dick sein. Fugeneinlagen müssen zusammenpressbar sein, z.B. aus Mineralfaserplatten.

6.7 Fugenausbildung

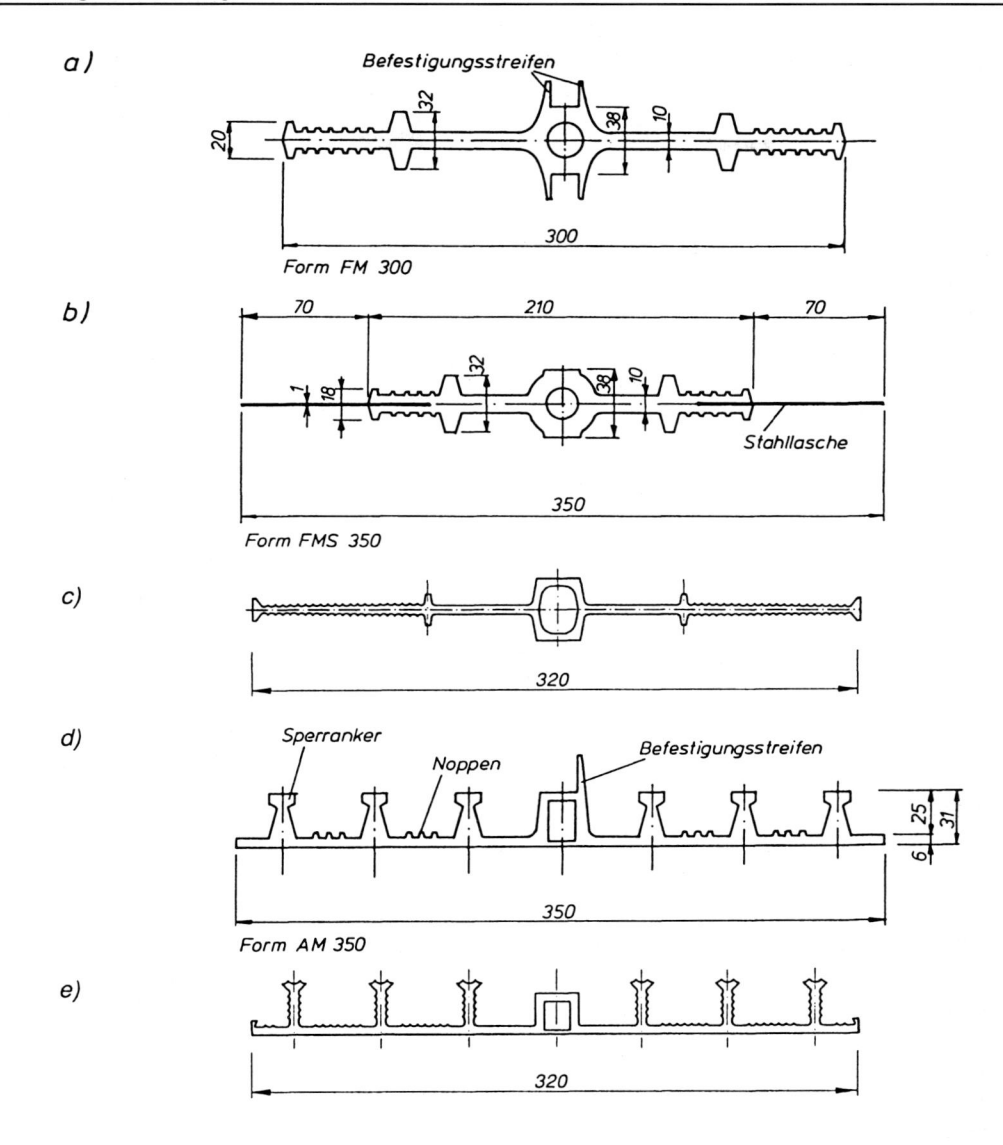

Bild 6.37: Fugenbänder in Bewegungsfugen:
  a) Innenliegendes (mittigliegendes) Elastomer-Fugenband mit Mittelschlauch und Befestigungsstreifen nach DIN 7865 Form FM 300
  b) Innenliegendes innenliegendes (mittigliegendes) Elastomer-Fugenband mit Mittelschlauch und Stahllaschen nach DIN 7865 Form FMS 350
  c) Innenliegendes (mittigliegendes) Fugenband aus thermoplastischem Kunststoff mit Mittelschlauch nach DIN 18541 Form D 320
  d) Außen liegendes Elastomer-Fugenband mit Mittelschlauch und Befestigungsstreifen nach DIN 7865 Form AM 350
  e) Außen liegendes Fugenband aus thermoplastischem Kunststoff mit Mittelschlauch nach DIN 18541 Form DA 320

6.7.6.1 Bewegungsfugen in der Sohlplatte

Bei Wasserdruck von außen, aber auch bei Wasserdruck von innen können unten liegende Fugenbänder verwendet werden. Diese Fugenbänder sind häufig am sinnvollsten. Sie sind leicht in ihrer Lage zu halten und einfacher einzubetonieren (Bild 6.38 b).

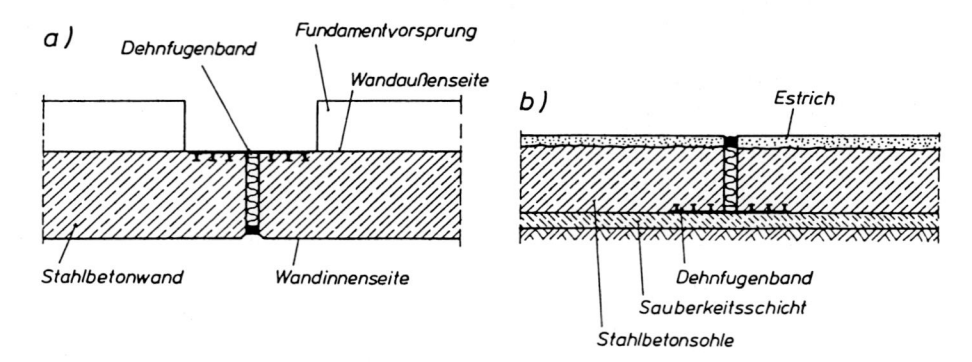

Bild 6.38: Beispiele für Bewegungsfugen mit weicher Fugeneinlage und Dehnfugenband mit Mittelschlauch
    a) lotrechte Bewegungsfuge in der Wand
    b) waagerechte Bewegungsfuge in der Sohlplatte

Bei sehr dicken Sohlplatten mit d > 60 cm kann es zweckmäßig sein, das Fugenband aus der unteren Lage anzuheben und im mittleren Bereich einzubauen (Bild 6.39). Es muss deswegen kein mittigliegendes Fugenband verwendet werden, unter dessen Ankerrippen sich sehr leicht Luft sammelt. Ein außen liegendes Fugenband mit glatter Unterseite ist meistens besser. Die beiden Fugenbandschenkel können V-förmig leicht nach oben gerichtet werden, wodurch ein dichteres Einbetonieren möglich ist.

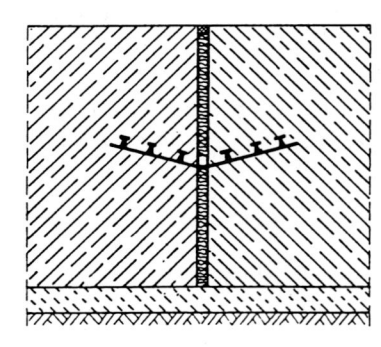

Bild 6.39: Beispiele für Bewegungsfugen in der Sohlplatte mit einem „außen liegenden Fugenband", welches mittig in der Sohlplatte eingebaut wird

Bei Nut- und Federausbildung der Bewegungsfuge muss das Fugenband so liegen, dass es an das Fugenband der Wand angeschlossen werden kann. Oft wird nicht bedacht, dass die Fuge an der Feder gegenüber der sichtbaren Fuge versetzt ist; und zwar um die Länge der Feder. Das Fugenband in der Sohlplatte muss also entweder an der Unterseite der Sohle auf der Sauberkeitsschicht liegen oder aber im oberen Bereich (Bild 6.40).

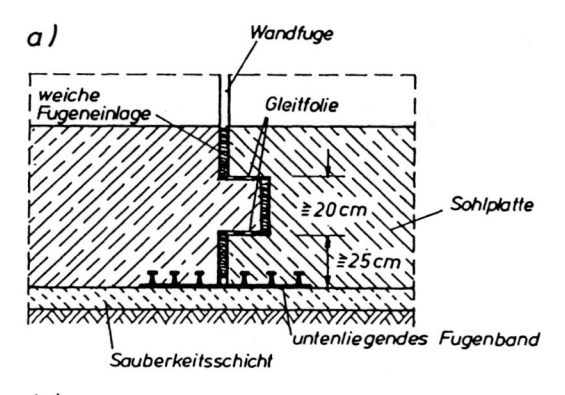

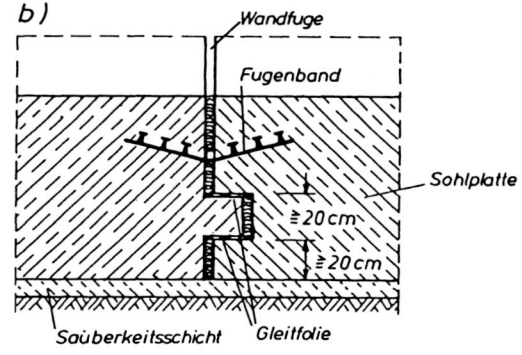

6.7 Fugenausbildung

Bild 6.40:
Beispiele für Bewegungsfugen in der Sohlplatte mit „Nut und Feder" zur Übertragung von Querkräften
a) außen liegendes Fugenband auf der Sauberkeitsschicht an der Unterseite der Sohlplatte
b) „außen liegendes Fugenband" im oberen Bereich der Sohlplatte bei Seitenzahl auf dieser Seite hier

6.7.6.2 Bewegungsfugen in Wänden

Bei Bewegungsfugen in Wänden sind zwei wesentliche Fälle zu unterscheiden: Wasserdruck von außen, Wasserdruck von innen.

Bei Wasserdruck von außen kann auch bei Bewegungsfugen ein außen liegendes Fugenband verwendet werden. Der Einbau erfolgt im Prinzip wie beim Arbeitsfugenband. Ein Unterschied liegt jedoch darin, dass vor dem Betonieren des zweiten Abschnitts die Fugeneinlagen (z.B. Mineralfasermatten) anzuheften sind.

Bei Wasserdruck von innen sind mittigliegende Fugenbänder einzubauen (Bild 6.41). Dem Vorteil der sicheren Lage steht der Nachteil des größeren Aufwandes gegenüber (Abschn. 6.7.4.4).

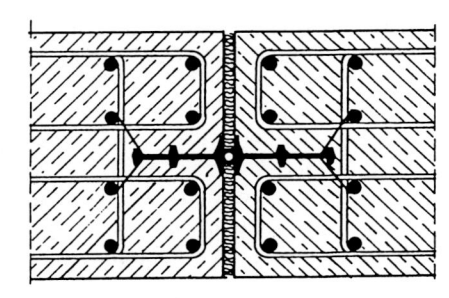

Bild 6.41:
Beispiel für eine Bewegungsfuge in einer Wand, gesichert durch ein mitttigliegendes Fugenband mit Mittelschlauch und Befestigungsstreifen nach DIN 7865 Form FM 300

6.7.7 Verbindungen von Fugenabdichtungen

Eine Abdichtung ist nur so gut wie ihre schwächste Stelle. Die Schwachstellen bei weißen Wannen sind die Fugen. Die schwachen Punkte in den Fugen sind die Anschlussstellen der Fugenabdichtungen. Bei der Wahl der Fugenabdichtungen ist zu beachten, dass einwandfreie Verbindungen an Stößen und Kreuzungen möglich sind.

6.7.7.1 Verbindungen bei Fugenblechen

Die Stöße und Kreuzungen von Fugenblechen müssen wasserundurchlässig ausgebildet werden. Das kann auf verschiedene Weise erfolgen, und zwar durch Schweißen, Kleben, Falzen, Verschrauben oder Übergreifen.

Fugenbleche sollen mindestens 250 mm hoch und 1,5 mm dick sein. Sie sind in möglichst großen Längen von Bandrollen zu verwenden, damit die Anzahl der Stöße so gering wie möglich gehalten werden kann.

Geschweißte Stöße sind bei Fugenblechen ausführbar, wenn diese nicht zu dünn sind ($\geq$ 1,5 mm) und etwa 10 cm überlappen. Die Verbindung wird durch eine umlaufende Schweißnaht hergestellt (Bild 6.42). Ein geübter Schweißer kann bei mindestens 1,5 mm Blechdicke auch einen Stumpfstoß herstellen. Kreuzungsstellen können ebenfalls geschweißt werden.

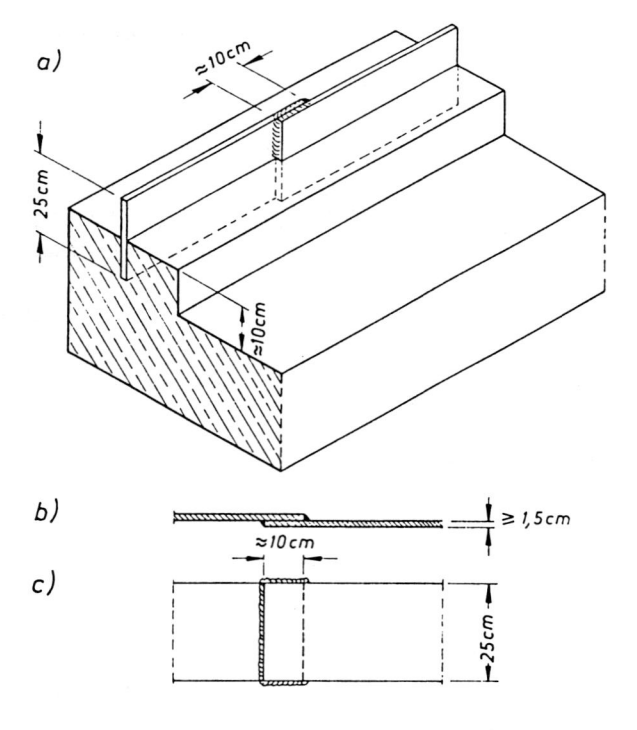

Bild 6.42:
Beispiele für Fugenbleche in Fugen zwischen Sohlplatte und Wand
a) geschweißter Überlappstoß mit umlaufender Schweißnaht
b) waagerechter Schnitt durch den Stoß
c) Ansicht der gestoßenen Bleche mit Kehlnaht
(Anmerkung: Geschickte Schweißer können den Stoß auch mit einer dichten Stumpfnaht ausführen)

Geklebte Stöße entstehen durch vollflächiges Kleben des Überlappungsbereichs. Hierzu sind Metallkleber geeignet, z.B. auf Epoxidharz-Basis oder spezielle Kleber auf Bentonit-Kunststoff-Basis. Erforderlichenfalls sind die Kontaktflächen vorher von Rost zu befreien (z.B. mit Drahtbürste) oder zu reinigen (z.B. mit Metallreiniger). Die Klebeflächen sind aneinander

6.7 Fugenausbildung

zu pressen. Die Kreuzungsstellen von waagerecht und lotrecht stehenden Fugenblechen können in gleicher Weise geklebt werden. Die Klebestellen müssen trocken, die Temperatur darf nicht zu niedrig sein (≥ 5 °C): Der Erfolg des Klebens ist sehr vom Wetter und von der Vorbereitung der Klebeflächen abhängig.

Gefalzte Stöße sind bei liegenden Stößen möglich, wenn die Bleche nicht zu dick und weich genug sind. Hierfür ist zunächst ein Blech am Ende einmal falzen und das zweite Blech ist in diese Falzung hineinschieben (Bild 6.43). Danach ist das gemeinsame Stück einmal falzen und das zweite Blech herumklappen. Zum Schluss wird die gesamte Falzung auf einer harten Unterlage flachgeklopft.

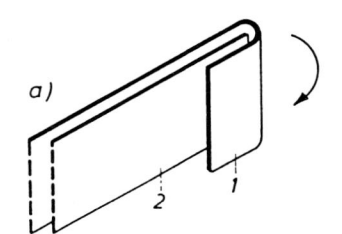

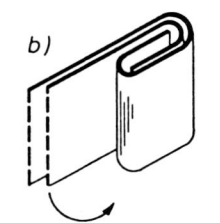

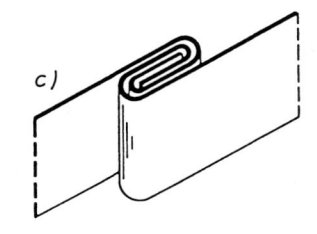

Bild 6.43: Arbeitsgänge für gefalzte Stöße bei Fugenblechen:
    a) Blech 1 mit einfachem Falz, Blech 2 in den Falz von Blech 1 einschieben, danach beide Bleche gemeinsam falzen
    b) Blech 2 über den Falz biegen
    c) Falzung fest zusammenklopfen

Geschraubte Stöße sind recht aufwändig, können aber an jeder Stelle und bei jeder Witterung ausgeführt werden. Hierzu sind beidseitig je zwei Klemmlaschen erforderlich (Bild 6.44). Zwischen die Fugenbleche ist eine Lage Kunststoff-Dichtungsbahn oder unbesandete Bitumenbahn zu klemmen, damit die Verbindung dicht wird.

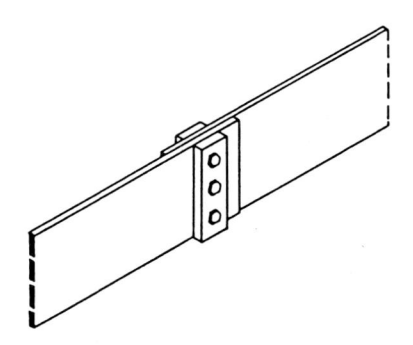

Bild 6.44: Beispiel für einen geschraubten Stoß bei Fugenblechen mit Klemmlaschen

Übergreifungsstöße ohne Verbindung der Fugenbleche sollen so ausgebildet sein, dass dadurch der Weg des Wassers verlängert wird, so dass ein Durchsickern von Wasser gegen den größeren Widerstand nicht stattfindet. Übergreifungsstöße sind bei Wänden von mindestens 30 cm Dicke möglich. Sie kommen nur bei liegenden Stößen und nur in der Betondruckzone in Frage, z.B. in Fugen zwischen Sohlplatte und Wand. Die Anwendung ist nur bei geringem Wasserdruck möglich.

Der Übergreifungsstoß soll mindestens 30 cm lang und mindestens gleich der Wanddicke sein. Im Stoßbereich dürfen die Bleche oben keinen engeren Abstand als unten haben, sie dürfen kein Dach bilden. Der Abstand der Bleche muss so groß sein, dass der Fugenbereich zwischen den Blechen vor dem Betonieren gereinigt werden kann und sich dort Beton einbringen und verdichten lässt (Bild 6.45). Die seitliche Betondeckung soll mindestens gleich der halben Blechstreifenhöhe sein.

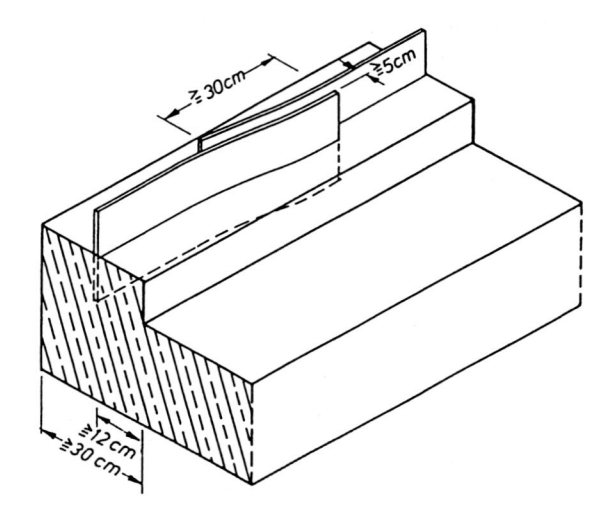

Bild 6.45:
Beispiel für Fugenbleche zwischen Sohlplatte und Wand:
Übergreifungsstoß ≥ 30 cm lang mit mindestens 5 cm Abstand.
Nur bei geringem Wasserdruck und Druckgefälle anwenden: $h_D/d_B \leq 2{,}5$

6.7.7.2 Verbindungen von Fugenbändern

Im Wesentlichen werden für Fugenbänder drei Materialien verwendet:
- Standard-Material: Thermoplastischer Kunststoff (z.B. PVC-weich)
- Sonder-Material: Elastomer (Kunstkautschuk)
- Stahlblech.

Kreuzungen, T-Stücke oder Ecken von Fugenbändern müssen durch regelrechte Verbindungen hergestellt werden. Übergreifungsstöße ohne feste Verbindung gelten als nicht fachgerecht, es ist mit Umläufigkeiten zu rechnen. Das bedeutet, dass der in Bild 6.45 dargestellte Übergreifungsstoß bei Fugenbändern nicht zulässig ist. Die Begründung liegt darin, dass zwischen Beton und Fugenblech eine innige Verbindung entsteht, zwischen Beton und Fugenband jedoch nicht.

Im Hinblick auf die Herstellung von Verbindungen unterscheiden sich die beiden Materialien dadurch, dass thermoplastischer Kunststoff schweißbar ist, während Elastomer vulkanisiert wird. Auf andere Weise sind Verbindungen nicht herstellbar. Das bedeutet für die Praxis:
- Bei Fugenbändern aus thermoplastischem Kunststoff:
  Auf der Baustelle nur Stumpfstöße von geschultem Personal schweißen lassen. Kreuzungen stets werkgeschweißt bestellen
- Bei Elastomer-Fugenbändern:
  Alle Verbindungen werkmäßig herstellen lassen.

6.7 Fugenausbildung

Bestellung

Für Fugenbänder aus thermoplastischem Kunststoff können die verschiedenen Formteile mit 50 oder 100 cm Schenkellänge aus der Serienfertigung bestellt werden. Dieses sind z.B.:
- Flache oder senkrechte Kreuzungen
- flache oder senkrechte T-Stücke
- flache oder senkrechte Ecken (Bild 6.46)

Dadurch sind Baustellenverbindungen nur als Stumpfstöße nötig.

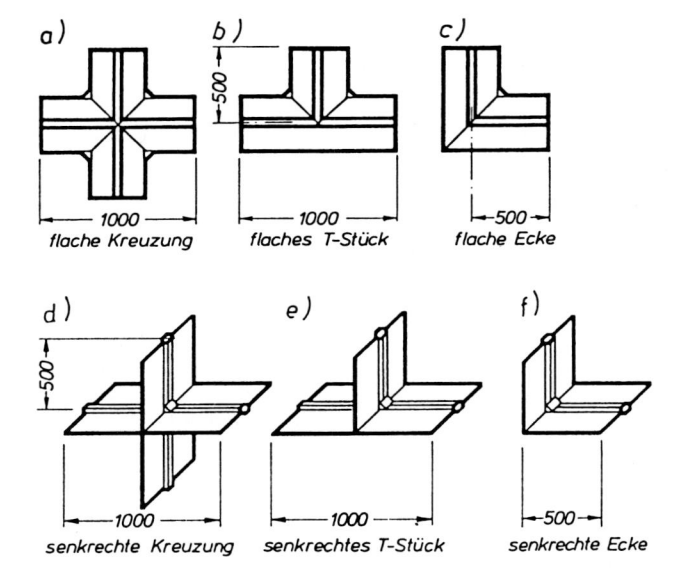

Bild 6.46:
Werkmäßig geschweißte Formteile für Fugenbandverbindungen (Werkzeichnung Tricosal)

Für die Bestellung von vorgefertigten Fugenband-Teilsystemen sind folgende Unterlagen oder Angaben erforderlich:
- Fugenbandplan oder Schalplan mit Fugenverlauf
- Vermaßung des Fugenbandverlaufs
- Angaben über baustellenbedingte Teilungen (Bauabschnitte) und erforderliche Baustellenstöße
- Kennzeichnung der vorgesehenen Fugenbänder nach Profilart und Material
- Liefertermin, bei knappen Terminen zusätzliche Angaben über mögliche Teillieferungen.

Schweißarbeiten (nicht bei Elastomer-Fugenbändern)

Beim Schweißen werden die zu verbindenden Flächen so erwärmt, dass das Material angeschmolzen wird. Im erweichten Zustand werden die Flächen aufeinander gepresst. Dabei durchdringt sich das Material beider Flächen zu einer gleichmäßigen und einheitlichen Verbindung.

Alle Fugenbänder werden mit einem Stumpfstoß geschweißt. Nur die mittigliegenden Arbeitsfugenbänder werden durch Überlappen geschweißt. Zum Schweißen sind zwei Mann nötig. Es wird auf der Baustelle im Allgemeinen das Schweißschwert (220 Volt) verwendet.

6.7.7.3 Verbindungen Fugenblech/Fugenband

Bei Kreuzungen von Fugenblechen mit Fugenbändern besteht die Notwendigkeit, beide miteinander zu verbinden. Das ist möglich, wenn in den Wänden mittigstehende Fugenbänder mit Stahllaschen verwendet werden. Die Fugenbleche können dann an die Stahllaschen der Fugenbänder geschweißt oder geschraubt werden (Bild 6.47).

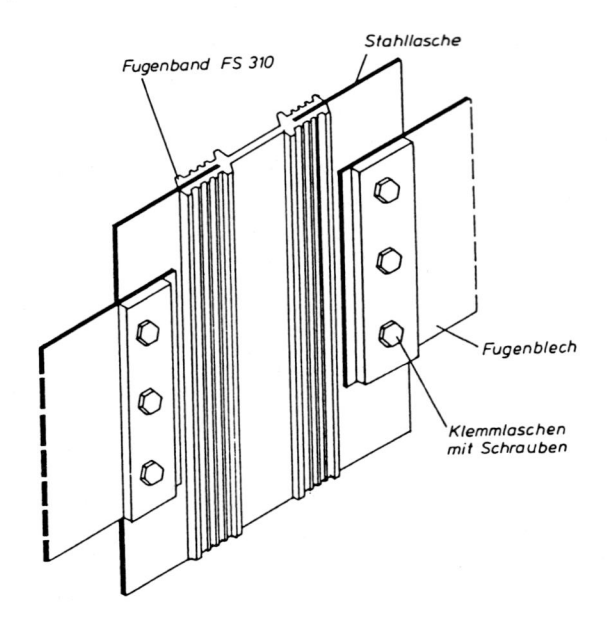

Bild 6.47:
Beispiel für geschraubte Verbindungen zwischen waagerecht verlaufendem Fugenblech über der Sohlplatte und lotrecht stehendem Fugenband mit Stahllaschen in der Wand

6.7.8 Einbau von Fugenabdichtungen

Der Einbau der Fugenbleche und Fugenbänder erfordert besondere Sorgfalt. Die Fugen sind trotz der Fugenbleche und -bänder die Schwachstellen der Konstruktion. Es sollen daher die wesentlichen Punkte kurz zusammengefasst werden:

- Fugenbänder und Fugenbleche stets so befestigen, dass sie beim Betonieren nicht verschoben werden oder umklappen
- Befestigen von Fugenbändern nur an den äußeren Rändern bzw. an besonderen Laschen
- nachträgliches Eindrücken von Fugenabdichtungen ist unsicher und daher abzulehnen
- *Mittigliegende Fugenbänder* durch Bewehrungsbügel oder besondere Klammern halten (Bilder 6.31 und 6.41)
- Abschalungen an Fugen so gestalten, dass das Fugenband halbseitig einbetoniert werden kann und sich nicht verschiebt (Bild 6.31 a)
- beim Einbringen des Betons darf kein einseitiger Druck auf das Fugenband entstehen, da es dabei leicht umklappt
- Fugen mit umgeklapptem Fugenband sind schlechter als Fugen ohne Band
- Beton im Bereich von Fugen besonders gut verdichten, jedoch dabei die Fugenabdichtungen nicht beschädigen

- *unten liegende Fugenbänder* der Sohlplatte an den Randlaschen auf der Sauberkeitsschicht mit Nägeln oder Klammern anheften
- *Außen liegende Fugenbänder* für die Wände an der Schalung mit Doppelkopfnägeln bzw. teilweise eingeschlagenen Nägeln mit umgebogenem Kopf befestigen
- beim Ausschalen bieten die einbetonierten Nagelköpfe eine Sicherheit gegen Herausreißen der Fugenbänder
- nach dem Ausschalen können auf die herausschauenden Nagelspitzen etwa 50 cm breite Hartfaserstreifen gesetzt werden, die die außen liegenden Fugenbänder gegen Beschädigungen beim Verfüllen des Bauwerks schützen
- beim Betonieren darauf achten, dass bei außen liegenden Fugenbändern zwischen Sohlplatte und Wand auf den Sperrankern kein Schmutz liegt und unter den Sperrankern keine Luftblasen verbleiben (Bild 6.24 c) sowie Bilder 6.32 d), e) und f)
- *Bewegungsfugen* brauchen weiche Fugeneinlagen, die jedoch dem Frischbetondruck beim Betonieren standhalten (z.B. kaschierte Mineralfaserplatten) (Bilder 6.38 bis 6.41).
- an Bewegungsfugen dürfen keine Betonüberbrückungen entstehen.
- planmäßige Lage der Fugenbänder und -bleche vor dem Betonieren prüfen, den Bereich der Fugensicherungen reinigen, das ordnungsgemäße Einbetonieren überwachen.

6.8 Innenausbau von Kellerbauwerken

Bei der Planung von Kellern ist stets zu klären, ob die bauphysikalischen Einflüsse eine Auswirkung auf die Nutzung des jeweiligen Kellers haben. Hierbei kommt es sehr stark auf die Nutzungsart der Kellerräume an. Die Auswirkung bauphysikalischer Einfüsse kann umso kritischer sein, je anspruchsvoller oder empfindlicher die Nutzung und Ausstattung der Kellerräume ist.

Früher waren die Kellergeschosse im Wesentlichen Lagerräume und dienten vor allem als Pufferräume zwischen dem feucht-kalten Baugrund und den Wohnetagen. Kellergeschosse wurden in der Regeln auch nicht ins Grundwasser gesetzt. Dies wurde wegen des zu großen baulichen Aufwands und wegen der Unsicherheiten vermieden. Dies ist heute anders, es bestehen weiterreichende technische Möglichkeiten.

Das Besondere der Betonbauweise ist es, dass eventuell entstandene Fehlstellen bei Wassereinwirkung sofort geortet werden können. Die Möglichkeit einer nachträglichen Abdichtung von Fehlstellen wird aber dann erschwert, wenn die Flächen der Außenbauteile nicht mehr direkt zugänglich sind. Aus Sicherheitsgründen sollte mit dem Innenausbau erst dann begonnen werden, wenn drückendes Wasser wirksam geworden ist, z.B. durch Abschalten der Grundwasserabsenkung oder durch Fluten. Eventuell vorhandene Undichtigkeiten können dann vorab abgedichtet werden.

Besondere bauliche Maßnahmen, die über die abdichtende Wirkung hinausgehen, sind dann erforderlich, wenn die Kellerräume anspruchsvoll genutzt werden. Dies ist z.B. dann der Fall, wenn in den Kellerräumen feuchtempfindliche Güter gelagert werden sollen oder wenn sie sogar als Aufenthaltsräume vorgesehen sind.

Beton ist im Stande, Wasser in flüssiger Form vom Bauwerksinneren fernzuhalten. Beton ist jedoch kein absolut dichter Stoff, er enthält Kapillarporen. An der Bauteilseite, die dem Wasser ausgesetzt ist, wird sich eine Zone einstellen, in der die Kapillarporen mit Wasser gefüllt sind. Von hier aus erfolgt nach innen bis zur luftberührten Raumseite kein Transport von flüssigem

Wasser unter der Voraussetzung, dass die Poren so klein sind, dass kein nennenswerter kapillarer Wassertransport mehr stattfindet. Es findet weitgehend nur noch eine Bewegung von Wassermolekülen in gasförmigem Zustand statt. Dieser Vorgang wird als Wasserdampfdiffusion bezeichnet. Sie wird hervorgerufen durch den Dampfdruckunterschied zwischen der feuchten und der trockeneren Seite des Bauteils (Abschnitt 6.8.4).

Die Wassermenge, die infolge Wasserdampfdiffusion durch das Bauteil transportiert wird, ist sehr gering. Eine wesentlich größere Wassermenge gelangt durch Austrocknen der Baufeuchte in der ersten Zeit nach der Fertigstellung ins Innere. Der zur Bauteilinnenseite gelangende Wasserdampf wird von der Raumluft aufgenommen. Dies führt zu einer geringen Erhöhung der relativen Luftfeuchte in den Räumen. Unter üblichen Verhältnissen kann an den Bauteilinnenflächen mehr Wasser verdunsten kann, als der Nachtransport ausmacht: Die Bauteilinnenflächen bleiben trocken.

Ungünstiger ist es meistens, wenn sich an den kühlen Bauteilinnenseiten (Wände und Sohle) Tauwasser niederschlägt. Die Gefahr der Tauwasserbildung besteht besonders dann, wenn im Sommer warme Außenluft mit hohem Feuchtegehalt nach innen gelangt und dort an den kalten Flächen abkühlt. Oft handelt es sich daher bei feuchten Innenflächen nicht um eindringendes, sondern um kondensierendes Wasser. Es ist physikalisch bedingt, dass beim Abkühlen der Luft bis zur Tautemperatur auch Tauwasser auftritt. Das ist umso schneller der Fall, je höher die relative Luftfeuchte ist. Dieses Auftreten von Oberflächenwasser ist aber auch abhängig von der Wasserspeicherfähigkeit des Baustoffs auf der Bauteilinnenfläche. Die Praxis zeigt, dass bei kurzzeitiger Unterschreitung der Tautemperatur auf porösen Bauteilflächen kein Tauwasser sichtbar wird.

6.8.1 Tiefgaragen

Tiefgaragen sind im Hinblick auf ihre Nutzung als unproblematisch anzusehen. Dies gilt insbesondere dann, wenn die Fußboden- und Wandinnenflächen in Beton sichtbar bleiben. Gegebenenfalls durch die Bauteile eindiffundierendes Wasser kann an den Innenflächen verdunsten. Eine Be- und Entlüftungsanlage, die für die Abgasabführung ohnehin erforderlich ist, sorgt dafür, dass die relative Luftfeuchte in der Tiefgarage nicht zu hoch wird.

Die Möglichkeit des Auffindens von Undichtigkeiten vereinfacht nachträgliche Abdichtungen. Dies ist besonderes in folgenden Fällen wichtig:

- Bauteile, die im Bereich schwankenden Grundwasserspiegels liegen;
- Bauwerke, bei denen Risse in den Außenbauteilen durch spätere Setzungen nicht auszuschließen sind.

Daher sind folgende Bauteilinnenflächen zu empfehlen:

- Fußbodenflächen
  - Beton B 35 mit gescheibter oder geglätteter Oberfläche ohne besonderen Estrich
  - Beton B 25 mit Hartstoffschicht auf der Oberfläche
  - Beton B 25 mit Verbundestrich ZE 40 und Hartstoffschicht.

  Andere Estriche als Zementestriche sind nicht zu empfehlen. Sie zeigen eventuell auftretende Risse nicht deutlich oder an anderen Stellen, wenn sie bei schwachem Verbund zum Beton unterläufig werden.

- Wandflächen
  - rau geschalte Betonoberflächen
  - Sichtbetonoberflächen
  - Zementputz.

Andere Putze als zementgebundene Putze sind nicht empfehlenswert. Gipsputze oder Putze mit organischen Bindemitteln (Kunstoffputze) sind abzulehnen.

6.8.2 Heizungs-, Lager- und Vorratskeller

Bei Kellerräumen, die als „Keller" genutzt werden, sind zwei Arten der Nutzung zu unterscheiden:
1. Kellerräume mit einfacher Nutzung im ursprünglichen Sinn als „Keller", z.B. Heizungskeller oder Lager- und Vorratskeller für unempfindliche Güter.
2. Kellerräume mit einer anspruchsvolleren Nutzung, z.B. als Lagerkeller für feuchteempfindliche Güter (z.B. Papier, Akten, Bücher, Textilien) oder als Technikräume mit feuchteempfindlichen Schaltanlagen (z.B. Elektronik, Relais, Steuerungen).

Für Kellerräume mit einfacher Nutzung gilt das Gleiche wie für Tiefgaragen entsprechend Abschnitt 6.8.1.

Für Kellerräume, in denen empfindliche Güte gelagert werden sollen, ist darauf zu achten, dass die lagernden Güter keinen direkten Kontakt mit den Außenbauteilen haben. Es sind Vorrichtungen so zu schaffen, dass ein Luftzwischenraum von mindestens 6 cm entsteht, z.B. bei Regalen mit einer unteren Lagerfläche in genügendem Abstand vom Fußboden, bei Wänden ein Gitter aus Betonstahlmatten im Abstand zur Wand (s. Bild 8.17, Seite 277).

Solange eine Wasserdampfdiffusion von außen nach innen möglich ist, innen eine Ablüftung des einduffundierenden Wassers stattfinden kann und außerdem eine Tauwasserbildung ausgeschlossen ist, werden keine Probleme entstehen. In besonderen Fällen kann eine künstliche Be- und Entlüftung sowie eine Dämmung der Außenbauteile erforderlich sein, z.B. durch eine Perimeterdämmung nach allgemeinen bauaufsichtlichen Zulassungen (vgl. Abschnitt 8, Seite 263 ff.).

Wenn eine Erhöhung der relativen Luftfeuchte und die Tauwasserbildung kritisch sein sollten, sind weiter gehende Maßnahmen nötig, z.B. die gleichen wie bei Aufenthaltsräumen (Abschn. 6.8.3).

6.8.3 Aufenthaltsräume im Keller

Unter Aufenthaltsräumen sind alle Räume zu verstehen, die wohnraumartig genutzt werden und entsprechend den Landesbauordnungen nicht nur zum vorübergehenden Aufenthalt von Menschen bestimmt sind. Dies sind stets alle Räume, die beheizt werden und damit einer Wärmedämmung bedürfen. Dies gilt also z.B. auch für Hausarbeitsräume und Wäschetrockenräume, Fitness- und Parträume oder Saunas und Schwimmbäder in Wohnhäusern, sowie für Untersuchungs-, Behandlungs- und Therapieräume in Wohnheimen oder Krankenhäusern.

Bei diesen Kellerräumen sind folgende Punkte zu klären:
- Wasserdampfdiffusion durch die Außenbauteile
- Tauwasserbildung an den Innenflächen der Außenbauteile
- Wärmedämmung der Außenbauteile
- Beheizung der Räume
- Be- und Entlüftung der Räume.

Erforderlichenfalls sind zusätzliche Maßnahmen erforderlich, wie sie in Abschnitt 6.8.6 geschildert sind.

Wasserdampfdiffusion und Tauwasserbildung werden im Folgenden näher erläutert.

6.8.4 Wasserdampfdiffusion

Zusätzliche Maßnahmen beim Bauen mit wasserundurchlässigem Beton oder Anwendungsgrenzen dieser Bauweise können sich aus der Kapillarporosität des Betons ergeben. Auch einwandfreier Beton ist wegen seiner Kapillarporosität nicht dicht gegen den Durchgang von „Feuchtigkeit" und gegen Wasserdampfdiffusion.

Die Richtung des Diffusionsvorganges wird durch den Unterschied des Wasserdampfdrucks auf beiden Bauteilseiten bestimmt.

Bei einem Bauteil aus wasserundurchlässigem Beton, das im Wasser steht, bildet sich ein Bereich aus, in dem von den Kapillarporen Wasser aufgenommen wird. Der kapillare Wassertransport und die entstehende Eindringtiefe sind vom Wasserzementwert des Betons abhängig. Die Eindringtiefe kann bis zu etwa 70 mm betragen. Selbst bei hohen Wasserdrücken erhöht sich die Eindringtiefe nur wenig [6.71].

Von dieser Eindringtiefe an erfolgt kein weiterer Flüssigwassertransport in den Kapillarporen nach innen, es finden nur noch Diffusionsvorgänge statt. Außerdem wurde festgestellt, dass der Flüssigwassertransport im Außenbereich den Diffusionstransport nach innen kaum steigert [6.48].

6.8.4.1 Menge des eindiffundierenden Wassers

Das rechnerische Erfassen des Wassertransportes im Beton war ein bisher in der Bauphysik weitgehend ungelöstes Problem [6.46]. Nach Klopfer [6.48] kann jedoch vereinfachend mit den bekannten Gesetzmäßigkeiten der Wasserdampfdiffusion entsprechend dem Glaser-Diagramm gearbeitet werden. Damit lässt sich unter bestimmten Voraussetzungen und Annahmen die Menge des eindiffundierenden Wassers abschätzen.

Beispiel zur Erläuterung

Tabelle 6.9 enthält Angaben von Klopfer [6.48] zur Porenluftfeuchte des Betons, zum volumenbezogenen Wassergehalt des Betons und zur Diffusionsstromdichte für ein WU-Betonbauteil im Erdreich.

Tabelle 6.9: Mittelwerte der Porenluftfeuchte φ des Betons, des volumenbezogenen Wassergehalts u des Betons sowie der Diffusionsstromdichte m für ein 25 cm dickes Außenbauteil aus WU-Beton unter verschiedenen Bedingungen im stationären Zustand [6.48]

Situation	φ in %	u in Vol.%	m in g/m²d
Raumklima 15 °C, 65 % r. L.			
2 m Erdreich, keine Beschichtung	83	5,2	0,39
5 m Erdreich, keine Beschichtung	82	5,1	0,43
10 m Erdreich, keine Beschichtung	82	5,0	0,46
5 m Erdreich + Innenbeschichtung	89	6,0	0,29
5 m Erdreich + Außenbeschichtung	76	4,3	0,29
Raumklima 15 °C, 65 % r. L.			
Außendämmung angeklebt	53	2,8	0,27
Außendämmung lose	75	4,2	0,88
Innendämmung angeklebt	89	6,0	0,27

Betonbauteile in Neubauten haben zunächst einen höheren Wassergehalt als später. Die so genannte Baufeuchte nimmt im Laufe der Zeit ab, da der Beton an die umgebende Luft Wasser abgibt. Diese Austrocknung ist ein instationärer Vorgang, der nur mit einer Computersimulation abgeschätzt werden kann [6.48]; (vgl. hierzu S. 276).

Beispiel zur Erläuterung

In Tabelle 6.10 sind die Feuchtestromdichten $\dot{m}_{1a}$ und $\dot{m}_{2a}$ der Austrocknung als Mittelwerte für das erste und zweite Jahr angegeben. Hierbei wurde die thermisch mitwirkende Dicke des Erdreichs (Kies-Sand-Gemisch) mit 1 m angesetzt. Auf der Raumseite wurden verschiedene Beschichtungen mit unterschiedlichen Werten für die diffusionsäquivalente Schichtdicke s_d angenommen, da diese Beschichtungen die Feuchtestromdichte verringern und dadurch die Austrocknungszeit verlängern.

Tabelle 6.10: Mittlere Feuchtestromdichten $\dot{m}_{1a}$ im ersten Jahr und $\dot{m}_{2a}$ und zweiten Jahr bei baufeuchten Bauteilen aus WU-Beton von 20 cm Dicke mit oder ohne Wärmedämmung sowie mit oder ohne Beschichtung auf der Raumseite mit unterschiedlichen diffusionsäquivalenten Schichtdicken s_d [6.48]

Situation	$\dot{m}_{1a}$ [g/m²d]	$\dot{m}_{2a}$ [g/m²d]
Raumklima 15 °C, 70 %, keine WD		
$s_d = 0$	6,6	4,1
$s_d = 5$ m		1,1
$s_d = 10$ m		0,8
Raumklima 20 °C, 50 %, keine WD		
$s_d = 0$	8,8	6,6
$s_d = 5$ m		3,3
$s_d = 10$ m		2,2
Raumklima 20 °C, 50 %, 5 cm XPS		
$s_d = 0$	9,9	7,1
$s_d = 5$ m		4,4
$s_d = 10$ m		3,3

6.8.4.2 Feuchtebilanz

Die Außenflächen, die einen Raum umschließen, lassen Wasser eindiffundieren. Dieses Wasser ist jedoch nicht das gesamte Wasser, welches einen Raum belastet. Wesentlich ist der nutzungsbedingte Feuchtigkeitsanfall durch die im Raum anwesenden Personen. Eine Feuchtebilanz kann im Vergleich zeigen, wie viel Wasser von außen eindiffundiert, wie viel Wasser im Inneren während der Nutzung des Raums produziert wird und wie viel Wasser durch Lüftung verdunsten kann.

Beispiel zur Erläuterung

In Tabelle 6.11 sind für einen Raum mit zwei Außenwänden und dem Fußboden, jeweils aus WU-Beton ohne weitere diffusionshemmende Schichten für ein Raumklima mit 20 °C Lufttemperatur und 50 % relativer Luftfeuchte die Verhältnisse dargestellt [6.48].

Tabelle 6.11: Feuchtebilanz eines Raumes in einer weißen Wanne mit eindiffundierender Feuchte aus dem Erdreich im stationären Zustand im ersten Jahr nach der Herstellung und im späteren Dauerzustand [6.48]

Situation:	Raumgröße:	$4 \times 5 \times 2,5$ m V = 50 m³
	Außenbauteile:	WU-Beton, 40 m²
	Luftwechselrate:	$0,6$ h^{-1}
	Nutzung:	2 Personen je 8 h pro Tag
Eindiffundierende Feuchte	im Dauerzustand:	M = 20 g/d
	im 1. Jahr:	M = 400 g/d
Nutzungsbedingter Feuchteanfall:		M_P = 800 g/d
Ablüftbare Feuchte in der Heizperiode:		M_L = 1000 g/d bei 8 h Lüftung/d
		M_L = 3000 g/d bei 24 h Lüftung/d

Aus den Werten ist zu erkennen, dass die eindiffundierende Feuchte gering ist im Vergleich zur Feuchteproduktion während der Nutzung des Raumes. Das Verhältnis liegt bei 20:800. Die eindiffundierende Feuchte beträgt also nur 2,5 % der Nutzungsfeuchte, sie ist scheinbar vernachlässigbar klein, muss aber dann beachtet werden, wenn der Innenausbau feuchteempfindlich ist (Verkleben von PVC-Platten auf den Betonfußboden, Holzausbau o.ä.).

6.8.5 Tauwasserbildung

Die im Erdreich stehenden Außenbauteile sind recht kühl; sie haben eine niedrige Temperatur. Dies trifft besonders für die im Grundwasser stehenden Außenbauteile von Wannen zu, auch von weißen Wannen. An diesen Flächen kann es zu Feuchtigkeitsniederschlägen (Tauwasserbildung) kommen.

Die Temperatur des Erdreichs liegt in größeren Tiefen etwa zwischen +8 °C und +11 °C. Die täglichen Temperaturschwankungen haben wegen der Wärmeträgheit des Erdreichs nur in oberflächennahen Schichten bis etwa 30 cm Tiefe eine Auswirkung. Die jahreszeitlichen Temperaturschwankungen wirken sich mit einer Phasenverschiebung von zweieinhalb Monaten und einer Amplitude von ±4 Kelvin bis in 2,5 m Tiefe auf die Erdreichtemperatur aus. Die Phasenverschiebung ist umso kürzer und die Temperaturamplitude umso größer, je mehr sich die Schichten der Erdoberfläche nähern.

6.8.5.1 Tauwasserbildung im Sommer

Eine Tauwasserbildung auf der Innenseite der erdberührten Bauteile ist in allen Kellern möglich. Im Sommer geschieht dies besonders dann, wenn durch geöffnete Fenster warme, feuchte Luft in den Keller gelangt, insbesondere schwüle Gewitterluft. Die Raumluft hat dann einen hohen Feuchtigkeitsgehalt. Diese Luft wird an den raumseitigen Wand- und Bodenflächen abgekühlt. Beim Abkühlen der Luft steigt die *relative* Luftfeuchtigkeit, obwohl die *absolute* Luftfeuchtigkeit gleich bleibt. Die Temperatur, bei der die relative Luftfeuchtigkeit 100 % erreicht, heißt Taupunkt. Wenn diese Taupunkt-Temperatur unterschritten wird, kommt es zu einer Tauwasserbildung.

Die Tauwasserbildung lässt sich in dieser Situation durch Lüften nicht vermeiden. Im Gegenteil, es wird sich hierbei noch mehr Tauwasser bilden. Günstige Veränderungen sind nur durch folgende Einflüsse möglich:

6.8 Innenausbau von Kellerbauwerken

- Nur Lüften bei Außenluftverhältnissen mit niedrigerem absoluten Feuchtegehalt, z.B. nachts,
- Entfeuchtung der Raumluft,
- Anheben der Oberflächentemperatur der Bauteile durch Beheizen.

Die Menge des Tauwassers auf kalten Bauteilinnenseiten kann rechnerisch abgeschätzt werden:

$$m_K = n \cdot \Delta c_s \cdot v_A \quad \text{in g / (m}^2 \cdot \text{h)} \tag{6.59}$$

Hierbei ist:

n Luftwechselzahl im Keller [1/h]

Δc_s = $c_{s,100} - c_{s,\varphi}$ in g / m³
Differenz zwischen dem maximalem Wasserdampfgehalt $c_{s,100}$ an der Wassereindringgrenze im Betonbauteil mit relativer Feuchte φ = 100 % und dem Wasserdampfgehalt c_s an der Bauteil-Innenseite mit der relativen Luftfeuchte φ_L

$c_{s,100}$ = 9,4 g/m³ bei 10 °C

$c_{s,100}$ = 12,8 g/m³ bei 15 °C

$c_{s,100}$ = 17,3 g/m³ bei 20 °C

v_A Volumen V des Raumes bezogen auf die Innenflächen A_i der Außenbauteile in m³ / m²

Eine Tauwasserbildung wird bei kurzfristiger Unterschreitung der Taupunkt-Temperatur nicht sichtbar und damit auch nicht als störend empfunden, wenn poröse Bauteiloberflächen dieses Wasser speichern können. Das ist z.B. bei Kalkputz der Fall. Auch kann das Anbringen einer hinterlüfteten Bekleidung auf den Wänden sinnvoll sein. Die Menge des anfallenden Tauwassers ist dadurch geringer und der in dem Zwischenraum wirkende Luftstrom führt das anfallende Tauwasser ab.

Rechenbeispiele sollen nachfolgend die Situation verdeutlichen. Im ersten Beispiel wird die Gefahr des Tauwasserausfalls auf den Bauteilinnenflächen gezeigt. In einem weiteren Beispiel wird verdeutlicht, dass bei gleichem Wasserdampfgehalt der Raumluft keine Tauwasserbildung auf den gedämmten Bauteilen stattfindet, wenn die Bauteilinnenflächen wärmer sind.

Beispiel zur Erläuterung

Annahmen:

Die Oberflächentemperatur der Bauteilinnenseiten wird bei fehlender oder schadhafter Dämmung nahe der Erdtemperatur liegen. Sie wird mit + 10 °C angenommen.
Lufttemperatur in der Wohnung + 20 °C, relative Luftfeuchte φ_L = 85 % bzw. 50 %

Ermittlung:

Maximal möglicher Wasserdampfgehalt der Luft an den Bauteilinnenseiten bei +10 °C:

max c_L = 9,4 g / m³

Wasserdampfgehalt der Raumluft bei + 20 °C und φ_{L1} = 85 % relativer Luftfeuchtigkeit:

vorh c_L = $\varphi_L \cdot c_{s1}$
= 0,85 · 17,3
= 14,7 g / m³

vorh c_L > max c_L

Wasserdampfgehalt der Raumluft bei + 20 °C und φ_{L1} = 50 % relativer Luftfeuchtigkeit:

$$\begin{aligned} \text{vorh } c_L &= \varphi_L \cdot c_{s1} \\ &= 0{,}50 \cdot 17{,}3 \\ &= 8{,}7 \text{ g / m}^3 \end{aligned}$$

vorh c_L < max c_L

Bewertung:

Wenn der vorhandene Wasserdampfgehalt der Raumluft größer ist als der maximal mögliche Wasserdampfgehalt an den kalten Bauteilflächen, wird Tauwasser ausfallen. Dies ist bei einer relativen Luftfeuchte von 85 % der Fall. Es entsteht Tauwasser auf den Bauteilinnenflächen. Die Bauteile erscheinen „undicht". Man spricht auch vom „Bierglas-Effekt", da sich am kalten Bierglas Tauwasser bildet und das Glas außen feucht wird, obwohl es dicht ist.

Wenn die relative Luftfeuchte in den Räumen 50 % beträgt, fällt kein Tauwasser aus, da der Wasserdampfgehalt der Raumluft geringer ist als der maximal mögliche Wasserdampfgehalt an kalten Bauteilflächen.

Ein weiteres Beispiel soll zeigen, welche Mengen an Tauwasser ausfallen können, wenn einerseits Wärmebrücken vorhanden sind und andererseits die relative Luftfeuchte in den Räumen sehr hoch ist.

Beispiel zur Erläuterung

Die Menge des Tauwassers, das bei einer relativen Luftfeuchte von 85 % innerhalb einer Wohnung auf den Innenseiten der Außenbauteile ausfällt, wird entsprechend dem vorgenannten Beispiel rechnerisch abgeschätzt.

Annahmen wie vor,

Wohnungraumgröße A = 20 m², Volumen V = 20 · 2,5 = 50 m³
Feuchtebeanspruchte Innenflächen der Außenwände A_i = 20 m²
Außenwandbezogenes Volumen v_A = V / A_i = 50 / 20 = 2,5 m³/m²

Weitere Annahme:

Die feuchtebeanspruchten Außenwände weisen Wärmebrücken auf, die 10 % der Fläche ausmachen.

Berechnung:

$$\begin{aligned} m_{K,h} &= n \cdot \Delta c_L \cdot v_A \\ &= 0{,}6 \cdot (14{,}7 - 9{,}4) \cdot 2{,}5 = 8 \text{ g / (m}^2 \cdot \text{h)} \\ m_K &= 8 \cdot 24 \\ &= 192 \text{ g / (m}^2 \cdot \text{d)} \end{aligned}$$

Menge des anfallenden Tauwassers M_K an Wärmebrücken

$$\begin{aligned} M_K &= m_K \cdot A = 192 \cdot 20 \cdot 0{,}10 \\ &= \mathbf{384 \text{ g / d}} \end{aligned}$$

Anmerkung

In den Bereichen voll wirksamer Wärmedämmung ergeben sich andere Verhältnisse. Dies sollen folgende Zahlen verdeutlichen.

Annahmen: Oberflächentemperatur der Bauteilinnenseiten + 18 °C, Raumluft-Temperatur + 20 °C, relative Luftfeuchte 85 %.

6.8 Innenausbau von Kellerbauwerken

Ermittlung: Maximal möglicher Wasserdampfgehalt der Luft an den Bauteilinnenseiten bei + 18 °C:

$$\max c_L = 15{,}4 \text{ g / m}^3$$

Vorhandener Wasserdampfgehalt der Raumluft bei + 20 °C und 85 % relativer Luftfeuchte:

$$\text{vorh } c_L = \varphi_L \cdot c_s = 0{,}85 \cdot 17{,}3$$
$$= 14{,}7 \text{ g / m}^3$$
$$\text{vorh } c_L < \max c_L$$

Bewertung: Da nun der vorhandene Wasserdampfgehalt der Raumluft kleiner ist als der maximal mögliche Wasserdampfgehalt an den gedämmten Bauteilflächen, wird es nicht zur Tauwasserbildung kommen; die Bauteile bleiben trocken.

6.8.5.2 Tauwasserbildung im Winter

Die Tauwasserbildung im Winter ist weniger unproblematisch als im Sommer, da feuchte Raumluft leichter durch Lüften abgeführt werden kann als im Sommer bei schwülem Wetter.

Zur Verhinderung von Tauwasser an raumseitigen Bauteiloberflächen schreibt DIN 4108 „Wärmeschutz im Hochbau" Mindestwerte der Wärmedurchlasswiderstände bzw. Höchstwerte der Wärmedurchgangskoeffizienten vor. Die Bestimmung des höchstzulässigen Wärmedurchgangskoeffizienten U (früher k) zur Verhinderung von Tauwasserbildung auf der Bauteiloberfläche kann ermittelt werden.

Der zulässige U-Wert zum Vermeiden von Tauwasser auf der raumseitigen Oberfläche ist umso kleiner, je größer die Differenz zwischen Innen- und Außentemperatur und je höher die relative Feuchte der Raumluft ist.

Für Räume, die eine Wärmedämmung benötigen, kann die so genannte" Perimeterdämmung„ eingesetzt werden (vgl. Abschnitt 8). Hierfür kommen zur Anwendung:

- Schaumglas nach DIN 18174
- Polystyrol-Extruderschaum nach DIN 18164-1
- Polystyrol-Partikelschaum nach DIN 18164-1, Typ WS mit einer Mindestrohdichte von 30 kg/m³

Schaumglas kann bei ständig wirkendem Grundwasser angewendet werden, auch unter lastabtragenden Gründungsplatten. Dabei darf die Dämmung bis maximal 12 m ins Wasser eintauchen.

Polystyrol-Extruderschaum darf ebenfalls bei ständig wirkendem Grundwasser verwendet werden, wobei die Platten maximal 3,5 m ins Wasser eintauchen dürfen. Sie dürfen allerdings nur bei Wänden und nichttragenden Kellerfußböden eingesetzt werden.

Polystyrol-Partikelschaum darf nicht im Bereich von ständig oder langanhaltend drückendem Grundwasser zur Anwendung kommen, sondern nur bei Bodenfeuchtigkeit sowie bei Sicker-, Hang- oder Schichtenwasser mit Dränung, und zwar bei Wänden und Kellerfußböden als statisch nichttragende Bauteile.

6.8.6 Zusätzliche Maßnahmen

Räume in weißen Wannen bedürfen einer Be- und Entlüftung. Das gilt insbesondere für Aufenthaltsräume und solche Räume, die in ähnlicher Weise einer anspruchsvollen Nutzung dienen. Für eine Be- und Entlüftung kann eine niedrige Luftwechselzahl ausreichend sein, wie es vorstehende Beispiele zeigen. Eine Luftwechselzahl von n = 0,2 je h ergibt sich in Kellerräumenn mit üblichen Kellerfenstern. Eine Luftwechselzahl von n = 0,6 je h kann in wohnraumartig genutzten Kellern durch nutzungsgemäßes Öffnen und Schließen von Türen und Fenstern angenommen werden.

Die Innenflächen sollen nicht diffusionsdichter als der Beton sein, da sich sonst Probleme einstellen können.

- Unproblematisch sind unbekleidete oder hinterlüftete Innenflächen. Kritisch können dichte Wand- oder Fußbodenbeläge werden, wenn sie die Diffusion nach innen behindern.
- Kalkputz und Zementputz oder Zementestrich verhalten sich einwandfrei.
- Gipsputze und Putze, die mit Haftvermittler aufgebracht werden, sind abzulehnen.
- Die Verwendung einer Innendämmung an Wänden und auf dem Boden ist im Einzelfall bauphysikalisch zu prüfen.

Trennwände aus Mauerwerk, die auf der Sohlplatte stehen, sind direkt über der Sohlplatte mit einer horizontalen Abdichtung, z.B. bituminöse Sperrschicht, gegen kapillar aufsteigende Feuchtigkeit zu sichern.

Sollte wegen einer besonderen Beanspruchung der Räume der vorgenannte Feuchtetransport eine bedeutende Rolle spielen, können geeignete bautechnische oder betriebstechnische Maßnahmen getroffen werden:

- Beschichtung der Außenbauteile durch Material mit hohem Diffusionswiderstand, z.B. Beschichtung mit lösemittelfreiem Epoxidharz nach DAfStb-Richtlinie „Schutz und Instandsetzung von Betonbauteilen" [6.19].
- Abdichtung auf der Bauwerkssohle unter dem schwimmenden Estrich, z.B. Bitumen-Schweißbahn.
- In besonderen Fällen Einbau eines aufgeständerten Fußbodens, z.B. nach Bild 6.48 [6.34].
- Intensive Be- und Entlüftung der Räume.

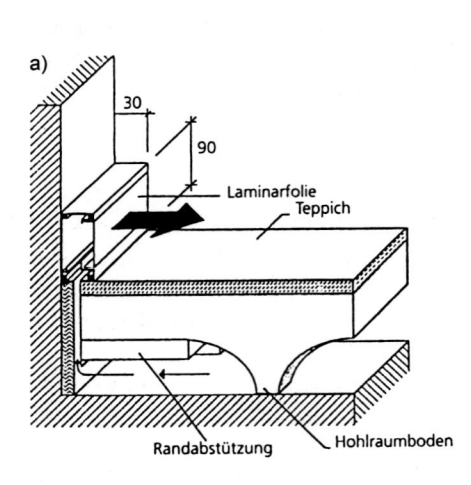

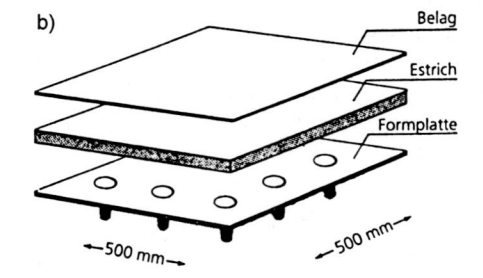

Bild 6.48:
Aufgeständerter Fußboden mit speziellen Formplatten und Laminarfolie im Sockelbereich [6.34]
a) Belüftung des Zwischenraum und Luftaustritt durch Laminarfolie
b) Aufbau des aufgeständerten Fußbodens mit Formplatte, Estrich und Belag

6.9 Instandsetzung

Bei sorgfältiger Ausführung wasserundurchlässiger Bauwerke aus Beton und Stahlbeton und bei günstigen Herstellungsbedingungen werden keine Fehlstellen entstehen, die die Dichtigkeit des Baukörpers beeinträchtigen. In der Praxis kommen aber gelegentlich Fehler vor, wenn keine günstigen Herstellungsbedingungen geschaffen werden. Die nachfolgenden Ausführungen stellen bewährte Techniken vor, wie entstandene Fehlstellen fachgerecht beseitigt werden können.

Die gelegentlich auf Baustellen zu beobachtenden Fehler sind z.B.:
- Unvollständig verdichteter Beton
- Entmischung des Betons
- Betonierfugen ohne Fugensicherung
- Beschädigte oder umgekippte Fugenbänder
- Risse in den Bauteilen

Alle diese Fehlstellen können sicher abgedichtet werden; die nachträglichen Abdichtungsmöglichkeiten sind ein wesentlicher Bestandteil des Bauens mit wasserundurchlässigem Beton.

Typisch für diese Bauweise ist, dass die örtliche Lage der Fehlstellen klar erkannt werden kann: Die Stelle des Wasserdurchtritts zeigt direkt die Fehlstelle. Die meisten Fehlstellen sind schon während des Bauzustandes erkennbar, also vor dem Abschalten der Grundwasserabsenkung. Dadurch können die erforderlichen Maßnahmen durchgeführt werden, bevor die Bauteile dem Wasserdruck ausgesetzt sind. Abdichtungen gegen herrschenden Wasserdruck sind auch möglich. Sie sind jedoch in jedem Falle teurer als Abdichtungen ohne Wasserdruck.

Vor nachträglichen Abdichtungsmaßnahmen muss die Ursache der Fehler geklärt werden. Besonders bei Rissbildungen kommen sehr verschiedene Ursachen und damit auch unterschiedliche Gegenmaßnahmen in Betracht.

6.9.1 Risse im jungen, noch verformbaren Beton

Risse entstehen an der Oberfläche noch plastischen Betons bei ungünstigen Verhältnissen eventuell schon kurz nach dem Herstellen. Diese Risse (Frühschwindrisse) können meistens durch Nachverdichten wieder geschlossen werden. Anklopfen mit der Schaufel und gründliches Zureiben genügen meistens schon, da die Risse nur wenige Millimeter in den Beton hineinreichen.

6.9.2 Risse im jungen, schon erhärtenden Beton

Risse in Oberflächen von erhärtendem, jungen Beton sind zwar oft breit, reichen aber nicht tief in den Beton hinein. Sie können durch möglichst umgehendes Einbürsten von Zementschlämme geschlossen werden:
- Beton vornässen, im Riss darf beim Zuschlämmen jedoch kein Wasser mehr stehen. Die Fläche soll dann mattfeucht sein, nicht aber vor Nässe glänzen.
- Zementschlämme aus 1 kg Wasser und 2,5 bis 3 kg Zement CEM 32,5 oder CEM 42,5 mit Fließmittel FM herstellen.
- Zementschlämme gründlich in Längs- und Querrichtung des Risses einbürsten.
- Betonflächen im Rissbereich so annässen und sofort mit Kunststoff-Folie abdecken, dass sich die Folie festsaugt.
- Folie mindestens drei Tage liegen lassen.

6.9.3 Nicht abzudichtende, selbstheilende Risse

In sehr feinen, durchgehenden Rissen kann der Widerstand gegen durchfließendes Wasser so groß sein, dass auf der anderen Bauteilseite keine Feuchtigkeit festzustellen ist. Es kann also der Wasserdurchtritt geringer sein als die verdunstbare Wassermenge.

Bei anderen feinen Rissen können zunächst auf der „trockenen" Bauteilseite leichte Durchfeuchtungen auftreten. Sie werden im Laufe der Zeit geringer. Schließlich sickert kein Wasser mehr durch: Das Bauwerk bleibt trocken. In diesen Fällen ist mit dem anfänglichen Durchsickern von Wasser meistens ein Anspülen weißer Ablagerungen verbunden. Es handelt sich hierbei um gelöstes Calciumhydroxid, das an der Luft zu unlöslichem Calciumcarbonat umgewandelt wird: Es ist Kalkstein.

Im Rissbereich findet bei genügend geringer Durchströmungsgeschwindigkeit des Wassers eine weitere Hydratation statt. Der Beton quillt im Rissbereich, feine Partikelchen verklemmen sich im Riss. Der Beton „heilt" sich selbst, das Bauteil wird wasserundurchlässig. Sinngemäß kann das Gleiche auch bei anderen Fehlstellen eintreten, z.B. Nester bei unzureichender Verdichtung oder bei Entmischungen.

Für eine „Selbstheilung„ des Betons sind folgende Bedingungen nötig:
- Risse ohne Bewegung
- chemisch nicht angreifendes Wasser
- geringe Durchströmungsgeschwindigkeit.

Die Durchströmungsgeschwindigkeit des Wassers ist abhängig von der Druckwasserhöhe h_D, der Bauteildicke d_B und der Rissbreite w. Aus der Druckwasserhöhe und der Bauteildicke kann das Druckgefälle i errechnet werden:

$$\text{Druckgefälle } i = h_D/d_B \tag{6.51}$$

Eine Selbstheilung kann unter den vorgenannten Bedingungen erwartet werden, wenn die Rissbreiten der Tabelle 6.8 in Abhängigkeit vom Druckgefälle eingehalten sind. In diesen Fällen sind keine weiteren Maßnahmen nötig: Es fehlt nur das Wasser und einige Wochen Zeit zur Selbstheilung.

Die Rissbreite kann mit einer Messlupe bestimmt werden. Die Druckwasserhöhe ergibt sich aus dem höchstens zu erwartenden Grundwasserstand h_D über den Rissstellen mit der dort vorhandenen zugehörigen Rissbreite w (Bild 6.10).

6.9.4 Risse im erhärteten Beton

Risse, die breiter als die selbstheilende Rissbreite sind, müssen abgedichtet werden. Das Abdichten sollte möglichst spät erfolgen, damit Bewegungen durch Temperaturdifferenzen und Schwinden keine Störungen hervorrufen. Bei Bauwerken im Grundwasser wird diese Arbeit sinnvoller Weise erst kurz vor dem Verfüllen der Baugrube stattfinden.

Beim Abdichten von Rissen sind mehrere Verfahren möglich.

6.9.4.1 Abdichtung durch Zementleim-Verpressung

Für das Verpressen von Rissen sind Spezialzemente entwickelt worden, die mit einer besonders feinen Korngröße hergestellt werden. Sie gestatten ein Verpressen von Rissen über 0,5 mm zur Abdichtung auf wirtschaftliche Weise. Die Selbstheilung der Risse wird durch Verpressen mit Zementleim günstig beeinflusst und ermöglicht, falls einige Bereiche nicht einwandfrei dicht wurden. Die Rissursache muss bekannt sein, sie darf nicht wiederkehren. Die Rissufer müssen vorgenässt werden. Ein kraftschlüssiges Verbinden oder dehnfähiges Schließen der Risse mit Zementleim ist nicht möglich.

6.9.4.2 Abdichtung mit Bentonit

Auf der künftigen Druckwasserseite können vor Rissen in Wänden und Decken spezielle Abdichtungsplatten aus Bentonit gestellt bzw. gelegt werden. Das trockene Bentonit-Material ist in beidseitigen Kaschierungen aus Pappe gehalten. Bei Wassereinwirkung quillt das Bentonit sehr stark auf. Es bildet sich eine dichte Schicht, die in hohem Maße wasserundurchlässig ist.

6.9.4.3 Abdichtung mit Abdichtungsbahnen

Auf der künftigen Druckwasserseite können Risse durch streifenweises Überkleben von Abdichtungsbahnen wasserundurchlässig gemacht werden. Hierzu wird zweckmäßigerweise eine Bitumen-Schweißbahn mit Gewebeeinlage verwendet. Sicher sind zwei Lagen. Dazu kann die 1 m breite Bahn in Streifen von etwa 40 und 60 cm Breite geschnitten werden. Die erste Bahn von 40 cm Breite wird während des Erhitzens mit einem Propangasbrenner mittig über den Riss geklebt. Besonders an den Rändern ist die Bahn mit einem flachen Holz anzudrücken. Das seitlich herausquellende Bitumenmaterial ist so zu verteilen, dass ein sanfter Übergang vom Beton zur Schweißbahn entsteht. Darauf ist die zweite Bahn seitlich überlappend aufzubringen. Die Abdichtung sollte vor dem Verfüllen mit Hartfaserplatten o. ä. geschätzt werden.

6.9.4.4 Abdichtung durch Kunstharz-Auftrag

Risse, bei denen ein kraftschlüssiges Verkleben nicht erforderlich ist, können durch Auftragen von Kunstharz geschlossen werden. Dieses Tränkverfahren oder „Pinselverfahren" ist anwendbar für:

- lotrechte Flächen
- Deckenunterseiten bei Rissbreiten bis zu 0,5 mm
- Betonoberseiten bei Rissbreiten bis zu 1,0 mm.

Das Kunstharz wird bei Wänden und Decken auf beiden Bauteilseiten so lange aufgetragen, bis der Riss kein Harz mehr nachsaugt. Das Kunstharz wird bis zu einigen Zentimetern Tiefe durch Kapillarwirkung in den Riss hineingezogen. Die Eindringtiefe kann daher bei engen Rissen größer sein als bei breiteren Rissen. Bei Rissen in Sohlplatten, die nur von oben gefüllt werden können, sinkt das Harz zunächst durch die Schwerkraft ein und wird anschließend auf Grund der Kapillaraktivität weiter in das Bauteilinnere transportiert.

Das Kunstharz muss eine niedrige Oberflächenspannung haben, es muss niedrig viskos sein. Es werden zweikomponentige, dünnflüssige, lösungsmittelarme Epoxidharze verwendet, so genannte Injektionsharze. Die Rissflanken müssen beim Einbringen des Injektionsharzes trocken sein, die Bauteiltemperatur sollte über 8 °C liegen.

Die Richtlinie für „Schutz und Instandsetzung von Betonbauteilen" des Deutschen Ausschusses für Stahlbeton ist zu beachten [6.19].

Auch wenn eine Verklebung in ganzer Bauteildicke nicht erreicht werden kann, genügt diese Art der Rissabdichtung in den meisten Fällen. Voraussetzung ist allerdings, dass die Risse nicht in Bewegung sind.

Bei einem eventuellen Wasserdurchtritt wird meistens die Wassergeschwindigkeit durch den höheren Widerstand im Riss so weit verringert, dass im nicht verklebten Bereich eine Selbstheilung des Betons einsetzen kann.

6.9.4.5 Abdichtung durch Kunstharz-Verpressung

Breite, durchgehende Risse mit Rissbreiten von über 0,2 mm können kraftschlüssig durch Verpressen mit Injektionsharz verklebt werden. Das Verpressen der Risse ist mit großem Aufwand verbunden und kostenintensiv. Trotzdem kann dieses Verfahren billiger sein als umfangreiche konstruktive Maßnahmen zum Vermeiden von Rissen.

Verpressarbeiten (Injektionen) sollen nur von Spezialfirmen mit geschultem Personal und geeigneten Geräten ausgeführt werden. Die Richtlinie „Schutz und Instandsetzung von Betonbauteilen" [6.19] ist zu beachten. Von diesen Firmen ist auch die Auswahl des Injektionsharzes zu treffen. Es dürfen nur Harze verwendet werden, deren Eignung zur Rissverpressung bei Stahlbetonkonstruktionen nachgewiesen wurde.

Das Einpressen des Injektionsharzes geschieht mit Niederdruckgeräten (bis 10 bar) oder mit Hochdruckgeräten (bis 100 bar). Dazu können z. T. einfache Geräte verwendet werden (Handhebel- oder Fußhebelpressen, Pressen mit Bohrmaschine), oder es sind aufwändige Injektionspumpen erforderlich. Bei den meisten Verfahren wird ein dünnflüssiges Epoxidharz in den Riss eingepresst. Risse, deren Fugenflanken feucht sind und nicht kraftschlüssig verklebt werden müssen, können vorteilhaft mit dünnflüssigem Polyurethanharz verpresst werden.

Das Einpressen erfolgt durch Verpresspacker, die im Rissverlauf aufgeklebt oder eingebohrt werden (Bild 6.49). Klebepacker werden bei Niederdruck, feinen Rissen und unklarem Rissverlauf in der Tiefe verwendet. Bohrpacker sind für Hochdruckgeräte und bei versetzten Rissflanken einzusetzen.

Zwischen den Packern wird der Rissbereich mit einer schnellhärtenden Spachtelmasse verdämmt. Das Verpressen erfolgt von unten nach oben. Dazu werden Pressnippel unmittelbar vor dem Verpressen in die jeweiligen Packer eingeschraubt. Die Pressnippel gestatten jederzeit ein Nachpressen, verhindern aber durch ein Ventil ein Auslaufen des Harzes. Das Verpressen ist erfolgreich, wenn entweder auf der abgewendeten Seite oder am höher liegenden Packer das Harz austritt.

Bild 6.49:
Verpresspacker im Bereich eines Risses in einer Stahlbetonwand. Der obere Bereich des Risses wurde infolge Selbstheilung inzwischen dicht, erkennbar bei Wasserdruck auf der Wandrückseite und an weißen Ablagerungen von Calciumcarbonat.
(Werkfoto contec)

Nach Beendigung des Verpressens sind alle Packer und die auf den Riss aufgebrachte Spachtelmasse zu entfernen. Die Bohrlöcher sind zu schließen.

Über den Verpressvorgang und die dabei besonderen Vorkommnisse ist ein Protokoll anzufertigen. Vom verarbeiteten Harz ist täglich eine Rückstellprobe zu nehmen und mit Datum zu versehen.

In besonderen Fällen können im Rissbereich über dem künftigen höchsten Wasserstand Bohrkerne zur Prüfung entnommen werden.

6.9.4.6 Abdichtung durch Verpressen gegen Wasserdruck

Aller Wachsamkeit zum Trotz kann es der Beobachtung entgangen sein, dass breite Risse in der Konstruktion vorhanden sind. Wenn eine Abdichtung vor dem Wasserzutritt nicht durchgeführt wurde, müssen nun die Risse gegen den Wasserdruck abgedichtet werden. Dieses ist die teuerste Abdichtungsmaßnahme.

Hierbei wird, ähnlich wie bei der Verpressung, nach Abschnitt 6.9.4.4 verfahren. Es werden Bohrpacker verwendet. Zum Verpressen ist Polyurethanharz geeignet, das zur Reaktion Wasser benötigt. Es schäumt dabei stark auf und wirkt schnell abdichtend. Allerdings sind kraftschlüssige Verklebungen damit nicht möglich. In neuerer Zeit bewährten sich auch schnellreaktive Acrylharze zur Abdichtung von Rissen gegen drückendes Wasser.

6.9.5 Poröse Betonbereiche

Poröse Bereiche können durch ungenügende Verdichtung des Betons oder durch Entmischen des Betons beim Einbringen entstanden sein. Zur Abdichtung sind drei Verfahren möglich:

- Injektion von Kunstharz,
- Injektion von Zementleim,
- Ersetzen durch Spritzbeton.

Diese Arbeiten sind von Spezialfirmen auszuführen. In Zusammenarbeit mit diesen Firmen muss die für den vorliegenden Fall sinnvollste Maßnahme ermittelt werden.

6.9.5.1 Verpressen mit Kunstharz

Bei porösen Bereichen können – ähnlich wie beim Verpressen von Rissen – Packer für Pressnippel und zur Entspannung gesetzt werden (Bild 6.50). Die poröse Fläche ist mit einer schnellhärtenden Spachtelmasse abzudecken. Danach kann das Verpressen mit Injektionsharz auf Epoxidharz-Basis erfolgen. Verpressarbeiten und nachfolgende Arbeitsgänge siehe Abschnitt 6.9.4.5.

Bild 6.50: Verpresspacker für eine Rasterinjektion im Bereich von Fehlstellen in einer Stahlbetonsohlplatte zum Verpressen mit Kunstharz (Werkfoto contec)

6.9.5.2 Verpressen mit Zementleim

Wenn poröse Bereiche größeren Ausmaßes mit gröberer Porenstruktur entstanden sind, kann eine Abdichtung durch Verpressen mit Zementleim zum Erfolg führen. Der Arbeitsgang läuft ähnlich wie bei Verpressarbeiten mit Kunstharz ab. Hierbei sind allerdings die komplizierten Nebenarbeiten, die bei den zweikomponentigen Injektionsharzen nötig sind, nicht erforderlich. Die Materialkosten sind geringer. Dennoch ist der gesamte Aufwand erheblich, so dass zu prüfen ist, ob sich dieses Arbeitsverfahren gegenüber einem Ersetzen durch Spritzbeton lohnt.

6.9.5.3 Ersetzen durch Spritzbeton

Größere Bereiche schadhaften Betons werden am besten durch neuen Beton ersetzt. Dazu ist der Beton mit unzureichender Dichte zu entfernen. Bei Ausbesserungen, die die gesamte Bauteildicke erfassen, muss die Bauteilrückseite eingeschalt werden. Die Anschlussflächen des vorhandenen Betons sind anzufeuchten, um zu verhindern, dass dem jungen Beton Wasser entzogen wird. Vor Beginn der Spritzarbeiten ist deshalb der Beton abzuwaschen. Bei Spritzbeginn soll die Fläche soweit abgetrocknet sein, dass sie nur noch mattfeucht erscheint. Der Spritzbeton ist nach DIN 18 551 „Spritzbeton" herzustellen.

Die Arbeiten sind auszuführen nach den „Richtlinien für die Ausbesserung und Verstärkung von Betonbauteilen mit Spritzbeton". Die Dicke der einzelnen Spritzlagen beträgt 2 bis 5 cm. Es wird in mehreren Lagen solange aufgetragen, bis die Fehlstelle ausgefüllt ist. Die jeweils nächste Schicht kann erst dann aufgetragen werden, wenn die vorherige Lage bereits so ausreichend erhärtet ist, dass sie die nachfolgende tragen kann.

Es ist darauf zu achten, dass der Spritzbeton genügend lange gegen Austrocknen geschützt wird.

Es kann davon ausgegangen werden, dass bei sorgfältiger Ausführung der im Spritzverfahren aufgebrachte Beton gut am vorhandenen Beton haftet. Das setzt voraus, dass die Anschlussflächen genügend rau sind und durch Druckwasser von Staub befreit wurden. Die durch Spritzbeton ergänzten Querschnitte sind nach DIN 1045 Abschnitt 19.4, 19.7.2 und 19.7.3 zu bemessen.

6.9.6 Fehlerhaft eingebaute Fugenbänder

Die Fehlerquellen beim Einbau von Fugenbändern können verschiedener Art sein.

Beschädigte Fugenbänder können durch Schweißen ausgebessert werden, wenn es thermoplastische Fugenbänder sind (z.B. PVC-weich), oder durch Vulkanisieren, wenn es elastomere Fugenbänder sind (z.B. Kunstkautschuk).

Es ist dazu nötig, das beschädigte Fugenband freizulegen. Deshalb sollen Fugenbänder höchstens 30 cm hinter der zugänglichen Seite liegen. Diese Ausbesserungen sind schwierig durchzuführende Bauaufgaben.

Fehlerhafte Bereiche bei Fugenbändern können durch Verpressen mit Injektionsharz abgedichtet werden. Bei Wasserdurchtritt und auch bei Dehnfugen kommt hierfür ein Verpressen mit Polyurethanharz in Frage. Das Material kann stark aufschäumend und elastisch eingestellt werden, so dass einerseits teilweise Bewegung in den Dehnfugen möglich bleibt, andererseits jedoch eine Abdichtung erfolgt. Die Dehnfuge kann vor dem Verpressen mit einem Schlauch so gesichert werden, dass beim Verpressen das Harz nicht ausläuft.

6.9.7 Abdichtung durch Injektionsschleier im Baugrund

Entsprechend dem Merkblatt „Nachträgliches Abdichten erdberührter Bauteile" [6.23] kann bei nicht anders abzudichtenden Fehlstellen im Erdreich außerhalb des Bauwerks ein Injektionsschleier als Abdichtungsmaßnahme ausgebildet werden (vgl. Abschnitt 13.8.4).

Der umgebende Baugrund wird als Stützgerüst für die Injektionsstoffe benutzt. Es sind rasterförmige Bohrungen herzustellen, die das Bauteil vollständig durchstoßen. Über besondere Packersysteme wird der Injektionsstoff mit einem abgestimmten Injektionsdruck so eingebracht, dass außerhalb des Bauwerks ein wirksamer Dichtungsschleier entsteht, der die Fehlstellen abdichtet. Diese Arbeiten sind von Spezialfirmen mit besonders ausgebildeten Fachkräften auszuführen, zu protokollieren und zu überwachen. Das Merkblatt der WTA [6.23] ist zu beachten.

Literatur

Normen

[6.1] DIN 1045: Beton und Stahlbeton – Bemessung und Ausführung, 07.88
[6.2] DIN 488: Betonstahl, 06.86
[6.3] DIN 1048: Prüfverfahren für Beton, 06.91
[6.4] DIN 1054: Baugrund – Zulässige Belastung des Baugrundes, 11.76
[6.5] DIN 1084: Überwachung (Güteüberwachung) im Beton- und Stahlbetonbau, 12.78
[6.6] DIN 1164: Zement; Teil 1: Zusammensetzung, Anforderungen, 10.94
[6.7] DIN 4030: Beurteilung betonangreifender Wässer, Böden und Gase, 06.91
[6.8] DIN 4095: Baugrund; Dränung zum Schutz baulicher Anlagen, 06.90
[6.9] DIN 4226: Zuschlag für Beton, 04.83
[6.10] DIN 4227: Spannbeton, 07.88
[6.11] DIN 7865: Elastomer-Fugenbänder zur Abdichtung von Fugen in Beton, 02.82
[6.12] DIN 18 195: Bauwerksabdichtungen, Entwurf 09.98
[6.13] DIN 18 202: Toleranzen im Hochbau; Bauwerke, 04.97
[6.14] DIN 18 331: Beton- und Stahlbetonarbeiten, VOB Teil C, 1992
[6.15] DIN 18 541: Fugenbänder aus thermoplastischen Kunststoffen zur Abdichtung von Fugen in Ortbeton, 11.92
[6.16] DIN 18 551: Spritzbeton – Herstellung und Güteüberwachung, 03.92

Merkblätter, Richtlinien, Vorschriften

[6.17] Richtlinie zur Nachbehandlung von Beton. DAfStB 02.84
[6.18] Richtlinie für Beton für Fließbeton, DAfStb 08.95
[6.19] Richtlinie Schutz und Instandsetzung von Betonbauteilen, DAfStb 08.90/11.92
[6.20] Richtlinie für Betonbau beim Umgang mit wassergefährdenden Stoffen, DAfStb 09.96
[6.21] Merkblatt Wasserundurchlässige Baukörper aus Beton, DBV 06.96
[6.22] Merkblatt Begrenzung der Rissbildung im Stahlbeton- und Spannbetonbau, DBV 09.96
[6.23] Merkblatt Nachträgliches Abdichten erdberührter Bauteile. Wissenschaftlich-Technische Arbeitsgemeinschaft für Bauwerkserhaltung und Denkmalpflege, WTA 02.99
[6.24] Merkblatt Betondeckung und Bewehrung, DBV 01.97
[6.25] Merkblatt Abstandhalter, DBV 02.97
[6.26] Zement-Merkblätter, BDZ 1998
[6.27] ZTV-K 96 Zusätzliche Technische Vertragsbedingungen für Kunstbauten, BMV 1996

Bücher, Aufsätze u. ä.

[6.28] Basalla, A.: Wärmeentwicklung im Beton, Zement-Taschenbuch 1964/65, Bauverlag Wiesbaden
[6.29] Bonzel, J.; Dahms, J.: Der Einfluss des Zements, des Wasserzementwerts und der Lagerung auf die Festigkeitsentwicklung des Betons, Betontechnische Berichte 1966, Beton-Verlag Düsseldorf 1967
[6.30] Braun, E.; Thun, D.: Abdichten von Bauwerken, Beton-Kalender 1984, Verlag von Wilh. Ernst & Sohn, Berlin
[6.31] Breitenbücher, R.: Zwangspannungen und Rissbildung infolge Hydratationswärme. Technische Universität München, 1989
[6.32] Bruy, E.: Über den Abbau instationärer Temperaturspannungen in Betonkörpern durch Rissbildung, Schriftenreihe des Otto-Graf-Instituts, Heft 56/1973

[6.33] Bundesverband der Deutschen Zementindustrie: Zement-Merkblätter und Schriftenreihe der Bauberatung Zement, Beton-Verlag Düsseldorf

[6.34] Cziesielski/Friedmann: Gründungsbauwerke aus wasserundurchlässigem Beton, Bautechnik Heft 4/1985

[6.35] Cziesielski, E.: Gründungsbauwerke aus WU-Beton. Deutsche Bauzeitung Heft 12/1998

[6.36] DVGW: Planung und Bau von Wasserbehältern – Grundlagen und Ausführungsbeispiele, Technische Regeln Arbeitsblatt W311 des Deutschen Vereins des Gas- und Wasserfaches e.V., ZfGW-Verlag GmbH Frankfurt 1988

[6.37] Edvardsen, C.: Wasserundurchlässigkeit und Selbstheilung von Trennrissen im Beton. Heft 455 des Deutschen Ausschusses für Stahlbeton DAfStb. 1996

[6.38] Falkner, H.: Fugenlose und wasserundurchlässige Stahlbetonbauten ohne zusätzliche Abdichtung, Vorträge Betontag 1983, Deutscher Beton-Verein Wiesbaden 1984

[6.39] Falkner, H.: Risse in Stahl- und Spannbetonbauten – Theorie und Praxis. Referat zur Studientagung „Verhalten von Bauwerken – Qualitätskriterien" des Schweizerischen Ingenieur- und Architekten-Vereins am 23. und 24.9.1977, ETH Lausanne. SIA-Dokumentation 23/1977

[6.40] Falkner, H.: Zur Frage der Rissbildung durch Eigen- und Zwangspannungen infolge Temperatur in Stahlbetonbauteilen, Heft 208 DAfStb, Verlag von Wilh. Ernst & Sohn Berlin 1969

[6.41] Gertis, Kießl, Werner, Wolfseher: Hygrische Transportphänomene in Baustoffen, Heft 258 DAfStb, Verlag von Wilh. Ernst & Sohn Berlin 1976

[6.42] Grube, H.: Leistungsfähigkeit von Beton bezüglich Undurchlässigkeit gegen äußere Angriffe, VDI-Berichte 1989

[6.43] Grube, H.: Wasserundurchlässige Bauwerke aus Beton, Elsner Verlag Darmstadt, 1982

[6.44] Jungwirth, D.; Beyer, E.; Grübl, P.: Dauerhafte Betonbauwerke, Beton-Verlag Düsseldorf, 1986

[6.45] Kern, E.: Dichten von Rissen und Fehlstellen im Beton durch Injektion, Betonwerk + Fertigteil-Technik Heft 7/1973

[6.46] Kießl, K.: Kapillarer und dampfförmiger Feuchtetransport in mehrschichtigen Bauteilen.Universität Essen – Gesamthochschule 1983

[6.47] Klopfer, H.: Bauphysikalische Betrachtungen der Schutz- und Instandsetzungsmaßnahmen für Betonoberflächen. Deutsches Architektenblatt, 1/ 1990

[6.48] Klopfer, H.: Wassertransport und Beschichtungen bei WU-Beton-Wannen. Aachener Bausachverständigentage 1999

[6.49] Leonhardt, F.: Das Bewehren von Stahlbetontragwerken, Beton-Kalender 1971 und 1976. Teil II, Verlag von Wilh. Ernst & Sohn Berlin

[6.50] Leonhard, F.: Massige, große Betontragwerke ohne schlaffe Bewehrung, gesichert durch mäßige Vorspannung. Beton- und Stahlbeton S. 128-133, 1973

[6.51] Leonhardt, F.: Vorlesungen über Massivbau, Teil 1 bis 6, Springer-Verlag Berlin 1978

[6.52] Linder, R.: Abdichtung von Bauwerken, Beton-Kalender 1982, Verlag von Wilh. Ernst & Sohn, Berlin

[6.53] Linder, R.: Baukörper aus wasserundurchlässigem Beton, Beton-Kalender 1986, Verlag von Wilh. Ernst & Sohn, Berlin

[6.54] Locher, F.-W.; Wischers, G.: Aufbau und Eigenschaften des Zementsteins, Zement-Taschenbuch 1974/75, Bauverlag Wiesbaden 1974

[6.55] Lohmeyer, G.: Schäden an Flachdächern und Wannen aus wasserundurchlässigem Beton. Schadenfreies Bauen, Band 2. IRB-Verlag Stuttgart 1993

[6.55a] Lohmeyer, G.: Stahlbetonbau – Bemessung, Konstruktion, Ausführung, Teubner-Verlag Stuttgart 1994

[6.55b] Lohmeyer, G.: Weiße Wannen – einfach und sicher, Beton-Verlag Düsseldorf 1985/1995

[6.56] Lohmeyer, G., Ebeling, K.: Die Dreifachwand für Keller. Wirtschaftliche Kombination aus Betonfertigplatten und Ortbeton. Beton Heft 1/1996

[6.56a] Lohmeyer, G., Ebeling, K.: Die Dreifachwand für Keller. Bewehrung der Dreifachwand. Beton Heft 11/1997

[6.56b] Lohmeyer, G., Ebeling, K., Stegink, H.: Die Dreifachwand im Ingenieurbau. Anwendungsbeispiel Wasserbehälter. Beton Heft 1/1999

[6.57] Manns, W.: Elastizitätsmodul von Zementstein und Beton, Betontechnische Berichte 1970, Beton-Verlag Düsseldorf 1971

[6.58] Meyer, G.: Rissbreitenbeschränkung nach DIN 1045, Beton-Verlag Düsseldorf 1989

[6.59] Meyer, G.: Wasserdichte Trogbauwerke aus wasserundurchlässigem Beton, Beton-Stahlbetonbau Heft 4/1984

[6.60] Pilny, F.: Risse und Fugen in Bauwerken, Springer-Verlag Wien/New York 1981

[6.61] Pfefferkorn, W.; Steinhilber, H.: Ausgedehnte fugenlose Stahlbetonbauten, Entwurf und Bemessung der Tragkonstruktion, Beton-Verlag Düsseldorf 1990

[6.62] Powers, T. C.; Brownyard, T. L.: Studies of the Physical Properties of Hardened Portland Cement Paste, Studies of Water Fixation, Proc. American Concrete Institut 43/1946

[6.63] Ricken, D.: Ein einfaches Berechnungsverfahren für die eindimensionale, instationäre Wasserdampfdiffusion in mehrschichtigen Bauteilen. Universität Dortmund, 1989

[6.64] Ripphausen, B.: Untersuchungen zur Wasserdurchlässigkeit und Sanierung von Stahlbetonbauten mit Trennrissen. Rheinisch-Westfälische Technische Hochschule Aachen, 1989

[6.65] Romberg, H.: Zementsteinporen und Betoneigenschaften, Beton-Informationen, Herausgeber montanzement Marketing GmbH, Beton-Verlag Düsseldorf, Heft 5/1978

[6.66] Rostásy, F. S.: Zwang in Außenwandplatten infolge von Temperaturunterschieden, beton Heft7/1969

[6.67] Rostásy, F. S.; Henning, W.: Zwang und Oberflächenbewehrung dicker Wände, Beton- Stahlbetonbau, Heft 4 + 5/1985

[6.68] Schießl, P.: Beschränkung der Rissbreiten bei Zwangbeanspruchung, Betonwerk + Fertigteil-Technik Heft 6/1976

[6.69] Simons, H.-J.: Konstruktive Gesichtspunkte beim Entwurf „Weißer Wannen", Bauingenieur S.429-437, 1988

[6.70] Springenschmid, R.; Nischer, P.: Untersuchungen über die Ursache von Querrissen im jungen Beton, Beton- und Stahlbetonbau Heft 9/1973

[6.71] Springenschmid, R., Beddoe, R.: Feuchtetransport durch Bauteile aus Beton, Beton- und Stahlbetonbau, Heft 4/1999

[6.72] Vinkeloe, R.; Wolff, R.: Zwei „Weiße Wannen" in Düsseldorf, Beton-Informationen, Herausgeber: montanzement Marketing GmbH, Beton-Verlag Düsseldorf, Heft 6/1982,

[6.73] Walz, K.; Bonzel, J.: Festigkeitsentwicklung verschiedener Zemente bei niedriger Temperatur, Betontechnische Berichte 1961, Beton-Verlag Düsseldorf 1962

[6.74]   Weigler, H.; Karl, S.: Beton – Arten, Herstellung, Eigenschaften, Verlag von Wilh. Ernst & Sohn, Berlin 1989
[6.75]   Weigler, H.; Karl, S.: Junger Beton, Beanspruchung – Festigkeit – Verformung, Betonwerk + Fertigteil-Technik Heft 6 u. 7/1974
[6.76]   Weigler, H.; Nicolay, J.: Konstruktionsleichtbeton – Temperatur und Rissneigung während der Erhärtung, Betonwerk + Fertigteil-Technik Heft 5 u. 6/1975
[6.77]   Wesche, K.: Baustoffe für tragende Bauteile, Teil 2 Beton, Bauverlag Wiesbaden 1981
[6.78]   Wierig, H.-J.: Einige Beziehungen zwischen den Eigenschaften von „grünen" und „jungen" Betonen und denen des Festbetons, Betontechnische Berichte 1971, Beton-Verlag Düsseldorf 1971
[6.79]   Wierig, H.-J.: Wasserdampfdurchlässigkeit von Zementmörtel und Beton, Zement-Kalk-Gips Heft 9/1965
[6.80]   Wischers, G.: Betontechnische und konstruktive Maßnahmen gegen Temperaturrisse in massigen Bauteilen, beton Heft 1/1964
[6.81]   Wischers, G.; Dahms, J.-. Das Verhalten des Betons bei sehr niedrigen Temperaturen, Betontechnische Berichte 1970, Beton-Verlag Düsseldorf 1971
[6.82]   Wischers, G.; Manns, W.: Ursachen für das Entstehen von Rissen in jungem Beton, beton Heft 4 u. 5/1973
[6.83]   Wisslicen, H.; Hillemeier, B.: Zu den Arbeits- und Scheinfugen in wasserundurchlässigen Stahlbeton-Konstruktionen, Beton- und Stahlbetonbau Heft 6 und 7/1990
[6.84]   Zement-Taschenbuch, herausgegeben vom Verein Deutscher Zementwerke e.V., Bauverlag GmbH Wiesbaden – Berlin 1984
[6.85]   Zimmermann, G. (Herausgeber): Bauschäden-Sammlung: Sachverhalt – Ursachen – Sanierung. Bd. 1 bis 12. IRB-Verlag Stuttgart
[6.86]   Zimmermann, G. (Herausgeber): Schadenfreies Bauen. IRB-Verlag Stuttgart

7 Abdichtung mit Bentonit

Von Dr.-Ing. Ralf Ruhnau

7.1 Abdichtungseigenschaften von Bentonit

Abdichtungsschichten aus Natriumbentonit weisen gegenüber visko-elastischen Bitumen- bzw. Kunststoffabdichtungen und starren mineralischen Abdichtungen vor allem folgende Vorteile auf: Fehlstellen auf Grund von Verarbeitungsfehlern werden vom Bentonit durch sein Quellvermögen ausgefüllt, auftretende Relativbewegungen im Bereich von planmäßigen Fugen oder durch Rissbildungen in der Rücklage können in weiten Bereichen schadlos aufgenommen werden, solange der Bentonit am Austrocknen gehindert wird. Treten dennoch Leckagen auf, so wird der Schaden – vergleichbar mit wasserundurchlässigen Betonkonstruktionen und bei Beschichtungen – im unmittelbaren Bereich der Fehlstelle zu Tage treten und kann gezielt nachgebessert werden.

7.2 Funktionsweise von Bentonitschichten als Abdichtung

Die für die Bemessung maßgeblichen Eigenschaften des Bentonits, die Quellfähigkeit und das Abdichtungsverhalten, werden in erster Linie von dem Wasseraufnahmevermögen bestimmt. Damit ergeben sich die Bemessungsgrundlagen im Wesentlichen aus den quantitativen Zusammenhängen zwischen Wassergehalt, Quellfähigkeit und Wasserdurchlässigkeit.

Wasserdurchlässigkeit

Nach Abschluss des innerkristallinen Quellvorganges sind sämtliche Poren in Bentonitschichten wassergefüllt, so dass sich der Wassertransport nach Abschluss des Quellvorganges auf Strömungsvorgänge beschränkt. Der Durchströmungsvorgang durch Bentonitschichten kann als laminar vorausgesetzt werden: für sehr kleine Wasserbewegungen, wie sie hier vorliegen, gilt damit näherungsweise das Darcysche Filtergesetz.

Bemessung der Abdichtungseigenschaften

Im Gegensatz zu „wasserdichten" Hautabdichtungen ist der Grad der Wasserundurchlässigkeit mineralischer Abdichtungsschichten auf Bentonitbasis neben den reinen Materialkennwerten abhängig von verschiedenen Randbedingungen:
- Mit anwachsender Schichtdicke l nimmt der Wasserdurchfluss Q bei gleich bleibender Wasserdruckhöhe h_W ab,
- bei steigender Wasserdruckhöhe h_W nimmt der Wasserdurchfluss Q bei gleich bleibender Schichtdicke l zu und
- höhere Anpressdrücke σ verringern die Wasserdurchlässigkeit k.

Für die Bemessung der Abdichtung interessiert letztlich der flächenbezogene Wasserdurchfluss q_t in $cm^3/(m^2 \cdot h)$ durch die Abdichtungsschicht bei gegebenen Randbedingungen.

Damit lassen sich nach [7.1] Interaktionsdiagramme für die Bemessung von Bentonitschichten in abdichtungstechnischer Hinsicht gemäß Bild 7.1 angeben (Auftragung von q_t und h_W/l im Wurzelmaßstab in den Gültigkeitsgrenzen $h \leq 30$ m und $l \leq 3$ cm, für die unterschiedlichen Bentonitarten).

Bemessung des Quelldruckes/Quellweges

Die Quellung s in % von Bentonitschichten wird als „negative Setzung" in Anlehnung an DIN 18 136 durch den Quotienten aus der Änderung der Schichtdicke l und der Anfangsdicke des trockenen, ungequollenen Bentonits l_0 definiert.

Sollen Bentonitschichten in abdichtungstechnischer Hinsicht entsprechend Bild 7.1 bemessen werden, so ist im Allgemeinen die Kenntnis der Endschichtdicke l im aufgequollenen Zustand erforderlich. In der Praxis werden zunächst jedoch lediglich die Einbauschichtdicke l_0 sowie die zu erwartende Auflast σ bekannt sein. Aus dem Bemessungsdiagramm entsprechend Bild 7.2 lassen sich die zu erwartenden Bauwerksbewegungen (Hebungen/Setzungen) beim Einsatz von Bentonitschichten ablesen und damit die Endschichtdicke l bestimmen; durch Variation der Parameter kann die Bemessung optimal den gestellten Anforderungen angepasst werden (Auftragung von l und l_0 im Wurzelmaßstab mit der Gültigkeitsgrenze für $l_0 \leq 3$ cm).

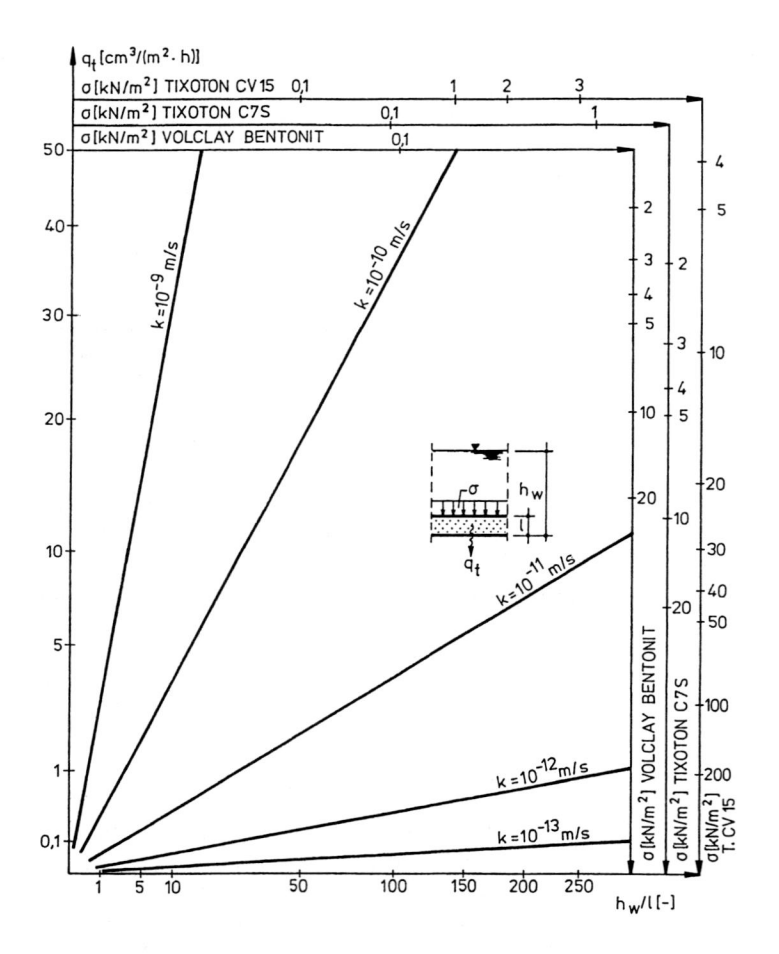

Bild 7.1: Bemessungsdiagramm für die Durchlässigkeit von Bentonitschichten nach [7.1] für Wasser

7.2 Funktionsweise von Bentonitschichten als Abdichtung

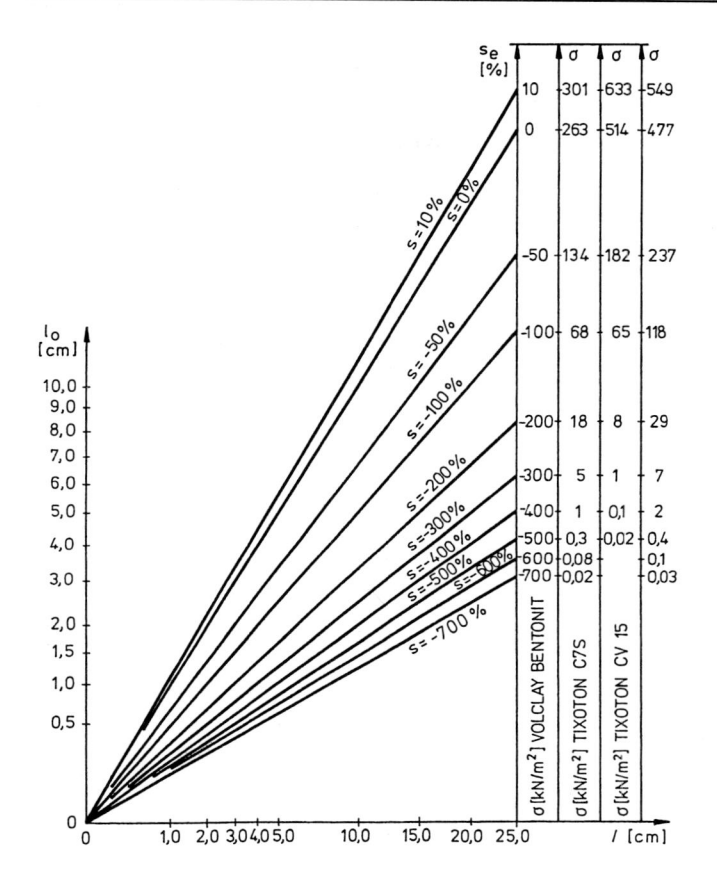

Bild 7.2:
Bemessungsdiagramm für das Quellverhalten von Bentonitschichten nach [7.1]

Einfluss der Wasserqualität

Unterschiedliche Salzkonzentrationen – wie sie im Grundwasser vorkommen können – haben auf das Quell- und Abdichtungsverhalten von Bentoniten Einfluss: Bei zunehmender Salzkonzentration ergeben sich bei gleichem Wassergehalt geringere Schwelldrücke, das heißt, das Quellvermögen wird eingeschränkt. Mit Leitungswasser vorgequollener Bentonit ist wesentlich unempfindlicher gegenüber Elektrolyten in Form von Salzen. Beim Einsatz von Bentonitschichten als Abdichtung im Grundwasserbereich ist dementsprechend vorab die Wasserqualität zu untersuchen; bei höheren Ionenkonzentrationen von Salzen ist der Quellvorgang des Bentonits durch Beaufschlagung mit Leitungswasser auszulösen, bevor der Elektrolyt Zugang zu der Abdichtungsschicht hat.

Austrocknungsgefahr von Bentonitschichten

Laborversuche haben ergeben, dass auch nach 60tägigen Austrocknungsperioden sowohl Abdeckungen mit lose überlappten PE-Folien als auch Umkehrdachaufbauten aus extrudierten stumpf gestoßenen Polystyrolplatten mit Kiesauflage eine Austrockung der Bentonitabdichtung wirksam verhindern ([7.1], [7.2]). Bei der Abdichtung von Stauanlagen mit extrem bindigen Böden (Tonen) bei Abdeckung mit Kiessanden wurden auch bei längerer Trockenheit in der Regel keine Schrumpfrisse festgestellt. Bindige Deckschichten von 30 bis 50 cm Dicke verhindern im Allgemeinen eine Austrockung der darunter liegenden bindigen Abdichtungsschichten.

7.3 Voraussetzungen für den Einsatz von Bentonitabdichtungen

Die allgemein einzuhaltenden Vorgaben für den Einsatz von Bentonitabdichtungen lassen sich wie folgt zusammenfassen:

− Die von der geplanten Abdichtungsschicht im Gebrauchszustand durchgelassene Wassermenge muss von der Raumluft innerhalb des abzudichtenden Gebäudes schadlos aufgenommen werden können; hierfür sind entsprechende Nachweise wie bei WU-Betonkonstruktionen zu führen.
− Das abzudichtende Bauwerk/Bauteil muss entweder in der Lage sein, die bei der entsprechenden Flächenpressung auf die Abdichtung zugeordneten Quellwege schadlos aufnehmen zu können, oder bei teilweise oder vollkommen behindertem Quellweg für den zugeordneten Quelldruck bemessen sein.
− Der Abdichtung dürfen in der Regel keine in ihrer Ebene wirkenden Kräfte zugewiesen werden. Soll Bentonit als Gleitschicht wirken, sind die maximal aufnehmbaren Scherkräfte (reibender Schwerwiderstand) gemäß [7.1] zu berücksichtigen.
− Die Qualität des die Abdichtung beaufschlagenden Wassers ist bei der Planung zu berücksichtigen; bei stark salzhaltigem Wasser ist dafür Sorge zu tragen, dass die Bentonitschicht vorab durch Beaufschlagung mit nicht elektrolytverunreinigtem Wasser zum Quellen gebracht wird.

Im Wesentlichen kann zusammengefasst werden, dass überall dort, wo der Einsatz von Konstruktionen aus wasserundurchlässigem Beton geeignet ist, auch Abdichtungsschichten aus Bentonit als Alternative in Frage kommen.

Im Vergleich zu Konstruktionen aus wasserundurchlässigem Beton entfällt bei Bentonitabdichtungen jedoch die gesamte Problematik der Rissbreitenbeschränkung; in aufgequollenen Bentonitschichten entstehen auch bei Bewegungen keine nennenswerten Zwangsbeanspruchungen, entstehende Risse in den Rücklagen durch Relativverschiebung werden durch die Quelleigenschaft selbst bei Rissbreiten bis zu ca. 2 mm (Volclay-Bentonit) überbrückt und sicher abgedichtet.

In bauaufsichtlicher Hinsicht sind Abdichtungen aus Bentonitschichten als nicht geregelte Bauprodukte einzustufen; in der Bauregelliste A, Teil 2 werden hierzu mineralische Dichtschlämmen für Bauwerksabdichtungen angeführt, zu denen in weitestem Sinne auch Bentonit gezählt werden kann.

7.4 Ausführung von Bentonitabdichtungen

7.4.1 Abdichtung mit Bentonitsuspensionen (Schleierinjektionen)

Die Verarbeitung von Bentonit in der Form von Suspensionen durch Injektionen in Bauteile oder angrenzendes Erdreich ist zwar im WTA-Merkblattentwurf 4-6-98D sowohl für drückendes als auch für nichtdrückendes Wasser aufgeführt; in der Praxis haben Betonitschleierinjektionen jedoch allenfalls eine Bedeutung für temporäre Abdichtungen im Zuge von Tiefbauarbeiten. Als dauerhafte Abdichtungsmaßnahme kommen derartige Schleierinjektionen mit Bentonit nicht in Frage, da im Bereich nur temporär anstehenden Wassers die Gefahr des Schrumpfens der Bentonitsuspension und damit ein Unwirksamwerden des Abdichtungsschleiers zu befürchten ist und in drückendem Wasser die Gefahr des Dichtungsschleierabtrages durch Grundwasserbewegungen nicht auszuschließen ist.

7.4 Ausführung von Bentonitabdichtungen

7.4.2 Abdichtung mit Bentonitpanels

Bei der Abdichtung erdberührter Bauteile gegen drückendes Wasser mit Bentonitschichten liegen baupraktische Erfahrungen mit auf Volclay-Bentonit basierenden Verfahren vor, wobei hierbei im Wesentlichen folgende Erkenntnisse gewonnen wurden:

- Die abzudichtenden Bauteilflächen müssen frei von Graten und Hohlstellen sein. Risse in der Rücklage dürfen – bei der Anwendung von Volclay-Bentonit – maximal 2 mm breit sein; in breitere Risse wird das Abdichtungsmaterial bei höheren Wasserdrücken hineingedrückt. – Damit sind die maximal zulässigen Rissbreiten in Betonbauteilen von in der Regel 0,3 mm bis 0,4 mm ohne weiteres durch Bentonit überbrückbar, so dass sie die Anforderungen an die Rücklage für Bentonitabdichtungen bei weitem erfüllen. Der hohe Aufwand für die Beschränkung der Rissbreiten, der für WU-Betonkonstruktionen betrieben werden muss, kann hier demnach vollkommen entfallen.
- Auf die Abdichtung muss ein möglichst gleichmäßiger Anpressdruck wirken; die Abdichtung ist vor kleinflächigen Einzellasten (z. B. grobes, scharfkantiges Verfüllmaterial) gegen das anstehende Erdreich durch eine Schutzschicht (z. B. Filtervlies) ebenso wie andere Abdichtungssysteme zu schützen.

Das älteste vorkonfektionierte Bentonitprodukt für Flächenabdichtungen sind die so genannten Volclay-Panels, in Wellpappen eingefülltes Volclay-Bentonitgranulat (Bild 7.3). Die Wellpappen dienen hierbei lediglich als Trägerplatte für das Bentonitgranulat. Erdfeuchte oder auch drückendes Wasser führen zur Aktivierung des trocknen Natriumbentonits, wobei dieser das Fünf- bis Siebenfache seines Gewichtes an Wasser binden kann und damit eine Volumenvergrößerung um das Zwölf- bis Fünfzehnfache entsteht (Bild 7.4). Damit wird aus dem trockenen Bentonit eine je nach vorhandener Auflast mehr oder weniger gelförmige Bentonithaut, die das Bauwerk bei fachgerechter Ausführung sicher umschließt und jede Umläufigkeit verhindert. Perforationen dieser Abdichtungsschicht zum Beispiel durch Schrauben werden hierbei durch den Quellvorgang abgedichtet (Bild 7.5). Derartige Bentonitabdichtungen bei Bauwerken werden seit Ende der 70er Jahre des letzten Jahrhunderts in Deutschland eingesetzt. Das erste Bauwerk, ein Krankenhaus, wurde 1978 mit dem Volclay-System gegen Grundwasser abgedichtet. Anfang der 80er Jahre des letzten Jahrhunderts erhielt dieses System eine allgemeine bauaufsichtliche Zulassung (Nr. Z 27.2-101) [7.3], die zwischenzeitlich allerdings ausgelaufen ist und nicht verlängert wurde.

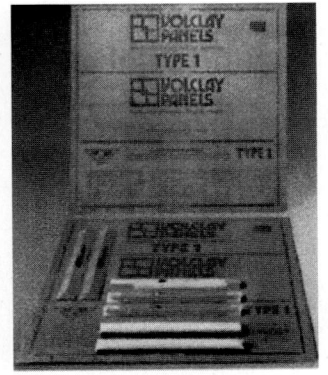

Bild 7.3: Volclay-Panels, mit Bentonit gefüllte Wellpappen, aus [7.4]

Bild 7.4: Quellvermögen von Natriumbentonit: links trockener Bentonit (Granulat), rechts vollständig aufgequollener Bentonit gleicher Granulatmenge (Suspension)

Bild 7.5: Von einer Schraube durchstoßene gequollene Bentonitschicht mit vollständig abgedichteter Perforation, aus [7.4]

Die Abdichtung mit diesem Volclay-Panel-System erfolgt durch lose Überlappung der einzelnen Panels (Bild 7.6), wobei entscheidend für die Funktionsfähigkeit der Abdichtung der sofort nach Verlegung aufzubringende Schutz gegen Niederschlagswasser ist, um ein frühzeitiges Aufquellen der Abdichtungsschicht zu verhindern.

Bild 7.6: Kellerwandabdichtung mit lose überlappten Volclay-Panels, aus [7.4]

7.4.3 Abdichtung mit Kombinationen aus Bentonitschichten und Kunststoffbahnen

Neben den Volclay-Panels kamen zu Beginn der 90er Jahre des letzten Jahrhunderts weitere Bentonitabdichtungssysteme auf den Markt, die sich lediglich durch unterschiedliche Trägermaterialien unterscheiden. Sämtliche bekannten Produkte verwenden ebenfalls den natürlichen Natriumbentonit als Abdichtungsmaterial und kombinieren diesen beispielsweise mit PVC- oder HPDE-Folien oder auch Vliesmatten (Bild 7.7). Eine allgemeine bauaufsichtliche Zulassung existiert derzeit lediglich für ein Produkt mit Geotextilmatte, das allerdings zur Anwendung für Deponieabdichtungen vorgesehen ist [7.6].

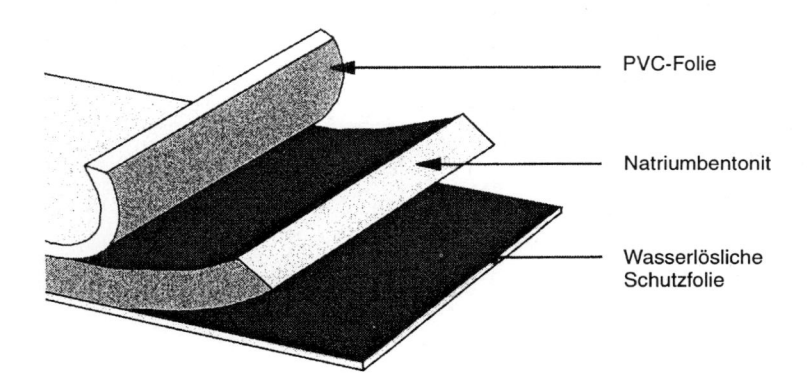

Bild 7.7:
Mit Trägerfolien kaschierte Bentonitschicht, als Rollenware verarbeitbar, aus [7.5]

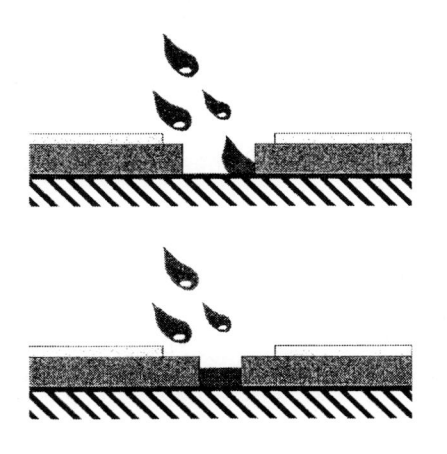

Mit Folien kaschierte Bentonitprodukte werden zum Teil auch für Abdichtungen außerhalb des drückenden Wassers vorgesehen, wobei auch hier das Abdichtungsprinzip letztlich allein von der aufquellenden Bentonitschicht bewirkt wird und auch diese folienkaschierten Materialien lediglich in den Stößen lose überlappt oder lediglich zu Montagezwecken mit Folienstreifen abgeklebt werden. Die eigentliche Dichtungsebene stellen diese Folienkaschierungen auf Grund nicht wasserdichter Nahtverbindungen jedoch nicht dar (Bild 7.8).

Bild 7.8:
Abdichtung offener Stöße oder von Perforationen durch Quellung des Bentonits – die Perforation in der Folienkaschierung bleibt bestehen, aus [7.5]

7.5 Konstruktive Durchbildung von Bauteilen mit Bentonitabdichtungen

Abdichtungsanschlüsse und Rohrdurchführungen sind mit Hilfe von in die Abdichtungsschicht einbindenden Flanschen abzudichten. Mit Bentonit abgedichtete Fugen sind raumseitig mit einer Abdeckung (Schleppstreifen oder ähnlichem) zu versehen, um ein Herausquellen des Fugenmaterials auszuschließen.

Im Bereich von Anschlüssen und Durchdringungen können vorgequollene Bentonitpasten verwendet werden, wodurch auch komplizierte Geometrien und Abdichtungsdetails problemlos bearbeitet werden können. Hierbei ist jedoch vor allem darauf zu achten, dass zum Schutz vor Austrocknung unmittelbar auf die Abdichtungsschicht entweder eine Lage lose überlappter PE-Folien oder andere diffusionsbehindernde Deck- und Schutzschichten aufgebracht werden (Bilder 7.9 und 7.10).

Bild 7.9: Abdichtung von Anschlüssen und Durchdringungen mit vorgequollener Bentonitpaste, aus [7.4]

Bild 7.10: Mit Schrumpfrissen durchzogene Bentonitpaste durch Austrocknung bei fehlendem Schutz während der Bauzeit, aus [7.4]

Arbeitsfugen

In den letzten zehn Jahren wurden vermehrt Quellbänder zur Abdichtung von Arbeitsfugen in Betonbauwerken verwendet. Hierbei sind grundsätzlich zwei unterschiedliche Arten dieser Quellbänder zu unterscheiden: Zum einen existieren Kunststoffquellbänder, die in der Regel nach einmaligem Aufquellen formstabil sind und bei späteren Bauwerksbewegungen einen dauerhaften Anpressdruck an die Arbeitsfugenränder nicht sicherstellen. Im Gegensatz hierzu sind bentonithaltige Quellbänder in der Lage, auch kleinere Lunker und Fehlstellen durch ihr Quellvermögen auszufüllen und dauerhaft einen Quelldruck bei vorhandener Wasserbeanspruchung auf die Fugen bzw. Rissflanken auszuüben und damit dauerhaft abzudichten (Bilder 7.11 und 7.12).

Für derartige Quellfugenbänder existieren auch allgemeine bauaufsichtliche Prüfzeugnisse [7.7], so dass die bauaufsichtlichen Anforderungen an nicht geregelte Bauprodukte hier erfüllt werden können.

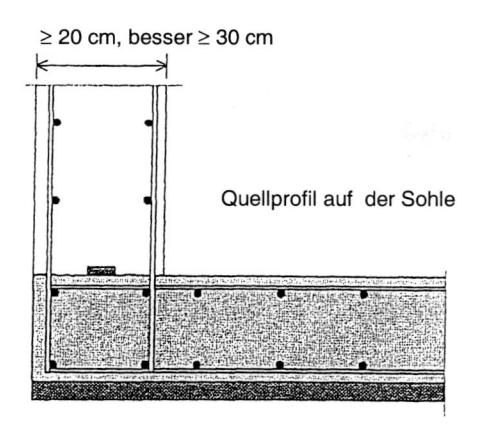

7.5 Konstruktive Durchbildung von Bauteilen mit Bentonitabdichtungen

Bild 7.11: Quellband aus Bentonit zur Abdichtung von Arbeitsfugen bei WU-Betonkonstruktionen

Bild 7.12: Bentonit-Quellband auf der Betonsohle fixiert, vor dem Einbringen des Wandbetons, aus [7.4]

Bewegungsfugen

Im Bereich von Bewegungsfugen ist der Einsatz von Bentonit problematischer, da hier darauf geachtet werden muss, dass ein Ausspülen oder Durchdrücken des Bentonits in die Fugenkammern verhindert wird. Hier haben sich Kombinationen aus elastomeren Fugenbändern und zusätzlichen Einlagen aus Bentonitpanels in der Praxis bewährt (Bild 7.13).

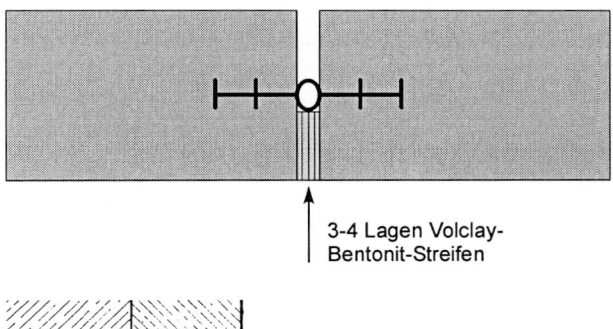

Bild 7.13:
Bewegungsfuge mit elastischem Fugenprofil und „wasserseitiger" Füllung mit Bentonit (beispielsweise mehrere Lagen Volclay-Panels), aus [7.4]

Bild 7.14:
Beispielhafter Abdichtungsanschluss an eine bahnenförmige Altbau-Abdichtung mit Volclay-Panels

Anschlussfugen an andere Abdichtungssysteme

Durch das Quellvermögen des Bentonits sind Anschlüsse an andere Abdichtungen, beispielsweise bei angrenzenden Neubaumaßnahmen an vorhandene Altbauten, vergleichsweise problemlos herstellbar, da – bei ausreichender Überlappungslänge der alten Abdichtung mit der Bentonitabdichtung – eine Hinterläufigkeit der Abdichtung auch ohne aufwändige Klemmflanschkonstruktionen ausgeschlossen ist (Bilder 7.14 und 7.15).

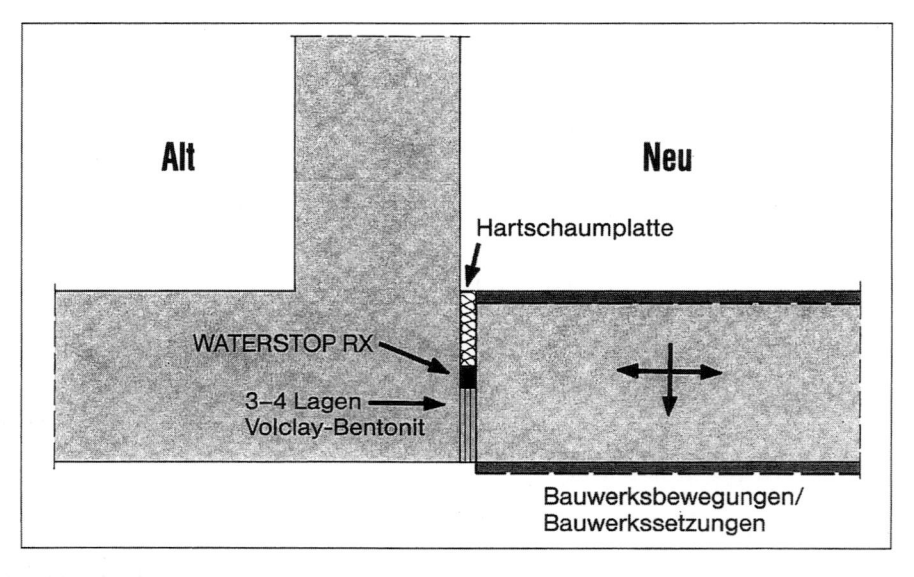

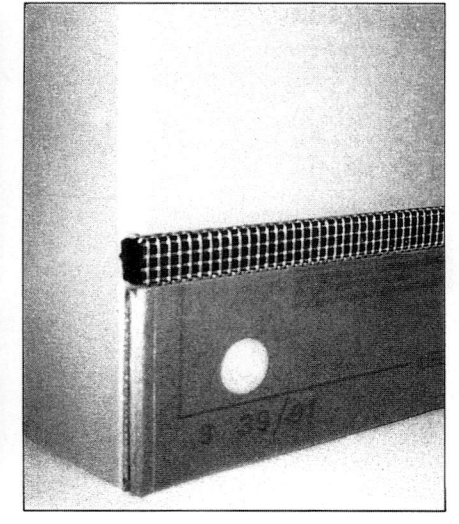

Bild 7.15: Beispielhafter Abdichtungsanschluss an eine WU-Betonkonstruktion mit **Bentonit-Quellband** und Volclay-Panels, aus [7.4]

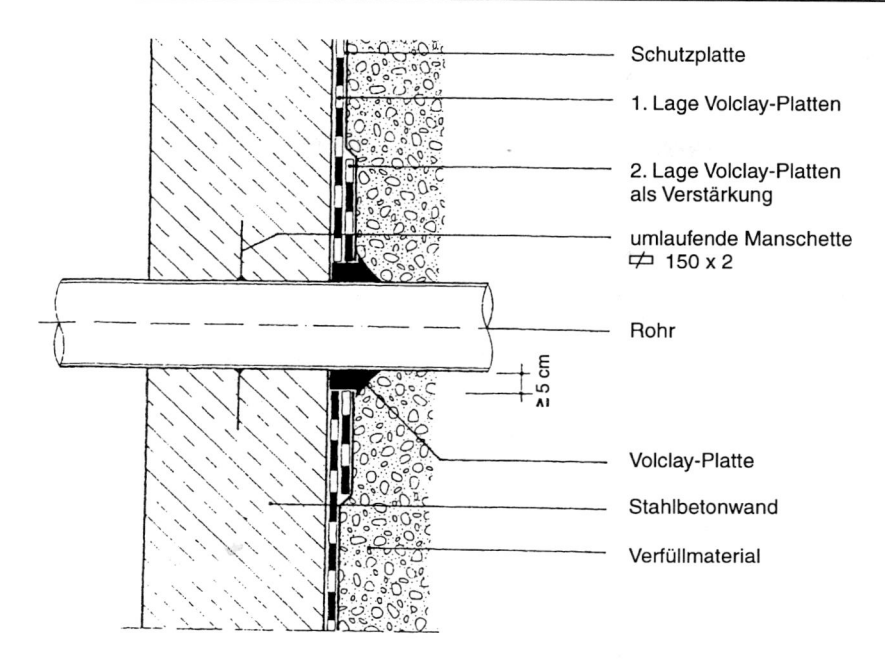

7.5 Konstruktive Durchbildung von Bauteilen mit Bentonitabdichtungen 261

Bild 7.16: Rohrdurchführung durch WU-Betonkonstruktion mit Bentonit-Quellband als Abdichtung, aus [7.4]

Durchdringungen

Neben der Möglichkeit, Durchdringungen von Bentonitabdichtungen mittels herkömmlicher Kunststoffflanschkonstruktionen, die weit genug in die Bentonitschicht einbinden, herzustellen, können hier ebenfalls Quellbänder, oftmals in Verbindung mit zusätzlichen Abdichtungen durch vorgequollene Bentonitpaste, zur Anwendung gelangen (Bilder 7.16 und 7.17).

Bild 7.17:
Rohrdurchführung mit einbetoniertem Flansch und außenliegender Volclay-Bentonitabdichtung

7.6 Literatur

[7.1] Ruhnau, R.: Bemessungskriterien für die Anwendung von Natriumbentoniten als Bauwerksabdichtung. Dissertation, Berlin 1985, TU Berlin.
[7.2] Cziesielski, E. und Ruhnau, R.: Abdichtung von Flachdächern mit Bentoniten. Forschungsbericht ERP 2483, November 1984, TU Berlin
[7.3] Institut für Bautechnik: Zulassungsbescheid Z 27.2-101 vom 19. Januar 1984 „Abdichtungssystem mit Volclay-Panels der American Colloid Company, USA"
[7.4] Contec Bauwerksabdichtungen: Produktunterlagen „Dichte Bauwerke". Waterstop Quellbänder und Volclay-Bentonit-System. 1.92
[7.5] BBZ Injektions- und Abdichtungstechnik GmbH: Dualseal Abdichtungssystem. 1.95
[7.6] Deutsches Institut für Bautechnik: Allgemeine bauaufsichtliche Zulassung Z-68.11-5 vom 6. März 1998, „Geosynthetische Tondichtungsbahn BENTOFIX B 400"
[7.7] FMPA Baden-Württemberg: Allgemeines bauaufsichtliches Prüfzeugnis"Quellfähige Fugenabdichtung Contec-Waterstop RX 101" Nr. P-OGI-III 33.9.2 vom 07.07.1998

8 Wärmedämmung im Erdreich

Von Prof. Dr. Erich Cziesielski

8.1 Problemstellung

Nach der Wärmeschutzverordnung bzw. nach der Energieeinsparverordnung müssen beheizte Keller und auch unbeheizte Keller mit nicht- bzw. gering wärmegedämmten Kellerdecken im Wandbereich und gegen das Erdreich wärmegedämmt werden.

Die Ausführung wärmegedämmter Keller ist mit konstruktiven Schwierigkeiten verbunden: Wird die Dämmung auf der Außenseite der Kellerwand aufgebracht (Bild 8.1), so muss im Regelfall außenseitig vor der Wärmedämmung eine Abdichtung entsprechend DIN 18195 unter Berücksichtigung der Boden- und Wasserverhältnisse vorgesehen werden; gleichzeitig muss aber die Wärmedämmung auch zum Rauminnern hin im Regelfall durch eine wirksame Dampfsperre geschützt werden, um eine unzulässige Tauwasseranreicherung im Dämmstoff zu vermeiden.

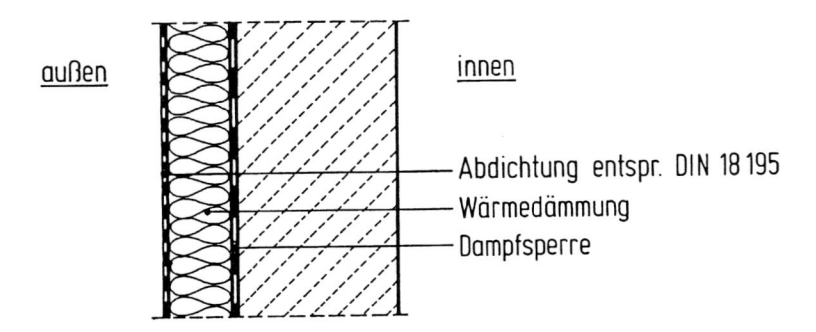

Bild 8.1: Außenseitige Wärmedämmung einer Kellerwand mit einer Abdichtung entsprechend DIN 18195

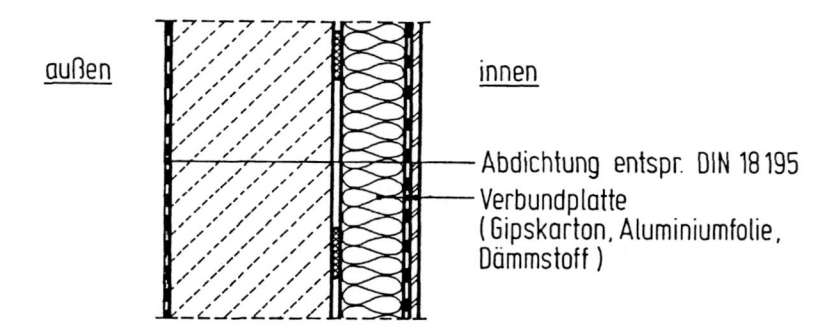

Bild 8.2: Innenseitige Wärmedämmung einer Kelleraußenwand

Wird die Dämmung auf der Innenseite der Kelleraußenwand aufgebracht (Bild 8.2), so ist zwar die Wärmedämmung zunächst gegen das im Boden befindliche Wasser und ebenfalls gegen Tauwasser geschützt; gegen die in der tragenden Wand befindliche Baufeuchte ist die Dämmung jedoch nicht geschützt. In Abhängigkeit von den bauphysikalischen Kennwerten des Dämmstoffes kann es daher zu einer unzulässig hohen Feuchteanreicherung im Dämmstoff kommen. Es besteht weiterhin die Gefahr der Wärmebrückenbildung an den Stellen, an denen Innenwände an die an das Erdreich grenzenden Außenwände stoßen.

In Bild 8.3 ist eine Kelleraußenwand mit einer „Perimeterdämmung" dargestellt. Unter einer Perimeterdämmung wird eine Wärmedämmung verstanden, die außen vor der Abdichtung der Außenwand angeordnet ist. Hierzu ist es erforderlich, dass die Wärmedämmung weitgehend unempfindlich gegen die im Boden vorhandene Feuchtigkeit ist. Diese Art der Wärmedämmung wird zur Zeit in zunehmendem Maße ausgeführt.

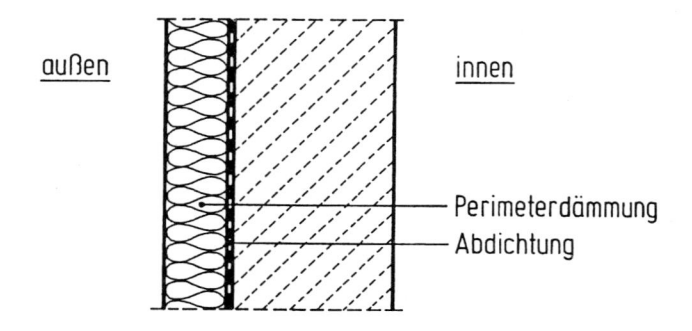

Bild 8.3: Perimeterdämmung

8.2 Baurechtliche Situation im Hinblick auf die Perimeterdämmung

In DIN 4108-2 (Fassung 1989), Abschnitt 5.2.4 heißt es:

Bei der Berechnung des Wärmedurchlasswiderstandes 1/Λ werden nur die Schichten innerseits der Bauwerksabdichtung bzw. der Dachhaut berücksichtigt.

Für Perimeterdämmungen, die zur Vereinfachung der konstruktiven Durchbildung von Kelleraußenwänden und Gründungsplatten außen vor die Abdichtung angeordnet werden, ist der Nachweis der bautechnischen Eignung entsprechend der Bauordnung im Rahmen einer bauaufsichtlichen Zulassung zu führen. Die erforderlichen Nachweise für die Erteilung einer bauaufsichtlichen Zulassung werden in unabhängigen Sachverständigenausschüssen des Deutschen Instituts für Bautechnik festgelegt und von unabhängigen Institutionen werden die entsprechenden Baustoffuntersuchungen durchgeführt. Werden die Untersuchungen erfolgreich abgeschlossen, wird vom Deutschen Institut für Bautechnik eine bauaufsichtliche Zulassung erteilt.

8.3 Anforderungen an Dämmstoffe für Perimeterdämmungen

Dämmstoffe, die für Perimeterdämmungen eingesetzt werden sollen, müssen folgende Eigenschaften aufweisen:
- Kein bzw. nur geringes Wasseraufnahmevermögen; andernfalls muss das im Boden vorhandene Wasser (z.B. Schichtenwasser) wirksam durch eine Dränage von der Perimeterdämmung ferngehalten werden.
- Diffusionsdichtheit, sofern nicht durch konstruktive Maßnahmen (Dränagen) vor der Perimeterdämmung schädliches Wasser im Boden von der Dämmung ferngehalten wird.
- Ausreichende Druckfestigkeit, um dem Erddruck bzw. um der unter der Fundamentplatte herrschenden Sohlpressung zu widerstehen.
- Geringes Kriechvermögen (Verformung unter Dauerdruckbelastung).
- Frost-Taubeständigkeit, soweit nicht durch konstruktive Maßnahmen der Gefahr des Auffrierens entgegengewirkt wird.
- Hinreichende Wärmedämmfähigkeit.
- Beständigkeit gegen im Boden vorhandene aggressive Stoffe (Huminsäuren u.ä.).

Für die Perimeterdämmungen werden in der Regel die in Tabelle 8.1 aufgeführten Materialien verwendet.

Tabelle 8.1: Materialien und deren Eigenschaften für Perimeterdämmungen

Materialeigenschaft	Dämmstoff				
	Schaumglas	Extrudiertes Polystyrol XPS	EPS-Automatenplatten	Expandiertes Polystyrol EPS	Polyurethanschaum PUR
Rohdichte [kg/m³]	≥ 150	≥ 30	≥ 35 - 40	≥ 30	≥ 30
Wärmeleitfähigkeit [W/(m · K)]	0,045 - 0,055	0,035 - 0,040	0,035	0,035	0,030
Druckfestigkeit bei 10 % Stauchung [N/mm²]	0,7 - 1,2	≥ 0,30	≥ 0,25	≥ 0,15	≥ 0,15
Dicke [m]	40 - 150	40 - 180	50 - 120	50 - 120	60 - 100
Wasseraufnahme nach 28 d (23° C) [%]	–	–	≤ 5	≤ 5	≤ 5
Wasseraufnahme - Unterwasserversuch (20/40° C) [%]	–	≤ 0,50	≤ 5	≤ 5	≤ 5
Geschlossenzelligkeit DIN ISO 4590 [%]	≥ 95	≥ 95	–	–	≥ 90
ΔU [W/(m² · K)]	–	0 bis 0,04	0,04	0,04	0,04
Anwendungsbereich					
Im Grundwasser	ja	ja	–	–	–
Schichtenwasser	ja	ja; i.d.R. ohne Dränage	mit Dränage	mit Dränage	mit Dränage

Beim Nachweis des Wärmeschutzes sind ΔU-Werte (frühere Bezeichnung Δk-Werte) entsprechend Tabelle 8.1 zu berücksichtigen. Die ΔU-Werte tragen der elastischen und insbesondere der Kriechverformung sowie dem Wasseraufnahmevermögen der Perimeterdämmung Rechnung.

8.4 Eigenschaften von Dämmstoffen im Hinblick auf die Eignung als Perimeterdämmung

8.4.1 Wassereindringverhalten

Schaumglasplatten unterschiedlichen Typs wurden entsprechend DIN 1048 hinsichtlich des Wassereindringverhaltens untersucht. Hierbei wurde ein maximaler Wasserdruck von 7 bar (entspricht 70 m Wassersäule) während einer Zeit von 72 Stunden aufgebracht. Unmittelbar nach Beendigung des Versuchs wurden die Probekörper gespalten und geprüft, ob Wasser in die Prüfkörper eingedrungen war. Aufgrund der geschlossenzelligen Struktur des Schaumglases ist – wie auch nicht anders zu erwarten – kein Wasser in das Material eingedrungen.

Schaumglas ist wasserdicht. In den bauaufsichtlichen Zulassungen wird die zulässige Eintauchtiefe in das Grundwasser mit 12 m festgelegt.

Ein ähnliches Verhalten weisen extrudierte Polystyrolplatten auf. In diesem Fall beträgt die zulässige Eintauchtiefe in das Grundwasser 3,50 m. Perimeterdämmplatten aus expandiertem Polystyrol dürfen nicht in das Grundwasser eintauchen; bei Vorhandensein von Schichtenwasser ist eine Dränage nach DIN 4095 vor den Platten anzuordnen.

8.4.2 Wasserdampf-Diffusionswiderstandszahl

Aufgrund der geschlossenzelligen Struktur des Schaumglases und der dampfdichten Eigenschaften des die Zellwandungen bildenden Glases ist Schaumglas unendlich wasserdampfdicht

$$\mu = \infty$$

Da das Schaumglas damit beständig gegen das Eindringen von Wasser und Wasserdampf ist, brauchen vor dieser Perimeterdämmung in bindigen Böden keine Dränagen angeordnet zu werden. – Entsprechendes gilt für die meisten Perimeter-Dämmplatten aus extrudiertem Polystyrol.

Für die Verlegung der Schaumglasplatten werden Polymerbitumen-Emulsionskleber mit sehr hohen μ-Werten verwendet, so dass auch im vollfugig verklebten Stoßfugenbereich eine hohe Diffusionsdichtigkeit gewährleistet ist.

8.4.3 Druckfestigkeit

Die Nenndruckfestigkeit σ_N der Schaumglasplatten beträgt je nach Typ zwischen 0,7 und 1,2 N/mm². Entsprechend der bauaufsichtlichen Zulassung beträgt die den Standsicherheitsnachweisen zugrunde zu legende zulässige Druckspannung

$$\text{zul } \sigma = \sigma_N / (A_1 \cdot \gamma)$$

Es bedeuten:

zul σ   zulässige Druckspannung für das Schaumglas [N/mm²]
σ_N Nennwert der Kurzzeit-Druckfestigkeit (5 %-Fraktilwert)

8.4 Eigenschaften von Dämmstoffen im Hinblick auf die Eignung als Perimeterdämmung

A_l Reduktionsfaktor zur Berücksichtigung der Zeitstandsfestigkeit; $A_l = 1{,}34$ (vgl. hierzu Bild 8.4).
γ Sicherheitsbeiwert für Schaumglas ($\gamma \approx 2{,}5$).

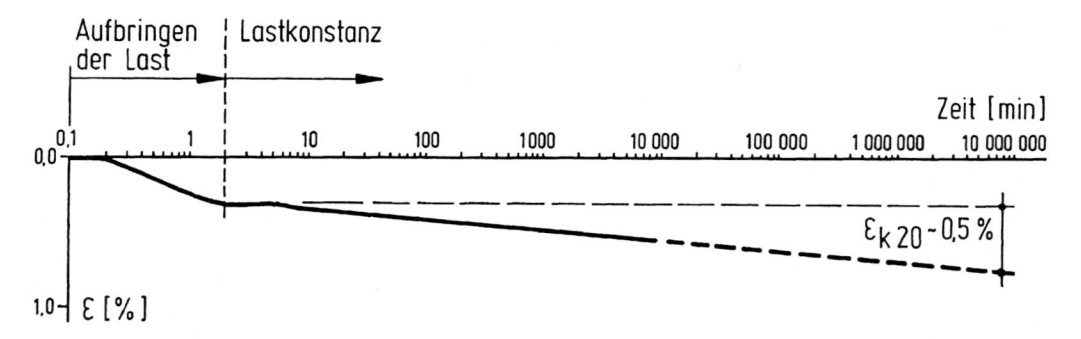

Bild 8.4: Kriechverhalten von Schaumglas unter Druckbeanspruchung

Eine lastabtragende Wärmedämmung aus Schaumglas darf entsprechend der bauaufsichtlichen Zulassung des DIBt sowohl unter statisch die Gebäudelast nichtabtragenden Kellerfußböden als auch unter statisch die Gebäudelast abtragenden Fundamentplatten angeordnet werden. Die Perimeterdämmung darf hierbei in beiden Fällen bis zu 12 m in das Grundwasser eintauchen.

Bei der Bemessung der Fundamentplatten auf einer Perimeterdämmung kann die Steifigkeit des Schaumglases unberücksichtigt bleiben; es braucht nur die Steifigkeit des anstehenden Bodens berücksichtigt zu werden.

Soweit eine Schaumglasdämmung im Rauminnern im Bereich des Fußbodens angeordnet wird, darf die einwirkende Belastung im Sinne von DIN 1055 nur „vorwiegend ruhend" sein, d.h., dass ein Gabelstaplerverkehr auf dem innenseitig wärmegedämmten Hallenfußboden ohne Lastverteilungsschicht ist nicht zulässig. – In den bauaufsichtlichen Zulassungen für Perimeterdämmungen aus extrudiertem bzw. expandiertem Polystyrol sind zur Zeit (Dezember 2000) noch keine zulässigen Druckspannungen angegeben.

8.4.4 Frost-Taubeständigkeit

Wird Schaumglas ungeschützt einer Frost-Tau-Wechselbeanspruchung im nassen Zustand ausgesetzt, so entstehen Frostschäden, die dadurch hervorgerufen werden, dass das in den äußeren angeschnittenen Poren gefrierende Wasser einen Eisdruck auf die nach außen offenen Zellwandungen ausübt, die diese nicht aufnehmen können. Aus diesem Grund sind entsprechend der bauaufsichtlichen Zulassung die Oberflächen der Schaumglasplatten bis zur Frosttiefe (z.B. im Sockelbereich) vollflächig mit einer frostbeständigen bituminösen Deckbeschichtung zu versehen, die mindestens 3 mm dick sein muss; alternativ können auch Schaumglasplatten verwendet werden, die werkseitig mit einer witterungsbeständigen Oberflächenkaschierung versehen sind.

Perimeterdämmungen aus extrudiertem und expandiertem Polystyrol sind frostbeständig; sie bedürfen keiner zusätzlichen Schutzmaßnahmen.

8.4.5 Wärmeleitfähigkeit der Perimeterdämmungen

Die Wärmeleitfähigkeit von Schaumglas ist im wesentlichen von seiner Rohdichte abhängig und schwankt entsprechend der bauaufsichtlichen Zulassung zwischen $\lambda_R = 0{,}045$ und $0{,}055$ W/(m · K).

Bei der Berechnung des Wärmedurchlasswiderstandes darf die Nenndicke des Dämmstoffes aufgrund seiner hohen Steifigkeit unter Druckbelastung angesetzt werden.

Abschläge auf den Wärmedurchlasswiderstand bzw. Zuschläge auf die Wärmedurchgangszahl U (früher k-Wert) brauchen nicht vorgenommen zu werden, da Schaumglas keine Feuchtigkeit aufnimmt und auch sonst seine wärmeschutztechnischen Eigenschaften nicht verändert.

Entsprechendes gilt für die meisten Perimeterdämmplatten aus extrudiertem Polystyrol. Für Perimeterdämmplatten aus expandiertem Polystyrol und einigen Platten aus extrudiertem Polystyrol ist bei der Ermittlung des U-Wertes ein Zuschlag von $\Delta U = 0{,}04$ W/(m² · K) zu berücksichtigen. Der Zuschlag berücksichtigt zum einen die Wasseraufnahmefähigkeit des Dämmstoffes und zum anderen die Zusammendrückbarkeit unter Langzeitbeanspruchungen (Kriechvermögen). In Bild 8.5 wird die zusätzliche Dämmstoffdicke in Abhängigkeit vom U-Wert aufgrund des ΔU-Wertes in Höhe von $0{,}04$ W/(m² · K) dargestellt.

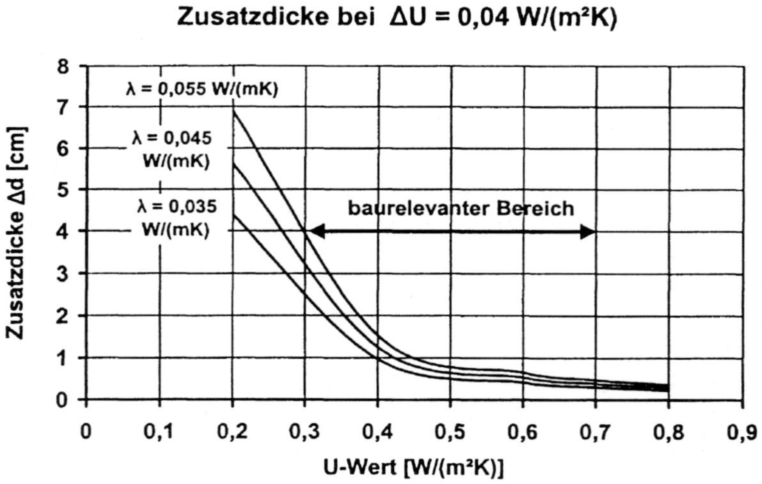

Bild 8.5: Zusätzliche Dämmstoffdicke Δd [cm] in Abhängigkeit vom U-Wert des Außenbauteils und der Wärmeleitfähigkeit der Perimeterdämmung

8.4.6 Beständigkeit von Dämmstoffen im Erdreich

Aufgrund der anorganischen Struktur des Schaumglases ist dieses unempfindlich gegen Huminsäuren, Bakterien und Schimmelpilzbefall und auch verrottungsfest. Aufgrund von Laboruntersuchungen ist Schaumglas auch als widerstandsfähig gegenüber Insekten, Termiten und Käfern einzustufen. – Die Langzeitbeständigkeit von Schaumglas ist aufgrund vieljähriger Beobachtungen in der Praxis nachgewiesen. Entsprechendes gilt in etwa auch für Dämmplatten aus Polystyrol, so dass die Anwendung auch dieses Dämstoffes als Perimeterdämmung im Rahmen der bauaufsichtlichen Zulassungen geregelt worden ist.

8.5 Ausbildung von Fundamentplatten und Kelleraußenwänden mit Perimeterdämmung

8.5.1 Randbedingungen für die konstruktive Ausbildung von Bauteilen mit einer Perimeterdämmung

Die konstruktive Ausbildung der Kelleraußenwände und Fundamentplatten ist von folgenden Randbedingungen abhängig:
– Anstehendes Erdreich
– Bodenfeuchtigkeit (drückendes Wasser, Schichtenwasser, nichtdrückendes Wasser, Bodenfeuchtigkeit)
– Art der Abdichtung (Abdichtung entsprechend DIN 18195 bzw. wasserundurchlässiger Beton)

8.5.2 Bauteile mit einer Abdichtung entsprechend DIN 18195 und einer Perimeterdämmung

Es gelten folgende konstruktiven Grundsätze:
1. Bei Beanspruchung der Konstruktion durch Schichten- und Grundwasser muss die Perimeterdämmung vollflächig mit der Außenwand bzw. der Fundamentplatte verklebt werden (Bild 8.6), damit das Wasser nicht hinter die Wärmedämmung gelangen kann und dann dort zu einer Entwärmung der Konstruktion führt.

   Perimeterdämmplatten müssen dicht gestoßen und im Verband verlegt werden (keine Kreuzstöße). Die Fugen zwischen den Platten sind vollfugig mit Bitumenspachtelmasse zu verkleben (Bild 8.7).

2. Bei Vorhandensein von Schichtenwasser bzw. von bindigem Boden muss vor Perimeterplatten aus expandiertem Polystyrol und auch bei einigen Fabrikaten aus extrudiertem Polystyrol eine Dränanlage entsprechend DIN 4095 angeordnet werden.

3. Die senkrechten Perimeterdämmplatten sollen so aufgelagert sein, dass die vertikalen Kräfte aus Eigengewicht in das Auflager (Schutzbeton) abgeleitet werden. Die Verklebung der Dämmschicht darf dabei nicht auf Abscheren beansprucht werden (Bild 8.8).

```
            ┌──── Fundamentplatte
            ├──── Schutzbeton
            ├──── Abdichtung entspr. DIN 18 195
            ├──── Schaumglas in Heißbitumen
            ├──── bituminöser Voranstrich
            └──── Sauberkeitsschicht
```

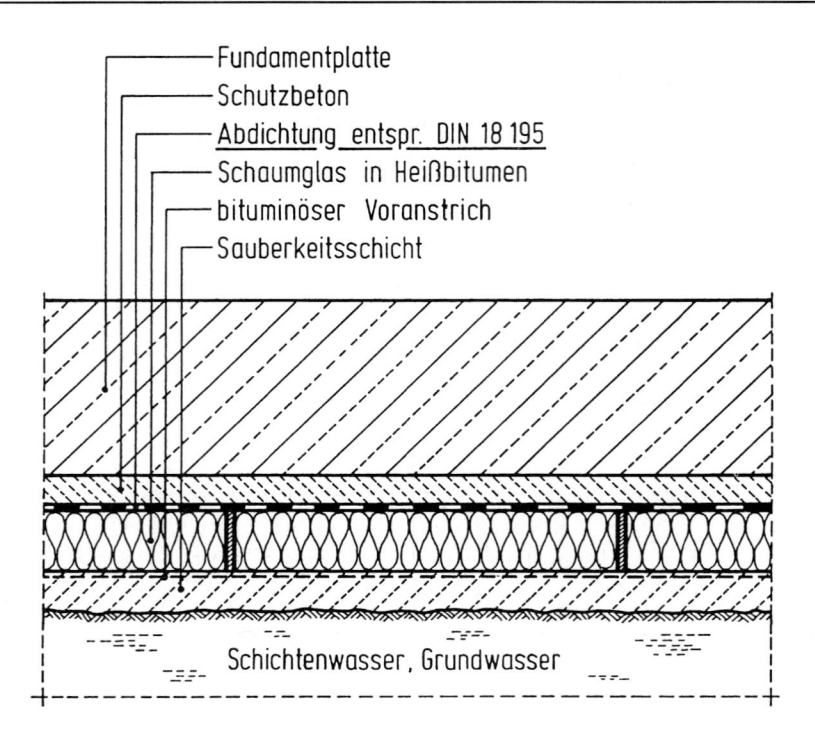

Bild 8.6: Perimeterdämmung im Bereich einer tragenden Fundamentplatte bei anstehendem Schicht- bzw. Grundwasser

Bild 8.7: Verlegen von Schaumglasplatten als Perimeterdämmung in Heißbitumen unter einer Fundamentplatte

8.5 Ausbildung von Fundamentplatten und Kelleraußenwänden mit Perimeterdämmung 271

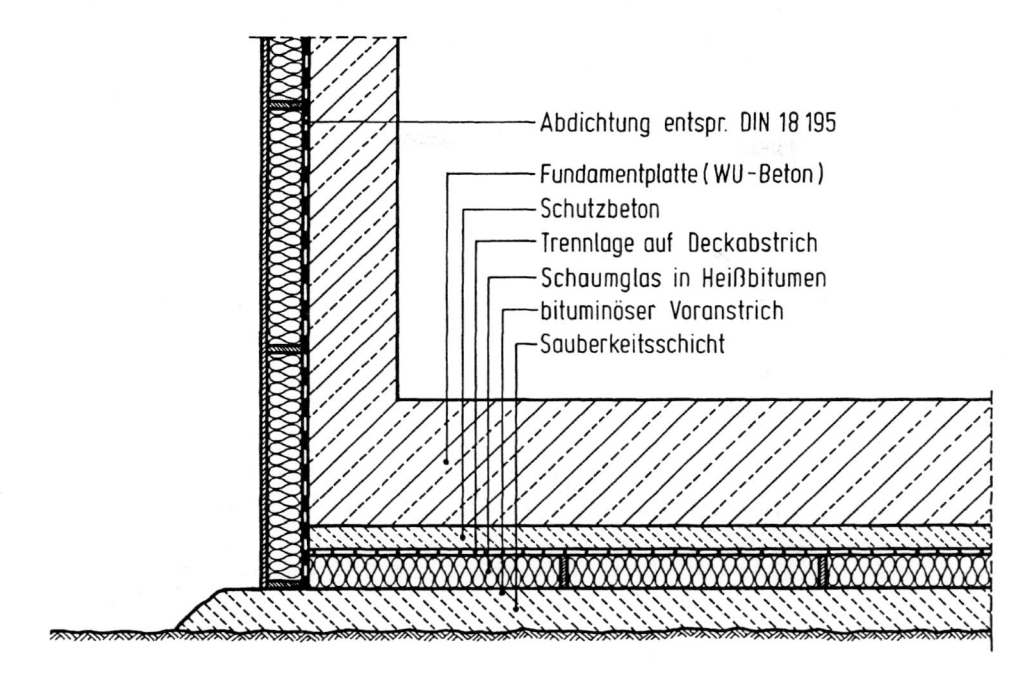

Abdichtung entspr. DIN 18 195
Fundamentplatte (WU-Beton)
Schutzbeton
Trennlage auf Deckabstrich
Schaumglas in Heißbitumen
bituminöser Voranstrich
Sauberkeitsschicht

Bild 8.8: Ausbildung des Überganges Fundamentplatte - Kelleraußenwand

4. Bei Grundwasser bzw. bei langanhaltend drückend wirkendem Wasser sind die Perimeterdämmplatten dauerhaft gegen Auftrieb zu sichern. Eine bituminöse Verklebung oder eine unter Umständen vorhandene bituminöse Abdichtung darf zur Auftriebssicherung nicht herangezogen werden, da Bitumen bzw. bituminöse Abdichtungen nicht in ihrer Ebene auf Schub beansprucht werden dürfen. Die Auftriebskraft ist z.B. durch Konsolen oberhalb des Grundwasserspiegels aufzunehmen (Bild 8.9).

5. Auf waagerechten oder geneigten Flächen müssen Schaumglasplatten aufgrund ihres wenig duktilen Verhaltens auf der Unter- und Oberseite stets vollflächig im Bitumen oder Mastix (Kaltkleber) eingebettet sein, um Bruchbeanspruchungen zu vermeiden.

Auf die unterseitige Verlegung in Bitumen kann bei Beanspruchung durch Bodenfeuchtigkeit dann verzichtet werden, wenn die Schaumglasplatten werkseitig beschichtet sind (Boards) und wenn diese Boards auf einer Feinsplittschicht (Ø 3 bis 6 mm) oder besser auf einer Sand- bzw. Kiesschicht 0/8 mm eingebettet werden (Bilder 8.10 bis 8.13).

Perimeterdämmplatten aus Polystyrol oder Polyurethan sind nur bei Vorhandensein von Schichtenwasser bzw. Grundwasser vollflächig zu verkleben; ansonsten reicht eine punktuelle Verklebung zur Lagesicherung.

6. Im Bereich der Außenwände ist grundsätzlich bis zur Frosttiefe (ca. 1,0 m unter OK Gelände) eine Perimeterdämmung aus Schaumglas mit einer frostbeständigen, mindestens 3 mm dicken bituminösen Spachtelmasse außenseitig zu versehen, um Frostschäden zu vermeiden. Die Spachtelmasse ist mindestens in zwei Arbeitsgängen aufzubringen, um mögliche Fehlstellen in der Beschichtung zu vermeiden.

Die bituminöse Spachtelmasse ist oberhalb der Oberfläche des Erdreichs durch eine Schutzschicht gegen mechanische Beanspruchungen zu schützen.

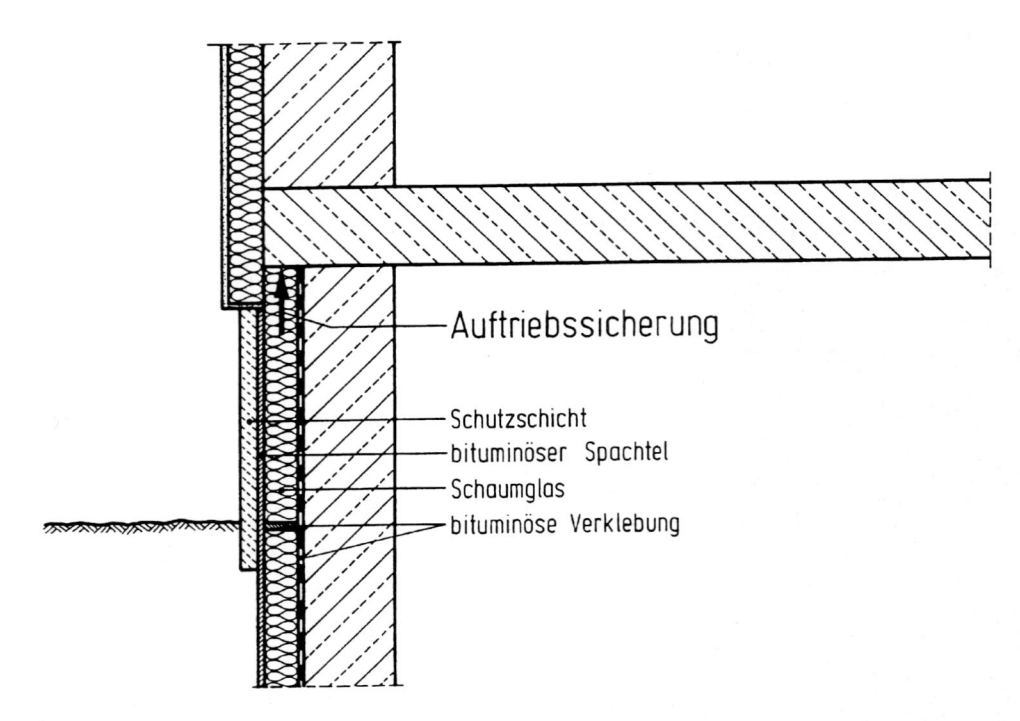

Bild 8.9: Sockelausbildung mit Auftriebssicherung

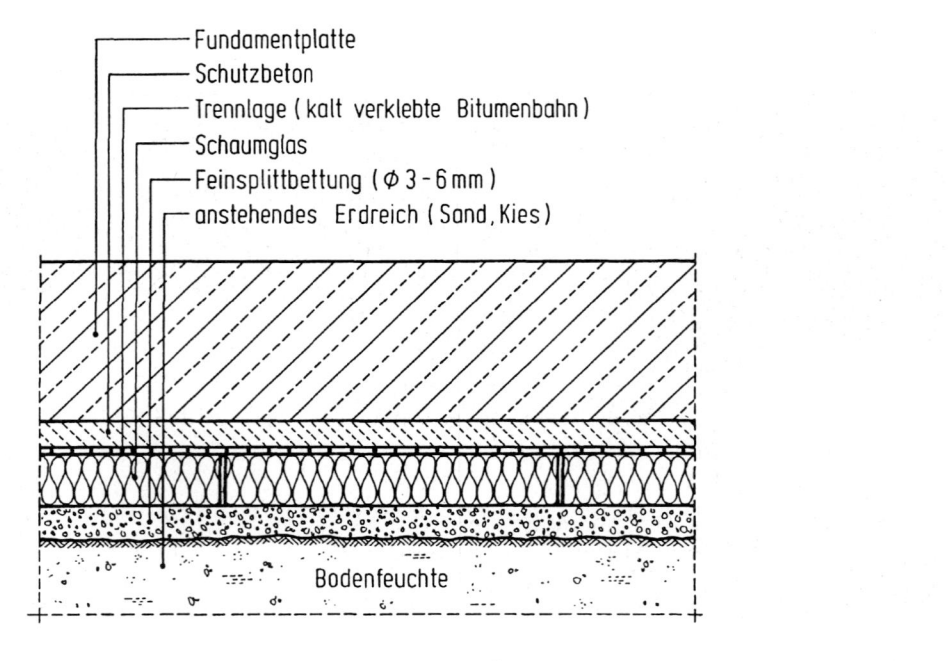

Bild 8.10: Perimeterdämmung aus kaschiertem Schaumglas (boards) unter einer Fundamentplatte im Bereich rolliger Böden (Bodenfeuchtigkeit)

8.5 Ausbildung von Fundamentplatten und Kelleraußenwänden mit Perimeterdämmung 273

Bild 8.11:
Verlegung von kaschierten Schaumglasplatten (boards) auf einem Kiesbett

Bild 8.12: Vorbereiten des Sandbettes zum Verlegen von kaschierten Schaumglasplatten (boards) als Perimeterdämmung

Bild 8.13: Verlegung von kaschierten Schaumglasplatten (boards) im Sandbett

8.5.3 Bauteile aus wasserundurchlässigem Beton mit einer Perimeterdämmung

Bei der Planung und Ausführung von Bauwerken aus wasserundurchlässigem Beton ist es notwendig, dass der Beton frei von durchgehenden Rissen bleibt, damit das Grundwasser nicht durch diese Risse unzulässig in das Gebäudeinnere einströmen kann. Es ist weiterhin bei der Planung zu beachten, dass **wasserundurchlässiger** Beton ein „poröser" Beton ist, der nicht **wasserdicht** ist. Das heißt, dass Bauteile aus wasserundurchlässigem Beton so konstruiert werden müssen, dass das durch das Bauteil transportierte Wasser im Rauminnern sicher und schadensfrei verdunsten kann. Wird die Verdunstung z.B. durch dampfdichte Boden- oder Wandbeläge behindert, so staut sich unter diesen Belägen das Wasser und es können Schäden entstehen.

Zur Bestätigung der Behauptung, dass durch wasserundurchlässigen Beton Wasser in geringer Menge transportiert wird, wird auf folgende Feststellung verwiesen:

In einem Keller lag auf der ansonsten „staubtrockenen" Fundamentoberfläche eine Platte aus expandiertem Polystyrol. Nur unterhalb dieser Platte war ein dünner Wasserfilm – aufgrund der behinderten Verdunstungsmöglichkeit – vorhanden, der dann nach einiger Zeit, nachdem die Polystyrolplatte weggenommen wurde, verdunstete (Bild 8.14). Direkt neben den Platten aus Polystyrol war die Fundamentplatte absolut trocken.

8.5 Ausbildung von Fundamentplatten und Kelleraußenwänden mit Perimeterdämmung

Bild 8.14: Wasserfilm unterhalb einer Polystyrolplatte, die auf einer Fundamentplatte aus WU-Beton aufliegt

Die Menge des durch ein Bauteil aus wasserundurchlässigem Beton transportierten Wassers kann näherungsweise berechnet werden (vgl. Abschnitt 6). Die dort vorgestellte Berechnungsmethode nach *Klopfer* geht davon aus, dass nur Wasser auf dem Wege der Diffusion im Beton transportiert wird. Andere Berechnungsverfahren berücksichtigen hingegen auch den Wassertransport infolge der Kapillaraktivität des Betons. Im Hinblick darauf, dass die Materialkennwerte des Betons, die den Wassertransport beschreiben, stark schwanken, ist in [8.1] eine vergleichende Betrachtung der durch den Beton transportierten Wassermenge vorgenommen worden (Bild 8.15). Es wird deutlich, dass die Ergebnisse nicht wesentlich differieren, so dass – auf der sicheren Seite liegend – von einer maximalen Wassermenge von $w = 12$ g/(m² · d) ausgegangen werden kann, die durch ein Bauteil aus wasserundurchlässigem Beton gelangen kann.

Unabhängig davon, ob etwas mehr oder weniger Wasser durch eine WU-Betonkonstruktion gelangen kann, ist es notwendig, dass die Verdunstung des Wassers auf der Rauminnenseite schadlos erfolgen kann. Die Verdunstung kann z.B. durch einen aufgeständerten Fußboden im Bereich der Fundamentplatte erfolgen (Bild 8.16) oder durch Abstandhalter im Bereich der an das Erdreich grenzenden Wände (Bild 8.17), die das Heranrücken der Möblierung an die Wände verhindern.

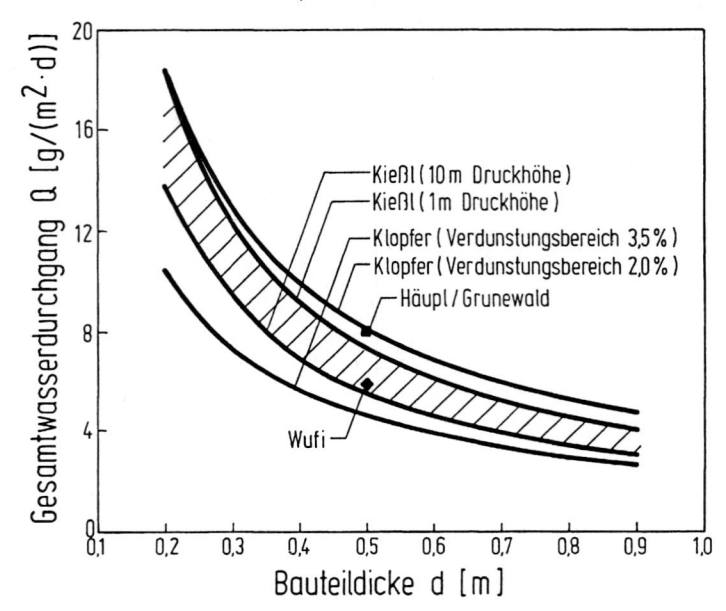

Bild 8.15: Vergleich der durch ein WU-Betonbauteil transportierten Wassermenge nach unterschiedlichen Berechnungsverfahren

Wenn die freie Verdunstung durch die genannten konstruktiven Maßnahmen nicht erreicht werden kann, besteht die Möglichkeit, die an das Erdreich angrenzenden Bauteile wasserdampfdicht zu beschichten, beispielsweise durch einen zweilagigen Epoxidharzanstrich oder durch eine bituminöse Schweißbahn im Bereich des Fußbodens, so dass keine schädliche Durchfeuchtung angrenzender Bauteile erfolgen kann.

Zur Verdeutlichung des ansteigenden Feuchtegehaltes in Bauteile aus WU-Beton wird auf zweidimensionale Berechnungen von *Häupl* zurückgegriffen [8.2] (Bilder 8.18 bis 8.22). Es wird deutlich, dass mit zunehmender Zeit – auch wenn die Zeiträume sehr lang sind – es bei einer behinderten Verdunstung im Fußbodenbereich zu erheblichen Feuchtigkeitsanreicherungen im WU-Beton kommen kann.

Diese Ergebnisse stehen im Widerspruch zu den Ergebnissen von *Klopfer* und *Springenschmid*, weil der kapillare Wassertransport berücksichtigt wird (vgl. Abschnitt 6). Entsprechend Bild 8.15 sind jedoch die Abweichungen nicht allzu groß und für baupraktische Fälle unerheblich.

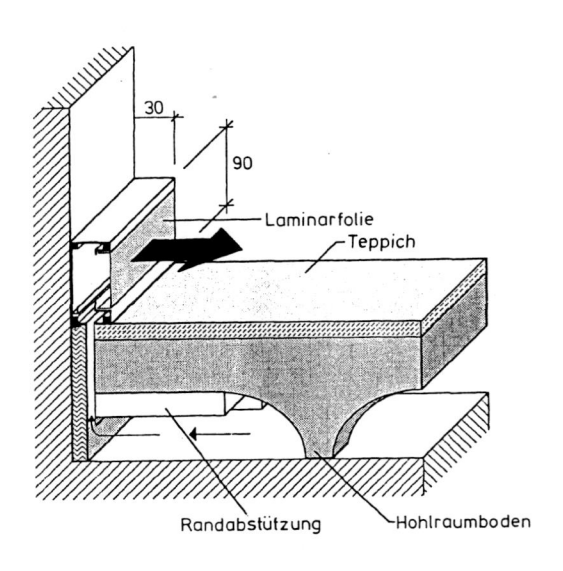

8.5 Ausbildung von Fundamentplatten und Kelleraußenwänden mit Perimeterdämmung

Bild 8.16: Aufgeständerte, belüftete Fußbodenkonstruktion

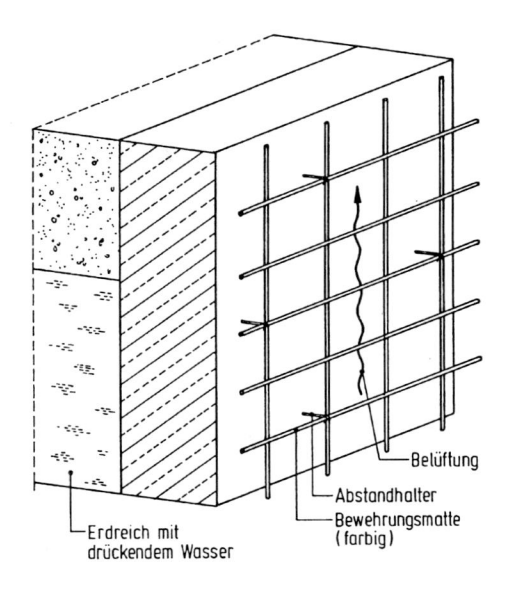

Bild 8.17: Abstandhalter an der Kelleraußenwand

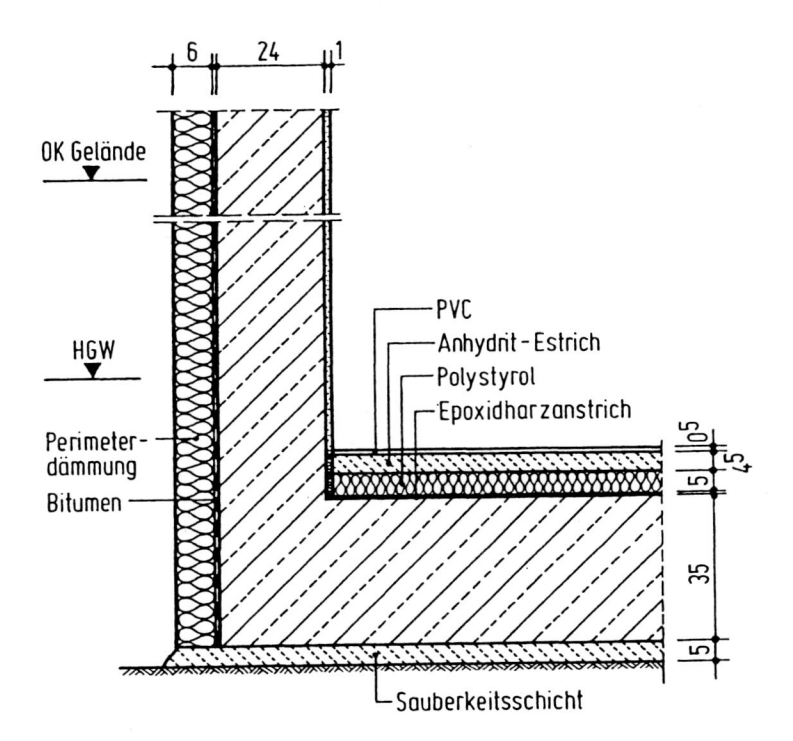

Bild 8.18: Zunahme des Feuchtigkeitsgehaltes in einer WU-Betonkonstruktion

Die konstruktiven Maßnahmen für das Anbringen der Perimeterdämmungen auf den WU-Beton entsprechen denen, die für das Aufbringen auf Abdichtungen entsprechend DIN 18 195 gelten:

Soweit das Bauwerk in das Grundwasser ragt bzw. Schichtenwasser vorliegt, müssen die Perimeterdämmplatten mit dem Untergrund vollflächig verklebt sein, um ein Hinterlaufen der Dämmplatten und den damit verbundenen Wärmeverlusten entgegen zu wirken.

Soweit das anstehende Erdreich aus Sand oder Kies besteht ($k_f > 10^{-4}$ m/s) und soweit nur Bodenfeuchtigkeit (Erdfeuchte) ansteht, können Perimeterdämmplatten aus Polystyrol oder Polyurethanpunktweise verklebt werden. Schaumglasplatten müssen auch in diesem Fall vollflächig mit Bitumen oder einem geeigneten Kleber auf den Wänden befestigt werden, um unzulässige Biegebeanspruchungen in den Schaumglasplatten zu vermeiden, die aus den Unebenheiten der Wände, z.B. infolge linienförmigen Auflagerns im Bereich von Schalungsgraten entstehen können.

Soweit Perimeterdämmplatten im Bereich der Fundamentplatten verlegt werden, können diese z.B. auf Feinsplittschicht angeordnet werden; vorzuziehen ist jedoch die Verlegung im Sand-Kies-Bett, um punktuelle Eindrückungen in die Schaumglasplatten zu vermeiden. Bild 8.22 zeigt die Anordnung der Dämmplatten am Übergang zur aufgehenden Wand. Diese Art der Ausführung ist bei anstehender Bodenfeuchte zu akzeptieren; bei Schichtenwasser und Grundwasser muss die Dämmplatte jedoch verklebt werden.

Interessant ist der Übergang von der Fundamentplatte zur Wand (zweidimensionale Feuchtebrücke). Es sind hier mehrere Konstruktionsvarianten bezüglich des Feuchtetransportes untersucht worden:

Variante 1: Die Fundamentplatte erhält auf der Oberseite einen dampfdichten Anstrich, der an der Wand im Bereich des schwimmenden Estrichs nicht hochgeführt worden ist. Die Wand selbst erhält innenseitig dampfdichte Beschichtung. Es wird deutlich, dass mit zunehmender Zeit von der Wandaußenseite ausgehend der Dämmstoff mehr und mehr durchfeuchtet. Nach 20 Jahren ist die exponierte Ecke völlig durchnässt (Bild 8.19).

Variante 2: Bei dieser Konstruktion wird davon ausgegangen, dass die Wand außenseitig einen Bitumenanstrich erhält. Dieser Anstrich verhindert weitgehend das seitliche Eindringen des Wassers. Die Feuchte dringt nun nur noch von unten in die Konstruktion vor und erreicht mit einer zeitlichen Verzögerung von ca. drei Jahren die ungeschützte Seite der Fußbodenkonstruktion. Nach 20 Jahren ist auch in diesem Fall die exponierte Ecke völlig durchnässt (Bild 8.20).

Variante 3: Bei dieser Konstruktionsvariante fehlt die auf der Wand außenseitig aufgebrachte Bitumenbeschichtung; dafür ist aber die Epoxidharzbeschichtung seitlich an der Wand im Bereich des schwimmenden Estrichs hochgeführt. Wenn auch die Durchfeuchtungsintensität geringer ist im Vergleich zu den Varianten 1 und 2, so erfolgt doch im Laufe der Zeit eine Durchfeuchtung im Bereich der horizontalen Gebäudekante (Bild 8.21).

Variante 4: Bei dieser Konstruktion erfolgt ebenfalls eine außenseitige Bitumenbeschichtung auf der Wand und es wird außerdem entsprechend Variante 3 der Epoxidharzanstrich seitlich hochgeführt. Durch diese Maßnahme wird die überhygroskopische Durchfeuchtung der Konstruktion nach 20 Jahren weitgehend verhindert. Es ist anzumerken, dass die Perimeterdämmplatte, die in das Grundwasser eintauchen, vollflächig mit dem Beton verklebt sein müssen, um ein Hinterlaufen der Perimeterdämmung und den damit verbindenden Wärmeverlusten entgegen zu wirken (Bild 8.22).

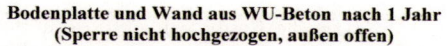

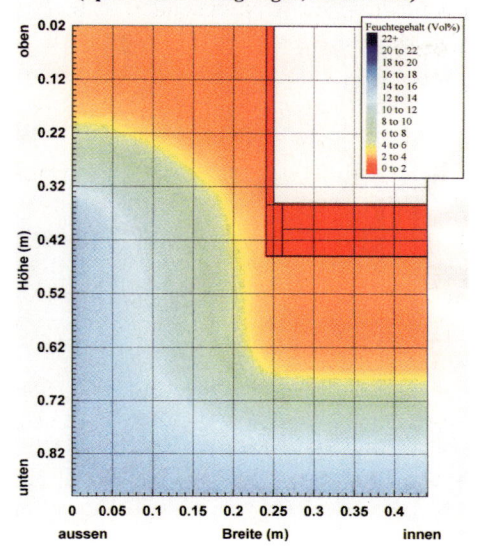

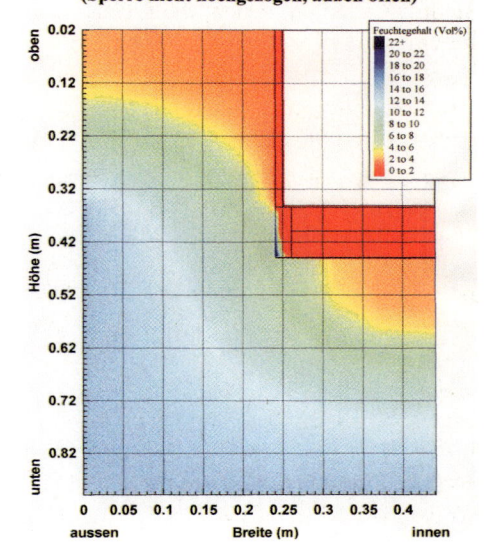

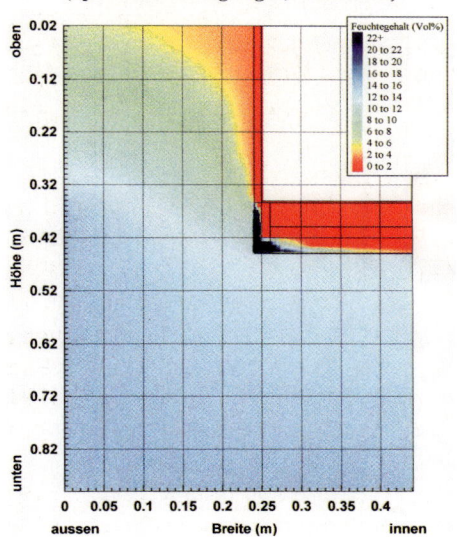

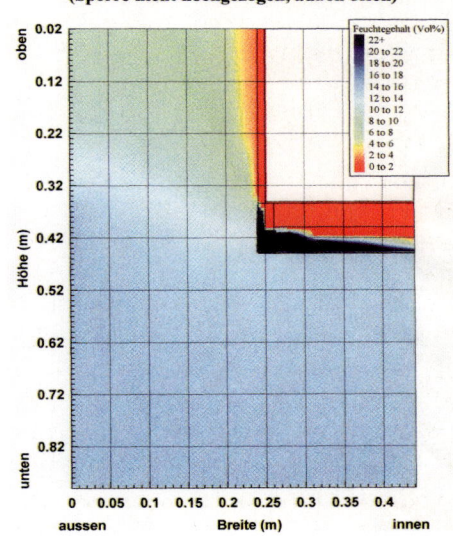

8.5 Ausbildung von Fundamentplatten und Kelleraußenwänden mit Perimeterdämmung

Bild 8.19: Zunahme des Feuchtigkeitsgehaltes in einer WU-Betonkonstruktion

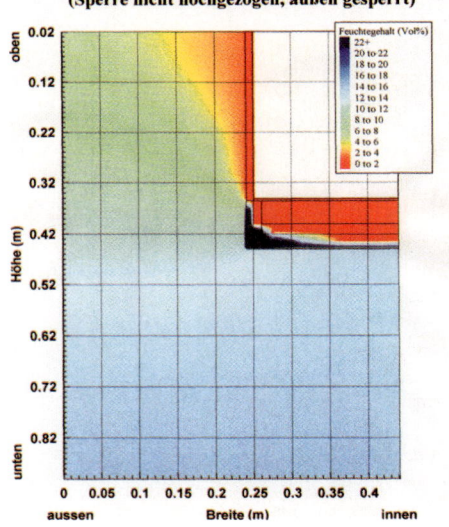

Bild 8.20: Zunahme des Feuchtigkeitsgehaltes in einer WU-Betonkonstruktion

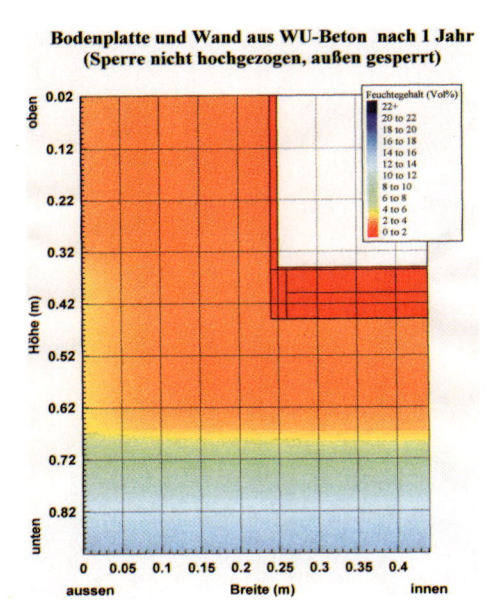

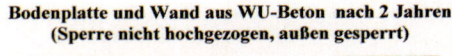

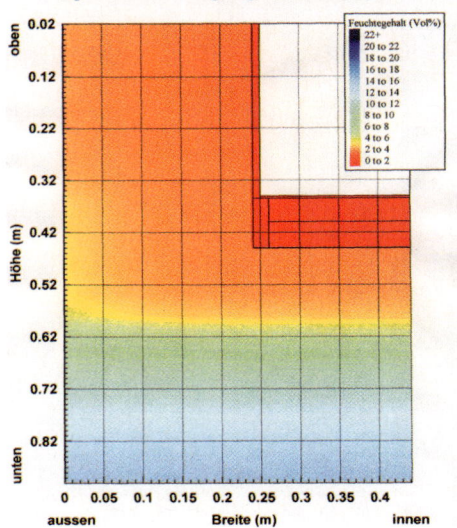

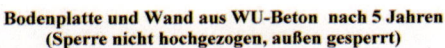

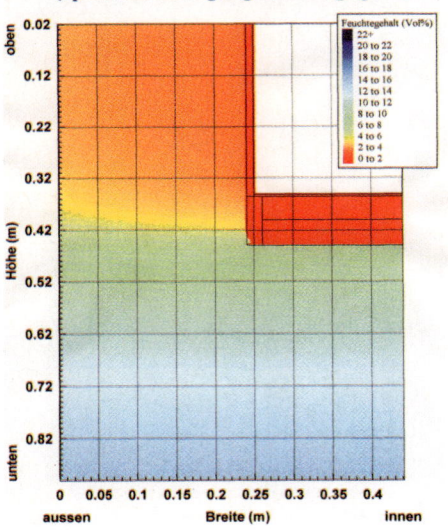

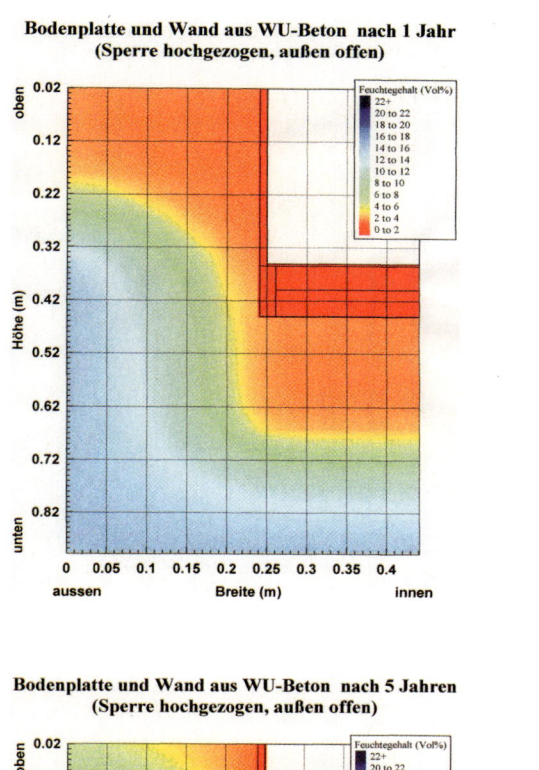

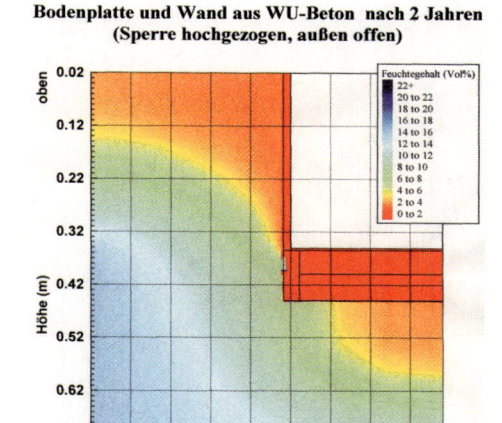

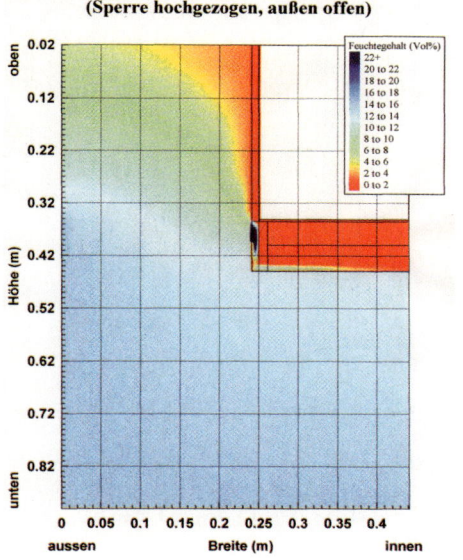

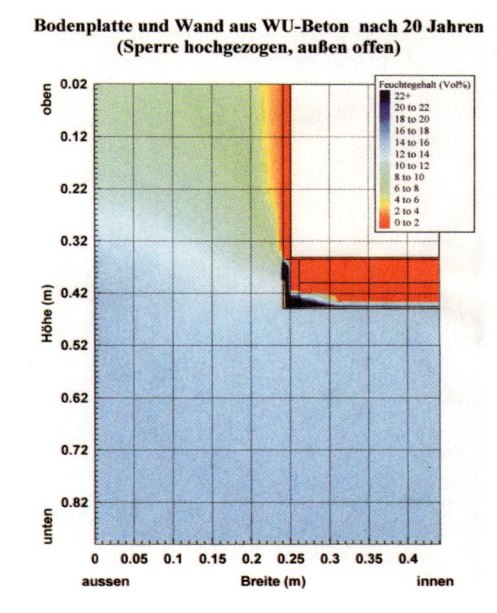

8.5 Ausbildung von Fundamentplatten und Kelleraußenwänden mit Perimeterdämmung

Bild 8.21: Vollflächig verklebte Perimeterdämmung aus Schaumglas

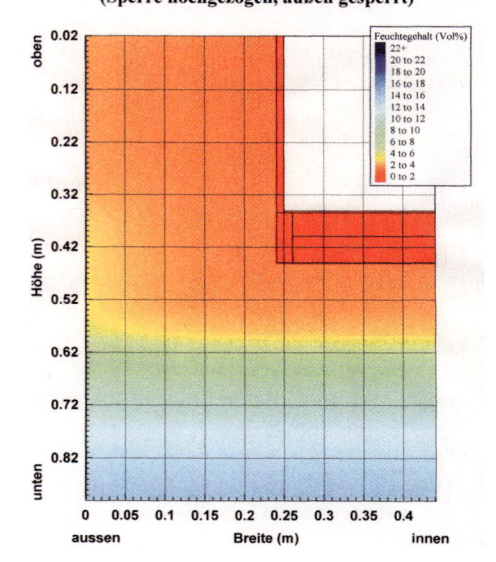

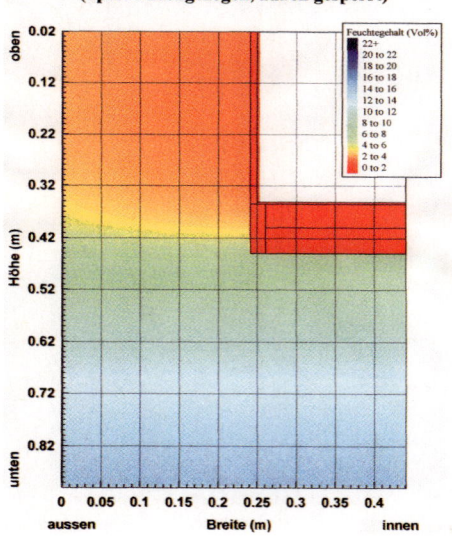

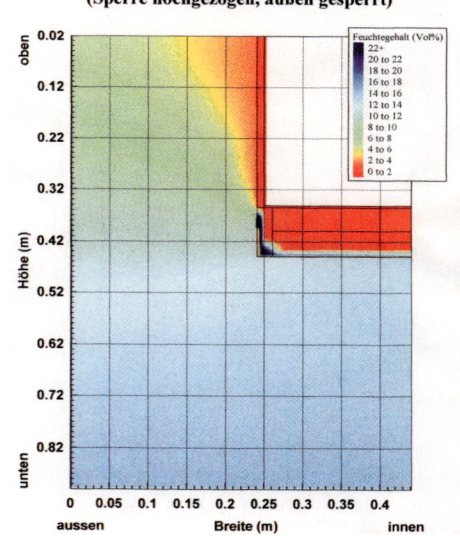

Bild 8.22: Ausbildung des Überganges Fundament/Außenwand mit einer Perimeterdämmung aus kaschiertem Schaumglas (board)

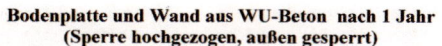

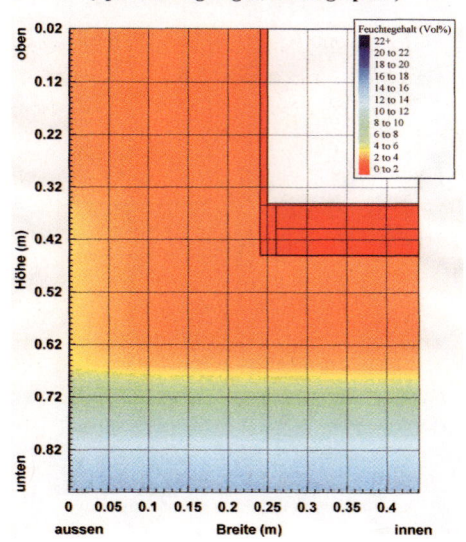

8.6 Zusammenfassung

Perimeterdämmungen stellen eine effiziente und wirtschaftliche Methode zur Wärmedämmung von Bauteilen im Erdreich dar. Die Eignung der Perimeterdämmungen ist durch die entsprechenden bauaufsichtlichen Zulassungen gewährleistet. Bisherige Erfahrungen mit Perimeterdämmungen haben gezeigt, dass sich die Konstruktion bewährt hat.

Die bauaufsichtliche Zulassung regelt den Anwendungsbereich von Perimeterdämmungen auch unter tragenden Fundamentplatten, die im Grundwasser liegen (Schaumglas).

Insbesondere im Zusammenwirken von Perimeterdämmungen mit Bauteilen aus wasserundurchlässigem Beton ergeben sich Vorteile. Die Effizienz solcher Konstruktionen kann noch gesteigert werden, wenn es gelingt nachzuweisen, dass die auf dem wasserundurchlässigen Beton aufgeklebten wasserdichten Schaumglasplatten auch einen wirksamen Feuchteschutz bewerkstelligen. In diesem Fall könnten die in hohem Maße aufwändigen Bewehrungen zur Beschränkung der Rissbreite vermieden werden.

Literatur

[8.1]   Cziesielski, E.: Abdichtung von Hochbauten im Erdreich. In Schneider: Bautabellen für Ingenieure, 14. Auflage. Werner-Verlag, 2000

9 Ausführungsbeispiele mit Bitumenabdichtungen

Von Dipl.-Ing. Detlef Stauch

9.1 Anforderungen an den Untergrund

Bauwerksflächen, auf die die Abdichtung aufgebracht werden soll, müssen frostfrei, fest, eben, frei von Nestern und klaffenden Rissen, Graten und frei von schädlichen Verunreinigungen sein und müssen bei aufgeklebten Abdichtungen oberflächentrocken sein.

Nicht verschlossene Vertiefungen größer 5 mm, wie beispielsweise Mörteltaschen, offene Stoß- und Lagerfugen oder Ausbrüche sind mit geeignetem Mörtel zu schließen. Oberflächen von Mauerwerk nach DIN 1053-1 oder von hauwerkporigen Baustoffen, offene Stoßfugen bis 5 mm Breite bzw. Unebenheiten von Steinen (z.B. Putzrillen von Ziegeln oder Schwerbetonsteinen) müssen sofern keine Abdichtungen mit überbrückenden Eigenschaften verwendet werden (z.B. Bitumen- oder Kunststoffdichtungsbahnen), entweder durch Verputzen, Vermörtelung, durch Dichtschlämmen oder durch eine Kratzspachtelung verschlossen und egalisiert werden.

Kanten müssen gefasst und Kehlen sollen gerundet sein. Bei zweikomponentigen kunststoffmodifizierten Bitumendickbeschichtungen (KMB) kann die Ausrundung mit KMB erfolgen soweit die Herstellerrichtlinien dem nicht entgegen stehen.

9.2 Verarbeitung von flüssigen Bitumenmassen

Für die Verarbeitung flüssiger Bitumenmassen muss die Bauteiloberflächentemperatur und Umgebungstemperatur mehr als + 5° C betragen.

Bitumen-Voranstriche sind im Regelfall durch Streichen, Rollen oder Spritzen zu verarbeiten. (Bild 9.1).

Bild 9.1: Streichen von Voranstrich

Bevor andere oder mehrere Schichten aufgebracht werden, müssen sie ausreichend getrocknet bzw. abgelüftet sein. Bitumen-Voranstriche sind so aufzubringen, dass eine Menge von 200g/m² bis 350 g/m² gleichmäßig verteilt wird.

Klebemassen und Deckaufstrichmittel sind soweit zu erhitzen, dass ihre Viskosität (Gießbarkeit) verarbeitungsgerecht ist. Deckaufstrichmittel sind in der Regel durch Streichen zu verarbeiten. Klebemassen sind zusammen mit Bitumenbahnen nach einem der im Abschnitt 9.3 genannten Verfahren zu verarbeiten.

9.3 Klebearten

Bitumen- oder Polymerbitumenbahnen können auf dem Untergrund lose verlegt oder punktweise bzw. vollflächig verklebt werden. Für eine mehrlagige Abdichtung müssen die Abdichtungslagen stets vollflächig miteinander verbunden sein.

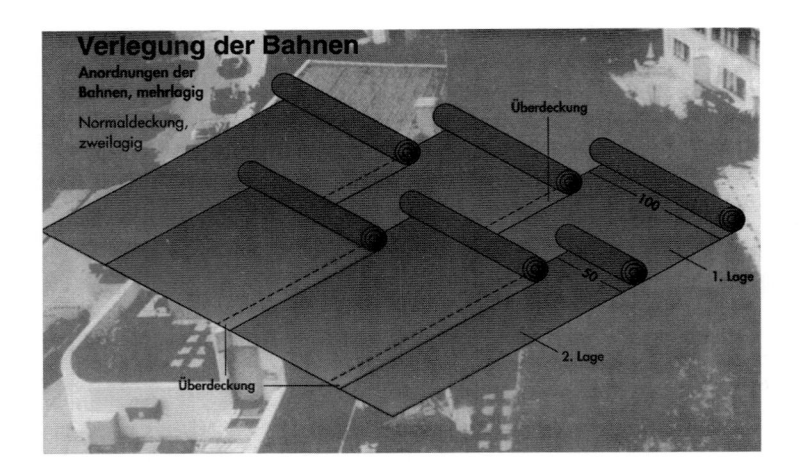

Bild 9.2: Mehrlagiges Verlegen von Bitumenbahnen

Bei der losen Verlegung wird die erste Lage einer Abdichtung auf den Untergrund aufgebracht, ohne sie mit diesem zu verkleben. Die einzelnen Bahnen einer Lage werden längs und quer überdeckt und vollflächig miteinander verklebt. Je nach der Art der Bahnen richtet sich die Fügetechnik. Bei Klebebahnen wird die Überdeckung mit Klebemasse heiß verklebt, bei Schweißbahnen im Schweißverfahren vollflächig verklebt. Kreuzstöße (Bild 9.3) sind zu vermeiden. Unter einem Kreuzstoß versteht man den Bereich, der bei ungünstiger Anordnung von vier Bahnen einer Lage dergestalt entsteht, dass alle Überdeckungen an einer Stelle übereinander liegen. T-Stöße (Bild 9.4) sind notwendig und treten häufig auf. Kreuzstöße müssen durch entsprechende Anordnung der Stöße vermieden werden.

Soll eine dauerhafte lose Verlegung der Lage auf dem Untergrund sichergestellt sein, wird also eine dauerhafte Trennung, z.B. für Riss- oder Bewegungsüberbrückungen, gefordert, ist die lose Verlegung alleine nicht geeignet. Es sind zusätzlich Trennschichten oder Trennlagen notwendig, um eine nachträgliche Verklebung zu vermeiden.

9.3 Klebearten 287

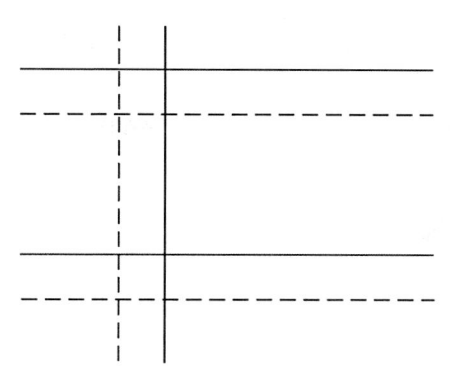

Bild 9.3: Kreuzstoß

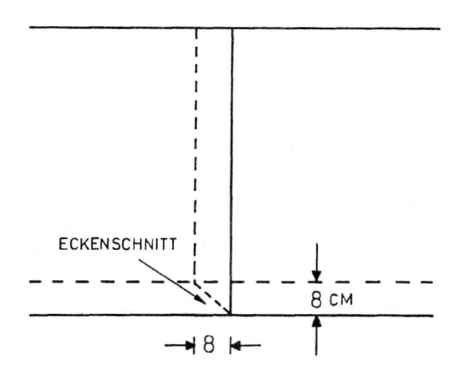

Bild 9.4: T-Stoß mit Eckenschnitt

Die punkt-, auch fleck- oder streifenweise Verklebung ist eine teilflächige Verklebung der ersten Lage einer Abdichtung auf dem Untergrund. Auch hier müssen für die Funktionsfähigkeit einer Lage der Abdichtung die Bahnen miteinander an ihren Längs- und Querrändern verklebt sein. Eine nahezu gleichmäßige punktweise Verklebung wird beispielsweise dadurch erreicht, dass die erste Lage einer Abdichtung vollflächig auf einer Lochglasvliesbitumendachbahn verklebt wird. Die heißflüssige Klebemasse verklebt nur in den Lochbereichen mit dem Untergrund. Die anderen Bereiche bleiben lose verlegt und es erfolgt eine Trennung zwischen der Abdichtung und dem Untergrund. Die Lochglasvliesbitumendachbahn zählt dabei in Deutschland nicht als Abdichtungslage. Die punktweise Verklebung kann aber auch durch drei bis vier tellergroße Klebeflächen pro Quadratmeter, möglichst gleichmäßig verteilt, erreicht werden. Die Klebung kann bei Bitumen- oder Polymerbitumenbahnen durch aufgebrachte Klebemassepunkte erreicht werden. Bei Schweißbahnen kann durch punktweises Anflämmen eine punktweise Verklebung erreicht werden. Dabei sollten die Bahnen mit einer Trennung versehen sein, so dass nur die angeflämmten Bereiche mit dem Untergrund verkleben. Darüber hinaus gibt es insbesondere für die Anwendung auf Wärmedämmstoffen als Unterlage punkt- oder streifenweise selbstklebende Bahnen. Die Klebung auf dem Untergrund wird insbesondere dadurch erreicht, dass durch nachträgliche Hitzeeinwirkung von oben der selbstklebende Effekt erreicht wird. Die Überdeckungen müssen vollflächig verklebt werden.

Je nach der Art der Beanspruchung oder nach dem gewählten Abdichtungssystem kann oder muss die erste Lage einer Abdichtung vollflächig auf dem Untergrund verklebt werden. Abdichtungslagen untereinander müssen immer vollflächig verklebt werden. Der Untergrund muss für die vollflächige Verklebung geeignet sein und eine ausreichende Haftung vermitteln. Beton-, Putz- oder Mauerwerkflächen müssen mit Voranstrich vorbehandelt worden sein.

Je nach Art der verwendeten Bahnen stehen für die vollflächige Klebung folgende Verfahren zur Verfügung:
- Gießverfahren
- Gieß- und Einwalzverfahren
- Bürstenstreichverfahren
- Schweißverfahren
- Flämmverfahren
- Heißluftschweißen
- Kaltselbstklebeverfahren

Beim **Gießverfahren** (Bild 9.5) werden die Bitumenbahnen in die ausgegossene Klebemasse eingerollt. Hierzu sind ungefüllte Klebemassen in einer Einbaumenge von mindestens 1,3 kg/m^2 und einer Verarbeitungstemperatur je nach verwendeter Bitumensorte zwischen 150 und 210° zu verwenden. Aufbereitungstemperaturen über 230° sollten vermieden werden. Auf waagerechten und schwach geneigten Bauwerksflächen ist die Klebemasse aus einem Gießgefäß so auf den Untergrund vor die aufgerollte Bitumenbahn zu gießen, dass die Bahn beim Ausrollen satt in die Klebemasse eingebettet wird. Auf senkrechten und stark geneigten Bauwerksflächen wird die Klebemasse in den Zwickel gegossen, der sich zwischen der angedrückten Bahnenrolle und dem Untergrund bildet (Bild 9.5). Beim Ausrollen der Bitumenbahnen muss in ganzer Bahnenbreite ein Klebemassenwulst vorlaufen und an den Rändern der einzuklebenden Bahn austreten. Die ausgetretene Klebemasse ist sofort flächig zu verteilen.

Bild 9.5: Gießverfahren bei Bitumenbahnen

9.3 Klebearten

Das **Gieß- und Einwalzverfahren** ist ein Einbauverfahren für Bitumenbahnen bzw. Metallbändern mit gefüllten Bitumenklebemassen. Die Bahnen bzw. Bänder werden in mindestens 2,5 kg/m^2 gefüllte Bitumenklebemasse eingewalzt. Die Verarbeitungstemperatur beträgt zwischen 200 und 220°C. Auch hier sollten Aufbereitungstemperaturen über 230° vermieden werden. Auf waagerecht oder schwach geneigten Bauwerksflächen wird die gefüllte Bitumenklebemasse vor die aufgerollte und straff auf einen Wickelkern aufgewickelte Bahn auf den Untergrund gegossen und beim Ausrollen fest in die Klebemasse eingewalzt. Auf senkrechten und stark geneigten Bauwerksflächen wird die gefüllte Bitumenklebemasse in den Zwickel gegossen, der sich bildet zwischen der angedrückten, straff aufgewickelten Bahnenrolle und dem Untergrund. Es sollten dabei nur Bitumenbahnen mit einer Breite bis 0,75 m verwendet werden, es sei denn, dass ein maschinelles Verarbeitungsverfahren eine größere Breite zulässt. Abweichungen von dieser Breite können außerdem in der Unebenheit des Untergrundes bedingt sein. Beim Einwalzen der Bahn unter Druck in die gefüllte Bitumenklebemasse muss der Bahn jeweils in ganzer Breite ein Klebemassenwulst vorlaufen und an den Rändern der einzubauenden Bahn austreten. Die ausgetretene gefüllte Bitumenklebemasse ist sofort flächig zu verteilen.

Beim **Bürstenstreichverfahren** (Bild 9.6) wird die heiße Bitumenklebemasse mit einer Bürste aufgetragen. Bei diesem Verfahren ist es nahezu nicht möglich, die je nach verwendeter Bitumensorte vorgeschriebene Verarbeitungstemperatur und die Einbaumenge von mindestens 1,5 kg/m^2 sicherzustellen. Deshalb ist das Gießverfahren gegenüber dem Bürstenstreichverfahren zu bevorzugen. Auf waagerechten oder schwach geneigten Flächen ist die Klebemasse mit der Bürste in ausreichender Menge vor die aufgerollte Bitumenbahn aufzutragen. Die Bitumenbahn ist dann unmittelbar anschließend so in die Klebemasse einzurollen, dass sie möglichst hohlraumfrei aufgeklebt werden kann. Die Ränder der aufgeklebten Bitumenbahnen sind anzubügeln.

Bild 9.6: Bürstenstreichverfahren bei Bitumenbahnen

Auf senkrechten oder stark geneigten Bauwerksflächen sind die Bitumenbahnen durch zwei vollflächige Anstriche aus Klebemasse zu verkleben. Dabei sind der Untergrund die Unterseite der aufzuklebenden Bitumenbahn mit jeweils einem Aufstrich zu versehen. Es darf jedoch nur so viel Fläche mit Klebemasse bestrichen werden, dass bei dem Aufkleben der Bitumenbahn beide Aufstriche noch ausreichend flüssig sind, damit eine einwandfreie Verklebung sichergestellt ist. Die aufgeklebten Bitumenbahnen sind von der Bahnenmitte aus zu den Rändern hin anzubügeln.

Das **Schweißverfahren** wird bei Bitumenschweißbahnen und Polymerbitumenschweißbahnen angewendet. Schweißbahnen sind gegenüber normalen Bitumenbahnen dicker und beinhalten bereits fabrikmäßig eine Bitumenklebeschicht, die mit Hitze, z.B. durch Propangasflamme, angeschmolzen wird. Das Schweißverfahren wird in den Bildern 9.7 bis 9.10 dargestellt. Sowohl die dem Untergrund zugewandte Seite der fest aufgewickelten Schweißbahn als auch der Untergrund selbst werden ausreichend erhitzt. Die Bitumenmasse der Schweißbahnen wird dabei aufgeschmolzen, so dass beim Ausrollen der Bahn ein Bitumenwulst in ganzer Breite vorläuft und die Bitumenmasse an den Rändern der ausgerollten Bahn austritt. Das Verarbeitungsverfahren ähnelt dabei dem Gieß- oder dem Gieß- und Einwalzverfahren. Die ausgetretene Bitumenmasse ist sofort flächig zu verteilen.

Bild 9.7: Bahn anlegen und ausrichten beim Schweißverfahren [9.1]

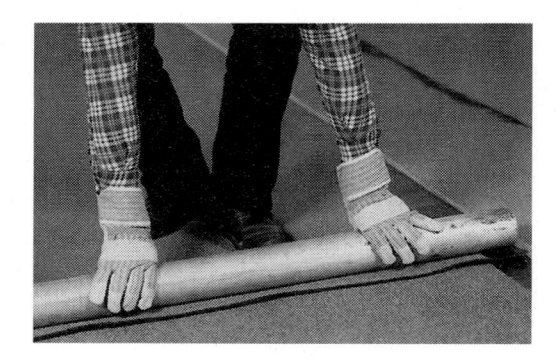

Bild 9.9: Schweißbahn auf Wickelkern einlegen [9.1]

Bild 9.8: Schweißverfahren (Ecke abschneiden) [9.1]

Bild 9.10: Bahnen aufschweißen [9.1]

9.3 Klebearten

Eine Variante des Schweißverfahrens ist das **Flämmverfahren**, bei dem Klebemasse aus Heißbitumen in einer Mindesteinbaumenge von 1,5 kg/m^2 auf den Untergrund gegossen und möglichst gleichmäßig verteilt wird. Zum Verkleben der Bitumenbahn ist die Bitumenschicht durch Wärmezufuhr wieder aufzuschmelzen und die fest aufgewickelte Bitumenbahn darin auszurollen. Im Gegensatz zum Schweißverfahren, bei dem auch der Überdeckungsbereich verschweißt wird, ist beim Flämmverfahren der Überdeckungsbereich mit zusätzlicher Klebemasse zu verkleben.

Neben den oben genannten Verfahren, die alle mit heißem oder erhitzten Bitumenmassen arbeiten, können auch kalt selbstklebende Bitumenbahnen im **Kaltselbstklebeverfahren** verarbeitet werden. Der Verarbeitungsvorgang ist in den Bildern 9.11 bis 9.14 dargestellt. Bei der Verarbeitung wird die kalt selbstklebende Dichtungsbahn unter Abziehen eines Trennpapiers oder einer Trennfolie flächig verklebt und angedrückt. Im Überdeckungsbereich muss der Andruck mit einem harten Gummiroller erfolgen. Im T-Stoß-Bereich sind zur Vermeiden von Kapillaren besondere Maßnahmen notwendig. Hier empfiehlt sich z.B. ein Schrägschnitt der unterdeckenden Bahn. Die Breite der kalt selbstklebenden Bitumendichtungsbahnen sollte bei senkrechten oder stark geneigten Flächen 1,10 m nicht überschreiten.

Bild 9.11: Bahn anlegen und ausrichten [9.1]

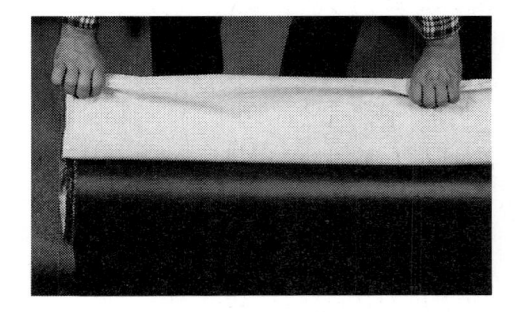

Bild 9.13: kaltselbstklebende Bahn kalt aufkleben [9.1]

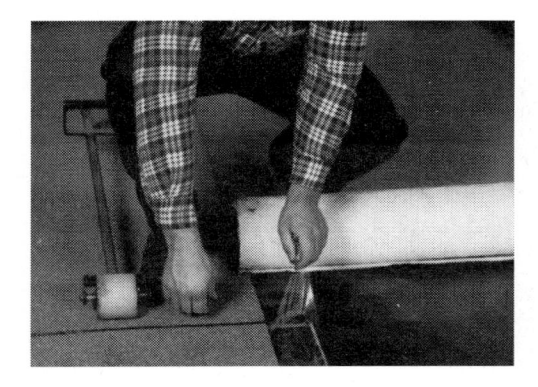

Bild 9.12: Nahtfolie abziehen [9.1]

Bild 9.14: Nähte und Stöße abrollen [9.1]

Bitumenbahnen und Metallbänder sind innerhalb einer Lage und von Lage zu Lage gegeneinander versetzt und im Regelfall in der gleichen Richtung einzubauen.

Folgende Mindestbreiten der Überlappung an Nähten, Stößen und Anschlüssen sind einzuhalten:
- Bitumenbahnen und kaltselbstklebende Bitumen-Dichtungsbahnen:

  An Nähten 80 mm

  An Stößen und Anschlüssen 100 mm
- Bitumen-Schweißbahnen in Verbindung mit Gussasphalt:

  An Nähten 80 mm

  An Stößen und Anschlüssen 100 mm
- Edelstahlkaschierte Bitumen-Schweißbahnen:
- Metallbänder in Verbindung mit Bitumenwerkstoffen:

  An Längsnähten mindestens 100 mm

  An Quernähten, Stößen und Anschlüssen mindestens 200 mm

9.4 Allgemeine Anforderungen an Bauwerksabdichtung mit Bitumenwerkstoffen

Wirkung und Bestand einer Bauwerksabdichtung hängen nicht nur von ihrer fachgerechten Planung und Ausführung ab, sondern auch von der abdichtungstechnisch zweckmäßigen Planung, Bemessung und Ausführung des Bauwerks und seiner Teile, auf die die Abdichtung aufgebracht wird.

Die Normen der Reihe DIN 18195 wenden sich daher nicht nur an den Abdichtungsfachmann, sondern auch an diejenigen, die für die Gesamtplanung und Ausführung des Bauwerks verantwortlich sind, denn Wirkung und Bestand der Bauwerksabdichtung hängen der gemeinsamen Arbeit aller Beteiligten ab.

Die Wahl der Abdichtungsart ist insbesondere abhängig von:
- Angriffsart des Wassers
- der Nutzung des Bauwerks bzw. Bauteils
- Bodenart
- Geländeform
- Bemessungswasserstand
- Bauwerksstandort
- Beanspruchungen.

Zur Bestimmung der Abdichtungsart ist die Feststellung der Bodenart, der Geländeform und des Bemessungswasserstandes am geplanten Bauwerksstandort unerlässlich. Dies gilt nur dann nicht, wenn grundsätzlich nach der höchsten Wasserbeanspruchung (drückendes Wasser) geplant und ausgeführt wird.

Die Wahl der Abdichtungsart ist außerdem abhängig von den zu erwartenden physikalischen – insbesondere mechanischen und thermischen – Beanspruchungen. Dabei kann es sich um äußere, z. B. klimatische Einflüsse oder um Einwirkungen aus der Konstruktion oder aus der Nutzung des Bauwerks und seiner Teile handeln.

9.4 Allgemeine Anforderungen an Bauwerksabdichtung mit Bitumenwerkstoffen

Untersuchungen zur Feststellung dieser Verhältnisse müssen deshalb so frühzeitig durchgeführt werden, dass sie bereits bei der Bauwerksplanung berücksichtigt werden können. Feuchte ist im Boden immer vorhanden; mit Bodenfeuchte ist daher immer zu rechnen.

Stark durchlässige Böden sind für in tropfbar flüssiger Form anfallendes Wasser so durchlässig, dass es ständig von der Oberfläche des Geländes bis zum freien Grundwasserstand absikkern und sich auch nicht vorübergehend, z. B. bei starken Niederschlägen, aufstauen kann.

Dies erfordert für Wasser einen Durchlässigkeitsbeiwert $k > 10^{-4}$ m/s (nach DIN 18130-1). Wenn Baugelände und Verfüllmaterial aus stark durchlässigem Boden bestehen, kann die Abdichtung von Sohle und Außenwänden nach DIN 18195-4 ausgeführt werden. Der Durchlässigkeitsbeiwert ist im Zweifelsfall durch eine Baugrunduntersuchung zu ermitteln.

Bei wenig durchlässigen Böden mit einem Durchlässigkeitsbeiwert $k \leq 10^{-4}$ m/s muss damit gerechnet werden, dass in den Arbeitsraum eindringendes Oberflächen- und Sickerwasser vor den Bauteilen zeitweise aufstaut und diese als Druckwasser beansprucht. In solchen Fällen sind im Regelfall Abdichtungen nach DIN 18195-6 erforderlich.

Wird ein Aufstauen durch eine Dränung nach DIN 4095, deren Funktionsfähigkeit auf Dauer sichergestellt ist, verhindert, können Sohle und Außenwände auch in wenig durchlässigen Böden ($k \leq 10^{-4}$ m/s) nach DIN 18195-4 abgedichtet werden.

Nach DIN 18195-5 sind alle waagerechten und geneigten Deckenflächen, im Freien und im Erdreich, sofern sie nicht durch drückendes Wasser beansprucht werden abzudichten.

Bei Einwirkung von Grundwasser und vergleichbarem Wasserangriff gelten die Festlegungen von DIN 18195-6 für Abdichtungen gegen drückendes Wasser von außen. Abdichtungen gegen drückendes Wasser von innen sind nach DIN 18195-7 auszuführen.

Für die Festlegung der Lagenanzahl einer Abdichtung ist die Wassereinwirkung das wichtigste Entscheidungsmerkmal. Ob eine Abdichtung gegen Bodenfeuchtigkeit, gegen nicht drückendes Wasser oder gar gegen drückendes Wasser beständig sein soll, muss also bei der Ausführung feststehen.

Klassische Anwendungsbereiche der Bauwerksabdichtung mit Bitumenwerkstoffen:
- Boden- und Wandflächen von Feuchträumen im Wohnungsbau
- Boden und Wandflächen von gewerblich genutzten Nassräumen z.B. Großküchen oder Badeanstalten
- Schwimmbäder
- Wasserbecken oder Behälter
- Erdberührte Bauteile
- Kelleraußenwände
- Bodenplatten und Kellersohlen
- Mauersperren
- Spritzwasserbereiche am Sockel
- Erdüberschüttete Deckenflächen
- Genutzte Dächer, Balkone und Loggien
- Dachterrassen
- intensiv begrünte Dächer
- Parkdecks
- Hofkellerdecken.

9.5 Gebäude im Bereich von Erdfeuchte

Abdichtungen von Gebäuden im Erdreich und gegen Erdfeuchte werden nach DIN 18195-4 ausgeführt. Die Abdichtung mit Bitumenwerkstoffen erfolgt je nach Lage und Art der Abdichtung entsprechend Tabelle 9.1:

Tabelle 9.1: Bituminöse Abdichtungsmaterialien für Gebäude

Stoffart	Abdichtungen der Bodenplatte gegen Bodenfeuchte und nichtstauendes Sickerwasser				
	Art der Abdichtung		Vorbehandlung	Anzahl der Lagen/ Dicke	Art der Verarbeitung
Bitumenbahnen	Nackte Bitumenbahnen R 500[1]	DIN 52129	Nicht erforderlich	Mindestens einlagig	Unterseitig volldeckende, heiß aufzubringende Klebemasseschicht und gleichartiger Deckaufstrich
	Bitumendachbahn mit Rohfilzeinlage R 500[1]	DIN 52128			
	Glasvlies-Bitumendachbahnen V13[1]	DIN 52143			Lose oder punktweise oder vollflächig verkleben
	Dichtungsbahnen Cu 0,1 D[1]	DIN 18190-4			
	Bitumen-Dachdichtungsbahnen[1]	DIN 52130			
	Bitumen-Schweißbahnen[1]	DIN 52131			
	Polymerbitumen-Dachdichtungsbahnen, Bahnentyp PYE[1]	DIN 52132			
	Polymerbitumen-Schweißbahnen, Bahnentyp PYE[1]	DIN 52133			
	Bitumen-Schweißbahnen mit 0,1 mm dicker Kupferbandeinlage[1]	Nach DIN 52131, abweichend jedoch mit Kupferbandeinlage[2]			
	Bitumen-KSK-Bahnen[1,2]	Nach Tabelle 10 von DIN 18195-2	Kaltflüssiger Voranstrich aus Bitumenlösung oder Bitumenemulsion nach Tabelle 1 der DIN 18195-2		Punktweise oder vollflächig kalt aufkleben

Fortsetzung von Tabelle 9.1:

Beschichtung	Kunststoffmodifizierte Bitumendickbeschichtung KMB[2)3)]	Nach Tabelle 9 von DIN 18195-2		Trockenschichtdicke mindestens 3 mm	Zwei Arbeitsgänge, Aufträge können frisch in frisch erfolgen

[1)] Die Einhaltung der Produkteigenschaften ist durch eine werkseigene Produktionskontrolle nach DIN V 52144 nachzuweisen.

[2)] Die Einhaltung der festgelegten Eigenschaften, die Werkstoffart und Dicke und das Zug-Dehnverhalten der Bahnen sind durch eine Erstprüfung einer bauaufsichtlich anerkannten Prüfstelle nachzuweisen.

[3)] Für einzelne Eigenschaften ist eine werkseigene Produktionskontrolle durchzuführen. Dies gilt auch für die Verstärkungseinlage. Während der Produktionszeit hat die Prüfung mindestens einmal wöchentlich zu erfolgen.

Abdichtungen von Außenwandflächen gegen Bodenfeuchte und nichtstauendes Sickerwasser					
Stoffart	Art der Abdichtung		Vorbehandlung	Anzahl der Lagen /Dicke	Art der Verarbeitung
Bitumenbahnen	Glasvlies-Bitumendachbahnen V13[1)]	DIN 52143	Kaltflüssiger Voranstrich aus Bitumenlösung oder Bitumenemulsion nach Tabelle 1 der DIN 18195-2	Mindestens einlagig	Mit Klebemasse aufkleben
	Dichtungsbahnen Cu 0,1 D[1)]	DIN 18190-4			
	Bitumen-Dachdichtungsbahnen[1)]	DIN 52130			
	Bitumen-Schweißbahnen[1)]	DIN 52131			Aufschweißen
	Polymerbitumen-Dachdichtungsbahnen, Bahnentyp PYE[1)]	DIN 52132			Mit Klebemasse aufkleben
	Polymerbitumen-Schweißbahnen, Bahnentyp PYE[1)]	DIN 52133			Aufschweißen
	Bitumen-Schweißbahnen mit 0,1 mm dicker Kupferbandeinlage[1)]	Nach DIN 52131, abweichend jedoch mit Kupferbandeinlage[2)]			
	Bitumen-KSK-Bahnen[1)2)]	Nach Tabelle 10 von DIN 18195-2			Vollflächig kalt aufkleben

Fortsetzung von Tabelle 9.1:

Beschichtung	Kunststoffmodifizierte Bitumendickbeschichtung KMB[2)3)]	Nach Tabelle 9 von DIN 18195-2		Trockenschichtdicke mindestens 3 mm	Zwei Arbeitsgänge, Aufträge können frisch in frisch erfolgen
	Deckaufstrichmittel[4)5)]	Nach Tabelle 2 von DIN 18195-2	Kaltflüssiger Voranstrich aus Bitumenlösung oder Bitumenemulsion nach Tabelle 1 der DIN 18195-2	Endschichtdicke im Mittel 2,5 mm, an keiner Stelle weniger als 1,5 mm	Zwei heißflüssig aufzubringende Anstriche

[1)] Die Einhaltung der Produkteigenschaften ist durch eine werkseigene Produktionskontrolle nach DIN V 52144 nachzuweisen.

[2)] Die Einhaltung der festgelegten Eigenschaften, die Werkstoffart und Dicke und das Zug-Dehnverhalten der Bahnen sind durch eine Erstprüfung einer bauaufsichtlich anerkannten Prüfstelle nachzuweisen.

[3)] Für einzelne Eigenschaften ist eine werkseigene Produktionskontrolle durchzuführen. Dies gilt auch für die Verstärkungseinlage. Während der Produktionszeit hat die Prüfung mindestens einmal wöchentlich zu erfolgen.

[4)] Die Einhaltung der Werte ist mittels werkseigener Produktionskontrolle mindestens viermal jährlich nachzuweisen.

[5)] Abdichtungen mit Deckaufstrichmitteln sollten für unterkellerte Gebäude nicht verwendet werden.

	Waagerechte Abdichtungen in oder unter Wänden gegen Bodenfeuchte und nichtstauendes Sickerwasser				
Stoffart	Art der Abdichtung		Vorbehandlung	Anzahl der Lagen/Dicke	Art der Verarbeitung
Bitumenbahnen	Bitumendachbahn mit Rohfilzeinlage R 500	DIN 52128	Auflagerflächen mit Mauermörtel abgleichen	Mindestens einlagig	Nicht aufkleben
	Bitumen-Dachdichtungsbahnen	DIN 52130			

Detaillösungen bei Abdichtungen gegen Bodenfeuchtigkeit sind sorgfältig auszuführen (vgl. Abschnitt 5).

Abdichtungsbahnen sind in der Regel mit Klebeflansch, Anschweißflansch oder mit Manschette und Schelle an die die Abdichtung durchdringenden Bauteile anzuschließen.

Abschlüsse von Abdichtungen mit bahnenförmigen Stoffen sind durch Verwahrung der Bahnenränder herzustellen, z. B. durch Anordnung von Klemmschienen.

Anschlüsse an Durchdringungen von Aufstrichen und Spachtelmassen aus Bitumen sind mit spachtelbaren Stoffen oder mit Manschetten auszuführen.

9.6 Innenabdichtung eines Bades

Innenabdichtungen von Nassräumen des Wohnungsbaus werden nach DIN 18195-4 ausgeführt.

Dieser Teil der Norm unterscheidet:
- mäßig beanspruchte Flächen
- hoch beanspruchte Flächen

Bei privaten, häuslich genutzten Bädern können diese mit oder ohne Bodenablauf geplant und ausgeführt werden. Die DIN 18195-4 rechnet Bäder im Wohnungsbau ohne Bodenablauf nicht zu den Nassräumen. Da auch in diesen Räumen nutzungsbedingt Wasser anfallen wird und damit Fußboden und Wandflächen spritzwasserbelastet werden können, wird unabhängig von DIN 18195-4 die Abdichtung der Fußboden- und Wandflächen als mäßig beanspruchte Fläche empfohlen.

Ist in dem gleichen privaten häuslich genutzten Bad ein Bodenablauf vorhanden, ist auch nach DIN 18195 der Innenraum als mäßig beanspruchte Fläche nach DIN 18195-4 im Fußboden- und Wandbereich abzudichten. Werden anstelle von Abdichtungsmaßnahmen andere Maßnahmen ergriffen, um Wand- und Fußbodenflächen hinreichend gegen eindringende Feuchtigkeit zu schützen, dann ist deren Eignung nachzuweisen.

Die Abdichtung mit Bitumenwerkstoffen erfolgt nach DIN 18195-4 für mäßig beanspruchte Flächen je nach Lage und Art der Abdichtung entsprechend Tabelle 9.2:

Tabelle 9.2: Bituminöse Abdichtungsmaterialien für Abdichtungen gegen mäßige Beanspruchung

Abdichtungen für mäßige Beanspruchung					
Stoffart	Art der Abdichtung		Vorbehandlung	Anzahl der Lagen /Dicke	Art der Verarbeitung
Bitumenbahnen	Dichtungsbahnen Cu 0,1 D[1]	DIN 18190-4	Falls erforderlich, Voranstrich aufbringen	Mindestens einlagig	Lose oder punktweise oder vollflächig verkleben
	Bitumen-Dachdichtungsbahnen[1)2)]	DIN 52130			
	Bitumen-Schweißbahnen mit Jutegewebe, Textilglasgewebe oder Polyestervlies[1]	DIN 52131			
	Polymerbitumen-Dachdichtungsbahnen[1]	DIN 52132			
	Polymerbitumen-Schweißbahnen[1]	DIN 52133			

Fortsetzung von Tabelle 9.2:

Bitumenbahnen	Bitumen-Schweißbahnen mit 0,1 mm dicker Kupferbandeinlage[1]	Nach DIN 52131, abweichend jedoch mit Kupferbandeinlage[3]	Falls erforderlich, Voranstrich aufbringen	Mindestens einlagig	
	Bitumen-KSK-Bahnen auf HDPE-Trägerfolie[1)3)]	Nach Tabelle 10 von DIN 18195-2	Kaltflüssiger Voranstrich aus Bitumenlösung oder Bitumenemulsion nach Tabelle 1 der DIN 18195-2		Punktweise oder vollflächig kalt aufkleben
Beschichtung	Kunststoffmodifizierte Bitumendickbeschichtung KMB[3)4)]	Nach Tabelle 9 von DIN 18195-2		Trockenschichtdicke mindestens 3 mm, an Kehlen und Kanten mit Gewebeverstärkung Empfehlung: Gewebeverstärkung auch bei horizontalen Flächen um Mindestschichtdicke einzuhalten	Zwei Arbeitsgänge, Auftrag der zweiten Schicht nach Trocknung der ersten;

[1] Die Einhaltung der Produkteigenschaften ist durch eine werkseigene Produktionskontrolle nach DIN V 52144 nachzuweisen.

[2] Bitumen-Dachdichtungsbahnen mit Gewebeeinlage müssen mit einem Deckaufstrich versehen werden.

[3] Die Einhaltung der festgelegten Eigenschaften, die Werkstoffart und Dicke und das Zug-Dehnverhalten der Bahnen sind durch eine Erstprüfung einer bauaufsichtlich anerkannten Prüfstelle nachzuweisen.

[4] Für einzelne Eigenschaften ist eine werkseigene Produktionskontrolle durchzuführen. Dies gilt auch für die Verstärkungseinlage. Während der Produktionszeit hat die Prüfung mindestens einmal wöchentlich zu erfolgen.

Detaillösungen bei Abdichtungen gegen nichtdrückendes Wasser sind sorgfältig auszuführen (vgl. Abschnitt 5.4.4).

Anschlüsse an Durchdringungen sind durch Klebeflansche, Anschweißflansche, Manschetten, Manschetten mit Schellen oder durch Los- und Festflanschkonstruktionen auszufahren.

Übergänge sind durch Klebeflansche, Anschweißflansche, Klemmschienen oder Los- und Festflanschkonstruktionen herzustellen. Übergänge zwischen Abdichtungssystemen aus verträglichen Stoffen dürfen auch ohne Einbauteile ausgeführt werden.

Abschlüsse an aufgehenden Bauteilen sind zu sichern, indem der Abdichtungsrand mit Klemmschienen versehen oder konstruktiv abgedeckt wird. Die Abdichtung ist in der Regel mindestens 150 mm über die Oberfläche eines über der Abdichtung liegenden Belages hochzuziehen. Abdichtungen von Wandflächen müssen im Bereich von Wasserentnahmestellen mindestens 200 mm über die Wasserentnahmestelle hoch geführt werden.

9.7 Abdichtung eines Balkones

Zu den mäßig beanspruchten Flächen nach DIN 18195-5 gehören auch Balkone und vergleichbar genutzte Flächen im Wohnungsbau. Danach dürfen Balkonflächen ähnlich abgedichtet werden wie private, häuslich genutzte Bäder, also beispielsweise mit einlagigen Bitumenbahnenabdichtungen (Bild 9.15). Die Beanspruchung von Balkonen kann jedoch durchaus auch hoch sein. Hier spielt die Gesamtgestaltung des Gebäudes, der Balkone und die Ausrichtung der Balkone eine große Rolle. Insbesondere der Übergang der Balkonfläche zur Außenwand des bewohnten Gebäudes sollte so ausgeführt werden, dass dieser Anschluss auch bei üblicher Schlagregenbeanspruchung dauerhaft und langlebig funktionssicher bleibt (Bilder 9.16 und 9.17).

Dachterrassen zählen nach DIN 18195-5 zu den hoch beanspruchten Flächen. Hier ist beispielsweise eine einlagige Bitumenbahnenabdichtung nicht mehr zulässig. Es ist jedoch sehr häufig schwierig, eine Fläche einem Balkon oder einer Dachterrasse abdichtungstechnisch zuzuordnen. Die Unterscheidung der DIN 18195-5 ist hier schwer nachzuvollziehen. Es wird empfohlen, auch Balkonflächen wie Dachterrassen, also als hoch beanspruchte Fläche im Sinne der DIN 18195-5, auszuführen.

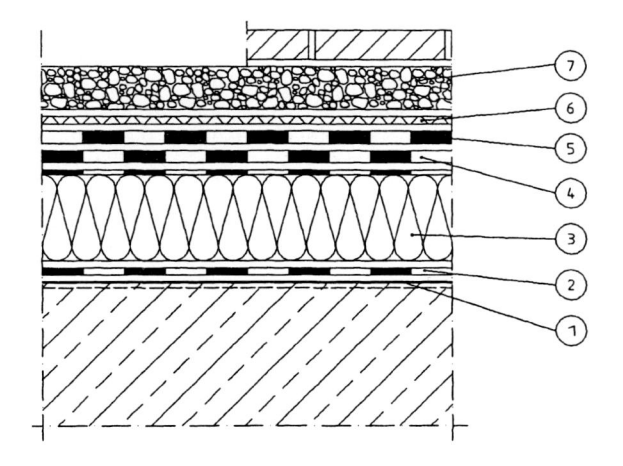

Bild 9.15: Terrassenabdichtung mit Wärmedämmung

1 Beton mit Voranstrich
2 Dampfsperre
3 kaschierte druckfeste Wärmedämmung
4/5 untere/obere Lage der Abdichtung
6 Schutzlage
7 Kies und Plattenbelag

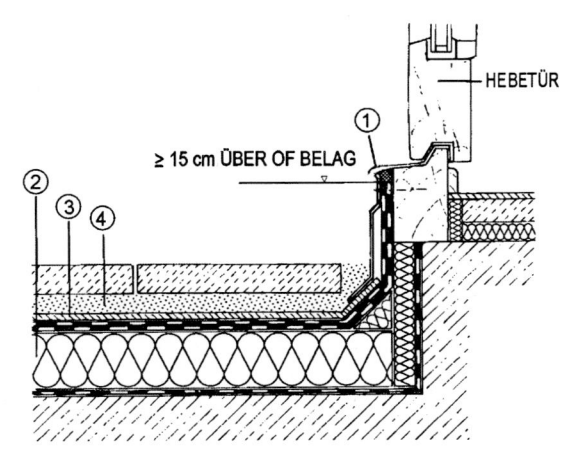

Bild 9.16: Terrassentüranschluss mit Bitumenbahn [9.2]

1 Türblech
2 Abdichtungsaufbau gem. techn. Regeln
3 Schutzlage
4 Gehwegplatten auf Splittbett

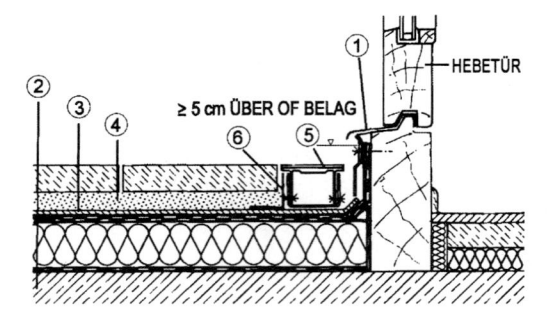

Bild 9.17: Terrassentüranschluss mit Entwässerungsrinne zur Verringerung der Aufkantungshöhe [9.2]

1 Türblech
2 Abdichtungsaufbau gem. techn. Regeln
3 Schutzlage
4 Gehwegplatten auf Splittbett
5 Gitterrost
6 Lochblech

9.8 Abdichtung einer Dachterrasse

Dachterrassen gehören nach DIN 18195-5 zu den hoch beanspruchten Flächen. Unabhängig davon, dass die DIN 18195 Dachterrassen damit als Fläche vereinnahmt, die mit einer Bauwerksabdichtung zu versehen ist, könnte die Ausführung von Abdichtungen auf Dachterrassen auch der DIN 18531 „Dachabdichtungen" oder auch dem Geltungsbereich der „Flachdachrichtlinien – Richtlinien für die Planung und Ausführung von Dächern mit Abdichtungen" bzw. den zukünftigen „Fachregeln für Dächer mit Abdichtungen" des Zentralverbandes des Deutschen Dachdeckerhandwerks und der Bundesfachabteilung Bauwerksabdichtung im Hauptverband der Deutschen Bauindustrie zugeordnet werden. Die Zuordnung einer Dachterrasse mehr zur Bauwerksabdichtung oder mehr zur Dachabdichtung ist nicht lösbar. Dementsprechend ist es erfreulich, dass nunmehr in der Ausführung der Abdichtung kein Unterschied mehr darin besteht, ob diese Fläche nach DIN 18195 oder nach DIN 18531 bzw. den handwerklichen Fachregeln ausgeführt wird. Alle Schriften enthalten die gleichen Grundsätze und die gleichen Ausführungskriterien. Dies gilt insbesondere auch für die Anzahl und Anordnung der Lagen einer Bitumenbahnenabdichtung. Die Abdichtung mit kunststoffmodifizierten Bitumendickbeschichtungen ist hier nicht zulässig.

Die Anzahl der erforderlichen Lagen der Abdichtung einer Dachterrasse mit Bitumen- und/oder Polymerbitumenbahnen ist Tabelle 9.3 zu entnehmen.

Tabelle 9.3: Abdichtungsmaterialien für Dachterrassen

	Dachterrassen Abdichtungen für hohe Beanspruchungen				
Stoffart	Art der Abdichtung		Vorbehandlung	Anzahl der Lagen/Dicke	Art der Verarbeitung
Bitumenbahnen	Bitumen-Dachdichtungsbahnen[1]	DIN 52130	Falls erforderlich, Voranstrich für erste Lage aufbringen	Mindestens zweilagig	Oberlage aus einer Polymerbitumenbahn. Unter 2% Gefälle beide Lagen Polymerbitumen
	Bitumen-Schweißbahnen mit Jutegewebe, Textilglasgewebe oder Polyestervlies[1]	DIN 52131			
	Polymerbitumen-Dachdichtungsbahnen[1]	DIN 52132			
	Polymerbitumen-Schweißbahnen[1]	DIN 52133			

[1] Die Einhaltung der Produkteigenschaften ist durch eine werkseigene Produktionskontrolle nach DIN V 52144 nachzuweisen.

Typische Details bei der konstruktiven Druckbildung von Terrassen sind in Bild 9.18 dargestellt.

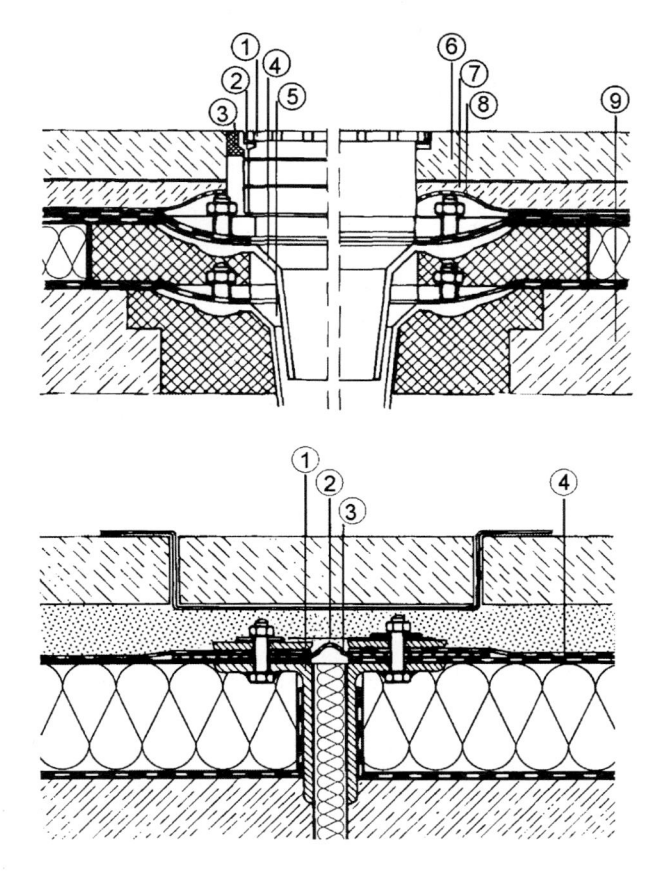

Bild 9.18: Typische Details bei der Abdichtung von Terrassen [9.2]

a) Ablauf in Terrasse

1 Ablaufrost
2 Höhenringe
3 Fugenverguss, b ≥ 2 cm
4 Aufstockelement mit Flanschen konstruktion
5 Ablauf mit Flanschenkonstruktion
6 Fahrbahnbelag
7 Schutzschicht
8 Trennschicht
9 Dachaufbau gem. techn. Regeln

b) Bewegung

1 Fugenflanschenkonstruktion gem. DIN-Vorschriften
2 Schutzblech
3 Neoprene-Fugenband, d > 3 mm
4 Schutzlage

9.9 Abdichtungen gegen nichtdrückendes Wasser von hoch beanspruchten Flächen

Neben Dachterrassen zählen intensiv begrünte Flächen, Parkdecks, Hofkellerdecken, Durchfahrten und erdüberschüttete Decken ebenfalls zu hoch beanspruchten Flächen, die entsprechend DIN 18195-5 gegen nicht drückendes Wasser abgedichtet werden müssen. Extensiv begrünte Dachflächen zählen zu Dachflächen und werden nach DIN 18531 als Dachabdichtung ausgeführt. Intensive Dachbegrünung mit einem Wasseranstau über 100 mm müssen nach DIN 18195-6 gegen drückendes Wasser abgedichtet werden.

Die abzudichtenden Flächen sind, wie oben beschrieben, sehr verschiedenartig. Ebenso verschieden ist die Art der Beanspruchung und dementsprechend auch die Möglichkeiten der Ausführung. Mit diesen verschiedenen Abdichtungsarten können Abdichtungen von Flächen hergestellt werden, die mechanisch oder thermisch fast gar nicht beansprucht werden oder auch solche, die höchsten Beanspruchungen unterliegen, wie z.B. bei Heizkanälen oder auf Parkdecks. Aufgabe des Planers und des zugezogenen Fachberaters ist es, für die jeweilige Baumaßnahme die richtige Abdichtung zu wählen. Bauseits muss dabei die Herstellung einer fachgerechten Abdichtung möglich sein.

Für die Abdichtung gegen nichtdrückendes Wasser von hoch beanspruchten Flächen nennt Tabelle 9.4 mögliche Abdichtungsarten:

Tabelle 9.4: Abdichtungsmaterialien für hoch beanspruchte Flächen

Abdichtungen für hohe Beanspruchungen				
Stoffart	Art der Abdichtung		Vorbehandlung	Anzahl der Lagen/Dicke	Art der Verarbeitung
Bitumenbahnen	Nackte Bitumenbahnen R 500[1]	DIN 52129	Falls erforderlich, Voranstrich aufbringen	Mindestens drei Lagen, Einpressung der Abdichtung mit einem Flächendruck von mindestens 0,01 MN/m² muss sichergestellt sein.	Unterseitig volldeckende, heiß aufzubringende Klebemasseschicht und gleichartiger Deckaufstrich
	Dichtungsbahnen Cu 0,1 D[1]	DIN 18190-4		Mindestens zweilagig	Mit Deckaufstrich
	Bitumen-Dachdichtungsbahnen[1]	DIN 52130			
	Bitumen-Schweißbahnen mit Jutegewebe, Textilglasgewebe oder Polyestervlies[1]	DIN 52131			
	Polymerbitumen-Dachdichtungsbahnen, Bahnentyp PYE[1]	DIN 52132			
	Polymerbitumen-Schweißbahnen, Bahnentyp PYE[1]	DIN 52133			
	Bitumen-Schweißbahnen mit 0,1 mm dicker Kupferbandeinlage[1]	Nach DIN 52131, abweichend jedoch mit Kupferbandeinlage[2]			
Kombinationen	Metallbändern in Verbindung mit Bitumenbahnen, eine Lage geriffeltes Metallband (Kupfer oder Edelstahl) und eine Schutzlage aus V13 oder R500N				
	Metallbändern in Verbindung mit Gussasphalt				
	Bitumenschweißbahn in Verbindung mit Gussasphalt				
	Asphaltmastix in Verbindung mit Gussasphalt				

[1] Die Einhaltung der Produkteigenschaften ist durch eine werkseigene Produktionskontrolle nach DIN V 52144 nachzuweisen.

[2] Die Einhaltung der festgelegten Eigenschaften, die Werkstoffart und Dicke und das Zug-Dehnverhalten der Bahnen sind durch eine Erstprüfung einer bauaufsichtlich anerkannten Prüfstelle nachzuweisen.

Abdichtungen für hohe Beanspruchungen 303

Dies ist insbesondere bei der Anordnung von Fugen, Durchdringungen und Aufkantungen zu berücksichtigen. Die Wechselwirkung zwischen Bauwerk und Abdichtung darf nicht außer acht gelassen werden. Das auf die Abdichtung einwirkende Wasser muss dauerhaft so abgeführt werden, dass es keinen bzw. keinen nennenswerten hydrostatischen Druck ausüben kann. In der Regel erfolgt dies durch die Anordnung von Gefälle in der Abdichtungsebene. Wird unter der Abdichtung eine Wärmedämmschicht angeordnet, ist deren Beanspruchung durch die planmäßigen Verkehrslasten zu berücksichtigen und ggf. ein hochdruckfester Dämmstoff zu wählen. Die Abdichtung darf planmäßig nicht zur Übertragung von Kräften parallel zu ihrer Ebene herangezogen werden. Ist dies nicht zu vermeiden, muss durch Anordnung von Widerlagern, Ankern oder durch andere konstruktive Maßnahmen dafür gesorgt werden, dass Bauteile auf der Abdichtung nicht gleiten. Auf Parkdecks gilt dies insbesondere auch für die Horizontalkräfte aus dem Bremsen und Anfahren der Fahrzeuge.

Über der Abdichtung sind Schutzschichten notwendig, die unverzüglich nach Herstellung der Abdichtung einzubauen sind.

Beispiele für die Ausführung von Bauwerksabdichtungen:

1. Wärmegedämmtes Parkdeck

Bild 9.19: Teilübersicht, Dampfsperre, Schaumglas als Wärmedämmschicht und zweilagige Abdichtung mit Polymerbitumenbahnen [9.3]

Bild 9.20: Durchdringung für einen Beleuchtungsmast [9.3]

304 9 Ausführungsbeispiele mit Bitumenabdichtungen

Bild 9.21:
Abdichtung über Bewegungsfuge [9.3]

Bild 9.22:
Schutz der Abdichtung über der Bewegungsfuge mit Ankern für die Betonschutz- und verschleißschicht [9.3]

Bild 9.23:
Fugenteilung in der Verschleißschicht [9.3]

Bild 9.24:
Ansicht der Bögen, Spannweite ca. 15m [9.3]

9.10 Abdichtungen eines Gebäudes gegen Grundwasser

2. Erdüberschüttetes Bauwerk aus Bogenelementen (Fertigteile)

Bild 9.25:
Kehle zwischen zwei Bogenteilbauwerken [9.3]

Bild 9.26:
Übergang Bogen-Widerlager – Die Bewährung darf nicht auf der Abdichtung liegen (Perforationsgefahr) [9.3]

Bild 9.27:
Übergang Abdichtung über Bogen zu vertikaler Abdichtung von Ortbetonzwischenwänden [9.3]

9.10 Abdichtungen eines Gebäudes gegen Grundwasser

Abdichtungen eines Gebäudes gegen Grundwasser sind in aller Regel nach der Inbenutzungnahme des Bauwerks nicht mehr zugänglich. Die einwandfreie und dauerhafte Funktion erfordert bereits bei der Planung des Bauvorhabens die Einbeziehung dieser Art der Wasserbeanspruchung und der entsprechenden Abdichtungsmaßnahmen. Die Abdichtung ist im Regelfall auf der Wasserseite des Bauwerks anzuordnen und muss eine geschlossene Wanne bilden bzw. das Bauwerk allseitig umschließen (s. Abschnitt 5.5). Die Abdichtung soll nur senkrecht zu ihrer Ebene gerichtete Kräfte übertragen. Sie darf also bei der Bemessung nicht zur Übertragung von planmäßigen Kräften parallel zu ihrer Ebene herangezogen werden. Auf der Abdichtung dürfen keine Bauteile gleiten. Die Abdichtung soll auf beiden Seiten von festen Bauteilen umgeben und eingebettet sein (näheres s. Abschnitt 5.5).

9.11 Abdichtungen gegen aufstauendes Sickerwasser

Abdichtungen gegen aufstauendes Sickerwasser sind Abdichtungen von Kelleraußenwänden und Bodenplatten bei Gründungstiefen bis 3 m unter Geländeoberkante in wenig durchlässigen Böden ($k < 10^{-4}$ m/s.) ohne Dränung nach DIN 4095, bei denen Bodenart und Geländeform nur Stauwasser erwarten lassen. Die Unterkante der Kellersohle muss mindestens 300 mm über dem nach Möglichkeit langjährig ermittelten Bemessungswasserstand liegen. Alle Abdichtungen gegen drückendes Wasser sind auch für Abdichtungen gegen aufstauendes Sickerwasser geeignet.

Darüber hinaus sind die der Tabelle 9.5 zu entnehmenden Arten der Abdichtung auch als Abdichtung gegen aufstauendes Sickerwasser geeignet.

Tabelle 9.5: Abdichtungsmaterialien gegen aufstauendes Sickerwasser

Mindestanzahl der Lagen für Abdichtungen gegen aufstauendes Sickerwasser	
Art der Abdichtung	Ausführung
Polymerbitumen-Schweißbahnen (PYE) (DIN 52133)	Mindestens einlagig
Bitumenbahnen und/oder Polymerbitumen-Dachdichtungsbahnen (PYE) (DIN 52130, DIN 52131, DIN 52132, DIN 52133) mit Gewebe- oder Polyestervlieseinlage	Mindestens zweilagig
Kunststoffmodifizierte Bitumendickbeschichtung KMB (Nach Tabelle 9 von DIN 18195-2)	− mit 2 Arbeitsgänge − mit Verstärkungslage − Auftrag der zweiten Schicht nach Trocknung der ersten − Trockenschichtdicke mindestens 4 mm

Literatur

[9.1]   Nach Unterlagen des vdd, Industrieverband Bitumen- Dach und Dichtungsbahnen e.V.

[9.2]   Zentralverband des Deutschen Dachdeckerhandwerks und Hauptverband der deutschen Bauindustrie e.V.: Richtlinien für die Planung und Ausführung von Dächern und Abdichtungen (Flachdachrichtlinien), Ausgabe 1991

[9.3]   Fotos Dr. Eberhard Braun, 70739 Fehlbach

10 Ausführungsbeispiele aus WU-Beton

Von Dipl.-Ing. Gottfried C.O. Lohmeyer

10.1 Gebäude des Hochbaus im Sickerwasser- und Grundwasserbereich

In den folgenden Abschnitten werden beispielhaft verschiedenen Bauwerkstypen beschrieben, die mit einer Abdichtung aus wasserundurchlässigem Beton erstellt werden. Da es sich um Beispiele handelt, können sie nicht ohne weiteres auf andere konkrete Fälle übertragen werden. Im Einzelfall sind die Anwendungsmöglichkeiten und -grenzen zu prüfen.

Bei Abdichtungen nach DIN 18195 wird unterschieden, um welche Art des Wasserangriffs es sich handelt. Bei Bauten aus wasserundurchlässigem Beton (WU-Beton) nach DIN 1045 spielt dies keine Rolle, denn die abdichtende Wirkung des Betons gegen Bodenfeuchtigkeit, Sickerwasser, nichtdrückendes Wasser oder drückendes Wasser unterscheiden sich nicht. Es ist stets wasserundurchlässiger Beton nach DIN 1045 einzusetzen. Für Gebäude des Hochbaus sind jene Grundregeln anzuwenden, die im Einzelnen in Abschnitt 6 dargestellt sind. Hierbei ist zu beachten, dass nicht alle Fugensicherungen gleichwertig sind. Einige Fugensicherungen sollten nur bis zu einer bestimmten Druckwasserhöhe h_D bzw. bis zu einem begrenzten Druckgefälle $i = h_D/d_B$ angewendet werden. In den Bildern 6.30, 6.35 und 6.45 wird dieser Einfluss auf die Art der Fugensicherung verdeutlicht.

Eine weitere Frage ist, ob und in wie weit die Möglichkeit der Selbstheilung von Rissen genutzt werden kann (Abschn. 6.5.5). Angaben für die Selbstheilung des Betons im Fall entstehender Risse enthalten Tabelle 6.8 und Bild 6.10.

10.1.1 Konstruktion von Kellern aus WU-Beton

Die Wannenausbildung ist mindestens 30 cm über den höchstmöglichen Grundwasserstand bzw. über Gelände zu führen, wenn bindiger Boden ansteht. Falls Kelleraußentreppen oder Lichtschächte in die Wanne einbezogen werden, gilt hierfür das Gleiche. Diese Bereiche sind vor Niederschlägen zu schützen (z.B. Überdachung) oder die Niederschläge sind über eine Heberanlage abzuführen. Bei Lichtschächten, die über dem höchsten Grundwasserstand liegen und nicht in die Wanne einbezogen werden, ist die Lichtschachtsohle so auszubilden, dass auch heftige Niederschläge versickern können. Schmelzwasser nach einer Kälteperiode kann sonst zum Wassereindringen durch die Fensteröffnungen im Lichtschachtbereich führen.

Bei Kellern ist grundsätzlich zu prüfen, ob sie als Kellerraum genutzt werden oder ob später eine Umnutzung zu wohnraumartig genutzten Räumen erfolgen kann (z.B. Hobbyraum, Fitnessraum, Nähzimmer, Gästezimmer, Kellerbar). In diesen Fällen ist eine Beheizung erforderlich und es sind die bauphysikalischen Bedingungen zu beachten (z.B. Dampfdiffusion, Tauwasserbildung, Abschn. 6.8).

Der Querschnitt durch einen Keller unter einem Wohngebäude zeigt beispielhaft das Einfache einer Abdichtung mit WU-Beton (Bild 10.1).

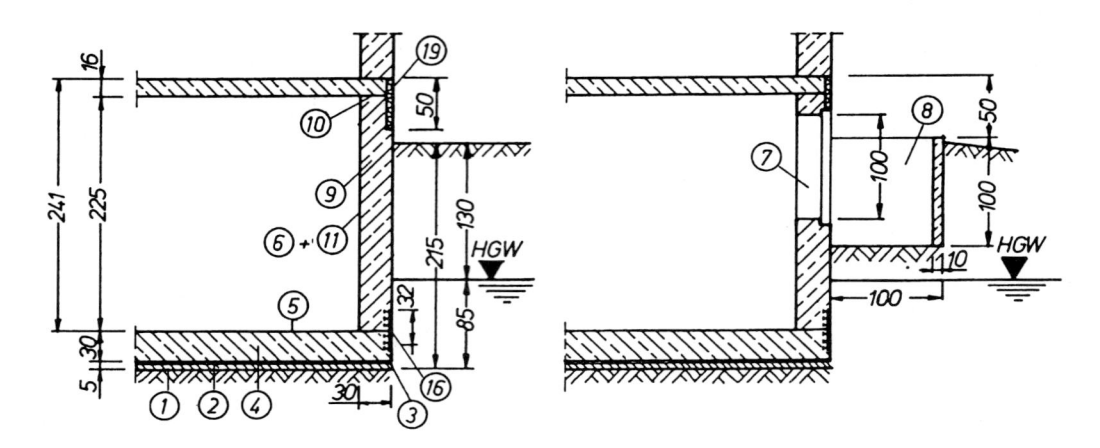

Bild 10.1: Beispiel für einen Keller unter einem Wohnhaus, Querschnitte
a) Normalbereich b) Bereich mit Kellerfenster und Lichtschacht

10.1.2 Leistungsbeschreibung für einen Keller aus WU-Beton

Dem Leistungsverzeichnis liegen zu Grunde:

DIN 1045	Beton- und Stahlbeton, Bemessung und Ausführung
DIN 18 331	Beton- und Stahlbetonarbeiten. VOB Teil C, Verdingungsordnung für Bauleistungen, 1998
StLB	Standardleistungsbuch für das Bauwesen, Leistungsbereich 013 Beton- und Stahlbetonarbeiten, 1992

(Soweit neuere Vorschriften oder andere Währungen zu berücksichtigen sind, sind diese in das Leistungsverzeichnis sinngemäß aufzunehmen; am Grundsatz ändert sich nichts).

Erläuterung:

Das vorliegende Leistungsverzeichnis kann als Musterleistungsverzeichnis dienen. Es ist als *Beispiel* für die Ausführung eines Kellers im Grundwasser anzusehen. Bodenplatte und Wände werden nacheinander und nicht in einem Arbeitsgang betoniert.

Die Herstellung und Verarbeitung des wasserundurchlässigen Betons sollte unter den Bedingungen für Betongruppe B II geschehen (siehe OZ 3).

Die Leistungen sind getrennt nach Beton, Schalung, Bewehrung.

Textergänzungen, die das Standardleistungsverzeichnisbuch ermöglicht, sind <u>unterstrichen</u> (Ziffern in den Querschnitten = OZ in der Leistungsbeschreibung).

10.1 Gebäude des Hochbaus im Sickerwasser- und Grundwasserbereich

OZ	Menge	Text	Einheits-preis		Gesamt-preis	
			DM	Pf	DM	Pf
1		StL-Nr. 92 013 033 11 11 20 15 m² Ortbeton der Sauberkeitsschichten, Untergrund waagerecht, aus unbewehrtem Beton als Normalbeton DIN 1045, B 10, Dicke 5 cm.				
2		StL-Nr. 92 013 020 02 00 01 13 m² Trennlage aus 2 Lagen PE-Folie 0,2 mm, Stöße überlappen, einbauen auf Sauberkeitsschicht aus Beton.				
3		StL-Nr. 92 013 257 00 00 00 08 m² Schalung der Bodenplatte, Höhe der Abstellung 30 cm.				
4		StL-Nr. 92 013 037 11 21 41 82 m³ Ortbeton der Bodenplatten, Untergrund waagerecht, obere Betonfläche waagerecht, aus Stahlbeton als Normalbeton DIN 1045 B25, wasserundurchlässig, Dicke 30 cm. Ausführung unter den Bedingungen für Betongruppe B II, Prüfstelle E .... Prüfstelle F oder Güteüberwachungsgemeinschaft .... Verwendung von Zement CEM 32,5-NW. Herstellen der Probewürfel auf der Baustelle zum Nachweis der Druckfestigkeit, Anzahl nach DIN 1045, zusätzlich 3 Probekörper zum Nachweis der Wassereindringtiefe nach DIN 1048 von $e_w \leq 50$ mm.				
5		StL-Nr. 92 013 170 01 07 00 01 m² Frischbetonoberfläche der Bodenplatte nachverdichten, eben abziehen und sofort gegen Austrocknen und Abkühlen bis zu 6 Tagen abdecken.				
6		StL-Nr. 92 013 290 00 01 00 35 m² Schalung der Außenwände, Schalungshaut für Betonflächen ohne Anforderung, Bauteilhöhe über 2 bis 3 m. Ausführung mit Schalungsankern für wasserundurchlässigen Beton.				
7		StL-Nr. 92 013 422 02 01 42 01 St Schalung der Öffnungen, für Kellerfenster. Aussparungstiefe 30 cm. Einzelgröße der Aussparungen über 5000 bis 10000 cm². Ausführung gemäß Zeichnung Nr.				

OZ	Menge	Text	Einheits-preis		Gesamt-preis	
			DM	Pf	DM	Pf
8		StL-Nr. 92 013 737 01 10 52 12 St Kellerlichtschacht als Fertigteil, horizontal einbauen, alle sichtbar bleibenden Flächen glatt, einschl. systembedingter Einbauteile, Befestigungsmittel im Ortbeton und Fertigteil sowie Fugenbewehrung. Ausführung gemäß Zeichnung Nr.				
9		StL-Nr. 92 013 060 00 21 21 06 m³ Ortbeton der Wände, aus Stahlbeton als Normalbeton DIN 1045 B25, wasserundurchlässig, Ausführung unter den Bedingungen für Betongruppe B II, Prüfstelle E .... Prüfstelle F oder Güteüberwachungsgemeinschaft .... Verwendung von Zement CEM 32,5-NW. Herstellen der Probewürfel auf der Baustelle zum Nachweis der Druckfestigkeit, Anzahl nach DIN 1045, zusätzlich 3 Probekörper zum Nachweis der Wassereindringtiefe nach DIN 1048 von $e_w \leq 50$ mm. Dicke 30 cm.				
10		StL-Nr. 92 013 170 02 07 00 01 m² Frischbetonoberfläche der Wände nachverdichten, eben abziehen und sofort gegen Austrocknen und Abkühlen abdecken.				
11		StL-Nr. 92 013 171 02 00 00 11 m² Erhärtete Betonoberfläche der Wand. Besondere Anforderungen: Sofort nach Ausschalen gegen Austrocknen und Abkühlen bis zu 6 Tagen mit Dämmatten abhängen.				
12		StL-Nr. 92 013 450 01 02 02 01 t Betonstabstahl DIN488 IV S, Durchmesser von 10 bis 16mm, Längen bis 14 m.				
13		StL-Nr. 92 013 451 01 01 m Vorgefertigte Bewehrungsanschlusselemente zweischenklig, Betonstahlquerschnitt 16 cm²/m.				
14		StL-Nr. 92 013 454 01 01 01 t Betonstahlmatten DIN 488 IV M, als Lagermatten.				

OZ	Menge	Text	Einheits-preis		Gesamt-preis	
			DM	Pf	DM	Pf
15		StL-Nr. 92 013 290 80 00 00 01 m² Schalung der Außenwände, <u>als Abstellung bei durch-laufender Bewehrung und außen liegenden Fugenbän-dern.</u>				
16		StL-Nr. 92 013 480 30 23 03 01 m Fugenband als einbaufertiges System, Hersteller .... Formteile aller Art werden im Werk gefertigt, Quali-tätssicherung nach DIN 7865 und BMV-Richtlinie Prüf 2, aus <u>thermoplastischem Kunststoff</u>, Beanspru-chung bis <u>85 cm</u> Wassersäule/Eintauchtiefe, für Ar-beitsfugen, <u>waagerecht und lotrecht</u> Ausführung gemäß Zeichnung Nr.				
17		StL-Nr. 92 013 481 01 03 St Fugenbandformstück als Ecke. Senkrecht zur Fugenbandebene.				
18		StL-Nr. 92 013 481 02 02 St Fugenbandformstück als T-Stück. In Fugenbandebene.				
19		StL-Nr. 92 013 531 02 03 18 14 m Wärmedämmschicht an Wänden, aus Mehrschicht-Leichtbauplatten mit Hartschaum-schicht (HS-ML) DIN 1101, Wärmeleitfähigkeitsgrup-pe 090, Baustoffklasse B 1 DIN 4102, schwerent-flammbar, dreischichtig, Dicke <u>35 mm</u>, einlegen in die Schalung. Einbau in Streifen, Breite <u>50 cm</u>.				

10.2 Tunnel im Sickerwasser- und Grundwasserbereich

10.2.1 Konstruktion

Viele Tunnel für U-Bahn und Eisenbahn und auch Straßentunnel werden bergmännisch aufge-fahren und erhalten eine Innenschale aus Ortbeton. Die Konstruktion soll dauerhaft und wasse-rundurchlässig sein und möglichst wenige Risse aufweisen. Hierfür sind einige konstruktive, betontechnische und ausführungstechnische Maßnahmen zu beachten [10.26].

Bei bergmännisch aufgefahrenen Tunneln führte die technische Entwicklung mit der „Neuen Österreichischen Tunnelbauweise" (NÖT) zu einer zweischaligen Bauweise: Außenschale aus Spritzbeton, Innenschale aus Ortbeton. Bei dieser Bauweise wird der Spritzbeton zur vorläufigen Sicherung des Hohlraums sofort nach dem Ausbruch direkt auf das Gebirge aufgebracht. Erforderlichenfalls werden Stahlbögen, Anker und Bewehrungsmatten eingesetzt.

Zur dauerhaften Sicherung des Tunnels dient die Innenschale aus Ortbeton. Die Ortbeton-Innenschale weist in der Regel Dicken von 30 cm bis 60 cm auf, in besonderen Fällen auch 80 cm und mehr.

Kleinere Tunnel haben lichte Abmessungen von etwa 5 m bis 6 m, z.B. eingleisige U-Bahn-Tunnel (Bild 10.2 a). Größere Tunnel haben lichte Abmessungen von 12 m bis 14 m, z.B. zweigleisige Bahntunnel oder mehrspurige Straßentunnel (Bild 10.2 b). Die Abschnittslängen, in denen die Innenschale betoniert wird, betragen etwa 8 m bis 12,5 m. Größere Tunnel werden meist mit vorauslaufender Sohlplatte betoniert, gefolgt von der abschnittsweisen Herstellung des Gewölbes mit einer hoch mechanisierten Innenschalung. Bei kleineren Tunneln wird oft die gesamte Innenschale rundum in einem Betoniervorgang in voller Abschnittslänge hergestellt (z.B. mit einem hoch mechanisierten „full-round"-Schalwagen). Die Innenschale kann bewehrt oder unbewehrt sein. Die Bewehrung dient der Tragwerksicherheit und der Rissbreitenbeschränkung für Beanspruchungen aus Last und Zwang.

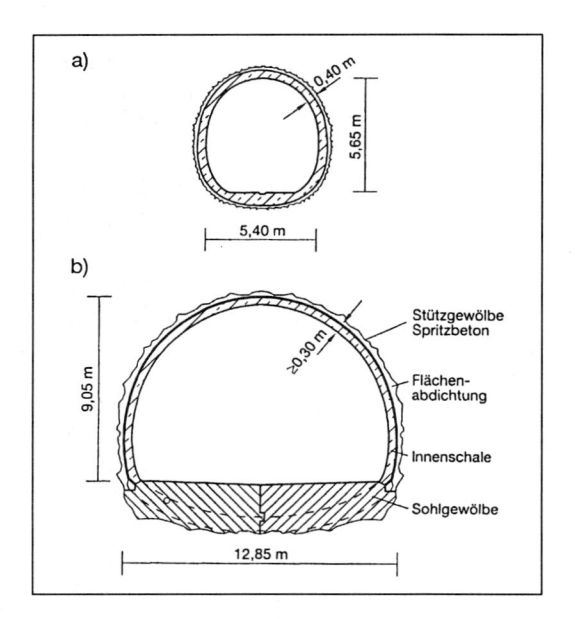

Bild 10.2:
Übliche Tunnelquerschnitte [6.26]
a) für eingleisige U-Bahn-Tunnel
b) für zweigleisige Fernbahn-Tunnel

Die Innenschale kann im Verbund zur Spritzbetonschale stehen und wird dann in ihrer freien Verformung in allen Richtungen behindert. Sie kann auch durch Kunststoff-Folien und -Vliese weit gehend von der Spritzbetonschale abgetrennt sein. Auch in diesem Fall verbleibt zumindest eine Verformungsbehinderung der Innenschale durch die Sohlplatte.

10.2.2 Anforderungen

10.2.2.1 Betriebszustand

Unterschiedliche Anforderungen an den Beton ergeben sich durch den Betriebszustand und den Bauzustand.

Die vorgesehene Nutzungsdauer von Tunneln beträgt im Allgemeinen mehr als 100 Jahre. Die erwarteten Eigenschaften der Innenschale aus WU-Beton sind:
- Wasserundurchlässigkeit
- Korrosionsschutz der Bewehrung für bewehrten Beton
- hoher Frostwiderstand. auch in wechselnd durchfeuchtetem Zustand
- Standsicherheit und Dauerhaftigkeit
- geringer Instandhaltungsaufwand.

Eine geeignete Betonzusammensetzung führt zu einem dichten und dauerhaften Beton. Außerdem muss die Rissbreite begrenzt werden, damit die Wasserundurchlässigkeit des Bauwerks und der Korrosionsschutz der Bewehrung für die vorgesehene Nutzungsdauer sichergestellt ist.

10.2.2.2 Bauzustand

Durch das gewählte Bauverfahren und den vorgesehenen Arbeitstakt ergeben sich weitere Anforderungen an den Beton. Dies sind vor allem eine weiche, leicht verarbeitbare Konsistenz (KR bis KF), ein gutes Zusammenhaltevermögen des Betons (geringe Neigung zum Entwischen) und eine ausreichende Frühfestigkeit zum planmäßigen Ausschalzeitpunkt.

Die erforderliche Festigkeit zum Ausschalzeitpunkt muss bei allen Temperaturverhältnissen erreicht werden; sie soll jedoch nicht wesentlich überschritten werden, um eine unnötige Temperaturerhöhung im Bauteil zu vermeiden.

In großen Tunnelschalen, deren Gewölbe durch Folien von der Spritzbetonschale abgetrennt sind, entstehen gelegentlich Risse, die vor allem den beiden in Bild 10.3 gezeigten Rissbilder a) und b) entsprechen. Bild 10.3 a) zeigt die in der Querschnittsebene verlaufenden so genannten Radialrisse im Ulmenbereich. Die Ursache dafür sind Zwangzugspannungen. Sie bilden sich, wenn Verformungen der Tunnelschale durch die massive Sohlplatte behindert werden. Verformungen werden z.B. durch abfließende Hydratationswärme, durch Schwinden oder bei plötzlich erniedrigter Lufttemperatur im Tunnel hervorgerufen. Dabei handelt es sich um das Bodenplatte/Wand-Problem, wie es auch von Wänden bekannt ist, die nachträglich auf die Fundamentplatte betoniert werden.

In umfangreichen Auswertungen von Rissaufzeichnungen mehrerer Tunnel wurden in größerer Zahl die im Bild 10.3 b) gezeigten so genannten Axialrisse im Firstbereich festgestellt. Da diese Risse nur selten in einem Tunnelsegment gemeinsam mit Ulmenradialrissen auftreten, kann die Entstehung dieser Risse kaum durch Zwangbeanspruchungen verursacht sein, sondern wird auf unzureichende Festigkeit beim Ausschalen zurückgeführt. Solche Axialrisse können auch später noch durch Austrocknung und schnelle Abkühlung der Tunnelinnenflächen sowie durch ungleich verteilte Belastungen verursacht werden. Entsprechende Ursachen können auch für seltener auftretende axiale Risse im Ulmenbereich angenommen werden, wie sie in Bild 10.3 d) dargestellt sind. Axiale Risse in der Ulme können auch während der Herstellung durch zu große Verformbarkeit des Schalwagens oder durch unsymmetrische Belastung beim Betonieren oder Ausschalen verursacht werden.

Als Ursache für die in Bild 10.3 c) gezeigten Radialrisse im Firstbereich kommen zum Beispiel besonders schnell erhärtende Betonmischungen mit sehr hoher Hydratationswärme in Frage, wenn diese nur im Firstbereich eingebaut werden. Der im Ulmenbereich verwendete Beton mit normaler Wärmeentwicklung kann dabei entsprechend verformungsbehindernd wirken.

Bei unterschiedlichem Verbund zwischen der rauen Spritzbetonschale und der Ortbetoninnenschale ist die Verformungsbehinderung in der Regel allseitig. Sie kann zu einer beliebigen Rissbildung in der Innenschale führen.

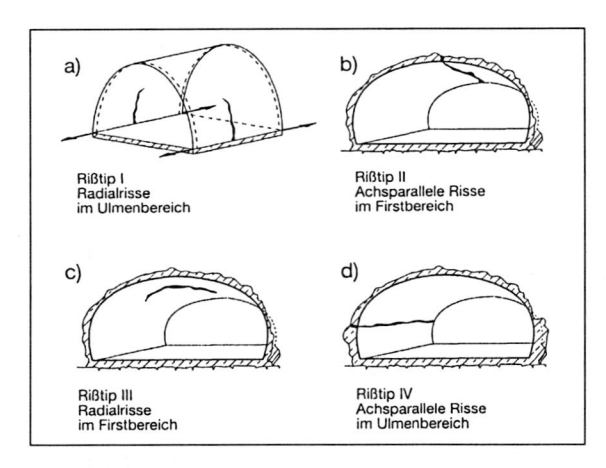

Bild 10.3:
Typisierung von Rissen in Tunnelschalen [6.26]

Die in Bild 10.3 gezeigten Risse dürfen die Dauerhaftigkeit des Tunnels und den Betrieb nicht beeinträchtigen. Sie sollten daher möglichst vermieden werden. Hierzu sind konstruktive, betontechnische und ausführungstechnische Maßnahmen sinnvoll.

10.2.3 Maßnahmen zur Verminderung der Rissbildung

10.2.3.1 Allgemeines

Die beschriebenen Ursachen der Rissbildung zeigen, dass sowohl konstruktive als auch ausführungstechnische und betontechnische Maßnahmen zur Verminderung der Rissbildung zu ergreifen sind [6.2].

Hinzu kommt, dass bei jeder Tunnelbaumaßnahme sehr unterschiedliche Anforderungen zu erfüllen sind, von denen nur eine die Vermeidung oder Minimierung der Rissbildung ist. Die sich daraus ergebende Optimierungsaufgabe lässt sich in etwa so präzisieren: Es sollen so wenige Risse wie möglich entstehen. Entstandene Risse müssen, wenn sie oberhalb einer bestimmten Breite liegen, durch Injektion geschlossen werden. Da Risse sich in der Praxis nicht ganz verhindern lassen, sollten sie einem Risstyp angehören, der die Dauerhaftigkeit des Tunnels und den Betrieb nicht beeinträchtigt und auch unter Betrieb erforderlichenfalls leicht verpresst werden kann, siehe Bild 10.3 a.

10.2.3.2 Konstruktive Maßnahmen zur Vermeidung der Rissbildung

Die wirkungsvollste konstruktive Maßnahme zur Verminderung von Zwangspannungen und damit zur Vermeidung von Rissen infolge Zwang besteht in der Trennung der Ortbetoninnenschale von der Spritzbetonaußenschale durch Abdichtungsfolien und Schutzvliese oder durch wirksame Trennfolien, z.B. durch so genannte Luftkissenfolien.

Kann die Rissbildung nicht durch konstruktive oder ausführungstechnische Maßnahmen verhindert werden, ist die Rissbreite erforderlichenfalls durch eine Bewehrung in Ring- und Axialrichtung zu beschränken.

Eine für die Tragsicherheit erforderliche Bewehrung in Ringrichtung kann vorteilhaft auch zur Begrenzung der Breite von axial verlaufenden Rissen herangezogen werden. Um die Wahrscheinlichkeit einer Rissbildung überhaupt zu vermindern, kommt den betontechnischen und den ausführungstechnischen Maßnahmen erhöhte Bedeutung zu.

10.2.3.3 Betontechnische Maßnahmen

Die wesentlichen betontechnischen Maßnahmen zur Verminderung der radialen Rissbildung in der Ulme bestehen in der Verminderung der Zwangspannungen, die durch das Abfließen der Hydratationswärme und durch späteres Schwinden entstehen. Der Beton muss so zusammengesetzt werden, dass die für das Ausschalen erforderliche Frühfestigkeit im First sicher erreicht, aber nicht wesentlich überschritten wird. Damit wird die Temperaturerhöhung des Betons im Bauteil auf das für die Festigkeitsentwicklung notwendige Maß beschränkt. Das Erreichen der erforderlichen Frühfestigkeit muss unter Umständen durch Wahl unterschiedlicher Betonzusammensetzungen sichergestellt werden. Das ist dann erforderlich, wenn sich die Temperatur des Frischbetons und die Umgebungstemperatur, abhängig von der Jahreszeit, ändern. Für die Ausführung im Sommer kann eine andere Betonzusammensetzung erforderlich sein als im Winter. Zur Begrenzung des Schwindmaßes sollte der Zementleimgehalt so niedrig wie möglich gehalten werden (Abschn. 6.1.3).

Folgende betontechnische Maßnahmen tragen zur Vermeidung von Rissen im Bauwerk bei:
- Die verwendeten Zemente sollen innerhalb der Festigkeitsklassen 32,5 und 42,5 R nach DIN 1164 liegen.
- Der Beton muss die Mindestfestigkeit zum Ausschalzeitpunkt erreichen, damit Axialrisse im First vermieden werden.
- Der Beton sollte die Mindestfestigkeit zum Ausschalzeitpunkt so wenig wie möglich (z.B. um nicht mehr als rd. 5 N/mm^2 überschreiten. Damit wird die Wärmeentwicklung auf das zur Festigkeitsentwicklung notwendige Maß begrenzt; die Radialrissbildung im Ulmenbereich wird auf das unvermeidbare Maß vermindert.
- Durchführung von Eignungsprüfungen, die auch Erhärtungsprüfungen unter teiladiabatischen Bedingungen umfassen. Damit werden für die Baustelle Betone bereitgestellt, die bei wechselnden Frischbeton- und Umgebungstemperaturen sowie Bauteildicken die beiden vorgenannten Bedingungen in erster Näherung erfüllen.

Für die Durchführung von Eignungsprüfungen wurde vom Forschungsinstitut der Zementindustrie ein Prüfverfahren mit den dazugehörigen Geräten entwickelt [Lit.: Grube, H., Hintzen, W.: Prüfverfahren zur Voraussage der Temperaturerhöhung im Beton infolge Hydratationswärme des Zements. beton 5/93].

10.2.3.4 Ausführungstechnische Maßnahmen

Wesentliche ausführungstechnische Maßnahmen zur Verminderung der Rissbildung sind z.B.:
- niedrige Frischbetontemperatur
- stabiles Bewehrungsgeflecht
- verformungssteifer Schalwagen (Verformung unter Frischbetonbelastung < 1 cm)
- gleichmäßiges Einfüllen des Frischbetons in beiden Ulmen mit höchstens 50 cm Höhenunterschied

- Prüfen der tatsächlich erreichten Druckfestigkeit der Innenschale an der Stirnseite und Nachweis der erforderlichen Ausschalfestigkeit im First, z.B. mit einem für diesen Beton kalibrierter Pendelhammer
- ruck- und stoßartiges Ausschalen
- wirkungsvolle Nachbehandlung zum Verringern von Temperatur- und Feuchteunterschieden, u.a. durch Vermeiden von Zugluft, Verwendung von Nachläuferwagen für die Nachbehandlung o.ä.

10.3 Trogbauwerke für Verkehrswege

10.3.1 Konstruktion und Bemessung

Bei Kreuzungen von Verkehrswegen in mehreren Ebenen kann es sich ergeben, dass die Unterführung ins Grundwasser hineinreicht. Hierbei sind mehrere Lösungen möglich:

- Anheben des gesamten Kreuzungsbereichs aus dem Grundwasser
- ständige Absenkung des Grundwassers durch Pumpen (in der Regel nicht durchführbar)
- Trogstrecke im Grundwasser als Wanne ausbilden und gegen Auftrieb sichern.

Aus wirtschaftlichen und sicherheitstechnischen Gründen wird die Entscheidung oft zu Gunsten einer Wanne aus WU-Beton fallen.

Die Sohlplatte des Trogbauwerks wird durch Bodenpressung und Grundwasser beansprucht, hinter den Wänden wirken ebenfalls Erd- und Wasserdruck. Außer dieser statischen Beanspruchung treten Zwangspannungen durch unterschiedliche Temperaturen und behinderte Längenänderungen auf, und zwar während des Bauzustands und auch später im Betriebszustand.

Vor dem Festlegen der Bemessungsart ist zwischen verschiedenen Möglichkeiten zu entscheiden. Es gibt zwei grundsätzlich andere Konstruktionsweisen:

Die Abmessungen der Bauteile werden so gewählt, dass im Betonquerschnitt nur Zustand I herrscht: Ungerissene Zugzone (Abschn. 6.6.5.1). Hierbei kann im Hinblick auf die Abmessungen eine mäßig Vorspannung sinnvoll sein, z.B. für eine Normalspannung von 0,5 N/mm² [6.49].

Die Abmessungen werden für Zustand II mit gerissener Zugzone festgelegt. Die Biegedruckzone sollte mindestens 15 cm dick sein. Die Bemessung erfolgt mit rissverteilender Bewehrung (Abschn. 6.6.5.2).

10.3.2 Ausführung

Zwei verschiedene Möglichkeiten der Ausführung von Trogstrecken zeigen die nachfolgenden Beispiele.

10.3.2.1 Beispiel Hildesheim

Zur Beseitigung von drei schienengleichen Bahnübergängen wurden zwei Trogstrecken für eine Bundesstraße erforderlich. Nach einem Sondervorschlag des ausführenden Unternehmens wurde die Trockstrecke als weiße Wanne gebaut. Zur Sicherung der Baugrube wurden Spundwände gerammt. Sie dienten danach als äußere Schalung für die Wände. Später wurden die Spundwände zur Grundverankerung des Bauwerks gegen Auftrieb herangezogen.

10.3 Trogbauwerke für Verkehrswege

Sohlplatte und Wände wurden abschnittsweise in einem Arbeitsgang betoniert. Dadurch konnten die Zwangspannungen gering gehalten werden, die sonst durch zeitlich versetzte Hydratation und unterschiedliches Schwinden zwischen Sohlpaltte und Wänden entstehen. Der besondere Aufwand für das Aufstelzen der Schalung und das schwierige Betonieren war geringer als der für andere Maßnahmen nötige Aufwand, z.B. Kühlen des Betons (Bilder 10.4 und 10.5).

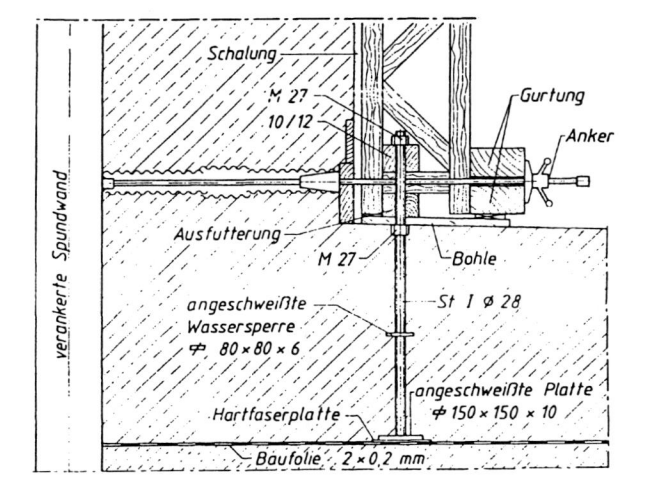

Bild 10.4:
Aufgestelzte Schalung für das Betonieren von Sohlplatte und Wand in einem Arbeitsgang bei einhäuptiger bzw. einhüftiger Schalung (Werkzeichnung Mölders & Cie.)

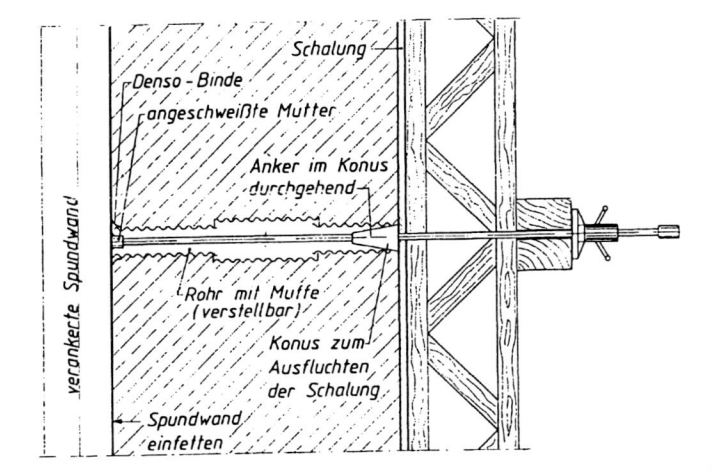

Bild 10.5:
Verankerung der einhäuptigen Schalung an Stahlspundwänden (Werkzeichnung Mölders & Cie.)

Trogbauwerke haben meistens nicht genügend Eigenlast, um gegen Auftrieb sicher zu ein. Die erforderliche Sicherheit lässt sich durch verschiedene Maßnahmen erreichen:

- Ballast durch Magerbeton oder Kieskoffer auf der Trogsohlplatte
- Auskragung der Sohlplatte oder anbetonierte Konsolen für die Mitwirkung des Erdreichs als Auflast (Bild 10.6)
- Zugbohrpfähle mit Pendel zwischen Pfahlkopf und Sohlplatte an Stelle von Injektionsankern, die nachgespannt werden müssen (Bild 10.7)
- Bohrpfahlwand mit durchlaufender Pfahlhaube über der Wandkrone (Bild 10.7)
- Spundwand mit angeschweißter Konsole.

Kombinationen dieser Auftriebssicherung sind möglich und oft sehr sinnvoll.

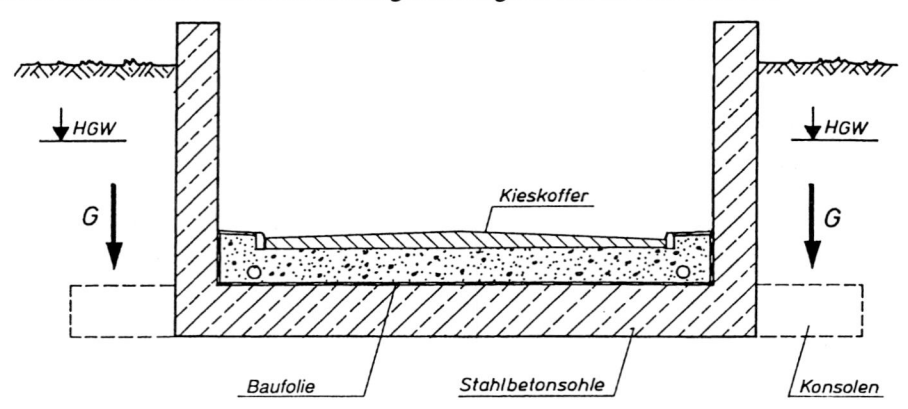

Bild 10.6: Möglichkeiten der Auftriebssicherung bei einem Trogbauwerk (Werkzeichnung Mölders & Cie.)
    a) durch Kieskoffer auf der Stahlbetonsohlplatte
    b) durch Erdauflast auf seitlichen Konsolen

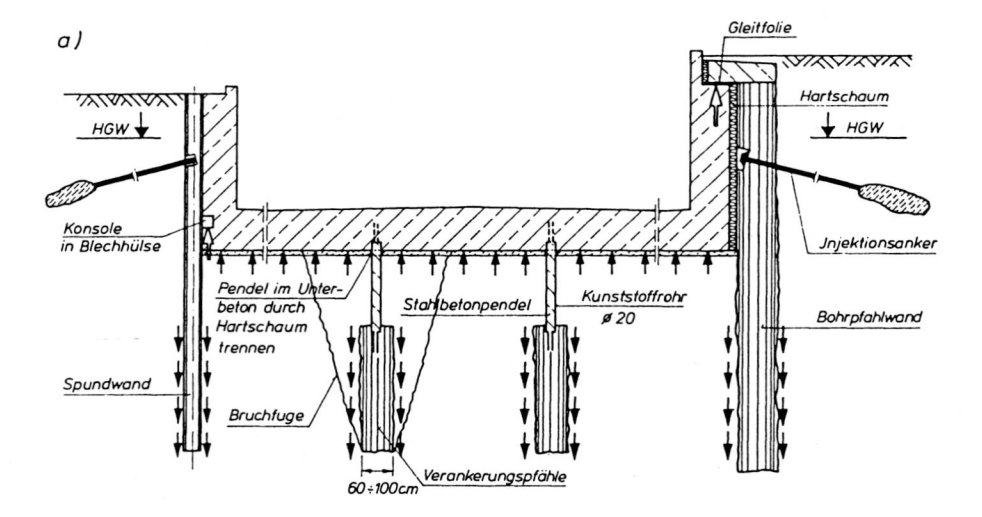

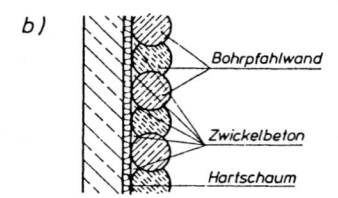

Bild 10.7: Möglichkeiten der Auftriebssicherung bei einem Trogbauwerk (Werkzeichnung Mölders & Cie.)
    a) lotrechter Schnitt durch Trogbauwerk mit Spundwandverbau (links), mit Verankerungspfählen (Mitte) oder mit Bohrpfahlwand (rechts)
    b) waagerechter Schnitt durch die Bohrpfahlwand

10.3.2.2 Beispiel Hameln

Für die Unterführung einer Kreisstraße unter einer Bahnstrecke wurde der Bau eines Troges erforderlich, da die Unterführung ins Grundwasser hineinreicht und im Trinkwasser-Einzugsgebiet einer Wasserwerkes liegt.

Für die Sohlplatte war eine Dicke bis zu 1 m erforderlich, damit eine genügende Auftriebssicherheit erreicht wurde. Sohlpatte und Wände wurden aus wasserundurchlässigem Beton B 25 hergestellt. Der Beton über der oberen Bewehrung der Sohlplatte wurde in mindestens 12 cm Dicke frisch-auf-frisch aus Beton B 35 mit hohem Frost- und Tausalzwiderstand und hohem Verschleißwiderstand nach DIN 1045 eingebaut. Die seitlichen Bordsteine wurden vorher verlegt und direkt einbetoniert.

Eine andere Abdichtung und ein weitere Fahrbelag waren nicht erforderlich (Bild 10.8).

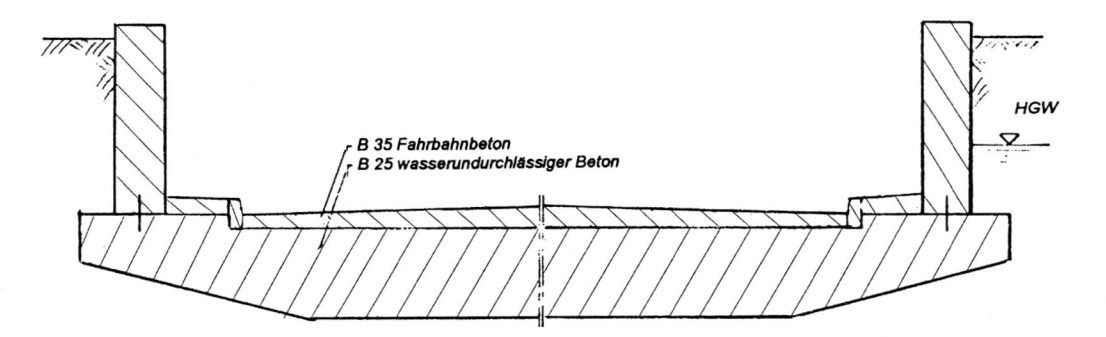

Bild 10.8: Querschnitt durch den Stahlbetontrog aus WU-Beton B 25 mit direkt befahrener Oberseite aus Fahrbahnbeton B 35, der frisch-auf-frisch im Verbund eingebaut wurde

10.4 Schwimmbecken

Bei Schwimmbecken sollten Sohlplatte und Wände stets in einem Arbeitsgang betoniert werden. Dies ist nicht nur eine theoretisch sinnvolle Forderung; sie hat sich auch in der Praxis vielfach bewährt. Die relativ geringe Wandhöhe ermöglicht diese Vorgehensweise, auch wenn der Schalungsaufwand größer ist. Der Aufwand ist insbesondere im Zusammenhang mit der Beckenstufe und der Rinnenausbildung beachtlich (Bild 10.9). Andererseits entfallen die lotrechten Wandfugen, die wegen der geringen Wandhöhe in engen Abständen in den Wänden anzuordnen wären (Gleichungen 6.53 bis 6.55). Durch den Fortfall von Fugen werden Schwachstellen vermieden, das Becken ist rissfrei herstellbar und behält auf einfachere Weise im Laufe der Nutzungszeit seine Dichtigkeit.

Aus dem Querschnitt durch das Becken und den Beckenumgang ist zu ersehen, dass im Becken selbst keine Fugen entstehen. Dies gilt auch für Becken bis 50 m Länge, wenn sie weitgehend zwängungsfrei gelagert sind. Die erforderlichen Betonierfugen zum Beckenumgang können zum Beispiel mit Bentonit-Quellbändern abgedichtet werden (Bild 10.9). Der Einbau von Verpressschläuchen an Stelle von Quellbändern ist ebenfalls möglich, insbesondere dann, wenn sie für ein Nachpressen geeignet sind. Die genannten Maße ergeben sich aus den statischen Anforderungen bzw. den Abmessungen für die Überlaufrinne.

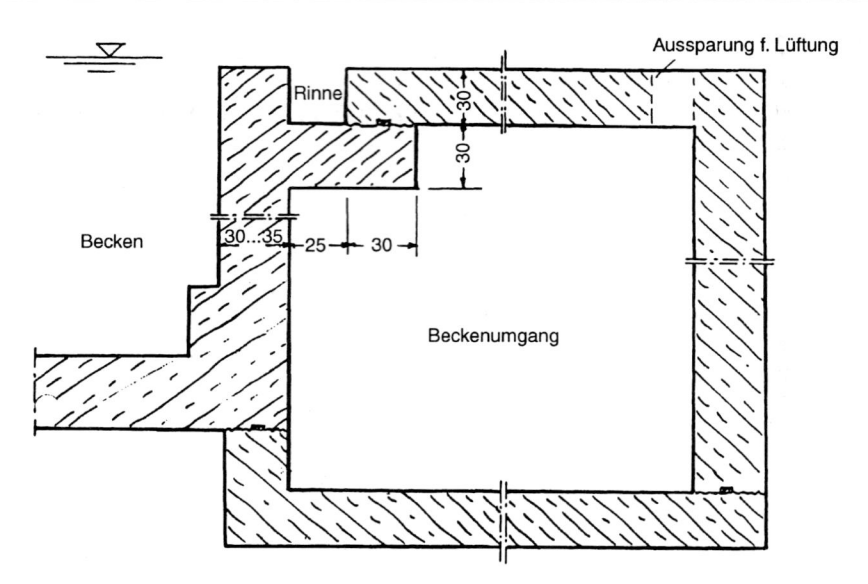

Bild 10.9: Querschnitt durch den Rand des Schwimmbeckens mit Überlaufrinne und Beckenumgang (Werkzeichnung Planungsgruppe Hildesheim)

An den Ecken des Schwimmbecken ist eine umfangreiche, waagerecht verlaufende obere und untere Zusatzbewehrung erforderlich, die in der Decke des Beckenumgangs außerhalb der Überlaufrinne unter 45° angeordnet wird. Dadurch kann verhindert werden, dass in der Decke des Beckenumgangs breite Risse an den einspringenden Ecken infolge Kerbspannungen entstehen (Bild 10.10).

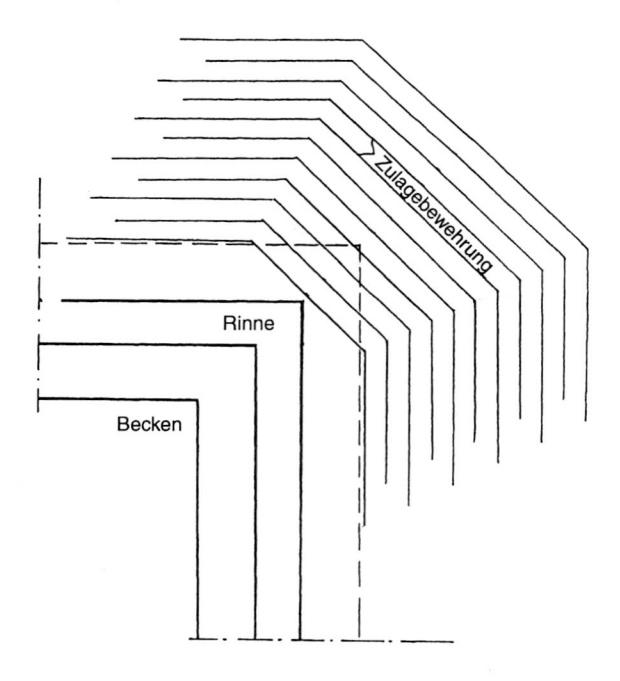

Bild 10.10: Draufsicht mit waagerechter oberer und unterer Zusatzbewehrung in der Decke des Beckenumgangs an den Ecken des Schwimmbeckens (Entwurf: Planungsgruppe Hildesheim)

10.5 Trinkwasserbehälter

Für die Bauausführung von Trinkwasserbehältern ist DIN 1045 maßgebend. Wasserbehälter sollten stets unter den Bedingungen für Beton B II mit Eigen- und Fremdüberwachung hergestellt werden. Weitere Technische Regeln enthält das Arbeitsblatt W 311 des Deutschen Vereins des Gas- und Wasserfaches e.V. DVGW.

Wasserbehälter werden überwiegend als Erdbehälter gebaut, d.h. sie liegen ganz oder teilweise unter Gelände. Wassertürme sind Ausnahmen. Nach der Wasserspiegellage sind Hochbehälter und Tiefbehälter zu unterscheiden. Hochbehälter sind Wasserspeicher, deren Wasserspiegel höher als das Versorgungsgebiet liegt. Das Wasser fließt dem Versorgungsgebiet in natürlichem Gefälle zu. Bei Tiefbehältern liegt der Wasserspiegel so tief, dass ein ausreichender Versorgungsdruck durch Pumpen erzeugt wird.

Der Fassungsraum wird in mindestens zwei Wasserkammern unterteilt. Während der Reinigungs- und Instandsetzungsarbeiten soll die Versorgung aus einer Kammer möglich sein. Übliche Grundformen für Wasserbehälter sind Rechteckbehälter oder Kreisbehälter. Bild 10.11 zeigt ein Ausführungsbeispiel für einen Rechteckbehälter.

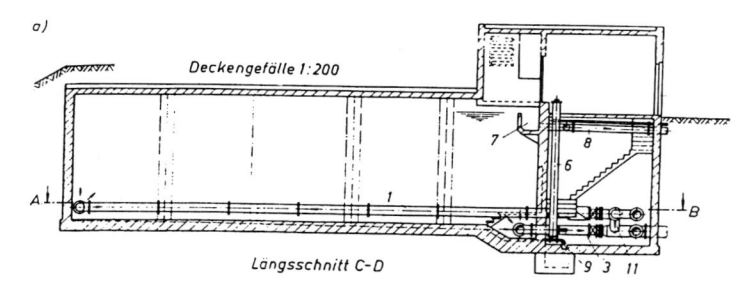

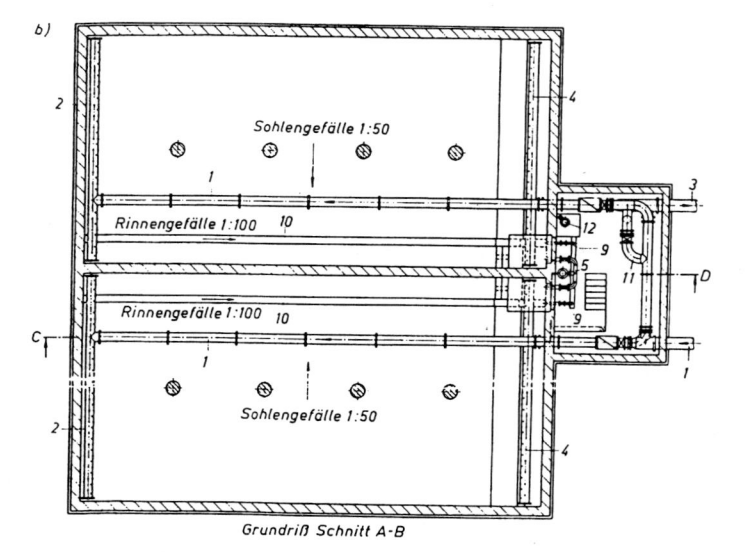

1 Zuleitung
2 Verteilerrohr
3 Entnahmeleitung
4 Entnahmesammelrohr
5 Ausgleichsleitung
6 Wasserstandsanzeige
7 Überlaufrinne
8 Überlaufleitung
9 Entleerungsleitung
10 Entleerungsrinne
11 Behälterumgehung
12 Entwässerungspumpe und Schacht

Bild 10.11: Ausführungsbeispiel für einen Rechteckbehälter als Durchlaufbehälter 2 x 1000 m^3
a) Längsschnitt   b) Grundriss
(nach Arbeitsblatt W311 des Deutschen Vereins des Gas- und Wasserfaches e. V. DVGW)

Arbeitsfugen (Betonierfugen) sind zwischen der Sohlplatte und den Wänden erforderlich. Sie werden i.a. durch mittig liegende Fugenbänder gesichert. Bild 10.12 zeigt die Ausbildung einer Arbeitsfuge.

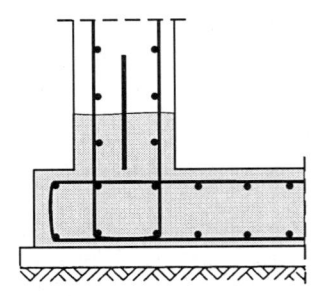

Bild 10.12:
Beispiel zur Ausbildung einer Arbeitsfuge zwischen Behältersohle und Wand bei Einspannung der Wand in der Sohlplatte

Die Stahlbetonbauteile von Wasserbehältern sind so zu bemessen und konstruktiv so auszubilden, dass eine Rissfreiheit möglichst erreicht wird oder es ist die Beschränkung der Rissbreite nachzuweisen, z.B. auf $w_{cal} = 0{,}15$ mm.

Betonflächen sollen keine Kiesnester und Poren enthalten, die das Ablagern von Stoffen aus dem Wasser ermöglichen. Das Keimwachstum könnte dadurch gefördert werden. Glatte Oberflächen erleichtern die Reinigung. Poren in den Oberflächen können durch hygienisch unbedenkliches Material (z.B. kunstharzvergüteter Zementmörtel) durch bündiges Zuspachteln geschlossen werden.

Betonzusatzmittel können verwendet werden, sie enthalten keine toxischen Stoffe. Außerdem werden sie in das Zementsteingefüge eingebunden.

Trennmittel für Schalungen müssen für Trinkwasserbehälter geeignet sein. Biologisch abbaubare Trennmittel sind kritisch, da sie Mikroorganismen einen Nährboden bieten.

Sachgemäß hergestellter Beton bedarf keiner besonderen Oberflächenbehandlung; Putze, Anstriche, Beschichtungen oder Fliesenbeläge sind nicht erforderlich. Fliesen sind an den Kammerwänden nicht zu empfehlen, weil Hohlräume unter den Fliesen das Ansiedeln von Bakterien begünstigen. Fliesenbeläge auf der Behältersohle erleichtern zwar das Überprüfen auf Ablagerungen und das Reinigen, sind jedoch ebenfalls problematisch. Die Fliesen müssen eingerüttelt werden oder in einem anderen geeigneten Verfahren so verlegt werden, dass keine Hohlräume entstehen.

Dichtigkeitsprüfungen sind nach der Ausführung stets vorzunehmen, sie sollen vor dem Aufbringen von Auskleidungen erfolgen. Vor der Prüfung ist jede Kammer mindestens eine Woche lang dauernd gefüllt zu halten. Dabei kann sich der Beton mit Wasser sättigen. Während der Prüfzeit soll der Behäler verschlossen und plombiert bleiben. Ein etwaiges Absinken des Wasserspiegels während der Prüfzeit kann verursacht sein durch undichte Stellen an Sohlplatte, Wänden und Rohrdurchführungen, nicht dicht schließende Abschlussorgange oder Wasseraufnahme des Betons. Über die Dichtheitsprüfung ist ein Protokoll anzufertigen (Muster vom DVGW).

10.6 Klärbecken

Becken zur Klärung der Abwässer sind nach DIN 1045 „Beton und Stahlbeton" und DIN 19569 „Kläranlagen" auszuführen. Bei Planung und Herstellung von Klärbecken sind stets die Bedingungen für Beton B II mit Eigen- und Fremdüberwachung zu beachten. Stahlbetonbauteile, die der Witterung direkt ausgesetzt sind, erfordern einen Beton für Außenbauteile entsprechend DIN 1045 Abschn. 6.5.2 und 6.5.5.1. Der Beton ist nach den zu erwartenden Beanspruchungen einzustufen in „wasserundurchlässigen Beton" und/oder „Beton mit Widerstand gegen schwachen/starken/sehr starken chemischen Angriff" und/oder „Beton mit Frostwiderstand bzw. Frost-Tausalzwiderstand".

Bei Wandkronen und Räumerlaufbahnen von Nachklärbecken sind zusätzlich die Angaben der DIN 19 569 Teil 1 Abschn. 3.2 einzuhalten. Dieser Beton ist mit hohem Frost-Tausalzwiderstand herzustellen, wenn nicht andere Maßnahmen getroffen werden, die den Betrieb auch bei Schneefall und/oder Eisbildung Gewähr leisten, z.B. durch Beheizung der Wandkronen. Die Betondeckung der Bewehrung soll das Nennmaß von nom c $\geq$ 5 cm nicht unterschreiten.

Für Beckenwände, die mit Abwasser in Berührung kommen, werden aus betriebstechnischen Gründen glatte Oberflächen bevorzugt. Sperrholz-Großflächenschalungen, Brettplattenschalungen oder gehobelte Brettschalungen sind vorteilhafter als nichtsaugende Schalungen, wie z.B. Stahlschalung oder kunstharzbeschichtete Schalung. Nichtsaugende Schalungen begünstigen Mörtelanreicherungen und eine Erhöhung des Wasserzementwerts sowie die Entstehung von Poren an der geschalten Betonfläche.

Fugen in Sohlplatten müssen nicht angeordnet werden, wenn die Sohlplatte in einem Arbeitsgang betoniert wird. Diese Verfahrensweise wird häufig angewendet und ist dann unproblematisch, wenn die Verkürzungen der Sohlplatte beim Abfließen der Hydratationswärme zum Zentrum ermöglicht werden (wärmedämmende Abdeckungen); weiterhin sollen eine ebene Sohlplattenunterseite außerhalb des Mittelbauwerk und eine seitliche Abpufferung von Vertiefungen durch weiche Dämmplatten vorgesehen werden.

Fugen zwischen Sohlplatte und Wand entstehen als Arbeitsfugen, da diese Sohlplatte und Wände kaum in einem Arbeitsgang betoniert werden können. Diese Fugen werden i.a. durch mittig umlaufende Fugenbänder abgedichtet, aber auch Fugenbleche sind möglich.

Fugen in den Wänden entstehen durch Betonierabschnitte, die vom Arbeitstakt abhängig sind. Es sind Arbeitsfugen, die gleichzeitig als Sollrissfugen ausgebildet werden können. Gesichert werden diese Fugen durch Fugenbänder, die an die unten umlaufenden Fugenbänder angeschlossen sind. Fugenbänder mit seitlichen Stahllaschen ermöglichen einen Anschluss an unten umlaufende Fugenbleche, sofern diese eingesetzt wurden. Bewegungsfugen sind in Wänden i.a. nicht erforderlich.

Die Sohlplatte und Wände von Klärbecken sind so zu bemessen und konstruktiv so auszubilden, dass möglichst keine Risse entstehen oder dass die Rissbreite durch Bewehrung beschränkt wird, z.B. auf $w_{cal} \leq 0{,}15$ mm.

Bild 10.13 zeigt ein Beispiel für ein rundes Nachklärbecken aus Beton B 35 mit 48 m Durchmesser ohne Bewegungsfugen. Die äußeren Wände sind 4,25 m hoch und 30 cm dick. Die Selbstheilung von Trennrissen wird ausgenutzt, daher die Beschränkung der Rissbreite auf $w_{cal} = 0{,}15$ mm.

Die Betondeckung wird auf den Bewehrungsplänen differenziert angegeben entsprechend DIN 1045, Tabelle 10, Zeile 2, 3 und 4 bzw. DIN 19569. Dabei wird unterschieden nach „normalen Bereichen" (Zeile 2), „Bauteilen im Freien" (Zeile 3), „außen, Grundwasser mit starkem chemischen Angriff" (Zeile 4), „innen, Abwasser mit starkem chemischen Angriff" (Zeile 4) und „Räumerlaufbahnen" (Zeile 4 zuzügl. 1 cm).

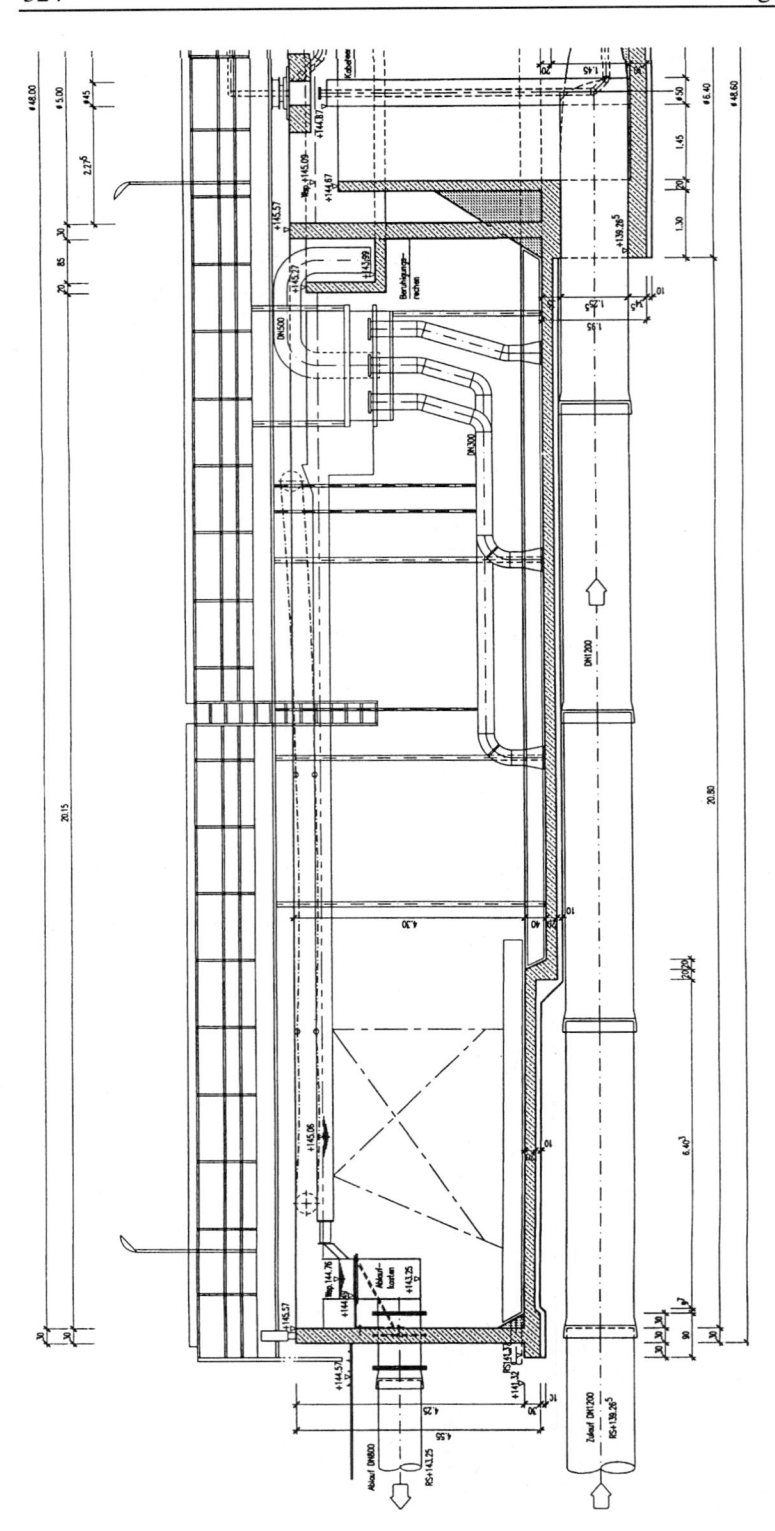

Bild 10.13:
Querschnitt durch ein rundes Nachklärbecken von 48 m Durchmesser und 4,25 m Höhe (Entwurf: PFI, Planungsgemeinschaft für Ingenieurbau Hannover)

11 Ausführungsbeispiele mit Bentonitabdichtungen

Von Dr.-Ing. Ralf Ruhnau

In der Baupraxis sind Abdichtungen mit Bentonitprodukten insbesondere bei der Abdichtung von Arbeitsfugen mit Hilfe von Quellbändern gebräuchlich (Bild 7.12 und 11.8), während Flächenabdichtungen mit Bentonitprodukten eher noch die Ausnahme darstellen. Unter dem Begriff „braune Wanne" sind insbesondere Gebäudeabdichtungen gegen drückendes Wasser ausgeführt worden (Bild 11.1). Mit Kunststofffolien kaschierte Bentonitbahnen sind erst seit jüngerer Zeit auf dem Markt, so dass hier zumindest in Europa noch keine allzu umfangreichen Erfahrungen vorliegen (Bild 11.4 bis 11.7). Für Deponieabdichtungen haben sich mit Geotextilen bewehrte Bentonitschichten im großem Umfang bewährt.

Bild 11.1:
Abdichtung einer Bodenplatte gegen drückendes Wasser mit dem Volclay-Bentonit-System entsprechend Bild 7.3 („braune Wanne"), aus [7.4]

Bild 11.2:
Verlegearbeiten von Volclay-Bentonit-Panels auf einer Bauwerkssohle, aus [7.4]

Bild 11.3:
Verlegearbeiten von Volclay-Bentonit-Panels an einer Kellerwand; Befestigung durch Nagelung der Panels an die Wandrücklage, aus [7.4]

Bild 11.4:
Abdichtung eines Parkdecks mit folienkaschierter Bentonitbahn entsprechend Bild 7.7 mit teilweise bereits aufgebrachter Wärmedämmung und Schutzschicht als Umkehrdachkonstruktion, aus [7.4]

Bild 11.5:
Folienkaschierte Bentonitbahnen mit verklebten Stößen auf einer Flachdachkonstruktion, aus [7.4]

11 Ausführungsbeispiele mit Bentonitabdichtungen 327

Bild 11.6:
Mit Geotextilien bewehrte Bentonitmatten als Abdichtung einer Wandkonstruktion, aus [7.4]

Bild 11.7:
Abdichtung einer Arbeitsfuge zwischen zwei Betonierabschnitten mit Bentonitquellband entsprechend Bild 7.12, aus [7.4]

12 Abdichtung von Fahrbahnen und Gehwegen auf Brücken, Trog- und Tunnelsohlen

Von Prof. Dr.-Ing. Manfred Specht

12.1 Notwendigkeit und Beanspruchung von Brückenabdichtungen

Es hat sich nachhaltig erwiesen, dass auch bei einem hochwertigen Beton mit porenarmen Gefüge und einer ausreichenden Betonstahlüberdeckung ein abdichtender Schutz der Betonoberfläche für eine lange Lebensdauer von Brückenfahrbahnen unerlässlich ist.

Nach leidigen Erfahrungen gilt heute als anerkannte Regel der Bautechnik, Brückenfahrbahnplatten einschließlich ihrer Flächen unter den Kappen mit einer Abdichtung zu versehen. An sie werden außergewöhnlich hohe Anforderungen gestellt. Entwurf und Ausführung von Brückenbelägen auf Beton und Stahl erfordern besondere Kenntnisse und Erfahrungen. Mit der Planung und Herstellung dürfen daher nach dem geltenden Regelwerk [12.12] [12.14] nur ausgewiesene Fachkräfte und Fachunternehmen beauftragt werden.

Von den Grundregeln des Abschnitts 5, die eine Abdichtung des allgemeinen Hoch- und Tiefbaus im günstigsten Fall erfüllen sollte, sind von einer Brückenabdichtung aus Bitumen oder Asphalt von vornherein, bauartbedingt, drei nicht zu verwirklichen.

Zur Aufnahme von Brems- und Anfahrkräften der Fahrzeuge und von Abtriebskräften bei Gefällestrecken muss auf die Grundregel, die eine reibungsfreie Verbindung zwischen Abdichtung und Untergrund verlangt, und damit nur die Übertragung normal gerichteten Kräfte zulässt, verzichtet werden. Stattdessen schreibt das heutige Regelwerk einen Verbund mit einer Mindestschubfestigkeit von 0,15 N/mm² (bei 23° C) vor [12.13/1, Anhang 3]. Die horizontale Bremskraft eines SLW 30 von der Größe eines Drittels der Radlast wird rein rechnerisch und ohne Zusatzwirkungen von einer Schubfläche gleich der Radaufstandsfläche von ca. 0,25 m² bei Ausschöpfung dieser Schubfestigkeit noch mit einer Sicherheit von 2,2 aufgenommen.

Die erwünschte Einpressung (konstruktiv bewirkter Anpressdruck gegen den stützenden Untergrund) von 1 N/cm², um die Wasseraufnahme von Abdichtungen aus Asphalt zu verringern, ist bei einer Belagdicke von 7 cm (z. B. 2 x 3,5 cm Gussasphalt) nur mit 0,16 N/cm² gegeben, während bei Überfahrt eines schweren LKW ein örtlicher Anpressdruck bis etwa 50 N/cm² entsteht. Er wirkt nicht nur als Druckimpuls, sondern schikaniert die Deckschicht zusätzlich durch die hinter jedem rollenden Rad mitgeführte Sogwelle. Diese fahrdynamischen Gegebenheiten lassen auch die Grundregel unerfüllt, nach der eine auf eine Abdichtung wirkende Belastung möglichst gleichmäßig und stetig verteilt sein soll.

Die Hauptaufgabe einer Brückenabdichtung ist der zuverlässige Schutz der tragenden Konstruktion, sowohl aus Beton als auch aus Stahl, gegenüber eindringendem Oberflächenwasser. Das schnelle Abführen des Wassers durch eine gut geplante Entwässerung der Brückenfahrbahn bildet dabei eine wirksame Unterstützung. Tausalze lösen sich in Wasser und werden von diesem mitgeschleppt. Dringen sie in den Beton ein und erreichen den Beton – oder Spannstahl mit einer potenziellen Angriffsmenge, ist deren Korrosion nicht mehr aufzuhalten, da je nach Qualität des Betons und der gegebenen Sauerstoffzufuhr, alle Voraussetzungen einer zerstörenden Korrosion erfüllt sind. Analoges gilt für den Stahl einer orthotropen Platte.

Letztlich gilt es auch den Fahrbahnbeton gegen Frostschäden zu schützen, da der Konstruktionsbeton in der Regel keinen ausreichenden Luftporengehalt besitzt, um ausreichend widerstandsfähig gegen abtragende Frosteinwirkung zu sein.

Die Hauptaufgabe des Belages (zur Begriffsdefinition siehe Bild. 12.3) ist einerseits im Schutz der Abdichtung und andererseits in seinen fahrdynamischen Gebrauchseigenschaften wie Verformungsstabilität, Ebenheit und Griffigkeit zu sehen.

Weitere Beanspruchungen einer Brückenabdichtung gehen aus Bild 12.1 hervor.

Schutz- und Deckschicht dämpfen die thermische Beanspruchung der Dichtungsschicht um etwa 5 K [12.4]. Die einwirkende jährliche Temperaturschwankung kann somit maximal etwa 80 K erreichen, je nach Bauteildicke und -material. Diese außergewöhnlichen Beanspruchungen verlangen wohl überlegte, zuverlässige und durch gute Langzeiterfahrung ausgewiesene Lösungen.

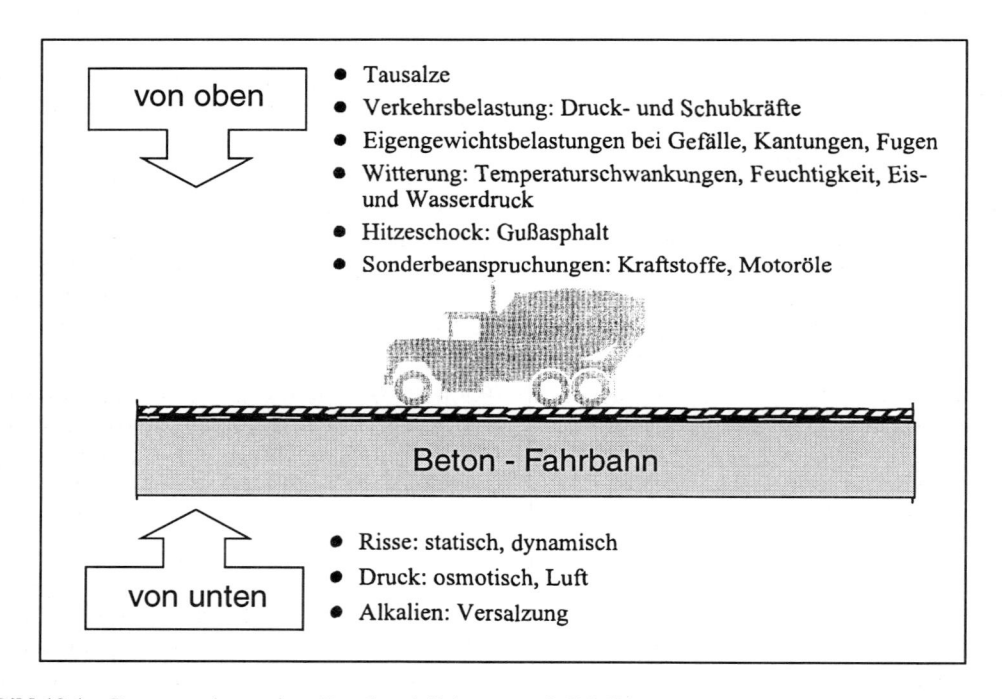

Bild 12.1: Beanspruchung einer Brückenabdichtung nach [12.5]

12.2 Straßenbrücken

12.2.1 Entwicklung der Belagsaufbauten von Betonbrücken

In den Anfangsjahren des Wiederaufbaus nach dem 2. Weltkrieg sind zahlreiche Brückenfahrbahnen gänzlich ohne eine Abdichtung ausgeführt worden. In Einzelfällen verzichtete man sogar auf den Belag und ließ den Verkehr unmittelbar über die Betonfahrbahn rollen. Der Konstruktionsbeton galt als ausreichend dicht.

Unterstützt wurde diese Anschauung durch den theoretischen Nachweis der Rissefreiheit von Brücken mit Vorspannung. Erst erhebliche Schäden führten zu der schnellen Einsicht, dass normaler Konstruktionsbeton stets eine erhebliche Kapillarporosität besitzt und trotz Vorspannung Risse auftreten, vor allem durch thermische Zwangsspannungen, wobei Schadwässer in den Beton bis zur Bewehrung eindringen können. Seit einigen Jahrzehnten gehört es zur anerkannten Auffassung, dass Brückenfahrbahnplatten nur mit einer wirkungsvollen Abdichtung langzeitig vor einer Zerstörung durch die Summe aller dargelegten Einwirkungen geschützt werden können. Diese ersten Dichtungsschichten bestanden aus Mastix, Metallriffelbändern (hauptsächlich Kupferriffelband) und Bitumendichtungsbahnen, die mit Schutzbeton, später mit Asphalt überzogen waren. Häufig führte man darüber nochmals eine zweilagige Dichtungsschicht aus, ehe der eigentliche Belag folgte [12.5]. Die Metallbandlage ist mit gefülltem Bitumen im Gieß- und Walzverfahren direkt auf den Untergrund geklebt worden, ohne Deckaufstrich, d. h. ohne eine trennende Zwischenlage aus Pappe oder Papier, gefolgt von einem somit schubfest mit ihr verbundenen Belag.

Der große Vorteil geriffelter Metallbänder liegt einerseits in ihrem hohen Bruchwiderstand und andererseits in ihrer geringen Dicke, die es erlaubt, sie in eine 2 bis 3 mm dicke bituminöse Klebemasseschicht einzuwalzen. Leider zeigte sich sehr bald, dass Kupferbänder von Tausalzlösungen langsam zerstört werden. Durch eine beiderseitige fabrikfertige Beschichtung mit Epoxidharz konnte sowohl für Kupfer- als auch für Aluminiumbänder, die preiswerter sind, eine ausreichende chemische Widerstandsfähigkeit erreicht werden. Allerdings verteuerte die etwas umständlichere Verlegearbeit die Kosten der Abdichtung zusätzlich. Bedingt durch den Transport und den Baubetrieb wies die Beschichtung häufig Fehlstellen auf, die meistens unbehandelt blieben und die Schutzfunktion des Harzes in Frage stellten. Zu grundsätzlich guten Erfahrungen führten Riffelbänder aus Edelstahl von 0,05 bis 0,1 mm Dicke.

Der Vorteil der Wasserdampfdichtigkeit der Metallbänder einerseits führte aber andererseits zum Aufbau hoher Gasdrücke zwischen dem porösen Betonuntergrund und der Dichtungsschicht und in der Folge wegen der verhältnismäßig geringen Haftzugfestigkeit und der mässigen Einpressung durch die dünne Deckschicht zu blasenförmigen Abhebungen. Die hohen Lastwechselzahlen aus den Radlasten führten dann in kurzer Zeit zur Zerstörung.

Die Lösung dieses Problems sah man einige Zeit im Zwischenschalten einer Dampfdruck-Entspannungsschicht (z. B. Glasvlies) mit Entspannungsröhrchen, Durchmesser von 10 bis 20 mm, an Tiefpunkten der Fahrbahnplatte angeordnet, 30 bis 45 cm vom Schrammbord entfernt und 1 Stück pro etwa 50 m^2 Brückenfläche. Sie wurde zur Regelbauweise erhoben und durch Richtzeichnungen vorgeschrieben. Der prinzipielle Aufbau von drei Varianten der Abdichtung mit einer Dampfdruckentspannungsschicht geht aus Bild 12.2 hervor.

Eine groß angelegte Untersuchung [12.20] offenbarte erhebliche Schadensfälle und zwei systematische Nachteile: Die Unterläufigkeit der Abdichtung (man sprach von der Dampfdruckentspannungsschicht als einer Tausalzverteilungsschicht) und die leichte Verschieblichkeit des gesamten Belagpakets durch die Dampfdruckentspannungsschicht als Trennschicht.

Auch wurde erkannt, dass eine Dichtungsschicht, die ausschließlich aus Asphaltmastix bestand, für Betonbrücken unzureichend ist.

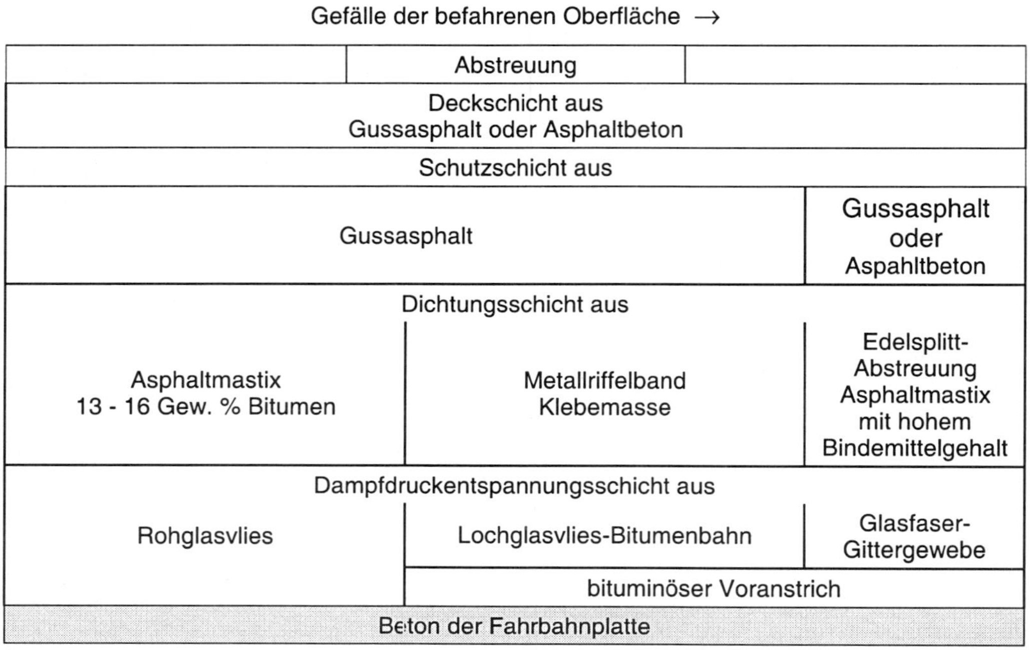

12 Abdeckung von Fahrbahnen und Gehwegen auf Brücken, Trog- und Tunnelsohlen

Gefälle der befahrenen Oberfläche →

	Abstreuung	
Deckschicht aus Gussasphalt oder Asphaltbeton		
Schutzschicht aus		
Gussasphalt		Gussasphalt oder Aspahltbeton
Dichtungsschicht aus		
Asphaltmastix 13 - 16 Gew. % Bitumen	Metallriffelband Klebemasse	Edelsplitt-Abstreuung Asphaltmastix mit hohem Bindemittelgehalt
Dampfdruckentspannungsschicht aus		
Rohglasvlies	Lochglasvlies-Bitumenbahn	Glasfaser-Gittergewebe
	bituminöser Voranstrich	
Beton der Fahrbahnplatte		

Bild 12.2: Ehemalige, schadensanfällige Regelbauweisen mit einer Dampfdruckentspannungsschicht

In den ersten Jahren des sich entwickelnden Großbrückenbaus nach dem 2. Weltkrieg war es besonders beim Freivorbau üblich, Zwischenspannglieder und schräge Schubnadeln im Steg nach oben zur Fahrbahnplatte zu führen und dort zu verankern. Durch die Unterläufigkeit der Dampfdruckentspannungsschicht konnte die Tausalzlösung von einer einzigen Undichtigkeitsstelle aus große Brückenflächen den Betonstahl und Spannstahl mit seinen Ankerköpfen im Verborgenen angreifen. Auch wenn diese Spanngliedführung heute nur noch in Ausnahmefällen und unter Beachtung zusätzlicher Vorsorgemaßnahmen praktiziert und die externe Vorspannung ohne Verbund, bei der die Spannglieder außerhalb des tragenden Querschnitts liegen und einen werkseitigen Korrosionsschutz besitzen, in zunehmendem Maße angewendet wird, bleibt das Problem dennoch grundsätzlich bestehen. Die heute vorgeschriebenen Regelbauarten kennen daher nur noch eine vollflächige Verklebung der Abdichtung mit der behandelten Betonoberfläche.

Als Dichtungsschicht kann entweder eine Bitumendichtungsbahn, einlagig oder zweilagig, oder eine Flüssigkunststoffschicht vorgesehen werden. Jede Bauart hat ihre speziellen Anwendungsfälle, die in den Folgeabschnitten näher beschrieben werden. Vor allem die einlagige, vollflächig mit dem vorbehandelten Untergrund verbundene Schweißbahnabdichtung hat sich seit mehr als 20 Jahren in der Praxis bewährt und kann als Regelausführung gelten.

Ein weiteres Phänomen, das zwischen Untergrund und Dichtungsschicht auftreten kann, sind wachsende Blasen. Sie entstehen langsam und können erst Monate, auch Jahre nach dem Einbau in Erscheinung treten. Ausgangsstelle ist ein so genannter Blasenkeim, eine Hohlstelle unterhalb der Dichtungsschicht, die über Kapillarporen des Konstruktionsbetons (erst recht über Risse, Spalten, Nester u. ä.) mit der Außenluft in Verbindung steht [12.1]. Die tageszeitlichen Temperaturschwankungen verändern den Luftdruck in der Blase, der im Verein mit der temperaturabhängigen Viskosität des Bitumens zu einem Pumpeffekt führt. Um diese Erscheinung auszuschließen muss die kapillare Verbindung der Grenzschicht zwischen Unterseite der Abdichtung und Oberseite des Betongrundes mit der Außenluft unterbrochen werden. Dies geschieht zuverlässig durch einen Verschluss der Kapillarporen, indem die vorbereitete Oberfläche der Fahrbahnplatte mit einem lösemittelfreien Epoxidharz bis zur Sättigung (mindestens 1 Arbeitsgang mit 300 bis 500 g/m^2) getränkt wird. Fallweise kann auch durch Wiederholung ein geschlossener, porenfreier Versiegelungsfilm aufgetragen werden. Darüber hinaus wird die Haftung der Dichtungsschicht an der Betonoberfläche in hohem Maße verbessert und ein schnelles Abtrocknen der Betonfahrbahn nach einem Regen ermöglicht.

Begriffsbestimmung

Wie in Bild 12.3 zu sehen, besteht ein Brückenbelag aus der Abdichtung (Grundierung, Versiegelung oder ggf. Kratzspachtelung, Dichtungsschicht, Schutzschicht und ggf. Abstreuung) und der Deckschicht.

Gefälle der befahrenen Oberfläche →

Brückenbelag	Deckschicht		
	Abstreuung		
	Schutzschicht ggf. mit Abstreuung		
	Abdichtung	Dichtungsschicht	
		Grundierung oder Versiegelung ggf. mit Kratzspachtelung	
Beton der Fahrbahnplatte			

Bild 12.3: Zur Begriffsdefinition eines Brückenbelages im Fahrbahnbereich (Grundierung und Versiegelung können mit Kratzspachtelung kombiniert werden)

Die **Grundierung** besteht aus Reaktionsharz und dient der weit gehenden Verfüllung der Poren in der Betonoberfläche. Sie wird abgestreut.

Die **Versiegelung** besteht ebenfalls aus Reaktionsharz und dient dem Verschluss der Poren in der Betonoberfläche. Sie wird in zwei Lagen mit Zwischenabstreuung hergestellt.

Die **Kratzspachtelung** dient dem Ausgleich zu großer Rautiefen mit einem Epoxidharzmörtel.

Asphalt ist ein natürliches oder technisch hergestelltes Bitumen-Mineral-Gemisch sowie ggf. mit weiteren Zuschlägen und/oder Zusätzen. Asphalt ist ein umweltfreundliches, wiederverwendbares Produkt, von dem weder Gefahren für Menschen noch für die Umwelt ausgehen. Beim Verarbeiten sind keine besonderen Schutzmaßnahmen erforderlich.

Bitumen wird bei der schonenden Aufarbeitung von Erdöl gewonnen. Es ist ein dunkelfarbiges, halbfestes bis springhartes, schmelzbares, hochmolekulares Kohlenwasserstoffgemisch.

Bitumen-Schweißbahn (DIN 52 131, DIN 52 133) ist eine Bitumendichtungsbahn mit ein- oder beidseitiger Bitumendeckschicht von jeweils ca. 1,5 bis 2,5 mm Dicke (siehe TL-BEL-B Teil 1 + TL-BEL-B Teil 2 im Entwurf), Gesamtdicke somit 4 bis 6 mm. Einlagen aus Glas-, Jute- oder

12 Abdeckung von Fahrbahnen und Gehwegen auf Brücken, Trog- und Tunnelsohlen

Kunststoffgeweben, Metallbändern oder Kunststofffolien. Einbau durch Schweißverfahren, erfordern im Gegensatz zu den Bitumenbahnen keine zusätzliche Bitumen-Klebemasse.

Schweißbahnen nach den TL-BEL-B Teil 1, Ausgabe 1999 [12.13], metallkaschiert Tabelle 2, nichtkaschiert nach Tabelle 1, sind zum unmittelbaren Aufbringen von Gussasphalt geeignet.

Gussasphalt (GA) ist eine dichte, im heißen Zustand gieß- und streichbare Masse, deren Mineralstoffgemisch hohlraumarm zusammengesetzt ist. Er besteht aus Splitt, Sand, Füller und Straßenbaubitumen ohne oder mit Zusätzen. Gussasphalt bedarf beim Einbau keiner Verdichtung.

Asphaltbeton ist ein mit Straßenbaubitumen (Heißeinbau) bzw. Fluxbitumen (Warmeinbau) als Bindemittel gebundenes Mineralstoffgemisch mit abgestufter Körnung. Asphaltbeton bedarf beim Einbau einer Verdichtung.

Splittmastixasphalt ist ein mit Straßenbaubitumen gebundenes Mineralstoffgemisch mit Ausfallkörnung und mit stabilisierenden Zusätzen. Ein hoher Splittgehalt ergibt ein in sich abgestütztes Splittgerüst, dessen Hohlräume mit Asphaltmastix weit gehend ausgefüllt sind.

Asphaltmastix ist eine dichte, im heißen Zustand gieß- und streichbare Masse aus Straßenbaubitumen, Gesteinsmehl und Sand mit einem Massenanteil an Bitumen von 13 bis 22 %.

Rautiefe ist der Quotient aus dem Volumen der Vertiefungen der Fahrbahnoberfläche (3) und der zugehörigen Fläche oder der Abstand zwischen der oberen Begrenzung (1) von der Massenausgleichslinie (2)

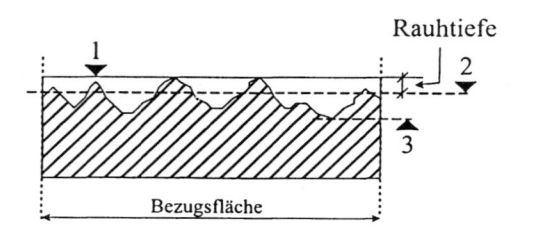

Die Messung erfolgt nach den ZTV-SIB 90, Anhang 4 [12.12]
(Sandflächenverfahren nach Kaufmann).

Zusammengefasst kennzeichnen nachfolgende Grundsätze den gegenwärtigen Stand der Technik zur Ausführung von Brückenbelägen auf Betonfahrbahnen in Deutschland:

1. Massive Fahrbahnplatten von Straßenbrücken benötigen aus Gründen der Dauerhaftigkeit und der Standsicherheit zwingend einen Belag, bestehend aus einer Abdichtung und einer Deckschicht (Verschleißschicht). Dies gilt sinngemäß auch für Tunnelsohlen und Trogbauwerke sowie für stählerne FahrbahnTabellen, bei denen der Belag noch die Aufgabe der Dämpfung der Fahrgeräusche übernimmt.

2. Nach abtragender Vorbereitung wird die gesamte Brückenplatte mit einem lösemittelfreien Epoxidharz in unterschiedlicher Weise behandelt.

3. Die Dichtungsschicht wird über die gesamte Brückenfläche aufgebracht, also auch durchlaufend unter den Brückenkappen und vollflächig mit ihr verklebt.

4. Als Dichtungsschicht kommen ausschließlich entweder Bitumendichtungsbahnen, ein- oder zweilagig, oder Flüssigkunststoffschichten in Betracht.

5. Die Schutzschicht besteht in der Regel aus Gussasphalt, im Besonderen auch aus Asphaltbeton oder Splittmastixasphalt. Unter den Kappen wird an Stelle der Schutzschicht eine Schutzlage aus einer Glasvlies-Bitumendachbahn aufgeklebt.
6. Die Deckschicht besteht aus Gussasphalt, Asphaltbeton oder Splittmastixasphalt. Ausnahme: Sofern die Schutzschicht aus Gussasphalt besteht, darf bei kurzen Brücken und Einbau einer Trennschicht die Betondecke der Straße als 26 cm dicke Deckschicht über die Brücke weitergeführt werden (ARS 14/95).
7. Der gesamte Brückenbelag (s. Bild 12.3) ist als eine konstruktive Einheit im Sinne eines abgestimmten Systems anzusehen. Das betrifft insbesondere die stofflichen Eigenschaften der einzelnen Komponenten, ihre gegenseitige Verträglichkeit und die Ausführung. Für sämtliche Belagbauarten gilt, einen dauerhaften Verbund zwischen den einzelnen Schichten/Lagen und der Fahrbahnoberfläche herzustellen.
8. Für Bundesfernstraßen werden nur solche Abdichtungen zugelassen, die bei der Bundesanstalt für Straßenwesen (BAST) in der Liste der geprüften Stoffe und Stoffsysteme geführt sind. Voraussetzung für die Aufnahme in diese Liste sind: Eine bestandene Grundprüfung des Systems an einer anerkannten Prüfstelle, eine Ausführungsanweisung, ein Überwachungsvertrag und normgerechte Gebindeaufschriften.

12.2.2 Gegenwärtige Regellösungen für Abdichtungen auf Beton

Nach den zum Teil teuren Erfahrungen mit unzureichenden technischen Lösungen für Brückenabdichtungen sind in neuerer Zeit für den Neubau und für Erneuerungen standardisierte Belagsbauarten entwickelt und über Regelwerke in die Praxis eingeführt worden.

Bauwerksinstandsetzungen werden sich allerdings in einigen Fällen nur an diesen Regellösungen orientieren können und Sonderlösungen verlangen. Dabei sollten nach den bisherigen Erfahrungen die zuvor angeführten 8 Grundsätze eingehalten werden. Die inzwischen ausgearbeiteten Regellösungen gehen im Wesentlichen auf die Erfahrungen und Arbeiten des Bund/Länder-Hauptausschusses Brücken- und Ingenieurbau, der Forschungsgesellschaft für Straßen- und Verkehrswesen, der Bundesanstalt für Straßenwesen und der Bundesanstalt für Materialforschung und -prüfung sowie den Straßenbauverwaltungen der Länder zurück.

Da alle bisher verfügbaren Abdichtungsmaterialien feuchtigkeits- und temperaturempfindlich sind, dürfen Abdichtungsarbeiten prinzipiell nur bei günstiger Witterung (entsprechend den nachfolgend angeführten Regelwerken) ausgeführt werden. Anderenfalls sind qualitätssichernde Schutzmaßnahmen erforderlich.

Hauptsächlich verwendet werden in Deutschland 3 Arten von Brückenbelägen:

1. **Dichtungsschicht aus einer Bitumen-Schweißbahn nach den ZTV-BEL Teil 1, 1999 [12.13]**

Sie ist die preisgünstigste Bauart und wird als Regelbauweise am häufigsten ausgeführt. Straßenbauverwaltungen, die sie schon längere Zeit (15 bis 20 Jahre) ausschreiben, schätzen sie als zuverlässige und bewährte Abdichtung. Gravierende Schäden sind nicht bekannt geworden [12.18.5].

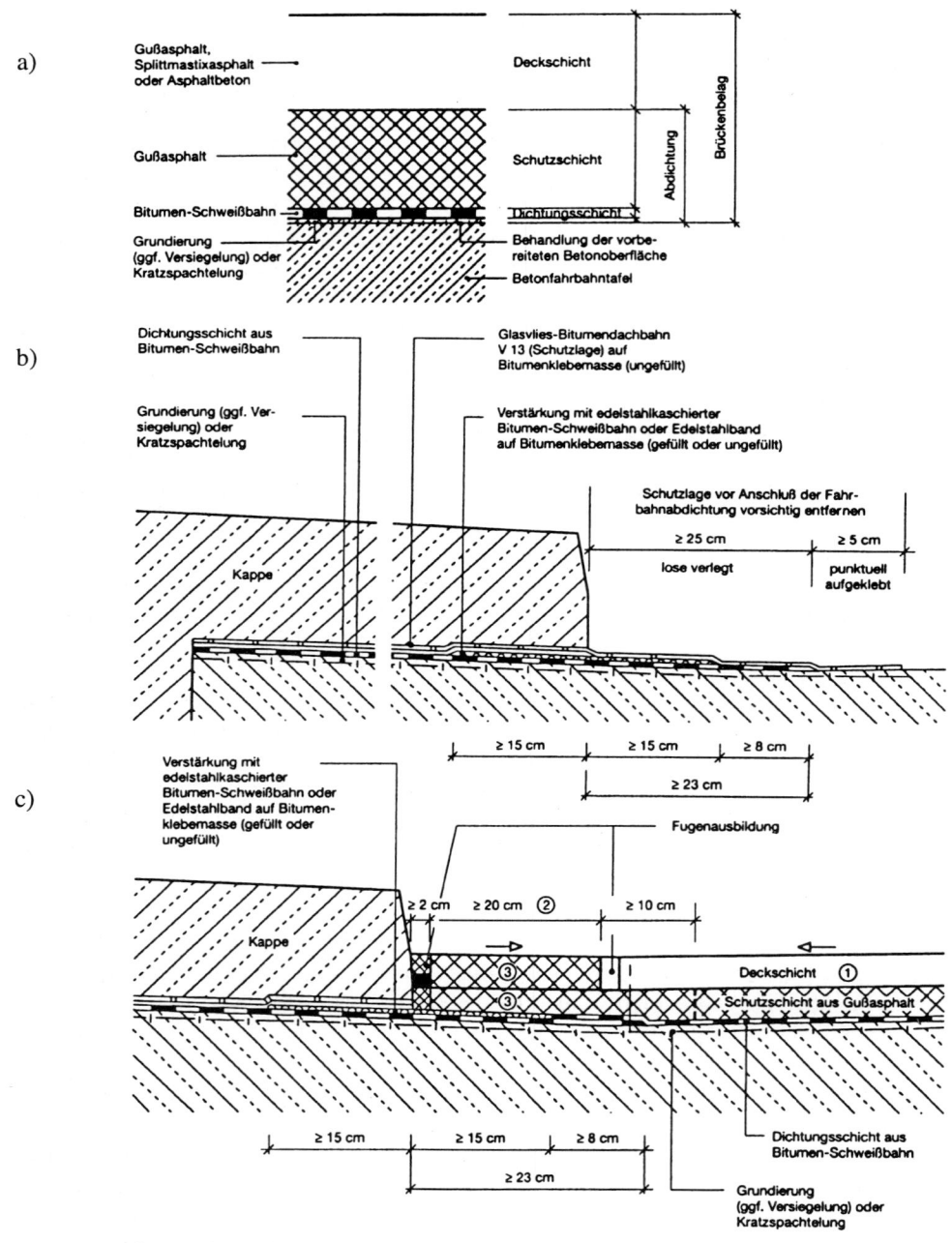

Bild 12.4: Belagsaufbau
a) Prinzipskizze im Fahrbahnbereich, b) im Kappenbereich und Anschluss zur Fahrbahn, c) im Randbereich zwischen Kappe und Fahrbahn. Entnommen [12.13/1].

Systematische Überprüfungen in der Schweiz ergaben ein ähnlich gutes Ergebnis. Das System „Voranstrich und vollflächig verklebte Polymerbitumen-Dichtungsbahn" erwies sich auch bei den im Hochgebirge vorherrschenden klimatischen Einbau- und Beanspruchungsbedingungen als brauchbar. Allerdings wählte man einen bitumenhaltigen Voranstrich, der gegenüber einem Reaktionsharz klimatisch unempfindlicher ist [12.6]. Die stetige Verbesserung der Materialeigenschaften bautechnisch verwendeter Harze lässt aber auch dort ähnliche Entwicklungen erwarten.

Die generelle Ausführung der Schutzschicht mit Gussasphalt wird bei dieser Bauart als Vorteil empfunden, da sie nicht verdichtet werden muss und per Hand eingebaut werden kann, wenn nach Fertigstellung des Überbaus der Einsatz eines Fertigers noch nicht möglich ist [12.18.4].

Nachfolgend werden die wichtigsten Anforderungen an die einzelnen Lagen bzw. Schichten dargestellt. Weiter gehende Einzelregelungen können dem zugehörigen und in der Überschrift genannten Regelwerk entnommen werden.

Unabhängig von der Bauart des Belages gilt die Forderung, dass die jeweilige Unterlage für die nachfolgenden Schichten geeignet sein muss. Die hierfür zu erfüllenden Anforderungen sind den jeweils maßgebenden Technischen Vertragsbedingungen (z. B. ZTV-K) zu entnehmen. Gegebenenfalls sind Verbesserungsmaßnahmen zu erbringen. Für Betonersatz gelten die ZTV-SIB, bei Rissen die ZTV-RISS. Verdämmaterialien von Rissverpressungen müssen vollständig entfernt werden. Die vorbereitete Betonoberfläche muss letztlich so beschaffen sein, dass zwischen ihr und der Grundierung, Versiegelung oder Kratzspachtelung ein fester und dauerhafter Verbund entsteht.

Betonoberfläche:

Der Beton der Fahrbahnplatte muss mindestens 3 Wochen alt, frei von Graten, Stufen, Kiesnestern, Verschmutzungen und Resten von Nachbehandlungsmitteln sein. Die Oberfläche ist von Wasser, Staub und losen Teilen, vorzugsweise mit Industriestaubsaugern, zu säubern. Die Betonoberfläche muss nach dem neuesten Regelwerk abtragend vorbereitet werden (ZTV-BEL-B, Teil 1). In erster Linie kommen Strahlen mit festem Strahlgut, Hochdruckwasserstrahlen > 600 bar (s. Bild 12.5) oder Kugelstrahlen in Betracht. Vor Ausführung der Grundierung muss die Abreißfestigkeit der Betonoberfläche nachweislich $\geq 1,5$ N/mm^2 sein. Der Nachweis ist nach den ZTV-BEL-B, Teil 1, Anhang 2 [12.13] zu führen.

Abweichend von dieser zeitlichen Grundregel darf eine Versiegelung ab einem Betonalter von 14 Tagen oder bei Erfüllung besonderer Anforderungen an das Reaktionsharz nach TL-BEL-EP, Tabelle 3, Zeile 19 [12.13] bereits nach 7 Tagen aufgebracht werden.

Grundierung oder Versiegelung mit oder ohne Kratzspachtelung:

Es sind lösemittelfreie, niedrigviskose, ungefüllte und hitzebeständige Reaktionsharze auf Epoxidharzbasis zu verwenden. Mit einem Moosgummischieber ist das Harz bis zur Sättigung in mindestens 1 Arbeitsgang gleichmäßig und pfützenfrei zu verteilen. Menge zwischen 300 bis 500 g/m^2. Die frische Grundierung ist mit Quarzsand einer Körnung 0,2 bis 0,7 mm überschussfrei (Korn neben Korn) abzustreuen (Menge etwa 500 bis 800 g/m²). Um Undichtigkeiten und Poren in der Grundierung durch aufsteigende Luft in den Betonkapillaren zu vermeiden, sollten Grundierungsarbeiten bei fallenden Betontemperaturen (gegen die Abendstunden) ausgeführt werden.

Einige Straßenbauämter sehen von vornherein eine Versiegelung vor [18.1, 18.5]. In Hessen wird generell eine Versiegelung bzw. Kratzspachtelung mit dichter Kopfversiegelung (nachfolgend dem so genannten „Hessensiegel") angestrebt [12.18.4]. Die Versiegelung wird zweilagig hergestellt:

Erste Lage mit einer Mindestmenge an Reaktionsharz von 400 g/m², sofortiges Abstreuen mit Quarzsand der Lieferkörnung 0,7 bis 1,2 mm im Überschuss, loses Material entfernen, zweiter Arbeitsgang mit einer Mindestharzmenge von 600 g/m² (keine nachfolgende Abstreuung).

Die Rautiefe der mit Epoxidharz behandelten Betonoberfläche darf höchstens 1,5 cm betragen. Zum Ausgleich größerer Rautiefen ist eine Kratzspachtelung, bestehend aus Epoxidharz mit Sandfüllung, aufzutragen. Die fertige Oberfläche muss wiederum eine Haftzugfestigkeit von mindestens 1,5 N/mm² aufweisen. Sie ist ebenfalls abzustreuen, so dass eine Oberflächenstruktur wie bei einer Grundierung entsteht.

Die Begrenzung der Rautiefe und ein hohes Maß an Ebenheit der Fahrbahnoberfläche sind wichtige Voraussetzungen für das Erreichen eines guten, dauerhaften Verbunds. Die Arbeiten mit Reaktionsharzen dürfen nur bei Oberflächentemperaturen zwischen +8 °C und +45 °C und bei einer relativen Luftfeuchte bis 75 % bei 10 °C bzw. 85 % bei 23 °C ausgeführt werden. Bei Niederschlag, Taubildung und Nebelnässe sind sie einzustellen oder es sind von vornherein entsprechende Schutzeinrichtungen vorhanden. Nähere Einzelheiten enthält das angegebene Regelwerk [12.13].

Bild 12.5: Abtragende Vorbereitung der Betonoberfläche durch einen maschinengeführten Hochdruckwasserrotor (Foto: Dipl.-Ing. P. Weyer, Senatsverwaltung für Stadtentwicklung Berlin, Abt. Brücken- und Tunnelbau)

Bild 12.6: Aufbringen einer Bitumen-Schweißbahn mit einer selbstfahrenden Verlegemaschine (Foto: Teerbau GmbH, Essen)

Dichtungsschicht:

Nach ausreichender Erhärtung des Reaktionsharzes wird mit einer zwangsgeführten, über die ganze Rollenbreite reichende, gleichmäßig wirkende Wärmequelle die Bitumenschweißbahn in den meisten Fällen zuerst unter den Kappen mit Anschlussüberlappung und nachfolgend über die restliche Brückenfläche im Fahrbahnbereich aufgetragen (s. Bild 12.6). Verwendet werden kann eine

– metallkaschierte (Aluminium oder Edelstahl) Schweißbahn

oder eine

– Polymerbitumen-Schweißbahn mit hoch liegender Trägereinlage.

Die Technischen Liefer- und Prüfbedingungen enthalten die TL/TP-BEL-B Teil 1 [12.13]. Ausführungsanweisungen wie die Überdeckungen der Schweißbahn und die Versetzungsabstände der Stöße sind der ZTV-BEL-B Teil 1 zu entnehmen.

Während der Bauausführungen sind eine Reihe von Eigenüberwachungs- (Auftragnehmer) und Kontrollprüfungen (Auftraggeber) durchzuführen [12.13/1]. So muss die Haftfestigkeit der Schweißbahn auf EP-behandeltem Beton, abhängig von der Untergrundtemperatur, im Rahmen der Grundprüfung

bei 8 °C: $\geq 0{,}7$ N/mm²
bei 23 °C: $\geq 0{,}4$ N/mm²

betragen. Zusätzlich wird ein probeweises Abreißen von Hand empfohlen. In der Schweiz diskutiert man gegenwärtig diese Schälzugprüfung mittels eines neu entwickelten Gerätes als zweite, eigenständige Qualitätsprüfung, da sie dem tatsächlichen Schädigungsmechanismus besser entspräche. Für eine 1 m breite Bahn werden folgende Anforderungen verlangt [12.6]:

bei 8 °C: ≥ 6,0 N/mm
bei 23 °C: ≥ 2,0 N/mm.

Alle diese Werte basieren auf bisherigen Erfahrungen. Eine klare theoretisch begründete Vorstellung, welche Haftungswerte eine Blasenbildung und Flüssigkeitsunterwanderung gerade verhindert, existiert bisher nicht.

Bild 12.7: Einbau der Schutzschicht aus Gussasphalt mit Abstreuung (Foto: Teerbau GmbH, Essen)

Schutzschicht:

Möglichst kurzfristig nach Aufkleben der Dichtungsschicht ist die Schutzschicht aus Gussasphalt, maschinell oder von Hand, einzubauen (s. Bild 12.7). Eine Beschädigung der Dichtungsschicht ist unter allen Umständen zu vermeiden. Im Fahrbahnbereich beträgt ihre Solldicke 3,5 cm. An keiner Stelle darf ihre Dicke 2,5 cm unter- und 5,0 cm überschreiten. Bei Vertiefungen, die eine Dicke von mehr als 5 cm erfordern würden, ist vorher ein Ausgleich nach [12.13] vorzunehmen. Die Gesamtdicke der Schutzschicht darf einschließlich Profilausgleich nicht mehr als 6,5 cm betragen. Längsnähte sind stets außerhalb der Radlaufspuren vorzusehen. Um eine Schädigung der Bitumen-Schweißbahn zu vermeiden, darf die höchste zulässige Einbautemperatur des Gussasphalts von 250 °C nicht überschritten werden. Nur für den Fall, dass als Deckschicht Asphaltbeton oder Splittmastixasphalt vorgesehen ist, erfolgt ein Abstreuen und Eindrücken von bindemittelumhülltem Edelsplitt der Körnung 2/5 oder 5/8 in einer Menge von etwa 1 kg/m^2 in die noch heiße Schutzschicht.

Bei sehr starken Gefällestrecken (> 7 % gem. ZTV Asphalt StB 94) kann die Standfestigkeit des Gussasphalts Probleme bereiten. Unter der Voraussetzung, dass eine der nachfolgend beschriebenen Bauarten zur Ausführung gewählt wird, kann die Schutzschicht aus maschinell eingebautem

Asphaltbeton hergestellt werden (Verdichtungsgrad 100 %). Mindestdicken siehe Tabelle 12.1. Im Kappenbereich ist als Schutzlage eine Glasvlies-Bitumendachbahn V 13 mit Bitumenklebemasse zum Schutz der Dichtungsschicht vor der Betonstahlbewehrung der Kappe aufzubringen (siehe Bild 12.4b). Der Randbereich unter dem Bordstein ist durch ein Edelstahlband mit gefüllter Bitumenklebemasse oder einer edelstahlkaschierten Schweißbahn von mindestens 30 cm Breite zusätzlich zu sichern (siehe Bild 12.4c). Im Falle einer Instandsetzung wird auf diese Weise nicht der Randbereich sondern der Anschluss der Dichtungsschicht gesichert.

Deckschicht
Sie kann je nach den Erfordernissen des Einzelfalls aus Gussasphalt, Splittmastixasphalt oder Asphaltbeton bestehen. Die Solldicke beträgt jeweils 3,5 - 4,0 cm. Es gelten die ZTV Asphalt-StB [12.14]. Die Deckschicht der angrenzenden Strecke sollte auch über die Brücke durchgezogen werden (s. Bild 12.8).

Fugen:
Vor Schrammborden und Bordsteinen sind stets Fugen zur Schutz- und Deckschicht vorzusehen (Mindestbreite 2 cm). Sie sind mit Fugenvergussmasse zu füllen. Es ist selbstverständlich, dass Bewegungsfugen im Bauwerk auch grundsätzlich gleichartige Fugen im Belag verlangen.

Bild 12.8: Einbau einer Deckschicht aus Splittmastixasphalt (Foto: Teerbau GmbH, Essen)

Richtzeichnung:

Vom Bundesminister für Verkehr (heute Bundesminister für Verkehr, Bau- und Wohnungswesen) sind die voranstehenden Regelungen in Richtzeichnungen umgesetzt worden. Für die Bauart mit einer einlagigen Dichtungsschicht aus einer Bitumen-Schweißbahn gelten die Richtzeichnungen

- Dicht 3 [12.16] → s. Bild 12.9
- Dicht 9 [12.16] → s. Bild 12.10.

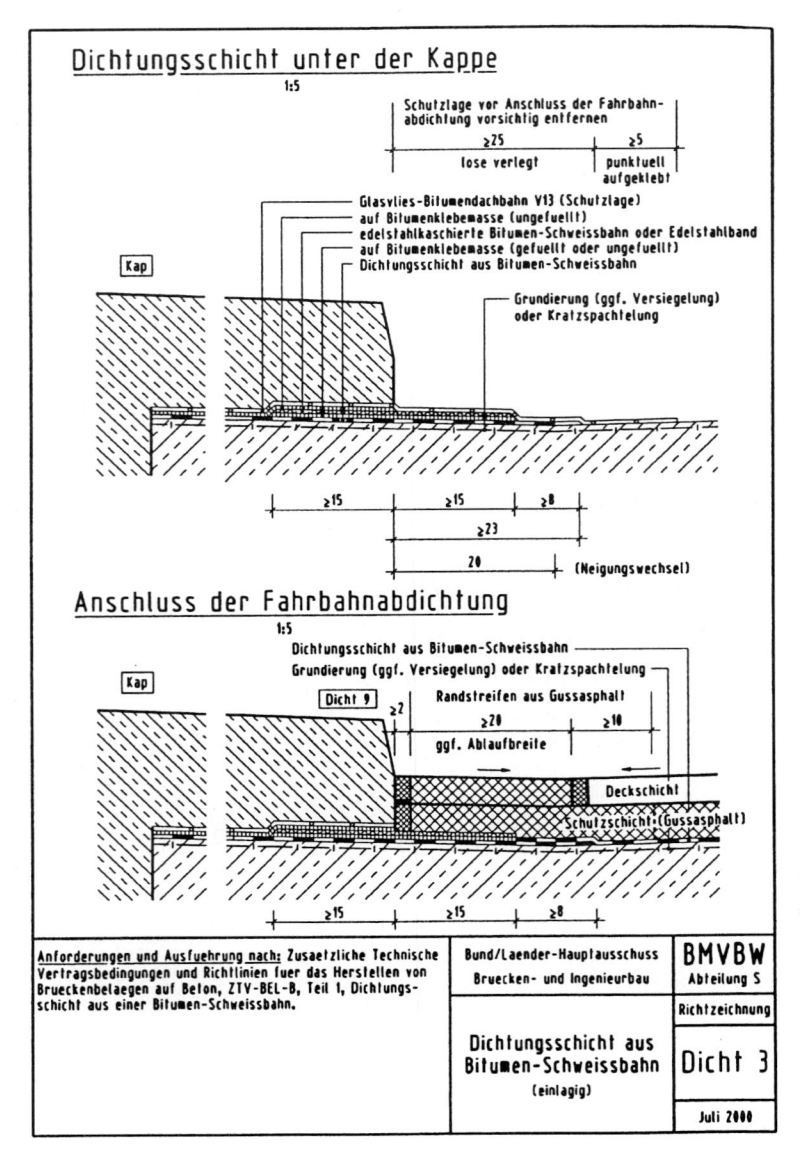

Bild 12.9: Richtzeichnung für die Bauart mit einer einlagigen Dichtungsschicht aus einer Bitumen-Schweißbahn [12.16]

12.2 Straßenbrücken

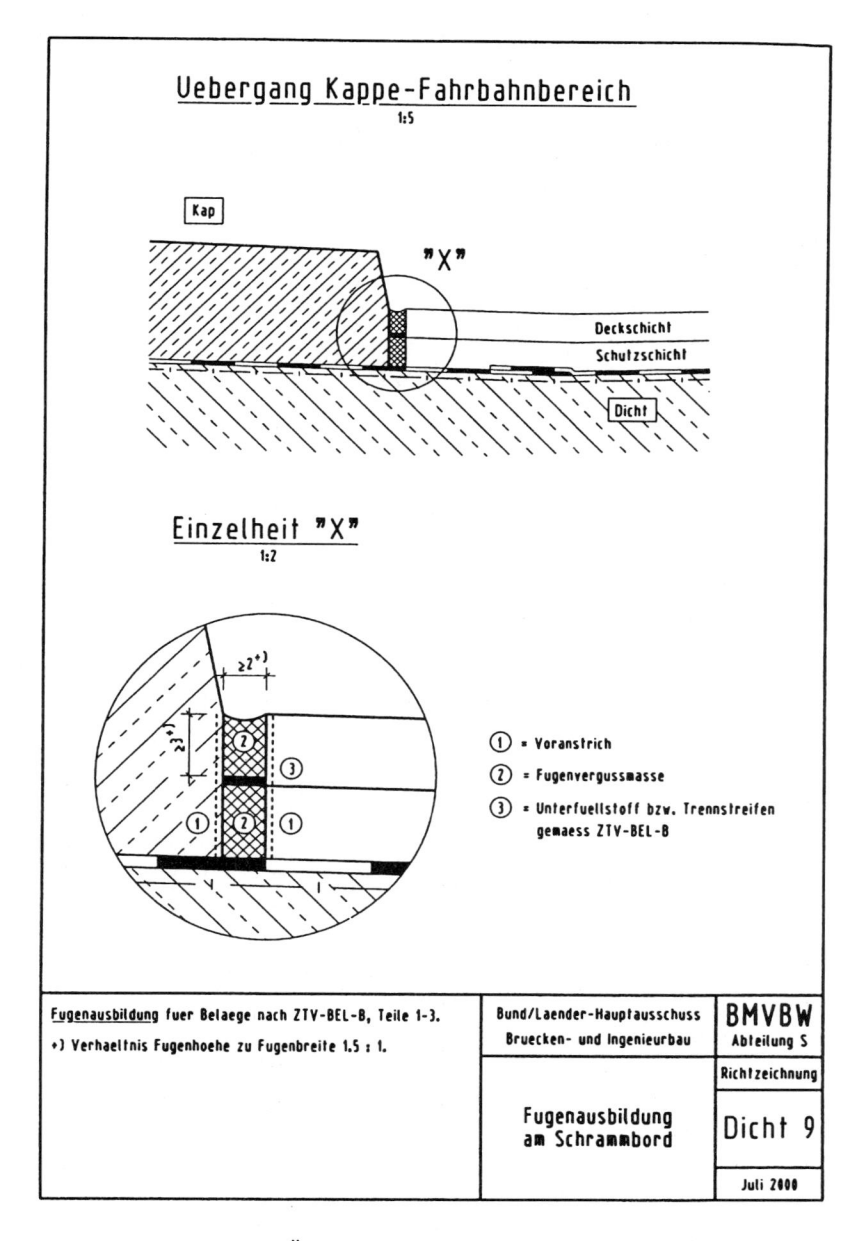

Bild 12.10: Richtzeichnung für den Übergang zwischen Kappe und Fahrbahnbereich

II. Dichtungsschicht aus zweilagig aufgebrachten Bitumendichtungsbahnen nach ZTV-BEL 2/87 [12.13]

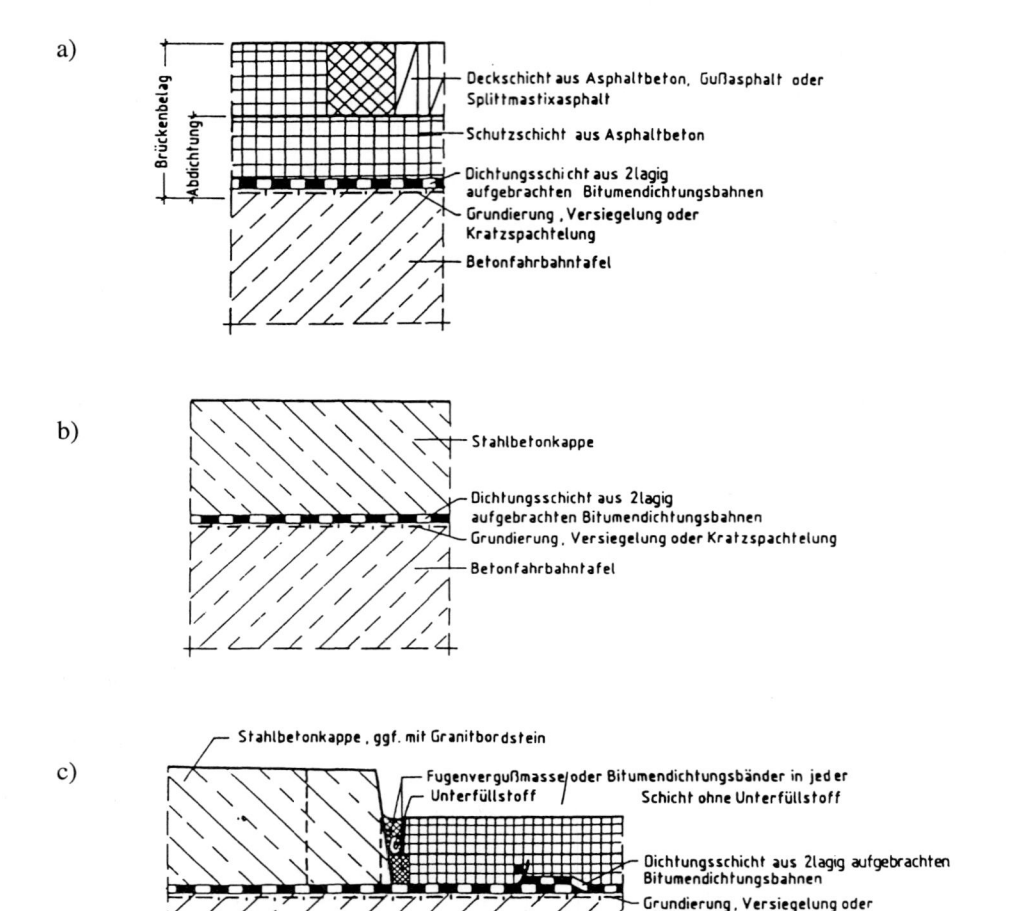

Bild 12.11: Belagaufbau a) im Fahrbahnbereich, b) im Kappenbereich, c) im Randstreifen. Entnommen [12.13/2].

Diese Bauart wird regional oder bei starkem Längsgefälle gewählt, wenn der Einbau von Gussasphalt als Schutzschicht schwierig oder unmöglich ist.

Grundierung, Versiegelung:

Gleiche Behandlung der Fahrbahnoberfläche wie Bauart I.

Dichtungsschicht:

Die beiden Bitumen-Dichtungsbahnen werden ohne Trennschicht untereinander mit der grundierten oder versiegelten, ggf. auch mit Kratzspachtel geglätteten Betonoberfläche vollflächig verklebt.

Als Dichtungsbahnen sind geeignet für die

untere Lage:	glatte Bitumen-Dichtungsbahn mit Glasgewebeeinlage, Bruttodicke 3,0 - 3,7 mm oder glatte Bitumen-Schweißbahn mit Glasgewebeeinlage, Bruttodicke 3,8 - 5,0 mm nach den ZTV-BEL-B2/87, Anhang 3 [12.13]
obere Lage:	glatte Unterseite mit feiner Besandung, talkumiert oder mit PE-Folie versehene Bitumen-Schweißbahn mit Einlage aus Glasgewebe und mit oder ohne einer weiteren Einlage aus Metallband, Bruttodicke 3,3 - 4,5 mm nach ZTV-BEL-B2/87, Anhang 4 [12.13].

Bei der Verwendung von Bitumen-Dichtungsbahnen ist ein Bitumenvoranstrich zur Verbesserung des Haftverbundes und als Klebemasse (Gießmasse) ein ungefülltes Oxidbitumen zu verwenden. Voranstrich und Klebemasse entfallen bei Schweißbahnen.

Weitere Technische Lieferbedingungen enthalten die angeführten Regelwerke.

Die Haftzugfestigkeit auf der mit EP-behandelten Betonoberfläche muss auch bei dieser Bauart (Grundprüfung)

bei 8 °C: $\geq 0,7$ N/mm²
bei 23 °C: $\geq 0,4$ N/mm²

betragen. Die Schubfestigkeit bei 23 °C darf den bereits erwähnten Mindestwert von 0,15 N/mm² nicht unterschreiten.

Beide Lagen der Dichtungsschicht laufen, analog zur Bauart I, auch unter die Kappen bis zur Außenkante der Brückenplatte hindurch. Eine örtliche Verstärkung im Randbereich der Kappe wird nicht verlangt. Dennoch wird in einzelnen Fällen ein Verstärkungsstreifen von 30 bis 50 cm Breite aus Edelstahl vorgesehen [12.18.5].

Schutzschicht:

Sie besteht bei dieser Bauart ausschließlich aus Asphaltbeton, vorzugsweise splittreich 0/11. Die Einbautemperatur liegt deutlich unter der eines Gussasphaltes und darf höchstens 160 °C betragen. Die Einbaugeschwindigkeit des Fertigers soll gleichmäßig sein und möglichst 2 m pro Minute nicht unterschreiten. Die Walze muss am Überbauende auf volle Länge ausfahren können, was eine höhengleiche Anschlussfläche voraussetzt.

Die Regeldicke beträgt 3,5 cm und darf wie bei einer Gussasphalt-Schutzschicht nur zwischen 2,5 cm und 5,0 cm schwanken. Mehrdicken müssen in einem zweiten Arbeitsgang aufgebracht werden, wobei die Mindestschichtdicken zu beachten sind.

Hinsichtlich weiterer Einzelheiten wird auf das angeführte Regelwerk verwiesen.

Deckschicht:

Es gelten auch hier die Ausführungen zur Bauart I. Weitere Anforderungen siehe ZTV Asphalt-StB [12.14].

Fugen:

Gleiche Regeln wie bei Bauart I.

Richtzeichnungen:

Für die Bauart mit einer doppellagigen Dichtungsschicht gelten die Richtzeichnungen des Bundesministers für Verkehr, Bau- und Wohnungswesen:

– Dicht 4 [12.16]   s. Bild 12.12
– Dicht 9 [12.16]   Fugenausbildung am Schrammbord.

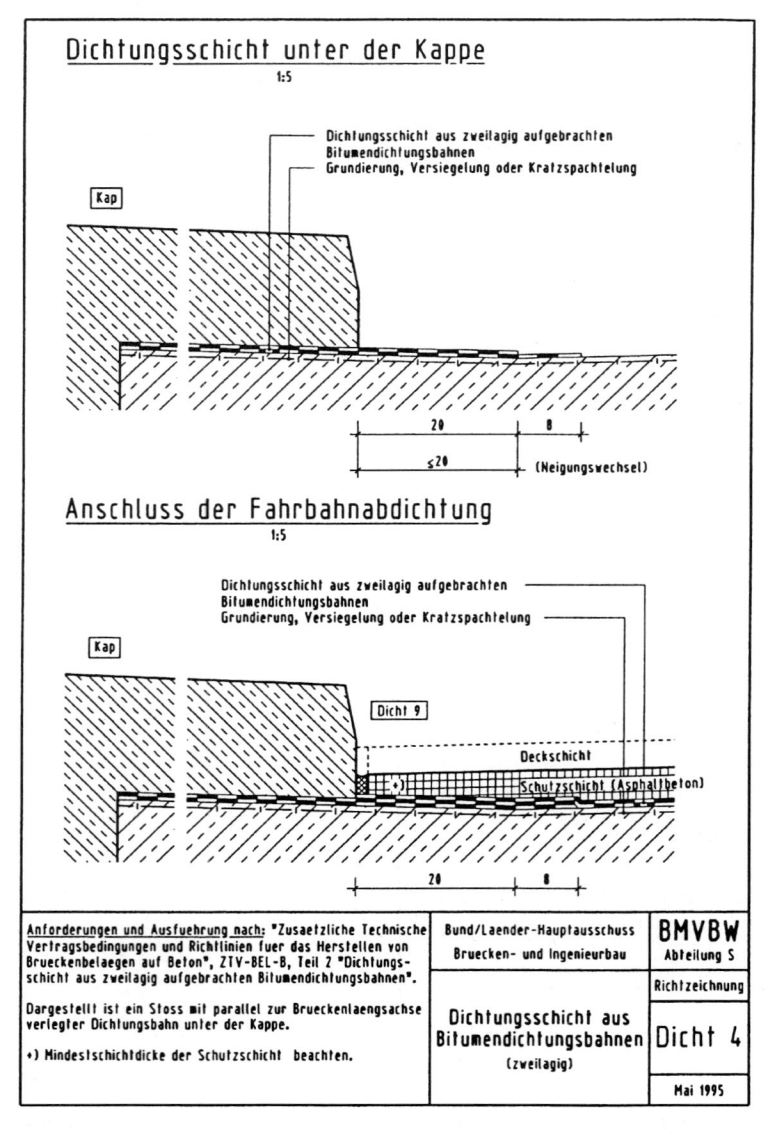

Bild 12.12: Richtzeichnung für die Bauart mit einer zweilagigen Dichtungsschicht aus einer Bitumen-Schweißbahn [12.16]

12.2 Straßenbrücken 347

III. Dichtungsschicht aus Flüssigkunststoff nach den ZTV-BEL 3/95 [13]

Diese dritte Bauart unterscheidet sich von den beiden vorangehenden durch den Umstand, dass ihre zugesicherten Eigenschaften erst nach der Herstellung und Aushärtung auf der Baustelle erreicht werden. Entsprechend umfangreich sind die Qualitätskontrollen nach den ZTV-BEL-B3/95 und TL/TP-BEL-B3/95 [12.13].

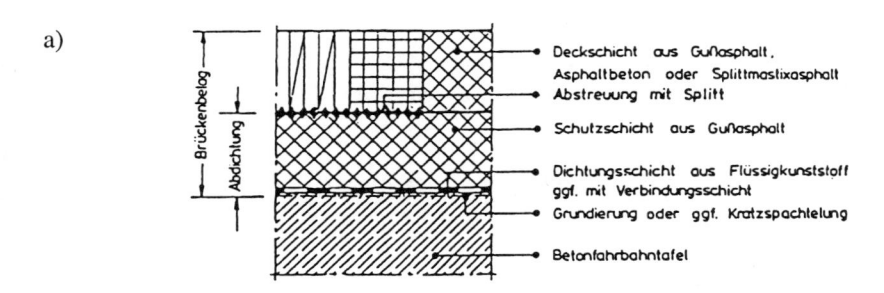

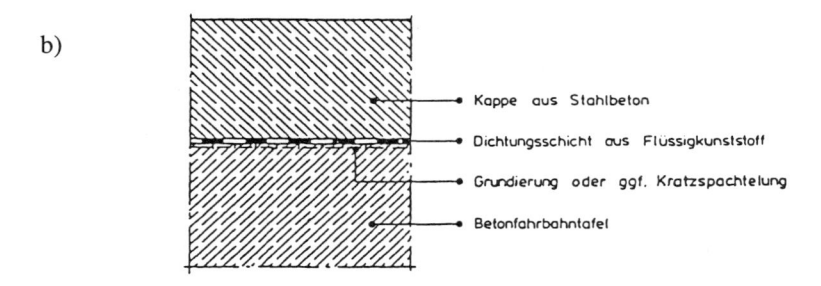

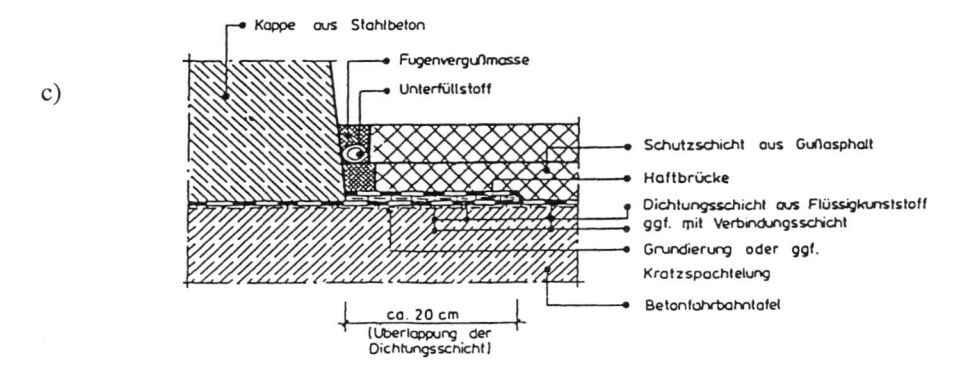

Bild 12.13: Belagsaufbau mit einer Dichtungsschicht aus Flüssigkunststoff a) im Fahrbahnbereich, b) im Kappenbereich, c) im Randbereich. Entnommen [12.13/3].

Flüssigkunststoffe für die Dichtungsschicht sind Reaktionsharze, die aus mehreren Komponenten bestehen, auf der Baustelle gemischt, im flüssigen Zustand aufgetragen werden (in der Regel maschinell durch Spritzen, in besonderen Fällen auch durch Spachteln von Hand) und zu einem festen Kunststoff aushärten.

Der stoffliche und qualitätssichernde Aufwand bedingt, dass diese Bauart die teuerste der drei Varianten ist. Dem vermehrten Aufwand stehen aber sehr hochwertige Eigenschaften gegenüber, die nachfolgend dargelegt und für jeden Anwendungsfall eingehend abgewogen werden müssen. Prinzipiell gilt: Je außergewöhnlicher die Beanspruchungen der Dichtungsschicht nach Art und Größe und je komplizierter die Oberflächengeometrie der Fahrbahnplatte und ihre einzudichtenden Durchdringungen sind, um so mehr eignet sich diese Bauart. Vor ihr kann erwartet werden, dass ihre abdichtende Wirkung auch noch nach einer ersten Erneuerung der Deckschicht erhalten bleibt und damit die Instandsetzungskosten geringer ausfallen.

Grundierung, mit oder ohne Kratzspachtelung

Gleiche Behandlung der Fahrbahnoberfläche wie Bauart I.

Dichtungsschicht:

Auch bei der Verarbeitung von Reaktionsharzen müssen die für die Bauart I bereits erwähnten äußeren Bedingungen eingehalten sein, wie Oberflächentemperaturen zwischen 8 °C und 40 °C und ein hoher Trocknungsgrad. Die Temperatur der Unterlage muss mindestens 3 °C über der Taupunkttemperatur liegen. Unter Umständen sind besondere Schutzeinrichtungen gegen ungünstige Witterung wie starke Sonneneinstrahlung, störender Wind, Regen, schnelle Abkühlung u. ä. vorzuhalten.

Flüssigkunststoffe wie sie bisher erfolgreich im Brückenbau eingesetzt worden sind, bestehen aus zwei Komponenten lösungsmittelfreier, hitze-, alterungsbeständiger, bitumenverträglicher und elastomerartiger Polyurethane mit kurzer oder langer Härtungszeit. Die erste Komponente enthält im Wesentlichen Polyole und die zweite, härtende Isocyanate. Modifizierungsmittel, Füllstoffe und Pigmente zur optischen Grobkontrolle kommen firmenspezifisch hinzu. Jedes System muss abgestimmte Haftbrücken, Reparaturmassen (beispielsweise zum Verschließen von zerstörenden Qualitätskontrollstellen) und Trennmittel umfassen.

Nach der neu erschienenen TL-BEL-B, Teil 3, Ausgabe 1995 [12.12] wird jetzt auch die Möglichkeit der Verwendung von hitze-, alterungsbeständigen und bitumenverträglichen Flüssigkunststoffen eingeräumt, die nicht auf der Basis von Polyurethanen formuliert sind. Selbstverständlich müssen diese neuen Stoffe ihre Eignung nach dem bestehenden Regelwerk lückenlos nachweisen und über eine ausreichende Bewährung in der Praxis verfügen.

Die in den Vorschriften verwendeten Begriffe „kurze" und „lange" Härtungszeit sind nicht klar definiert. Als Anhaltspunkt kann nach [12.5] gelten:

  kurze Härtungszeit: ca. 15 - 50 sec.
  lange Härtungszeit: mehr als 50 sec.

Nach [12.13/3] gilt ein Polyurethan als „schnell" härtend, wenn 10 min. nach dem Mischen die Shore A-Härte bei 23 °C mindestens einen Wert über 40 erreicht.

Dichtungsschichten mit kurzer Härtungszeit müssen stets maschinell gemischt und aufgetragen werden. Gebräuchlich sind 2-Komponenten-Spritzgeräte sowohl als hydraulisch angetriebene Anlage mit Kolbenpumpen als auch elektrisch angetriebene Anlagen mit Zahnradpumpen. Die sachgemäße Bedienung und Überwachung der Anlage ist für das Gelingen des gesamten

12.2 Straßenbrücken

Abdichtungssystems äußerst wichtig und muss daher von gut ausgebildetem und eingewiesenem Bedienungspersonal erfolgen (s. Bild 12.14).

Bild 12.14: Hängermontiertes Aggregat zum Auftragen einer Dichtungsschicht aus Flüssigkunststoff (Foto: Dipl.-Ing. P. Weyer, Senatsverwaltung für Stadtentwicklung, Abt. Brücken- und Tunnelbau)

Für kleinere Flächen, bei denen sich der maschinelle Aufwand (Baustelleneinrichtung, An- und Abtransport, Befüllung, Reinigung, Abschreibung usw.) nicht lohnt, kann die Dichtungsschicht auch von Hand als Spachtelmasse aufgetragen werden. Die Härtungszeiten sind dann wesentlich länger eingestellt und liegen bei etwa 30 min (bei 23 °C).

Spritzbare Systeme haben grundsätzlich jedoch wichtige Vorteile wie größere Flächenleistungen, unproblematische Eindichtung komplizierter Querschnitte und Durchdringungen, unempfindliche Verarbeitung hinsichtlich Blasenbildung.

Jedes System muss in zwei Lagen aufgetragen werden. Ein Spritzen im Kreuzgang gilt als zweilagiger Auftrag [12.13/3].

Die Solldicke berechnet sich zu

$$d_s (K, L) = d_{min} + d_z (K, L)$$

Es bedeuten:

d_s (K, L) ... Solldicke einer Dichtungsschicht mit K ... kurzer oder L ... langer Härtungszeit

d_{min} ... Mindestschichtdicke nach [12.13/3], gegenwärtig 2 mm

d_z (K, L) ... Zuschlag in Abhängigkeit von der Rautiefe der behandelten Betonoberfläche für Reaktionsharze mit K ... kurzer oder L ... langer Härtungszeit. Zahlenwerte enthält Tabelle 12.1.

Tabelle 12.1 Zuschlagwerte d_z nach [12.13/3] (alle Werte in [mm])

R_{TB}	0,2	0,5	1,0	1,5	2,0	> 2,0
d_{zK}	0,81	0,95	1,25	1,65	2,00	n. e.
d_{zL}	0,88	1,25	2,00	2,90	n. e.	n. e.

R_{TB} ... Rautiefenbemessungswert
$R_{TB} = R_{TM} + 0,150$ [mm] $\geq$ max R_T

R_{TM} ... Rautiefenmittelwert der Einzelwerte R_T, ermittelt nach ZTV-SIB [12.12]

max R_T ... maximaler Einzelwert der Rautiefe

n. e. ... nicht erlaubt

Die praktischen Werte der am Markt etablierten Systeme liegen im Allgemeinen etwas günstiger.

Die mittlere Einbaudicke muss mindestens diejenige der Sollschichtdicke d_s erreichen. Fehlstellen sind sofort nachzuarbeiten. Wie aus Tabelle 12.1 hervorgeht, darf die Rautiefe R_T für eine Dichtungsschicht mit

langer Härtungszeit höchstens 1,5 mm und
kurzer Härtungszeit höchstens 2,0 mm

betragen.

Die Haftfestigkeit auf der behandelten Betonoberfläche muss gegenüber bitumenhaltigen Dichtungsbahnen ($\geq$ 0,4 N/mm² bei 23 °C) deutlich höher liegen und Werte von mindestens 1,0 N/mm² erreichen. Gewöhnlich liegt die Abreißfestigkeit bei >1,3 N/mm², wodurch großflächige Ablösungen weit gehend der Vergangenheit angehören dürften.

Beispielhaft: Die Abdichtung einer Brücke musste nach einer Standzeit von 2 Jahren wegen einem Anfahrschaden stellenweise wieder entfernt werden. Sie befand sich in noch einwandfreiem Zustand. Die darunter liegende Betonfläche der Fahrbahn zeigte keinerlei Schäden. Die Abdichtung ließ sich ohne nennenswerte Probleme von ihrer Unterlage ablösen [12.18.5].

Die geforderte Schubfestigkeit von $\geq$0,15 N/mm² wird bei allen praktisch auftretenden Temperaturen sicher erreicht.

12.2 Straßenbrücken

Bild 12.15:
Handgeführtes Aufspritzen einer Dichtungsschicht aus Flüssigkunststoff
(Foto: Dipl.-Ing. P. Weyer, Senatsverwaltung für Stadtentwicklung, Abt. Brücken- und Tunnelbau)

Die Fähigkeit zur Rissüberbrückung, vor allem bei tiefen Temperaturen, ist gegenüber bitumenhaltigen Bahnen ebenfalls deutlich verbessert. Ständige Rissbewegungen zwischen 0,2 und 0,4 mm werden zuverlässig und dauerhaft überbrückt.

Frische Beschichtungen sind über einen Zeitraum von mindestens 24 Std. vor dem direkten Einwirken von Verunreinigungen und Feuchtigkeit (Regen) zu schützen.

Dichtungsschichten aus Flüssigkunststoff können nach einer systemspezifischen Wartezeit begangen und befahren werden. Letzteres sollte aber vermieden und in Ausnahmefällen auf das unbedingt notwendige Maß beschränkt werden. Drehen und Wenden von Fahrzeugen auf der Dichtungsschicht ist nach [12.13/3] untersagt. Die Wartezeit bis zur Befahrbarkeit beträgt bei den einzelnen Systemen mit kurzer Härtungszeit zwischen 3 bis 8 Std. (+30 °C) und 4 bis 16 Std. (+10 °C). Mit Reparaturmasse behandelte Stellen sollten frühestens erst nach 24 Std. befahren werden. In der Regel sind die Dichtungsschichten, je nach Temperatur, innerhalb von 3 bis 5 Tagen ausgehärtet.

Unter der Kappe ist wie im Fahrbahnbereich zu verfahren. Eine Verstärkungslage unterhalb des Schrammbordes ist nicht erforderlich.

Die Senatsverwaltung für Bauen, Wohnen und Verkehr des Landes Berlin hat schon sehr frühzeitig die Anwendung dieser Bauart in ihrem Verantwortungsbereich gefördert und innovativ begleitet. Die Berliner Stadtautobahn zählt zu den am stärksten belasteten Strecken in Deutschland. Drei Dichtungsschichtsysteme können nach einer zeitlichen Entwicklung von einigen Jahren heute beispielhaft genannt werden:

1. Compur 255 der Fa. Conica Technik AG [12.9].

   Es ist ein 2-Komponenten-System auf Polymethanbasis mit kurzer Härtungszeit.

   Die Verarbeitung erfolgt ausschließlich mit einer Spritzanlage. Die hohe Reaktivität führt vergleichsweise zu den geringsten Härtungszeiten.

2. Ispo Concretin BA der Fa. ispo GmbH [12.10].

Auch hier handelt es sich um ein hochreaktives Polyurethan-Material mit kurzer Härtungszeit. Es darf nur mit einer 2-Komponenten-Spritzanlage aufgetragen werden. Beide Komponenten sind unterschiedlich (schwarz und weiß) eingefärbt und ergeben bei richtiger Dosierung ein gleichmäßiges Grau.

3. Sikalastic der Fa. Sika Chemie GmbH [12.8]

3.1 Sikalastic 821
Ein 2-Komponenten-Polyurethan-Flüssigkunststoff mit kurzer Härtungszeit, bestimmt für ausschließlich maschinelle Applikation im Spritzverfahren.

3.2 Sikalastic 822
Es handelt sich um eine Modifikation des voranstehenden Materials mit dem Ziel einer langen Härtungszeit. Es eignet sich daher nicht zum Auftrag mit einem Spritzgerät sondern ausschließlich von Hand (Zahnspachtel mit 4 mm x 4 mm Zahnung). Anschließend ist die Schicht mit einer Stachelwalze zu entlüften.

Der grundsätzliche Regelaufbau einer Dichtungsschicht aus Flüssigkunststoff zeigt Bild 12.16. Auf nähere technische Produktangaben wird wegen des zu erwartenden Entwicklungsfortschritts verzichtet. Im konkreten Fall wird eine Rücksprache beim Hersteller empfohlen. Es gelten vorrangig die jeweiligen anerkannten Technischen Merkblätter mit den Ausführungsanweisungen.

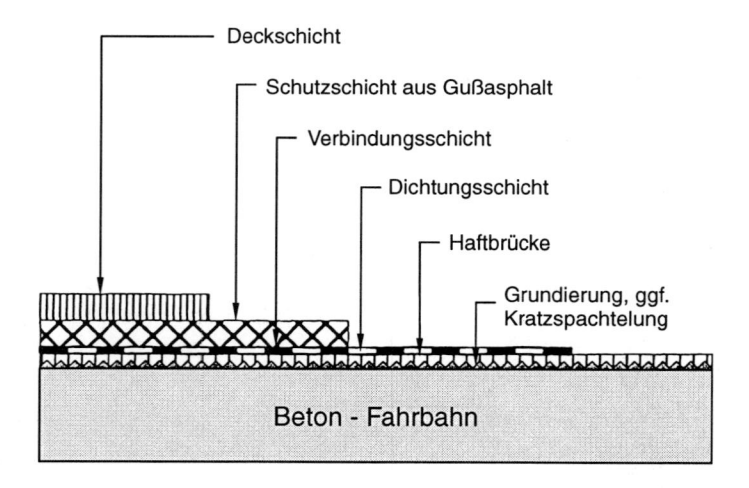

Bild 12.16: Regelaufbau einer Brückenabdichtung mit Flüssigkunststoff

Alle marktgängigen Systeme besitzen für Sonderdetails angepasste Lösungen, wie für
- Anschluss an Übergangskonstruktionen,
- Überbrückung von Rissen,
- Überbrückung von Fugen,
- Anschluss nach Arbeitsunterbrechungen,
- Anschluss an vorhandene bituminöse Dichtungen.

Die Eindichtung von Einbauteilen gestaltet sich bei dieser Bauart besonders einfach (s. Bild 12.17).

Bild 12.17:
Eindichtung eines Brückenablaufes mit Flüssigkunststoff (Foto: Dipl.-Ing. P. Weyer, Senatsverwaltung für Stadtentwicklung, Abt. Brücken- und Tunnelbau)

Schutzschicht:
Die Schutzschicht muss aus Gussasphalt bestehen, deren Dicke an keiner Stelle weniger als 2,5 cm betragen darf. Vor ihrer Ausführung ist als Haftvermittler eine Verbindungsschicht auf die Dichtungsschicht aufzutragen. Sie besteht im Allgemeinen aus einem Einkomponentensystem auf der Basis von bitumenverträglichen Polymeren.
Des Weiteren gilt das bisher für die voranstehenden Bauarten Ausgeführte.

Deckschicht:
Es gelten die ZTV Aspahlt-Stb [12.14] für Schichten aus Gussasphalt, Asphaltbeton oder Splittmastixasphalt.

Fugen:
Gleiche Regeln wie bei Bauart I.

Dünnbeläge:
Das Bundesministerium für Verkehr, Bau- und Wohnungswesen hat für reaktionsharzgebundene Dünnbeläge (sog. RHD-Beläge) neue Regelwerke eingeführt. Nach einer Übergangszeit dürfen ab 1. Januar 2001 nur noch solche Materialien verwendet werden, die diese Vorschriften erfüllen und bei der Bundesanstalt für Straßenwesen (BASt) in einer „Zusammenstellung der geprüften Dünnbeläge nach den ZTV-RHD-St für die Anwendung auf Bauwerken und Bauteilen der Bundesverkehrswege" aufgeführt sind. Die neuen Regelwerke sind:

- ZTV-RHD-St, Ausgabe 1999: Zusätzliche Technische Vertragsbedingungen und Richtlinien für die Herstellung von reaktionsharzgebundenen Dünnbelägen auf Stahl
- TL-RAD-St, Ausgabe 1999: Technische Lieferbedingungen für die Baustoffe der reaktionsharzgebundenen Dünnbeläge auf Stahl
- TP-RHD-St, Ausgabe 1999: Technische Prüfvorschriften für die Prüfung der reaktionsharzgebundenen Dünnbeläge auf Stahl.

RHD-Beläge bestehen aus einer Grundierungsschicht, einer Deckschicht mit Abstreuung, um die Griffigkeit zu verbessern.

Die Belagsdicke beträgt für:
- Dienststeg, Geh- und Radwegflächen: ≥ 4 bis 6 mm
- befahrene Flächen: ≥ 6 bis 10 mm.

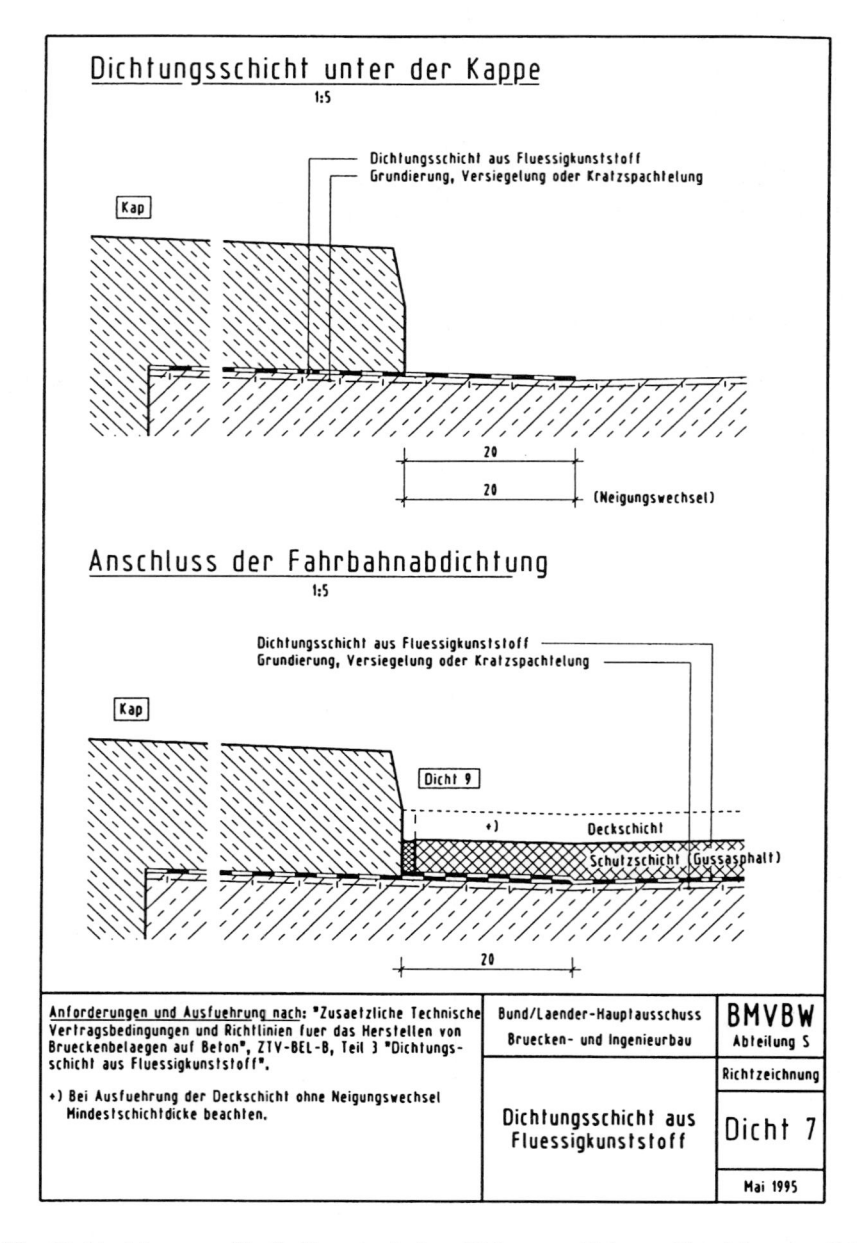

Bild 12.18: Richtzeichnungen für die Bauart mit einer Dichtungsschicht aus Flüssigkunststoff [12.16]

12.2 Straßenbrücken

Bevorzugte Einsatzbereiche sind bewegliche Brücken, Festbrückengeräte, Fußgängerbrücken und Nebenbereiche von Brücken (z. B. Geh- und Radwege, Dienststege, Mittel- und Randkappen, Schrammborde). Für den befahrenen Bereich von nichtbeweglichen Brücken sind diese Beläge im Allgemeinen nicht vorgesehen.

Richtzeichnungen:

Für diese Bauart mit einer Dichtungsschicht aus Flüssigkunststoff gelten die Richtzeichnungen des Bundesministers für Verkehr, Bau- und Wohnungswesen:

- Dicht 7 [12.16]   s. Bild 12.18
- Dicht 9 [12.16]   s. Bild 12.10.

12.2.3 Tabellarische Zusammenfassung der drei Bauarten für Brückenbeläge auf Fahrbahntafeln aus Beton

Die Tabellen 12.2 bis 12.4 enthalten auf einen Blick alle geometrischen und materialtechnischen Anforderungen an die vorangehend vorgestellten drei Bauarten nach dem gegenwärtig geltenden Technischen Regelwerk, ergänzt um bisher gewonnene Praxiserfahrungen. Sie enthalten alle Kombinationsmöglichkeiten von Belägen auf Betonbrücken nach ZTV-BEL-B. Sie sind als Arbeitsblätter zusammengestellt worden von der Senatsverwaltung für Stadtentwicklung, Berlin [12.22].

Tabelle 12.2: Brückenbeläge auf Beton – Bauart I

Mögliche Belagsaufbauten und Schichtdicken unter Berücksichtigung der ZTV-BEL-B, der ZTV Asphalt-StB und von Praxiserfahrungen										
Dichtungsschicht aus einer Bitumenschweißbahn (ZTV-BEL-B 1/87)										
Dicke und Aufbau des Brückenbelages			Schichtenkombinationen der Mischgutarten und Mischgutsorten							
			Fahrbahnbereich							Gehwegbereich[6)12)]
Dicke des Brücken-belages einschl. Dichtungsschicht [cm]	soll		7,5	7,5	7,5	12 [7)14)]	12 [7)14)]	12 [7)14)]	12 [7)14)]	6
	min		6,5 [1)]	6,5 [1)]	6,5 [1)]	10	10	10	10	5,5
	max.		10	11	10,5	14,5 [13)]	15,5	15	16	7,5
Brückenbelag / Abdichtung: Deckschicht [4)8)10)11)]		GA	GA	SMA [9)]	AB	GA	SMA [9)]	AB	AB	GA
Zwischenschicht [4)]		–	–	–	–	GA [16)]	GA [16)]	GA [16)]	SMA	GA
Schutzschicht [4)]		–	–	–	–	GA [15)]	GA [15)]	GA [15)]	GA [16)]	–
Dichtungsschicht										

Grundierung bzw. Versiegelung oder Kratzspachtelung	ca. 5 mm in der Fläche, ca. 13,5-15 mm im Überlappungsbereich von Längs- und Querrändern
	Epoxidharz u. Abstreuung d. 1. Lage mit Überschuß der Splitzen gekratzt einbauen u. Grundierung und Abstreuung mit Quarzsand 0,2-0,7 mm, nicht im Überschuß
	Einbaumenge je nach Rauhtiefe. Epoxidharzmörtel über der Splitzen gekratzt einbauen auf Grundierung und Abstreuung mit Quarzsand 0,2-0,7 mm, nicht im Überschuß

Betonfahrbahntafel

Dicken bzw. Verbrauchsmengen der einzelnen Schichten					AB	
	GA	SMA			0/11 S [3)] 0/11	
Deckschicht bzw. Zwischenschicht [cm]	0/11 S [3)] 0/11	0/8	0/11 S [3)]	0/8 S [3)] 0/8	0/16 S [3)]	
	3,5 - 4	2,5 - 3,5	2,5 - 5 3 - 7 5)	2 - 4 2,5 - 5 5)	5 - 6	3,5 - 4,5 3 - 6 5)	0/8 3 - 4 2,5 - 5 5)
Schutzschicht [cm]	2,5 - 5	2,5 - 5	- 2)	- 2)		- 2)	
Dichtungsschicht							
Versiegelung	800-1200 g/m²						
Kratzspachtelung							
Grundierung	300-500 g/m²	Epoxidharz und Abstreuung mit Quarzsand 0,2-0,7 mm, nicht im Überschuß					

Bemerkungen:
1) Darf an keiner Stelle der Einbaufläche unterschritten werden
2) In Sonderfällen, AB bzw. SMA möglich bei Überbauungen bis 10 m
3) Für Bauklassen SV, I, II nach Tab. 1.1 ZTV Asphalt-StB 94
4) Die Mischgutarten und -sorten für die einzelnen Schichten sind so aufeinander abzustimmen, daß die Hohlraumgehalte von unten nach oben nicht abnehmen.
5) abweichend von ZTV Asphalt-StB 94 möglich, in Absprache mit AG
6) Kappenbereich entsprechend ZTV-BEL-B
7) Regeldicke 12 cm für Bauklassen entsprechend 3)
8) Aufhellung durch entsprechende Abstreuung und/oder helle Oberfläche durch Mineralstoffarten
9) Auch SMA 0/8 S bei 3) möglich, in Absprache mit dem AG
10) hoher Polierwiderstand der Mineralstoffe bei 3) erforderlich
11) ggf. als lärmmindernde dichte Deckschicht, in Absprache mit dem AG
12) Im Gehwegbereich gelten 8), 10), 11) nicht
13) nicht im Bereich von Radlaufspuren
14) Festflansche der Einbauteile an Belagsdicke anpassen
15) GA 0/11 S, Eindringtiefe < 2,5 mm
16) GA 0/11 S, Eindringtiefe < 3,0 mm

Legende:
AB ≙ Asphaltbeton
GA ≙ Gußasphalt
SMA ≙ Splittmastixasphalt

Bei SMA beachten! Allgemeines Rundschreiben Straßenbau Nr. 5/1996 des BMV und objektbedingte Randeinflüsse (Länge, Einbauteile usw.)

Bei Bauklassen SV und I beachten! Maßnahmenkatalog für die Qualitätssicherung der Asphaltbauweisen für Straßen der Bauklassen SV und I sowie Verkehrsflächen mit besonderer Beanspruchung des dav (Deutscher Asphaltverband) Januar 1996

Für die Ausbildung von Längs-, Quernähten, Anschlüssen und Fugen in Schutz-, Zwischen- und Deckschicht siehe auch "Merkblatt für das Herstellen von Nähten und Anschlüssen in Verkehrsflächen aus Asphalt" (MNA) der FGSV und Abschnitt 4.6 und 5.5. der ZTV-ST 92

☐ Anzuwendende Belagsaufbauten bei Bauklassen SV, I + II bzw. zu bevorzugende Belagsaufbauten

12.2 Straßenbrücken

Tabelle 12.3: Brückenbeläge auf Beton – Bauart II

Mögliche Belagsaufbauten und Schichtdicken unter Berücksichtigung der ZTV-BEL-B, der ZTV Asphalt-StB und von Praxiserfahrungen

Dichtungsschicht aus zweilagig aufgebrachten Bitumendichtungsbahnen (ZTV-BEL-B 2/87)

Dicke und Aufbau des Brückenbelages

		GA		SMA			AB		Gehwegbereich [7)9)15)]
		0/11 S 3) / 0/11	0/8	0/11 S 3)	0/8 S 3) / 0/8	0/16 S 3)	0/11 S 3)	0/8	
Dicke des Brückenbelages einschl. Dichtungsschicht [cm]	soll		~8,5		~12,5 10)16)		~12,5 10)16)		6
	min	7 1)		2,5 - 5,5 3) - 7 6)	~10,5	5 - 6	3,5 - 4,5 6) 3 - 6	3 - 4 2,5 - 5 6)	5,5
	max.	~11	~11,5	2,5 - 5,5	~16		2,5 - 5		7,5
Brückenbelag / Abdichtung	Deckschicht 5)11)13)14)	AB		SMA [12]	AB 8)	SMA [12]		AB	GA
	Zwischenschicht 5)				AB 8)	SMA			
	Schutzschicht 5)	AB 2)		AB 2)	AB 2)	SMA			GA
	Dichtungsschicht 4)								
Grundierung bzw. Versiegelung oder Kratzspachtelung						Betonfahrbahntafel			

Dicken bzw. Verbrauchsmengen der einzelnen Schichten

Deckschicht bzw. Zwischenschicht [cm]	ca. 8,5-10 mm in der Fläche, 17-20 mm über Lappungsbereich von Längs- und Querrändern
Dichtungsschicht	Epoxidharz u. Abstreuung d. 1. Lage mit Quarzsand 0,5-1,2 mm über Schuß, die 2. Lage ohne Abstreuung
Versiegelung	800-1200 g/m² Epoxidharz, Abstreuung über die Spitzen gekratzt einbauen auf Grundierung und Abstreuung mit Quarzsand 0,2-0,7 mm, nicht im Überschuß
Kratzspachtelung	
Grundierung	300-500 g/m² Epoxidharz und Abstreuung mit Quarzsand 0,2-0,7 mm, nicht im Überschuß

Bemerkungen:
1) Darf an keiner Stelle der Einbauflächen unterschritten werden
2) In Sonderfällen SMA möglich
3) Für Bauklassen SV, I, II nach Tab. 1.1 ZTV Asphalt-StB 94
4) Dichtungsschicht gezielt entwässern
5) Die Mischgutarten und -sorten sind für die einzelnen Schichten sind so aufeinander abzustimmen, daß die Hohlraumgehalte von unten nach oben nicht abnehmen.
6) abweichend von ZTV Asphalt-StB 94 möglich, in Absprache mit AG
7) Kappenbereich entsprechend ZTV-BEL-B
8) Bei Verwendung von AB für die Schutzschicht ist im Hinblick auf die größere Standfestigkeit des Belages bei einer Zwischenschicht SMA an die Stelle von AB zu empfehlen.
9) Im Gehwegbereich Dichtungsschicht nach ZTV-BEL-B 1/87 bzw. ZTV-BEL-B 3/87
10) Regeldicke 12 cm für Bauklassen entsprechend 3)
11) Aufhellung durch entsprechende Abstreuung und/oder helle Oberfläche durch Mineralstoffarten
12) Auch SMA 0/8 S bei 3) möglich, in Absprache mit AG
13) hoher Polierwiderstand der Mineralstoffe bei 3) erforderlich
14) ggf. als lärmmindernde dichte Deckschicht, in Absprache mit AG
15) im Gehwegbereich gelten 11) 13) 14) nicht
16) Festflanken der Einbauteile an Belagsdicke anpassen

Legende

AB ≙ Asphaltbeton
GA ≙ Gußasphalt
SMA ≙ Splittmastixasphalt

☐ Bei SMA beachten! Allgemeines Rundschreiben Straßenbau Nr. 5/1996 des BMV und objektbedingte Randeinflüsse (Länge, Einbauteile usw.).
Bei Bauklassen SV und I beachten! Maßnahmenkatalog für die Qualitätssicherung der Asphaltbauweise für Straßen der Bauklassen SV und I sowie Verkehrsflächen mit besonderen Beanspruchungen des dav (Deutscher Asphaltverband) Januar 1996
Für die Ausbildung von Längs-, Quernähten, Anschlüssen und Fugen in Schutz-, Zwischen- und Deckschicht siehe auch "Merkblatt für das Herstellen von Nähten und Anschlüssen in Verkehrsflächen aus Asphalt" (MNA) der FGSV und Abschnitt 4.6 und 5.5. der ZTV-BEL-ST 92

☐ Anzuwendende Belagsaufbauten bei Bauklassen SV, I + II bzw. zu bevorzugende Belagsaufbauten

Tabelle 12.4: Brückenbeläge auf Beton – Bauart III

12.2.4 Gegenwärtige Regellösungen für Abdichtungen auf Stahl

Da Stahl dampfdicht und die Fahrbahnoberfläche eben ist, entfallen die spezifischen Probleme der Betonfahrbahn von vornherein. Die Grundregeln einer vollflächig aufgeklebten Dichtungsschicht mit gutem Verbund und Asphalt-Schutz- und Deckschichten sind in diesem Fall von Beginn an umgesetzt worden. Der prinzipielle Aufbau entspricht somit weiterhin Bild 12.3. Für die Asphaltschichten gelten die im Abschnitt 12.2. ausführlich dargelegten Liefer- und Verarbeitungsbedingungen unverändert. In gleicher Weise sind die Schutzeinrichtungen, so weit erforderlich, vorzusehen.

Weitere Besonderheiten einer stählernen Fahrbahn gegenüber einer Betonplatte bestehen in
- der schnelleren Abkühlung der Stahlkonstruktion,
- dem hohen Wärmeleitvermögen des Fahrbahnbleches und
- der möglichen Tauwasserbildung auf der Oberfläche.

Zu beachtende Vorschriften sind:

ZTV-BEL-ST 92 mit	[12.15]
TL/TP-BEL-ST 92	[12.15]
ZTV Asphalt-StB 94/98	[12.14]
ZTV-SIB 90	[12.12]
ZTV-KOR 92	[12.19]

Sie gelten für ortsfeste (also nicht für bewegliche) Brücken mit orthotroper, stählerner Fahrbahnplatte beim Neubau und der Erhaltung, im Allgemeinen dagegen nicht für Stahlbrücken mit Buckelblechen und für umsetzbare Stahlhoch- und -flachstraßen.

Vorbehandlung der Oberfläche des Deckblechs:

Die Fahrbahnplatte muss frei sein von Schäden, Verschmutzungen, Beschichtungen und Rost. Zur Oberflächenvorbereitung stehen die Verfahren der DIN EN ISO 12944 Teil 4, auch kombiniert, zur Verfügung.

Verfahren: Trockenstrahlen mit Strahlmitteln,
Druckwasserstrahlen,
Flammstrahlen.

Mittels der beiden ersten Vorbereitungsverfahren ist ein Oberflächen-Reinheitsgrad Sa 2 ½ nach DIN EN ISO 12944/4 zu erreichen. Sollten in besonderen Fällen haftungsbeschränkende Rückstände nicht beseitigt werden können, ist gegebenenfalls das Blech auszuwechseln.

Dichtungsschicht:

Für sie sind 3 Ausführungsarten möglich.

1. Reaktionsharz-Dichtungsschicht
   Beide Lagen (Grundierungs- und Haftschicht) bestehen aus einem Reaktionsharz. Die Haftschicht ist abzustreuen oder eine Klebeschicht aufzutragen.
   Systembedingt können noch weitere Schichten anschließen. Sowohl die Grundierungs- als auch die Haftschicht müssen eine Abreißfestigkeit von ≥ 2,0 N/mm² erreichen.

2. Bitumen-Dichtungsschicht
   Beide Lagen (Grundierungs- und Haftschicht) bestehen aus einem nichtreaktiven, bitumenhaltigen Baustoff. Systembedingt können noch weitere Schichten wie eine Asphalt-

mastixschicht mit oder ohne Abstreuung oder ein splittreicher Asphaltbeton folgen. Sowohl die Grundierungs- als auch die Haftschicht (ohne Grundierungsschicht) müssen eine Abreißfestigkeit von $\geq 0,5$ N/mm² erreichen.

3. Reaktionsharz/Bitumen-Dichtungsschicht

Die Grundierungsschicht ist in 2 Lagen aus Reaktionsharz und die nachfolgende Haftschicht wird im Allgemeinen aus einer Bitumen-Schweißbahn hergestellt. Alternativ kann auch eine polymermodifizierte bitumenhaltige Masse aufgebracht werden.

Die Abreißfestigkeit der Schweißbahn auf der Reaktionsharz-Grundierungsschicht muss $\geq 0,5$ N/mm² betragen.

Sofern Laschenstöße über die Fahrbahnoberfläche hinausragen, darf diese Bauart im Bereich der Laschen nicht angewendet werden. Das gilt grundsätzlich für jede weitere Art einer stufenförmigen Oberfläche.

Schutzschicht:

Beim Heißeinbau der Aspahlt-Schutzschicht ist die dadurch ausgelöste Temperaturbelastung und die Reaktion des Tragwerks zu beachten. In einzelnen Bauteilen kann es zu erhöhten Verformungen und Zwangspannungen kommen, die statisch bedacht werden müssen. Einfluss auf diese temperaturbedingten Einwirkungen haben neben der Einbautemperatur auch die Umgebungstemperatur (Temperaturdifferenz), die Schichtdicke, die Einbaubreite, die Einbaugeschwindigkeit und die Folge der Einbaubahnen. Nachstehende Tabelle 12.5 gibt die zulässigen Verarbeitungstemperaturen für einzelne Mischgutarten und -sorten an (die obere Grenze gilt für das Mischgut beim Verlassen des Mischers, die untere Grenze für die noch mögliche Einbautemperatur).

Tabelle 12.5: Zulässige Mischgut-Temperaturen in °C – entnommen [12.14]

Art und Sorte des Bindemittels im Mischgut	Asphaltbinder	Asphaltbeton	Splittmastixasphalt	Gussasphalt	Asphaltmastix
B 25				200 - 250	
B 45	130 - 190	140 - 190		200 - 250	180 - 220
B 65	120 - 180	130 - 180	150 - 180	200 - 250	180 - 220
B 80	120 - 180	130 - 180	150 - 180		180 - 220
B 200		120 - 170	120 - 170		170 - 210

Als Schutzschicht sind zulässig:

1. Gussasphalt (Regelfall)

Die Dicke soll 3,5 cm betragen, darf aber über Aufhöhungen wie Schweißnahtüberlappungen an keiner Stelle 2,5 cm unterschreiten.

Bei nachfolgender Deckschicht aus Asphaltbeton oder Splittmastixasphalt ist die noch heiße Gussasphalt-Schutzschicht mit leicht mit Bitumen umhüllten Edelsplitt der Körnung 5/9 in einer Menge von 2 - 3 kg/m² abzustreuen.

12.2 Straßenbrücken

2. Splittmastixasphalt
   Die Dicke soll 4,0 cm betragen, an keiner Stelle über Aufhöhungen jedoch weniger als 3,0 cm.

Deckschicht:

Ihre Regeldicke beträgt 3,5 - 4,0 cm. Sie kann aus Gussasphalt, Asphaltbeton oder Splittmastixasphalt bestehen. Erforderlichenfalls darf die Dicke der Deckschicht auf 3,0 cm reduziert werden.

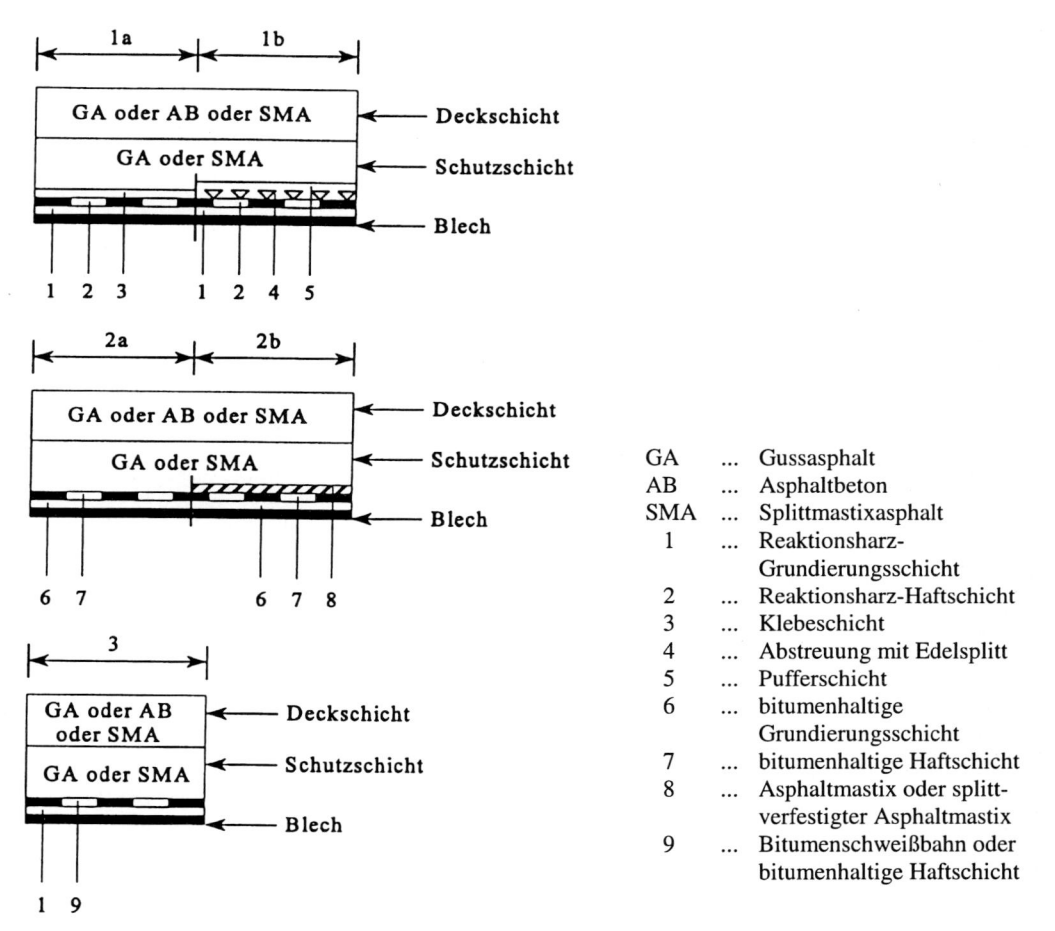

GA ... Gussasphalt
AB ... Asphaltbeton
SMA ... Splittmastixasphalt
1 ... Reaktionsharz-Grundierungsschicht
2 ... Reaktionsharz-Haftschicht
3 ... Klebeschicht
4 ... Abstreuung mit Edelsplitt
5 ... Pufferschicht
6 ... bitumenhaltige Grundierungsschicht
7 ... bitumenhaltige Haftschicht
8 ... Asphaltmastix oder splittverfestigter Asphaltmastix
9 ... Bitumenschweißbahn oder bitumenhaltige Haftschicht

Bild 12.19: Die 5 möglichen Bauarten der Abdichtung einer stählernen Fahrbahnplatte nach den ZTV-BEL-ST [12.15] (notwendige Abstreuung zwischen Schutz- und Deckschicht nicht dargestellt)

Fugen:

Es gelten die gleichen Regeln wie bei der Abdichtung von Fahrbahnplatten aus Beton.

Dünnbeläge:

Das Bundesministerium für Verkehr, Bau- und Wohnungswesen hat für reaktionsharzgebundene Dünnbeläge neue Regelwerke eingeführt. Nach einer Übergangszeit dürfen ab 1. Januar 2001 nur noch solche Materialien verwendet werden, die diese Vorschriften erfüllen und bei der Bundesanstalt für Straßenwesen (BASt) in einer „Zusammenstellung der geprüften Dünnbeläge nach den ZTV-RHD-St für die Anwendung auf Bauwerken und Bauteilen der Bundesverkehrswege" aufgeführt sind.

Die neuen Regelwerke sind:

ZTV-RHD-St, Ausgabe 1999: Zusätzliche Technische Vertragsbedingungen und Richtlinien für die Herstellung von reaktionsharzgebundenen Dünnbelägen auf Stahl

TL-RAD-St, Ausgebe 1999: Technische Lieferbedingungen für die Baustoffe der reaktionsharzgebundenen Dünnbeläge auf Stahl

TP-RHD-St, Ausgabe 1999: Technische Prüfvorschriften für die Prüfung der reaktionsharzgebundenen Dünnbeläge auf Stahl.

12.3 Eisenbahnbrücken

Hierbei kann es sich um Überbauten aus Stahlbeton oder aus Stahl mit überbetonierten Fahrbahnblechen oder solchen mit einbetonierten Walzträgern handeln. Von großer Bedeutung ist neben einer Abdichtung ferner die Entwässerung der Fahrbahn.

Die Abdichtungen von Eisenbahnbrücken sind großen Verkehrslasten ausgesetzt. Deren Wirkung, auch die der Bremskräfte, wird jedoch durch bewehrte Schutzschichten und die darüber liegende Bettung für den Oberbau gut verteilt, und zwar in höherem Maße als bei Straßenbrücken mit ihren geringen Belagsabmessungen.

Maßgebendes Regelwerk ist die

DS 835: Vorschrift für die Abdichtung von Ingenieurbauten (AIB), Ausgabe 1982 [12.17] zusammen mit den bei der Deutschen Bahn AG eingeführten ZTV-K [12.11], ZTV-BEL-B [12.13] und ZTV Asphalt-Stb 94/98 [12.14].

Die DS 835 wird zur Zeit überarbeitet und der neuesten Entwicklung angepasst. Die bisherigen konstruktiven Details und zugelassenen Materialien haben sich durchaus bewährt, weshalb hauptsächlich Ergänzungen zu erwarten sind.

Vom Bundesbahn-Zentralamt in München sind im Jahre 1979 Richtzeichnungen für die Abdichtung von Eisenbahnbrücken erstellt worden. Diese befassen sich in erster Linie mit dem Schichtenaufbau der einzelnen Abdichtungslagen und ähneln den Ausführungsarten hochbeanspruchter Oberflächenabdichtungen gegen nichtdrückendes Wasser, wie sie in DIN 18195, Teil 5 (Abschn. 4.13), eingehend beschrieben sind.

Die Vorbehandlung von Betonoberflächen richtet sich nach den ZTV-BEL-B, ist also derjenigen von Straßenbrücken gleich (AIB, Abs. 45). Ebenso sind die Verarbeitungsbedingungen von Reaktionsharzen für Grundierungen gleichartig geregelt (AIB, Abs. 46). Der Belagsaufbau endet mit der Schutzschicht; die Deckschicht bei Straßenbrücken entfällt. Bild 12.20 zeigt die Abdichtung einer massiven Eisenbahnbrücke mit bitumenhaltigen Dichtungsbahnen und der Abdichtungsanordnung.

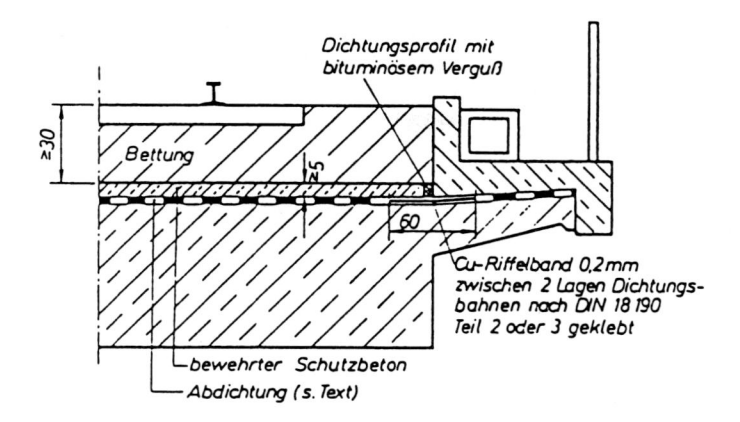

Bild 12.20:
Massive Eisenbahnbrücke, Querschnitt Richtzeichnung des Bundesbahn-Zentralamtes, München 1979

Die DS 835 [12.17] sieht drei Arten von Abdichtungsaufführungen massiver Brücken im Bereich der Fahrbahn vor:

Absatz 108 (Regelabdichtung):
 1. Voranstrich
 2. Heißbitumenklebemasse, gefüllt, Bitumen 85/25
 3. Bitumen-Dichtungsbahn mit Gewebeeinlage
 4. Heißbitumenklebemasse, gefüllt, Bitumen 85/25
 5. Bitumen-Dichtungsbahn mit Gewebeeinlage
 6. Heißbitumendeckaufstrich, ungefüllt
 7. Schutzsicht aus bewehrtem Beton B 25, Dicke ≥ 5 cm.

Einbau der Dichtungsbahnen im Gieß- und Einwalzverfahren.

Absatz 109:
 1. Voranstrich
 2. Erste Lage Bitumen-Schweißbahn, mindestens S 5
 3. Zweite Lage Bitumen-Schweißbahn
 4. Schutzsicht aus bewehrtem Beton B 25, Dicke ≥ 5 cm.

Einbau der Schweißbahnen im Schweißverfahren. Im Bereich von Elastomerprofilen darf die Flamme mit diesen nicht in Berührung kommen. Ersatzweise ist die Schweißbahn hier mit Heißbitumen aufzukleben.

Absatz 110:
 1. Grundierung mit Kunststoff (Polymer-Harz)
 2. Eine Lage Bitumen-Schweißbahn, ohne oder mit Metallkaschierung
 3. Schutzschicht aus Gussasphalt, 2-lagig nach ZTV Asphalt-StB94/98, Körnung 0/8 oder 0/11.

Unter Vergussfugen und unter dem Rand von Kappen ist eine 50 cm breite Verstärkung aus Riffelbändern (Kupfer oder Edelstahl, kein Aluminium) anzuordnen.

Nähere Einzelheiten, insbesondere die Anforderungen an die Stoffeigenschaften, können der DS 835 (AIB) entnommen werden.

Wie bei Straßenbrücken wird auch bei Eisenbahnbrücken die Dichtungsschicht unter die Kappen hindurchgezogen, jedoch mit der Besonderheit, dass die Dichtungsschicht am Kragarmende durch ein Fugenband nach Bild 12.21 abschließt. Auf das Fugenband darf verzichtet werden, wenn an dieser Stelle die Gefahr eines Wasseraustritts nicht besteht, was nach den Erfahrungen mit Kappen auf Straßenbrücken im Allgemeinen erfüllt sein dürfte.

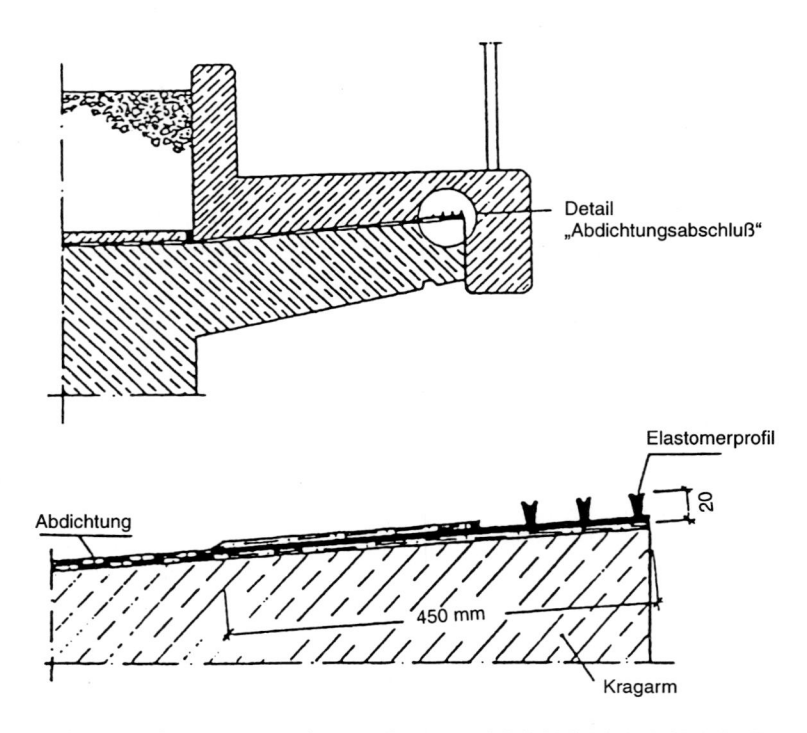

Bild 12.21: Abdichtungsabschluss unter der Randkappe nach DS 835, Bild 12.22 [12.17]

Wie aus Bild 12.20 hervorgeht ist die Schutzschicht an die Randkappe mit einer 1 - 2 cm breiten Gussasphalt- bzw. 2 - 4 cm breiten Beton-Vergussfuge anzuschließen.

Nach AIB soll die Überschüttungshöhe, d. h. der senkrechte Abstand zwischen OF Schutzschicht und OF Schwelle mindestens so groß sein, dass die Bettung in der Höhe durchgeführt werden kann, die nach den Oberbauvorschriften für die freie Strecke vorgesehen ist. Sie darf, auch bei bestehenden Brücken, die nachgebessert werden, dass Maß von 30 cm nicht unterschreiten (Bild 12.22).

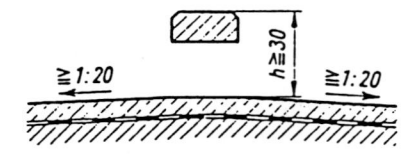

Bild 12.22: Überschüttungshöhe (AIB)

Den Endabschluss am festen und beweglichen Auflager zeigen die Bilder 12.23 und 12.24.

12.3 Eisenbahnbrücken

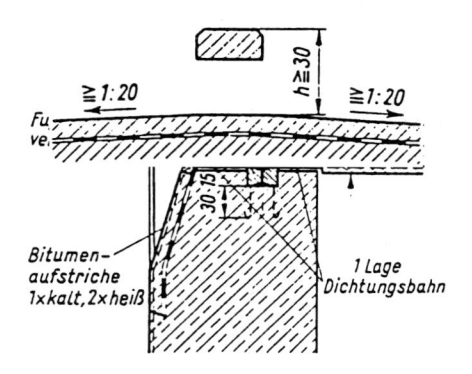

Bild 12.23: Abschluss der Abdichtung am festen Auflager (AIB)

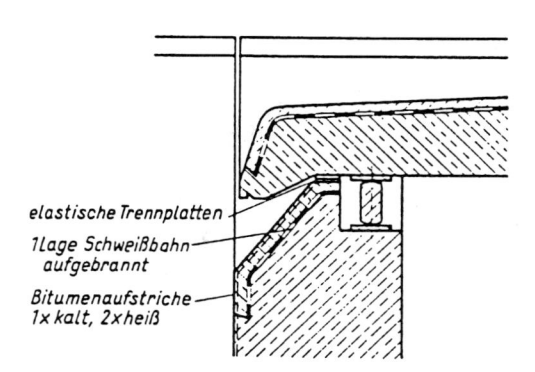

Bild 12.24: Abschluss der Abdichtung am beweglichen Auflager (AIB)

Die völlige Trennung der Abdichtung zwischen Fahrbahn und Widerlager ist überall da, wo mit größeren Bewegungen zu rechnen ist, besser, als beide Abdichtungsseiten mit komplizierten Überbrückungskonstruktionen miteinander zu verbinden.

Dieses Prinzip liegt z. B. der Anordnung in Bild 12.25 zu Grunde, die die Ausbildung der Bewegungsfuge zwischen einer Gleis- und einer Bahnsteigbrücke wiedergibt.

An den seitlichen Begrenzungen der Fahrbahn sind Abdeckplatten vorzusehen, deren Oberfläche mit 1 : 20, besser 1 : 10 Neigung nach innen entwässert wird. Bild 12.26 zeigt eine Abdeckplatte aus Ortbeton. Fugen in den Platten rechtwinklig zur Bahnachse sind sorgfältig, am besten mit elastischer Dichtungsmasse auf Kunststoffbasis, abzudichten. Die Fahrbahnabdichtung wird bis unter die Abdeckplatte, jedoch nicht bis an die Vorderkante der Stirnmauer geführt. In der AIB sind ferner Beispiele für Abdeckplatten aus Natur- oder Werkstein und für den Fall angegeben, dass das Bauwerk und die Abdeckplatte als Ganzes hergestellt werden.

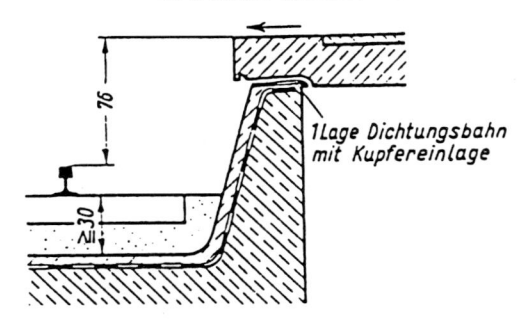

Bild 12.25: Bewegungsfuge zwischen Gleisbrücke und Bahnsteig (AIB)

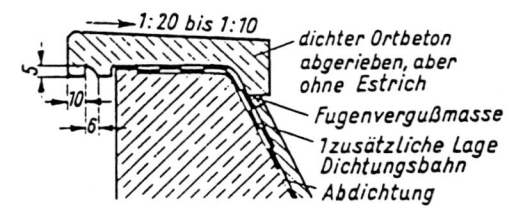

Bild 12.26: Abdeckplatte aus Ortbeton (AIB)

Das Gefälle der Oberfläche, die die Abdichtung trägt, muss nach AIB etwa 1 : 10, mindestens aber 1 : 20 betragen. Dies bedingt bei langen Stahlbetonbrücken eine Wasserabführung nicht nur hinter die Widerlager, sondern das Wasser muss an geeigneten Stellen auch durch die Fahrbahntafel hindurch abgeleitet werden. Dies führt zur Aufteilung der Oberfläche der Fahrbahn in trichterförmige Sammelbecken mit Längs- und Quergefälle, deren Neigungen den Mindestwert von 1 : 20 nicht unterschreiten dürfen.

12.4 Brücken für U-Bahnen in Hochlage

Für diesen Anwendungsfall gibt es keine allgemein verbindlichen Regelwerke. Die einzelnen Betreibergesellschaften passen ihre Ausschreibungsbedingungen dem jeweils neuesten Stand der Vorschriften für Straßen- und Eisenbahnbrücken an. Von ausschlaggebendem Einfluss ist die geplante Gleislagerung, ob auf Schwellen und Schotterbett oder als aufgeständerte feste Fahrbahn.

Im ersten Fall wäre eine Lösung wie für Eisenbahnbrücken nach DS 835 (AIB) auszuwählen, während im zweiten Fall alle Arten von Dichtungsschichten nach ZTV-BEL-B in Frage kämen mit der Einschränkung, dass die Schutzschicht unter Umständen auch sparsamer ausgeführt werden (in vielen Fällen dürfte eine aufgeklebte Schutzlage ausreichen) und die Deckschicht entfallen könnte. Wichtig bleiben eine zügige und verlässliche Entwässerung und eine den geschilderten Regeln entsprechende Oberflächenvorbehandlung des Untergrundes.

Da viele Rissschäden an Massivbrücken auf einen vertikalen Temperaturgradienten (Unterschied zwischen Überbauober- und -unterseite) zurückgehen, bestünde bei U-Bahnbrücken in Hochlage und mit aufgeständerten Schienen die Möglichkeit, die Abdichtung durch eine Wärmedämmung zu ergänzen.

12.5 Geh- und Radwegbrücken

An Beläge auf Fußgänger- und Radwegbrücken können geringere Ansprüche als an solche auf fahrzeugbelastete gestellt werden. Der Belag muss verschleißfest und rutschfest sein. Nach der baustoffspezifischen Vorbehandlung der Oberfläche genügt es, auf die Dichtungsschicht eine einlagige Deckschicht, bestehend aus einem Reaktionsharz von 2 bis 3 mm Dicke oder einer $\geq 3,5$ cm dicken Gussasphaltdeckschicht aufzubringen.

Holzbrücken erhalten im Allgemeinen keine Abdichtung. In schnee- und regenreichen Regionen werden sie oft gebietstypisch mit einem Dach versehen.

Stahlbrücken werden nach ZTV-KOR 92 [12.19] System 1.1.3 b behandelt (Oberflächenvorbereitung gemäß Oberflächenreinheitsgrad Sa 2 1/2) und nach einer Grundierungsschicht aus Reaktionsharz mit einem reaktionsharzgebundenen und rutschfesten Dünnbelag nach dem Merkblatt der Forschungsgesellschaft für Straßen- und Verkehrswesen versehen.

Mit Betonbrücken wird sehr unterschiedlich verfahren je nach Standort, Bedeutung und Belastung. So existieren Brückenplatten aus einem frost- und tausalzbeständigen Beton ohne jeden weiteren Belag, andere lediglich mit einer Versiegelung, die Mehrzahl jedoch mit einem Belag.

Im Verantwortungsbereich der Deutschen Bahn werden für Fußwegüberführungen, Bahnsteigbrücken, Treppenanlagen und ähnliche Bauwerke stets eine Abdichtung aus einer bitumenverklebten doppellagigen Bitumendichtungsbahn oder Bitumenschweißbahn mit Gewebe oder Metalleinlage, aus einer Bitumenschweißbahn und einer $\geq 3,0$ cm dicken Gussasphaltdeckschicht verlangt.

Sofern Betonbrücken einen begeh- und für mäßige Drücke befahrbaren Belag erhalten sollen, richten sich die Anforderungen nach dem Oberflächenschutzsystem OS-F der ZTV-SIB 90 [12.12], wobei die dort angegebenen beiden Aufbauarten hauptsächlich von der erwarteten Rissentstehung abhängen.

Aufbau a) 1. Grundierung
           2. Elastische Oberflächenschutzschicht
           3. Verschleißfeste Deckschicht, abgestreut, ggf. mit Gewebeeinlage

Aufbau b) 1. Grundierung
           2. Verschleißfeste Oberflächenschutzschicht ggf. mit Gewebeeinlage

12.6 Trog- und Tunnelsohlen

In der Regel wird der Straßenaufbau der anschließenden freien Strecke auch in Trog- und Tunnelbauwerken ausgeführt. Eine Abdichtung der Sohle ist in diesem Fall nicht notwendig. Sie kann jedoch erforderlich werden, wenn ein Fahrbahnbelag, wie er voranstehend für Fahrbahnen auf Brücken beschrieben wurde (beispielsweise gemäß ZTV-BEL-B Teil 1), direkt auf die Betonsohle aufgebracht wird.

Die Regeldicke eines Fahrbahnbelages auf Trog- und Tunnelsohlen aus Beton beträgt 16 cm und damit deutlich mehr als 7,5 bis 8,0 cm (je nach Wahl der Baustoffe) eines Belages auf Brücken. Die Differenz gleicht eine Zwischenschicht zwischen der Schutz- und der Deckschicht aus (siehe Bild 12.27). Sie besteht aus Gussasphalt, Splittmastixasphalt oder Asphaltbinder und ist je nach der Dicke gemäß Tabelle 12.7 zu wählen.

Der Grund für diese zusätzliche Zwischenschicht bis zu einer Dicke von 8,5 cm begründet sich durch zwei wesentliche Abweichungen gegenüber Belägen auf Brückentafeln:

1. Die Betonsohlen von Trog- und Tunnelstrecken sind durch den unmittelbaren Bodenkontakt im Allgemeinen feuchter als der Beton von Brückenfahrbahnen. Der Verbund zwischen Beton und Belag, der nach heutiger Auffassung dauerhaft, flächig und fest sein soll, wird dadurch geschwächt. Seine Beanspruchung durch Temperatur, Kapillardruck, Frost-Tauwechsel, Brems- und Anfahrkräfte wird durch diese Mehrdicke entsprechend verringert.
2. Trog- und Tunnelbauwerke weisen im Regelfall so genannte Blockfugen auf. Sofern die Fugenbewegungen nicht größer als höchstens 5 mm ausfallen, kann der Belag mit dieser Regeldicke ohne Unterbrechung über die Blockfuge hinweggeführt werden, wobei dort zur Verminderung des Schadensrisikos die Dichtungsschicht durch eine 1 m breite Polymerbitumen-Schweißbahn mit hochliegender Trägereinlage auf SBS-Basis (beispielhaft nach ZTV-BEL-B Teil 1, Anlage A1) zu verstärken ist.

Tabelle 12.6: Dicke der Zwischenschicht und Mischgutart [12.13]

Dicke der Zwischenschicht	Mischgutart
bis 4,0 cm	Gussasphalt oder Splittmastixasphalt
4,0 bis 8,5 cm	Gussasphalt oder Asphaltbinder[1]

[1] Über einer Zwischenschicht aus Splittmastixasphalt oder Asphaltbinder darf i.d.R. kein Gussasphalt vorgesehen werden

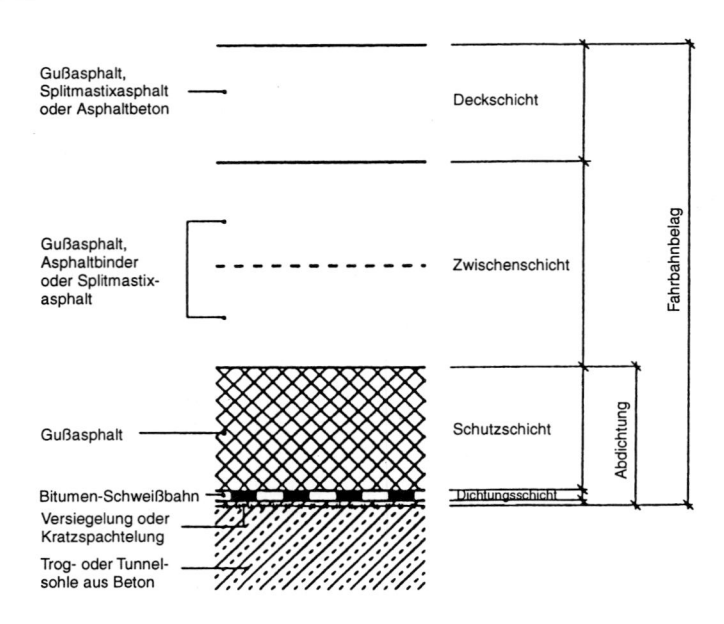

Bild 12.27: Belagsaufbau auf Trog- und Tunnelsohlen aus Beton [12.13]

Tabelle 12.7: Richtwerte für Einbaudicken der Schutz- und Zwischenschichten je Lage nach ZTV-BEL-B Teil 1, 1999 [12.13]

Schicht	Sorten-bezeichnung	Einbaudicken in cm		
		Asphaltbinder	Gussasphalt	Splitt-mastixasphalt
Zwischenschicht	0/16 S	5,0 bis 8,5	--	--
	0/11 S	--	3,5 bis 4,0	3,5 bis 4,0
	0/8 S	--	--	3,0 bis 4,0
	0/8	--	2,5 bis 3,5	2,0 bis 4,0
Schutzschicht	0/11 S, 0/11	--	3,5 bis 4,0	--
	0/8	--	2,5 bis 3,5	--

Die Betonoberfläche ist wie bei Brücken abtragend vorzubereiten, beispielsweise durch Kugelstrahlen. Eventuell vorhandene Risse treten nach dieser Behandlung deutlich hervor. Für die Behandlung der Risse gilt die ZTV-RISS. Oberflächennahe Risse müssen durch Tränkung bis zu einigen Zentimetern Tiefe geschlossen werden. Voraussetzung sind trockene Rissflanken, die gegebenenfalls durch Trocknung mittels Wärmestrahler oder Heißluft vorzubereiten sind.

Die Sohle eines Straßentunnels im Zentrum Berlins wies oberflächennahe Risse bis zu einer Breite von 0,5 mm auf. Ein ausgewähltes niedrigviskoses Epoxidharz verschloss diese Risse bis zu einer nachgewiesenen Tiefe von 6 cm.

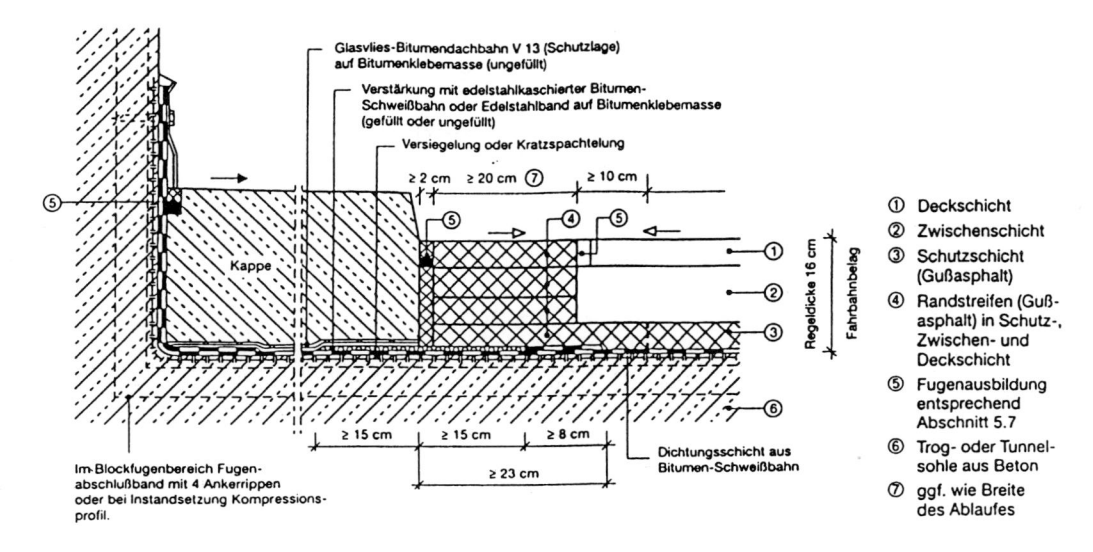

Bild 12.28: Beispielhafte Ausbildung des Wandanschlusses und des Aufbaus im Kappenbereich [12.13]

Wasserführende Risse sind stets zu verpressen. Die mit Harz benetzten Flächen sind mit Quarzsand der Lieferkörnung 0,2/0,7 gleichmäßig abzustreuen. Nähere Einzelheiten sind dem jeweils geltenden Regelwerk zu entnehmen.

12.7 Entwässerung der Verkehrsflächen

Die schnelle Abführung des Oberflächenwassers ist eine wesentliche Voraussetzung für die Sicherheit des Verkehrs einerseits und für die Lebensdauer der Brückenkonstruktion andererseits. Anfallendes Wasser muss bereits während der Bauzeit zuverlässig abgeführt werden. Die Fahrbahn erhält daher in der Regel ein Quergefälle von 2,5 % und Brückenabläufe in regelmäßigen Abständen in Abhängigkeit vom Längsgefälle gemäß Tabelle 12.8.

Weitere Einflussparameter sind die Querschnittsgestaltung, die Verkehrsart, die Verkehrsbelastung, die Ausbaugeschwindigkeit und der zu erwartende Verschmutzungsgrad. Sie können gegebenenfalls eine Verringerung der Abstände veranlassen. In niederschlagreichen Ländern werden von vornherein Abstände von höchstens 15 m empfohlen. Nach ZTV-K 96 [12.11] ist für 400 m² Einzugsfläche mindestens 1 Ablauf anzuordnen.

Tabelle 12.8: Abstände der Abläufe nach ZTV-K 96

Längsgefälle [%]	Abstände [m]
< 0,5	≤ 10
≥ 0,5 bis 1	> 10 bis 25
> 1	rd. 25

Brückenabläufe bilden mit ihrer Oberseite einen Teil der Belagsoberfläche der Fahrbahn. Sie sind sowohl in statischer wie auch in dynamischer Hinsicht für die größten der zu erwartenden Radlasten auszulegen. Nach ZTV-K 96 sind Abläufe für die Klasse D 400 nach DIN EN 124 und DIN 1229 zu bemessen. Entwässerungseinrichtungen müssen an die Dichtungsschicht sicher und dauerhaft wasserdicht angeschlossen werden und neben dem Oberflächenwasser auf dem Belag auch das Sickerwasser auf der Dichtungsschicht ableiten. Sofern an Tiefpunkten der Dichtungsschicht kein Ablauf vorhanden ist, muss das Sickerwasser durch Tropftüllen (nach der Richtzeichnung WAS 11) abgeführt werden, jedoch nicht über Verkehrsflächen und elektrischen Leitungen.

Sollen Abläufe nicht zu schwer wiegenden Problemstellen werden, muss ihre konstruktive Durchbildung unter Berücksichtigung baulicher Besonderheiten erfolgen, ihr zuverlässiger Einbau möglich sein und eine regelmäßige Wartung durchgeführt werden. Im Einzelnen weisen Brückenabläufe von Fahrbahnplatten nach dem gegenwärtigen Stand der Technik folgende Charakteristika auf:

1. Sie besitzen ein Unter- und ein Oberteil. Das Unterteil des Ablaufs wird mit der Bewehrung versetzt und einbetoniert.
2. Ablaufoberteile müssen stufenlos höhenverstellbar, neigungs- und seitenverstellbar sowie drehbar sein, um passgenau zur Belagoberfläche ausgerichtet werden zu können. Dabei muss die Oberkante des Rostes 1 cm tiefer als die Fahrbahnebene liegen. Seine Ablaufschlitze liegen stets quer zur Fahrtrichtung.
3. Die Dichtungsbahn muss auf einen umlaufenden Festflansch am Unterteil (Klebeflansch) aufgeklebt werden.
4. Der Klebeflansch muss eine Mindestbreite besitzen von
   – 100 mm zur Anbindung der Dichtungsschicht nach DIN 19599 durch Klebung und
   – 70 mm bei Ausführung mit Gegenflansch (Pressdichtungsflansch).
5. Niederschlagswasser wird während der verschiedenen Einbauvorgänge abgeführt (Bauzeitenentwässerung). Vorübergehend eingeklemmte Verschlussbleche verhindern das Abfließen der Fugenvergussmasse beim Vergießen.
6. Ablaufoberteile müssen verriegelt werden können, um diebstahlsicher zu sein (Verkehrssicherheit).
7. Alle Abläufe sind mit einem Schlammeimer auszurüsten.
8. Der Einlaufquerschnitt darf 500 cm² nicht unterschreiten.

Im Bild 12.29 ist die Richtzeichnung WAS 1 des Bundesministers für Verkehr, Bau- und Wohnungswesen, Abteilung Straßenbau, wiedergegeben, die prinzipiell einen üblichen Brückenablauf mit zugehörendem Einbauvorgang zeigt.

Die Industrie hat technisch ausgereifte Baureihen entwickelt, die alle aufgeführten Anforderungen durch Bauweise und Funktion erfüllen. Die stufenlose Höhenverstellbarkeit des Oberteils reicht von 85 - 160 mm je nach Bautyp. Die einzelnen Baureihen sind speziell auf die Besonderheiten der verschiedenen Brückenarten abgestimmt, wie Straßenbrücken mit Betonfahrbahn, Aufsätze für Brückensanierung, Eisenbahnbrücken mit Schotterbett, Fußgängerbrücken mit dünnem Belag, Stahlbrücken usw. So wurden eine Reihe von Varianten geschaffen, um dem technischen Fortschritt der Brückenherstellung zu folgen. Beispielsweise sind Abläufe für Brücken, die abschnittsweise mit verfahrbaren Schalungen erstellt werden, mit nachträglich einsetzbaren Abflussstutzen aus Edelstahl lieferbar.

12.7 Entwässerung der Verkehrsflächen

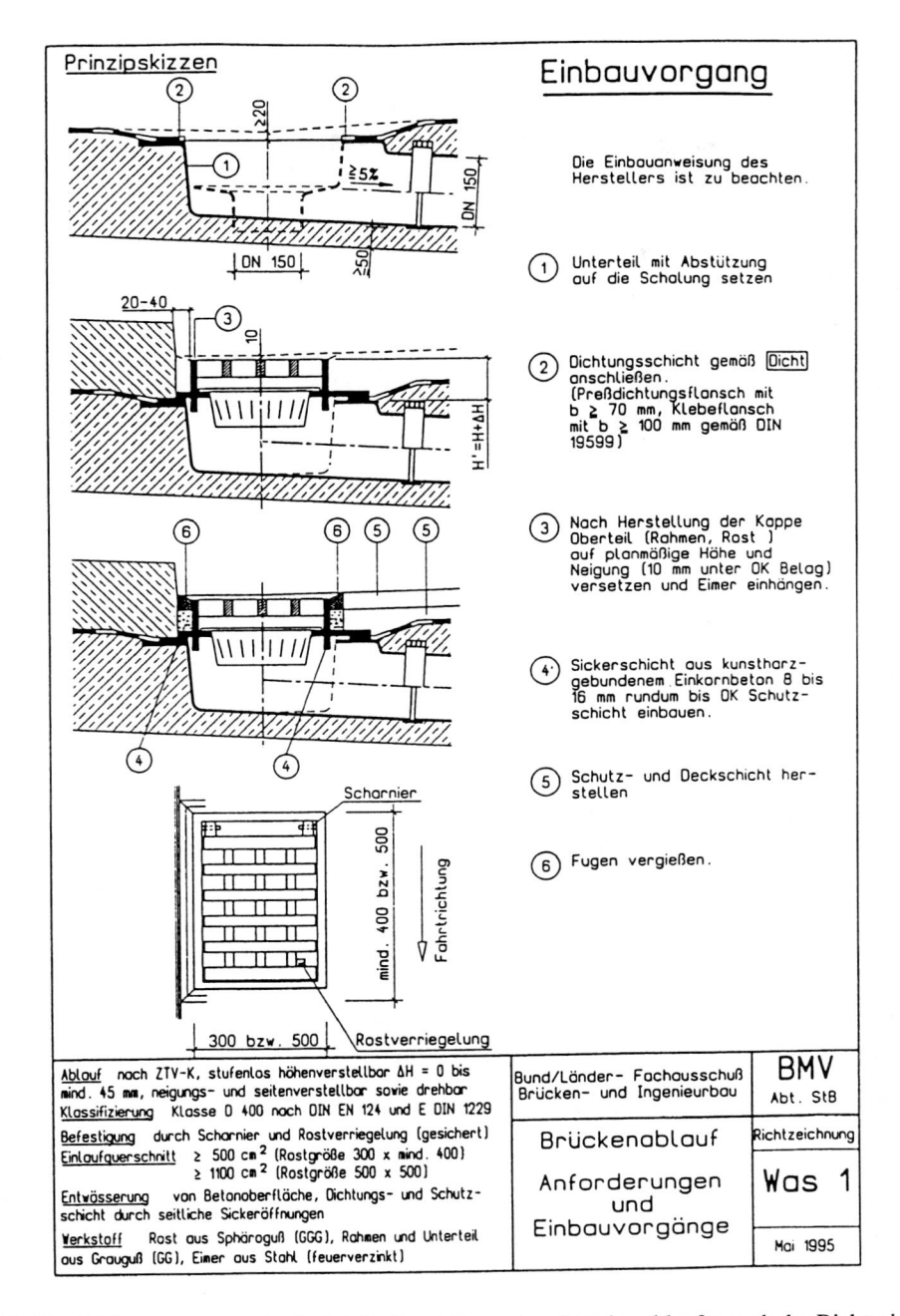

Bild 12.29: Einbauvorgang und prinzipielle Darstellung eines Brückenablaufes nach der Richtzeichnung WAS 1

Die Bilder 12.30 und 12.31 zeigen beispielhaft typische Brückenabläufe der Bauart Passavant (Klasse D 400).

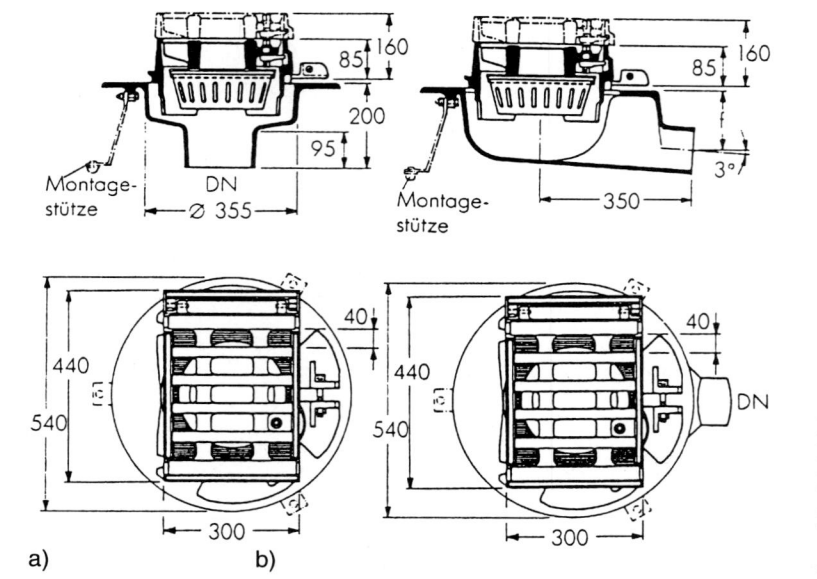

12 Abdeckung von Fahrbahnen und Gehwegen auf Brücken, Trog- und Tunnelsohlen

Bild 12.30: Brückenabläufe der Bauart Passavant für BetonfahrbahnTabellen a) mit senkrechtem und b) mit seitlichem Abflussstutzen

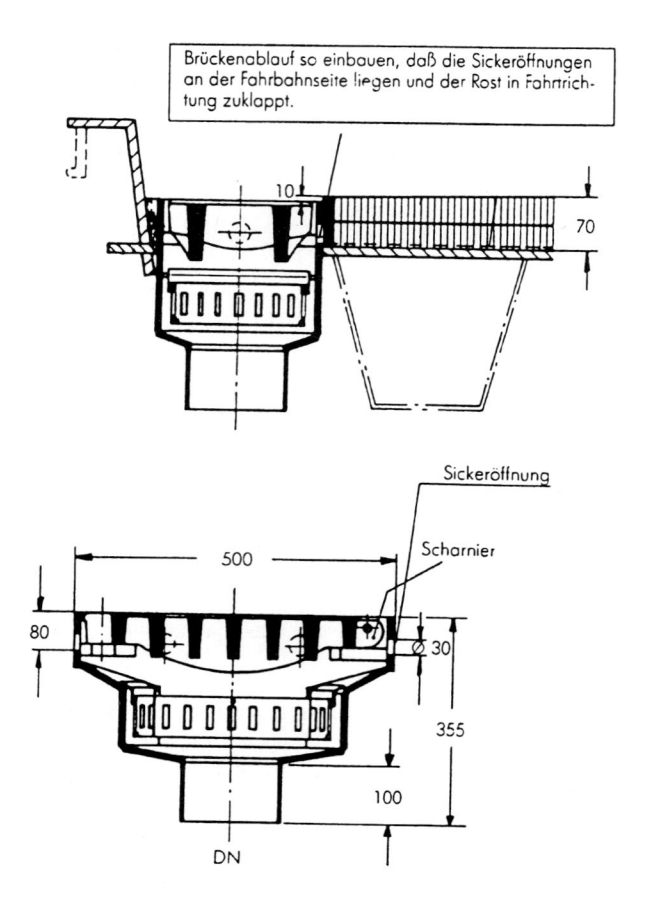

Bild 12.31: Brückenablauf der Bauart Passavant für Stahlbrücken

Literatur und Technische Vorschriften (Stand 10/1999)

[12.1] Haack, A., Emig, K.-F, Hilmer, K., Michalski, C.: Abdichtungen im Gründungsbereich und auf genutzten Deckenflächen. 541 S., 1995, Berlin: Ernst & Sohn

[12.2] Weidemann, H.: Brückenbau – Stahlbeton- und Spannbetonbrücken. 464 S., 1982: Werner

[12.3] Menn, C.: Stahlbetonbrücken. 533 S., 1986, Wien, New York: Springer

[12.4] Specht, M., Fouad, N. A.: Temperatureinwirkungen auf Beton-Kastenträgerbrücken durch Klimaeinflüsse. Beton- und Stahlbetonbau 93 (199 8) H. 10, S. 281 - 285 u. H 11, S. 319 - 323

[12.5] Haasis, J.: Brückenabdichtung mit Flüssigfolie. Sika-Information, Ausgabe Jan. 1990, S. 34 - 39

[12.6] v. Büren, R., Krähenbühl, R., Graf, A.: Zeitgemäße Qualitätssicherung bei Polymer-Bitumendichtungsbahnen – Schälzugprüfung auf Kunstbauten. Bauingenieur 73 (1998) Nr. 9, S. 405 - 410

[12.7] Peffekoven, W.: Bitumenwerkstoffe und Gussasphalt im Umweltverhalten richtig beurteilen. Amtliches Mitteilungsblatt der Tiefbau-Berufsgenossenschaft, München. Nr. 9 (1992) S. 602

[12.8] Sika Chemie GmbH: Arbeitsmappe Technische Information. Firmenunterlagen, 1993

[12.9] Conica Technik AG: Arbeitsmappe Technische Information. Firmenunterlagen 1999, Handbuch: Technische Merkblätter 1998

[12.10] Ispo GmbH, Dyckerhoff Gruppe: Arbeitsmappe Technische Information. Firmenunterlagen, 1999,
Handbuch: Technische Merkblätter 1999

[12.11] ZTV-K 96
Bundesminister für Verkehr
Zusätzliche Technische Vertragsbedingungen für Kunstbauten. Ausgabe 1996

[12.12] ZTV-SIB 90
Bundesminister für Verkehr
Zusätzliche Technische Vertragsbedingungen und Richtlinien für Schutz und Instandsetzung von Betonbauteilen, Ausgabe 1990
Zugehörige Teile sind die Technischen Lieferbedingungen/Technischen Prüfbedingungen für Betonersatzsysteme (BE)
TL/TP-BE-SPCC (Spritzmörtel/-beton mit Kunststoffzusatz
TL/TP-BE-PCC (Zementmörtel/Beton mit Kunststoffzusatz
TL/TP-BE-PC (Reaktionsmörtel/Reaktionsharzbeton) und Oberflächenschutzsysteme (OS)

[12.13] Brückenbeläge auf Beton
Bundesminister für Verkehr
Zusätzliche Technische Vorschriften und Richtlinien für die Herstellung von Brückenbelägen auf Beton (ZTV-BEL-B)
Teil 1 Dichtungsschicht aus einer Bitumenschweißbahn (ZTV-BEL-B Teil 1), Ausgabe 1999

Teil 2 Dichtungsschicht aus zweilagig aufgebrachten Bitumendichtungsbahnen (ZTV-BEL-B 2/87), Ausgabe 1987
Teil 3 Dichtungsschicht aus Flüssigkunststoff
mit zugehörigen Teilen: Technische Lieferbedingungen (TL) und Technische Prüfvorschriften (TP)
TL-BEL-B Teil 1
TP-BEL-B Teil 1
 (Dichtungsschicht aus einer Bitumen-Schweißbahn zur Herstellung von Brückenbelägen auf Beton)
TL-BEL EP (Ausgabe 1999)
TP-BEL-EP (Ausgabe 1999)
 (Reaktionsharze für Grundierungen, Versiegelungen und Kratzspachtelungen unter Asphaltbelägen auf Beton)
TL-BEL-B Teil 3 (Ausgabe 1995)
TP-BEL-B Teil 3 (Ausgabe 1995)
 (Baustoffe zur Herstellung von Brückenbelägen auf Beton mit Dichtungsschicht)

[12.14] ZTV Asphalt-StB 94/98
Forschungsgesellschaft für Straßen- und Verkehrswesen
Zusätzliche Technische Vertragsbedingungen und Richtlinien für den Bau von Fahrbahndecken aus Asphalt. Ausgabe 1994, Fassung 1998

[12.15] ZTV-BEL-ST 92
Bundesminister für Verkehr
Zusätzliche Technische Vertragsbedingungen und Richtlinien für die Herstellung von Brückenbelägen auf Stahl. Ausgabe 1992
Zugehörige Teile sind die Technischen Lieferbedingungen, Technische Prüfvorschriften der Dichtungsschichten und der Abdichtungssysteme TL/TP-BEL-ST, Ausgabe 1992

[12.16] Richtzeichnungen für Brückenabdichtungen
Bundesminister für Verkehr, Bau- und Wohnungswesen
 Dicht 3 Dichtungsschicht aus Bitumenschweißbahn
   (BSB, einlagig)
 Dicht 4 Dichtungsschicht aus Bitumendichtungsbahnen
   (BDB, zweilagig)
 Dicht 7 (Dichtungsschicht aus Flüssigkunststoff)
 Dicht 9 Fugenausbildung am Schrammbord
Für Instandsetzungsarbeiten gelten die Richtzeichnungen Dicht 20 bis 27.

[12.17] DS 835. 9101 Ingenieurbauwerke abdichten
Deutsche Bahn AG
Hinweise für die Abdichtung von Ingenieurbauwerken (AIB)

[12.18] Unveröffentlichte Mitteilungen über Erfahrung und derzeitiger Praxis von Gehweg- und Fahrbahnabdichtungen (Stand 1998) von
 [12.18.1] Straßenbauamt Celle
 [12.18.2] Straßenbauamt Heilbronn
 [12.18.3] Hessisches Landesamt für Straßen- und Verkehrswesen
 [12.18.4] Straßenamt Karlsruhe
 [12.18.5] Straßenamt Nürnberg
 [12.18.6] Landschaftsverband Rheinland

[12.19]   ZTV-KOR 92
         Bundesminister für Verkehr, Deutsche Bundesbahn
         Zusätzliche Technische Vertragsbedingungen und Richtlinien für den Korrosionsschutz von Stahlbauten, Ausgabe 1992

[12.20]   Wruck, R.; Günther, G.: Untersuchungen von Fahrbahnabdichtungen auf Betonbrücken Forschung Straßenbau und Straßenverkehrstechnik, Heft 510, Bundesminister für Verkehr, Abt. Straßenbau, 1987

[12.21]   Weyer, P.: Abdichtung mit Flüssigkunststoffen – Ergebnisse einer Untersuchung Straßen- und Tiefbau 2/95

[12.22]   Senatsverwaltung für Stadtentwicklung, Berlin (Dipl.-Ing. Halter, Abt. H XI): Brückenbeläge auf Beton. Arbeitsblätter, 1999.

13 Sanierung von Abdichtungen

Von Dipl.-Ing. Michael Bonk

13.1 Vorbemerkungen zur Sanierung von Abdichtungen

Mängelrügen an Bauwerksabdichtungen haben in den letzten Jahren insbesondere auch aufgrund der gewünschten höherwertigen Nutzung von Kellerräumen und der hieraus resultierenden Sensibilität der Nutzer deutlich zugenommen. Die Hauptursache des Anstiegs von Abdichtungsschäden liegt jedoch darin, dass die Planungs- und Ausführungsanforderungen zu wenig beachtet werden und dass häufig unqualifizierte Ausführungsfirmen ohne die erforderliche Durchführung einer fachgerechten Schadensdiagnose und einer darauf aufbauenden Sanierungsplanung tätig werden. Die am häufigsten anzutreffenden hieraus resultierenden Schadensbilder in Kellerräumen sind exemplarisch in den Bildern 13.1 bis 13.3 dargestellt.

Bild 13.1:
Kapillar aufsteigende Feuchtigkeit im Mauerwerk mit einhergehenden Salzausblühungen

Bild 13.2:
Stark salzgeschädigtes Mauerwerk mit Putzabsprengungen

Die folgenden Abschnitte beschäftigen sich im Wesentlichen mit der Sanierung von Abdichtungen im Bereich von Gründungen; ergänzend wird hinsichtlich der Sanierung von Nassräumen auf [13.1], von Flachdächern auf [13.2] und von Balkonen und Terrassen auf [13.2] und [13.3] verwiesen.

Bereits im 3. Bauschadensbericht des Bundesministeriums für Raumordnung, Bauwesen und Städtebau [13.4] werden die durch Fehler bei der Planung, Ausführung und Materialverwendung verursachten vermeidbaren Schadenskosten bei Hochbauleistungen mit ca. 6,7 Milliarden DM benannt. Etwa die Hälfte, nämlich 3,3 Milliarden DM, entfallen hierbei auf Fehlleistungen bei Sanierungen, Instandsetzungen bzw. Modernisierungen. Schäden bei Bauteilen im Erdreich machen hiervon sowohl im Neubau als auch bei Sanierungsvorhaben eine Schadensanteil von jeweils ca. 16 % aus. Diese Zahlen verdeutlichen, dass der Sanierungsplanung von Abdichtungen zu wenig Aufmerksamkeit gewidmet wird und somit immer häufiger die „Sanierung der Sanierung" durchgeführt werden muss. Aufbauend auf dem Grundlagenwissen für Planungen und Ausführungen von Abdichtungen im Neubau werden im folgenden ergänzend Empfehlungen zur Vorgehensweise bei der Sanierung von Abdichtungen gegeben.

Bild 13.3:
Stehendes Wasser in einem Kellerraum infolge einer Leckage

In der Abdichtungsbranche ist unabhängig von der tatsächlichen Qualifikation nahezu jeder mit Gewerbeschein legitimiert, Abdichtungsarbeiten auszuführen. Neben seriösen und kompetenten Firmen existieren auf dem Markt auch viele Anbieter mit Verfahren, die nach naturwissenschaftlichen Erkenntnissen nicht funktionieren können. Diese obskuren Verfahren, die zum Beispiel in Zeitschriften als preiswerte Allheilmittel angepriesen werden, werden im folgenden nicht behandelt. Um eine dauerhafte und auf den jeweiligen Problemfall abgestimmte Sanierungsvariante festlegen zu können, muss analog zur Vorgehensweise in der Medizin über die rein visuelle Beobachtung hinausgehend erst eine umfassende Diagnose durchgeführt werden, um dann die richtige und optimale Therapie festlegen zu können. Für die Sanierung von Abdichtungen heißt das, dass unter Berücksichtigung von wirtschaftlichen und technischen Aspekten eine fachgerechte Sanierung stets sorgfältige Voruntersuchungen und Planungen erfordert.

Die hierzu im einzelnen durchzuführenden Schritte werden in den nächsten Abschnitten ausführlich erläutert. Prinzipiell muss zunächst stets die tatsächliche Schadens- bzw. Feuchtigkeitsursache unter Berücksichtigung der vorhandenen Wasserbeanspruchung ermittelt werden (siehe Abschnitte 13.2 bis 13.4). Anschließend ist auf der Grundlage dieser Voruntersuchungen eine Sanierungsplanung durchzuführen (siehe Abschnitt 13.5). Die wichtigsten der hierfür zur Verfügung stehenden Sanierungsmöglichkeiten mit ihren jeweiligen Vor- und Nachteilen, den zur beachtenden Randbedingungen und Anwendungsgrenzen werden in den Abschnitten 13.6 bis 13.9 erläutert. Aufgrund der zahlreichen auf dem Markt vorhandenen Diagnosesysteme und Sanierungsvarianten kann es sich im folgenden nur um das Aufzeigen der prinzipiellen Vorgehensweise bei Abdichtungssanierungen handeln. Insbesondere bei der Auswahl einer oder einer

Kombination der vorgestellten Sanierungsmöglichkeiten (z. B. Injektionsverfahren) oder bei strittigen bzw. sich in ständiger Entwicklung befindenden Verfahren (z. B. Schleierinjektionen) wird daher empfohlen, auch die angegebenen Literaturverweise zu den jeweiligen Verfahren zu berücksichtigen.

13.2 Abdichtungsunabhängige Feuchtigkeitseinflüsse

Der Nachweis eines Verstoßes gegen die anerkannten Regeln der Technik von Abdichtungen bei auftretenden Feuchtigkeitserscheinungen kann insbesondere, da die Austrittsstelle des Wassers im Rauminneren nicht zwangsläufig in unmittelbarer Nähe der Eintrittsstelle liegen muss und auch mehrere voneinander unabhängige Ursachen vorliegen können, nur durch umfassende Untersuchungen sämtlicher möglicher Schadensursachen erfolgen. Hierbei ist zunächst zu klären, ob tatsächlich Abdichtungsfehler das Auftreten der Feuchtigkeitserscheinungen bewirkt haben oder sonstige Feuchtigkeitseinflüsse, wie sie auch in [13.5] beschrieben worden sind, vorliegen. Es sollte daher so vorgegangen werden, dass zunächst sämtliche abdichtungsunabhängige Feuchtigkeitseinflüsse untersucht und gegebenenfalls ausgeschlossen werden, ehe man eine komplexe Schadensdiagnostik durchführt. Durch das Ausschließen möglicher Schadensursachen, die mit Sicherheit nicht in Frage kommen, wird der Kreis der möglichen Ursachen eingeengt. Aus wirtschaftlichen Überlegungen wird empfohlen, neben der Überprüfung von Undichtigkeiten bei Wasserleitungen, AbFluss- und Heizungsrohren auch folgende abdichtungsunabhängige Feuchtigkeitseinflüsse zu betrachten, deren Ausschluss mit einfachsten Mitteln möglich ist:
- Tauwasser
- Bauwasser
- Niederschläge.

13.2.1 Tauwasser

Auch bei intakten Abdichtungsmaßnahmen kann unter bestimmten klimatischen Randbedingungen Oberflächentauwasser auf Innenbauteilen auftreten [13.6]. Diese Tauwasserbildungen treten auf, wenn die raumseitige Innenoberflächentemperatur gleich oder niedriger ist als die Taupunkttemperatur der Raumluft. Die Menge des anfallenden Tauwassers hängt von der Dauer und Intensität der Taupunkttemperaturunterschreitung ab. Bevor es zur Oberflächentauwasserbildung kommt, kann es in Abhängigkeit von der Größe der Kapillaren des Baustoffes auch schon zur Kapillarkondensation in den oberflächennahen Kapillaren kommen.

Tauwasserbildungen in unbeheizten unterirdischen Bauten und Kellern treten in der Regel im Sommer auf. Dies liegt darin begründet, dass warme Außenluft im Sommer absolut gesehen einen erheblich höheren Feuchtegehalt aufweist als die kühlere Kellerraumluft (Bild 13.4). Gelangt nun die feuchte, warme Außenluft in die kühleren unbeheizten Räume, so steigt die relative Luftfeuchtigkeit an und es kann an den Bauteiloberflächen zur Taupunkttemperaturunterschreitung und somit zur Tauwasserbildung kommen.

Ein sicheres Indiz für Tauwasserbildungen in unbeheizten Kellerräumen ist die Tatsache, dass diese mit Beginn der kühleren Jahreszeit schnell und vollständig verschwinden. Eine sichere und insbesondere bei historisch wertvollen Bauten häufiger angewandte Möglichkeit zur Überprüfung, ob Tauwasser auftritt, besteht darin, dass eine zeitparallele Erfassung von Luft- und Oberflächentemperaturen sowie der Luftfeuchte durchgeführt und ausgewertet wird.

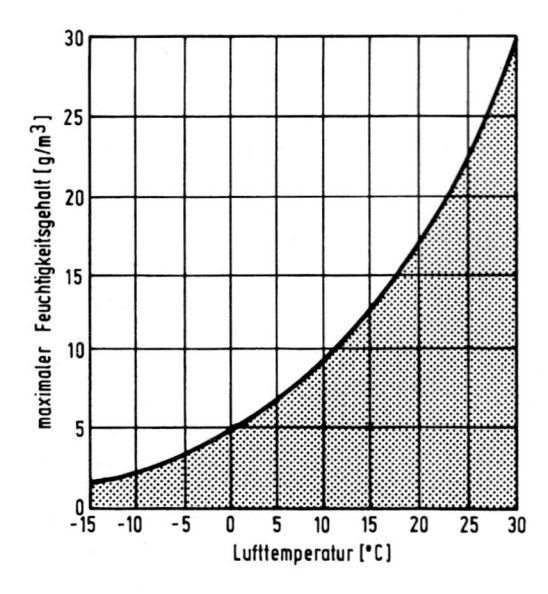

Bild 13.4:
Zusammenhang zwischen Lufttemperatur und dem maximal aufnehmbaren Feuchtegehalt der Luft

13.2.2 Bauwasser

Bei Neubauten ist es nicht gänzlich zu vermeiden, dass während der Bauphase Bauwasser in das Innere des außenseitig abgedichteten Kellertroges gelangt. Es seien hier exemplarisch Wasserbelastungen aus überschüssigem Anmachwasser, offengelassenen Zapfhähnen, Niederschlägen vor Vollendung der Dacheindeckung und auch über Kellerlichtschächte und Regenentwässerungsleitungen in das Gebäudeinnere eindringendes Wasser genannt. Diese gesamten Wassermengen gelangen letztendlich zu einem großen Teil von oben in den abgedichteten Kellertrog und benötigen einen längeren Zeitraum, um über Pumpensümpfe oder auf dem Wege der Verdunstung abgeführt zu werden.

Es kann daher vorkommen, dass die raumseitigen Bauteiloberflächen begünstigt durch trockene Witterung zunächst visuell trocken erscheinen und zu einem späteren Zeitpunkt Wasserlachen auf der Sohlenoberfläche auftreten. Häufig, insbesondere wenn dieser Zeitpunkt zufällig mit dem Einstellen der Wasserhaltung zusammenfällt, wird dieser Mangel auf eindringendes Grundwasser infolge einer unwirksamen Abdichtung zurückgeführt. Diese Schlussfolgerung ist jedoch, wie das folgende Beispiel zeigt, nicht ohne weitere Prüfungen möglich.

Allein die auf dem Weg der Verdunstung abzuführende Wassermenge des Anmachwassers kann beträchtlich sein. Der Sättigungsfeuchtegehalt Φ_S [13.m³/m³], der die Wassermenge angibt, die ein Baustoff in einem Kubikmeter enthalten kann, wenn sämtliche Poren und Kapillaren mit Wasser gefüllt sind, beträgt gemäß [13.7] für Beton 0,22 [13.m³/m³]. Eine 1 m dicke Betonsohle im Keller eines Gebäudes der Abmessungen 100 × 50 m kann somit bis zu 1.100 m³ (0,22 m × 100 m × 50 m × 1 m) Wasser enthalten. Ein großer Teil dieser Wassermenge wird dem Raum auf dem Wege der Verdunstung zugeführt. Bei unzureichenden Be- und Entlüftungsmaßnahmen, zum Beispiel bei frühzeitigem Einbau dicht schließender Kellerfenster im Winter führt dies zu einem Ansteigen der relativen Luftfeuchtigkeit und zu massiven Tauwasserbildungen auf den raumabschließenden Bauteiloberflächen (vgl. 13.2.1). Die Tatsache, dass massive Tauwasserbildungen bis hin zu Pfützenbildungen auftreten, ist, wie das Beispiel zeigen soll, noch kein Indiz für unzureichende Abdichtungsmaßnahmen.

13.2.3 Niederschläge

Neben Niederschlägen, die während der Bauzeit anfallen (siehe Bauwasser), können auch Niederschläge während der Nutzung trotz intakter Abdichtungsmaßnahmen in Einzelfällen zu Feuchtigkeitserscheinungen oder sich füllenden Pumpensümpfen führen. Gemeint sind hier Niederschläge, die von oben offenen Bauteilen wie zum Beispiel außenliegenden Kellertreppen, Zufahrtsrampen, Zugangstreppen von U-Bahnhöfen, nicht entwässernden Lichtschächten oder offenen Parkdecks der Obergeschosse aufgefangen werden und in den abgedichteten Trog gelangen können.

Vor einer kostenintensiven Überprüfung der Abdichtungsausführung sollte daher zunächst überprüft werden, ob derartige Wasserauffangstellen vorhanden sind und ob diese die in [13.8] vorgegebene Regenspende durch Entwässerungsmöglichkeiten und zum Beispiel bei Kellertreppen entsprechenden Aufkantungen zum Kellertrogbereich schadensfrei abführen können. Sofern hingegen größere Auffangstellen ohne entsprechende Entwässerungsmöglichkeiten vorhanden sind, die zum Ansteigen des Wassers in Pumpensümpfen führen können, sollten entsprechend den Empfehlungen in [13.5] über einen längeren Beobachtungszeitraum Zusammenhänge zwischen Niederschlagsmengen, Flächen der möglichen Auffangstellen und zusätzlich zu fördernden Wassermengen untersucht werden, um somit gegebenenfalls Niederschläge im Bereich von Auffangstellen als Schadensursache zu bestätigen oder auszuschließen.

13.3 Ortung von Leckagen

Sofern Wasser in das Rauminnere eindringt und zu Pfützenbildungen oder sogar zu flächig stehendem Wasser führt, stellt sich nach dem Ausschluss der in Abschnitt 13.2 erläuterten abdichtungsunabhängigen FeuchtigkeitsEinflussgrößen die Frage, an welchen Stellen Wasser in das Bauwerk eindringt. Vor Durchführung der in Abschnitt 13.4 beschriebenen komplexen Feuchtediagnostik ist es hilfreich, zunächst mit einfachen Methoden zu prüfen, ob lediglich vereinzelte ausführungsbedingte Fehlstellen die Undichtigkeit bewirkt haben. Zu den häufigsten Ursachen derartiger Fehlstellen gehören örtlich begrenzte Beschädigungen der Abdichtung (Bild 13.5), nicht fachgerecht ausgebildete Durchdringungen der Abdichtung (Bild 13.6) sowie nicht mit der nötigen Sorgfalt bzw. nicht fachgerecht ausgebildete Abdichtungsübergänge zwischen Außenwänden und Sohlplatten (Bild 13.7).

Während Leckagen im Bereich von Wänden häufiger vorzufinden sind, treten Leckagen an Sohlplattenabdichtungen relativ selten auf. Dies liegt darin begründet, dass kleinere handwerkliche Ausführungsmängel infolge des Einpressdruckes bei bituminösen Abdichtungsverfahren unter der Bauwerkslast kompensiert werden können.

Sofern Wasser nicht an zahlreichen über den GrundRiss verteilten Stellen in das Rauminnere eindringt, sondern lediglich im Bereich einer oder mehrerer Fehlstellen, gilt es, diese Fehlstellen möglichst genau zu lokalisieren, um somit die Aufgrabungsarbeiten zur Überprüfung und Sanierung der Abdichtung auf die nowendigen Bereiche zu beschränken.

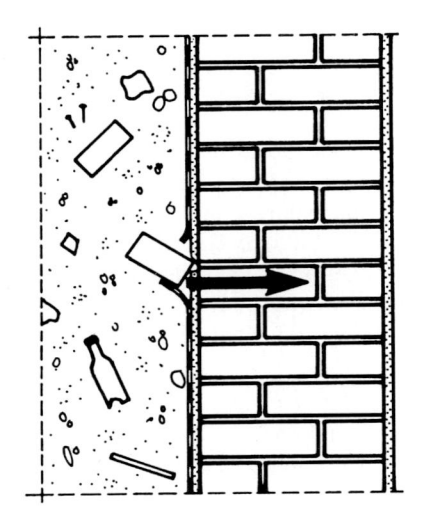

Bild 13.5: Beschädigung der Abdichtung infolge von Bauschuttresten und fehlender Schutzschicht

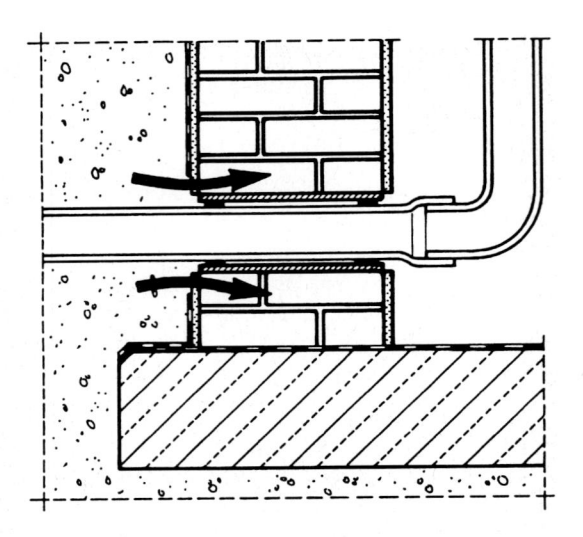

Bild 13.6: Mangelhafter Anschluss der Abdichtung an eine Rohrdurchdringung

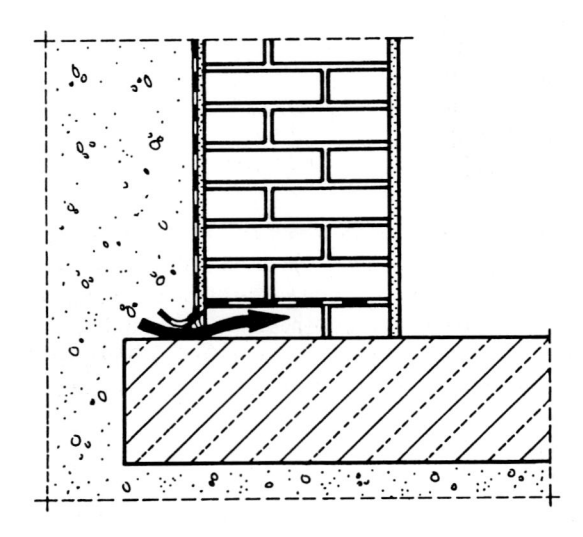

Bild 13.7:
Unter- bzw. Hinterläufigkeit der Vertikalabdichtung im Übergangsbereich zu einer WU-Beton-Bodenplatte

Neben der visuellen Prüfung, die in zahlreichen Fällen, wie zum Beispiel bei Undichtigkeiten im Bereich von Durchdringungen (Bild 13.6) schon zur Lokalisierung der Wassereindringstelle führen kann, existieren auch verschiedene Messverfahren, mit denen letztendlich über den relativen Feuchtegehalt der Konstruktion ein Rückschluss hinsichtlich der örtlichen Lokalisierung von Leckagen gezogen werden kann. In Anbetracht dessen, dass zur reinen Lokalisierung von feuchten Bauteilbereichen keine absoluten Feuchtegehalte der Baustoffe zum Beispiel mittels CM-Gerät (Bild 13.8) oder nach der „Darr-Methode" erforderlich sind, können diese vor der eigentlichen Schadensdiagnostik durchzuführenden orientierenden Untersuchungen zerstörungsfrei, schnell und somit preisgünstig erfolgen.

13.3 Ortung von Leckagen

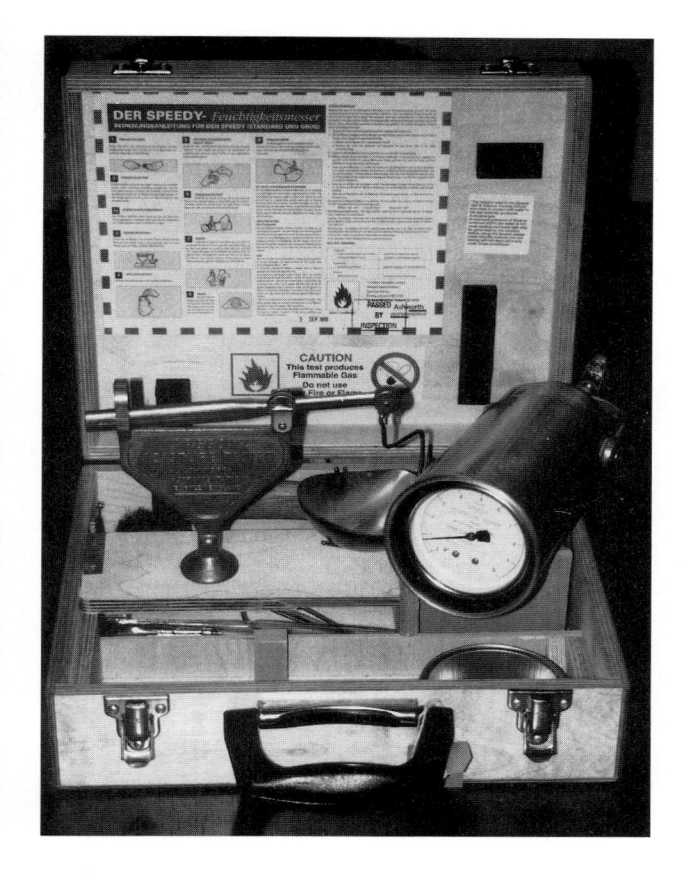

Bild 13.8:
CM-Gerät

Im folgenden werden von den indirekten Verfahren zur Beurteilung des Feuchtegehaltes die am häufigsten angewandten Lokalisierungsverfahren zur Eingrenzung von Abdichtungsleckagen kurz beschrieben. Angemerkt werden muss hierbei, dass einige der im folgenden erläuterten Verfahren aufgrund ihres nicht unerheblichen Aufwandes das eigentliche Ziel, nämlich die örtliche Eingrenzung einer undichten Stelle, nicht rechtfertigen. Ein ausführlicher Vergleich instrumenteller Feuchtigkeitsmessverfahren und eine umfassende Bewertung ihrer baupraktischen Relevanz ist in [13.9] enthalten.

Elektrische Verfahren (Dielektizitätsmessgerät)

Elektrische Feuchtigkeitsmessgeräte beruhen entweder auf dem Prinzip elektrischer Widerstandsmessung oder auf dem Prinzip, bei dem die Dielektrizitätskonstante des Baustoffes ermittelt wird. Aufgrund ihrer leichten Handhabbarkeit sind derartige Geräte weit verbreitet. Sie haben sich insbesondere zur Kontrolle von Trocknungsmaßnahmen und zur Beurteilung von Holzfeuchtigkeit bewährt. Zur Feuchtediagnostik als Grundlage für eine Sanierungsplanung sind sie, da die Leitfähigkeit und somit der Anzeigewert maßgeblich von der Salzkonzentration und der Art des Baustoffes abhängt und darüber hinaus lediglich Feuchtetrends und keine absoluten Feuchtegehalte angegeben werden, ungeeignet. Als Lokalisierungshilfe von Undichtigkeiten können elektrische Verfahren unter der Voraussetzung, dass keine Versalzungen vorhanden sind, aufgrund der einfachen Handhabung und der Anzeige von Feuchtetrends eine gute Hilfestellung bieten.

Mikrowellenverfahren

Das Mikrowellenverfahren gehört zur Kategorie der dielektrischen Feuchtemessverfahren. Es können nahezu unabhängig von vorhandenen Versalzungen mit handlichen Geräten und Messköpfen für Oberflächen- und Tiefenmessungen insbesondere bei Mauerwerkswänden Feuchtigkeitsmesswerte produziert werden (Bild 13.9).

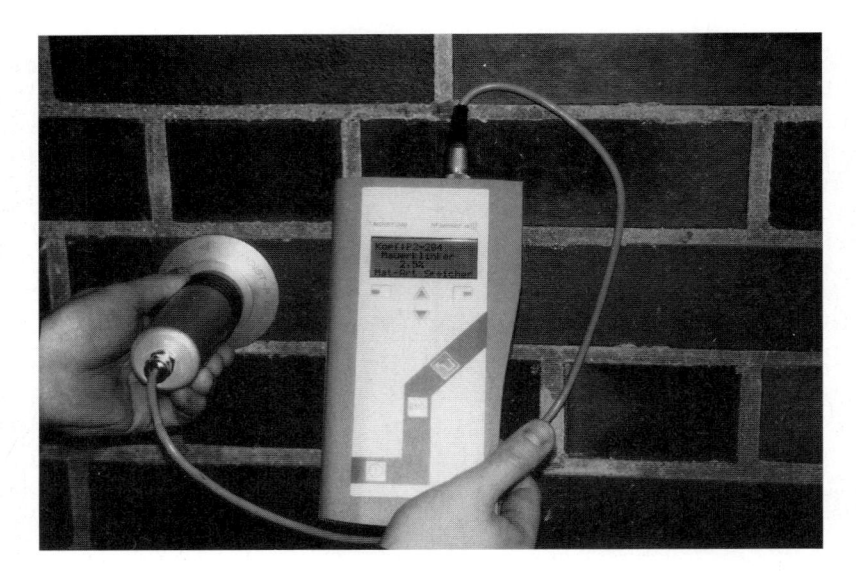

Bild 13.9 Mikrowellenmessgerät mit Tiefensonde

Der Vorteil der Mikrowellenmesstechnik gegenüber dem Dielektrizitätsmessgerät liegt darin, dass Messwerte nicht nur im Oberflächenbereich, sondern auch gemittelt bis zu 30 cm Bauteiltiefe registriert werden können und das Verfahren nahezu unabhängig von Versalzunen des Untergrundes ist. Der Messwert wird für einige vom Hersteller kalibrierte Baustoffe in Masseprozent angezeigt. Dieser Anzeigewert sollte jedoch mit der entsprechenden Vorsicht bewertet werden. Zweckmäßigerweise wird empfohlen, eine zusätzliche Kalibrierung durch Darr-Versuche durchzuführen. Die Schwäche der Mikrowellenmesstechnik liegt darin, dass im Bauteil vorhandene Metalle oder Hohlräume die Ergebnisse stark verfälschen und die Oberfläche des zu bewertenden Untergrundes nahezu eben sein muss.

Farbversuch

Das im Erdreich vorhandene Wasser wird mit fluoreszierenden Mitteln mit dem Ziel gefärbt, diese Farbstoffe im Bauwerksinneren nachzuweisen. Somit können insbesondere Undichtigkeiten im Bereich von Rohrdurchführungen, deren Lage vorab bekannt ist, gut nachgewiesen werden. Häufig werden jedoch die Farbstoffe vom Mauerwerk bzw. vom Beton derartig gefiltert, dass ein zweifelsfreier Nachweis schwierig sein kann. Darüber hinaus besteht bei diesem Verfahren der Nachteil, dass die Lage der vermuteten Undichtigkeit vor Zugabe der fluoreszierenden Mittel in etwa bekannt sein sollte.

Chemische Wasseranalyse

Eine vergleichende Wertung chemischer Analysen des Grundwassers und des im Gebäudeinneren ankommenden Wassers ist zum einen relativ aufwändig und liefert zum anderen insbesondere bei Betonbauten nicht immer eindeutige Ergebnisse. Dies liegt daran, dass die im Grundwasser vorhandenen Stoffe sich mit den Alkalien des Betons vermischen und somit das im Gebäudeinneren ankommende Wasser maßgeblich von den Analysewerten des Grundwasser abweichen kann.

Thermografie (Infrarottechnik)

Mit Hilfe der Thermografie werden Oberflächentemperaturen gemessen. Im Thermografiebild zeichnen sich feuchte Bereiche ab, weil der Wärmedurchgang eines Bauteiles mit seinem Feuchtegehalt zunimmt. Sichere Nachweise können hiermit beispielsweise bei Leckageortungen von Fußbodenheizungen erbracht werden. Bei der Leckageortung von Kellerabdichtungen ist dieses Verfahren aufgrund der verfälschten Aussage im Bereich von Wärmebrücken und dem erzielbaren Ergebnis, welches häufig nahezu identisch mit der rein visuellen Überprüfung ist, in der Regel nicht erforderlich.

Neutronensonde

Das Messgerät nach dem Neutronenbremsverfahren basiert darauf, dass schnelle Neutronen beim Auftreffen auf einen etwa die gleiche Masse aufweisenden Wasserstoffkern gebremst werden. Diese Bremsung wird registriert und in der Art ausgewertet, dass eine Angabe über den relativen Feuchtegehalt getroffen wird. Das Verfahren ermöglicht somit, eingeschlossene Feuchtigkeitsanreicherungen in Bauteilen von bis zu 30 cm Dicke anzuzeigen. Das Verfahren wird erfolgreich bei Leckageortungen im Bereich von Flachdächern eingesetzt. Bei der Leckageortung von durchfeuchteten und salzbelasteten Wänden ist es aufgrund der leichten Handhabbarkeit und der Unabhängigkeit von im Bauteil enthaltenen Metallen ein sinnvolles, jedoch noch relativ teures Hilfsmittel.

13.4 Diagnostik zur Ermittlung der Schadensursache

Zur Festlegung eines auf den jeweiligen Problemfall abgestimmten Sanierungsverfahrens ist nach der Durchführung der in Abschnitt 13.3 vorgestellten Verfahren zur Ermittlung von Feuchtetrends eine umfassende Bauzustandsanalyse zwingend erforderlich. Dies liegt insbesondere auch darin begründet, dass es eine Vielzahl von möglichen Sanierungsverfahren gibt, die jedoch sämtlichst nur unter bestimmten Voraussetzungen und Randbedingungen zum Erfolg führen. So wird beispielsweise bei der Wahl von Injektionsverfahren die Kenngröße des Durchfeuchtungsgrades zwingend benötigt. Eine umfassende Schadensdiagnostik umfasst folgende Arbeitsstufen:

- Schadensdokumentation
- qualitative Feuchtigkeitsmessungen (vgl. Abschnitt 13.3)
- Prüfen objektjektspezifischer Randbedingungen
- Feuchtediagnostik
- Schadsalzanalyse.

Im folgenden werden die für die einzelnen Arbeitsstufen zu erbringenden Leistungen beschrieben und erläutert:

Schadensdokumentation

Zur Schadensdokumentation gehören Angaben über Umfang und Lage vorhandener Schädigungen. Zweckmäßigerweise sollten diese Angaben zur späteren Überprüfung und Lokalisierung in GrundRisspläne eingetragen und durch eine entsprechende Fotodokumentation belegt werden. Zur Schadensdokumentation gehören auch Angaben über mögliche Feuchtequellen wie zum Beispiel Rohrdurchdringungen oder Regenfallrohre sowie Angaben über die Art und Lage vorhandener Horizontalsperren.

Prüfen objektspezifischer Randbedingungen

Die Beanspruchung der Abdichtung ist ein maßgebliches Kriterium der Beurteilung und Sanierungsplanung. Es ist daher im Rahmen der Schadensdiagnostik zwingend erforderlich, zum Beispiel über Bodengutachten Angaben über die Baugrund- und Grundwasserverhältnisse zu erlangen und zu berücksichtigen. Die hieraus resultierenden Beanspruchungsarten wurden im Abschnitt 3.1 eingehend erläutert. Es muss an dieser Stelle jedoch nochmals darauf hingewiesen werden, dass bei der Ermittlung des höchsten Grundwasserstandes jahreszeitliche Schwankungen und langfristige Veränderungen des Grundwasserstandes zu berücksichtigen sind [13.10]. Eine während der Kelleraushubarbeiten trockene Baugrube ist, wie die im Bild 13.10 dargestellte Grundwasserganglinie aufzeigen soll, kein ausreichendes Indiz dafür, dass Grundwasser nicht ansteht.

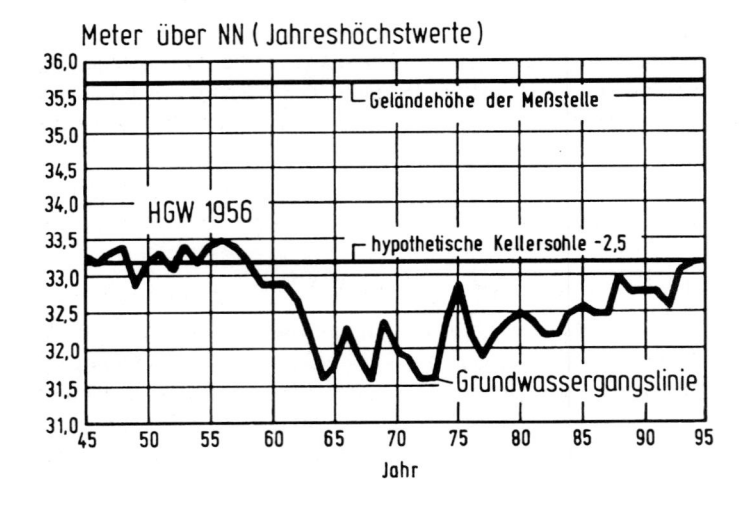

Bild 13.10 Grundwasserganglinie der Messstelle 799 in Berlin-Rudow

Für die weitere Bewertung und Sanierungsplanung sind darüber hinaus folgende stichpunktartig aufgelistete Punkte von Bedeutung [13.11]:

- Geländeprofilierung
- Gebäudealter sowie Alter der Abdichtung
- Bauteilabmessungen
- Art der geplanten bzw. ausgeführten Abdichtung
- bisherige und künftige Nutzung
- Be- und Entlüftungsmöglichkeiten
- Beheizungs- und Dämmaßnahmen.

13.4 Diagnostik zur Ermittlung der Schadensursache

Feuchtediagnostik

Ziel der Feuchtediagnostik ist die Ermittlung der Feuchteverteilung über die Bauteilhöhe und den Bauteilquerschnitt. Hierzu müssen Baustoffproben vorzugsweise in Form von Stemmproben achsenweise in unterschiedlichen Höhen aus dem Mauerwerk entnommen werden, weil bei Bohrkernen der Feuchtegehalt verfälscht wird (Nassbohrung oder bei Trockenbohrung wird durch die Reibungswärme der Feuchtegehalt verringert). Wichtig für die weitere Beurteilung sind hierbei zum einen die Festlegung repräsentativer Entnahmebereiche und zum anderen die eindeutige Beschriftung sowie luft- und dampfdichte Verpackung der im Labor auszuwertenden Proben. Während der Probenentnahme ist es darüber hinaus notwendig, die Raumlufttemperatur, die relative Raumluftfeuchte sowie die Oberflächentemperaturen zu messen. Die entnommenen Proben werden im Labor auf folgende Kenngrößen hin untersucht:

- Massebezogener Feuchtegehalt F_G
- Sättigungsfeuchte F_S
- Durchfeuchtungsgrad DFG
- Hygroskopischer Feuchtegehalt F_{HYG}
- Hygroskopischer Durchfeuchtungsgrad DFG_{HYG}

Der *massebezogene Feuchtegehalt (F_G)* wird gravimetrisch nach der Darr-Methode aus der Gewichtsdifferenz zwischen entnommener Probe und getrockneter Probe ermittelt. Er gibt den Feuchtegehalt zum Zeitpunkt der Probenentnahme an, wobei die Ergebnisse aus unterschiedlichen Probentiefen bereits erste Hinweise auf die Feuchteverteilung über den Wandquerschnitt geben.

Die *Sättigungsfeuchte (F_S)* gibt an, wieviel Feuchtigkeit eine Baustoffprobe bei Wasserlagerung unter Atmospährendruck aufnehmen kann. Durch die Ermittlung der Sättigungsfeuchte ist es möglich, den Durchfeuchtungsgrad zu berechnen, der wiederum ausschlaggebend für die weitere Beurteilung ist.

Der *Durchfeuchtungsgrad DFG* ergibt sich aus dem Verhältnis des massebezogenen Feuchtegehaltes zur Sättigungsfeuchte (DFG = $F_G \cdot 100/F_S$). Der Durchfeuchtungsgrad ist bei der Wahl von Injektionsverfahren von maßgeblicher Bedeutung.

Bei Durchfeuchtungen über 90 % sind bei Frosteinwirkungen Materialzersetzungen möglich.

Der *hygroskopische Feuchtegehalt (F_{HYG})* gibt an, welche Feuchtigkeitsmenge ein Baustoffprobe bei einem vordefinierten Raumklima (z. B. 20 °C und φ = 90 %) aus der Umgebungsluft bis zur Gewichtskonstanz aufnimmt. Die hygroskopische Wasseraufnahmefähigkeit von Baustoffen wird durch deren Porengröße und durch eingelagerte Salze bestimmt. Bei starken Salzbelastungen kann beispielsweise hygroskopisch bedingt derartig viel Feuchtigkeit aufgenommen werden, dass sich entsprechende Feuchtigkeitsschäden einstellen.

Der *hygroskopische Durchfeuchtungsgrad (DFG_{HYG})* errechnet sich aus dem Verhältnis des hygroskopischen Feuchtigkeitsgehaltes zur Sättigungsfeuchte wie folgt:

$$DFG_{HYG} = F_{HYG} \cdot 100/F_S).$$

Durch die Ermittlung der oben genannten Kenngrößen lassen sich eine Reihe von Rückschlüssen insbesondere aufgrund der Feuchteverteilung über den Wandquerschnitt ziehen. In Bild 13.11 sind exemplarisch Feuchteprofile über den Wandquerschnitt mit unterschiedlichen Feuchtaufnahmemechanismen dargestellt.

Die erläuterten Kenngrößen können im Wesentlichen wie folgt ausgewertet werden:

- Aus der Gegenüberstellung zwischen dem Durchfeuchtungsgrad und dem hygroskopischen Durchfeuchtungsgrad können mehrere Erkenntnisse gezogen werden. Wenn der hygroskopische Durchfeuchtungsgrad annähernd gleich dem Durchfeuchtungsgrad ist, so kann hieraus gefolgert werden, dass der Salzgehalt Hauptursache für die Durchfeuchtung ist. Ist hingegen der hygroskopische Durchfeuchtungsgrad deutlich geringer als der Durchfeuchtungsgrad, ist eindringende oder kapillar aufsteigende Feuchtigkeit hauptursächlich.
- Eine ansteigende Durchfeuchtung zum Mauerwerksquerschnitt deutet auf kapillar aufsteigende Feuchtigkeit hin (vgl. Bild 13.11).
- Eine ansteigende Durchfeuchtung zur Wandoberfläche hin deutet auf hygroskopische Effekte oder Tauwasserbildungen hin (Bild 13.11).
- Eine ansteigende Durchfeuchtung zum Erdreich hin deutet auf von außen eindringende Feuchtigkeit infolge von Mängeln der Vertikalabdichtung hin (Bild 13.11).

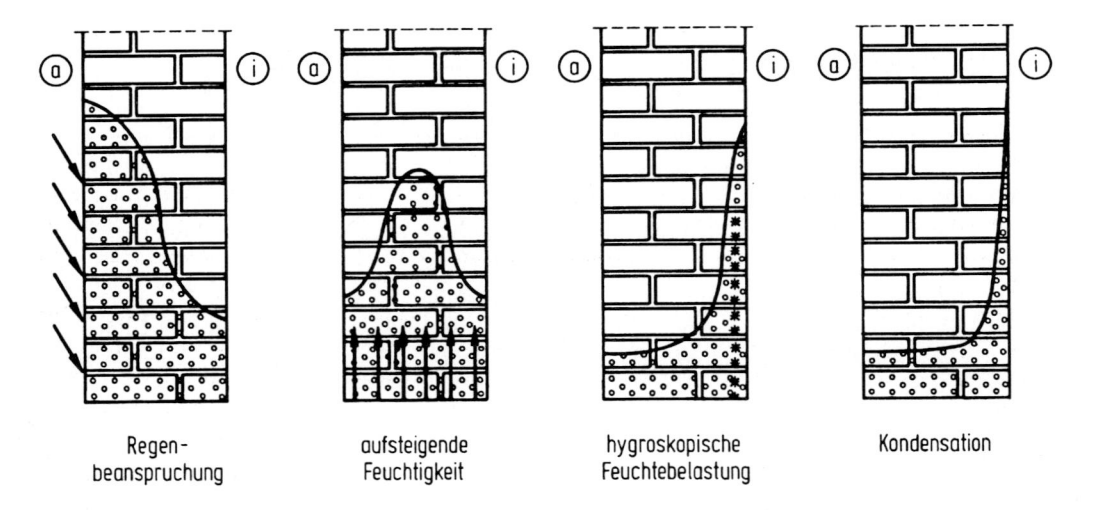

Bild 13.11: Zusammenhänge zwischen Feuchtigkeitsprofilen und Feuchtigkeitsursachen gemäß [13.8]

Darüber hinaus können weitere wichtige Beurteilungskriterien über die Herkunft der Feuchtigkeit aus den absoluten Feuchtemesswerten und den Feuchteprofilen über die Wandhöhe und den Wandquerschnitt abgeleitet werden.

Schadsalzanalyse

In der Tabelle 13.1 sind einige der maßgeblichen bauschädlichen Salze zusammengestellt:

13.4 Diagnostik zur Ermittlung der Schadensursache

Tabelle 13.1: Übersicht der maßgeblichen bauschädlichen Salze aus [13.12]

Verbindung		Name
Sulfate	$MgSO_4 \times 7\ H_2O$	Epsomit
	$CaSO_4 \times 2\ H_2O$	Gips
	$Na_2SO_4 \times 10\ H_2O$	Mirabilit
	$3\ CaO \times Al_2O_3 \times 3\ CaSO_4 \times 32\ H_2O$	Ettringit
Nitrate	$Mg(NO_3)_2 \times 6\ H_2O$	Nitromagnesit
	$Ca(NO_3)_2 \times 4\ H_2O$	Nitrocalcit
	$5\ Ca(NO_3)_2 \times 4\ NH_4NO_3 \times 10\ H_2O$	Kalksalpeter
Chloride	$CaCl_2 \times 6\ H_2O$	Antarcitit
	$NaCl$	Halit
Carbonate	$Na_2CO_3 \times 10\ H_2O$	Natrit
	K_2CO_3	Pottasche, Kaliumcarbonat
	$CaCO_3$	Calcit

Neben der Feuchtediagnostik ist die Schadsalzanalyse mit der Ermittlung der vorhandenen Versalzungsart und des Versalzungsgrades für die Beurteilung und insbesondere für die Festlegung einer geeigneten Sanierungsmaßnahme von maßgeblicher Bedeutung. Die Salzanalyse muss hierbei so vorgenommen werden, dass sich Gradienten der Salzverteilung sowohl über die Wandhöhe als auch über den Wandquerschnitt ergeben. Hieraus können beispielsweise, sofern Salzanreicherungen lediglich in der äußeren Putzschicht vorhanden sind und auch die Feuchtediagnostik lediglich Feuchtigkeitsanreicherungen zum Rauminneren hin aufzeigt, einfache Sanierungsmaßnahmen zum Beispiel durch Aufbringen von Sanierputzen festgelegt werden.

Es wird dringend empfohlen, Schadsalzanalysen lediglich von nachweislich geeigneten und akkreditierten Labors mit entsprechenden Erfahrungen auf diesem Gebiet durchführen zu lassen. Die Bewertung der Schadsalze unter Zuhilfenahme von Indikatorpapieren oder Indikatorlösungen ist hingegen unzuverlässig und nicht zu empfehlen. Bei der Schadsalzanalytik wird zwischen der quantitativen sowie der qualitativen Schadsalzanalytik differenziert.

Qualitative Schadsalzanalytik

Da viele Labors nicht über die erforderliche apparative Ausrüstung verfügen, werden häufig lediglich qualitative Analysen durchgeführt. Es wird hierbei durch Farbreagenzien nachgewiesen, welche Anionen oder Kationen sich in Lösung befinden, wobei je nach Farbintensität den Laboranten eine Einteilung des Versalzungsgrades in folgende Stufen überlassen wird:

- geringe Konzentration
- mittlere Konzentration
- hohe Konzentration
- extrem hohe Konzentration

Derartige Angaben sind für eine umfassende Sanierungsplanung jedoch unzureichend.

Quantitative Schadsalzanalytik

Hierbei erfolgt eine genaue Bestimmung der Massenanteile bauschädlicher Salze, untergliedert nach den am häufigsten vorkommenden Salzen wie Chloride, Sulfate und Nitrate etc. Aus diesen Ergebnissen, insbesondere aufgrund der Verteilung über die Wandhöhe und den Wandquerschnitt, können wichtige Erkenntnisse hinsichtlich der Ursachen und auch zur Sanierungsplanung getroffen werden. Darüber hinausgehende Untersuchungen zur Ermittlung der Art von Chloriden, Nitraten, Sulfaten etc. sind in der Regel nicht erforderlich. In Einzelfällen kann jedoch auch die Salzspezies an abgekratzten Salzausblühungen mit Hilfe der Röntgendiffraktometrie (Verfahren zur Kristallbestimmung) ermittelt werden.

Aus den Ergebnissen der Untersuchungen betreffend Salzkonzentration und Salzprofil können Rückschlüsse auf mögliche Sanierungsmaßnahmen getroffen werden. Beispielsweise deuten von unten nach oben und vom Wandinneren zur Oberfläche hin ansteigende Salzkonzentrationen auf hygroskopisch bedingte Feuchtigkeit hin. Zu den Fragen, wie bauschädliche Salze in die Konstruktion gelangen können bzw. dort entstehen, welche Auswirkungen bestimmte Schadsalzkonzentrationen aufweisen und welche Löslichkeiten sowie Kristallisationsdrücke sie aufweisen, wird auf die entsprechende Grundlagenliteratur [13.8], [13.12] und [13.13] verwiesen. Statistisch gesehen werden am häufigsten Sulfate und Chloride und erst mit größerem Abstand Nitrate festgestellt. Die Kenntnis der Salzart ist von Bedeutung, weil verschiedene Salze bei unterschiedlichen relativen Luftfeuchtigkeiten Feuchtigkeit aus der Luft ziehen. Zusammenhänge zwischen der hygroskopischen Wasseraufnahme von Ziegelsteinen mit und ohne Versalzung sind in der folgenden aus [13.12] entnommenen Tabelle dargestellt:

Tabelle 13.2: Hygroskopische Wasseraufnahme von Ziegelsteinen mit unterschiedlicher Salzbelastung gemäß [13.12]

Salzart	Versalzungsgrad	Wasseraufnahme in M.-% in Abhängigkeit von Lagerdauer und Luftfeuchte			
[13.--]	[13.mg/g Ziegel]	20 d/ 65 % r. F.	20 d/ 97 % r. F.	20 d/ 86 % r. F.	180 d/ 83 % r. F.
Ohne Salz	--	--	0,3	--	--
NaCl	29	1,0	9,3	5,5	--
NaCl	43	--	11,1	6,2	13,2
$MgSO_4$	55	2,3	4,1	3,1	4,5
$MgSO_4$	28	1,3	2,2	1,8	2,9
$Ca(NO_3)_2$	82	5,1	10,8	--	--
$Ca(NO_3)_2$	107	5,2	12,1	9,4	12,5

13.5 Sanierungsplanung

Im Abschnitt 13.1 ist dargestellt, dass eine wirkungsvolle Therapie (Sanierung) nur auf einer umfassenden Diagnose (Ursachenermittlung) aufbaut. Nach Durchführung der in den Abschnitten 13.2 bis 13.4 erläuterten Untersuchungsverfahren liegen entsprechende Diagnoseergebnisse, die Grundlage für die Sanierungsplanung sein müssen, vor. Ein Patentrezept zur Auswertung sämtlicher Diagnoseergebnisse kann es jedoch nicht geben. Bei der Auswertung und Sanierungsplanung unter Berücksichtigung sämtlicher objektspezifischer Randbedingungen ist ausschließlich der Sachverstand des Planers bzw. Gutachters gefragt. Grundsätzlich müssen folgende Schritte durchgeführt werden:

13.5 Sanierungsplanung

- Beseitigung der Feuchtequelle
- Austrocknung des Bauwerks
- Renovierung des Ausbaus.

Zur *Beseitigung der Feuchtequelle* muss zunächst die Feuchtigkeitsursache auf der Grundlage der Ergebnisse der Schadensdiagnose ermittelt werden. Wie bereits ausgeführt, kann es bei feuchte- und salzgeschädigtem Mauerwerk kein Patentrezept hinsichtlich der Sanierungsplanung geben. Vielmehr ist es häufig so, dass mehrere Ursachen letztendlich zum Schaden geführt haben. Dem Planer obliegt es nun, aus der Vielzahl der möglichen Sanierungsmöglichkeiten eine bzw. eine Kombination für das jeweils zu beurteilende Objekt festzulegen. Zu beachten sind hierbei neben technischen Aspekten unter Berücksichtigung der gewünschten Nutzung insbesondere auch wirtschaftliche Aspekte, da bei einer hochwertigen Nutzung die anfallenden Sanierungskosten beträchtlich sein können.

Die maßgeblichen Zusammenhänge zwischen den Ergebnissen der Feuchtediagnostik bzw. der Salzanalytik und den vermutlichen Feuchtigkeitsursachen wurden bereits im Abschnitt 13.4 aufgeführt. Grundsätzlich können folgende Feuchtigkeitsursachen häufig auch in Form von Kombinationen mehrerer Ursachen vorliegen:

- Kapillar aufsteigende Feuchtigkeit infolge nicht funktionsfähiger oder fehlender Horizontalsperren
- hygroskopisch bedingte Feuchtigkeit infolge von Versalzungen
- Leckagefeuchtigkeit infolge von Fehlstellen bzw. für die vorhandene Wasserbeanspruchung ungeeigneter Abdichtungsmaßnahmen.

In den Abschnitten 13.6 bis 13.9 werden für sämtliche dieser möglichen Schadensursachen verschiedenste Sanierungsmöglichkeiten mit ihren Vor- und Nachteilen sowie den zu beachtenden Randbedingungen beschrieben.

Neben der Beseitigung der Feuchtequelle besteht ein weiteres Ziel der Planung darin, Maßnahmen zur Beschleunigung der *Austrocknung des Bauwerks* vorzugeben. Die Austrocknungszeit ist hierbei abhängig vom Ausgangszustand der Durchfeuchtung, dem möglichen Luftwechsel und von der Größe der Verdunstungsfläche sowie den klimatischen Randbedingungen wie Temperatur, Luftfeuchtigkeit und Luftbewegung in den an das durchfeuchtete Bauteil angrenzenden Raum. Beispielsweise mit Hilfe folgender Maßnahmen können Austrocknungszeiten minimiert werden (vgl. [13.9]):

- Entfernen von Farbanstrichen, Fliesen, Holzpaneelen und dichten Putzoberflächen
- Entfernen von versalzenen Putzschichten und Ausblühungen
- gezielte Be- und Entlüftungen während der Trocknungsphase
- Beheizungsmaßnahmen während der Trocknungsphase
- Aufstellen von Kondensationstrocknern
- Aufstellen von Mikrowellen-Trocknungsgeräten.

Mikrowellentrocknungsgeräte, die mit einer genehmigten Frequenz arbeiten müssen, erwärmen das im Bauwerk vorhandene Wasser bzw. bringen die Wassermoleküle zum Schwingen und durchdringen dabei das Objekt. Die Trocknung über Verdunstung erfolgt hierbei von innen nach außen. Unterstützt werden kann diese in der Regel aufgrund der relativ hohen Kosten auf kleinere Flächen anwendbare Maßnahme durch das Aufstellen von Kondensationstrocknern.

Erst im Anschluss an die Beseitigung der Feuchtigkeitsursachen und der Austrocknung des Bauwerks ist die *Renovierung des Ausbaus* vorzunehmen. Die Wirksamkeit der Sanierung sollte durch begleitende Feuchtigkeitsmessungen überprüft werden.

13.6 Sanierung bei kapillar aufsteigender Feuchtigkeit

Die kapillare Wasseraufnahme gehört zu den wesentlichen Transportmechanismen in porösen Materialien, wobei ein Porensystem, wie es in vielen Baustoffen wie zum Beispiel Mauerwerk, vorhanden ist, mit Radien zwischen 10^{-8} und 10^{-3} m [13.14] Voraussetzung für den kapillaren Feuchtetransport ist. Der physikalische Hintergrund der Kapillarität begründet sich im Auftreten von Grenzflächenspannungen zwischen flüssigen und festen Stoffen. Zur Veranschaulichung der hierbei auftretenden Saugvorgänge von Wasser in idealisierten Kapillaren wird auf Bild 13.12 verwiesen.

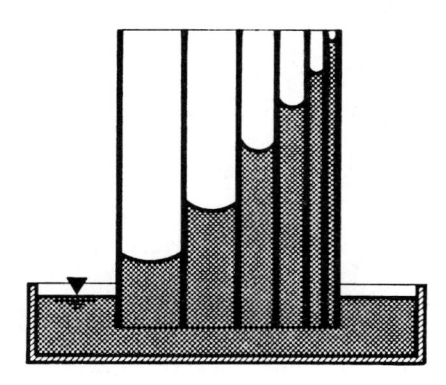

Bild 13.12:
Idealisiertes Kapillarmodell zur Veranschaulichung der Steighöhen von Wasser infolge von Saugvorgängen

Für die Baupraxis ist festzuhalten, dass feinporige Baustoffe Wasser zwar langsamer saugen als grobporige, wobei jedoch die Steighöhe in feinporigen Baustoffen erheblich höher ist.

Wenn die Bauschadensdiagnose kapillar aufsteigende Feuchtigkeit als Ursache bzw. Mitursache für Feuchteschäden ergeben hat (vgl. Bild 13.1 und Bild 13.11), sind nachträgliche horizontale Abdichtungsmaßnahmen unumgänglich (vgl. z. B. Bilder 13.13 und 13.14). Diese Maßnahmen sind in der Regel sehr kostenintensiv, so dass schon immer versucht worden ist, den nachträglichen Einbau von Horizontalsperren zu umgehen. In der Vergangenheit wurde eine Vielzahl von wirkungslosen Verfahren wie der Einbau von Mauerlungen, Belüftungskanälen, Entstrahlungsgeräten und anderes mehr entwickelt, angeboten und verwendet. Der fehlende Erfolg hat jedoch gezeigt, dass lediglich mechanische und chemische Verfahren wissenschaftlich begründete Erfolge verzeichnen, wohingegen auch elektrophysikalische Verfahren äußerst umstritten sind. Ebenso ist das raumseitige Aufbringen dichter Schichten, zum Beispiel Sperrputze, keine Alternative, da hierdurch die Verdunstungsmöglichkeit stark beeinträchtigt wird, die Feuchtigkeit noch höher steigt und der Sperrputz nach einer gewissen Zeit insbesondere durch Salzkristallisationen abgesprengt wird.

13.6 Sanierung bei kapillar aufsteigender Feuchtigkeit

Bild 13.13: Mauersägeverfahren zur nachträglichen Erstellung einer Horizontalsperre [13.23]

Bild 13.14: Nachträglich eingebrachte Horizontalsperre in Form von Edelstahlblechen [13.23]

Grundsätzlich ist beim nachträglichen Einbau von Horizontalsperren zwischen folgenden Verfahren zu unterscheiden:

- Mechanische Verfahren (Abschnitt 13.6.1 bis 13.6.4)
- Injektionsverfahren (Abschnitt 13.6.5)
- elektrophysikalische Verfahren (Abschnitt 13.6.6).

In den folgenden Abschnitten werden diese Verfahren kurz vorgestellt und unter Berücksichtigung ihrer Vor- und Nachteile sowie der zu beachtenden Randbedingungen bewertet. Um insbesondere bei mechanischen Verfahren einen ordnungsgemäßen Anschluss der neuen Horizontalsperre an die Vertikalabdichtung zu erzielen, ist es in der Regel unumgänglich, parallel zur Sanierung der Horizontalabdichtung auch die Vertikalabdichtung zu erneuern bzw. zu überarbeiten.

13.6.1 Maueraustauschverfahren

Beim Maueraustauschverfahren wird das Mauerwerk in dem Bereich, in dem nachträglich die Horizontalsperre eingebracht werden soll, abschnittsweise entfernt. Anschließend wird die neue Horizontalsperre in Form einer Bitumenbahn oder Kunststoffplatte eingebracht und die Öffnung in der Regel mit Mörtel hohlraumfrei verschlossen (Bild 13.15). Wichtig ist hierbei die Beachtung des Lastabtrages, so dass stets ein Tragwerksplaner hinzugezogen werden sollte.

Der Vorteil dieses Verfahrens liegt darin, dass gleichzeitig mit dem Einbringen der Horizontalsperre versalzenes Mauerwerk und erodierter Mörtel entfernt werden, so dass der gesamte Salzgehalt des Mauerwerks reduziert wird. Ein weiterer Vorteil liegt in der einfachen visuellen Überprüfung der ausgeführten Maßnahme.

Ein Nachteil dieses Verfahrens ist der hohe Arbeitsaufwand und die hieraus resultierenden hohen Kosten, die bei einem 40 cm dicken Mauerwerk doppelt so hoch sind wie beispielsweise beim Rammverfahren [13.6].

Wirtschaftlich und technisch sinnvoll einsetzbar ist dieses Verfahren daher nur für abgegrenzte Mauerwerksbereiche und insbesondere auch nur dann, wenn gleichzeitig Salzbelastungen vorliegen und somit reduziert werden können.

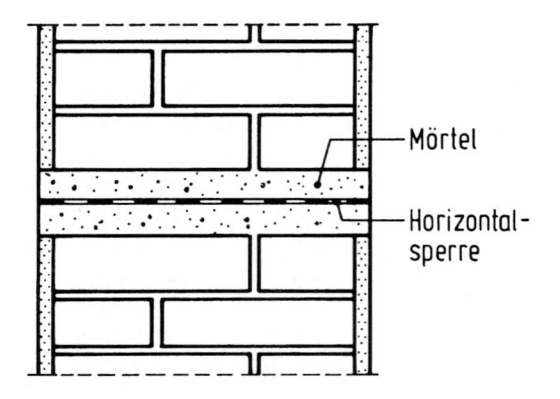

Bild 13.15:
Prinzipskizze zum Mauerwerksaustausch und dem Einbau einer horizontalen Sperrschicht

13.6.2 Rammverfahren

Das Verfahren zum Einrammen von Chromstahlblechen wurde vor ca. 20 Jahren in Österreich entwickelt. Es werden hierbei mit einer pneumatischen Ramme bei einer Schlagfrequenz von ca. 1.200 bis 1.500 Schlägen/Minute geriffelte Chromstahlbleche bzw. -platten in die Lagerfuge des Mauerwerkes getrieben (Bild 13.16). Die letzten zwei Wellen der geriffelten Bleche müssen sich hierbei überlappen.

Der Vorteil dieses Verfahrens liegt darin, dass zu keiner Zeit eine Unterbrechung der Lastübertragung erfolgt und die fertige Ausführung visuell leicht zu überprüfen ist. Im Vergleich zu sämtlichen anderen mechanischen Verfahren ist das Einrammen von Edelstahlblechen am preiswertesten.

Anwendungsgrenzen des Verfahrens liegen darin, dass eine durchgehende Lagerfuge vorhanden sein muss und die relativ starken Erschütterungen beim Einrammen zu Rissbildungen in angrenzenden Bereichen führen können [13.15]. Das Verfahren ist auf Mauerwerksdicken zwischen ca. 80 bis 100 cm beschränkt. Vor der Anwendung des Rammverfahrens ist eine Chloriduntersuchung des Mauerwerks anzuraten, um Lochfraß am Blech zu vermeiden. Bei hohen Chloridgehalten sind Molybdänbleche zu verwenden.

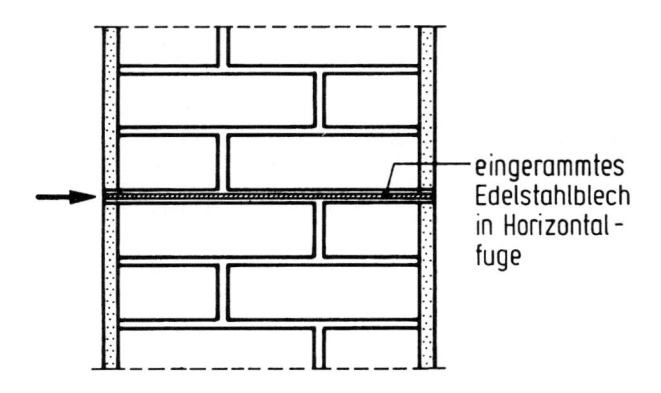

Bild 13.16:
Prinzipskizze zum Rammverfahren mit scharfkantigen Edelstahlblechen zur Herstellung einer horizontalen Sperrschicht

13.6.3 Mauersägeverfahren

Beim Mauersägeverfahren wird das Mauerwerk abschnittsweise in einer Lagerfuge unter Zuhilfenahme von Seil-, Kreis-, Ketten- oder Schwertsägen aufgetrennt (Bilder 13.17 und 13.18).

Es entsteht hierbei je nach Verfahren ein etwa 10 bis 30 mm hoher Mauerwerksschlitz. In diesen Schlitz werden als Sperrschicht mit entsprechender Überlappung Kunststofffolien, bitumenkaschierte Alu- oder Bleifolien oder korrosionsbeständige Platten eingeschoben (Bild 13.19). Zur Sicherstellung der Lastübertragung im Bauzustand werden in der Regel Kunststoffkeile eingeschlagen (Bild 13.20). Die verbleibenden Hohlräume werden mit Zementsuspension unter Quellmittelzugabe verpresst (Bild 13.21). Zur Vermeidung von Rissbildungen sollten nur kurze Abschnitte aufgesägt werden, wobei diese zügig abgestützt, abgedichtet und verfüllt werden müssen.

Ein Nachteil dieses Verfahrens besteht darin, dass die meisten Sägen aufgrund ihrer Schlitten bzw. Führungen entsprechend groß dimensionierte Arbeitsräume vor der Wand benötigen und dieses Verfahren unfallträchtig ist. Bei Schnitttiefen von mehr als 70 cm sollte stets von beiden Seiten der Wand geschnitten werden, was wiederum ein frei zugängliches Mauerwerk erfordert. Sofern keine durchgehende Lagerfuge vorhanden ist, zum Beispiel bei Naturstein- oder zweischaligem Mauerwerk, ist es erforderlich, die Sägeblätter bzw. Sägeketten mit Wasser zu kühlen, wofür beträchtliche Wassermengen benötigt werden.

Bild 13.17: Vorbereitungen zum Mauersägeverfahren mit entsprechend großem erforderlichem Arbeitsraum [13.23]

Bild 13.18: Kreissäge mit Wandführung [13.23]

13.6 Sanierung bei kapillar aufsteigender Feuchtigkeit

Bild 13.19:
Einbringen der korrosionsbeständigen Horizontalsperre in den Sägeschlitz [13.23]

Bild 13.20:
Einschlagen einer lastübertragenden Platte [13.23]

Der Vorteil dieses Verfahrens liegt in der theoretisch unbegrenzten Mauerwerksdicke und der leichten visuellen Überprüfbarkeit der ausgeführten Maßnahme. Es ist jedoch anzumerken, dass ab Mauerwerksdicken von ca. 100 cm Seilsägen zur Anwendung kommen und die Kosten bei derartigen Mauerwerksdicken stark ansteigen.

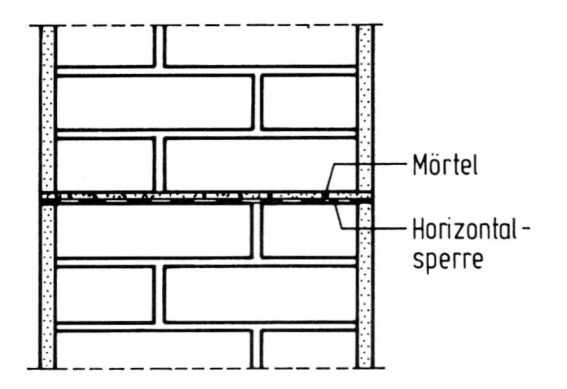

Bild 13.21:
Prinzipskizze des Mauersägeverfahrens zum Einbringen einer horizontalen Sperrschicht

13.6.4 V-Schnittverfahren

Beim V-Schnittverfahren wird das Mauerwerk in zwei Arbeitsgängen mit einer Trennscheibe unabhängig von der Lagerfuge von beiden Seiten unter einem Winkel von beispielsweise 30° aufgeschnitten. Bevor jedoch der zweite Schnitt erfolgt, muss der erste Schlitz verfüllt werden. Vor der Verfüllung werden hierbei die Schnittstellen des Schlitzes hydrophobiert, so dass das Mauerwerk den nachfolgend einzufüllenden quellfähigen zementgebundenen Vergußmörtel nicht sofort das Anmachwasser entzieht.

Das Bild 13.22 zeigt schematisch die Anordnung der Schnitte und die Reihenfolge des Arbeitsablaufes.

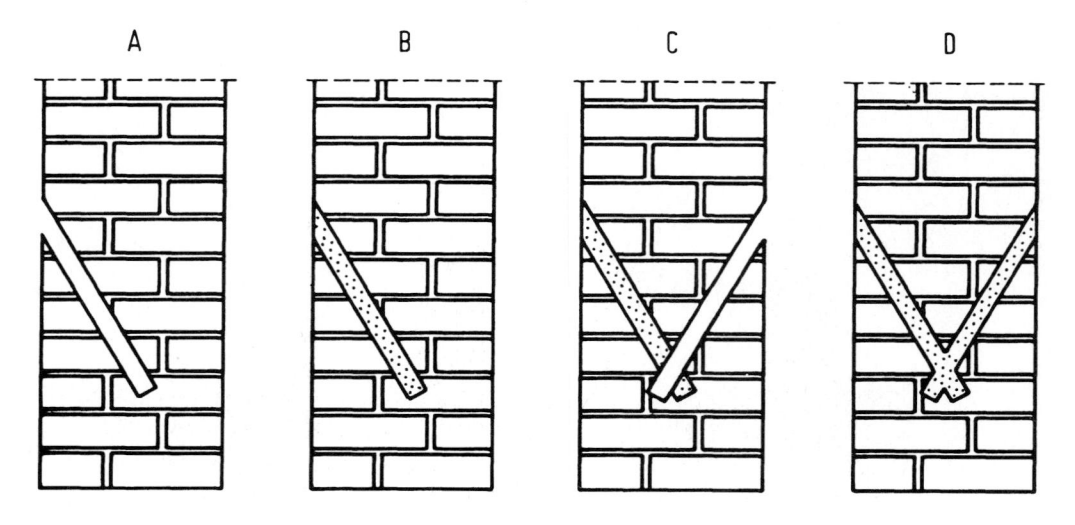

Bild 13.22. Prinzipdarstellung des V-Schnittverfahrens mit den Arbeitsschritten A bis D

Der Vorteil dieses Verfahrens besteht darin, dass es unabhängig von durchgehenden Lagerfugen des Mauerwerks ausgeführt werden kann. Da bei diesem Verfahren das Mauerwerk nicht vollständig durchtrennt wird, kann der Schlitz des weiteren über größere Längen im Vergleich zum Sägeverfahren ausgeführt werden, ohne dass stützende Keile verwendet werden müssen.

Dennoch sollte zur Ermittlung der konstruktionsabhängigen zulässigen Schnittlänge und somit zur Vermeidung von Rissschädigungen ein Tragwerksplaner eingeschaltet werden.

13.6.5 Injektionsverfahren

Während die vorgestellten mechanischen Verfahren hinsichtlich ihrer kapillarbrechenden Wirkung unumstritten sind, werden Injektionsverfahren und deren dauerhafte Wirksamkeit in der Fachwelt heftig diskutiert. Dies liegt jedoch hauptsächlich darin begründet, dass häufig unqualifizierte Ausführungsfirmen ohne erforderliche Voruntersuchungen für den jeweiligen Problemfall nicht die optimalen Injektionsmittel wählen, Inhomogenitäten und Hohlräume des Mauerwerks vernachlässigen und den vorhandenen Durchfeuchtungsgrad nicht berücksichtigen. Sofern horizontale Abdichtungen mittels eines im Vergleich mit den mechanischen Verfahren in der Regel preisgünstigeren Injektionsverfahrens hergestellt werden sollen, ist es daher unumgänglich, erfahrene Ausführungsfirmen mit entsprechenden Referenzen sowie auf dieses Gebiet spezialisierte Sachverständige insbesondere zur Festlegung des Injektagemittels zu beauftragen. In Anbetracht der Komplexität und des Umfanges der zu beachtenden Randbedingungen, der unterschiedlichen Einbringverfahren und der zahlreichen zur Verfügung stehenden Injektionsmittel wird im folgenden ein Überblick über mögliche Maßnahmen gegeben und insbesondere auf die einschlägige Literatur [13.9, 13.12, 13.13, 13.14, 13.15, 13.30] verwiesen.

Bei den Injektionsverfahren werden flüssige Substanzen in das Mauerwerk eingebracht, die sich über den Mauerwerksquerschnitt kapillar verteilen und so eine horizontale Sperrschicht bewirken. Bei den eingebrachten Substanzen wird unterschieden in

– Substanzen zur Verengung bzw. Verstopfung der Kapillaren
– Substanzen zur Hydrophobierung des kapillaren Netzes
– kombinierte Substanzen zur Verengung und Hydrophobierung

Diese Wirkungsprinzipien sind im Bild 13.23 schematisch dargestellt.

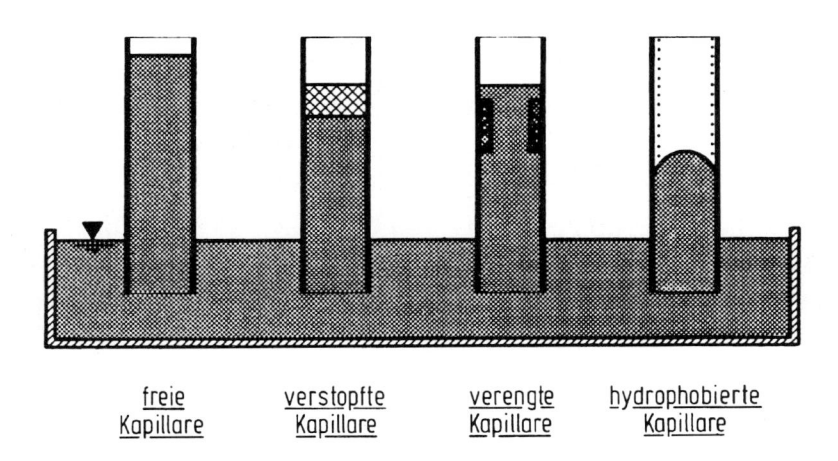

Bild 13.23: Schematische Darstellung der Wirkungsprinzipien zur Reduzierung der kapillaren Steighöhe

Bei der Auswahl eines geeigneten Injektionsmittels mit entsprechendem Prüfzeugnis und der Art des Einbringverfahrens sind insbesondere der Durchfeuchtungsgrad und der Aufbau des Mauerwerks zu berücksichtigen. Bei mehrschaligem Mauerwerk bzw. bei Hohlräumen im Mauerwerk muss vorab zur Vermeidung des Abfließens des Injektionsmittels eine Verpressung zum Beispiel mit Zementsuspensionen erfolgen. Damit sich das Injektionsmittel im Wandquerschnitt durchgehend verteilen kann, sollte gemäß [13.12] der Durchfeuchtungsgrad der Wand in Abhängigkeit von der Sättigungsfeuchte 50 bis maximal 70 % betragen. Je geringer der Durchfeuchtungsgrad, desto bessere Chancen bestehen, das Injektionsmittel über den gesamten Mauerwerksquerschnitt zu verteilen, so dass Trocknungsmaßnahmen (Abschnitt 13.5) vor dem Einbringen des Injektionsmittels sinnvoll und in einigen Fällen unumgänglich sind. Ein maßgeblicher Aspekt hinsichtlich der Wirksamkeit sind die Bohrlochabstände sowie die Anordnung der Bohrlöcher zueinander. Um gute Ergebnisse zu erzielen, sollten die Bohrlochabstände je nach gewähltem Einbringverfahren zwischen 10 bis 15 cm betragen (Bild 13.24).

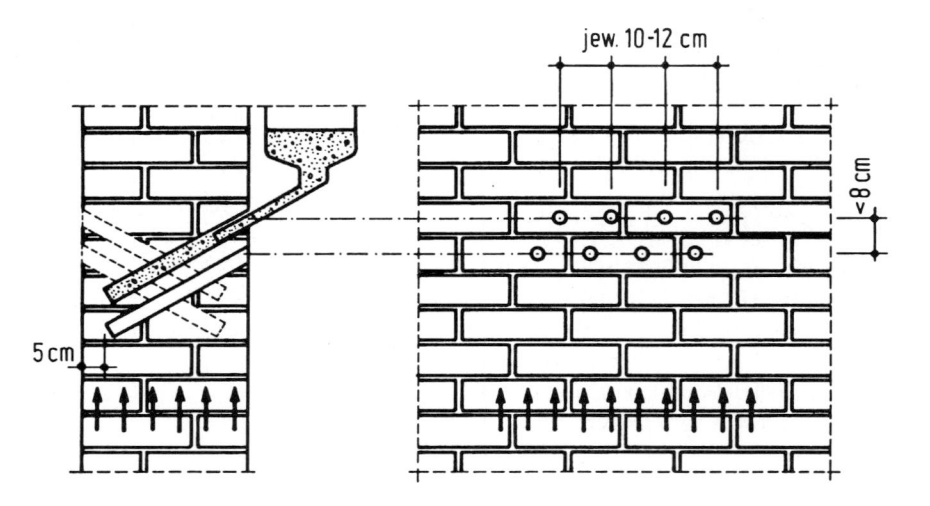

Bild 13.24: Prinzipdarstellung der Bohrlochanordnung bei drucklosen Injektionen

Da sich die Injektionsmittel in saugfähigen Mörtelfugen besser verteilen können als in Ziegelmauerwerkssteinen, ist es anzuraten, mindestens eine Lagerfuge anzubohren [13.12].

Hinsichtlich der Technologie des Einbringens der Injektionsmittel wird unterschieden zwischen drucklosen Injektionsverfahren, Druckinjektionen, Impulssprühverfahren und Mehrstufeninjektionen. Bei den drucklosen Injektionsverfahren erfolgt die Verteilung des Injektionsmittels über die Schwerkraftwirkung und über die Kapillaraktivität des Wandbaustoffs (Bild 13.25). Derartige Verfahren sollten lediglich bei Durchfeuchtungsgraden < 50 %, gut saugendem Mauerwerk und Mauerwerksdicken < 50 cm angewendet werden, wobei stets mit sogenannten Vorratsbehältern gearbeitet werden sollte, die zum einen das Injektionsmittel über längere Zeit zur Verfügung stellen und zum anderen eine Kontrolle der eingebrachten Menge ermöglichen. Von der leider noch häufig verbreiteten „Gießkannentechnik" ist mit Verweis auf [13.8] dringend abzuraten.

13.6 Sanierung bei kapillar aufsteigender Feuchtigkeit

Bild 13.25: Zweireihige Anordnung einer drucklosen Injektion [13.23]

Einen höheren technischen Aufwand, aber auch bessere Wirkungsgrade erzielen Druckinjektionen (Bild 13.26). Der Durchfeuchtungsgrad darf bei Druckinjektionen höher sein als bei drucklosen Verfahren, wobei auch Mauerwerksdicken > 50 cm problemlos injiziert werden können. In der Regel wird das Injektionsmittel hierbei über Packer mit einem von der Mauerwerksdicke abhängigen Einpressdruck (z. B. bei Niedrigdruckinjektionen < 10 bar) eingebracht.

Bild 13.26: Beispiel einer Druckinjektion [13.23]

Die Mehrstufeninjektion ist eine Variante der Druckinjektion, die bei hohen Durchfeuchtungsgraden angewendet wird. Bei dieser Variante kann im ersten Schritt, also vor dem Einbringen der eigentlichen Injektion, eine Zementsuspension zur Hohlraumverfüllung eingebracht werden.

Beim Impulssprühverfahren wird das Injektagemittel in die Bohrlöcher über Bohrlochlanzen zugeführt, wobei der Sprühimpuls in Abhängigkeit von der Saugfähigkeit des Mauerwerkes eingestellt wird.

Die Auswahl eines für den jeweiligen Problemfall geeigneten Injektionsmittels sollte auch aufgrund der unzähligen auf dem Markt angebotenen Stoffe mit ihren jeweiligen Vor- und Nachteilen sowie zu beachtenden Randbedingungen stets einem Experten übertragen werden. Von Bedeutung sind unter anderem die Viskosität und die Fließeigenschaften des Injektionsmittels, damit eine gleichmäßige Verteilung auch in kleinen Kapillarporen gewährleistet wird. Silikate, Silane, Epoxidharz, Acrylate, Paraffine, Silikonate, Siloxane, Polyurethanharze und Zementleime bzw. Kombinationsprodukte hiervon stellen einen groben Überblick der möglichen Materialien dar, wobei deren Wirkmechanismen und die hierbei zu beachtenden Randbedingungen in [13.9], [13.12] und [13.13] erläutert sind.

13.6.6 Elektrophysikalische Verfahren

Elektrophysikalische Verfahren basieren auf dem Prinzip der Elektroosmose, nach dem sich Wasser in einem elektrischen Feld bei bestimmten Voraussetzungen zur Kathode hin bewegt [13.12]. Diese wird so angelegt, dass die Feuchtigkeit ohne Schaden anzurichten verdunsten oder verbleiben kann [13.8].

Das Prinzip der Elektroosmose kann durch folgenden Versuch erläutert werden:

Eine feinkörnige Bodenprobe wird in ein U-förmig gebogenes, mit Wasser gefülltes Glasrohr gebracht, so dass die Bodenprobe als ein wassergefülltes Kapillarsystem angesehen werden kann. Wird nun eine Gleichspannung angelegt, so zeigt sich der Wassertransport in Richtung des Potentialgefälles im Ansteigen des Wassers in dem an die Kathode angeschlossenen Röhrchenende (Bild 13.27 und Bild 13.28).

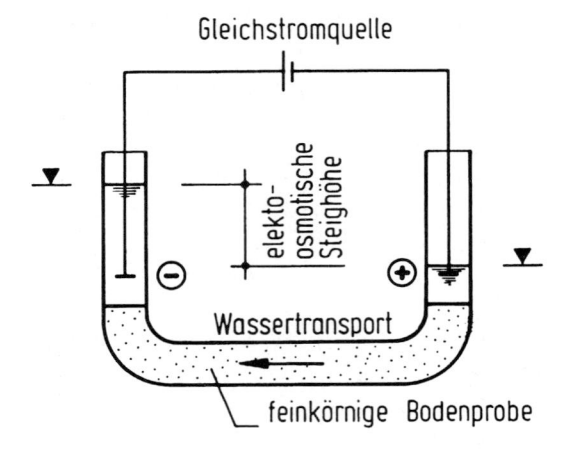

Bild 13.27: Prinzip der Elektroosmose

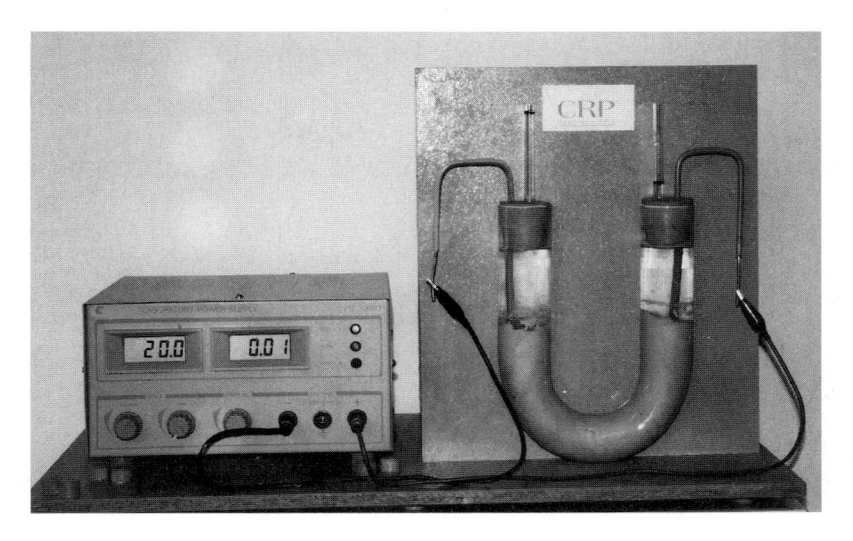

13.6 Sanierung bei kapillar aufsteigender Feuchtigkeit

Bild 13.28: Versuchsaufbau zur Elektroosmose

Seit Jahrzehnten wird versucht, dieses wissenschaftlich bestätigte Prinzip der Elektroosmose zur Entfeuchtung von Mauerwerk zu nutzen. Inzwischen besteht nahezu Einigkeit darüber, dass die sogenannte „passive Elektroosmose", bei der durch Kurzschließen zweier Mauerwerksbereiche ohne externe Spannung das mauereigene Strömungspotential kompensiert werden soll, bei der Entfeuchtung von Mauerwerk nicht den gewünschten Erfolg bringt [13.12].

Bei der „aktiven Elektroosmose" werden durch das Anlegen von elektrischen Spannungen zwischen 1 bis zu 80 Volt an spezielle widerstandsfähige und korrosionsbeständige Elektrodensysteme im Mauerwerk zielgerichtet elektrische Felder geschaffen mit dem Ziel, das Wasser elektroosmotisch in eine vorgegebene Richtung zu transportieren. Die nach neuesten Erkenntnissen [13.10, 13.12] erheblichen Spannungen von über 50 V, die erforderlich sind, damit die osmotische Kraft in der Lage ist, die Kapillarkräfte zu überwinden, führt neben einem hohen Stromverbrauch auch zu Sicherheitsrisiken.

Bei der Bewegung einer flüssigen Phase relativ zur festen Phase entsteht eine Gleitebene zwischen der inneren starren und der äußeren diffusen Doppelschicht. Die Doppelschicht ist hierbei diejenige Schicht, bei der sich zwei entgegengesetzt geladene Schichten von Ladungsträgern gegenüberstehen. Das Zeta-Potential ist definitionsgemäß das durch die Deformation der Doppelschicht entstehende elektrische Potential in der Gleitebene [13.24]. Es ist der einzige direkt messbare elektrische Parameter einer Doppelschicht und hängt von vielen Einflussgrößen wie zum Beispiel der Art und Konzentration der Ionen, der Porosität und Permeabilität der porösen Feststoffe dem pH-Wert und vielem mehr ab.

Eine tatsächliche Entfeuchtung durch eine aktive Elektroosmose setzt gemäß [13.16] insbesondere eine niedrige Ionenkonzentration der Porenflüssigkeit, ein ausgeprägtes und gleichwertiges Zeta-Potential sowie einen nicht zu hohen Durchfeuchtungsgrad voraus. Darüber hinaus ist eine aktive Elektroosmose, sofern der Wasserzustrom nicht unterbrochen wird, infolge der auch bei optimalen Randbedingungen zu geringen Wassertransportleistungsfähigkeit nicht sinnvoll.

Mit Verweis auf die einschlägige Literatur stellen elektrophysikalische Entfeuchtungsverfahren im Hinblick auf die gewünschte dauerhafte Entfeuchtung bzw. die Kapillarunterbrechung keine gleichwertigen Maßnahmen zu den vorgestellten mechanischen und chemischen Verfahren dar; es besteht noch kein gesicherter Stand der Technik.

13.7 Sanierung bei hygroskopisch bedingter Feuchtigkeit

In der Außenwandkonstruktion vorhandene Salze haben die als Hygroskopizität bezeichnete Eigenschaft, aus der Umgebungsluft Feuchtigkeit aufzunehmen. Hierbei kann die hygroskopisch bedingte Feuchtigkeitsaufnahme infolge von Versalzungen die kapillare Wasseraufnahme weit übersteigen, so dass an dieser Stelle nochmals auf die Notwendigkeit der in Abschnitt 13.4 erläuterten Schadensdiagnostik, bestehend aus der Feuchtediagnostik und der Schadsalzanalyse, verwiesen wird.

Die Größe der hygroskopisch bedingten Feuchtigkeitsaufnahme hängt hierbei von der relativen Luftfeuchtigkeit und der Art und Konzentration vorhandener Salze ab. Am stärksten hygroskopisch verhalten sich Nitratverbindungen, die bereits ab einer relativen Luftfeuchtigkeit von $\varphi = 50\ \%$ Feuchtigkeit aus der Umgebungsluft „ziehen", wohingegen Sulfatverbindungen zumindest hinsichtlich der Hygroskopizität am unkritischsten einzustufen sind.

Bauschädliche Salze weisen neben ihren hygroskopischen Eigenschaften zahlreiche weitere negative Eigenschaften für die Bausubstanz auf. Als Beispiele für die Auswirkungen dieser negativen Eigenschaften seien Kristallisationen, Hydratations- und Frostschäden genannt. Ein auf bauschädliche Salze zurückzuführendes typisches Erscheinungsbild ist die Zermürbung eines Baustoffes an der Bauteiloberfläche.

Insofern müssen nicht nur zur Reduzierung hygroskopisch bedingter Feuchtigkeit, sondern insbesondere auch zum Erhalt der Baukonstruktion und zur Vermeidung von salzbedingten Folgeschäden Sanierungsmaßnahmen durchgeführt werden, die in der Regel durch eine Reduzierung der bauschädlichen Salze beinhalten. Eine Auswahl geeigneter Maßnahmen wird in den folgenden Abschnitten 13.7.1 und 13.7.2 vorgestellt.

In Anbetracht dessen, dass die Ursachen vorhandener Versalzungen und einer damit zusammenhängenden hygroskopischen Feuchtigkeitsaufnahme häufig auf mangelbehaftete horizontale und/oder vertikale Abdichtungsmaßnahmen zurückzuführen sind, müssen auf der Grundlage der Ergebnisse der Schadensdiagnose (Abschnitt 13.4) gegebenenfalls zusätzlich zu den im folgenden erläuterten Salzbekämpfungsmaßnahmen auch Abdichtungsmaßnahmen gemäß den Abschnitten 13.6 bzw. 13.8 zur Vermeidung erneuter Salzbildungen durchgeführt werden.

13.7.1 Entsalzungsverfahren

Grundsätzlich sollte vor Durchführung von Entsalzungsmaßnahmen dafür gesorgt werden, dass der Salznachschub gestoppt wird, was wiederum in der Regel nur durch entsprechende Abdichtungsmaßnahmen zu erreichen ist.

In der Tabelle 13.3 ist eine Auswahl der maßgeblichen und im folgenden erläuterten Entsalzungsverfahren dargestellt:

13.7 Sanierung bei hygroskopisch bedingter Feuchtigkeit

Tabelle 13.3: Übersicht möglicher Entsalzungsverfahren

Verfahrensbezeichnung	Wirkungsprinzip
Mauerwerksaustausch	Salzentfernung
Chemische Salzbehandlung	Salzumwandlung
Kompressenverfahren	Salzreduzierung
Opferputzverfahren	Salzreduzierung
Elektrophysikalische Verfahren	Salzreduzierung
Sanierputze (Abs. 13.7.2)	Salzbeibehaltung/Salzeinlagerung

In vielen Fällen weist die Wandoberfläche entsprechend den Transportmechanismen des Salzes eine wesentlich höhere Schadsalzkonzentration auf als der übrige Mauerwerksquerschnitt. Der einfachste und wirkungsvollste Weg, diese Salzanreicherungen an der Oberfläche zu beseitigen, ist der *Abbruch bzw. Austausch des geschädigten Materials*. Die Putzschicht ist hierbei bis ca. 1 m über die visuell sichtbare Schadensgrenze zu entfernen, wobei die Mauerwerksfugen auf einer Tiefe von ca. 20 bis 30 mm ausgekratzt werden müssen. Insbesondere bei partiellen nicht umwandelbaren Nitratbelastungen kann mit vergleichsweise geringem Aufwand sogar ein Mauerwerksaustausch mit gleichzeitiger Erneuerung der Abdichtung sinnvoll sein. Es sei an dieser Stelle angemerkt, dass lediglich der Materialaustausch eine Salzentfernung bewirkt, während die im folgenden aufgeführten Maßnahmen eine Salzreduzierung bzw. Salzumwandlung zum Ziel haben.

Die häufig propagierte *chemische Salzbehandlung* (Salzumwandlung) beruht auf dem Prinzip, die letztendlich durch ihre Löslichkeit gefährlichen Salze in unlösliche umzuwandeln [13.12]. Wasserlöslichkeit der Salze bedeutet hierbei, dass diese mit dem Wasser im Bauteil transportiert werden können. Dort, wo das Wasser verdunstet, nämlich an den Bauteiloberflächen, wird dem Salz sein Lösungsmittel entzogen und die Salze kristallisieren aus. Die Umwandlung der Salze in unlösliche Salze erfolgt durch das Auftragen chemischer, meist giftiger Mittel wie zum Beispiel Bleihexafluorsilikat oder Bariumchlorid. Da die Dosierungsmenge maßgeblich von der Salzkonzentration abhängt und diese wiederum über den Querschnitt stark variieren kann und darüber hinaus die Mittel abhängig von der Saugfähigkeit der Konstruktion in der Regel nur in die äußeren Oberflächen eindringen, kann keine Salzentfernung, sondern lediglich eine Salzumwandlung von ca. 50 % erreicht werden. Das Verfahren der chemischen Salzumwandlung ist letztendlich nur bei oberflächennahem Sulfat und eingeschränkter Chlorid- und Karbonatbelastung empfehlenswert, während Nitratverbindungen nicht umgewandelt werden können.

Eine weitere bewährte Maßnahme ist die *Salzreduzierung mit saugfähigen Kompressen* [13.13]. Zur Entsalzung werden hochkapillare Materialien wie zum Beispiel reiner Kalkmörtel oder Zellulose als Opferschicht aufgebracht und permanent feuchtgehalten (Bild 13.29). Da die Kompressen einen erheblich niedrigeren Gehalt an Salzionen aufweisen, wandern die Salze in diese Opferschicht, welche zwangsläufig mehrmals ausgetauscht werden muss. Der Nachteil des Verfahrens ist, dass es lediglich auf eng abgrenzte Bereiche anzuwenden ist.

Größere Flächen können auch durch das Aufbringen von *Opferputzen* behandelt werden, die prinzipiell nach dem gleichen Verfahren wie die Kompressen funktionieren. Der Unterschied besteht darin, dass Opferputze in der Regel nicht befeuchtet werden, sondern die zum Salztransport erforderliche Feuchtemenge aus dem Mauerwerk beziehen und somit erheblich längere Stand- bzw. Wirkungszeiten erfordern.

Bild 13.29: Salzreduzierung durch das Auftragen saugfähiger Kompressen auf den Fugenmörtel eines Bruchsteinmauerwerks [13.23]

Eine weitere mögliche Maßnahme besteht darin, die Bauteiloberfläche mit verdichtenden Materialien auf der Basis von Fluaten zu behandeln. Diese scheiden nach dem Aufbringen Kieselgel aus, so dass die Salze wiederum nicht bis zur Oberfläche transportiert werden können, sondern von der verdichteten Schicht zurückgehalten werden. Infolge der hierbei gegebenenfalls entstehenden Kristallisationsdrücke handelt es sich bei dieser Maßnahme genauso wie beim Aufbringen von Zementschlämmen lediglich um Verzögerungsmaßnahmen.

Da sich bekannterweise an Elektroden Salzkonzentrationen ansammeln können, werden auch elektrophysikalische Verfahren zur Salzreduzierung angewandt. Hierbei ist insbesondere das an der ehemaligen Ostberliner Akademie der Wissenschaften vor ca. 10 Jahren entwickelte AET-Verfahren (Aktive Entsalzung und Trocknung) hervorzuheben [13.8, 13.17], welches mit einer Gleichspannung von ca. 60 V arbeitet. In Anbetracht dessen, dass die Anwendung für den Praktiker ohne wissenschaftliche Beratung nicht möglich ist und darüber hinaus noch keine ausreichend gesicherten Untersuchungsergebnisse aus der Praxis vorliegen, ist die Anwendung des AET-Verfahrens derzeit noch nicht ohne Einschränkungen zu empfehlen.

13.7.2 Sanierputze

Sanierputze können nicht das Ziel der Trockenlegung oder vollständigen Entsalzung erfüllen. Sie dienen vielmehr als flankierende Maßnahmen bei nachträglichen Abdichtungs- und/oder Entsalzungsverfahren. Insbesondere in folgenden Anwendungsfällen werden Sanierputze häufig angewendet:

- Als begleitende Maßnahme im Anschluss an Entsalzungs- oder Abdichtungsmaßnahmen
- nach Einbau einer Horizontalsperre zur Kaschierung eines salzgeschädigten Mauerwerks
- bei untergeordneter Nutzung der Räume und geringen Feuchtigkeitsschäden

13.7 Sanierung bei hygroskopisch bedingter Feuchtigkeit

- in der Denkmalpflege, wenn eine Abdichtung aus wirtschaftlichen Gründen nicht möglich oder aus konservatorischen Gründen nicht erwünscht ist. Anzumerken ist hierbei, dass im Hinblick auf den Erhalt der Bausubstanz dieses Vorgehen nicht ohne weiteres zu empfehlen ist.

Sanierputze sind keine Sperrputze sondern im Gegenteil Werktrockenmörtel zur Herstellung eines Putzes mit hoher Porosität, hoher Wasserdampfdiffusionsdurchlässigkeit und reduzierter kapillarer Leitfähigkeit. Infolge dieser Eigenschaften wird die Verdunstungszone des Wassers und die Kristallisationsebene der im Mauerwerk vorhandenen Restsalze von der Oberfläche in tiefere Putzschichten verlagert. Das Wirkungsprinzip von Sanierputzen ist schematisch in Bild 13.30 dargestellt.

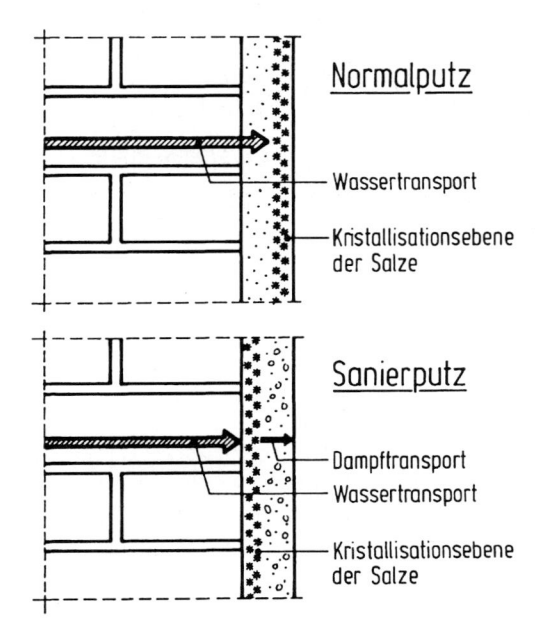

Bild 13.30: Schematische Darstellung des Wirkungsprinzips von Sanierputzen im Vergleich mit üblichen Putzen

Infolge der in die Putzoberfläche verzögerten Salzeinwanderung wird auch die hygroskopisch bedingte Feuchtigkeitsanreicherung an der Putzoberfläche gemindert. Anfallende Salze, die gelöst mit der Feuchtigkeit im Mauerwerk transportiert werden, können in den relativ großen Poren des Sanierputzes schadensfrei kristallisieren. Es entsteht somit eine salzfreie und visuell trocken wirkende Oberfläche des Innenraumes. Erst nach der Sättigung des Porenraumes von Sanierputzen mit Salzen können erneut Schäden auftreten. Bei fachgerechter Anwendung ist mit einer Lebensdauer von etwa 10 bis 15 Jahren zu rechnen.

Um einen wirksamen und langlebigen Sanierputz zu erhalten, müssen hinsichtlich der Zusammensetzung und der Ausführung bestimmte Randbedingungen erfüllt werden, welche im WTA-Merkblatt „Sanierputzsysteme" [13.31] entläutert sind. In der Regel gehören zu einem Sanierputzsystem ein Spritzbewurf (Haftbrücke), ein Unterputz (Grundputz) und ein Oberputz (Sanierputz). Das Aufbringen des Sanierputzes sollte mindestens 80 cm über den visuell sichtbar geschädigten Bereich hinausgehen, wobei dichte Anstriche das Austrocknen des Sanierputzes behindern, so dass es zu Putzabplatzungen oder Blasenbildungen des Anstriches kommen würde.

Zur Erhöhung der Langlebigkeit sollten Sanierputze auf stark versalzenem Mauerwerk erst nach Durchführung von Entsalzungsmaßnahmen (Abschnitt 13.7.1) aufgebracht werden. Damit sich die Poren des Sanierputzes nicht zu schnell infolge Salzeinwanderung füllen, ist es darüber hinaus empfehlenswert, auch bei geringen Salzkonzentrationen neben dem Abschlagen des Altputzes auch den Fugenmörtel auf 2 bis 3 cm Tiefe zu erneuern.

Häufig wird die Wirkung von Sanierputzen überschätzt, so dass diese nicht als flankiende Maßnahmen, sondern als Ersatz von Abdichtungs- oder Entsalzungsmaßnahmen ausgeführt werden. Die dann auftretenden Beanspruchungen können jedoch von Sanierputzen mittelfristig nicht schadensfrei aufgenommen werden. Es ist daher folgendes zu beachten:

- Sanierputze ersetzen keine Abdichtungsmaßnahmen
- Sanierputze führen nicht zur vollständigen Entsalzung von Mauerwerk, sondern sie können die Salze lediglich vorübergehend speichern.

13.8 Sanierung bei Undichtigkeiten

Die Sanierung bei Undichtigkeiten (Bild 13.31) ist in der Regel technisch erheblich einfacher als die Sanierung kapillar aufsteigender bzw. hygroskopisch bedingter Feuchtigkeit. Die maßgebliche Voraussetzung für eine fachgerechte und somit dauerhafte Sanierungsmaßnahme bei Undichtigkeiten ist die Durchführung einer Leckageortung (Abschnitt 13.3) und einer Schadensdiagnose (Abschnitt 13.4). Die Schadensdiagnose muss hierbei insbesondere eine Festlegung der vorhandenen Wasserbeanspruchung und eine Überprüfung der Abdichtungsart und Abdichtungsausführung durch Aufgraben der Schadstelle beinhalten. Die zahlreichen möglichen Ursachen der Undichtigkeiten können prinzipiell auf folgende Umstände bzw. Kombinationen hiervon zurückgeführt werden.

Bild 13.31: Undichtigkeiten im Bereich der Kellerwandkanten sowie über den Lichtschacht eindringende Feuchtigkeit

13.8 Sanierung bei Undichtigkeiten

Planungsfehler

Planungsfehler liegen vor, wenn für die Kelleraußenwände bzw. die Kellersohle eine Abdichtung gewählt worden ist, die nicht den Anforderungen hinsichtlich der vorhandenen Wasserbeanspruchung genügt. Sofern Schichtenwasser ansteht, besteht durch die Anordnung einer Dränage die Möglichkeit, die Wasserbeanspruchung, ohne dass zusätzliche Abdichtungsmaßnahmen erforderlich werden, zu reduzieren (vgl. Abschnitt 13.9). In der Regel ist es jedoch erforderlich, die Abdichtung in der Art zu erneuern bzw. zu überarbeiten, dass sie den Anforderungen hinsichtlich der vorhandenen Wasserbeanspruchung genügt (vgl. 13.8.1). Technisch extrem aufwändig und kostspielig kann es dann werden, wenn Grundwasser ansteht und die Kellerkonstruktion und deren Abdichtung nicht für diese Beanspruchung ausgelegt sind (Abschnitt 13.8.3). Weitere Planungsfehler können darin liegen, dass insbesondere bei drückender Wasserbeanspruchung Abdichtungsdetails wie zum Beispiel Durchdringungen, An- und Abschlüsse, Schutzschichten, Lichtschachtanbindungen, Versprünge und Fugen planerisch nicht berücksichtigt wurden.

Ausführungsfehler

Neben der trivialen Tatsache, dass Ausführungsfehler dann vorliegen, wenn Planungsvorgaben mißachtet werden, existiert bei der Ausführung von Abdichtungen eine Vielzahl möglicher Fehlerquellen. Zu diesen typischen Ausführungsfehlern gehören beispielsweise unzureichende Schichtdicken von Bitumendickbeschichtungen, fehlende Untergrundvorbehandlungen, fehlende Voranstriche, falsch ausgeführte An- und Abschlüsse insbesondere im Übergangsbereich Kelleraußenwand/Fundament, unzureichende Bahnenüberdeckungen, nicht sachgerecht abgedichtete Durchdringungen und Fugen, zu spät angeordnete Schutzmaßnahmen, gänzlich fehlende Schutzschichten, Abdichtungsverarbeitung bei zu geringen Außenlufttemperaturen und Verfüllen der Baugrube mit Schuttresten. Auf die Vielzahl der möglichen Fehlerquellen kann im folgenden im Detail nicht eingegangen werden. Es ist vielmehr so, dass die Fehlerquelle im Zuge der Leckageortung und Schadensdiagnose gefunden werden muss, um dann den betroffenen Bereich unter Berücksichtigung der in den vorhergehenden Abschnitten detailliert erläuterten Ausführungsempfehlungen, zum Beispiel im Bereich von Durchdringungen, zu überarbeiten.

13.8.1 Außenwandabdichtung

Ursächlich für Undichtigkeiten von Außenwandabichtungen kann entweder eine vereinzelte Fehlstelle im Bereich einer Detailausbildung oder aber eine generell für die vorhandene Wasserbeanspruchung ungeeignete Abdichtungsmaßnahme sein. Von den zahlreichen möglichen im Abschnitt 4 vorgestellten Werkstoffen bzw. Bauweisen zur Bauwerksabdichtung kommen im Kelleraußenwandbereich fast ausschließlich kunststoffmodifizierte Bitumendickbeschichtungen, bituminöse Dichtungsbahnen oder auch wasserundurchlässige Betonkonstruktionen zur Ausführung. Die bei Sanierungsmaßnahmen von Bitumendickbeschichtungen und wasserundurchlässigen Betonkonstruktionen zu beachtenden maßgeblichen Punkte werden im folgenden erläutert.

Bei Sanierungsmaßnahmen von bituminösen Dichtungsbahnen ist prinzipiell nach der gleichen Vorgehensweise wie bei Bitumendickbeschichtungen vorzugehen, wobei hinsichtlich der fachgerechten Detaillösungen für Durchdringungen, An- und Abschlüsse etc. ergänzend zu den Bildern 13.32 und 13.33 in den vorhergehenden Abschnitten und in [13.11] zahlreiche Lösungsvarianten dargestellt sind. Zunächst sei jedoch generell darauf hingewiesen, dass Innenabdichtungen von Außenwandkonstruktionen wegen der weiteren Durchfeuchtung des Mauerwerks, der Gefahr kapillar noch höher aufsteigender Feuchtigkeit und der Gefahr von Salzkristallisationen im Vergleich zur außenseitig aufgebrachten Abdichtung zahlreiche Nachteile aufweisen und nach Möglichkeit vermieden werden sollten.

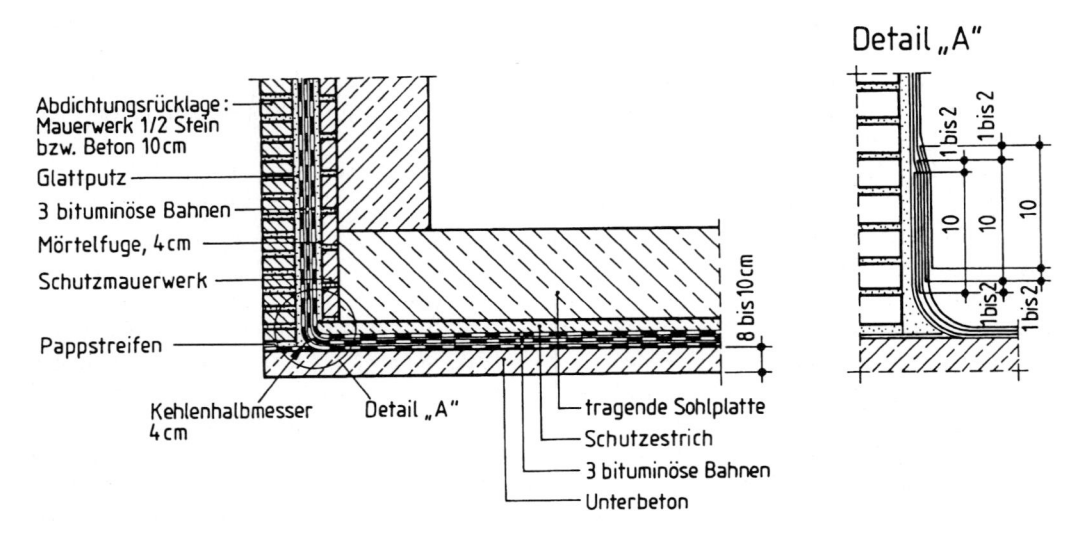

Bild 13.32: Gewöhnlicher Stoß bei bituminösen Abdichtungen gegen drückendes Wasser [13.10]

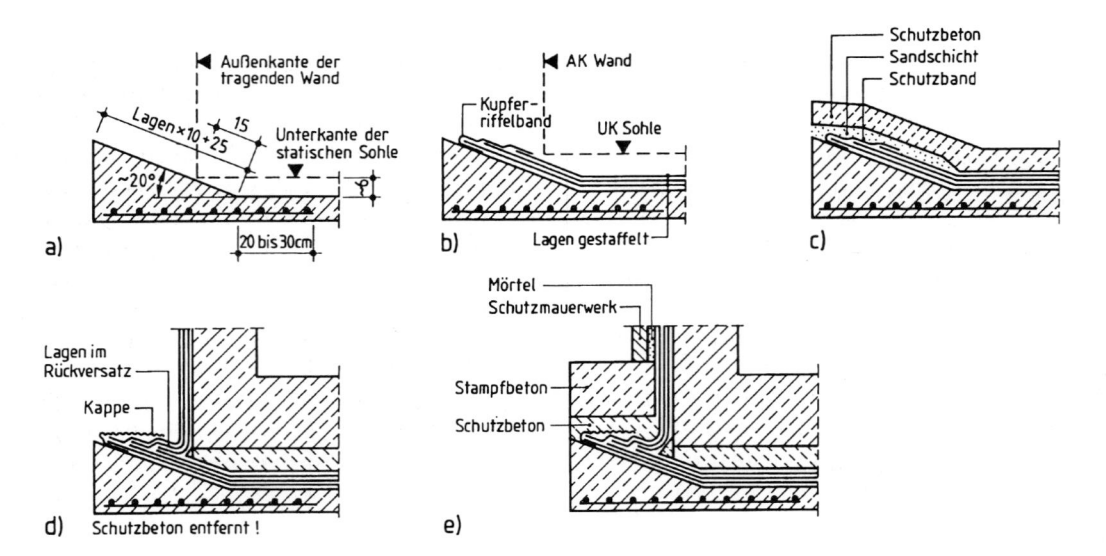

Bild 13.33: Schematische Darstellung des Bauablaufs bei der Ausführung eines rückläufigen Stoßes gegen drückende Wasserbeanspruchung [13.10]

13.8 Sanierung bei Undichtigkeiten

Kunststoffmodifizierte Bitumendickbeschichtung

In den letzten zwei Jahrzehnten wurden Kelleraußenwände immer häufiger mit Bitumendickbeschichtungen abgedichtet. Der Marktanteil von Bitumendickbeschichtungen bei Kellerabdichtungsmaßnahmen beträgt nach Herstellerangaben derzeit ca. achtzig Prozent. Hinsichtlich der kontrovers geführten Diskussion [13.18] zu den Vor- und Nachteilen von Bitumendickbeschichtungen sei angemerkt, dass eigene Auswertungen einer größeren Anzahl von Schadensfällen eindeutig gezeigt haben, dass Fehler nicht das Material sondern ausschließlich die Verarbeitung (Schichtdicke, Untergrundbehandlung, Anschlussausbildung) betreffen. Es ist daher zu begrüßen, dass kunststoffmodifizierte Bitumendickbeschichtungen in die Neuauflage der DIN 18 195 [13.32] mit entsprechend zu beachtenden Ausführungsvorschriften aufgenommen worden sind. Bei der Produktauswahl ist zwingend darauf zu achten, dass ausschließlich kunststoffmodifizierte Bitumendickbeschichtungen zu verwenden sind, die nachweislich den Anforderungskriterien der DIN 18 195-2 [13.32] entsprechen.

Für den Fall, dass die Abdichtungsausführung zwar fehlerfrei, jedoch in einer für die vorhandene Wasserbeanspruchung unzureichenden Schichtdicke aufgebracht ist, kann durch das nachträgliche Aufbringen einer Bitumendickbeschichtung des gleichen Materials die Sanierung erfolgen. Je nach Hersteller seien hier als Richtwerte der einzuhaltenden Trockenschichtdicken 3 mm bei Beanspruchung durch Bodenfeuchtigkeit bzw. 4 mm beim Lastfall „vorübergehend aufstauendes Sickerwasser" genannt [13.33]. Zur nachträglichen Herstellung einer ausreichenden Schichtdicke muss die vorhandene Bitumendickbeschichtung zunächst gereinigt und mit einem bitumenhaltigen Voranstrich als Haftgrund versehen werden. Zu beachten ist hierbei, dass bei der Verwendung von Emulsionen sofort nach deren Trocknung weitergearbeitet werden kann, wohingegen lösemittelhaltige Voranstriche ein hohes Eindringvermögen besitzen. Bei der Verwendung von lösemittelhaltigen Voranstrichen muss daher ausreichend lange abgewartet werden, bis das Lösemittel entwichen ist. In den frischen Voranstrich ist zur Sicherstellung der Standfestigkeit der aufzubringenden Bitumendickbeschichtung trockener Quarzsand einzustreuen.

Sofern lediglich vereinzelte Fehlstellen der Bitumendickbeschichtung zum Beispiel im Bereich von Rohrdurchdringungen oder im Bereich von Beschädigungen durch Bauschutt vorhanden sind, ist die Abdichtung im entsprechenden Bereich zunächst mechanisch zu reinigen. Hohlliegende Randzonen sind auszuschneiden und die Ränder der vorhandenen Bitumendickbeschichtung sind an den nachzubessernden Stellen anzuschrägen. Nach dem Auftrag der Grundierung ist zur Sanierung möglichst das gleiche oder ein nachweislich verträgliches Abdichtungsmaterial in zwei Schichten unter Beachtung der erforderlichen Schichtdicke aufzubringen. Der erste Auftrag erfolgt in der gleichen Schichtdicke, die die angrenzenden Flächen aufweisen. Im Anschluss an die Austrocknung der ersten Lage wird die nachzubessernde Fläche und der angrenzende Bereich mit einer Überlappungsbreite von mindestens 10 cm auf Null auslaufend überarbeitet. Exemplarisch für die Vielzahl der möglichen Detailausbildungen werden in den Bildern 13.34 sowie 13.35 Maßnahmen im Bereich von Rohrdurchdringungen für die Lastfälle Bodenfeuchtigkeit und vorübergehend aufstauendes Sickerwasser dargestellt, wobei gegebenenfalls erforderliche Überarbeitungen dieser Bereiche entsprechend dem oben Erläuterten erfolgen sollte.

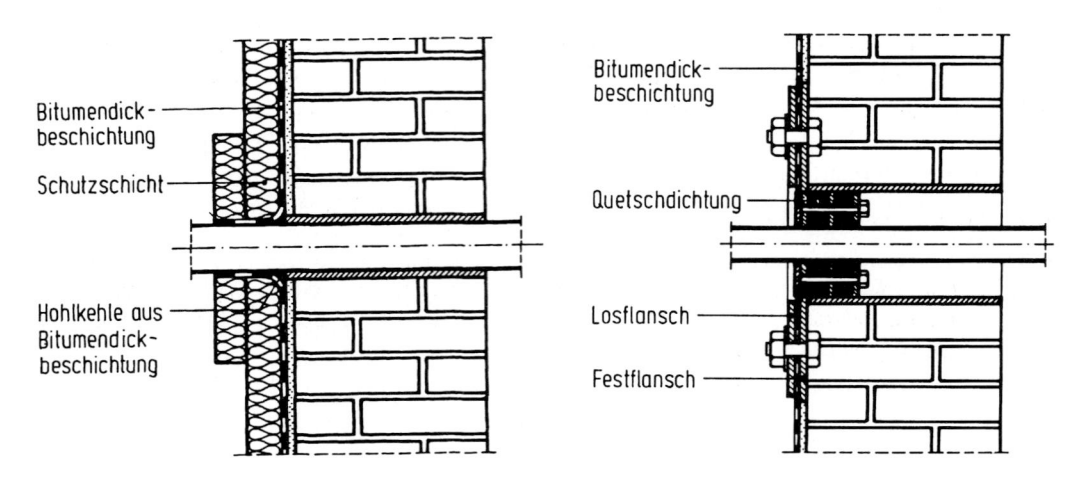

Bild 13.34:
Rohrdurchführung beim Lastfall Bodenfeuchtigkeit

Bild 13.35:
Rohrdurchführung beim Lastfall vorübergehend aufstauendes Sickerwasser

Wasserundurchlässige Betonkonstruktionen

Zu berücksichtigen ist stets, dass wasserundurchlässige Betonkonstruktionen nicht wasserdicht, sondern lediglich wasserundurchlässig sind. Dies bedeutet, dass durch wasserundurchlässige Betonbauteile nicht nur ein Feuchtetransport infolge der klimabedingten Wasserdampfdiffusion, sondern auch ein kapillarer Feuchtetransport von der wasserbeaufschlagten Bauteilseite zur Raumseite hin auftritt. Bei Nichtbeachtung dieses Punktes können Feuchtigkeitsanreicherungen beim Anordnen von dampfdichten oder feuchteempfindlichen Belägen auftreten. Diese sind in der Art zu sanieren, dass die im Abschnitt 6 zum Thema Innenausbau vorgestellten Maßnahmen und Konstruktionen umgesetzt werden.

Durchfeuchtungserscheinungen können trotz größter Sorgfalt bei wasserundurchlässigen Betonkonstruktionen an örtlichen Fehlstellen im Betongefüge, wie zum Beispiel an Rissen oder Kiesnestern, auftreten. Derartige Fehlstellen lassen sich nachträglich dauerhaft und wirksam zum Beispiel durch Verpressen schließen [13.19]. Von besonderer Bedeutung ist die Ermittlung der Rissursache, da bei sich bewegenden Rissen gegebenenfalls zusätzliche aufwändige Konstruktionen, zum Beispiel anzuflanschende Dehnungsprofile oder Dehnschlaufen erforderlich werden können. Größere Fehlstellen wie Kiesnester können mit Zementsuspensionen verpresst werden, während Risse in der Regel mit Epoxidharz oder modifiziertem Polyurethanen zu verpressen sind. Zu beachten ist, dass bei Epoxidharz im Gegensatz zu modifizierten Polyurethanen ein trockener Untergrund erforderlich ist. Zur Vermeidung von Wiederholungen wird hinsichtlich der Sanierung durch Rissverpressung bzw. Baugrundverpressung ergänzend auf die detaillierten diesbezüglichen Ausführungen im Abschnitt 6 verwiesen.

13.8.2 Sohlplattenabdichtung

Undichtigkeiten bzw. Feuchteerscheinungen im Bereich von Kellersohlen treten vergleichsweise zu Außenwänden relativ selten auf. Wenn jedoch derartige Undichtigkeiten vorhanden sind, handelt es sich in der Regel um einen Planungsfehler, der darin besteht, dass die vorhandene Wasserbeanspruchung nicht berücksichtigt worden ist. Es ist daher für die Wahl einer geeigneten Sanierungsmaßnahme wiederum unumgänglich, zunächst die vorhandene bzw. anzusetzen-

13.8 Sanierung bei Undichtigkeiten

de Wasserbeanspruchung zu ermitteln. Der große Nachteil der Abdichtungssanierung im Bereich von Sohlplatten besteht im Vergleich zur Sanierung von Kelleraußenwänden darin, dass die Sanierungsmaßnahme auf der dem Wasser abgewandten Rauminnenseite durchgeführt werden muss. Im folgenden wird eine Auswahl möglicher Sanierungsmaßnahmen in Abhängigkeit der Wasserbeanspruchung vorgestellt.

Beanspruchung durch Bodenfeuchtigkeit

Fußböden von Kellerräumen untergeordneter Nutzung können, sofern lediglich eine Wasserbeanspruchung durch Bodenfeuchtigkeit vorliegt, ohne zusätzliche Abdichtung ausgeführt werden, wenn zum Beispiel eine mindestens 15 cm dicke kapillarbrechende Schicht unterhalb der Sohle angeordnet wird (Bild 13.36).

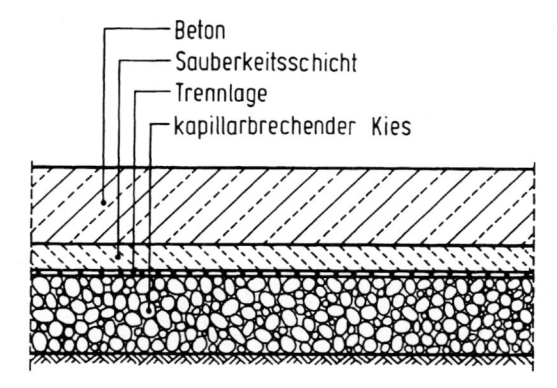

Bild 13.36:
Kellerfußboden mit kapillarbrechender Schicht

Sofern vor dem Betoniervorgang keine oder nicht überlappende Trennfolie entsprechend Bild 13.36 angeordnet werden, besteht die Gefahr, dass der Beton in die Kiesschüttung läuft und die kapillarbrechende Schicht ihre Wirkung verliert. Aber auch im Zuge der immer häufiger angestrebten hochwertigeren Nutzung von Kellerräumen zum Beispiel als Hobbyraum oder Gästezimmer können bei der in Bild 13.36 dargestellten Konstruktion nachträgliche Abdichtungsmaßnahmen erforderlich werden. Hierbei können als Abdichtungsmaterialien einlagige Kunststoffdichtungsbahnen, Asphaltmastix oder einlagige Bitumenbahnen verwendet werden (Bild 13.37).

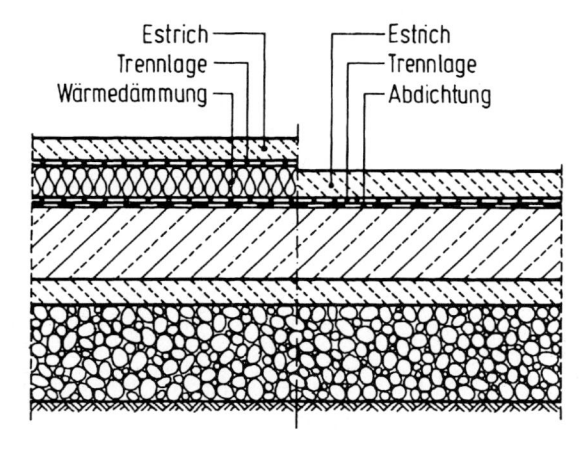

Bild 13.37:
Kellerfußboden mit nachträglicher einlagiger Abdichtung

Zu beachten ist, dass diese nachträglich aufgebrachte Fußbodenabdichtung an die Horizontalsperren angearbeitet werden sollte und Schutzschichten, wie sie zum Beispiel in Bild 13.37 dargestellt sind, angeordnet werden müssen. Damit gegebenenfalls auftretende Bewegungen der Schutzschicht nicht zu Beschädigungen der Bahnenabdichtungen führen, ist darüber hinaus ein Verbund zwischen Abdichtung und Schutzschicht durch das Anordnen einer Trennfolie zu verhindern.

Drückendes Wasser (vorübergehend aufstauendes Sickerwasser)

Hinsichtlich der nachträglichen raumseitigen Anordnung von Fußbodenabdichtungen bei drückendem Wasser mit schwacher Beanspruchung gilt vom Prinzip das unter dem Begriff Bodenfeuchtigkeit Erläuterte. Es ist jedoch zusätzlich zu beachten, dass im Gegensatz zur Beanspruchung durch Bodenfeuchtigkeit, bei der nahezu sämtliche in DIN 18 195-2 [13.32] genannten Abdichtungsstoffe verwendet werden dürfen, exaktere Vorgaben hinsichtlich der Wahl, der Art und Lage der Abdichtungsbahnen in DIN 18 195-6 [13.32] gegeben sind. Außerdem muss bei der Ausführung insbesondere auf eine ausreichende Überlappung von mindestens 10 cm der Bahnen und eine sorgfältige vollflächige Verklebung geachtet werden. In Fällen, bei denen drückendes Wasser nur an vereinzelten Tagen im Jahr in Form von sich kurzfristig anstauendem Schichtenwasser auftritt, werden des öfteren innenseitige Dränagen, die das anfallende Wasser zu Pumpensümpfen leiten, angeordnet (Bild 13.38).

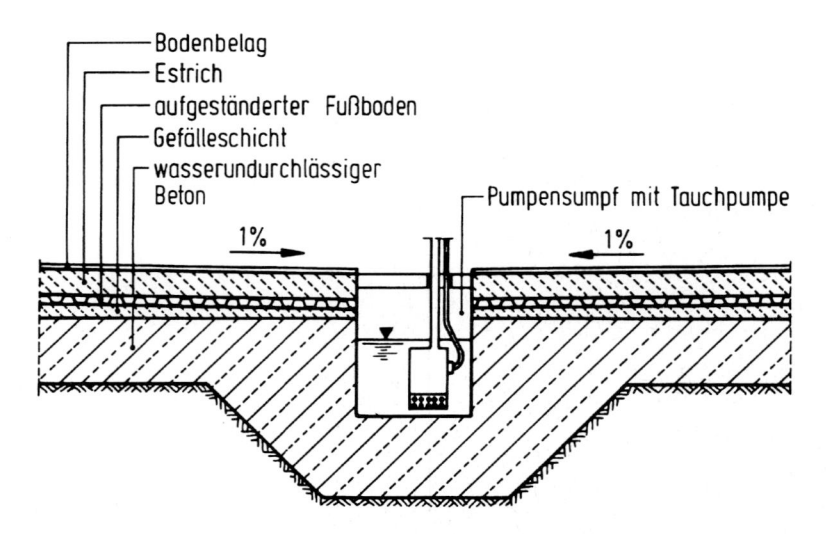

Bild 13.38: Kellerraum mit innenseitiger Dränage und Pumpensumpf

Diese Maßnahme stellt eine preiswerte Alternative zur wasserdruckhaltenen Innenwanne bei lediglich kurzzeitig auftretendem Schichtenwasser dar. Es handelt sich allerdings nicht um ein anerkanntes und somit sicheres Abdichtungsverfahren, sondern vielmehr um eine Kaschierungsmaßnahme, bei der zudem noch Raumhöhe verlorengeht. Anzumerken ist insbesondere, dass bei Sandeinspülungen in die Pumpensümpfe, also bei Erosionserscheinungen, eine derartige Maßnahme nicht zulässig und bei hochwertiger Nutzung der Räume darüber hinaus nicht empfehlenswert ist.

13.8 Sanierung bei Undichtigkeiten   415

Bei wasserundurchlässigen Konstruktionen mit hochwertiger Nutzung können aufgeständerte Fußböden hingegen insbesondere bei feuchteempfindlichen oder dampfdichten Belägen eine sinnvolle Maßnahme zur Vermeidung von Feuchteschäden sein.

13.8.3 Wasserdruckhaltende Innenwanne

Diese sehr kostenaufwändige und technisch komplizierte Sanierungsmaßnahme führt zu einer uneingeschränkten Nutzung der Kellerräume. Insbesondere bei Erosionserscheinungen mit größeren Wassereinbrüchen und zur Sicherstellung der Auftriebssicherheit kann eine derartige Maßnahme erforderlich werden.

Die Ursache von Wassereinbrüchen liegt häufig darin, dass bei der Festlegung der Wasserbeanspruchung die jahreszeitlichen Schwankungen und langjährigen Beobachtungen des höchsten Grundwasserstandes nicht berücksichtigt werden. Insbesondere in den Zentren der Großstädte wurden beispielsweise in den 60er und 70er Jahren langfristig Grundwasserabsenkungen im Zuge der Erstellung von U-Bahn-Bauten durchgeführt. Seit einigen Jahren wurden Wasserhaltungsmaßnahmen aus Gründen des Umweltschutzes jedoch baurechtlich eingeschränkt, so dass das anfallende Wasser nunmehr über Negativbrunnen dem Grundwasser wieder zugeführt wird. Die hieraus resultierende Anhebung des Grundwasserstandes auf die Stände der 40er und 50er Jahre führt häufig dazu, dass insbesondere Gebäude aus den 60er und 70er Jahren, die lediglich gegen Bodenfeuchtigkeit oder nichtdrückendes Wasser abgedichtet wurden, nunmehr durch drückendes Wasser beansprucht werden und entsprechende Durchfeuchtungen und Kellerüberflutungen auftreten (Bild 13.39).

Bild 13.39: Ca. 10 Jahre nach der Baufertigstellung aufgetretene Kellerüberflutung im Bereich der Berliner Innenstadt infolge eingestellter Grundwasserabsenkungsmaßnahmen eines U-Bahn-Baus [13.20]

Mit Verweis auf die Gewährleistungspflicht für versteckte Mängel sei darauf hingewiesen, dass eine Informationspflicht von Planern bzw. Bauvorlageberechtigten zur Einholung der Grundwasserstände bei der Festlegung der Art der erforderlichen Abdichtung besteht. Wasserdruckhaltende Innenwannen können also dann erforderlich werden, wenn Grundwasser ansteht und die Konstruktion zum Beispiel aus den oben genannten Gründen lediglich gegen Bodenfeuchtigkeit abgedichtet worden ist. Insbesondere beim Einspülen von Sandbestandteilen in das Gebäudeinnere besteht sofortiger Handlungsbedarf, um Standsicherheitsgefährdungen infolge von Bodenerosionen schnellstmöglich entgegenzuwirken. Die Schwierigkeit bei der Planung und Ausführung wasserdruckhaltender Innenwannen besteht unter anderem darin, dass der hydrostatische Druck durch den Innentrog, welcher auch gegen Auftrieb gesichert werden muss, aufgenommen werden muss. Ein Nachteil der Abdichtungsanordnung auf der Innenseite liegt darin, dass die verbleibende außenseitige Konstruktion weiterhin durchfeuchtet wird und somit die Gefahr besteht, dass infolge kapillar aufsteigender Feuchte die Wandflächen auch über die Höhe des Grundwasserstandes durchfeuchtet werden. Bei Mauerwerksbauten sind daher zusätzliche Horizontalsperren gemäß Abschnitt 13.6 erforderlich. Wegen des erheblichen technischen und finanziellen Aufwandes beim Anordnen nachträglicher wasserdruckhaltender Innenwannen sollte in jedem Einzelfall auch unter Beachtung der angestrebten Nutzung überprüft werden, ob der Aufwand das spätere Ergebnis rechtfertigt. Bei der Planung einer wasserdruckhaltenden Innenwanne (Bild 13.40) sind insbesondere folgende Punkte zu berücksichtigen:

- Die neue Kellersohle und die im Grundwasserbereich liegenden Kelleraußenwände müssen für den maximal auftretenden Wasserdruck bemessen werden. Für die Durchführung der Baumaßnahme sind in der Regel Grundwasserabsenkungen erforderlich.
- Sofern Sandbestandteile eingespült wurden, sind die Sohlen in den entsprechenden Bereichen wegzustemmen um den Umfang der Bodenerosion zu prüfen und gegebenenfalls Bodenverfüllarbeiten, Bodenververdichtungsmaßnahmen oder Bodeninjektionen durchzuführen.
- Sofern die Nutzhöhe erhalten oder erhöht werden soll, muss die alte Sohlplatte komplett abgebrochen werden.
- Zur Gewährleistung der Grundbruchsicherheit im Bauzustand können chemische Bodenverfestigungen erforderlich werden.
- Die Auftriebssicherung der neuen Wanne nur durch ihr Eigengewicht ist in der Regel unzureichend. Der Nachweis der Auftriebsicherung erfolgt gemäß [13.34] mit 1,1facher Sicherheit.
- Eine mögliche und in [13.20] detailliert beschriebene Maßnahme ist die Verdübelung zwischen der neu zu errichtenden Wanne und der vorhandenen Wandkonstruktion.
- Die infolge des hydrostatischen Druckes auftretenden Kräfte können zum Beispiel von einer im Kellerinneren neu zu errichtenden WU-Beton-Wanne aufgenommen werden.
- Die Alternative zur WU-Beton-Wanne besteht in der Anordnung von bituminösen Abdichtungen zwischen der vorhandenen Konstruktion und dem Innentrog [13.10].

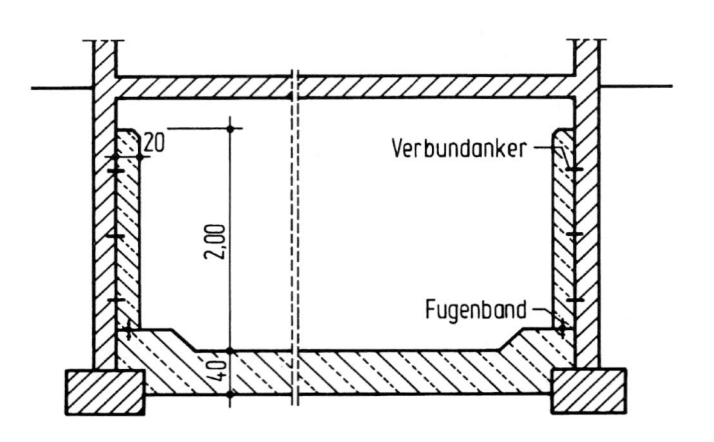

Bild 13.40:
Prinzipskizze einer wasserdruckhaltenden Innenwanne aus WU-Beton

13.8.4 Flächen- und Schleierinjektionen

Sofern erdberührte Außenbauteilbereiche nicht mehr zugänglich gemacht werden können, stellen Flächen- oder Schleierinjektionen eine alternative, nicht genormte Abdichtungsmaßnahme dar. Unter den Begriffen „Flächeninjektionen" bzw. „Schleierinjektionen" versteht man nachträgliche Abdichtungsmaßnahmen mittels Injektionsstoffen, die entweder im Bauteil (Flächeninjektion) oder im Baugrund (Schleierinjektion) eingebracht werden. Hierbei werden starre oder elastisch aushärtende Injektionsstoffe entweder im Hoch- oder Niederdruckverfahren eingebracht, wobei derartige Injektionen nach Herstellerangaben für sämtliche Lastfälle von Bodenfeuchtigkeit bis zu drückendem Wasser eingesetzt werden können. Als Injektionsstoffe stehen sowohl mineralische Stoffe auf der Basis von Bentoniten, Silikaten und Zementen als auch Kunststoffe auf der Basis von feuchtigkeitsverträglichen Acrylharzgelen, Epoxidharzen und Polyurethanen zur Verfügung. Maßgeblich für die Wirksamkeit einer derartigen in der Regel kostenintensiven nachträglichen Abdichtungsmaßnahme ist eine extrem sorgfältige Planung, bei der sämtliche Randbedingungen erfasst werden müssen, um zum einen das für den jeweiligen Einzelfall optimale Injektionsmaterial und zum anderen die erforderlichen Bohrlochabstände und die Art des Einbringverfahrens festzulegen. Die bisherigen Erfahrungen und Kenntnisse wurden hinsichtlich der Vorarbeiten, der erforderlichen Stoffe, der zu verwendenden Geräte, der zu beachtenden Ausführungsvorschriften und einer vorzunehmenden Qualitätssicherung im WTA-Merkblatt 4-6-98 [13.36] zusammengefasst.

Flächeninjektionen

Bei der Flächeninjektion wird die Abdichtungsebene im Bauteil ausgebildet. Der Injektionsstoff wird im Baustoffgefüge hierbei derartig angeordnet, dass eine durchgehende Abdichtungsebene entsteht (vgl. Bild 13.41).

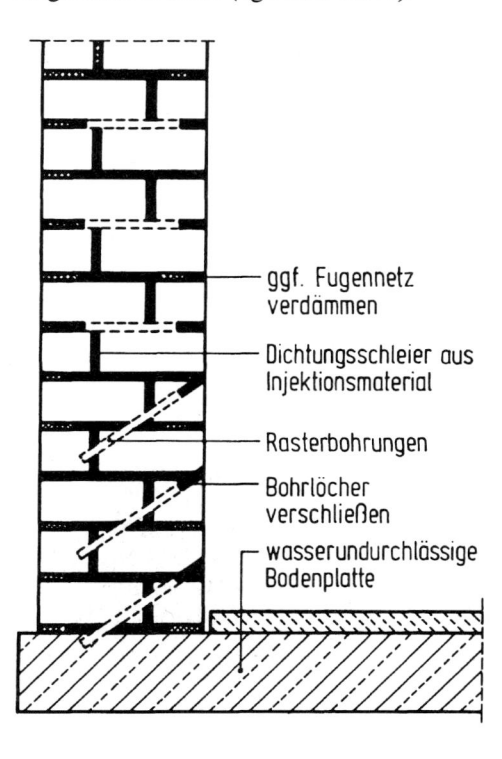

Bild 13.41:
Nachträgliche Innenabdichtung mittels Flächeninjektion im Bauteil

Das Einbringen des Injektionsstoffes erfolgt mit abgestimmtem Druck über Rasterbohrungen. Das Bohrlochraster sowie die Bohrlochtiefen müssen vorab entsprechend den jeweiligen Randbedingungen von einem Sachverständigen festgelegt werden. Zur Überprüfung der Wirksamkeit der Abdichtungsmaßnahme sollten vor Durchführung der Injektionsmaßnahme Feuchtigkeitsmessungen durchgeführt werden, um Vergleichswerte für den Fall vorlegen zu können, dass die Maßnahme nicht den gewünschten Erfolg bringt.

Schleierinjektionen

Schleierinjektionen werden direkt im Baugrund im Niederdruckverfahren (< 10 bar) flächig vor dem abzudichtenden Bauteil angeordnet. Der umgebende Baugrund dient hierbei als Stützgerüst (Bild 13.42).

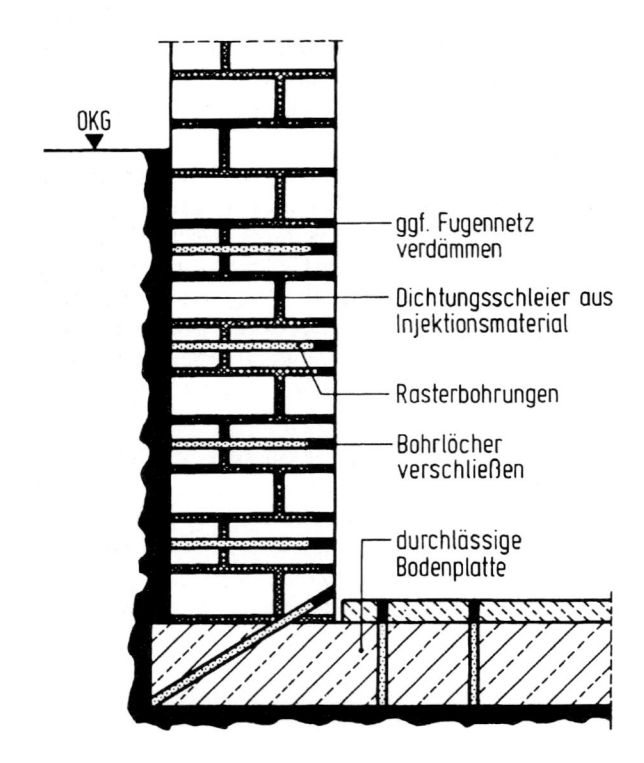

Bild 13.42:
Systemskizze einer Schleierinjektion im Baugrund

Der Rasterabstand der durch das Bauteil hindurchgehenden Bohrlöcher ist derartig festzulegen, dass im Baugrund ein vollflächiger Injektionsschleier ausgebildet wird. Die Anzahl der erforderlichen Bohrlöcher variiert je nach Baugrund und Injektionsmaterial, wobei jedoch als Größenordnung hinsichtlich der überschlägigen Ermittlung der erforderlichen Bohrlochanzahl davon ausgegangen werden kann, dass je Bohrloch ein Injektionsschleier mit einem Durchmesser von ca. 30 cm ausgebildet werden kann. Es ist stets ratsam, vor der Durchführung der Injektionsarbeiten Probeinjektionen vorzunehmen, um abschätzen zu können, ob mit dem vorgesehenen Bohrlochraster ein vollflächiger Injektionsschleier ausgebildet werden kann und wie hoch der zu erwartende Materialverbrauch sein wird. Nach Abschluss des Injektionsvorgangs werden die Einfüllstutzen entfernt, wobei die verbleibenden Öffnungen über die gesamte Tiefe mit einem schwindarmen, quellfähigen Mörtel zu verschließen sind.

Sofern Schleierinjektionen ausgeführt werden sollen, muss stets berücksichtigt werden, dass die Injektionsstoffe mit Grundwasser oder auch mit Sickerwasser in Kontakt treten können. Aus diesem Grunde ist stets eine behördliche Genehmigung von der zuständigen Wasserbehörde bei der Durchführung von Schleierinjektionen im Baugrund zu erwirken.

13.9 Reduzierung der Wasserbeanspruchung

13.9.1 Ringdränagen

Es kommt häufiger vor, dass nach dem Auftreten von Durchfeuchtungserscheinungen ohne weitere Diagnosen auf Wunsch des Eigentümers oder auf Empfehlung ausführender Firmen nachträglich in ihrer Wirkung überschätzte Ringdränagen eingebaut werden. In Anbetracht dessen, dass nachträglich angeordnete Dränanlagen nur bei den im folgenden erläuterten Voraussetzungen sinnvoll anzuwenden sind, ist die oben beschriebene Verfahrensweise ohne vorherige Diagnose meist wenig erfolgreich.

Unter Dränung wird die Entwässerung des Erdreichs durch Dränanlagen zur Vermeidung von aufstauendem und somit drückendem Wasser verstanden [13.21]. Sofern also zum Beispiel bei reinen Sandböden gar keine Möglichkeit des sich aufstauenden Wassers gegeben ist, sind Dränanlagen wenig sinnvoll. Lediglich für den Fall, dass infolge der Geländeprofilierung oder der Bodenschichtung mit eingelagerten bindigen Bodenschichten mit Hang- oder Schichtenwasser gerechnet werden muss, können Dränanlagen dafür sorgen, dass dieses Wasser abgeleitet wird, ohne einen hydrostatischen Druck auf die Abdichtung auszuüben. Eine Reduzierung der Wasserbeanspruchung bei Grundwasser ist hingegen durch Dränanlagen nicht möglich [13.22].

Bei Berücksichtigung dieser Punkte kann die Schlussfolgerung gezogen werden, dass nachträglich angeordnete Ringdränagen zur Reduzierung der Wasserbeanspruchung nur dann sinnvoll und effektiv eingesetzt werden können, wenn sowohl zeitweise stauendes Hang- oder Schichtenwasser als auch gleichzeitig eine für diese Wasserbeanspruchung (drückendes Wasser gemäß [13.32]) ungeeignete Abdichtung vorliegen. Sofern diese Voraussetzungen vorliegen, kann eine Durchfeuchtung (Bild 13.43) durch die Verlegung einer Ringdränage (Bild 13.44) entgegengewirkt werden.

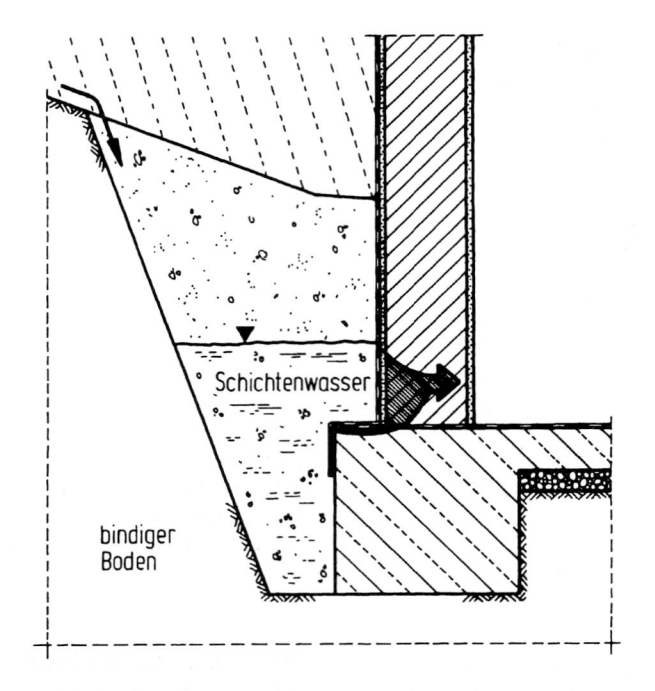

Bild 13.43:
Feuchtigkeitsschäden infolge sich auf bindigen Bodenschichten aufstauendem Wasser

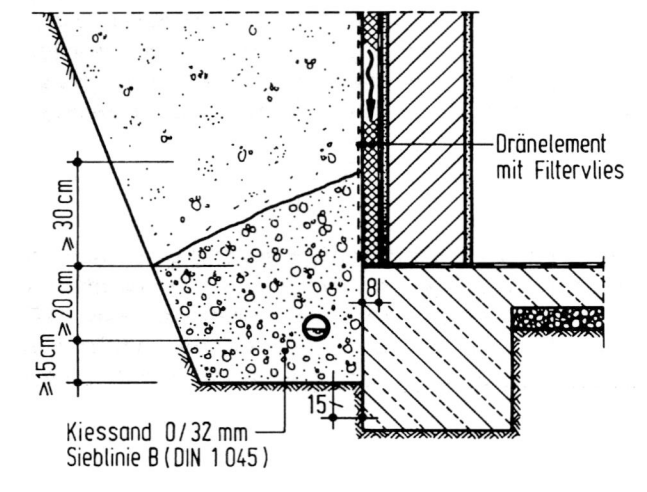

Bild 13.44:
Anordnung einer Ringdränage mit Mischfilter zur Ableitung sich anstauenden Wassers

Die fachgerechte Ausführung einer Dränage, welche einen erheblichen technischen Aufwand erfordert, erfolgt auf der Grundlage der DIN 4095 [13.35]. Hierbei sind insbesondere folgende Punkte zu beachten (vgl. Bild 13.45):

- Rohrgefälle der Dränleitungen > 5 mm/m
- Anordnen von Reinigungs- bzw. Spülschächten an jedem Knickpunkt
- Einbringen einer Filter- und Sickerschicht bzw. eines Mischfilters
- Wahl des Rohrdurchmessers entsprechend der anfallenden Wasserspende

richtige Wahl der Höhenlage der Dränrohre zum Fundament (vgl. Bild 13.44 und Abschnitt 5.5).

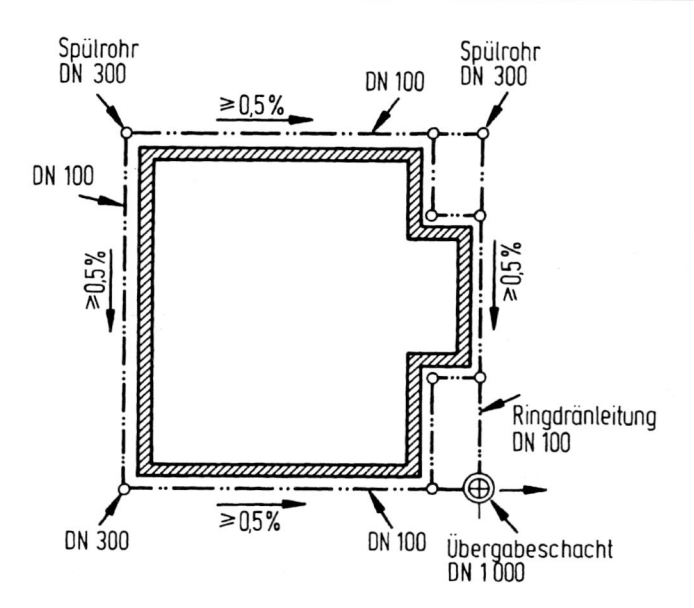

Bild 13.45:
Beispielhafte Anordnung von Dränleitungen, Kontroll- und Reinigungsschächten (aus [13.10])

Da die Kelleraußenwand für die Verlegung von Ringdränagen bis zum Fundament umlaufend freigegraben werden muss und eine fachgerecht ausgeführte Ringdränage technisch aufwändig ist sowie gewartet werden muss, stellt sich darüber hinaus die Frage, ob es gegebenenfalls kostengünstiger ist, nicht durch Dränanlagen das zeitweise aufstauende Wasser zu unterbinden, sondern die Abdichtung so zu überarbeiten, dass sie für eine drückende Beanspruchung geeignet ist (Abschnitt 13.8.2). Hier sollte für den Einzelfall eine Kosten-/Nutzen-Analyse durchgeführt werden.

13.9.2 Sickerdolen

In Hanglage errichtete Gebäude weisen auf der dem Haus zugewandten Seite stets eine größere Wasserbeanspruchung auf. Als nachträgliche in der Regel begleitende Sanierungsmaßnahme zur Reduzierung dieser Wasserbeanspruchung ist das Anordnen von Sickerdolen eine sinnvolle Maßnahme. Das anfallende Oberflächenwasser sinkt in der Sickerdole ab und wird in Höhe der Fundamentsohle durch mit Gefälle versehene Dränrohre aufgefangen und um das Gebäude herumgeleitet (Bild 13.46).

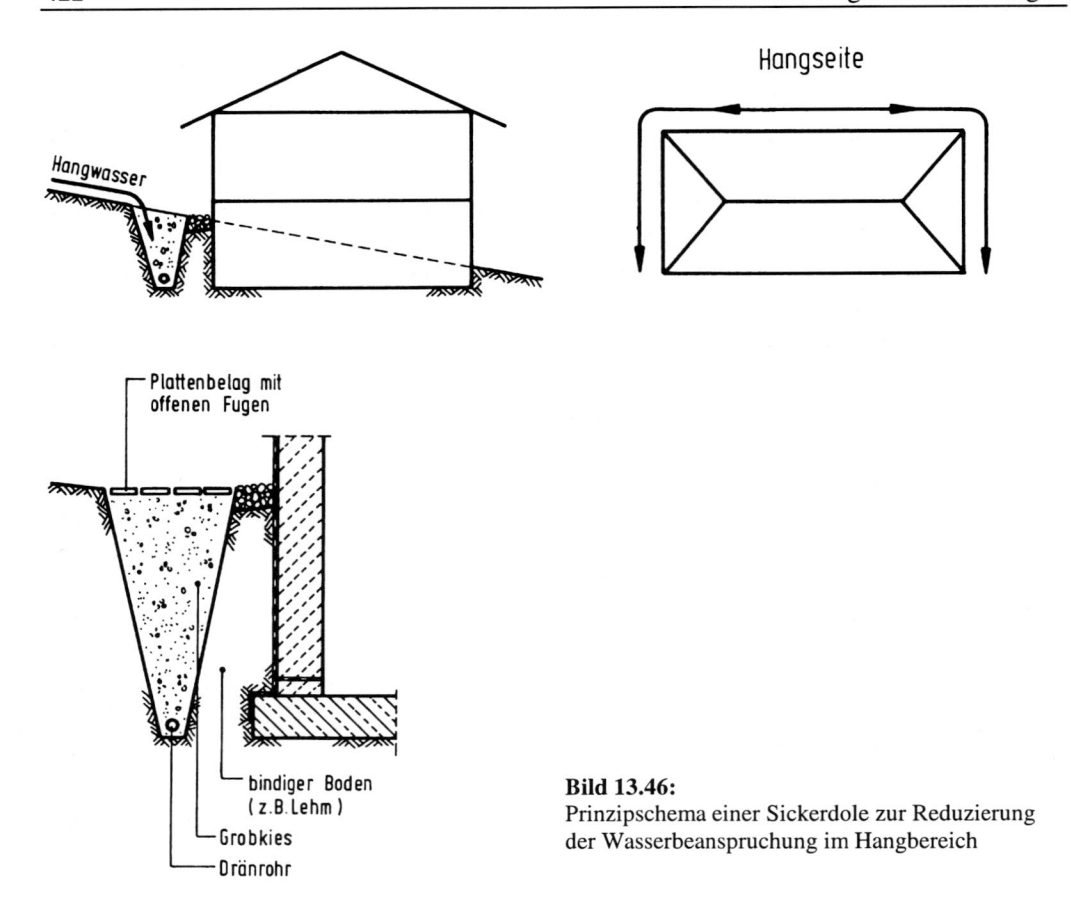

Bild 13.46:
Prinzipschema einer Sickerdole zur Reduzierung der Wasserbeanspruchung im Hangbereich

13.10 Literatur

13.10.1 Zitierte Literatur

[13.1] Cziesielski, E, und Bonk, M.: Schäden an Abdichtungen in Innenräumen. Schadenfreies Bauen Band 8. Herausgeber: Zimmermann, G.; IRB-Verlag Stuttgart 1994. ISBN 3-8167-4147-9.

[13.2] Schild, E. u. a.: Schwachstellen Band I, Flachdächer, Dachterrassen, Balkone. Bauverlag Wiesbaden und Berlin, 4. Auflage 1987. ISBN 3-7625-2232-4.

[13.3] Köneke, R.: Schäden an Balkonen. Loggien, Laubengängen. Verlag Rudolf Müller Köln 1988. ISBN 3-481-14321-4.

[13.4] Bundesministerium für Raumordnung, Bauwesen und Städtebau: Dritter Bericht über Schäden an Gebäuden. Bonn 1992.

[13.5] Lufsky, K.: Bauwerksabdichtungen. 4. Auflage. B. G. Teubner Stuttgart 1983.

[13.6] Fraunhofer-Informationszentrum Raum und Bau – Heft F 2329. Reduzierung von Mauerwerksfeuchte. Fraunhofer IRB-Verlag 1998. ISBN 3-8167-4804-X.

[13.7] Künzel, H.: Die kapillare Wasseraufnahme von Baustoffen. Der deutsche Baumeister BDB 1974, Heft 1, Seite 46.

[13.8] Arendt, C.: Altbausanierung – Leitfaden zur Erhaltung und Modernisierung alter Häuser. Stuttgart. Deutsche Verlagsanstalt. 1993. ISBN 3-421-02974-1.

[13.9] Venzmer, H.: Sanierung feuchter und versalzener Wände, 1. Auflage, Verlag für Bauwesen GmbH Berlin, München 1991. ISBN 3-345-00446-1.

[13.10] Cziesielski, E. u. a.: Lehrbuch der Hochbaukonstruktionen, 3. Auflage, Teubner Verlag Stuttgart 1997. ISBN 3-519-25015-2

[13.11] Haack, A. u. a.: Abdichtungen im Gründungsbereich und auf genutzten Deckenflächen, Verlag Wilhelm Ernst + Sohn 1995. ISBN 3-433-01232-6.

[13.12] Weber, H.: Instandsetzung von feuchte- und salzgeschädigtem Mauerwerk, 2. Auflage, Expertverlag Renningen 1998. ISBN 3-8169-1507-8.

[13.13] Weber, H.: Mauerfeuchtigkeit, Ursachen und Gegenmaßnahmen, 3. Auflage, Expertverlag Renningen 1988. ISBN 3-8169-0301-0.

[13.14] Schubert, H.: Kapillarität in porösen Feststoffen. Springer Verlag Berlin 1982.

[13.15] Bauforschungsbericht des Bundesministers für Raumordnung, Bauwesen und Städtebau: Bauschadensschwerpunkte bei Sanierungs- und Instandsetzungsmaßnahmen Teil 2, Heft F 2257, IRB-Verlag Stuttgart 1994.

[13.16] Hettmann, D.: Zur Beeinflussung des Feuchte- und Salzgehaltes im Mauerwerk. Bautenschutz und Bausanierung 16 (1993), Seiten 72-75.

[13.17] Friese, P.: Ein neues Verfahren zur Sanierung salzverseuchter Wände mit aufsteigender Feuchtigkeit. Bautenschutz und Bausanierung 11 (1988), Seiten 122-127.

[13.18] Kamphausen, P. A.: Zur Praxisbewährung von Bitumendickbeschichtungen. Der Sachverständige. Ausgabe 07/08-1998

[13.19] Wittmann, F. H.: WTA-Schriftenreihe, Heft 5. Injizieren von Rissen. Aedificatio-Verlag. 79104 Freiburg 1996.

[13.20] Zimmermann, G. (Hrsg.): Bauschäden-Sammlung Band 6, Forum-Verlag Stuttgart 1986. ISBN 3-8091-1061-2.

[13.21] Muth, W.: Schäden an Dränanlagen. Schadenfreies Bauen Band 17, IRB-Verlag Stuttgart. ISBN 3-8167-4154-1.

[13.22] Schild, E.: Schwachstellen Band III, Keller – Dränagen. 3. Auflage. Bauverlag GmbH Wiesbaden Berlin. ISBN 3-7625-2060-7.

[13.23] Lömpel Bautenschutz GmbH & Co. KG, Wernerstr. 10-11, 97450 Arnstein: Informationsbroschüre zur Sanierung und Instandhaltung

[13.24] Scherpke, G.: Bestimmung elektrokinetischer Feuchtetransportkenngrößen für poröse Baustoffe für die Bewertung elektroosmotischer Anlagen zur Trockenlegung feuchten Mauerwerks, Dissertation an der TU Wien bei o. Univ. Prof. Dipl.-Ing. Dr. Schneider, Heft 6, Januar 1999

13.10.2 Normen, Regelwerke, Vorschriften

[13.30] WTA-Merkblatt 4-4-96 – Mauerwerksinjektionen gegen kapillare Feuchtigkeit. WTA-Geschäftsstelle, Ahornstr. 5 in 82065 Baierbrunn.

[13.31] WTA-Merkblatt 2-2-91 – Sanierputzsysteme. WTA-Geschäftsstelle, Ahornstr. 5 in 82065 Baierbrunn.

[13.32] DIN 18 195, Teile 1, 2, 3, 4, 5, 6 (August 2000), Teil 8, 10 (August 1983), Teil 7 (Juni 1989), Teil 9 (Dezember 1986). Bauwerksabdichtungen.

[13.33] Richtlinie für die Planung und Ausführung von Abdichtungen erdberührter Bauteile mit kunststoffmodifizierten Bitumendickbeschichtungen (Juni 1997). Deusche Bauchemie e.V. u. a.

[13.34] DIN 1054 (November 1976). Zulässige Belastung des Baugrundes

[13.35] DIN 4095 (Juni 1990). Dränung zum Schutz baulicher Anlagen.

[13.36] WTA-Merkblatt 4-6-98 – Nachträgliches Abdichten erdberührter Bauteile. WTA-Geschäftsstelle, Ahornstr. 5 in 82065 Baierbrunn.

[13.37] DIN 1986: Teil 1 (Juni 1988), Teil 2 (März 1995), Entwässerungsanlagen für Gebäude und Grundstücke

14 Kostenvergleich zwischen weißer, schwarzer und brauner Wanne

Von Dipl.-Ing. Jürgen Schlicht

14.1 Dichtungs- und Bausysteme

Bei Gebäuden, die mit ihrem Kellergeschoß im Grundwasser stehen, ist je nach Nutzung und Tragsystem zu entscheiden, welches der folgenden Dichtungssysteme für Kellerwände und Gebäudesohle eine optimale Funktion bei gleichzeitiger Wertung der Kosten erfüllt. Diese Dichtungssysteme sind

1. Wasserundurchlässiger Beton,
   Arbeitsbegriff „Weiße Wanne"
2. Bituminöse Außenhaut-Abdichtung oder Folienabdichtung
   Arbeitsbegriff „Schwarze Wanne"
3. Außenhaut-Abdichtung mit Bentonit-Platten
   Arbeitsbegriff „Braune Wanne"

Für das Kellergeschoß kommen folgende Gründungskonstruktionen in Betracht:

A) Aufgelöste Gebäudesohle mit integrierten Einzel- bzw. Streifenfundamenten (Bild 14.1)

B) Gebäudesohle als durchgehende Platte mit konstanter Dicke (Bild 14.2)

C) Gebäudesohle als durchgehende Platte mit hochliegenden Fundamentbalken (umgekehrte Plattenbalken).

Kelleraußenwände für alle Versionen aus Stahlbeton.

Aus konstruktiven und ausführungstechnischen Gründen können die Dichtungs- und Gebäudesysteme nur in folgender Kombination angewandt werden:

Dichtungssystem 1 mit Bausystem A, B oder C
Dichtungssystem 2 mit Bausystem B oder C
Dichtungssystem 3 mit Bausystem A, B oder C

Die Kosten für die Version A sind wegen des erhöhten Aufwandes für den Bodenaushub der Einzel- oder Streifenfundamente, für die Sauberkeitsschicht in den Fundamentschrägen bei voutenförmig in die durchgehende Sohle integrierten Fundamenten oder für die Schalung bei senkrechten Fundamentseiten sowie für die Erschwernisse bei der Bewehrungsführung trotz geringeren Betonstahlbedarfs etwas höher als bei der mit konstanter Dicke durchgehenden Platte gem. Version B.

Ebenfalls stellt sich die Version C teurer als die Version B dar. Um ein durchgehendes Fußbodenniveau im Keller zu erreichen, müssen die Zwischenfelder zwischen den über der durchgehenden Platte angeordneten Fundamentbalken mit Sand aufgefüllt und mit einer nichttragenden Betonsohle überdeckt werden.

Die nachfolgenden Betrachtungen beschränken sich deshalb nur auf die durchgehende Gebäudesohle (Typ B) in Kombination mit den drei Dichtungssystemen 1, 2 und 3.

Für diese insgesamt drei Varianten wird ein Kostenvergleich anhand eines Modellgebäudes durchgeführt. Hierbei wird auf die Einbeziehung von Sonderbauteilen, wie z. B. Aufzugsunterfahrten, Zufahrtsrampen und Kelleraußentreppen verzichtet. Außerdem beschränkt sich die Kostenermittlung auf die erdberührten Gebäudeteile, d. h. auf Kellerwände und Sohle. Geschoßdecken, Treppen und Schächte sind als Innenbauteile für den Kostenvergleich ohne Bedeutung.

14.2 Modell-Gebäude für den Kostenvergleich

Als Modellgebäude wird ein Bürohaus mit fünf Geschossen und einem Kellergeschoß mit einer Grundfläche von 30×45 m = 1350 m² gewählt; das Stützenraster beträgt $7,5 \times 7,5$ m, die Kellergeschoßhöhe 4,0 m. Die Stützenlasten sind mit 5000 KN angesetzt. Die zulässige Bodenpressung beträgt 0,3 MN/m², die Bettungszahl C_B = 10 MN/m³. Der Grundwasserspiegel liegt 2,0 m unter Gelände.

Die Konstruktionsabmessungen sind für alle Varianten gleich (Bild 14.2)
- Fundamentplatte d = 80 cm
- Kelleraußenwände d = 35 cm

Die Betongüte beträgt B 25.

14.3 Kostenermittlung für die Dichtungssysteme

Die Kosten für die Einzelleistungen werden in der nachfolgenden Darstellung zur Vereinfachung des Kostenvergleiches gewerkeweise mit wenigen Kenndaten zusammengefaßt.

14.3.1 Kalkulationsgrundlagen

Kalkulationsgrundlage ist bei den Stahlbeton- und Mauerarbeiten ein Verrechnungslohn von 37,50 EUR/h und ein Zuschlag auf Materialkosten von 10 %. Bei Subunternehmerleistungen (Erdarbeiten und Dichtungsarbeiten) ist ein Verrechnungslohn von 34,00 EUR/h sowie ein Zuschlag von 10 % auf die Gesamt-Subunternehmerleistung eingesetzt.

14.3.2 Kostenrelevante Randbedingungen und Zuordnungen

Erdarbeiten

Die Erdarbeiten weisen für die drei Varianten kostenmäßig keine größeren Unterschiede auf, die Kosten liegen in einer Spanne von 56.780,00 EUR (Variante 1B) und 58.955,00 EUR (Variante 2B). Die Abweichungen sind im zusätzlichen Aushub für die Varianten 2B und 3B infolge des erforderlichen Schutzbetons begründet.

Die Bodenabfuhr wird in den Kostenvergleich wegen der variablen Kosten für unterschiedliche Transportentfernungen und Deponiegebühren nicht einbezogen. Die Baugrube ist mit Böschungen von 45° und 1 m Arbeitsraum konzipiert, als Boden ist Sand (Bodenklasse 3) vorausgesetzt.

Abdichtungsarbeiten

Den eigentlichen Leistungen der Abdichtungsarbeiten bei der „Schwarzen" und „Braunen Wanne" sind zusätzlich die Herstellung des Schutzbetons auf der Sohle und des Schutzmauerwerks bzw. der Schutzplatten vor den Außenwänden zugeordnet, während die Sauberkeitsschicht (Unterbeton) bei den Stahlbetonarbeiten berücksichtigt ist.

In den Stahlbetonarbeiten der „Weißen Wanne" sind Anteile enthalten, die den Dichtungsarbeiten zuzuordnen sind. Diese sind erhöhte Betonkosten durch Betonzusatzmittel (Verzögerer, Verflüssiger), Zement mit niedriger Abbindewärme, erhöhte Bewehrung zur Beschränkung der Rißweite sowie Fugenbänder und spezielle Ausbildung der Wand-Sohlenfuge und von Sollbruchstellen in den Außenwänden. Außerdem ist der erhöhte Schalungsaufwand (wasserdichte Ausführung der Schalungsanker) hier berücksichtigt.

Stahlbetonarbeiten

Die Stahlbetonarbeiten werden in allen 3 Varianten als Grundkosten ausgewiesen. Diese sind unabhängig vom Abdichtungssystem und für alle Varianten gleich hoch.

Bauzeitabhängige Kosten

Ein wesentlicher Gesichtspunkt ist die unterschiedliche Länge der Bauzeit bei den einzelnen Varianten.

Da Gebäude mit Abdichtungsmaßnahmen überwiegend im Schutz einer Grundwasserabsenkung errichtet werden müssen, ist die Betriebsdauer der Grundwasser-Absenkungsanlage sowie die zu fördernde Wassermenge ein bedeutsamer Kostenfaktor.

Grundsätzlich wird z. B. in Berlin bei einer Entnahme von Grundwasser aus dem Untergrund eine Hebegebühr von 0,30 EUR/m³ fällig.

Bei Einleitung von Grundwasser in einen Mischwasserkanal werden 2,40 EUR/m³ Gebühr erhoben, wogegen die Einleitung in einen natürlichen Vorfluter bzw. einen Regenwasserkanal (Trennsystem) gebührenfrei ist.

Bei dem Kostenvergleich wird im Folgenden von dem günstigen Fall einer Einleitung des Grundwassers in einen Vorfluter oder einen Regenwasserkanal ausgegangen.

Die Kosten für die Leitung zum Vorfluter (Errichten, Vorhalten und Demontieren) sind für alle drei Varianten praktisch gleich, so dass diese als kostenneutral außer Betracht bleiben.

Da während der Abdichtungsarbeiten die Baustelle bereits überwiegend voll installiert ist, sind auch die Vorhaltekosten der Baustelleneinrichtung sowie die Gehaltskosten des Bauleitungspersonals im Kostenvergleich mit zu berücksichtigen.

Größere Baustellen werden aus organisatorischen Gründen in mehrere Bauabschnitte unterteilt, um eine Entkopplung von einander abhängiger Gewerke und damit gleichzeitig eine Parallelarbeit zu ermöglichen. Hierdurch wird eine Verkürzung der Bauzeit und eine Senkung der von der Bauzeit abhängigen Kosten erreicht.

Im vorliegenden Fall, der sich auf eine kleinere Baustelle bezieht, wird eine überlappende Arbeit der Gewerke nicht in Betracht gezogen.

Aus verlängerter Bauzeit resultierende Kosten für entfallende Mieteinnahmen sind in den Kostenvergleich nicht einbezogen; sie sind abhängig von der Ortslage und der vermietbaren Fläche.

Auf der Basis der vorgenannten Grundlagen und Bedingungen werden die drei Varianten hinsichtlich ihrer Kosten untersucht.

14.3.3 Kosten für das System „Weiße Wanne"

Variante 1B - Weiße Wanne mit durchgehender 80 cm dicker Sohle (Bild 14.2)

Erdarbeiten
Bodenaushub und Verfüllung (9.185 m³ / 2.705 m³)　　　　　　　　　　56.780,00 EUR

Abdichtungsarbeiten
als Teil der Stahlbetonarbeiten

2 Lagen Baufolie als Gleitschicht

Zulage für WU-Beton B 25 gegenüber Normalbeton
Sohle 1.080 m³
Wand 210 m³

Zulage für erhöhten Schalungsaufwand (wasserdichte Schalungsanker)
Wand 600 m²
Wandsockel 35/15 cm auf der Sohle frisch auf frisch betoniert,
einschließlich Schalung und PVC-Fugenband
150 m
Sollbruchstellen in den Kelleraußenwänden aus PVC-Arbeitsfugenband
Abstand ca. 8 m
80 m
Zusätzliche Bewehrung für Schwinden und
Beschränkung der Rißweite
außen w = 0,15 mm
innen w = 0,25 mm
36 t

In Stahlbetonarbeiten enthaltene anteilige Abdichtungsarbeiten		43.785,00 EUR
Stahlbetonarbeiten für Sohle und Außenwände		
Sohlenbeton　1080 m³　⎱ einschließlich		
Wandbeton　　210 m³　⎰ Schalung		
Betonstahl　　　159 t	insgesamt	322.020,00 EUR
./. Anteil für Dichtungsarbeiten	./.	43.785,00 EUR
Grundkosten der Stahlbetonarbeiten		278.235,00 EUR
Gesamtkosten der Variante 1	netto	378.800,00 EUR
Gesamtstunden (Abdichtung + Stahlbeton)		3.099,00 h

Die Variante 1 B ist die kostengünstigste Ausführung und wird deshalb für die nachfolgenden Varianten als Vergleichsbasis zugrundegelegt.

14.3.4 Kosten für das System „Schwarze Wanne"

Variante 2B – Schwarze Wanne mit Bitumenabdichtung und durchgehender 80 cm dicker Sohle (Bild 14.2 und 14.3)

Erdarbeiten
Bodenaushub und Verfüllung (9.432 m³ / 2885 m³) 58.955,00 EUR

Abdichtungsarbeiten
und zugehörige Leistungen

Klebung aus 2 Lagen Bitumenschweißbahn G 200 S 5
Sohle 1350 m²
Wand 510 m²
einschließlich Schutzbeton und Schutzmauerwerk
und Bitumenanstrich der Wände oberhalb des Grundwassers 87.190,00 EUR

Stahlbetonarbeiten für Sohle und Außenwände
Sohlenbeton   1080 m³ ⎫ einschließlich
Wandbeton   210 m³ ⎬ Schalung
Betonstahl   123 t   278.235,00 EUR

Bauzeitabhängige Kosten:
Verlängerte Bauzeit gegenüber Variante 1B:
Gesamtstunden Variante 2B (Dichtung + Stahlbeton)   4.242,0 h
Gesamtstunden Variante 1B (Dichtung + Stahlbeton)   ./.   3.099,0 h
Differenz   1.143,0 h

Zimmerer-, Beton-, Maurer- bzw. Abdichtungskolonne   = 10 Mann
10 Stunden-Schicht

$\dfrac{1.143,0 \text{ h}}{10 \text{ Mann} \times 10 \text{ h/Tag}}$ = 11,4 ≈ 11 Arbeitstage

Vorhalten der Baustelleneinrichtung:
6.000,00 EUR/Monat × $\dfrac{11 \text{ AT}}{22 \text{ AT/Monat}}$ =   3.000,00 EUR

Bauleitungspersonal:
1 Bauleiter + 1 Polier
15.000,00 EUR/Monat × $\dfrac{11 \text{ AT}}{22 \text{ AT}}$ =   7.500,00 EUR

Grundwasserhaltung:
Vorhalten und Betrieb der Absenkungsanlage
(11 AT = 15 Kalendertage)
1.000,00 EUR/Kalendertag × 15 Kalendertage   =   15.000,00 EUR

Mehrfördermenge des Grundwassers:
350 m³/h × 24 h × 15 Kalendertage = 126.000 m³
Hebegebühr
0,30 EUR/m³ × 126.000 m³ = 37.800,00 EUR
Einleitung in Mischwasserkanal
2,40 EUR/m³ × 126.000 m³ = (302.400,00 EUR)

Mehrkosten infolge verlängerter Bauzeit der Variante 2B gegenüber 1B			=
Gesamtkosten der Variante 2B	netto		487.680,00 EUR
Gesamtkosten der Variante 1B	netto	./.	378.800,00 EUR
Mehrkosten der Variante 2B gegenüber der Variante 1B	netto		108.880,00 EUR

14.3.5 Kosten für das System „Braune Wanne"

Variante 3B – Braune Wanne mit Volclay-Bentonit-Abdichtung und durchgehender 80 cm dicker Sohle (Bild 14.2 und 14.3)

Erdarbeiten
Bodenaushub und Verfüllung (9.320 m³ / 2.795 m³)   57.920,00 EUR

Abdichtungsarbeiten
und zugehörige Leistungen

Abdichtung aus Volclay-Bentonit-Platten
Sohle   1350 m²
Wand   510 m²
einschließlich Schutzbeton und
Hartfaserplatte als Schutz der Wandabdichtung

zusätzliche Abdichtung der Wand-Sohlen-Fuge
und der Sollbruchstellen in den Wänden (a = 8,0 m)
mit Bentonitstangen „Waterstop RX"

3-facher Bitumenanstrich der Wände
oberhalb des Grundwassers

Summe Abdichtungsarbeiten   50.950,00 EUR

Stahlbetonarbeiten für Sohle und Außenwände
Sohlenbeton   1080 m³ ⎫ einschließlich
Wandbeton   210 m³ ⎬ Schalung
Betonstahl   123 t   insgesamt
              278.235,00 EUR

Bauzeitabhängige Mehrkosten:
Verlängerte Bauzeit gegenüber Variante 1B:
Gesamtstunden Variante 3B (Dichtung + Stahlbeton)   3.388,0 h
Gesamtstunden Variante 1B (Dichtung + Stahlbeton)   ./. 3.099,0 h

Differenz　　　　　　289,0 h

Zimmerer-, Beton- bzw. Volclay-Dichtungskolonne = 10 Mann
10 Stunden-Schicht

$$\frac{289 \text{ h}}{10 \text{ Mann} \times 10 \text{ h/Tag}} = 2{,}9 \approx 3 \text{ Arbeitstage}$$

Vorhalten der Baustelleneinrichtung:		
6.000,00 EUR/Monat × $\frac{3 \text{ AT}}{22 \text{ AT}}$	=	820,00 EUR
Bauleitungspersonal:		
1 Bauleiter + 1 Polier		
15.000,00 EUR/Monat × $\frac{3 \text{ AT}}{22 \text{ AT}}$	=	2.045,00 EUR
Grundwasserhaltung:		
Vorhalten und Betrieb der Absenkungsanlage		
(3 AT = 4 Kalendertage)		
1.000,00 EUR/Kalendertag × 4 Kalendertage	=	4.000,00 EUR
Mehrfördermenge des Grundwassers:		
350 m³/h × 24 h × 4 Kalendertage = 33.600 m³		
Hebegebühr		
0,30 EUR/m³ × 33.600 m³	=	10.080,00 EUR
Einleitung in Mischwasserkanal		
2,40 DM/m³ × 33.600 m³	=	(80.640,00 EUR)
Mehrkosten infolge verlängerter Bauzeit der Variante 3B gegenüber 1B		16.945,00 EUR
Gesamtkosten der Variante 3B　　　　　　netto		404.050,00 EUR
Gesamtkosten der Variante 1B　　　　　　netto		./. 378.800,00 EUR
Mehrkosten der Variante 3B gegenüber der Variante 1B　　　　　　　　　　netto		25.250,00 EUR

14.3.6 Vergleichende Auswertung

Aus dem Kostenvergleich der drei Varianten ergeben sich folgende Resultate (vgl. Diagramm Bild 14.4).

Die kostengünstigste Ausführung ist die Variante 1B – „Weiße Wanne" aus wasserundurchlässigem Beton mit 378.800,00 EUR netto.

Danach ist die Variante 3B – „Braune Wanne" mit Volclay-Bentonit-Abdichtung einzustufen. Die Mehrkosten zur „Weißen Wanne" betragen 25.250,00 EUR netto.

Die teuerste Bauweise ist die Variante 2B „Schwarze Wanne" mit Abdichtung aus Bitumenpappe. Die Mehrkosten zur „Weißen Wanne" betragen 108.880,00 EUR netto.

14.4 Kosten von zusätzlichen Ausbau-Elementen

Nach dem Kostenvergleich für die Konstruktionsvarianten des Rohbaues wird hier auf einige kostenrelevante Gesichtspunkte des Ausbaues eingegangen.

14.4.1 Anstriche auf Sohle und Wänden

Bei „Weißen Wannen" ist mit einem dauernden Durchtritt von diffundierendem Wasser durch die Betonkonstruktion zu rechnen.

Dieses Problem stellt sich auch bei „Braunen Wannen" in etwas abgemilderter Form, ist aber dennoch existent.

Lediglich bei „Schwarzen Wannen" ist die Außenhautdichtung als absolut wasserdicht einzustufen.

Aus diesen Gründen sind für die „Weiße Wanne" und „Braune Wanne" entweder dampfdurchlässige Oberflächenanstriche bzw. -beschichtungen oder Spezialanstriche aus Epoxidharz, die dampfdruckhaltend sind, einzusetzen. Bei letzteren ist die technische Entwicklung in jüngerer Zeit soweit fortgeschritten, dass die früher bestehende Gefahr von Blasenbildungen gebannt ist.

Die Kosten für die verschiedenen Beschichtungssysteme sind überwiegend an Verschleißfestigkeit und Rissefreiheit gebunden, so dass Kostenunterschiede durch das Vorhandensein unterschiedlicher Gebäude-Abdichtungssysteme kaum bestehen.

14.4.2 Fliesen

Wegen der Durchlässigkeit von Kapillarwasser sollten bei „Weißen Wannen" und „Braunen Wannen" keine glasierten Fliesen, sondern Keramikplatten verwendet werden. Der Dampfdiffusionswiderstand von Keramikplatten ist niedriger als von glasierten Fliesen. Als Kleber sollte hierbei ein Fabrikat auf Zementbasis gewählt werden.

Wenn Technikräume in Kellergeschossen mit einem Plattenbelag ausgestattet werden, werden üblicherweise sowieso Keramikplatten eingesetzt, so dass sich für die drei Abdichtungssysteme hier keine Kostenunterschiede ergeben.

14.4.3 Räume mit hohen Anforderungen an geringer Raumluftfeuchtigkeit

Lagerräume für Papier, Akten, Bücher, Zeichnungen, Gemälde, Holz, Musikinstrumente und feuchtigkeitsempfindliche Lebensmittel müssen durch entsprechende Lüftungsanlagen und Luftentfeuchter fortwährend auf einer niedrigen Raumluftfeuchte gehalten werden. Hier treten bei „Weißen Wannen" und „Braunen Wannen" neben der einmaligen Investition für die Lüftungsanlage laufende Betriebskosten auf.

Eine Kostenermittlung ist hierfür schwer durchzuführen, da in Gebäuden für die geschilderte Nutzung im allgemeinen eine Lüftungsanlage für das gesamte Gebäude existiert, so dass der auf den Keller entfallende Kostenanteil ohne eine konkrete Planung bezüglich Raumnutzungen und Flächenanteilen kaum abgrenzbar ist.

Es hat sich bewährt, bei Lagerung von feuchtigkeitsempfindlichem Material einen Hohlraum-Fußboden auf der Gebäudesohle anzuordnen. Der Hohlraum wird durch eine Kunststoffschalung in Form sogenannter „Eierkartons" gebildet. Der hierauf hergestellte Estrich wird dadurch punktförmig gestützt.

Die maximal mögliche Höhe des Hohlraumes beträgt nach derzeitigen Fabrikaten 8 cm. Diese reicht aus, dass in Verbindung mit einer Lüftungsanlage eine Luftzirkulation innerhalb des Hohlraum-Fußbodens zur Abführung von Wasserdampf stattfindet.

Wichtig ist hierbei, zwischen Raumwänden und Hohlraum-Estrich eine ausreichend breite umlaufende Fuge auszubilden, über die der Luftaustausch erfolgen kann.

Die Kosten für einen Hohlraum-Estrich betragen ca. 40,00 EUR/m², während ein normaler Estrich bei 17,50 EUR/m² liegt.

Sonderfall des Doppelbodens und der Doppelwand:

In Einzelfällen stellt man innerhalb des Kellers eine „Haus in Haus"-Konstruktion her, um die Luftfeuchtigkeit aus dem Zutritt von Kapillarwasser durch die Außenwände und die Sohle in einem Hohlraum zu fangen. Aus diesem Hohlraum wird die feuchte Luft durch eine Lüftungsanlage abgesaugt.

Diese „Haus in Haus"-Konstruktion besteht aus einem aufgeständerten Fußboden sowie aus einer Innenwandschale aus z. B. 11,5 cm Mauerwerk.

Als Luftspalt zwischen Sohle und aufgeständertem Fußboden sollten ca. 10 cm, zwischen Außen- und Innenwand ca. 8 cm vorgesehen werden. Hierdurch gehen Nutzfläche und Raumhöhe verloren, so dass hier dauernde zusätzliche Kostennachteile verursacht werden.

Die Einheitspreise betragen für

– aufgeständerten System-Fußboden   65,00 EUR/m²
– innere Wand aus 11,5 cm KSL-Mauerwerk
– einschließlich Putz   60,00 EUR/m²

14.5 Zusammenfassung

Es werden Kostenvergleiche für drei unterschiedliche Abdichtungssysteme in Verbindung mit einer durchgehenden 80 cm dicken Gebäudesohle durchgeführt, wobei sich die Kostenuntersuchung nur auf die erdberührten Bauglieder (Sohle und Außenwände) erstreckt.

Es zeigt sich, dass die „Weiße Wanne" aus wasserundurchlässigem Beton kostenmäßig einen knappen Vorsprung vor der „Braunen Wanne" mit Volclay-Bentonit-Abdichtung besitzt, während die „Schwarze Wanne" mit Abdichtung aus Bitumenpappe die teuerste Lösung darstellt.

Die „Schwarze Wanne" hat jedoch für bestimmte Nutzungen ihre spezifischen technischen Vorteile, die sich bis in die Ausbauarbeiten und die Betriebskosten des Gebäudes auswirken. Insbesondere bei elektrischen Betriebsräumen ist die „Schwarze Wanne" die beste Ausführungsvariante.

Jedem Bauherrn und Architekten ist zu empfehlen, in Abhängigkeit von der Nutzung des zu errichtenden Gebäudes sorgfältige Vorüberlegungen und Kostenermittlungen für die einzelnen Ausführungsmöglichkeiten eines im Grundwasser gelegenen Kellergeschosses anzustellen.

Variante 1A und 3A

Gründungssohle (Untersicht)

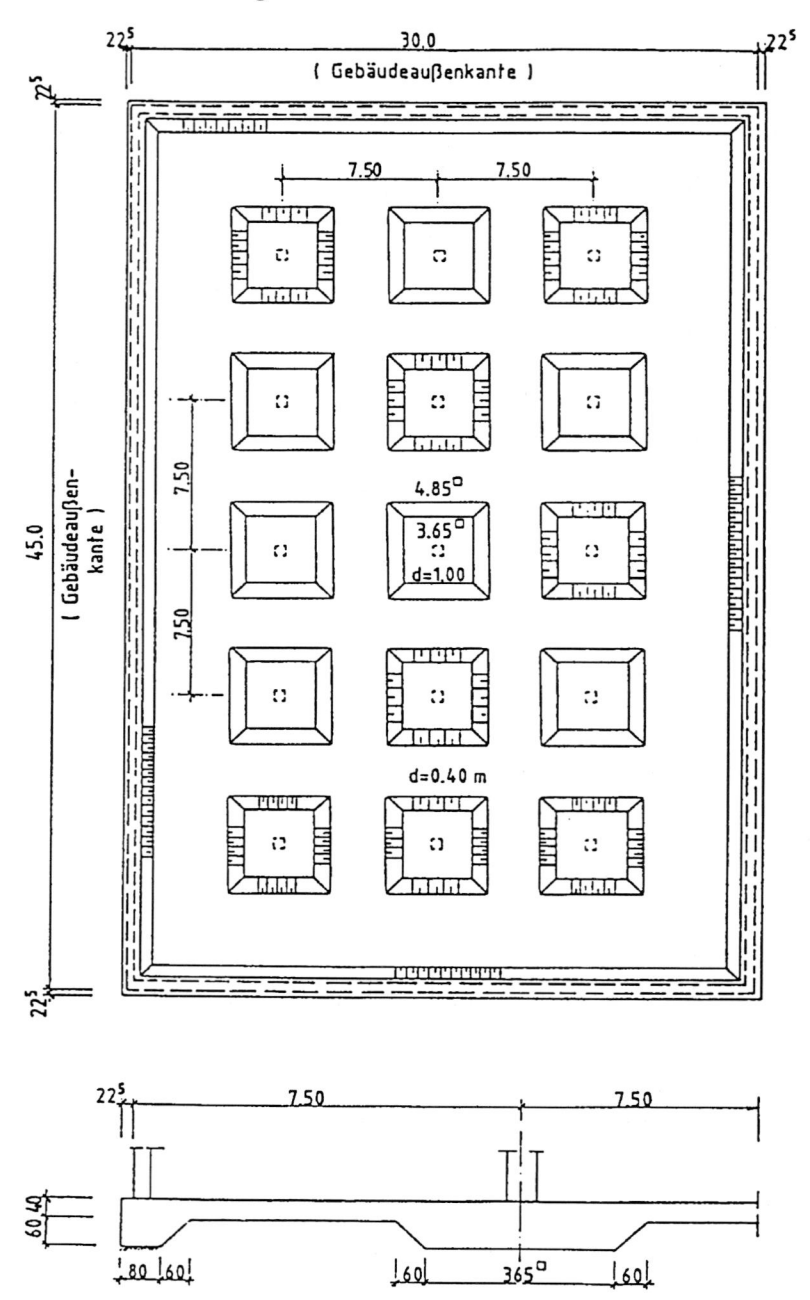

Bild 14.1

14.5 Zusammenfassung

Variante 1B, 2B und 3B
durchgehende 80cm dicke Gründungssohle

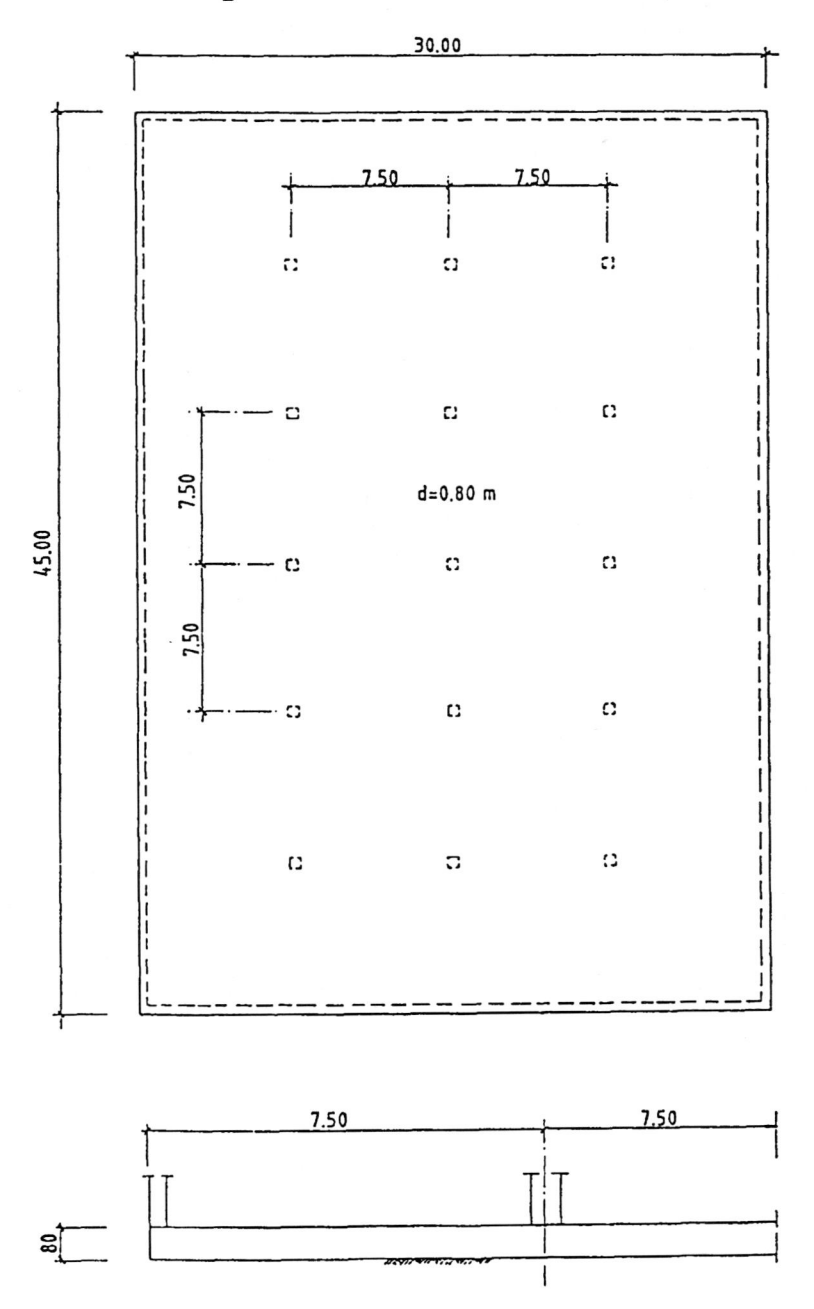

Bild 14.2

Variante 2B und 3B

Detail zur Gründungssohle
mit Dichtung aus Bitumenpappe
bzw. Volclay-Bentonit-Platten

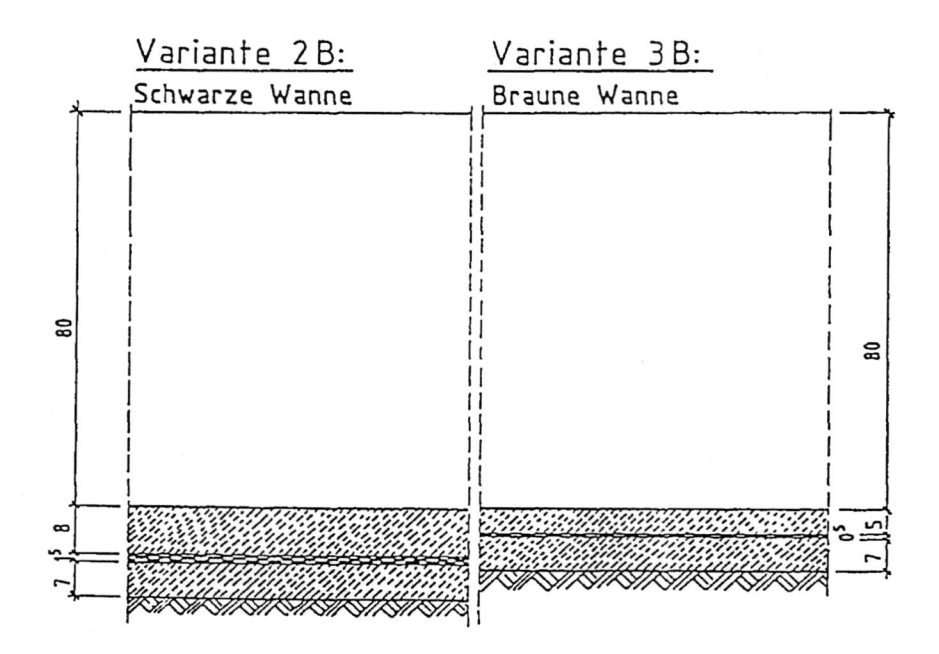

Variante 2B: Schwarze Wanne

Variante 3B: Braune Wanne

Konstruktionsaufbau der Sohle:

- 80 cm Stahlbetonsohle
- 8 cm Schutzbeton
- 1^5 cm Bitumendichtung
- 7 cm Sauberkeitsschicht

- 80 cm Stahlbetonsohle
- 5 cm Schutzbeton
- 0^5 cm Volclay-Bentonit-Platten
- 7 cm Sauberkeitsschicht

Bild 14.3

14.5 Zusammenfassung

Kostenvergleich der Varianten

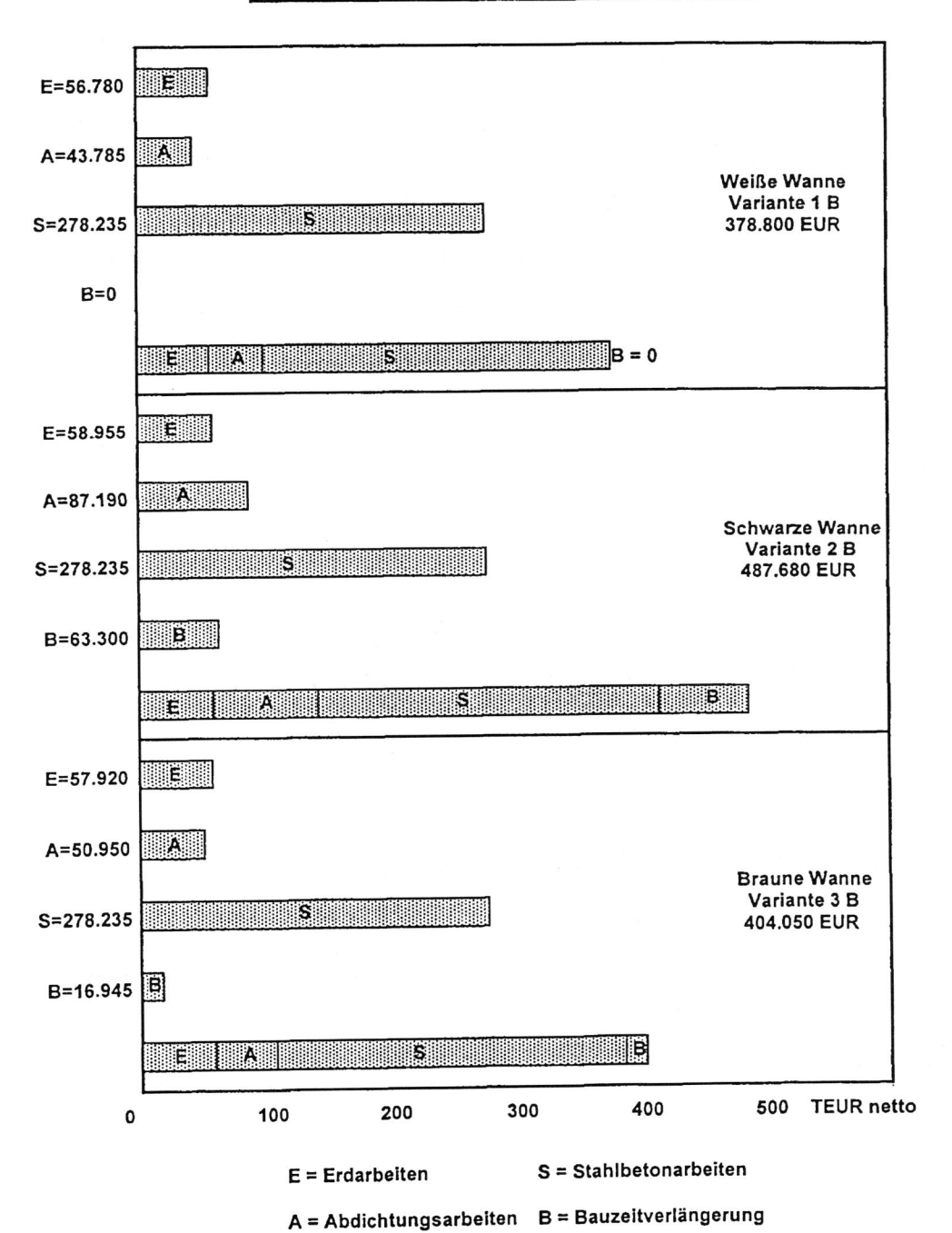

E=56.780	
A=43.785	Weiße Wanne
S=278.235	Variante 1 B
	378.800 EUR
B=0	
	B = 0

E=58.955	
A=87.190	Schwarze Wanne
S=278.235	Variante 2 B
	487.680 EUR
B=63.300	

E=57.920	
A=50.950	Braune Wanne
S=278.235	Variante 3 B
	404.050 EUR
B=16.945	

0   100   200   300   400   500   TEUR netto

E = Erdarbeiten   S = Stahlbetonarbeiten
A = Abdichtungsarbeiten   B = Bauzeitverlängerung

Bild 14.4

DACH+WAND
Internationale
Messe und Congress
für Dach-, Wand- und
Abdichtungstechnik

Die Internationale Leitmesse DACH+WAND ist weltweit das größte Branchenereignis mit folgenden Ausstellungsschwerpunkten:

- **Bedachung**
- **Abdichtungstechnik**
- **Dachbegrünung**
- **Solarenergie-Anlagen**
- **Wärmedämmung**
- **Außenwandbekleidung**
- **Dachgeschossausbau**
- **Werkzeuge und Maschinen**

Ein umfangreicher Congress mit Fachveranstaltungen, Foren, Themenpark, Sonderschau, geführten Rundgängen und anderen Highlights mehr rundet das konzentrierte Informationsangebot ab.

Jedes Jahr im Monat Mai erleben Sie auf der DACH+WAND bewährte Technik, Innovationen und Trends im Dialog von Experte zu Experte.

Aktuelle Infos unter
www.messe-dach-wand.de
oder Tel. 02 21/3 98 03 80

Weltweit die Nr. 1

Sachwortverzeichnis

A

Abdichtung gegen drückendes Wasser 121
– – nichtdrückendes Wasser 110
– auf Stahl 359
–, Einbettung 122
–, Sanierung 377
Abkühlung des Betons 154, 175
Abwässer 323
Acrylate 402
AET-Verfahren 406
aggressives Grundwasser 15
Analyse, chemische 15
Anflanschungen 205
Anforderungen 29
anstauendes Grundwasser 14
Aquädukte 8
Arbeitsfugen 211
Arche Noah 5
Asphaltmastix 413
Aufenthaltsräume 231
Aufgabe der Abdichtung 1
aufgeständerte, belüftete Fußbodenkonstruktion 277
aufgeständerter Fußboden 238
aufnehmbare Zugkraft 77
aufsteigende Feuchtigkeit 392
Auftrieb 317
Auftriebssicherung 272, 318, 416
Ausführungsbeispiele; WU-Beton 307
Ausführungsfehler 409
ausführungstechnische Maßnahmen 196, 315
Austrocknen des Betons 177
Axialrisse 313

B

Badabdichtungen 23
Badezimmer in Wohnungen 120
Bad, Innenabdichtung 297
Balkon 299
Bariumchlorid 405
Bauschadensbericht 377

Bauten aus wasserundurchlässigem Beton 149
Bauwasser 380
Bauweise mit beschränkter Rissbreite 197
– – verminderter Zwangbeanspruchung 195
Beanspruchung der Bauwerke 13
–, mäßige 120
Beckenumgang 319
Bentonit 48, 205, 241, 251
Bentonitabdichtungen 254
Bentonitpanels 255
Bentonit-Quellband 259
Berliner U-Bahnbau 141
Beschichtungen 64
Beschränkung der Rißbreite 182
Beton, Abkühlung 154, 175
–, Austrocknen 177
–, Bauten aus wasserundurchlässigem 149
–, Brückenbeläge auf Fahrbahntafeln 355
–, Kriechen 150
–, Selbstheilung 181, 240
–, Schwinden 149
–, wasserundurchlässiger 149, 188
Betondeckung 323
Betonierfugen 205, 210, 215
betontechnische Maßnahmen 315
betontechnologische Maßnahmen 196
Bewegungsfugen 204, 219
Bierglas-Effekt 236
Bitumen 69
–, Steifigkeit 69
–, Viskosität 69
–, Dichtungsbahnen 31
–, polymermodifiziertes 31
Bitumendichtungsbahnen, kaltselbstklebende 39
Bitumendickbeschichtung 39, 411
bituminöse Dichtungsbahnen 409
Bleihexafluorsilikat 405
Bodenfeuchtigkeit 79
Bohrlochabstände 400
Bohrlöcher 400
Bohrpfahlwand 140

Brauchwasser 23
Brückenabdichtungen 329, 352
Brückenablauf 353
Brückenbeläge auf Fahrbahntafeln aus Beton 355
Brunnentopf 145
Bürstenstreichverfahren 289

C

chemische Analyse 15
Chloride 390

D

Dachabdichtungen 1
Dachterrasse 300
Dampfbremsen 55
Dehnfugen 204
Dehnschlaufen 412
Dehnungsfugen 142
Dehnungsprofil 412
Destillationsbitumen 31
Dichtigkeitsprüfungen 322
Dichtungsbahnen 33
–, bituminöse 409
Dichtungsrohr 219
Dichtungsschicht aus Flüssigkunststoff 347
Dichtungsschlämme 43, 213
–, flexible 43
–, starre 50
Dickbeschichtungen, kunststoffmodifizierte 86
Dicke, Messen 87
Dielektrizitätskonstante 383
Dispersionsbeschichtungen 43
Dispersions-Zement-Beschichtungen 43
Dränage 93, 409
Dränanlage 93
Dränelemente 101
Dränrohre 420
Dreifachwand 204
Druckbelastbarkeit 76
Druckfestigkeit 266
Druckgefälle 181
Druckinjektionen 401, 417
Druckspannungen, zulässige 129
Durchdringungen 202, 409
Durchfeuchtungsgrad 387, 400

E

Eigenspannung 160 ff.
Einbettung der Abdichtung 122
einkomponentige KMB 39
Eisenbahnbrücken 362
Elastomerdichtungsbahnen mit Selbstklebeschicht 38
Elektroosmose 402
–, aktive 403
–, passive 403
elektrophysikalische Verfahren 402
Emulsionen 411
Entsalzungsverfahren 404
Entwässerung der Verkehrsflächen 369
Entwicklung, geschichtliche 5
Epoxidharz 52, 402, 412
Erosionserscheinungen 414
Erwärmung des Betons 154
Ethylencopolymerisat-Bitumen 36
Ethylen-Vinylacetat-Terpolymer 36
expandiertes Polystyrol 58

F

Farbversuch 384
Feuchtebilanz 233
Feuchtebrücke 85
Feuchtediagnostik 387
Feuchtegehalt, hygroskopischer 387
Feuchtigkeit, aufsteigende 392
Feuchtigkeitsmessgeräte 383
Flächeninjektion 417
Flämmverfahren 291
flexible Dichtungsschlämme 43
Frostschäden 404
Frost-Taubeständigkeit 267
Fugenausbildung 204
Fugenbänder 206 f., 213, 221, 245
Fugenbleche 207, 213
Fugenblechkreuz 219
Fugenverstärkungen 143
Fußboden, aufgeständerter 238
Fußbodenkonstruktion, aufgeständerte, belüftete 277

G

Gebrauchstauglichkeit 190
Gebrauchswasser 1

Sachwortverzeichnis 441

Geh- und Radwegbrücken 366
geschichtliche Entwicklung 5
gespannter Grundwasserspiegel 14
Gieß- und Einwalzverfahren 289
Gießverfahren 288
Gleitgeschwindigkeit 72
Gleitschichten 53
Gleitweg 74
Gleitwiderstand 72
Grundbruchsicherheit 416
Grundierungen 51
Grundwasser 13, 409
–, anstauendes 14
– -absenkung 416
–, aggressives 13, 15
–, Bildung 13
– -ganglinie 386
Grundwasserspiegel, gespannter 14
–, höchster 14
Gruppendurchführungen 147

H

hochbeanspruchte Abdichtung 115
Hochbehälter 321
höchster Grundwasserspiegel 14
Hohlkehle 88
Horizontalsperre 394
Hydratation 154
Hydratationswärme 154
Hydrophobierung 399
hygroskopische Wasseraufnahme 390
hygroskopischer Feuchtegehalt 387
Hygroskopizität 404

I

Impulssprühverfahren 402
Injektionen 399, 417
Injektionsmittel 400, 402
Injektionsschläuche 205
Injektionsschleier 245
Injektionsverfahren 399
–, drucklose 400
Innenabdichtung eines Bades 297
Innenausbau 229
Innenwanne, wasserdruckhaltende 415
Instandsetzung 239

J

Juteträgerschichten 33

K

Kaltselbstklebebahnen 38
kaltselbstklebende Bitumendichtungs-
  bahnen 39
Kaltselbstklebeverfahren 291
kapillare Wasseraufnahme 392
kapillare Steighöhe 399
kapillarer Feuchtetransport 412
Kapillarität 392
Kapillarkondensation 379
Kapillarporen 402
kapillarbrechende Schicht 413
Kapillarwasser 18
Kehlstoß 137
Keilschnittprobe 88
Keller aus WU-Beton 307
Kelleraußentreppen 307
Kiesnester 412
Kiesschüttung 413
Klärbecken 323
KMB, einkomponentige 39
–, zweikomponentige 40
Kompressen 405
Kontroll- und Spülschacht 107
Kratzspachtelung 80
Kreuzstoß 287
Kriechen des Betons 150
Kriechverhalten 267
Kristallisation 404
Kristallisationsdruck 406
Kunstharz-Verpressung 242
Kunststoff-Dichtungsbahnen 35
kunststoffmodifizierte Dickbeschichtungen
  86

L

Lārkāna 5
Leckagen 381
Leckageortungen 381, 385
Leistungsbeschreibung 308
Lichtschächte 201, 307
lösemittelhaltige Voranstriche 411
Luftdränagen 131
Luftfeuchtigkeit 404

Luftüberdruck 131
Luftwechsel 391

M

mäßig beanspruchte Abdichtung 113
mäßige Beanspruchung 120
Maueraustauschverfahren 394
Mauerlungen 392
Mauersägeverfahren 393, 395
maximale Abflussspende 103
Mehrstufeninjektion 402
Mikrowellentrocknungsgeräte 391
Mikrowellenverfahren 384
Mindesteinpressung 126
Mischfilter 420
Musterleistungsverzeichnis 308

N

Nachbehandlung von Beton 158 f.
Nachklärbecken 323
Nassräume 119
Nass-Schichtdicke 41
Neutronenbremsverfahren 385
Niederschläge 381
Nitrate 390
Nut und Feder 223

O

Opferputz 405
opus caementitium 6
Ortung von Leckagen 381
Oxidationsbitumen 31

P

Paraffine 402
Parkdeck 116, 303
Penetrationsindex PI 69
Perimeterdämmung 237, 264
Polyisobutylen 37
Polymerbitumen 33
Polymerdispersionen 52
Polymerdispersionsschlämme 52
Polymerlösungen 52
polymermodifiziertes Bitumen 31
Polystyrol, expandiertes 58
– -Extruderschaum 237
– -Partikelschaum 237

Polyurethan, modifiziert 412
Polyurethanharze 402
Pumpensümpfe 132, 380, 414
PVC-weich 37

Q

qualitative Schadsalzanalytik 389
quantitative Schadsalzanalytik 389
Quellkautschuk 205
Quellprofile 205
Quellvermögen 256
Querschnittsabdichtung 83
Querschnittsschwächung 200

R

Radialrisse 314
Rammverfahren 394
Rautiefe 334
Reaktionsharzbeschichtungen 43
Regenfallleitung 21
Richtzeichnung 342
Rigole 97
Ringdrän 96
Ringdränage 419
Rippenstreckmetallkorb 218
Risse 239, 412
–, selbstheilende 240
Rissbildung, Verminderung 314
Rissbreite, Beschränkung der 182
Rissgefahr 175
Risssicherheit 172
Rissverpressung 412
Rohfilz 33
Rohrdurchführungen 146, 203, 261
rückläufiger Stoß 138, 410

S

Salzanalyse 389
Salzbehandlung
–, chemische 405
Salzreduzierung 405
Salzverteilung 389
Sanierputze 49, 406
Sanierung von Abdichtungen 377
Sanierungsplanung 390
Sättigungsfeuchte 380, 387
Schadensdiagnostik 385

Schadsalzanalyse
Schadsalzanalytik, qualitative 389
–, quantitative 389
Schalenrisse 173
Schaumglas 58, 237
Scheinfugen 204, 217
Schichtdicke 411
Schichtenwasser 19
–, zeitweises anstauendes 20
Schleierinjektion 417
Schrammbord 117
Schutzmaßnahmen 158
Schutzschichten 57, 128
Schweißbahnen 33
Schweißverfahren 290
Schwimmbecken 319
Schwinden des Betons 149
selbstheilende Risse 240
Selbstheilung des Betons 181, 240
Senkkasten 132
Senkkastengründungen 131
Setzungsfuge 144
Sickerdolen 421
Sickerplatte 101
Sickerschacht 96
Sickerschicht 95
Sickerwasser 20, 79
Silane 402
Silikate 402
Silikonate 402
Siloxane 402
Sohlplattenabdichtung 412
Spaltrisse 175
Sperrmörtel 50
Sperrputz 392
Spritzbeton 244
Spritzbetonschale 312
Spundwände 316
Standardleistungsbuch 308
starre Dichtungsschlämme 50
Stauchung von Sickerplatten 102
Stauwasser 19, 94
Stoß, rückläufiger 138, 410
Straßenbrücken 330
Straßentunnel 311
Sulfate 390

T

Taupunkttemperatur 379
Tauwasser 379
Tauwasserbildung 234
Telleranker 118
Temperaturausgleich 156
Thermografie 385
Tiefbehälter 321
Tiefgaragen 230
Trennfolie 414
Trennlagen 52, 128
Trinkwasserbehälter 321
Trinkwasser-Einzugsgebiet 319
Trog- und Tunnelsohlen 367
Trogbauwerke 316
T-Stoß 287
Tunnel 311

U

U-Bahnen 366
U-Bahnbau, Berliner 141
Übergangskonstruktion 144 f.
Überlappung 292
Überlaufrinne 320
Überschüttungshöhe 364

V

Verdunstung 274
Verdunstungsfläche 391
Verfahren, elektrophysikalische 402
Verformungsbehinderung 168
Verkehrsflächen, Entwässerung 369
Verminderung der Rißbildung 314
Verpressen mit Kunstharz 243
– – Zementleim 244
Verpreßschläuche 205
Versprünge 202
Voranstrich 285
– als Haftgrund 411
–, lösemittelhaltige 411
Vorratskeller 231
V-Schnittverfahren 398

W

Wanddränage 95
Wandkronen 323
Wandrücklagen 139

Wannenausbildung 307
Wärmebrücken 236
Wärmedämmung 231
– im Erdreich 263
Wärmeentwicklung 154
Wärmekapazität 155
Wärmeleitfähigkeit 268
Wasseranalyse 385
Wasserauffangstellen 381
Wasseraufnahme, hygroskopisch 390
Wasserbehälter 321
Wasserdampfdiffusion 232, 412
Wasserdampf-Diffusionswiderstandszahl 266
Wasserdampfgehalt 235
wasserdruckhaltende Innenwanne 415
Wasserhaltungsmaßnahmen 415
Wasserkreislauf 13
Wasserleitung 8
wasserundurchlässige Betonkonstruktionen 412
wasserundurchlässiger Beton 149, 188
Wasserwerk 319
Werkstoffe 29
Werktrockenmörtel 407
wirksame Körperdicke 149

Witterungseinflüsse 166
wohnraumartig genutzte Räume 307
WU-Beton, Ausführungsbeispiele 307

X

XPS-Schaumstoffplatten 58

Z

zeitweises anstauendes Schichtenwasser 20
Zementleim 402
Zementleimgehalt 153
Zementleim-Verpressung 240
Zementsuspension 395
Zeta-Potential 403
Zisterne 9
zulässige Druckspannungen 129
Zusammendrückung 78
Zwang, äußerer 166
–, innerer 161
Zwangbeanspruchung 191
Zwangsspannung 160, 166
zweikomponentige KMB 40

Seit vielen Jahrzehnten wird durch Bauschaffende der Sicherheitsdämmstoff FOAMGLAS® mit seinen unverkennbaren bauphysikalischen Eigenschaften geschätzt und eingesetzt. Die Vorteile der flächig lastabtragenden Bodendämmung sowie der Perimeterdämmung mit FOAMGLAS® liegen auf der Hand:

- ✔ Baupraktisch stauchungsfreie Druckfestigkeit
- ✔ kriechfreier Unterbau für weitere Funktionsschichten
- ✔ lastabtragende Bodenplatte
- ✔ kein gesonderter statischer Nachweis erforderlich
- ✔ verrottungsfest und schädlingssicher
- ✔ Abschirmung gegen Radon
- ✔ dampfdicht und wasserundurchlässig

  und nicht zuletzt

- ✔ eine zusätzliche Abdichtungsfunktion gegen z. B. Diffusionsströme durch eine wasserundurchlässige Betonkonstruktion

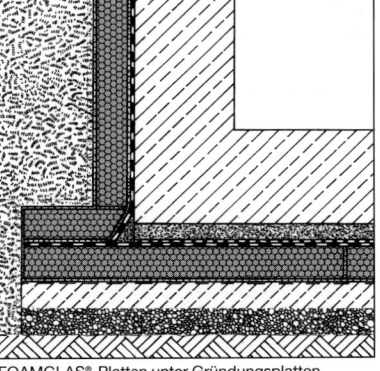

FOAMGLAS®-Platten unter Gründungsplatten

FOAMGLAS® DER SICHERHEITS-DÄMMSTOFF

DEUTSCHE PITTSBURGH CORNING GMBH

Landstraße 27 - 29 · 42781 Haan · Tel. 0 21 29 / 93 06-21 · Fax 0 21 29 / 16 71 · www.foamglas.de

Teubner Grundlagen Bauwesen

Wendehorst, R.
Bautechnische Zahlentafeln

Herausgegeben von Otto W. Wetzell in Verbindung mit dem DIN Deutsches Institut für Normung e. V. 29., neubearb. Aufl. 2000. 1459 S. mit über 2.900 Abb., mehr als 220 Beisp., kompakten Normenverzeichnissen, CD ROM inkl. Rechenbeisp. u. Softwarepaket u. Beilage: Statik u. Festigkeitslehre. Beispiele zu Einfeldträgersystemen.
Geb. DM 102,00 / € 51,00
ISBN 3-519-35002-5

Hoffmann, Manfred (Hrsg.)
Zahlentafeln für den Baubetrieb

Bearbeitet von Manfred Hoffmann, Ulrich Olk, Jürgen Pick, Oskar M. Schmitt, Norbert Winkler 5., neubearb. u. erw. Aufl. 1999. 840 S. mit 637 Abb.und 62 Beispielen Geb.
DM 122,00 / € 61,00
ISBN 3-519-45220-0

Frick, O. / Knöll, K. / Neumann, D. / Weinbrenner, U.
Baukonstruktionslehre.
Teil 1

Teil 1: 31., neubearb. u. erw. Aufl. 1997. 748 S. Mit 758 Abb., 109 Tab. u. 16 Beisp.
Geb. DM 102,00 / € 51,00
ISBN 3-519-25250-3

Neumann D./Weinbrenner U.
Frick/Knöll
Baukonstruktionslehre 2

31., korr. u. akt. Aufl. 2001. 760 S. Mit 831 Abb., 96 Tab. u. 24 Beisp. Geb. DM 104,80 / € 52,40
ISBN 3-519-35251-6

Stand 1.7.2001
Änderungen vorbehalten.
Die genannten Europreise sind gültig ab 1.1.2002.
Erhältlich im Buchhandel oder beim Verlag.

B. G. Teubner
Abraham-Lincoln-Straße 46
65189 Wiesbaden
Fax 0611.7878-400
www.teubner.de

Teubner

Baukonstruktionen mit Lohmeyer

Lohmeyer, Gottfried C.O.
Baustatik Teil 1:
Grundlagen

7., überarb. u. erw. Aufl. 1996.
XIV, 278 S., mit 364 Abb. u. 42 Tab.
128 Beisp. u. 116 Übungsaufg.
Br. DM 58,00 / € 29,00
ISBN 3-519-15025-5

Lohmeyer, Gottfried C. O.
Baustatik Teil 2:
Festigkeitslehre

8. überarb. u. erw. Aufl. 2001. XXVI, 378 S.,
mit 260 Abb. u. 90 Tab., 148 Beisp.
u. 48 Übungsaufg. Br. DM 59,80 / € 39,90
ISBN 3-519-25026-8

Lohmeyer, Gottfried C. O.
Praktische Bauphysik
Eine Einführung mit
Berechnungsbeispielen

3., neubearb. u. erw. Aufl. 1995. 706 S.
mit 293 Abb., 300 Tab. u. 323 Beisp.
Geb. DM 92,00 / € 46,00
ISBN 3-519-25013-6

Lohmeyer, Gottfried C. O.
Stahlbetonbau
Bemessung - Konstruktion -
Ausführung

5., neubearb. u. erw. Aufl. 1994.
XVIII, 670 S. mit 448 Abb., 194 Tab.
u. zahlr. Beisp. Geb. DM 92,00 / € 46,00
ISBN 3-519-35012-2

Stand 1.7.2001
Änderungen vorbehalten.
Die genannten Europreise sind
gültig ab 1.1.2002.
Erhältlich im Buchhandel
oder beim Verlag.

B. G. Teubner
Abraham-Lincoln-Straße 46
65189 Wiesbaden
Fax 0611.7878-400
www.teubner.de

Teubner

Weitere Titel bei Teubner

Volger / Laasch
Haustechnik
Grundlagen - Planung - Ausführung

Bearbeitet von Erhard Laasch
10., neu bearb. Aufl. 1999. 935 S.,
mit 876 Abb., 231 Tab. u. zahlr. Beisp.
Geb. DM 122,00 / € 61,00
ISBN 3-519-15265-7

Egon Leimböck
Bauwirtschaft
Bauwirtschaft in Studium und Praxis

2000. 504 S., mit 159 Abb.
Geb. DM 79,80 / € 39,90
ISBN 3-519-05086-2

Klaus Cord-Landwehr
Einführung in die Abfallwirtschaft

2., neubearb. Aufl. 2000. XIV, 362 S.,
mit 218 Abb., 95 Tab. u. zahlr. Beisp.
Geb. DM 68,00 / € 34,00
ISBN 3-519-15246-0

Martin Thomsing
Spannbeton
Grundlagen - Berechnungsverfahren - Beispiele

2., neubearb. u. erw. Aufl. 1998.
283 S., mit 214 Abb., 33 Tab. u. 11 Tafeln
Br. DM 68,00 / € 34,00
ISBN 3-519-15230-4

Stand 1.7.2001
Änderungen vorbehalten.
Die genannten Europreise sind gültig ab 1.1.2002.
Erhältlich im Buchhandel oder beim Verlag.

B. G. Teubner
Abraham-Lincoln-Straße 46
65189 Wiesbaden
Fax 0611.7878-400
www.teubner.de